Harald Schumny

Signalübertragung

Lehrbuch der Nachrichtentechnik
mit Datenfernverarbeitung

2., durchgesehene Auflage

Mit 496 Bildern

Friedr. Vieweg & Sohn   Braunschweig/Wiesbaden

1. Auflage 1978
   Nachdruck 1985
2., durchgesehene Auflage 1987

Alle Rechte vorbehalten
© Friedr. Vieweg & Sohn Verlagsgesellschaft mbH, Braunschweig 1987

Das Werk und seine Teile sind urheberrechtlich geschützt. Jede Verwertung in anderen als den gesetzlich zugelassenen Fällen bedarf deshalb der vorherigen schriftlichen Einwilligung des Verlages.

Satz: Vieweg, Braunschweig
Druck: C. W. Niemeyer, Hameln
Buchbinder: W. Langelüddecke, Braunschweig
Printed in Germany

ISBN 3-528-14072-0

Vorwort

Die physikalische Darstellung von *Nachrichten* und *Daten* nennt man *Signal*. Deshalb sollte im Zusammenhang mit der Übertragungstechnik konsequenterweise von *Signalübertragung* gesprochen werden. Die „klassische Übertragungstechnik" ging vor allem von den Anwendungsfällen Telegrafie, Telefonie und Rundfunk aus; es handelte sich somit um reine *Nachrichtentechnik*. Mit der Entwicklung der elektronischen Datenverarbeitung (EDV) entstand als neue Aufgabe die Übertragung digitaler Daten und deren Verarbeitung.

Die inzwischen immer häufiger sichtbare Verknüpfung von *Nachrichtenübermittlung, Datenübertragung und Datenverarbeitung* machte neue Zuordnungen und Begriffsbestimmungen nötig. Als Überbegriff für alle Formen der Übermittlung von Nachrichten und Daten wurde so die Bezeichnung *Telekommunikation* geprägt. Das Lehrbuch **Signalübertragung** ist vor diesem Hintergrund entstanden. Deshalb werden neben der „klassischen Nachrichtentechnik" (analoge Übertragungstechnik) auch digitale Übertragungstechniken wie *Pulscodemodulation* (PCM) und *Datenfernverarbeitung* besprochen.

Teil 1 umfaßt *Grundlagen der Signalübertragung* wie z.B. Verzerrungen, Rauschen, elektroakustische Wandler, Schwingungserzeugung. In **Teil 2** (*Modulation und Demodulation*) werden mit AM, FM und PCM *Verfahren der Signalübertragung* besprochen. Aufbauend darauf beinhaltet **Teil 3** (*Übertragungstechnik*) die wichtigsten drahtgebundenen und drahtlosen Übertragungsarten wie Telegrafie, Telefonie, Rundfunk, Richtfunk und Satellitenfunk. Einführungen in die Theorie der Leitungen und die Grundlagen der Antennen und Wellenausbreitung vervollständigen diesen Hauptteil.
Teil 4 schließlich gibt einen Einblick in die *Datenfernverarbeitung*, wobei die zur Datenübertragung üblichen Betriebsarten und Übertragungskanäle sowie die bei der Fernverarbeitung verwendeten Arbeitsweisen im Vordergrund stehen.

Dieses Lehrbuch wurde in erster Linie für den Unterricht an Fachschulen Technik entwickelt. Als Einführung ist es auch für Studenten an Fachhochschulen geeignet.

Mit diesem Buch liegt ein weiterer Band der Reihe ,,Informationstechnik" vor. Ziele und Absichten dieser Reihe sind auf der zweiten Umschlagseite zusammengefaßt. Für Benutzer dieses Buches mit geringen oder fehlenden Vorkenntnissen aus dem EDV-Bereich sind im Teil 4 zahlreiche gezielte Verweise auf das Lehrbuch **Digitale Datenverarbeitung für das technische Studium** gegeben. Die Grafik auf der folgenden Seite soll verdeutlichen, wie beide Lehrbücher zusammenhängen und sich gegenseitig ergänzen.

Harald Schumny

Braunschweig, im September 1986

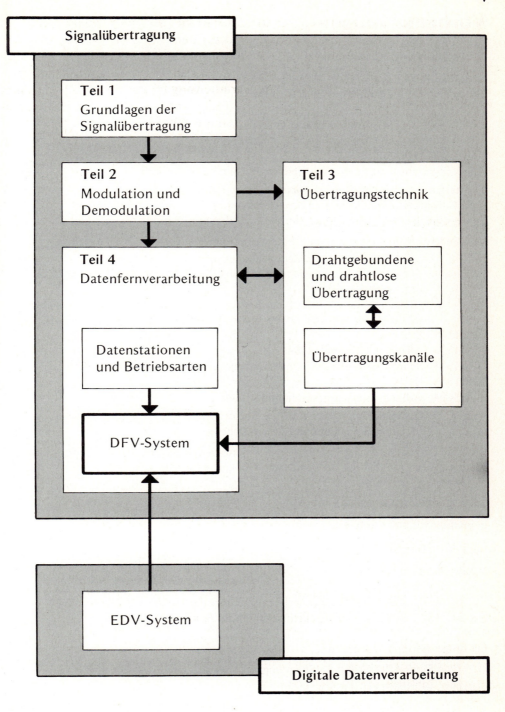

Vorbemerkungen

1. Größen und Einheiten

In diesem Buch werden *SI-Einheiten* verwendet, die in der Bundesrepublik Deutschland als „gesetzliche Einheiten in Technik und Wissenschaft" verbindlich sind. Es bedeutet:

> SI: *Système International d'Unités*;
> zu deutsch: *Internationales Einheitensystem.*

Alle Verabredungen zu diesem System sind in Normen festgelegt:
1. international bei ISO (*International Organization for Standardization*) und bei IEC (*International Electrotechnical Commission*);
2. national durch das DIN (*Deutsches Institut für Normung*).

Von Bedeutung in diesem Zusammenhang sind folgende Normen:

ISO 31	mit 13 Teilen über Größen, Einheiten und Formelzeichen
ISO 1000	*SI units and recommendations for the use of their multiples and of certain other units* (Regeln für den Gebrauch der Einheiten des Internationalen Einheitensystems (SI) und eine Auswahl der dezimalen Vielfachen und Teile der SI-Einheiten)
DIN 1301	Einheiten
DIN 1304	Allgemeine Formelzeichen
DIN 1313	Schreibweise physikalischer Gleichungen in Naturwissenschaft und Technik
DIN 1338	Buchstaben, Ziffern und Zeichen im Formelsatz
DIN 5494	Größensysteme und Einheitensysteme
IEC/TC25	*Quantities and Units and their Letter Symbols* (Größen, Einheiten und Formelzeichen)

Wichtige Ergebnisse der internationalen Normung sind, daß Größen immer *kursiv* und Einheiten immer „steil" gedruckt werden, z.B. $U = 12$ V.

Grundsätzlich gilt:

> Größe = Zahlenwert × Einheit

in mathematischer Form:

$$G = \{G\} \cdot [G].$$

Daraus liest man ab:

> $\{G\}$ (geschweifte Klammer) kennzeichnet den *Zahlenwert der Größe G*
> $[G]$ (eckige Klammer) kennzeichnet die *Einheit der Größe G*.

Für obiges Beispiel bedeutet dies:

Die Einheit der Größe U (Spannung) ist V (Volt), bzw. $[U] = $ V; der Zahlenwert ist 12, also $\{U\} = 12$.

Vorbemerkungen VII

2. Stoffgliederung und Kurse

Um den gesamten Lehrstoff nach Arbeitsaufwand und Niveau gliedern zu können, wurde folgende Symbolik verwendet:

Kennzeichen ▶ besonders wichtige Abschnitte (45 % des Lehrstoffes);
ohne Kennzeichen weiterführende Abschnitte (27 % des Lehrstoffes);
Kennzeichen * Spezialabschnitte (28 % des Lehrstoffes), die bei einem ersten, grundlegenden Studium ausgelassen werden können.

Die Erarbeitung des Lehrstoffes „Signalübertragung" in speziellen Kursen kann folgendermaßen vorgeschlagen werden:

Kurs 1	Kurze Einführung in die Signalübertragungstechnik
	Umfang: Kap. 1, 2, 6 und 7 mit ▶ (11 % des Lehrstoffes)
Kurs 2	Einführung in die Nachrichtentechnik
	Umfang: Teile 1 bis 3 mit ▶ (38 % des Lehrstoffes)
Kurs 3	Signalwandlung, Schwingungserzeugung, Modulationstechnik
	Umfang: Teile 1 und 2 ohne * (31 % des Lehrstoffes)
Kurs 4	Grundlagen der Signalübertragung
	Umfang: Teil 1 (23 % des Lehrstoffes)
Kurs 5	Modulation und Demodulation
	Umfang: Kap. 2 und 4 mit ▶ und Teil 2 (23 % des Lehrstoffes)
Kurs 6	Pulscodemodulation
	Umfang: Kap. 1, 2 und 4 mit ▶ und Kap. 8 (16 % des Lehrstoffes)
Kurs 7	Drahtgebundene Übertragung
	Umfang: Kap. 1, 2, 3, 6, 7, 9 und 10 (43 % des Lehrstoffes)
Kurs 8	Drahtlose Übertragung
	Umfang: Kap. 1, 2, 6, 7, 11 und 12 (42 % des Lehrstoffes)
Kurs 9	Übertragungstechnik
	Umfang: Teil 3 (46 % des Lehrstoffes)
Kurs 10	Datenfernverarbeitung
	Umfang: Kap. 8, 10.1, 10.2 und Teil 4 (27 % des Lehrstoffes)

Inhaltsverzeichnis

Teil 1.	Grundlagen der Signalübertragung	1
1.	**Einleitung und Definitionen**	**1**
1.1.	Informationen, Nachrichten, Signale	1
▶ 1.2.	Elektrisches Nachrichtensystem	4
▶ 1.3.	Wirkungsgrad, Dämpfung und Pegel	5
1.4.	Energietechnik, Nachrichtentechnik	10
▶ 1.5.	Frequenzband und Spektrum	13
1.6.	Grundaufgaben der Signalübertragungstechnik	15
▶ 1.7.	Mehrfachausnutzung und Betriebsarten	18
1.8.	Zusammenfassung	21
2.	**Verzerrungen und Rauschen**	**23**
* 2.1.	Informationsminderung	23
▶ 2.2.	Lineare Verzerrungen	24
▶ 2.3.	Nichtlineare Verzerrungen	27
▶ 2.4.	Rauschen	30
▶ 2.4.1.	Widerstandsrauschen	30
* 2.4.2.	Stromrauschen	32
▶ 2.4.3.	Verstärkerrauschen	33
2.5.	Zusammenfassung	35
3.	**Wandler**	**36**
▶ 3.1.	Elektroakustik	36
3.2.	Schallwandlerprinzipien	41
▶ 3.3.	Schallempfänger (Mikrofone)	42
3.3.1.	Richtcharakteristik	42
3.3.2.	Kohlemikrofon	43
▶ 3.3.3.	Dynamisches Mikrofon	46
▶ 3.3.4.	Kondensatormikrofon	47
* 3.3.5.	Kristallmikrofon	49
▶ 3.4.	Schallsender (Lautsprecher und Hörer)	50
* 3.4.1.	Kugelstrahler und Kolbenmembran	50
3.4.2.	Magnetisches Telefon	52
▶ 3.4.3.	Dynamischer Lautsprecher	53
* 3.4.4.	Elektrostatischer Lautsprecher	56
* 3.4.5.	Piezoelektrischer Lautsprecher	57
3.4.6.	Offene und geschlossene Hörer	57
3.5.	Zusammenfassung	59

4.		**Schwingungserzeugung**	**61**
▶	4.1.	Rückkopplung	61
▶	4.1.1.	Ableitung der Rückkopplung	61
*	4.1.2.	Gegenkopplung	64
▶	4.1.3.	Selbsterregungsbedingung	66
▶	4.2.	Harmonische Oszillatoren	67
▶	4.2.1.	Schwingkreise	67
*	4.2.2.	Oszillator mit induktiver Rückkopplung	70
▶	4.2.3.	Oszillatoren mit Dreipunktschaltung	71
*	4.2.4.	Frequenzstabilisierung mit Steuerquarz (Quarzoszillator)	73
▶	4.2.5.	RC-Generator	75
*	4.2.6.	Andere Verfahren	78
▶	4.3.	Impulsoszillatoren	79
▶	4.3.1.	Impulserzeugung aus Sinusschwingung	79
*	4.3.2.	Multivibrator	82
▶	4.3.3.	Astabiler Multivibrator	83
▶	4.3.4.	Monostabiler Multivibrator	84
▶	4.3.5.	Bistabiler Multivibrator	85
	4.3.6.	Schmitt-Trigger	86
	4.4.	Zusammenfassung	88
		Literatur zu Teil 1	90

	Teil 2.	**Modulation, Demodulation**	**92**
	5.	**Frequenzumsetzungen**	**92**
*	5.1.	Überlagerung und Umsetzung	92
▶	5.2.	Schwingungsmodulation	95
▶	5.3.	Pulsmodulation	97
▶	5.3.1.	Abtasttheorem	98
	5.3.2.	Modulationsarten	100
	5.4.	Zusammenfassung	103

	6.	**Amplitudenmodulation (AM)**	**105**
▶	6.1.	Theoretische Behandlung	105
▶	6.2.	Amplitudenmodulatoren	108
▶	6.2.1.	Modulation an quadratischer Kennlinie	108
▶	6.2.2.	Modulation durch Veränderung der Verstärkung	110
▶	6.2.3.	Modulation mit Trägerunterdrückung	112
*	6.2.4.	SSB-Modulatoren	113
▶	6.3.	Demodulation amplitudenmodulierter Schwingungen	115

*	6.3.1.	Diodendemodulation	115
▶	6.3.2.	Spitzengleichrichter	116
*	6.3.3.	Demodulation am Ringmodulator	117
	6.4.	Zusammenfassung	118

7. Frequenzmodulation (FM) 119

▶	7.1.	Theoretische Behandlung	119
▶	7.1.1.	Zeitfunktion der FM	119
	7.1.2.	Bandbegrenzung	122
▶	7.2.	Frequenzmodulatoren	124
▶	7.3.	Demodulation frequenzmodulierter Schwingungen	126
	7.4.	Zusammenfassung	130

8. Pulscodemodulation (PCM) 132

	8.1.	Prinzip der PCM	132
	8.1.1.	Vorbemerkungen	132
	8.1.2.	Analog-Digital-Umsetzung	133
	8.2.	Quantisierungsrauschen und Aliasing	134
	8.2.1.	Quantisierungsrauschen	134
	8.2.2.	Aliasing	136
*	8.3.	PCM-Anwendungsfälle	139
*	8.3.1.	Formate	139
*	8.3.2.	Musikaufzeichnung auf Magnetband	141
*	8.3.3.	Meßwertspeicherung	143
*	8.3.4.	PCM-Telemetrie	145
*	8.3.5.	Sprachübertragung	146
*	8.3.6.	Tonübertragung	148
*	8.3.7.	Fernsehübertragung	149
	8.4.	Zusammenfassung	150
		Literatur zu Teil 2	151

Teil 3. Übertragungstechnik 153

9. Leitungen 153

▶	9.1.	Leitungstypen	153
▶	9.1.1.	Einteilung von Nachrichtenleitungen nach ihrem Aufbau	153
▶	9.1.2.	Einteilung von Nachrichtenleitungen nach ihrem Verwendungszweck	154
	9.2.	Allgemeine Leitungseigenschaften	156
	9.2.1.	Betriebszustände elektrischer Leitungen	156

	9.2.2.	Ersatzschaltungen und mathematische Behandlung	157
*	9.2.3.	Leitungsgleichungen	160
*	9.2.4.	Wellenausbreitung	162
	9.2.5.	Leitungskonstanten	168
▶	9.3.	Eigenschaften spezieller Leitungen	171
	9.3.1.	Freileitungen	171
▶	9.3.2.	Koaxialkabel	173
▶	9.3.3.	Fernmeldekabel	177
*	9.3.4.	Hohlleiter	179
*	9.3.5.	Lichtleiter	184
	9.4.	Zusammenfassung	187

10. Drahtgebundene Übertragung 189

▶	10.1.	Trägerfrequenztechnik	189
▶	10.1.1.	Raumstaffelung	189
▶	10.1.2.	Frequenzstaffelung	190
▶	10.1.3.	Zeitstaffelung	192
▶	10.2.	Telefonie (Fernsprechen)	194
▶	10.2.1.	Spezielle Bauelemente der Fernsprechtechnik	194
▶	10.2.2.	Grundschaltungen	199
▶	10.2.3.	Übertragungstechnik	201
	10.2.4.	Trägerfrequenztelefonie	203
*	10.2.5.	Sonderformen und neue Entwicklungen	207
▶	10.3.	Telegrafie (Fernschreiben)	211
	10.3.1.	Codierung	211
*	10.3.2.	Geschwindigkeit und Bandbreite	214
▶	10.3.3.	Fernschreiber	214
▶	10.3.4.	Bildtelegrafen	218
	10.3.5.	Übertragungstechnik	222
	10.4.	Zusammenfassung	228

11. Antennen und Wellenausbreitung 230

▶	11.1.	Antenneneigenschaften und Kenngrößen	230
	11.1.1.	Antenne als Strahler	230
▶	11.1.2.	Kenngrößen der Antenne	236
*	11.1.3.	Reziprozität	240
▶	11.2.	Wellenausbreitung	241
	11.2.1.	Die Erdatmosphäre	241
	11.2.2.	Bodenwelle	243
	11.2.3.	Raumwelle	245
▶	11.2.4.	Ausbreitung in verschiedenen Wellenbereichen	248

▶	11.3.	Einfache Rund- und Richtstrahler	250
▶	11.3.1.	Vertikalantennen	250
▶	11.3.2.	Dipolantennen	253
▶	11.3.3.	Rahmen- und Ferritantennen	258
	11.3.4.	Mobilantennen	259
	11.4.	Gruppenstrahler	261
	11.4.1.	Antennengruppen	261
	11.4.2.	Richtstrahler	263
*	11.4.3.	Rundstrahler	271
	11.5.	Langdrahtantennen	273
	11.5.1.	Einfache Langdrahtantennen	273
*	11.5.2.	Rhombusantenne	274
*	11.6.	Schlitz- und Flächenstrahler	276
*	11.6.1.	Grundlagen	276
*	11.6.2.	Schlitzstrahler	277
*	11.6.3.	Flächenstrahler	279
	11.7.	Zusammenfassung	280

	12.	**Drahtlose Übertragung**	**282**
▶	12.1.	Hörrundfunk	282
	12.1.1.	Zielsetzungen, Qualitätsstufen, Sonderformen	282
▶	12.1.2.	Hörrundfunk-Sender	287
▶	12.1.3.	Hörrundfunk-Empfänger	289
▶	12.2.	Fernsehrundfunk	293
▶	12.2.1.	Grundlagen der Fernsehtechnik	293
▶	12.2.2.	Fernsehsender und Bildaufnahmeröhren	296
▶	12.2.3.	Fernsehempfänger und Bildwiedergaberöhren	298
*	12.2.4.	Farbfernsehen	301
*	12.3.	Richtfunk	307
*	12.3.1.	Richtfunkbänder und -systeme	307
*	12.3.2.	Kurzwellenverbindungen	308
*	12.3.3.	Breitbandverbindungen	309
*	12.4.	Satellitenfunk	312
*	12.4.1.	Erdsatelliten	312
*	12.4.2.	Systemaufbau	314
*	12.4.3.	Satellitensysteme	318
	12.5.	Zusammenfassung	321
		Literatur zu Teil 3	323

Teil 4. Datenfernverarbeitung 325

13. Problemstellung und Prinzipien 325

	13.1.	Problemstellung	325
	13.2.	Systembestandteile	328
▶	13.3.	Datenfernverarbeitung und Teilnehmerbetrieb	330
	13.4.	Zusammenfassung	334

14. Verfahren und Betriebsarten 336

	14.1.	Direktes und indirektes Verfahren (On-line und Off-line)	336
▶	14.1.1.	Off-line-Verarbeitung	336
▶	14.1.2.	On-line-Verarbeitung	337
▶	14.1.3.	Stapelfernverarbeitung, Dialog- und Verbundbetrieb	339
▶	14.2.	Arten der Übergabe und Betriebsarten	340
▶	14.2.1.	Serielle und parallele Übergabe	340
▶	14.2.2.	Synchrone und asynchrone Übergabe	341
*	14.2.3.	Simplex, Duplex, Multiplex	342
	14.3.	Zusammenfassung	343

15. Übertragungskanäle und Arbeitsweisen 344

	15.1.	Allgemeines	344
▶	15.2.	Leitungsarten, Schnittstellen, Netzformen	346
▶	15.2.1.	Leitungen für digitale Übertragungen	346
▶	15.2.2.	Leitungen für analoge Übertragungen	348
*	15.2.3.	EDS-System	351
	15.2.4.	Netzformen	353
▶	15.3.	Arbeitsweisen	355
▶	15.3.1.	Echtzeitverarbeitung	356
▶	15.3.2.	Multiprogramming	356
▶	15.3.3.	Multiprocessing und Multicomputing	358
	15.4.	Zusammenfassung	360

16. Datenübertragungsblock und Datensicherung 361

	16.1.	Übertragungsblock und Formate	361
	16.1.1.	Übertragungsprozedur	361
*	16.1.2.	Format: Magnetbandkassette	363
*	16.1.3.	Format: Flexible Magnetplatte	365
▶	16.2.	Datensicherung	366
	16.3.	Zusammenfassung	368

17.	**Beispiele für DFV-Systeme**		369
* 17.1.	Allgemeine Anwendungsfälle		370
* 17.1.1.	Grundformen		370
* 17.1.2.	Modems und Datenraten		374
* 17.2.	Verbundsysteme		379
17.3.	Zusammenfassung		383
	Literatur zu Teil 4		384

Literaturverzeichnis 385

Sachwortverzeichnis 388

Bildquellenverzeichnis

Durch freundliches Entgegenkommen einer Reihe von Firmen, Verlagen und Autoren konnten die im folgenden aufgelisteten Bilder übernommen werden:
AEG-Telefunken, Backnang (9.21a, 9.21b, 9.29b, 9.39, 12.40, 12.41).
Gevecke GmbH (Teletype), Norderstedt (14.6).
Grundig AG, Fürth (14.5).
MDS-Deutschland GmbH, Köln (15.4).
Sennheiser Electronic, Bissendorf (3.7).
Siemens AG, München (10.40, 14.4).

Bild 16.2
Wiedergegeben mit Genehmigung des DIN Deutsches Institut für Normung e.V. Maßgebend für das Anwenden der Norm ist deren Fassung mit dem neuesten Ausgabedatum, die bei der Beuth Verlag GmbH, 1000 Berlin 30 und 5000 Köln 1, erhältlich ist.

M. Bidlingmeier, A. Haag und K. Kühnemann, Einheiten — Grundbegriffe — Meßverfahren der Nachrichten-Übertragungstechnik. Siemens AG, Berlin, München 1973 [2] (1.16, 10.28, 10.29, 10.30, 10.31, 10.37).

T. Boveri, T. Wasserrab und H. Jauslin, Das Fischer Lexikon, Technik IV (Elektrische Nachrichtentechnik). Fischer-Bücherei, Frankfurt 1968 [14] (9.1, 9.28).

H. Fricke, K. Lamberts und W. Schuchardt, Elektrische Nachrichtentechnik, Teil 1: Grundlagen. B. G. Teubner, Stuttgart 1971 [15] (10.14).

W. Gitt, Das Timesharing-Großrechnersystem der PTB. PTB-Mitteilungen 87, 2/77, S. 120—130 [53] (17.16).

R. Kraushaar, L. Jakob und D. Goth, Datenfernverarbeitung. Siemens AG, München 1974 [42] (17.8, 17.9, 17.10, 17.11, 17.12).

H. Schönfelder, Nachrichtentechnik. Justus von Liebig Verlag, Darmstadt 1974 [13] (3.3, 7.8, 9.17, 10.9, 10.10, 10.11, 10.39).

H.-G. Unger, Hochfrequenztechnik in Funk und Radar. Teubner Studienskripten, Stuttgart 1972 [37] (1.7, 5.1, 5.4, 5.6, 7.9, 7.11).

Teil 1
Grundlagen der Signalübertragung

Zum Verständnis der Signalübertragung gehören heute selbstverständlich fundierte Kenntnisse aus dem Bereich der Halbleiter-Elektronik. Ebenso müssen die theoretische und praktische Beherrschung passiver und aktiver elektronischer Bauelemente eingeordnet werden. Um jedoch den vorgegebenen Rahmen nicht zu sprengen, sollen diese allgemeineren Grundlagen als bekannt vorausgesetzt werden. Wir beschränken uns in diesem ersten Teil darauf, die Signalübertragungstechnik vorzubereiten, den Einfluß von Verzerrungen und Rauschen zu studieren sowie Prinzipien der Signalwandlung und Schwingungserzeugung vorzustellen. Die für Modulation und Demodulation sowie drahtgebundene und drahtlose Übertragungsarten notwendigen Grundlagen werden in den Teilen 2 bzw. 3 behandelt. Die sehr speziellen Voraussetzungen für die Übertragung digitaler Daten sind in den Teil 4 integriert.

Kapitel 1 beginnt mit der Definition wesentlicher Begriffe wie Information, Signal, Nachrichtensystem, Pegel, Frequenzband, Spektrum und legt die Grundaufgaben der Signalübertragungstechnik dar. In *Kapitel 2* werden die Auswirkungen linearer und nichtlinearer Übertragungsfehler untersucht; außerdem werden die verschiedenen Formen des elektronischen Rauschens abgehandelt. Wandler sind das Thema von *Kapitel 3*. Der allgemeine Begriff wird aber schnell spezialisiert auf die Wandlung akustischer Signale. *Kapitel 4* schließlich enthält mit der Besprechung der Rückkopplung und von Generatoren (Oszillatoren) die Grundlagen der Schwingungserzeugung.

1. Einleitung und Definitionen

1.1. Informationen, Nachrichten, Signale

Die Begriffe *Information, Nachricht, Signal* sind in unserem Sprachgebrauch selbstverständlich. Man „informiert sich" oder gibt eine *Information* weiter; eine *Nachricht* wird überbracht, der Nachrichtensprecher in Rundfunk oder Fernsehen ist nicht mehr wegzudenken, man „benachrichtigt" jemanden; *Signale* werden gesetzt — im Straßenverkehr oder bei der Eisenbahn, bildlich gesprochen auch in Politik und Wirtschaft, man „signalisiert sich" etwas zu. In unserem Zusammenhang brauchen wir aber klare Definitionen für diese Begriffe.

• **Information**

Nach dem in Bild 1.1 gezeigten Schema kann sich eine Information zusammensetzen aus den Zeichen eines *Alphabets* (oft auch bezeichnet als *Menge M* mit *k* Elementen), aus *Symbolen* oder aus *Wörtern*. Im Beispiel unserer deutschen Sprache besteht das Alphabet

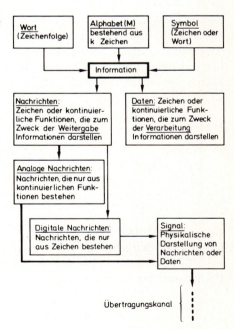

Bild 1.1. Definitionen aus der Informationstheorie

(die Menge *M*) aus $k = 26$ Zeichen (die Buchstaben). Daraus bilden wir Wörter. Ein anderes Beispiel für eine Menge ist das dezimale Zahlensystem mit $k = 10$ Zeichen, den Ziffern 0, 1, ... , 9 nämlich. Die daraus gebildeten „Wörter" nennen wir *Zahlen*. Symbole schließlich können aus nur einem Zeichen oder einem Wort bestehen. Beispielsweise steht der Buchstabe *a* symbolisch für den *Kammerton a*; oder die *Zeichenfolge* „EG" ist das bekannte Symbol für die Europäische Gemeinschaft.

• *Nachricht*

Aus Bild 1.1 wird auch klar, wie nach DIN 44 300 Informationen und Nachrichten zusammenhängen. *Nachrichten* sind danach Zeichen oder kontinuierliche Funktionen, die zum Zweck der *Weitergabe* Informationen darstellen. Von Nachrichten spricht man also nur, wenn Informationen gemeint sind, die unverändert weitergegeben (übertragen) werden sollen. Ist es das Hauptziel, die vorliegenden Informationen zu verändern, sie also zu *verarbeiten,* nennt man sie **Daten** (vgl. [1], 3.1). Das schließt nicht aus, daß auch *Daten* manchmal ohne inhaltliche Änderung übertragen werden. Man spricht dann trotzdem nicht von „Nachrichten", weil die Absicht der Übertragung die Verarbeitung bleibt, wenn auch an einem anderen Ort (vgl. hierzu Teil 4).

• *Analog, digital*

Die Begriffe *Zeichen* bzw. *kontinuierliche Funktion* führen zu den beiden Zweigen „analog" bzw. „digital", wobei man für letzteren auch den allgemeineren Namen „diskret" verwendet. Ebenso wie nach Bild 1.1 Nachrichten in diesen zwei Formen möglich sind, trennt man nach DIN 44 300

analoge Daten: Daten, die nur aus kontinuierlichen Funktionen bestehen;
digitale Daten: Daten, die nur aus Zeichen bestehen.

Die analoge Form einer Nachricht ist definiert über eine kontinuierliche Funktion, wie das Beispiel in Bild 1.2a zeigt. Es handelt sich also um einen sich mit der Zeit kontinuierlich ändernden Verlauf irgendeiner physikalischen Größe, die uns eine Information vermittelt. Die entsprechende digitale Form dieser selben Nachricht ist in Bild 1.2b dargestellt. Dabei ist der zulässige Amplitudenbereich beispielsweise in 10 Teilbereiche zerlegt.

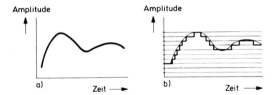

Bild 1.2
Nachricht
a) in analoger Form (kontinuierliche Funktion),
b) in digitaler Form (diskret)

Der analoge Verlauf ist also zerlegt in eine Reihe von diskreten Werten. Wenn eine „ziffernmäßige" Betrachtungsweise vorliegt, sagt man auch, der analoge Verlauf ist *digitalisiert*. Es ist einleuchtend, daß die kontinuierliche Funktion um so exakter in digitaler Form dargestellt wird, je feiner die Unterteilung im Amplituden- und Zeitbereich ist.

• *Signal*

Die physikalische Darstellung von Nachrichten und Daten — von Informationen also — nennt man *Signal*. Das bedeutet, daß beispielsweise die Worte eines Redners, die den

1.1. Informationen, Nachrichten, Signale

Hörern zugedachte Information, zum elektrischen Signal werden, wenn sie in ein Mikrofon gesprochen sind. Erst der Lautsprecher macht aus dem vom Mikrofon über einen Verstärker übertragenen Signal wieder die Information „Sprache". Die eben erwähnten *elektroakustischen Wandler* Mikrofon und Lautsprecher werden in Kap. 3 ausführlich besprochen. Verstärker findet man in der Elektronik-Literatur (z.B. [3–9]).

● *Übertragungskanal*

Den Weg zwischen Mikrofon und Lautsprecher nennen wir *Übertragungskanal* (am Ausgang des Feldes „Signal" in Bild 1.1). Dieser Kanal wird „drahtgebunden" (Kap. 9 und 10) oder „drahtlos" (Kap. 11 und 12) realisiert. Auf jeden Fall ist damit das Stück eines Übertragungssystems gemeint, in dem die Information als *Signal* vorliegt (vgl. dazu 1.2). Hier findet die eigentliche **Signalübertragung** statt.

● *Zeitfunktion*

Zeitliche Änderungen einer Größe lassen sich beschreiben durch ihre *Zeitfunktion*. Ein Beispiel dafür ist der in Bild 1.3a gezeigte Verlauf einer sinusförmigen Schwingung. Jedoch muß hier eine wesentliche Einschränkung vorgenommen werden. Strenggenommen ist in dieser speziellen Zeitfunktion keine Nachricht enthalten, weil sich weder die Amplitude A noch die Frequenz der Schwingung zu irgendeinem Zeitpunkt t ändert. Die Tatsache, daß, wenn die Schwingung z.B. 440 mal pro Sekunde auftritt, sich dahinter der *Kammerton a* verbirgt, ist im Sinne der in der Informationstheorie verwendeten Definitionen nur als Nachricht zu bewerten, wenn sie zum ersten Mal auftritt.

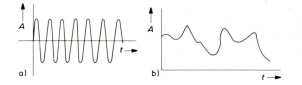

Bild 1.3
Zeitfunktionen
a) Voraussehbare Zeitfunktion ohne Angabe einer Nachricht,
b) unvorhersehbare Zeitfunktion, die eine Nachricht enthält

● *Nachrichteninhalt*

Nur wenn zeitliche Änderungen einer Empfangsgröße nicht voraussehbar sind, enthalten sie Nachrichten. Nur unvorhersehbare Zustandsänderungen (wie z.B. in Bild 1.3b) werden als Nachricht interpretiert. Die periodische, vorhersehbare Sinusschwingung in Bild 1.3a enthält also keine Nachricht.

> Die Zeitfunktion einer Größe enthält dann eine Nachricht, wenn die auftretenden Zustandsänderungen unvorhersehbar sind. Eine periodische Schwingung ist demnach frei von Nachrichten. Ihr *Nachrichteninhalt* ist gleich Null.

Bild 1.4 zeigt weitere Beispiele von Zeitfunktionen mit unvorhersehbaren Zustandsänderungen.

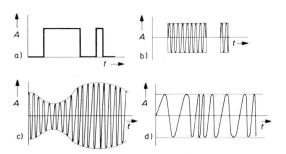

Bild 1.4
Beispiele von Zeitfunktionen mit unvorhersehbarem Verlauf
a) Gleichstromtelegrafie
b) Wechselstromtelegrafie
c) Amplitudenmodulation
d) Frequenzmodulation

▶ 1.2. Elektrisches Nachrichtensystem

Die Hauptaufgabe eines elektrischen Nachrichtensystems ist die Übermittlung von Nachrichten zwischen verschiedenen Orten, wobei während der eigentlichen Übertragung die Nachricht in einer physikalischen Darstellung — als *Signal* — vorliegt, so daß wir konsequenterweise von **Signalübertragung** sprechen.

• *Schema einer Signalübertragung*

Die Zusammenhänge lassen sich anhand des Schemas in Bild 1.5 erkennen. Die Aufgabe der Übertragung einer Information I zwischen einer *Nachrichtenquelle* und einer *Nachrichtensenke* (auch Nachrichtenverbraucher genannt) wird vom elektrischen Nachrichtensystem übernommen. Es bleibt der Phantasie des Lesers überlassen, für Nachrichtenquelle und -senke Beispiele zu finden. Das elektrische Nachrichtensystem wird unterteilt in die beiden Bereiche *Wandlung* und *Signalübertragung*.

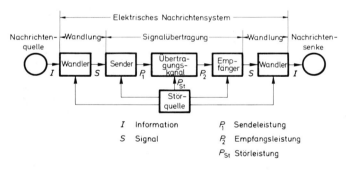

Bild 1.5
Schema einer Nachrichtenverbindung

I Information P_1 Sendeleistung
S Signal P_2 Empfangsleistung
P_{St} Störleistung

• *Wandler*

Die von der Quelle zum Zwecke der Übertragung ausgehende Information I wird in einem *Wandler* zum Signal S gemacht, so daß dem nachfolgenden Sender die physikalische Darstellung der zu übermittelnden Nachricht zugeführt wird. Je nach Ursprung und Form der Nachricht wird der Wandler unterschiedliche Aufgaben zu erfüllen haben. Handelt es sich beispielsweise um Sprache und Musik, sind *elektroakustische Wandler* erforderlich; sie werden in Kap. 3 besprochen. Für ein Bildübertragungssystem (z.B. Fernsehen) sind Bildaufnahme- und Bildwiedergaberöhren als *optoelektronische Wandler* nötig. Im Falle der Datenübertragung (Teil 4) oder der Übertragung von Meßwerten sind *Digital-Analog-Wandler* (D/A-*Converter,* auch DAC) und *Analog-Digital-Wandler* (A/D-*Converter,* auch ADC) notwendig. Eine Zusammenstellung dieser Beispiele mit typischen Übertragungsnetzen ist in Bild 1.6 gegeben.

1.3. Wirkungsgrad, Dämpfung und Pegel

Informationsform		Wandler	Übertragungsnetz
Wort	geschrieben	ADC	Fernschreibnetz
	gesprochen	elektroakustisch	Fernsprechnetz
Sprache und Musik		elektroakustisch	Rundfunk
Bild	ruhend	ADC	Bildtelegrafie
	bewegt	optoelektronisch	Fernsehen
Daten		DAC, ADC	Datenübertragungsnetz
Meßwerte		DAC, ADC	Telemetrienetz

ADC   Analog-Digital-Converter
DAC   Digital-Analog-Converter

Bild 1.6
Beispiele von Informationsformen mit typischen Übertragungsnetzen

• *Signalübertragung*

Die eigentliche Signalübertragung wird durch die in Bild 1.5 abgegrenzte Kette *Sender, Übertragungskanal, Empfänger* ausgeführt. Bestimmende Größen in dieser Kette sind *Sendeleistung P_1* und *Empfangsleistung P_2*. Charakterisierungen des Übertragungskanals durch das Verhältnis dieser Leistungen werden in 1.3 vorgenommen. Hier sei hervorgehoben, daß eine unverzerrte und ungestörte Signalübertragung nur dann möglich ist, wenn weder in Sender und Empfänger noch beim Transfer über den Kanal Störsignale hinzukommen oder Nachrichten verlorengehen. Weil dieser Fall aber nicht realistisch ist, wurde im allgemeinen Schema des Bildes 1.5 eine Störquelle eingeführt, die durch Abgabe der *Störleistung P_{St}* verantwortlich für Verzerrungen oder Verluste ist.

• *Signalformen*

Wie bereits in 1.1 besprochen, werden Nachrichten in analoger oder digitaler Form übertragen. Dadurch bedingt gehören zu den in Bild 1.6 aufgeführten verschiedenen Informationsformen auch unterschiedliche Signalformen. So können beispielsweise Musikschwingungen formgetreu in elektrische Stromschwankungen umgewandelt sein, oder aber es wird beim geschriebenen Wort, in der Bildtelegrafie, bei der Daten- und Meßwertübertragung eine *codierte Form* verwendet, wobei die zugehörigen Signale aus Kombinationen von Stromimpulsen bestehen (vgl. hierzu [1] und Teil 4). Die Umsetzungs- und Transportfähigkeit dieser verschiedenen Formen sind recht unterschiedlich. Darum wird es oft nötig sein, die vorliegenden Signale in solche zu *transformieren*, die bequem umgesetzt und über den Kanal transportiert werden können.

> Zum Wesen der Signalübertragungstechnik gehört, daß nicht immer die ursprüngliche Form der Nachricht, sondern nur ihr Inhalt übertragen wird.

▶ 1.3. Wirkungsgrad, Dämpfung und Pegel

Eine wesentliche Größe zur Kennzeichnung einer Übertragung ist deren *Wirkungsgrad*. Darunter versteht man das Verhältnis von Empfangs- zu Sendeleistung:

$$\eta = \frac{P_2}{P_1} \tag{1.1}$$

Der Wirkungsgrad wird als Zahlengröße oder prozentual angegeben. In einem Beispiel möge eine Sendeleistung P_1 = 5 W und eine Empfangsleistung P_2 = 775 mW vorliegen. Dafür wird der Wirkungsgrad

$$\eta = \frac{775 \text{ mW}}{5 \text{ W}} = 0{,}155 \quad \text{oder} \quad \eta = 15{,}5 \, \%.$$

Lediglich dieser Bruchteil der Sendeleistung steht am Eingang des Empfängers zur Verfügung, wenn angenommen wird, daß keine Störleistung auftritt, also $P_{St} = 0$.

• *Übertragungsfaktor*

Nach DIN 40 148, Blatt 1 (Übertragungssysteme und Vierpole, Begriffe und Größen) sind definiert:

$$\text{\textit{Übertragungsfaktor}} \quad A = \frac{S_2}{S_1} \qquad \text{\textit{Dämpfungsfaktor}} \quad D = \frac{S_1}{S_2}. \qquad (1.2)$$

Hierin werden S_1 „Eingangsgröße" und S_2 „Ausgangsgröße" genannt. In Übertragungssystemen spricht man auch von „Sendegröße" und „Empfangsgröße". A und D können komplex sein. Setzt man in Gl. (1.2) Leistungen ein, entsteht der in Gl. (1.1) definierte Wirkungsgrad.

• *Dämpfungsmaß*

Die Dämpfung eines Übertragungskanals wird nach DIN 5493 und DIN 40 148, Blatt 1 in einem logarithmischen Maß angegeben, weil, wie wir in 1.4 sehen werden, sie in mehreren Zehnerpotenzen auftreten kann. Und zwar wird der Zehnerlogarithmus des Verhältnisses „Sendegröße zu Empfangsgröße" gebildet. (Es wird sozusagen vom Sender zum Empfänger geblickt.) Als *Dämpfungsmaß* folgt also mit $S_1 = P_1$ und $S_2 = P_2$

$$a = \lg D = \lg \frac{P_1}{P_2}.$$

Dieses Dämpfungsmaß ist *dimensionslos*; es hat die Einheit „Eins = 1". Dieser Einheit „Eins" hat man den besonderen Namen **Bel (B)** nach dem Erfinder des Telefons *Graham Bell* gegeben. Es gilt also

$$\boxed{\text{Eins} = 1 = \text{Bel} = \text{B}}$$

• *Leistungsdämpfungsmaß*

Die „Einheit" Bel ist für die Praxis etwas zu groß. Um eine feinere Unterteilung zu ermöglichen, wird ein Zehntel des Bel als neue „Einheit" **Dezibel (dB)** eingeführt. Damit ergibt sich für das *Leistungsdämpfungsmaß*

$$\boxed{a_P = 10 \lg \frac{P_1}{P_2} \text{ dB}} \qquad (1.3)$$

Für den Fall $P_1 = P_2$ (keine Dämpfung) erhält man sofort $a_P = 10 \lg (1) = 10 \cdot 0 = 0$ dB. Ist $P_1 = 100 \cdot P_2$, wird $a_P = 10 \lg (100) = 10 \cdot 2 = 20$ dB.

▶ 1.3. Wirkungsgrad, Dämpfung und Pegel

Das bedeutet, wenn nur ein Hundertstel der Sendeleistung am Empfänger gemessen wird, beträgt der Wirkungsgrad des Übertragungskanals 1 %, was eine Leistungsdämpfung von 20 dB ergibt. Für das oben verwendete Beispiel mit $P_1 = 5$ W und $P_2 = 775$ mW wird

$$a_P = 10 \lg \frac{5}{0{,}775} = 8{,}1 \text{ dB.}$$

Es sei darauf hingewiesen, daß hier und im folgenden *Effektivwerte* eingesetzt sind (vgl. 4.1.1).

● *Spannungsdämpfungsmaß*

Es gilt allgemein der Zusammenhang $P = U^2/R$. Für den Fall, daß an den beiden zu vergleichenden Orten des Übertragungssystems der gleiche Widerstand R auftritt (gleicher Abschluß des Kanals), kann die Proportionalität $P \sim U^2$ verwendet werden, und wir erhalten

$$a_U = 10 \lg \frac{U_1^2}{U_2^2} = 20 \lg \frac{U_1}{U_2}$$

also

$$\boxed{a_U = 20 \lg \frac{U_1}{U_2} \text{ dB}} \quad . \tag{1.4}$$

● *Entdämpfung*

Das Dämpfungsmaß kann negative Werte annehmen, nämlich dann, wenn die Sendegröße kleiner als die Empfangsgröße ist, wenn also beispielsweise $U_1 = 200$ mV und $U_2 = 1{,}6$ V betragen. Dann folgt mit Gl. (1.4):

$$a_U = 20 \lg \frac{0{,}2}{1{,}6} = -18{,}1 \text{ dB.}$$

Dieses System weist eine Spannungsdämpfung von $-18{,}1$ dB auf. Man sagt dann auch, das System führt zu einer *Entdämpfung* von 18,1 dB. Und das ist natürlich nichts anderes als eine *Verstärkung*.

● *Leistungs- und Spannungsverstärkung*

Während beim *Dämpfungsmaß* sozusagen vom Sender aus in den Übertragungskanal geblickt und es als logarithmiertes Verhältnis von „Sendegröße zu Empfangsgröße" definiert wurde, ergibt sich das *Verstärkungsmaß* aus dem logarithmierten Verhältnis „Empfangsgröße zu Sendegröße" — also Blickrichtung vom Empfänger in den Kanal. Somit folgt

Leistungsverstärkungsmaß

$$G_P = 10 \lg \frac{P_2}{P_1} \text{ dB} \tag{1.5}$$

Spannungsverstärkungsmaß

$$G_U = 20 \lg \frac{U_2}{U_1} \text{ dB}. \tag{1.6}$$

• **Leitungsdämpfung**

Auf einer langen Leitung nehmen Strom- und Spannungsamplituden mit der Leitungslänge x exponentiell ab. Wie in Bild 1.7 dargestellt, kann also die Spannung U_x an der Stelle x auf der Leitung beschrieben werden durch

$$U_x = U_1 e^{-\alpha x} \tag{1.7}$$

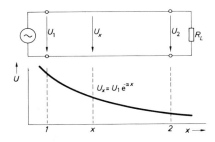

Bild 1.7
Leitungsdämpfung; U_1: Generatorspannung, U_2: Spannung am Lastwiderstand R_L, U_x: Spannung an der Stelle x, α: Dämpfungskonstante

Hierin ist U_1 die *Generatorspannung*, α ist die sogenannte *Dämpfungskonstante* (vgl. 9.2.3). Das Verhältnis U_1/U_x wird aus Gl. (1.7)

$$\frac{U_1}{U_x} = e^{\alpha x} \quad \text{oder} \quad \ln \frac{U_1}{U_x} = \alpha x.$$

Für die Stelle $x = 2$ schreiben wir $\alpha x = a$ (vgl. DIN 40 148, Blatt 1) und es folgt

$$\boxed{a_U = \ln \frac{U_1}{U_2} \text{ Np}}. \tag{1.8}$$

Wir haben also ein neues Dämpfungsmaß erhalten, in dem der *natürliche Logarithmus* verwendet wird. Dieses wieder dimensionslose Maß hat den Namen **Neper (Np)** erhalten.

• *Umrechnung: Dezibel – Neper*

Die beiden Dämpfungsmaße sind leicht ineinander umzurechnen, wenn man verwendet:

$$\ln x = \frac{\lg x}{\lg e} = 2{,}3 \lg x.$$

Damit folgt sofort

$$1 \, a_U \text{ in Np} = \ln \frac{U_1}{U_2} = 2{,}3 \lg \frac{U_1}{U_2} = \frac{2{,}3}{20} \cdot 20 \lg \frac{U_1}{U_2} = 0{,}115 \, a_U \text{ in dB}.$$

Durch Koeffizientenvergleich erhalten wir daraus

$$\boxed{\begin{array}{l} 1 \text{ dB} = 0{,}115 \text{ Np} \\ 1 \text{ Np} = 8{,}686 \text{ dB} \end{array}}. \tag{1.9}$$

▶ 1.3. Wirkungsgrad, Dämpfung und Pegel

Die feinere Abstufung des „Dezibel" gegenüber dem „Neper" ist sicher die Ursache dafür, daß das „Neper" kaum noch verwendet wird. Bild 1.8 gibt ein paar Beispiele für Größenverhältnisse mit zugehörigen Dämpfungsmaßen in dB und Np.

Verhältnis	a_P in dB	a_U in dB	a_U in Np
$10\,000 = 10^4$	40	80	9,2
$1\,000 = 10^3$	30	60	6,9
$100 = 10^2$	20	40	4,6
$10 = 10^1$	10	20	2,3
3,16	5	10	1,15
$2 = 2 \cdot 10^0$	3	6	0,693
$1 = 10^0$	0	0	0
$0,5 = 5 \cdot 10^{-1}$	-3	-6	$-0,693$
$0,1 = 10^{-1}$	-10	-20	$-2,3$
$0,01 = 10^{-2}$	-20	-40	$-4,6$
$0,001 = 10^{-3}$	-30	-60	$-6,9$
$0,0001 = 10^{-4}$	-40	-80	$-9,2$

Bild 1.8
Beispiele für Größenverhältnisse mit zugehörigen Dämpfungsmaßen in dB (Dezibel) und Np (Neper)

• *Pegel*

Von *Pegel* spricht man nach DIN 5493 dann, wenn die Leistung oder Spannung auf einen vereinbarten Normwert bezogen ist. Dieser Bezug ist notwendig, weil Pegel genau wie Dämpfungsmaße logarithmierte Verhältnisse sind; sie werden ebenfalls in dB angegeben. Andersherum folgt hieraus, daß man den Begriff *Pegel* nur dann verwenden darf, wenn eine „bezogene" Größe gemeint ist. So ist es also falsch zu sagen: „Der Verstärker weist einen Ausgangspegel von 1,5 V auf".

• *Leistungspegel*

Wenn eine *Bezugsleistung* P_0 gegeben ist, errechnet sich für eine gemessene Leistung P der Leistungspegel zu

$$\boxed{p = 10 \cdot \lg \frac{P}{P_0} \text{ dB}} \quad . \tag{1.10}$$

Oft ist $P_0 = 1$ mW als mittlere Ausgangsleistung eines Mikrofons in einer Telefon-Sprechkapsel (Post-Mikrofon). Dann ergibt sich an dem Ort in der Übertragungskette, an dem z.B. $P = 2$ W gemessen werden, ein Leistungspegel von

$$p = 10 \lg \frac{2}{0,001} = 33 \text{ dB}.$$

• *Spannungspegel*

Das Arbeiten mit Spannungspegeln hat seinen Ursprung im Postbereich. Dabei wird davon ausgegangen, daß eine Telefon-Freileitung einen *Wellenwiderstand* Z_0 von 600 Ω besitzt (vgl. dazu Kap. 9). An diesem *Normalwiderstand* wird die Leistung $P_0 = 1$ mW (Post-Mikrofon) gerade erzeugt durch eine Spannung von $U_0 = 0{,}775$ V. Denn es ist

$$P_0 = \frac{U_0^2}{Z_0} = \frac{(0{,}775 \text{ V})^2}{600 \text{ Ω}} = \frac{0{,}6 \text{ V}^2}{600 \text{ Ω}} = 1 \text{ mW}.$$

Damit ergibt sich der Spannungspegel für diesen Fall zu

$$p_u = \ln \frac{U}{U_0} \text{ Np} \quad . \tag{1.11}$$

• *Näherung für kleine Dämpfungsänderungen*

Zur Abschätzung kleiner Änderungen der Spannungsdämpfung können folgende Angaben dienen:

a_U in dB	0,1	0,2	0,5	0,8	1	
$\frac{\Delta U}{U}$ in %	1	2	5	8	10	Abschätzung
$\frac{\Delta U}{U}$ in %	1,16	2,3	5,9	9,65	12,2	genauer Wert

Hieraus ergibt sich eine grobe Faustformel:

$$\frac{\Delta U}{U} \text{ in \%} \approx 10 \cdot a_U \text{ in dB} \quad . \tag{1.12}$$

Das bedeutet, eine Änderung im Dämpfungsmaß von 1 dB entspricht etwa einer Änderung des Spannungsverhältnisses von 10 %.

1.4. Energietechnik, Nachrichtentechnik

Sowohl bei der Energieübertragung als auch bei der Nachrichtenübertragung handelt es sich um die Übertragung elektrischer Energien. Ein Vergleich zeigt jedoch, daß einige prinzipielle Unterschiede vorhanden sind.

• *Energietechnik*

Die Hauptaufgabe in der Energietechnik ist, möglichst große Energien mit möglichst geringen Verlusten zu übertragen. Der dazu in der Regel verwendete *Wechselstrom* weist nur eine einzige Frequenz auf. Die Bedingungen für die Dimensionierung einer *Starkstromanlage* lauten darum zusammengefaßt:

(1) Übertragung großer Leistungen (z.B. 150 000 kW)
(2) Übertragung bei fester Frequenz (z.B. 50 Hz ± 0,5 Hz)
(3) Wirkungsgrad $\eta = P_2/P_1$ möglichst 90 ... 99 %

• *Nachrichtentechnik*

Die Hauptaufgabe in der Nachrichtentechnik ist die möglichst ungestörte und die Information nicht verfälschende Übertragung über weiteste Strecken, wobei in der Regel viele Frequenzanteile — ein ganzes *Frequenzband* nämlich — zu übermitteln sind. Der Wirkungsgrad spielt dabei keine systembestimmende Rolle, er ist in der Regel nebensächlich.

1.4. Energietechnik, Nachrichtentechnik

Somit folgt für die *Nachrichtentechnik*:

> (1) Übertragung bis zu größten Entfernungen (z.B. Lichtjahre)
> (2) Übertragung eines ganzen Frequenzbandes
> (3) Wirkungsgrad in der Regel sehr klein

• *Beispiele: Wirkungsgrad*

Ein starker UKW-Sender (z.B. NDR II; Harz; Kanal 17; 92,1 MHz) sendet mit einer Leistung von 100 kW. Moderne Empfangsgeräte (*Tuner*) der Spitzenklasse verfügen über eine *Eingangsempfindlichkeit* von 1 µV an 60 Ω. Das heißt, ein Empfänger, der soweit vom obigen Sender entfernt ist, daß an seinem Eingang nur noch die Leistung von $P_2 = U^2/R = 1,7 \cdot 10^{-14}$ W gemessen wird, kann gerade noch die Sendungen empfangen (wobei dies natürlich der äußerste Grenzfall ist). Für den Wirkungsgrad dieses Übertragungssystems berechnen wir

$$\eta = \frac{P_2}{P_1} = \frac{1,7 \cdot 10^{-14}\,\text{W}}{100\,\text{kW}} = 1,7 \cdot 10^{-19}.$$

Dieser fast unvorstellbar kleine Wirkungsgrad kann auch als Dämpfungsmaß angegeben werden:

$$a_p = 10\,\lg \frac{P_1}{P_2} = 10\,\lg(5,9 \cdot 10^{18}) = 187,7\,\text{dB}.$$

Ein anderes Beispiel hat sich in den letzten Jahren durch die Übertragung von Marsbildern zwischen Marssonden und der Erde ergeben. Dabei wird mit einem Wirkungsgrad von 10^{-24} gearbeitet. Im Dämpfungsmaß sind das 240 dB.

• *Beispiele: Frequenzbandbreiten*

Das Ohr eines jungen Menschen ist in der Lage, Frequenzen zwischen etwa 16 Hz und 20 kHz aufzunehmen. Dies sind Grenzen, die mit zunehmendem Alter schnell enger werden, weil die obere Frequenzgrenze rasch absinkt. Bei einer Musikübertragung mit möglichst hoher Wiedergabetreue (*High-Fidelity,* kurz: HiFi) sollten alle von den beteiligten Instrumenten erzeugten Schwingungen vorhanden sein, d.h. Töne mit Frequenzen zwischen 16 Hz und etwa 15 kHz. Für eine Sprachverständigung jedoch genügt ein Frequenzbereich zwischen 300 Hz und 3400 Hz. So ergibt sich die folgende Auswahl:

Beispiel	Frequenzbandbreite
Sprache (Telefon)	300 Hz ... 3400 Hz
Musik (UKW-Rundfunk)	30 Hz ... 15 kHz
Bilder (Fernsehen)	25 Hz ... 6 MHz

Verwendet werden also sehr unterschiedliche Frequenzbandbreiten. Man kann die jeweiligen Bandbreiten auch in einer einzigen Zahl ausdrücken durch

Bandbreite

$$\boxed{B = f_o - f_u,} \tag{1.13}$$

wobei mit f_o die obere und f_u die untere Frequenzgrenze gemeint ist.

Während in der *Energietechnik* das Übertragungssystem für eine feste Frequenz möglichst verlustfrei arbeiten soll, kommt es in der *Nachrichtentechnik* darauf an, die Zeitfunktion der Information möglichst ohne Veränderungen zu übermitteln — der *Nachrichteninhalt* soll also nicht durch Störungen oder Verzerrungen beeinträchtigt oder verfälscht werden (vgl. dazu Kap. 2).

- *Ausgleich von Energieverlusten*

Ein Energietransport ohne Verluste ist prinzipiell nicht möglich. In der Nachrichtentechnik ist dieser systembedingte Energieverlust nicht automatisch verbunden mit einem Informationsverlust (vgl. jedoch Kap. 2). Es ist aber eine Bedingung zu beachten. Wenn die Leistung (wie in Bild 1.9 gezeigt) soweit abgesunken ist, daß das die Information tragende Signal nicht mehr eindeutig aus den Störsignalen hervortritt, ist die übermittelte Nachricht im allgemeinen verloren. Es muß darum, bevor dieser Zustand erreicht ist, durch *Energiezufuhr mit Verstärkern* eine hinreichende Signalamplitude wiederhergestellt werden. Bild 1.10 zeigt schematisch diesen Vorgang. Die erstmalige Verstärkung muß dann einsetzen, wenn das Nutzsignal auf der Strecke I bis in die Nähe der Aussteuerungsschwelle von Verstärker 1 abgesunken ist. Verstärker 2 muß dafür sorgen, daß der Empfänger wenigstens den Bezugspegel p_0 erhält.

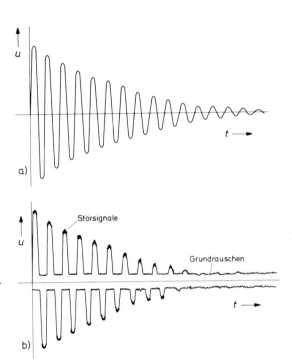

Bild 1.9. a) Exponentiell abklingendes ungestörtes Nutzsignal (z. B. längs einer Leitung); b) Grundrauschen und Störsignale, die am stärksten auf den Spitzen des Nutzsignals auftreten

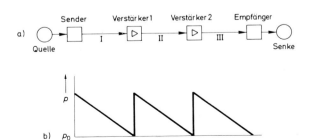

Bild 1.10

Ausgleich von Verlusten auf den Leitungsabschnitten I, II und III durch Zwischenschalten von Verstärkern

a) Leitungsschema, b) Pegelverlauf

1.5. Frequenzband und Spektrum

Ein reiner *Sinuston* besteht aus einer periodischen Schwingung mit fester Frequenz $f = 1/T$, die sich also, wie in Bild 1.11 veranschaulicht, als Kehrwert aus den zeitlichen Abständen T zweier benachbarter Stellen gleichen Schwingungszustandes ergibt. T wird *Periode* der Schwingung genannt. Frequenz und Periode haben folgende Einheiten:

Größe	Frequenz f	Periode T
Einheit	$\frac{1}{s} = Hz$	s

Die Frequenz wird nach dem deutschen Physiker *Heinrich Hertz* (1857–1894) in **Hertz (Hz)** angegeben.

Bild 1.11
Darstellungen sinusförmiger Schwingungen
a) Zeitdiagramm
b) Amplitudenspektrum

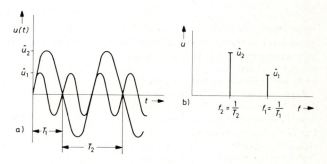

• *Spektrum*

In Bild 1.11a sind zwei periodische Schwingungen konstanter Amplitude in ihrem zeitlichen Verlauf dargestellt. Die mathematische Beschreibung solcher Schwingungen lautet

$$u(t) = \hat{u} \sin(\omega t). \qquad (1.14)$$

Darin ist $\hat{u}$ der *Scheitelwert* der Schwingung (siehe 4.1.1). $u(t)$ gibt somit den zeitlichen Verlauf der Sinusschwingung an. ω ist die *Kreisfrequenz*. Sie ergibt sich aus

$$\omega = 2\pi f \, s^{-1}$$

und hat die Einheit $1/s$. Zu den beiden in Bild 1.11a dargestellten Schwingungen mit den Perioden T_1 bzw. T_2 gehören feste *diskrete Frequenzen* $f_1 = 1/T_1$ bzw. $f_2 = 1/T_2$. Diese beiden Frequenzen sind in das Frequenzdiagramm Bild 1.11b eingezeichnet und erscheinen dort als einzelne *diskrete Linien*. Solche Darstellungen nennt man darum auch *Linienspektrum* oder *Amplitudenspektrum*, in ausführlicher Form auch *Amplitudenfrequenzspektrum*.

> Ein reiner Sinuston, der im *Zeitdiagramm* (Bild 1.11a) als periodischer Wellenzug gezeichnet ist, wird im *Frequenzdiagramm* als diskrete Linie dargestellt. Die Lage auf der Frequenzachse bestimmt die Frequenz $f = 1/T$ der Schwingung.

• Beliebige Schwingungsform

In der Praxis liegen ganz selten reine Sinusschwingungen vor. In der Regel sind — entweder durch Störungen oder gewollt — abweichende Kurvenformen zu beobachten. Solche „nichtsinusförmigen" Schwingungen können nicht mehr durch Angabe einer Frequenz und einer Amplitude beschrieben werden. Sie setzen sich vielmehr aus theoretisch unendlich vielen Einzelschwingungen unterschiedlicher Amplituden zusammen, die aber mit zunehmender Frequenz der Einzelschwingungen schnell kleiner werden, so daß sich in der Praxis zur näherungsweisen Darstellung beliebiger Schwingungsformen Frequenzbänder endlicher Bandbreite ergeben.

• Fourier-Analyse

Das Zerlegen von periodischen Schwingungen beliebiger Kurvenform in sinusförmige Einzelschwingungen wird *Fourier-Analyse* genannt. Nach dieser Analyse ergeben sich für zeitlich beliebig verlaufende periodische Funktionen unendliche Reihen. Die einzelnen Reihenglieder stellen Teilschwingungen dar, die in ihrer Gesamtheit das Signal beliebiger Schwingungsform bilden. Die Teilschwingungen werden auch *harmonische Schwingungen* genannt, weil ihre Frequenzen ganzzahlige Vielfache der *Grundfrequenz* sind. Bild 1.12 soll diesen Tatbestand veranschaulichen.

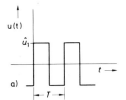
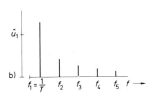

Bild 1.12
Rechteckschwingung (a) mit zugehörigem Amplitudenspektrum (b)
f_1: Grundfrequenz
$f_2, f_3, \ldots$: Oberwellen

• Harmonische Schwingungen

Zur Rechteckschwingung mit der Periode T und der Amplitude $\hat{u}_1$ gehört das in Bild 1.12b gezeigte Amplitudenspektrum. Die Grundfrequenz ergibt sich aus der Periode zu $f_1 = 1/T$. Die Frequenzlinien $f_1, f_2, \ldots$ werden *Spektralfrequenzen* oder *Harmonische* genannt und stellen die *harmonischen Schwingungen* dar. In diesem Spezialfall gilt: $f_2 = 3 f_1$; $f_3 = 5 f_1$; etc. Die harmonischen Schwingungen $f_1, f_2, f_3, \ldots$ werden *Teiltöne* genannt, $f_2, f_3, \ldots$ heißen *Oberwellen*.

• Fourier-Reihe

Für die in Bild 1.12 angegebene Rechteckschwingung soll beispielhaft die Fourier-Reihe angegeben werden, aus der man ablesen kann, welche Einzelfrequenzen (Spektralfrequenzen) zur Bildung solch einer Rechteckschwingung nötig sind und mit welcher Amplitude sie auftreten.

$$u(t) = \frac{4}{\pi} \hat{u}_1 \left(\sin \omega_1 t + \frac{1}{3} \sin 3 \omega_1 t + \frac{1}{5} \sin 5 \omega_1 t + \ldots \right). \tag{1.15}$$

Als erstes Glied dieser unendlichen Reihe erkennen wir die Grundschwingung $\sin \omega_1 t$ mit der Frequenz $f_1 = 1/T$ bzw. der Kreisfrequenz $\omega_1 = 2\pi/T$. Die *Oberwellen* weisen Frequenzen auf, die ganzzahlige Vielfache der Grundschwingung sind.

1.6. Grundaufgaben der Signalübertragungstechnik

• **Konstruktion der Rechteckschwingung**

Zur Verdeutlichung der Zusammenhänge sind in Bild 1.13 die Grundschwingung und die ersten drei Oberwellen der Fourier-Reihe (1.15) in eine Periode der Rechteckschwingung eingezeichnet. Diese vier Teilschwingungen sind punktweise in ihren Amplituden addiert, woraus die Summenkurve entsteht (linke Halbperiode). Man erkennt, daß schon mit nur vier Teilschwingungen eine dem Rechteck ähnliche Schwingungsform entsteht, die schnell weniger wellig und ausgeprägter zum Rechteck wird, wenn weitere Harmonische dazugenommen werden.

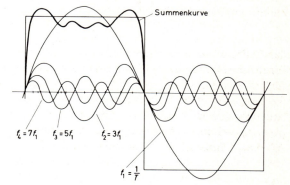

Bild 1.13
Konstruktionsschema für eine Rechteckschwingung aus den ersten vier Teilschwingungen; nach Fourier-Reihe Gl. (1.15)

1.6. Grundaufgaben der Signalübertragungstechnik

Eine der wichtigsten Aufgaben in der Nachrichtentechnik ist das Auffinden einer möglichst wirtschaftlichen Übertragung bei ausreichender Qualität der übermittelten Information. Wie hoch der jeweilige Qualitätsanspruch ist, hängt z.B. davon ab, ob eine Sprachverständigung genügt (Telefon) oder ob auch die Natürlichkeit des Gesangs oder der Musik gefordert wird (HiFi-Übertragung).

• *Bedingungen für Signalübertragungen*

Bei Entwicklungsarbeiten mit dem Ziel, eine optimale Übertragung zu finden, müssen folgende Bedingungen eingehalten werden:

1. Der Übertragungskanal muß über eine ausreichende Frequenzbandbreite verfügen;
2. Das empfangene Signal muß eindeutig aus dem Rauschen hervortreten;
3. Der Übertragungskanal muß eine ausreichende Störfreiheit besitzen, d.h. Rauschen und nichtlineare Verzerrungen müssen hinreichend klein sein.

• *Frequenzbandbreite*

Nehmen wir als Maßstab das menschliche Ohr, müßten wir für Sprach- und Musikübertragungen eine Bandbreite von 20 kHz fordern, genauer: 16 Hz ... 20 kHz; denn dieser Frequenzumfang kann von jungen Menschen aufgenommen werden. Jedoch wäre es eine kaum vertretbare Verschwendung, wenn immer diese Bandbreite realisiert würde. Zwar sollte man für eine hochwertige Musikübertragung bemüht sein, eine möglichst hohe obere Frequenzgrenze zu erzielen. Aber es darf dabei nicht übersehen werden, daß einerseits ältere Musikhörer nur noch Frequenzanteile unterhalb 8 bis 12 kHz wahrnehmen, andererseits das Klangspektrum (Grundton plus Obertöne) auch von „hohen" Instrumenten wie Geige oder Piccoloflöte kaum über 10 kHz hinausreicht. So gewährleistet die Festlegung für UKW-Stereoübertragungen von zunächst 12,5 kHz und heute meistens 15 kHz als oberer Frequenzgrenze eine ausreichende Qualität.

● *Störungen*

Störungen auf einem Übertragungsweg können verschiedene Ursachen haben. Eine Hauptquelle ist im sogenannten *Rauschen* zu sehen (vgl. Kap. 2). Bekannt ist z.B. das Empfänger- und Verstärkerrauschen, das man aus dem Lautsprecher besonders gut hört, wenn ein Rundfunkempfänger ohne Signal am Eingang (ohne Sender) stark „aufgedreht" wird. Neben diversen Rauschquellen können viele andere Quellen auf die Übertragung einwirken. Beispiele sind Funkenstrecken von Maschinen oder Automobilen und vom Ein- und Ausschalten elektrischer Geräte, Einstreuungen durch Magnetfelder oder auch extraterrestrische Störungen, womit Rauschen aus dem Weltall gemeint ist.

● *Frequenzumsetzung*

Qualität und Wirkungsgrad einer Signalübertragung hängen auch davon ab, in welchem *Frequenzbereich* gearbeitet wird. In drahtlosen Systemen (Kap. 12) hängt gar das Gelingen der Übertragung entscheidend davon ab, in welchem Frequenzbereich sie stattfinden soll. Denn Voraussetzung für eine drahtlose Signalübertragung ist die *elektromagnetische Strahlung*. Man kann sagen:

> Hochfrequente Schwingungen haben besonders gute Ausbreitungseigenschaften.

Durch diese physikalische Gegebenheit wird vom Sender zusätzlich zur Erzeugung der nötigen elektrischen Sendeleistung auch noch eine Umsetzung der Signalfrequenzen in einen für die Übertragung günstigen Frequenzbereich gefordert. Das ist gleichbedeutend mit einer Anpassung an die Betriebsbedingungen des Übertragungskanals. Die bedeutendsten Verfahren zur Frequenzumsetzung sind *Amplitudenmodulation* (AM), *Frequenzmodulation* (FM) und *Pulscodemodulation* (PCM); sie werden in Teil 2 ausführlich besprochen.

> *Frequenzumsetzungen* dienen der Anpassung an die Betriebsbedingungen des Übertragungskanals;
> *Wandler* formen eine Nachricht in ihr physikalisches Äquivalent „Signal" um.

● *Beispiele für Frequenzlagen*

Die nachfolgende Tabelle (Bild 1.14) zeigt, in welchen Frequenzbereichen die wichtigsten Sendekanäle und Strahlungsarten liegen. Der Zusammenhang von Frequenz und Wellenlänge ergibt sich aus der Gleichung

$$c = f \cdot \lambda . \tag{1.16}$$

Danach sind f und λ einander umgekehrt proportional. c ist die Lichtgeschwindigkeit, mit der sich elektromagnetische Wellen nahezu ausbreiten; $c = 3 \cdot 10^8$ m/s. Bild 1.15 zeigt in einer einfachen Darstellung den Zusammenhang zwischen Frequenz und Wellenlänge.

1.6. Grundaufgaben der Signalübertragungstechnik

Bezeichnung	Frequenz f Definition	praktisch	Wellenlänge λ Definition	praktisch	
Netz	50 Hz		6000 km		
Akustik	1000 Hz		300 km		
Myriameter-wellen (VLF)	3 ... 30 kHz		100 ... 10 km		
Radiowellen-bereich (RF)	ab 30 kHz		ab 10 km		Telefon
Kilometer-wellen (LF, LW)	30 ... 300 kHz	150 ... 285 kHz	10 ... 1 km	2 ... 1,053 km	
Hektometer-wellen (MF, MW)	300 ... 3000 kHz	525 ... 1605 kHz	1000 ... 100 m	571 ... 187 m	
Amateurwellen		1875 kHz		160 m	
Dekameter-wellen (HF, KW)	3 ... 30 MHz	6 ... 19 MHz	100 ... 10 m	49 ... 16 m	
Amateurwellen		3,5 ... 30 MHz		80 ... 10 m	
Meterwellen (VHF)	30 ... 300 MHz		10 ... 1 m		
FS Band I		41 ... 68 MHz		7,3 ... 4,4 m	
Polizei		86,5 MHz		3,5 m	
UKW		87 ... 104 MHz		3,5 ... 2,9 m	
Amateure		150 MHz		2 m	Richtfunk und Radar
FS Band III		174 ... 230 MHz		1,7 ... 1,3 m	
Hochfrequenz-bereich	300 MHz ... 300 GHz		1 m ... 1 mm		
Dezimeter-wellen (UHF)	300 ... 3000 MHz		100 ... 10 cm		
FS Band IV/V		470 ... 960 MHz		64 ... 31 cm	
Amateure		430 ... 2500 MHz		70 ... 12 cm	
Zentimeter-wellen (SHF) (auch: Mikro-wellen)	3 ... 30 GHz		10 ... 1 cm		
Amateure		10 ... 20 GHz		3 ... 1,5 cm	
Kabel-FS		12 GHz		2,5 cm	
Millimeter-wellen (EHF)	30 ... 300 GHz		10 ... 1 mm		
Strahlungen	ab $3 \cdot 10^{12}$ Hz		ab 100 μm		
Wärmestrahlen		$3 \cdot 10^{13}$ Hz		10 μm	
Infrarot		$3 \cdot 10^{14}$ Hz		1 μm	
Licht		$5 \cdot 10^{14}$ Hz		$6 \cdot 10^{-7}$ m	
UV		$3 \cdot 10^{15}$ Hz		10^{-7} m	
Röntgenstrahlen		$3 \cdot 10^{18}$ Hz		10^{-10} m	
Atomstrahlen		$3 \cdot 10^{20}$ Hz		10^{-12} m	
Kosmische Strahlen		$3 \cdot 10^{23}$ Hz		10^{-15} m	

Bild 1.14. Frequenz- und Wellenlängenbereiche der wichtigsten Sendekanäle und Strahlungsarten (Abkürzungen siehe Text)

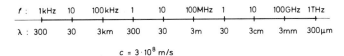

Bild 1.15
Zusammenhang zwischen Frequenz f und Wellenlänge λ

• *Übersicht über Wellen- und Radiofrequenzbereiche*

Mit Bild 1.16 ist als Ergänzung zu Bild 1.14 eine Übersicht über Wellen- und Radiofrequenzbereiche sowie über die Art der Funkausbreitung gegeben. Die in den Bildern 1.14 und 1.16 verwendeten Abkürzungen bedeuten (nach DIN 40 015):

VLF	*Very Low Frequencies*		VHF	*Very High Frequencies*
RF	*Radio Frequencies*		FS	*Fernsehen*
LF	*Low Frequencies*		UKW	*Ultrakurzwelle*
LW	*Langwelle*		UHF	*Ultra High Frequencies*
MF	*Medium Frequencies*		SHF	*Super High Frequencies*
MW	*Mittelwelle*		EHF	*Extremely High Frequencies*
HF	*High Frequencies*		UV	*Ultraviolett-Strahlung*
KW	*Kurzwelle*			

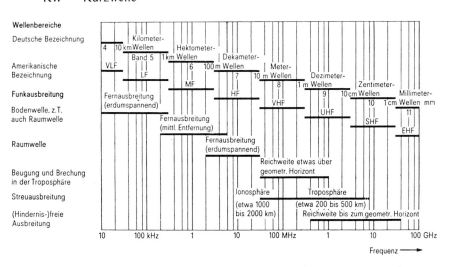

Bild 1.16. Übersicht über Wellen- und Radiofrequenzbereiche (entnommen aus [2])

▶ 1.7. Mehrfachausnutzung und Betriebsarten

Die Mehrfachausnutzung eines Übertragungskanals ist in zweierlei Hinsicht von großer Bedeutung. Bei drahtgebundenen Übertragungen zwingen wirtschaftliche Überlegungen und begrenzte Frequenzbandbreiten dazu, Leitungen mehrfach zu nutzen. Bei drahtlosen Übertragungen liegt es in der Natur des Übertragungskanals (des freien Raumes nämlich), daß er immer mehrfach benutzt werden muß – von vielen verschiedenen Sendern nämlich, die alle getrennt mit einem Gerät empfangen werden sollen.

▶ 1.7. Mehrfachausnutzung und Betriebsarten

• *Mehrfachausnutzung des Übertragungskanals*

Wir haben erkannt, daß zur Anpassung des Sendesignals an die Betriebsbedingungen des Übertragungskanals in der Regel *Frequenzumsetzungen* nötig werden. Dies kann nun gleichzeitig zur Mehrfachausnutzung eines Übertragungskanals dienen. Die beiden dazu benutzten Verfahren sind

> *Frequenzmultiplex- und Zeitmultiplex-Verfahren.*

Beide Verfahren werden getrennt und gemischt verwendet.

• *Frequenzmultiplex*

Beim Frequenzmultiplex-Verfahren werden die verschiedenen Quellen zugeordneten Frequenzbänder I, II, III in die Frequenzlagen f_I, f_{II} und f_{III} umgesetzt (Bild 1.17). Diese Frequenzlagen sind je nach Problem sehr unterschiedlich. Sie reichen von z.B. 12 kHz bei Telefoniesystemen bis in den Gigahertzbereich. Dabei gilt allgemein, daß mit zuneh-

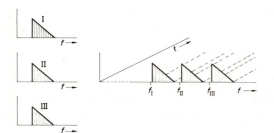

Bild 1.17
Frequenzmultiplex-Verfahren am Beispiel dreier Frequenzbänder I, II und III gleicher Ursprungslage, die in die Frequenzlagen f_I, f_{II} und f_{III} umgesetzt werden

mender Anzahl der Informationsbänder die Umsetzung in höhere Frequenzbereiche geschehen muß. Die voneinander unabhängigen Informationsbänder I, II, III werden in der Frequenzlage getrennt aber zeitgleich übertragen. Auf der Empfängerseite werden sie wieder getrennt und in die Ausgangsfrequenzlage zurückgesetzt. Die in Bild 1.17 gezeichneten dreieckigen *Amplitudenverteilungen* sind stark schematisiert, entsprechen aber grob der Verteilung bei Sprachsignalen (z.B. Telefon). Bild 1.18 zeigt das Blockschema eines Frequenzmultiplexsystems. Weitere Einzelheiten hierzu werden in 10.1.2 besprochen.

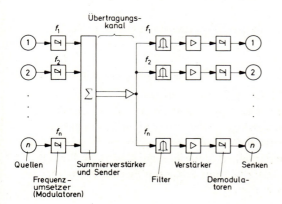

Bild 1.18
Blockschema eines Frequenzmultiplex-Systems

• Zeitmultiplex

Beim Zeitmultiplex-Verfahren werden die einzelnen Informationsbänder nicht in verschiedene Frequenzlagen getrennt, sondern sie werden zeitlich nacheinander übertragen. Sie werden also in der Frequenzlage deckungsgleich aber zeitlich getrennt übermittelt. Bild 1.17 beschreibt dann das Zeitmultiplex-Verfahren, wenn Zeit- und Frequenzachse vertauscht werden. Bild 1.19 zeigt schematisch ein Zeitmultiplex-System und verdeutlicht, wie die Signalquellen nacheinander abgefragt werden. Die Verteilereinrichtung im Empfänger muß synchron mit der Abfrageeinrichtung im Sender laufen (vgl. 8.3.3 und 10.1.3).

Beim *Frequenzmultiplex-Verfahren* werden voneinander unabhängige Informationsbänder in der Frequenzlage getrennt aber *zeitgleich* übertragen.

Beim *Zeitmultiplex-Verfahren* werden voneinander unabhängige Informationsbänder in der Frequenzlage deckungsgleich aber *zeitlich getrennt* übertragen.

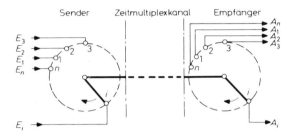

Bild 1.19
Schema des Zeitmultiplex-Verfahrens

• Betriebsarten

Allgemein werden in der Übertragungstechnik drei *Betriebsarten* unterschieden:

Richtungsverkehr (*Simplex*)
Wechselverkehr   (*Halbduplex*)
Gegenverkehr   (*Duplex*)

Alle drei Betriebsarten werden zusammen mit den Verfahren Frequenz- oder Zeitmultiplex verwendet.

• Richtungsverkehr (Simplex)

Beim *Richtungsverkehr* können Informationen in nur einer Richtung übertragen werden. Wie Bild 1.20a zeigt, sind in diesem Fall die Übertragungsstationen reine *Sender S* oder *Empfänger E*. Um einen Informationsaustausch zu ermöglichen, müssen zwei Simplex-Anlagen parallel verwendet werden, was man dann *Zweikanal-Gegensprechbetrieb* nennt. Der Aufwand in den Sende- und Empfangsstationen ist gering. Ein Beispiel für diese Betriebsart sind die *Richtfunkstrecken* (vgl. Kap. 12), mit denen das Fernkabelnetz für Fernsprechen ergänzt ist.

1.8. Zusammenfassung

- **Wechselverkehr (Halbduplex)**

Beim *Wechselverkehr* können auf derselben Leitung Informationen in beiden Richtungen, aber nur nacheinander (also wechselweise) ausgetauscht werden. Nötig ist demnach nur ein Übertragungskanal, aber die Übertragungsstationen müssen einmal als Sender, dann als Empfänger arbeiten können, was in Bild 1.20b mit Umschaltern angedeutet ist. Anwendung findet diese Betriebsart z. B. in den *Fernschreibnetzen* (vgl. 10.3).

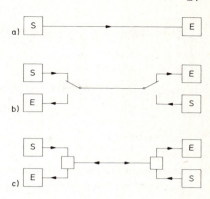

Bild 1.20. Betriebsarten der Übertragungstechnik
a) Richtungsverkehr (Simplex)
b) Wechselverkehr (Halbduplex)
c) Gegenverkehr (Duplex)

- **Gegenverkehr (Duplex)**

Können auf derselben Leitung Informationen gleichzeitig zwischen zwei Stationen ausgetauscht werden, spricht man von *Gegenverkehr*. Dazu müssen die Übertragungsstationen gleichzeitig als Sender und Empfänger arbeiten können (Bild 1.20c). Der Aufwand in diesen Stationen ist größer als bei den anderen Betriebsarten. Aber erst dadurch wird ein echter Dialog zwischen den beiden beteiligten Stellen möglich. Das wichtige Beispiel ist in unseren *Fernsprechnetzen* zu sehen (vgl. 10.2), wo gleichzeitige Rede und Gegenrede selbstverständlich erwartet wird.

1.8. Zusammenfassung

Informationen können aus verabredeten (bekannten) Zeichen, Symbolen oder Wörtern gebildet werden, wobei ein Wort eine endliche geordnete Zeichenfolge ist. Sind Informationen zur Weitergabe (Übertragung) vorgesehen, nennt man sie *Nachrichten*, sollen sie in irgendeiner Form verarbeitet werden, spricht man von *Daten*.

Signale sind die physikalische Darstellung von Nachrichten und Daten. Über einen *Übertragungskanal* werden *Signale* befördert. Beschrieben werden Signale durch ihre *Zeitfunktion*, also durch den zeitlichen Verlauf der Information.

> Die *Zeitfunktion* einer Größe enthält nur dann eine Nachricht, wenn die auftretenden Zustandsänderungen unvorhersehbar sind. Eine periodische Schwingung ist demnach frei von Nachrichten.

Ein elektrisches Nachrichtensystem besteht im wesentlichen aus den Bereichen *Wandlung* und *Signalübertragung*. Wandler dienen dazu, aus Nachrichten Signale zu machen, die für eine Übertragung geeignet sind.

Wirkungsgrad gibt das Verhältnis von Empfangs- zu Sendeleistung an:

$$\eta = \frac{P_2}{P_1}.$$

Dämpfungsmaße ergeben sich als logarithmierte Verhältnisse von „Sendegröße zu Empfangsgröße". Obwohl sie dimensionslos sind, hat man ihnen Namen gegeben, die wie Einheiten behandelt werden. Und zwar verwendet man *Dezibel* (dB), wenn der Zehnerlogarithmus und *Neper* (Np) wenn der natürliche Logarithmus angewendet wird.

Pegel nennt man solche logarithmierten Verhältnisse, die auf einen vereinbarten Normwert bezogen sind; sie werden ebenfalls in dB oder Np angegeben.

Vergleich: Energietechnik	Nachrichtentechnik
(1) Übertragung großer Leistungen	(1) Übertragung bis zu größten Entfernungen
(2) Übertragung bei fester Frequenz	(2) Übertragung eines ganzen Frequenzbandes
(3) Wirkungsgrad möglichst 90 ... 99 %	(3) Wirkungsgrad in der Regel sehr klein

Während in der *Energietechnik* das Übertragungssystem für eine feste Frequenz möglichst verlustfrei arbeiten soll, kommt es in der *Nachrichtentechnik* darauf an, die Zeitfunktion der Information möglichst ohne Veränderungen zu übermitteln.

Spektrum. Ein reiner Sinuston, der im *Zeitdiagramm* als periodischer Wellenzug vorliegt, wird im *Frequenzdiagramm* als diskrete Linie dargestellt. Die Lage auf der Frequenzachse bestimmt die Frequenz $f = 1/T$ der Schwingung, wobei T die Schwingungsperiode ist. Die Darstellung im Frequenzdiagramm nennt man *Spektrum*, auch ausführlich *Frequenzspektrum*.

Grundaufgaben der Signalübertragungstechnik. Eine der wichtigsten Aufgaben in der Nachrichtentechnik ist das Auffinden einer möglichst wirtschaftlichen Übertragung bei ausreichender Qualität der übermittelten Information. Bei Entwicklungsarbeiten müssen darum folgende Bedingungen eingehalten werden:

(1) Der Übertragungskanal muß über eine ausreichende Frequenzbandbreite verfügen;
(2) Das empfangene Signal muß eindeutig aus dem Rauschen hervortreten;
(3) Der Übertragungskanal muß eine ausreichende Störfreiheit besitzen.

Frequenzumsetzungen sind notwendig zur Anpassung an die Betriebsbedingungen des Übertragungskanals. Dabei gilt:

Hochfrequente Schwingungen haben besonders gute Ausbreitungseigenschaften.

* 2.1. Informationsminderung

Wandler dagegen formen eine Nachricht in ihr physikalisches Äquivalent „Signal" um.

Mehrfachausnutzung eines Übertragungskanals wird durch Frequenzmultiplex- und Zeitmultiplex-Verfahren realisiert.

Beim *Frequenzmultiplex-Verfahren* werden voneinander unabhängige Informationsbänder in der Frequenzlage getrennt aber *zeitgleich* übertragen.

Beim *Zeitmultiplex-Verfahren* werden voneinander unabhängige Informationsbänder in der Frequenzlage deckungsgleich aber *zeitlich getrennt* übertragen.

Betriebsarten der Übertragungstechnik sind

Richtungsverkehr	(*Simplex*)
Wechselverkehr	(*Halbduplex*)
Gegenverkehr	(*Duplex*)

2. Verzerrungen und Rauschen

* 2.1. Informationsminderung

Wir haben in 1.6 die Grundaufgaben der Signalübertragungstechnik formuliert und dabei als eine der wichtigsten Aufgaben das Auffinden einer möglichst wirtschaftlichen Übertragung bei ausreichender Qualität der Übermittlung herausgestellt. Störungen jeder Art stehen Bemühungen in diesem Zusammenhang entgegen, weil sie im Prinzip immer qualitätsmindernd wirken, wenn nicht gar die Information während des Übertragungsvorgangs verfälschen.

• *Frequenzband*

In 1.6 wurde hervorgehoben, daß der Übertragungskanal eine ausreichende Bandbreite besitzen muß; denn in der Regel ist nicht nur eine einzelne Sinusschwingung zu übertragen, sondern es liegt ein ganzes *Frequenzband* vor — es ist ein *Frequenzspektrum* gegebener *Bandbreite* und bestimmter *Amplitudenverteilung* mit definierten *Phasenlagen* zu übertragen.

• *Zeitfunktion*

Als Beispiel sei hierzu die in Bild 1.13 konstruierte Summenkurve betrachtet. Dieser in Bild 2.1 wiedergegebene Wellenzug wird beschrieben durch die Zeitfunktion

$$u(t) = \frac{4}{\pi} \hat{u}_1 \left(\sin \omega_1 t + \frac{1}{3} \sin 3\omega_1 t + \frac{1}{5} \sin 5\omega_1 t + \frac{1}{7} \sin 7\omega_1 t \right).$$

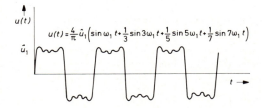

Bild 2.1
Wellenzug nach Bild 1.13

Es handelt sich natürlich um nichts anderes als um die vier ersten Glieder der Fourier-Reihe Gl. (1.15) aus 1.5. Bestimmungsstücke des Wellenzugs sind die vier Frequenzanteile f_1, $3f_1$, $5f_1$ bzw. $7f_1$ (das Frequenzspektrum) sowie die zugehörigen Amplituden $4\hat{u}_1/\pi$, $4\hat{u}_1/3\pi$, $4\hat{u}_1/5\pi$ bzw. $4\hat{u}_1/7\pi$ (Amplitudenverteilung). Die Phasenlagen sind der Einfachheit halber zu Null angenommen.

● *Verzerrungen*

Werden bei der Übertragung Veränderungen an einer oder mehreren Teilschwingungen beobachtet, spricht man von *Verzerrungen*. Anders ausgedrückt: Wenn der zeitliche Verlauf der Empfangsschwingungen nicht mit dem der Sendeschwingungen übereinstimmt, arbeitet das System nicht mehr verzerrungsfrei. Werden einzelne Teilschwingungen nicht vollständig oder gar nicht übertragen, weil der Übertragungskanal eine nicht ausreichende Bandbreite besitzt, nennt man die daraus entstehenden Veränderungen in der Zeitfunktion *lineare Verzerrungen*; sie werden in 2.2 besprochen. Treten während der Übertragung neue, ursprünglich nicht vorhandene Teilschwingungen auf, sagt man, im Übertragungssystem sind *nichtlineare Verzerrungen* entstanden; hierzu mehr in 2.3.

● *Rauschen*

Im Inneren elektronischer Schaltungen und in stromführenden Leitungen entstehen Störungen statistischer Art. Solche also völlig regellos auftretenden Störungen nennt man *Rauschen* (Bild 2.2b). Das Rauschen überlagert sich den Signalschwingungen, wie es beispielsweise in Bild 2.2c angegeben ist. Wird solch ein „verrauschtes" Signal verstärkt, nimmt in gleichem Maße das Rauschen zu (Bild 2.2d). Einzelheiten zum Rauschen werden in 2.4 behandelt.

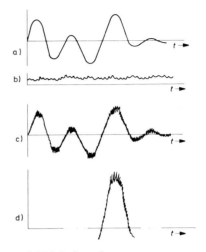

Bild 2.2. Rauschen
a) Signalspannung
b) Rauschspannung
c) Überlagerung
d) Signal und Rauschen verstärkt

▶ **2.2. Lineare Verzerrungen**

In 9.2 wird gezeigt, daß die Übertragungseigenschaften allgemein durch das *Dämpfungsmaß a* und das *Phasenmaß b* bestimmt sind. Das Dämpfungsmaß a ist in 1.3 bereits eingeführt zu $a = \lg D$ bzw. $a = \alpha x$, mit dem *Dämpfungsfaktor* $D = S_1/S_2$ („Eingangsgröße" zu „Ausgangsgröße") bzw. der *Dämpfungskonstanten* α, multipliziert mit dem Übertragungsweg der Länge x. Sind a und b von der Frequenz abhängig, entstehen lineare Verzerrungen. Durch a verursachte Verzerrungen heißen *Dämpfungsverzerrungen*, durch b verursachte *Phasenverzerrungen*.

● *Dämpfungsverzerrungen*

Eine amplitudengetreue Übertragung (frei von Dämpfungsverzerrungen) ist nur möglich für $a(\omega) = $ const, wenn also die Übertragungseigenschaften des Kanals durch Kurve 1 in Bild 2.3 beschrieben werden. In der Praxis wird aber selten dieser ideale Fall vorliegen, sondern der Übertragungskanal wird die einzelnen Teilschwingungen des zu übermittelnden Frequenzspektrums verschieden bedämpfen, so daß i.a. $a(\omega) \neq $ const ist und sich beispielsweise der in Kurve 2, Bild 2.3, gezeigte *Amplitudengang* ergibt.

► 2.2. Lineare Verzerrungen

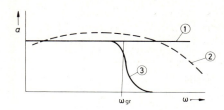

Bild 2.3. Frequenzabhängigkeit des Dämpfungsmaßes a
Kurve 1: Keine Dämpfungsverzerrungen, $a(\omega) = $ const;
Kurve 2: System mit Dämpfungsverzerrungen, d.h. $a(\omega) \neq $ const;
Kurve 3: Übertragungscharakteristik eines Tiefpasses mit der Grenzfrequenz f_{gr}

● *Reduktion des Frequenzbereiches*

Ein wichtiger praktischer Fall ist mit Kurve 3, Bild 2.3, angegeben, daß nämlich die Übertragungscharakteristik der eines Tiefpasses mit der Grenzfrequenz f_{gr} ähnelt. An einigen typischen Fällen sollen mögliche Auswirkungen erläutert werden, die sich aus einer Verringerung der Tiefpaß-Grenzfrequenz f_{gr} ergeben.

● *Sinusschwingung*

Zur reinen Sinusschwingung gehört nur eine einzige Frequenz $f = 1/T$. Bild 2.4 verdeutlicht, daß dieses Signal unbeeinflußt übertragen wird, wenn nur die Kanal-Grenzfrequenz hinreichend groß ist. Die Sinusschwingung wird aber vollständig bedämpft, wenn die Grenzfrequenz f_{gr} unterhalb der Schwingungsfrequenz f liegt.

Bild 2.4
Sinusschwingung der Frequenz $f = 1/T$ wird übertragen bei $f_{gr} > f$; wird nicht übertragen bei $f_{gr} < f$ (f_{gr}: Grenzfrequenz des Übertragungskanals)

● *Periodische Rechteckfolge*

Eine periodische Rechteckfolge (auch *Pulsfolge*) wird durch die Fourier-Reihe Gl. (1.15) in 1.5 beschrieben. Das bedeutet, das Amplitudenspektrum setzt sich zusammen aus einer Grundwelle mit der Frequenz $f_1 = 1/T$ und den Oberwellen der Frequenzen f_i, die ganzzahlige Vielfache der Grundwelle sind (*Linienspektrum*). Liegt im Extremfall die Kanal-Frequenzgrenze zwischen der Grundwelle und der ersten Oberwelle (Bild 2.5), wird am Empfänger eine Sinusschwingung der Frequenz $f_1 = 1/T$ registriert.

Bild 2.5
Periodische Rechteckfolge wird zur Sinusschwingung, wenn die Grenzfrequenz f_{gr} des Übertragungskanals zwischen Grundschwingung und erster Oberwelle liegt

● *Stoßfunktion*

Ein Rechteckimpuls mit der Impulsbreite $\tau_1 \to 0$ wird als Stoßfunktion oder Nadelimpuls bezeichnet. Das in den Übertragungskanal des Bildes 2.6 schematisch eingezeichnete *Amplitudenspektrum* der Stoßfunktion besitzt keine diskreten Teilschwingungen — es handelt sich um ein *kontinuierliches Spektrum*, das nicht mehr durch eine Fourier-Reihe, sondern durch ein *Fourier-Integral* beschrieben werden muß. Durch die immer endliche Grenzfrequenz f_{gr} des Übertragungskanals werden also notwendigerweise hochfrequente Teilschwingungen nicht übertragen werden können. Die empfangsseitige Zeitfunktion

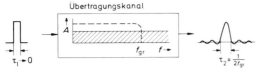

Bild 2.6
Stoßfunktion ($\tau_1 \to 0$) wird durch Übertragungskanal zum Impuls endlicher Breite τ_2

wird darum nie mit der sendeseitigen übereinstimmen. Es wird sich eine Impulsverbreiterung ergeben, die nach $\tau_2 = 1/(2 \cdot f_{gr})$ durch die Grenzfrequenz bestimmt ist.

• *Sprachsignale*

Sprachlaute lassen sich auf Folgen von Vokalen, Konsonanten, Zischlauten und Explosionslauten zurückführen. Die drei letzteren Lautarten verursachen kontinuierliche Spektren (vgl. „Stoßfunktion"). Die Vokale a, e, i, o, u jedoch erzeugen *Linienspektren*, wobei der Grundton bei Männern zwischen 100 und 200 Hz, bei Frauen zwischen 200 und 400 Hz liegt. Bedingt durch die *Resonanzeigenschaften* von Mund- und Nasenhöhle werden Teilgruppen der Spektrallinien bevorzugt, und es entstehen die in Bild 2.7 angegebenen Verteilungen.

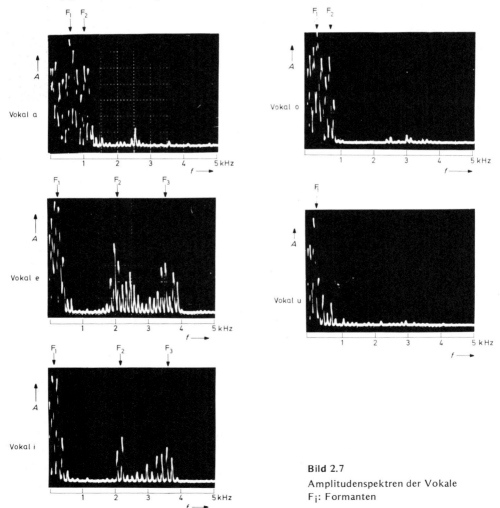

Bild 2.7
Amplitudenspektren der Vokale
F_i: Formanten

▶ 2.3. Nichtlineare Verzerrungen   27

● *Formanten*

Die bei Vokalen hervortretenden Liniengruppen heißen *Formanten*. Die Lage der Formanten F_i (Bild 2.7) und die Arten der Übergänge zu anderen Lauten (das dynamische Verhalten) sind charakteristisch für eine Stimme. Hauptsächlich auf diesen beiden Merkmalen basieren Stimmenvergleiche (s. z.B. [10] und [11]). Aus Bild 2.7 ist erkennbar, daß die Formanten typisch für einen Vokal sind.

● *Vokalveränderung*

Mit Bild 2.8 soll deutlich gemacht werden, wie durch lineare Übertragungsfehler (Dämpfungsverzerrungen) aus einem Vokal ein anderer werden kann, wenn nur die Frequenzgrenze f_{gr} des Übertragungskanals weit genug heruntergesetzt wird. Liegt sie bei etwa 1 kHz, kann der Formant F_2 des Vokals i nicht mehr übertragen werden. Der noch durchgelassene Formant F_1 ähnelt dem einzigen des Vokals u; d.h. der Vokal i klingt am Ausgang dieses Übertragungskanals wie ein u.

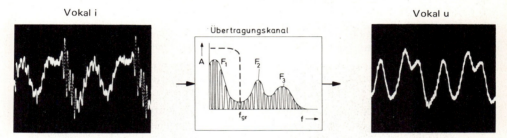

Bild 2.8. Vokal i wird zum Vokal u, wenn bei zu niedriger Frequenzgrenze f_{gr} der Formant F_2 nicht übertragen werden kann (vgl. Bild 2.7)

● *Lineare Übertragungsfehler*

Die in diesem Abschnitt untersuchten Fälle linearer Verzerrungen (Dämpfungsverzerrungen) lassen folgenden Schluß zu:

> Lineare Übertragungsfehler entstehen im wesentlichen durch Reduktion des Frequenzbereiches.

▶ 2.3. Nichtlineare Verzerrungen

Während *lineare Verzerrungen* dadurch entstehen, daß Teilschwingungen des Signals bedämpft oder gar nicht übertragen werden, sind *nichtlineare Verzerrungen* gekennzeichnet durch das Auftreten neuer im ursprünglichen Signal nicht vorhandener Frequenzen.

> Die Hauptursache für *nichtlineare Verzerrungen* ist eine Begrenzung des Amplitudenbereiches — durch z.B. „Übersteuern" eines Verstärkers.

● *Reduktion des Amplitudenbereiches*

Bild 2.9 zeigt schematisch, wie eine reine Sinusschwingung etwa trapezförmig wird, wenn im Übertragungskanal ein Glied enthalten ist, das die angebotene Amplitude nicht verarbeiten kann. Das ist mit der *Übertragungskennlinie* angedeutet. Durch sehr starke Übersteuerung (durch starke Begrenzung also) kann so aus einer Sinusschwingung nahezu eine Rechteckschwingung gemacht werden.

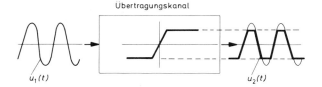

Bild 2.9
Nichtlineare Verzerrungen durch „Übersteuern" des Übertragungskanals

• *Zeitfunktionen*

Die Sinusschwingung auf der *Eingangsseite* des Übertragungskanals (Bild 2.9) wird beschrieben durch

$$u_1(t) = \hat{u}_1 \sin \omega_1 t .\qquad(2.1)$$

Darin ist $\hat{u}_1$ der Scheitelwert (Amplitude) der Sinusschwingung und $f_1 = \omega_1/2\pi$ deren Frequenz. Die Zeitfunktion des verzerrten Signals auf der *Ausgangsseite* wird im allgemeinsten Fall

$$u_2(t) = \hat{u}_1 \sin \omega_1 t + \hat{u}_2 \sin 2\omega_1 t + \hat{u}_3 \sin 3\omega_1 t + \dots .\qquad(2.2)$$

Dies ist nichts anderes als eine *Fourier-Reihe* (vgl. 1.5). Die Amplituden der durch die nichtlinearen Verzerrungen neu entstandenen Teilschwingungen sind abhängig von der Kurvenform. Einzelne Teilschwingungen können auch fehlen, wie beispielsweise in der Fourier-Reihe Gl. (1.15), die eine ideale Rechteckschwingung beschreibt. Ein konkretes Beispiel ist mit den Bildern 2.10 und 2.11 angegeben.

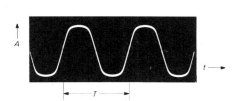

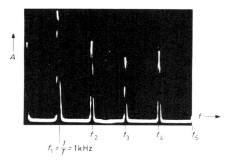

Bild 2.10. Zeitlicher Verlauf einer nichtlinear verzerrten Sinusschwingung der Frequenz $f_0 = 1/T = 1$ kHz

Bild 2.11. Spektrum mit Oberwellen des nichtlinear verzerrten Signals aus Bild 2.10

• *Klirrfaktor*

Für einen wie in Bild 2.9 verwendeten Fall, daß das unverzerrte Signal aus einer Sinusschwingung besteht und die Frequenzen der entstandenen Oberwellen ganzzahlige Vielfache der Grundfrequenz f_1 sind, kann der Grad der Verzerrungen mit dem *Klirrfaktor k* angegeben werden.

$$k = \sqrt{\frac{U_2^2 + U_3^2 + \dots}{U_1^2 + U_2^2 + U_3^2 \dots}} .\qquad(2.3)$$

▶ 2.3. Nichtlineare Verzerrungen

Das Quadrat des Klirrfaktors ist also bestimmt durch die Summe der Effektivwertquadrate aller neu entstandenen Teilschwingungen bezogen auf die Summe der Effektivwertquadrate einschließlich der Grundwelle.

> Anders ausgedrückt: Der Klirrfaktor ergibt sich aus dem *Effektivwert* der Oberschwingungen geteilt durch den *Effektivwert* der Gesamtspannung (vgl. DIN 40 110 und DIN 40 148, Blatt 3.

Bei fehlenden Oberwellen wird $k = 0$. Bei geringen Verzerrungen werden U_2^2, U_3^2 etc. sehr klein gegen U_1^2. Dann kann folgende Näherung verwendet werden

$$k' = \frac{\sqrt{U_2^2 + U_3^2 + U_4^2 + \ldots}}{U_1} \, . \tag{2.4}$$

Durch Einsetzen erhält man den Zusammenhang

$$k = \frac{k'}{\sqrt{1 + k'^2}} \, . \tag{2.5}$$

● *Klirrfaktor k_3*

Statt der Angabe des Klirrfaktors unter Einbeziehung sämtlicher meßbarer Oberwellen wird häufig nur der Anteil einzelner Oberwellen angegeben und k_2, k_3, ... bezeichnet. Dies ist vor allem dann sinnvoll, wenn einzelne Teilschwingungen eine besonders große Amplitude aufweisen oder wenn sie als besonders störend empfunden werden. Das ist in der Elektroakustik der Fall bei der zweiten Oberwelle, bei der dritten Teilschwingung also. Der zugehörige Klirrfaktor lautet

$$k_3 = \frac{U_3}{U_1} \, . \tag{2.6}$$

Üblich ist die prozentuale Angabe des Klirrfaktors, wozu die nach (2.4) oder (2.6) ermittelten Werte mit 100 zu multiplizieren sind.

● *Tonbandaufzeichnung*

Ein wichtiges Beispiel für den Klirrfaktor k_3 ist bei *Magnetbandaufzeichnungen* (volkstümlich: Tonbandaufzeichnungen) zu finden. Nach DIN 45 511 wird dabei u.a. der Begriff der *Vollaussteuerung* verwendet. Damit ist die Eingangsspannung definiert, die bei einer Frequenz von 333 Hz gerade 5 % Klirrfaktor erzeugt (bei der also gerade das „Aussteuerungsinstrument" an der Grenze zum „roten Bereich" anzeigt). Wegen der Symmetrie der *Magnetisierungskurve* („Hysterese") bei der Tonaufzeichnung werden die geradzahligen Teilschwingungen des bei Vollaussteuerung leicht verzerrten Signals vernachlässigbar klein. Darum genügt die Angabe von k_3. In Bild 2.12 ist das Spektrum einer 333 Hz-Tonbandaufzeichnung wiedergegeben, wobei allerdings zur Demonstrierung kräftig übersteuert wurde.

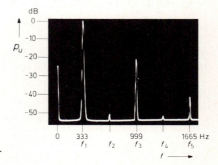

Bild 2.12. Spektrum einer stark übersteuerten 333 Hz-Tonbandaufzeichnung
p_u: Spannungspegel, bezogen auf die Amplitude der Grundschwingung (f_1)

• *Berechnung des Klirrfaktors*

Die Effektivwerte der Teilschwingungen des Amplitudenspektrums in Bild 2.12 sind in dB angegeben. Das heißt, es sind die Spannungspegel aufgetragen, bezogen auf den Effektivwert der Grundwelle, also

$$p_u = -20 \lg \frac{U_i}{U_1} \, dB. \tag{2.7}$$

Aus Bild 2.12 lesen wir ab, um wieviel dB die Pegel der Oberwellen unter dem der Grundwelle liegen. Mit Gl. (2.7) ermitteln wir daraus die Verhältnisse U_i/U. Setzt man daraufhin $U_1 = 100\,\%$, sind die Klirrfaktoren k_i berechnet.

▶ 2.4. Rauschen

▶ 2.4.1. Widerstandsrauschen

Ladungsträger in einem *Leiter* (ohmscher Widerstand) bewegen sich „regellos"; die Bewegung unterliegt statistischen Gesetzen. Die Antriebsenergie für diese regellose Bewegung wird der Temperatur T (nicht zu verwechseln mit Periode T) des Leiters entnommen. Man spricht darum auch von *Wärmebewegung*.

• *Thermisches Rauschen*

Mit Bild 2.13 soll verdeutlicht werden, wie man sich die Wärmebewegung eines Elektrons ⊖ in einem ohmschen Leiter bei der Temperatur T vorstellen kann. Die Stärke der Bewegung ist proportional T, im Mittel jedoch bleibt das Elektron an dem eingezeichneten Ort. Auch ohne daß an die Kontakte des Leiters ein elektrisches Feld und damit eine Spannung gelegt wird, kann der *Rauschstrom* $i_r(t)$ gemessen werden, der allerdings, wie wir noch sehen werden, sehr klein ist. Wird an den Leiter gemäß Bild 2.14 ein Feld $\vec{E}$ gelegt, überlagert sich der statistischen Bewegung eine vom Minus- zum Pluspol gerichtete Wegkomponente und das Elektron wandert zum Pluspol.

Bild 2.13. Statistische Wärmebewegung eines Elektrons, die den Rauschstrom $i_r(t)$ erzeugt

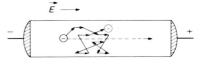

Bild 2.14. Überlagerung eines elektrischen Feldes $\vec{E}$

• *Rauschleistung*

Stellen wir uns mit Bild 2.15 vor, daß ein rauschender Leiter mit dem *Rauschwiderstand* R_r durch einen idealen, nicht rauschenden Widerstand R_{aeq} gleicher Größe abgeschlossen wird (*Anpassung*). An diesen sogenannten *äquivalenten Rauschwiderstand* wird eine *Rauschleistung* abgegeben, die der absoluten Temperatur T und der Frequenzbandbreite B (vgl. 1.4, Gl. (1.13)) proportional ist, also

$$P_r = kTB \tag{2.8}$$

▶ 2.4. Rauschen

k ist eine Naturkonstante; sie heißt *Boltzmann-Konstante* und hat den Wert $k = 1,38 \cdot 10^{-23}$ Ws/K. Als Bezugstemperatur wird manchmal $T = T_o = 290$ K verwendet, die etwa der Raumtemperatur in Laboratorien etc. entspricht. Pro Hertz Bandbreite ($B = 1$ Hz) folgt also

$$P_{ro} = kT_o = 4 \cdot 10^{-21} \text{ W.}$$

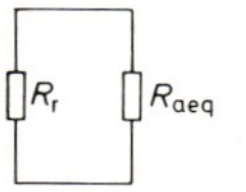

Bild 2.15
Realer Rauschwiderstand R_r mit einem gleich großen nichtrauschenden (idealen) Widerstand R_{aeq} abgeschlossen (äquivalenter Rauschwiderstand)

● *Nyquist-Formel*

Aus der Rauschleistung Gl. (2.8) lassen sich über $P = UI$ Gleichungen für die Effektivwerte des Rauschstromes und der Rauschspannung angeben, wenn, wie in Bild 2.16 dargestellt, eine *Rauschstromquelle* bzw. eine „äquivalente" *Rauschspannungsquelle* mit jeweils dem Innenwiderstand R eingeführt werden. Bei *Anpassung* gilt $U = \overline{u}_r/2$ und $I = \overline{i}_r/2$. Wir erhalten dann die *Nyquist-Formel*

bzw.

$$\boxed{\overline{i_r^2} = 4\frac{kT}{R}B} \quad (2.9)$$

$$\boxed{\overline{u_r^2} = 4kTRB.} \quad (2.10)$$

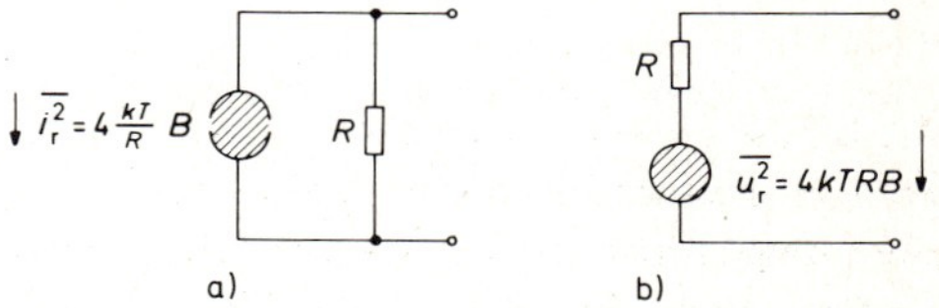

Bild 2.16. Rauschstromquelle (a) und Rauschspannungsquelle (b) mit Innenwiderstand R

Das bedeutet, die über einen hinreichend großen Zeitraum gemittelten Quadrate des Rauschstromes bzw. der Rauschspannung ergeben sich aus der absoluten Temperatur des Leiters mit dem Widerstand R. Die Effektivwerte sind nach DIN 40 110 gleich den Wurzeln aus den gemittelten Quadraten.

> Jedes Element einer elektronischen Schaltung, das einen ohmschen Widerstand aufweist (einen *Wirkwiderstand*), bildet eine Rauschquelle. Reine *Blindwiderstände* wie ideale Kapazitäten oder Induktivitäten sind rauschfrei.

● *Weißes Rauschen*

Das mit den Gleichungen (2.9) und (2.10) beschriebene Widerstandsrauschen wird mit zunehmender Frequenzbandbreite B größer. Es tritt aber bei allen Frequenzen im Mittel gleich stark auf. Rauschen mit solch einer im Mittel frequenzunabhängigen „Verteilung" nennt man *weißes Rauschen*. Ein Beispiel ist in Bild 2.17 gezeigt. Es ist leicht einzusehen, daß die Stärke des Rauschens größer wird, wenn man ein breiteres Stück aus dem weißen Rauschband mißt, wenn also mit zunehmender Bandbreite B mehr Frequenzanteile erfaßt werden.

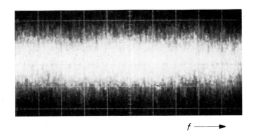

Bild 2.17
Weißes Rauschen

2.4.2. Stromrauschen

In Halbleiterbauelementen überlagern sich dem thermischen Rauschen (Widerstandsrauschen) weitere Rauschanteile, die zusammengefaßt *Stromrauschen* genannt werden.

● *1/f-Rauschen*

Bei niedrigen Frequenzen wird das Rauschen in Halbleitern durch einen Anteil bestimmt, der nach $1/f$ von der Frequenz abhängt, der also mit abnehmender Frequenz zunimmt. Dieser in Bild 2.18 logarithmisch eingetragene Rauschanteil wird formal beschrieben durch

$$\overline{i_{HL}^2} = \frac{K_0}{f}, \qquad (2.11)$$

worin K_0 eine Materialkonstante ist.

Wie der Index HL bereits andeutet, nennt man den $1/f$-Rauschanteil auch *Halbleiterrauschen* (früher „Funkelrauschen"). Bei guten Transistoren ist das Halbleiterrauschen vernachlässigbar klein.

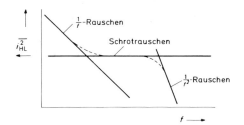

Bild 2.18
Stromrauschen, zusammengesetzt aus $1/f$-Rauschen (Halbleiterrauschen), Schrotrauschen und $1/f^2$-Rauschen (Generations-Rekombinations-Rauschen). Beide Achsen in logarithmischer Darstellung

● *Schrotrauschen*

Mit wachsender Frequenz macht sich in Halbleitern ein Rauschanteil bemerkbar, der *Schrotrauschen* genannt wird und in etwa den Charakter eines weißen Rauschens hat (Bild 2.18). Ursprünglich war das Schrotrauschen (wie auch das Funkelrauschen) von Röhren her bekannt. Und zwar entsteht bei Röhren Schrotrauschen dadurch, daß die *Elektronenemission* aus der Glühkatode statistisch, also unregelmäßig erfolgt. Das mittlere Stromschwankungsquadrat ergibt sich für diesen Fall zu

$$\overline{i_S^2} = 2qIB. \qquad (2.12)$$

Hierin ist B wieder die Frequenzbandbreite, I der „Anodenstrom" der Röhre. Außerdem ist die *Elementarladung* eines Elektrons enthalten, die $q = 1{,}6 \cdot 10^{-19}$ As beträgt. Ein ähnlicher Mechanismus wie beim Austritt von Elektronen aus der Glühkatode tritt auch bei Transistoren auf, wenn Ladungsträger die Sperrschichten zwischen Emitter, Basis und Kollektor passieren.

● *Generations-Rekombinations-Rauschen*

Dadurch, daß freie Ladungsträger in Halbleitern auf ihrer Wanderschaft ständig erzeugt werden (*Generation*) und wieder verschwinden (*Rekombination*, d.h. Vereinigung eines Elektrons mit einem „Loch"), entsteht ein Rauschanteil, der Generations-Rekombinations-Rauschen (kurz: GR-Rauschen) genannt wird. Wie aus Bild 2.18 ersichtlich, nimmt das GR-Rauschen bei hohen Frequenzen gemäß $1/f^2$ ab. Aus der Frequenzlage des abfallenden Teils kann auf die „Lebensdauer" von Ladungsträgern geschlossen werden [12].

▶ 2.4.3. Verstärkerrauschen

Mit „Verstärkerrauschen" meinen wir die Überlagerung aller möglichen Rauschanteile, die von den verschiedenen Rauschquellen eines realen Verstärkerelementes mit passiven und aktiven Bauelementen geliefert werden. Im wesentlichen sind dies das *Widerstandsrauschen* und die diversen Formen des *Stromrauschens*.

• *Vierpol*

Ein Verstärker bildet mit seinen zwei Eingangs- und zwei Ausgangsklemmen einen *Vierpol*. Zusammen mit einer *Rauschquelle Q* am Eingang und einem *Lastwiderstand R_L* am Ausgang ergibt sich das Schema des Bildes 2.19. R_r ist der Innenwiderstand der Rauschquelle, G die Leistungsverstärkung (Gewinn) des Vierpols.

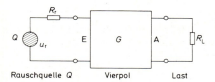

Bild 2.19
Vierpol mit Rauschquelle am Eingang, Lastwiderstand am Ausgang und der Leistungsverstärkung G

• *Rauschzahl eines Vierpols*

Das vollständige Verstärkerrauschen wird mit einer einzigen *Rauschzahl F* beschrieben, die manchmal Rauschfaktor (engl. *Noise Factor*) genannt wird. Sie setzt sich folgendermaßen zusammen:

1. Die vom Wärmerauschen eines Rauschquellenwiderstandes R_r erzeugte Rauschleistung P_{rQ} wird ohne Eingangssignal und durch den Vierpol um G verstärkt an den Lastwiderstand R_L abgegeben, also

$$P_{rG} = G \cdot P_{rQ} = G \cdot kT_0 B. \tag{2.13}$$

Die Rauschquelle wird realisiert durch vorgeschaltete Stufen, Zuleitungsdrähte, Empfangsantennen etc.

2. Der Vierpol selbst erzeugt eine zusätzliche Rauschleistung P_{zV}, die aus zwei Anteilen besteht. Einmal gibt es einen vom Vierpoleingang E stammenden Beitrag P_{zE}, der um G verstärkt an den Ausgang gelangt, zum anderen wird eine Rauschquelle am Ausgang A definiert, die die Rauschleistung P_{zA} erzeugt, d.h.

$$P_{zV} = G \cdot P_{zE} + P_{zA}. \tag{2.14}$$

Die *Rauschzahl des Vierpols* ist nun definiert zu

$$F = \frac{P_{rG} + P_{zV}}{P_{rG}} = 1 + \frac{P_{zV}}{P_{rG}}. \tag{2.15}$$

Dies wird oft geschrieben als

$$\boxed{F = 1 + F_z} \tag{2.16}$$

worin $F_z = P_{zV}/P_{rG}$ als *zusätzliche Rauschzahl* bezeichnet wird.

• *Zusätzliche Rauschzahl*

Die zusätzliche Rauschzahl $F_z = F - 1$ gibt das durch den Vierpol (die Verstärkerstufe) erzeugte Rauschen an, bezogen aber auf das Rauschen P_{rG} der Eingangssignalquelle. Ist der Vierpol rauschfrei, ist P_{zV} und damit F_z gleich Null. Nach Gl. (2.16) wird dann die Gesamtrauschzahl $F = 1$. Das bedeutet andersherum:

> Gilt für die Gesamtrauschzahl eines Vierpols $F = 1$, ist der Vierpol rauschfrei, d.h. die zusätzliche Rauschzahl $F_z = 0$.

Die zusätzliche Rauschzahl lautet mit (2.13) und (2.14)

$$F_z = \frac{G \cdot P_{zE} + P_{zA}}{G \cdot P_{rQ}} = \frac{P_{zE}}{P_{rQ}} + \frac{P_{zA}}{G \cdot P_{rQ}} \; . \tag{2.17}$$

Sie besteht somit aus einem von der Verstärkung des Vierpols unabhängigen Anteil P_{zE}/P_{rQ} und einem zweiten Teil, der mit abnehmender Verstärkung größer wird.

• *Rauschmaß*

Das Rauschmaß a_F (engl. *Noise Figure*) ist definiert als der zehnfache Briggssche Logarithmus der Rauschzahl F, angegeben in dB:

$$a_F = 10 \lg F \text{ in dB} = \frac{1}{2} \ln F \text{ in Np.} \tag{2.18}$$

• *Rauschabstand*

Der Rauschabstand ist das ebenfalls in dB ausgedrückte logarithmierte Verhältnis von Signalleistung P zu Rauschleistung P_r, also

$$a_r = 10 \lg \frac{P}{P_r} \text{ dB.} \tag{2.19}$$

• *Rauschen mehrstufiger Verstärker*

Bei der Zusammenschaltung mehrerer Verstärkerstufen trägt jede Stufe zum Gesamtrauschen bei. Für den in Bild 2.20 schematisch dargestellten Fall mit zwei Stufen, deren Leistungsverstärkungen G_1 bzw. G_2 betragen, ergibt sich eine Gesamtrauschzahl

$$F = F_1 + \frac{F_2 - 1}{G_1} \; . \tag{2.20}$$

Während also die erste Stufe voll mit ihrer Gesamtrauschzahl F_1 eingeht, liefert die zweite Stufe nur noch einen relativ geringen Anteil, der sich aus ihrer zusätzlichen Rauschzahl $F_{z2} = F_2 - 1$ dividiert durch die Verstärkung der ersten Stufe ergibt. Das bedeutet einerseits, daß die Eingangsstufe in einem mehrstufigen Verstärker immer besonders rauscharm ausgeführt sein muß. Andererseits sollte die erste Stufe eine möglichst große Verstärkung besitzen, dann wird der Beitrag der folgenden Stufen gering.

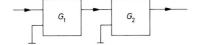

Bild 2.20
Zweistufiger Verstärker mit den Leistungsverstärkungen G_1 bzw. G_2

2.5. Zusammenfassung

Reale Übertragungssysteme müssen in der Regel ein ganzes *Frequenzspektrum* gegebener *Bandbreite*, *Amplitudenverteilung* und *Phasenlage* übertragen können. Werden bei der Übertragung Veränderungen an einer oder mehreren Teilschwingungen beobachtet, spricht man von *Verzerrungen* durch den Übertragungskanal.

Lineare Verzerrungen ergeben sich im wesentlichen durch Reduktion des Frequenzbereiches. Das bedeutet, in einem linearen Übertragungssystem entstehen hauptsächlich *Dämpfungsverzerrungen,* so daß das *Dämpfungsmaß a* frequenzabhängig wird.

Besonders ausgeprägte Verzerrungen können durch *Tiefpaßwirkungen* auftreten, durch starke Beschneidung der Frequenzbandbreite also.

Nichtlineare Verzerrungen haben ihre Ursache vor allem in Amplitudenbegrenzungen, die z.B. durch „Übersteuern" eines Verstärkers entstehen. Das Hauptmerkmal nichtlinearer Verzerrungen ist die Entstehung neuer Frequenzanteile, die im ursprünglichen Signal nicht vorhanden waren. Die neuen Anteile werden *Oberwellen* oder *Oberschwingungen* genannt.

Der Klirrfaktor gibt den Grad nichtlinearer Verzerrungen an, indem das Verhältnis aus den Effektivwerten aller Oberschwingungen zum Effektivwert der Gesamtschwingung gebildet wird. In der Praxis verwendet man

$$k' = \frac{\sqrt{U_2^2 + U_3^2 + U_4^2 + ...}}{U_1} .$$
(2.4)

Rauschen entsteht im Innern elektronischer Schaltungen und in stromführenden Leitern durch Störungen statistischer Art. Es müssen verschiedene *Rauschquellen* untersucht werden.

Widerstandsrauschen ist dadurch bedingt, daß Ladungsträger in einem ohmschen Leiter (Widerstand) eine von der absoluten Temperatur T abhängige regellose Bewegung ausführen. Die prinzipiell meßbare elektrische Leistung dieses thermischen Rauschens (auch: Wärmerauschen) beträgt

$$P_r = kTB,$$
(2.8)

wobei k die Boltzmann-Konstante und B die verarbeitete Frequenzbandbreite sind. Die Rauschleistung wächst mit zunehmender Temperatur und Bandbreite. Aus dem Zusammenhang $P = UI$ folgen die *Nyquist-Formeln*

$$\overline{i_r^2} = 4\frac{kT}{R}B \text{ und } \overline{u_r^2} = 4kTR \cdot B.$$
(2.9), (2.10)

Weißes Rauschen nennt man Rauschen, das frequenzunabhängig auftritt, wie z.B. das Widerstandsrauschen.

Stromrauschen setzt sich im wesentlichen zusammen aus *1/f-Rauschen, Schrotrauschen* und *Generations-Rekombinations-Rauschen*.

Verstärkerrauschen ergibt sich aus der Überlagerung von Widerstands- und Stromrauschen. Die Summe aller Rauschanteile eines *Vierpols* (Verstärker, Empfänger etc.) wird durch die *Rauschzahl F* beschrieben:

$$F = 1 + F_z. \tag{2.16}$$

Die zusätzliche Rauschzahl F_z gibt den Rauschanteil an, der allein vom Vierpol erzeugt wird. Weitere Beschreibungsmöglichkeiten des Verstärkerrauschens sind:

$$\text{\textit{Rauschmaß}} \quad a_F = 10 \lg F \text{ in dB} = \frac{1}{2} \ln F \text{ in Np} \tag{2.18}$$

$$\text{\textit{Rauschabstand}} \quad a_r = 10 \lg \frac{P}{P_r} \text{ dB}, \tag{2.19}$$

wobei P die Signalleistung und P_r die Rauschleistung ist.

3. Wandler

Wandler sind in 1.2, Bild 1.5, als notwendiger Bestandteil eines Signalübertragungssystems eingeführt worden. Sie bilden die Schnittstellen zwischen Quellen bzw. Senken für Nachrichten einerseits und dem Übertragungskanal andererseits. In 1.6 hatten wir kurz zusammengefaßt:

Wandler formen eine Nachricht in ihr physikalisches Äquivalent „Signal" um.

Dabei ist noch nichts darüber ausgesagt, in welcher Form Nachricht oder Signal auftreten.

Wir wollen und müssen uns hier auf einen begrenzten Bereich von Nachrichtenformen festlegen, indem wir nur noch den *Hörschall* betrachten und demzufolge in diesem Kap. 3 nur *elektroakustische Wandler* besprechen. Für andere Wandlertypen, wie z.B. *Dehnungsmeßstreifen* (DMS), *Analog-Digital-Wandler* (ADC), *Digital-Analog-Wandler* (DAC) muß auf die Meßtechnik-Literatur verwiesen werden.

▶ 3.1. Elektroakustik

Die Akustik behandelt als Teil der Mechanik elastische Schwingungen in gasförmiger, flüssiger oder fester Materie. Dabei gibt es durchaus keine Beschränkung auf die „Akustik", die von unseren Ohren verarbeitet wird und für die oft der Name *Hörschall* verwendet wird. Sondern es werden darunter ganz allgemein Wellenerscheinungen verstanden, die in Materie auftreten, also beispielsweise auch der Ultraschall oder Schwingungen in Festkörpern. Der Übersichtlichkeit halber unterscheidet man

Schwingungen unter etwa 20 Hz als *Infraschall*,
Schwingungen zwischen 20 Hz und 20 kHz als *Hörschall*,
Schwingungen oberhalb 20 kHz als *Ultraschall*.

3.1. Elektroakustik

• *Schallfeld*

Zur Beschreibung der physikalischen Vorgänge in der Akustik dienen vor allem die Wellenerscheinungen in der Umgebung von *Schallquelle* und *Schallsenke*, die auf die Bewegung der Elementarteilchen um ihre Ruhelage zurückzuführen sind und die man *Schallfeld* nennt. Im Falle des Hörschalls existiert das Schallfeld in der Umgebungsluft, und wir stellen fest:

> Hörschall entsteht durch Schwankungen des Luftdrucks um einen Mittelwert von 10^5 Pa.

Bislang wurde der Druck in Bar angegeben. Dabei gilt (vgl. DIN 1301 und 1314) 1 bar = 10^5 N/m²; in Worten: 1 Bar ist der Druck, den die Kraft von 10^5 Newton auf einen Quadratmeter Fläche ausübt. Für die abgeleitete Einheit N/m² ist der Name *Pascal* (Pa) eingeführt, also

1 N/m² = 1 Pa   und somit   1 bar = 10^5 Pa.

In der Akustik ist für den Schalldruck neben der *SI-Einheit* „Pascal" auch die Einheit µbar üblich; 1 µbar = 0,1 Pa.

• *Schalldruck*

Die Abweichung vom mittleren Luftdruck p_m = 1 bar wird als *Schalldruck p* bezeichnet. Sind die Abweichungen sinusförmig, entsteht ein „reiner Ton" (Sinuston), der beschrieben wird durch

$$p = \hat{p} \sin \omega t, \qquad (3.1)$$

wobei $\hat{p}$ der Maximalwert (Amplitude) der Luftdruckschwankungen ist. Die Abweichungen vom mittleren Luftdruck wirken sich in der Form aus, daß periodische Verdichtungen und Verdünnungen entstehen. Die Geschwindigkeit, mit der die periodischen Luftdruckschwankungen auftreten, mit der also die Teilchen der Luft um ihre Ruhelage schwingen, wird *Schallschnelle v* genannt. Wie bei jeder Sinusschwingung ergibt sich die *Schnelle* aus

$$v = x \, \omega. \qquad (3.2)$$

Die Geschwindigkeitsamplitude der einzelnen Luftteilchen ist also gleich der maximalen Teilchenauslenkung x multipliziert mit der Kreisfrequenz der Schwingung.

• *Schallgeschwindigkeit*

Schallschnelle und Schallgeschwindigkeit sind völlig verschiedene Angaben aus dem Schallfeld. Während die Schnelle die Bewegung um die jeweilige Teilchenruhelage charakterisiert, gibt die Schallgeschwindigkeit an, wie sich die gesamte Schallwelle fortpflanzt. Für feste Körper errechnet sich die *Schallgeschwindigkeit* zu

$$c = \sqrt{\frac{E}{\rho}}. \qquad (3.3)$$

E ist der Elastizitätsmodul (N/m²) und ρ die Dichte des Festkörpers (kg/m³). Je elastischer also ein Festkörper und je geringer seine Dichte, um so größer ist die Ausbreitungsgeschwindigkeit von Schall in ihm. So beträgt c in Stahl ca. 5000 m/s, in Wasser 1430 m/s, in Luft dagegen nur etwa 340 m/s. Zwischen der Schallgeschwindigkeit c, der Frequenz f und der Wellenlänge gilt folgender Zusammenhang

$$c = f \cdot \lambda \tag{3.4}$$

• *Schallwellenwiderstand*

Für akustische Schwingungen gilt formal das *Ohmsche Gesetz*, wenn man den Schalldruck als „Spannung" und die Schallschnelle als „Strom" interpretiert:

$$\boxed{p_{\text{eff}} = Z_s \cdot v_{\text{eff}}} \tag{3.5}$$

p_{eff} bzw. v_{eff} sind die *Effektivwerte* von Schalldruck bzw. Schallschnelle.
Die „Proportionalitätskonstante" Z_s wird *Schallwellenwiderstand* oder *Schallimpedanz* genannt und ergibt sich aus

$$Z_s = c \cdot \rho. \tag{3.6}$$

In Luft bei Normaldruck und 20 °C beträgt $Z_s = 413$ Ns/m^3.

• *Schallintensität*

Die Schallintensität (auch: *Schallstärke* oder *Schall-Leistungsdichte*) J erhalten wir aus dem Produkt der Effektivwerte von Schalldruck und Schallschnelle (von „Spannung" mal „Strom" also):

$$J = p_{\text{eff}} \cdot v_{\text{eff}} \tag{3.7}$$

Es handelt sich dabei um diejenige Energie, die pro Zeiteinheit durch eine Flächeneinheit strömt, die senkrecht zur Richtung der Schallfortpflanzung steht. Häufig wird die Schallstärke in N/cm^2 angegeben. Setzen wir aus (3.5) v_{eff} in (3.7) ein, folgt

$$J = \frac{p_{\text{eff}}^2}{Z_s} \tag{3.8}$$

was formal mit $P = U^2/R$ übereinstimmt.

• *Schalleistung*

Wenn man die Schallintensität J mit der durchströmten Fläche A multipliziert, ergibt sich die Schalleistung:

$$P_s = J \cdot A = p_{\text{eff}} v_{\text{eff}} A \tag{3.9}$$

Die in der Praxis maximal auftretende Schalleistung liegt bei etwa 1 mW, die der menschlichen Stimme zwischen 5 und 15 µW.

• *Schalldruckpegel*

Die Schalldruckamplitude $\hat{p}$ ist maßgeblich für die Lautstärkeempfindung. Dabei können zwei Grenzfälle angegeben werden. Die *Hörschwelle* ist bei $p_0 = 2 \cdot 10^{-4}$ µbar erreicht. Die sogenannte *Schmerzgrenze* liegt bei 200 µbar = $10^6 p_0$. Um in diesem großen Bereich be-

3.1. Elektroakustik

quem arbeiten zu können, wird wieder ein logarithmisches Maß eingeführt, wobei als Bezugsdruck die Hörschwelle p_0 gewählt wird:

$$L_p = 20 \lg \frac{p}{p_0} \text{ dB.} \tag{3.10}$$

Setzen wir die oben genannten Grenzwerte ein, erhalten wir Schalldruckpegel von 0 dB bis 120 dB (6 Zehnerpotenzen). In Bild 3.1 sind ein paar Beispiele für Schalldruckpegel angegeben (engl. *Sound Pressure Level*, SPL).

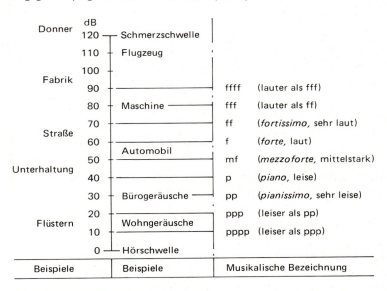

Bild 3.1. Beispiele für Schalldruckpegel

• *Lautstärkeempfindung*

Die Lautstärkeempfindung wird zwar durch die Schalldruckamplitude bestimmt, wächst aber nicht linear mit $\hat{p}$ an. Außerdem gibt es starke Frequenzabhängigkeiten, wie aus Bild 3.2 zu erkennen ist. Das bedeutet, daß beispielsweise ein Schalldruckpegel von 40 dB bei 100 Hz einen ganz anderen Lautstärkeeindruck ergibt als bei 1000 Hz. Man müßte also bei 100 Hz einen Schalldruckpegel von knapp 70 dB erzeugen, um den gleichen Höreindruck wie bei 1000 Hz zu vermitteln. Diese Information kann aus Bild 3.2 abgelesen werden, in das *Kurven gleicher Lautstärkeempfindung* eingezeichnet sind. Alle Schalldruckpegel entlang solch einer Kurve werden als gleich laut empfunden.

• *Lautstärke*

Wegen der starken Frequenzabhängigkeit der Lautstärkeempfindung ist die *Bezugsfrequenz* 1 kHz vereinbart worden. Dafür erhält man die *Lautstärke* zu

$$L_s = 20 \lg \frac{p}{p_0} \text{ phon (bei } f_0 = 1 \text{ kHz).} \tag{3.11}$$

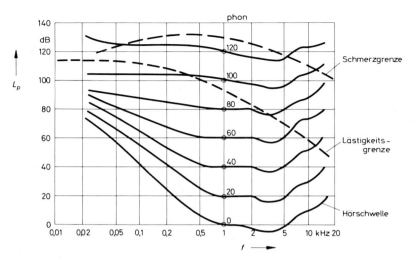

Bild 3.2. Schalldruckpegel L_p als Funktion der Frequenz (Kurven gleicher Lautstärkeempfindung)

Dieses auf $p_0 = 2 \cdot 10^{-4}\,\mu\text{bar}$ bezogene und für $f_0 = 1$ kHz definierte logarithmische Maß hat nach *Barkhausen* den Namen *phon* erhalten. Es ist also beispielsweise die Lautstärke 40 phon gleich dem Schalldruckpegel 40 dB bei 1 kHz. Bezieht man die Lautstärke auf die *Schallintensität*, entsteht

$$L_s = 10 \lg \frac{J}{J_0} \text{ phon (bei } f_0 = 1 \text{ kHz).} \tag{3.12}$$

• *Lautheit*

Wie bereits erwähnt, wächst die Lautstärkeempfindung nicht linear mit dem Schalldruck, sondern verhält sich so wie in Bild 3.3 dargestellt. Die Lautstärkeempfindung heißt *Lautheit* und hat den Namen *sone* erhalten. Als für die Praxis ausreichende Abschätzung kann man Bild 3.3 entnehmen, daß im mittleren Bereich eine Lautstärkezunahme von 10 phon etwa eine Lautheitzunahme um den Faktor 2 bedeutet. D.h. eine Verdopplung im Lautstärkeempfinden wird erst durch Zunahme des Schalldruckpegels um 10 phon erzielt.

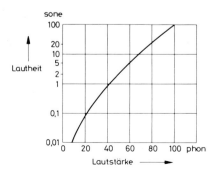

Bild 3.3
Zusammenhang von Lautstärke und Lautheit (nach [13])

3.2. Schallwandlerprinzipien

Wandler, die den von der Nachrichtenquelle ausgehenden Schall in elektrische Signale umwandeln, nennt man *Schallempfänger* oder *Mikrofone*. Wandler, die umgekehrt elektrische Signale in Hörschall zurückwandeln, heißen *Schallsender* oder *Lautsprecher* bzw. *Hörer*. Verwendet werden folgende Verfahren:

> Steuerung von Widerständen, Induktivitäten, Kapazitäten oder Ausnutzung der Piezoelektrizität.

● *Wandlerprinzipien*

Beim Aufstellen systematischer Gliederungen kann man davon ausgehen, ob die vom Wandler abgegebene Spannung u (*Tonspannung*) proportional der *Schallamplitude* x ist oder ob sie proportional der *Schallschnelle* $v = dx/dt$ ist. Bei $u \sim x$ spricht man von *Stromsteuerung*, Wandler, für die $u \sim dx/dt$ gilt, nennt man *Schnellewandler*. Die nachfolgende Aufstellung gibt eine mögliche Gliederung an.

---

1. *Wandlung durch Stromsteuerung*

    $u \sim x$

    Beispiel: Kohlemikrofon (3.3.2)

---

2. *Wandlung über das magnetische Feld*

    $u \sim v = dx/dt$ (Schnellewandler)

    2.1. Elektromagnetische Wandler
    Beispiel: Fernhörer (3.4.2)

    2.2. Elektrodynamische Wandler
    Beispiele: Dynamisches Mikrofon (3.3.3) und Dynamischer
               Lautsprecher (3.4.3)

---

3. *Wandlung über das elektrische Feld*

    $u \sim x$

    3.1. Elektrostatische Wandler
    Beispiele: Kondensator-Mikrofon (3.3.4) und Elektrostatischer
               Lautsprecher (3.4.4)

    3.2. Piezoelektrische Wandler
    Beispiele: Kristallmikrofon (3.3.5) und Piezoelektrischer
               Lautsprecher (3.4.5)

● *Druckempfindliche Wandler*

Die meisten Wandler besitzen eine *Membran*, die den Schall aufzunehmen hat (Empfänger) oder ihn abstrahlen soll (Sender). Einzelheiten dazu werden in 3.3 und 3.4 besprochen. Ist die Membran Teil des Gehäuses eines vollständig geschlossenen, schalldichten Systems (*geschlossenes System*), ist die Membranbewegung dem Schalldruck proportional.

• Druckgradientenwandler

Wenn die Membran frei im *Schallfeld* steht (*offenes System*), also nicht mit einem vollständig geschlossenen Gehäuse verbunden ist, entspricht die Membranbewegung dem Druckgefälle auf beiden Seiten der Membran. Dieses Gefälle wird *Gradient* genannt.

> *Geschlossenes System* bedeutet, daß der Wandler *druckempfindlich* ist (Druckempfänger); *Offenes System* bildet einen Wandler, dessen Membranbewegung den *Druckgradienten* folgt (Bewegungsempfänger, s. 3.3.1 und 3.4.6).

▶ 3.3. Schallempfänger (Mikrofone)

3.3.1. Richtcharakteristik

Je nach dem, ob die Wandlermembran im freien Schallfeld steht oder Teil eines geschlossenen Gehäuses ist, ergeben sich verschiedene Richtcharakteristiken. Damit meint man die Abhängigkeit der Wandlerempfindlichkeit von der Einfallsrichtung (bzw. von der Abstrahlrichtung, wenn es sich um einen Schallsender handelt).

• Richtdiagramm

Die dreidimensionale Richtcharakteristik eines Mikrofons wird als zweidimensionales Diagramm dargestellt. Die Bilder 3.4 bis 3.6 sind darum gedanklich in der dritten Dimension (senkrecht zur Papierfläche) so zu ergänzen, daß beispielsweise das kreisförmige Diagramm des Bildes 3.4 insgesamt *kugelförmig* wird (vgl. Bild 3.7).

• Geschlossenes System

Bildet das Mikrofon als geschlossenes System einen Druckempfänger, und ist der Membrandurchmesser d klein gegen die Schallwellenlänge $\lambda = c/f$, dann wird der Schall aus allen Richtungen gleich gut empfangen; das Mikrofon weist die in Bild 3.4 angegebene *Kugelcharakteristik* auf. Bei einer Frequenz von beispielsweise 1,7 kHz und der Schallgeschwindigkeit von $c = 340$ m/s wird $\lambda = 20$ cm. Mit einem Membrandurchmesser von 2 cm ist $d \ll \lambda$ und darum die Richtcharakteristik kugelförmig („Kugelmikrofon").

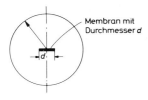

Bild 3.4. Kugelförmige Wandlercharakteristik

Bild 3.5
Achtförmige Wandlercharakteristik

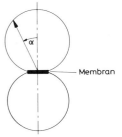

• Offenes System

Steht die Mikrofonmembran frei im Schallfeld (allseitig offenes Gehäuse), ergibt sich eine Richtwirkung senkrecht zur Vorder- und Rückseite der Membran, weil solch ein System nur durch Druckgradienten aktiviert wird. Wie Bild 3.5 verdeutlicht, werden die Signal-

▶ 3.3. Schallempfänger (Mikrofone)

amplituden maximal, wenn die Schallwellen senkrecht auftreffen und so die Druckdifferenz zwischen Vorder- und Rückseite am größten wird. Schallwellen, die sich parallel zur Membranebene ausbreiten, erzeugen keine Druckdifferenz, beeinflussen die Membran also nicht. Die Amplitude der Beeinflussung ändert sich um die Membran gemäß $\cos\alpha$. Das Richtdiagramm hat also die Form einer Acht. Die Gesamtcharakteristik entspricht einem achtförmigen Rotationskörper.

● *Richtmikrofon*

Werden die beiden Charakteristiken „kugelförmig" und „achtförmig" überlagert, ergibt sich eine ausgesprochene Richtwirkung, wie sie in Bild 3.6 angegeben ist. Man nennt diese Charakteristik „nierenförmig" oder „herzförmig" und spricht deshalb manchmal von einer *Kardioide* („Herzlinie"). Realisiert wird solch ein nierenförmiges Richtmikrofon dadurch, daß das Gehäuse seitliche Öffnungen erhält, geschlossenes und offenes System sozusagen kombiniert werden. Bild 3.7 zeigt dreidimensionale Formen von Richtcharakteristiken.

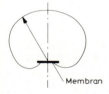

Bild 3.6
Nieren- oder herzförmige Wandlercharakteristik (Kardioide)

3.3.2. Kohlemikrofon

Das Kohlemikrofon ist nicht nur deshalb wichtig, weil mit ihm die Entwicklung elektroakustischer Wandler begann, sondern weil es bis heute als Sprechkapsel in den Telefonhörern der Deutschen Bundespost verwendet wird.

● *Prinzip und Aufbau*

Bild 3.8 zeigt den prinzipiellen Aufbau eines Kohlemikrofons, Bild 3.9 ist eine Schnittzeichnung durch eine moderne Post-Sprechkapsel.

● *Funktionsweise*

Die Grundidee war, in einem Gleichstromkreis einen durch Schallwellen steuerbaren Widerstand zu verwirklichen, wodurch eine Veränderung des Gleichstroms im Rhythmus der Schallwellen möglich wird. Das Ersatzschaltbild dieses Prinzips ist mit Bild 3.10 wiedergegeben. Wird der an der Gleichspannung U_B liegende Widerstand R_0 zeitabhängig geändert und setzen wir für die Änderung $\Delta R(t)$ an, können wir allgemein schreiben

$$R(t) = R_0 + \Delta R(t).$$

Es fließt also im Gleichstromkreis der Gesamtstrom

$$I(t) = I_0 + i(t)$$

mit $I_0 = U_B/R_0$. Durch den Übertrager wird der Wechselspannungsanteil abgetrennt; am Lastwiderstand R_L kann die „Tonspannung" u_T abgenommen werden.

44　　　　　　　　　　　　　　　　　　　　　　　　　　　　　3. Wandler

a)

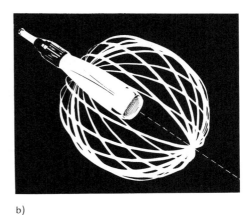

b)

c)

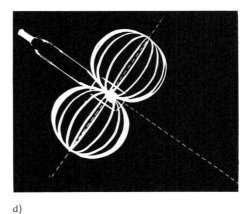

d)

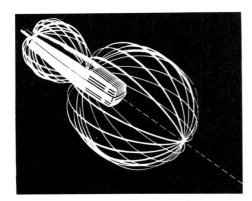

e)

Bild 3.7
Dreidimensionale Formen von Richtcharakteristiken
(Sennheiser-Grafik)
a) Niere (auch: Kardioide)
b) Kugel
c) Keule
d) Acht
e) Super-Kardioide

► 3.3. Schallempfänger (Mikrofone)

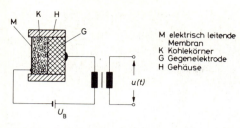

M elektrisch leitende Membran
K Kohlekörner
G Gegenelektrode
H Gehäuse

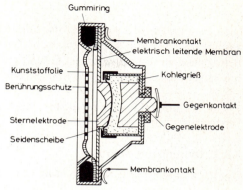

Bild 3.8. Prinzipieller Aufbau des Kohlemikrofons

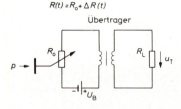

Bild 3.9. Schnittzeichnung einer Post-Sprechkapsel

Bild 3.10
Ersatzschaltbild des Kohlekörner-Mikrofons

● *Realisierung*

Der veränderbare Widerstand wird durch Kohlekörner (Kohlegrieß) realisiert, die lose zwischen einer Membran und einer Gegenelektrode (Kohleklotz) gehalten werden (Bild 3.8). Wie aus Bild 3.9 erkennbar, wirkt die Membran über eine fest mit ihr verbundene sternförmige Elektrode und eine Seidenscheibe auf die Kohlekörner. Die durch den auftreffenden Schalldruck verursachte Membranbewegung bewirkt eine Widerstandsänderung zwischen dem kreisförmigen Membrankontakt und dem Gegenkontakt, wodurch bei eingeschalteter Batteriespannung U_B am Übertrager als Wechselspannung das Signal entsteht. Dabei ist aber mit einem *Klirrfaktor* von bis zu 25 % zu rechnen.

● *Leistungsverstärkung*

Der Effektivwert der maximalen Ausgangsspannung eines Kohlemikrofons beträgt etwa 775 mV. An einem Lastwiderstand von 600 Ω (Wellenwiderstand der Telefonleitung) ergibt sich somit

$$P_{max} = \frac{U_{eff}^2}{R_L} = \frac{0,6}{600}\text{ W} = 1\text{ mW}.$$

Die mittlere Schalleistung bei Unterhaltungssprache liegt bei $15 \cdot 10^{-6}$ W (bei 60 phon). Realistisch ist, daß nur etwa 1/15 der Schalleistung in das Mikrofon gelangt. Dann erhalten wir eine *Leistungsverstärkung* von

$$G_p = \frac{1\text{ mW}}{1\text{ }\mu\text{W}} = 1000.$$

Das Kohlemikrofon ist gleichzeitig Schallempfänger und Leistungsverstärker.

• Empfindlichkeit

Die Leistungsfähigkeit eines Mikrofons drückt sich vor allem in seiner *Empfindlichkeit* aus, in DIN 1332 und 45 590 *Übertragungsfaktor* genannt. Darunter versteht man den Betrag der vom Wandler bei einer festen Frequenz abgegebenen elektrischen Spannung pro Schalldruckeinheit. Für das *Kohlemikrofon* beträgt bei 1 kHz der

> Übertragungsfaktor 50 mV/μbar = 500 mV/Pa.

▶ ## 3.3.3. Dynamisches Mikrofon

Dynamische Mikrofone arbeiten nach dem elektrodynamischen Prinzip; es erfolgt also die Wandlung über das magnetische Feld, die erzeugte Spannung ist der Schallschnelle proportional.

• Tauchspulenmikrofon

Am meisten verbreitet sind elektrodynamische Mikrofone, die mit einer *Tauchspule* arbeiten. Aus Bild 3.11 wird erkennbar, wie die durch die Membran angetriebene und fest mit ihr verbundene Tauchspule im Feld eines *Dauermagneten* bewegt wird. Die durch dieses Schwingspulensystem induzierte Spannung ist proportional der Schnelle der Membran. Allerdings ist die induzierte Spannung sehr gering; es beträgt bei 1 kHz der

> Übertragungsfaktor 0,1 mV/μbar = 1 mV/Pa.

Das ist um den Faktor 500 weniger als beim Kohlemikrofon. Dynamische Mikrofone benötigen darum im praktischen Gebrauch einen Vorverstärker.

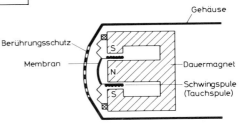

Bild 3.11. Tauchspulenmikrofon; N: Nordpol, S: Südpol des Dauermagneten

• Bändchenmikrofon

Beim elektrodynamischen Bändchenmikrofon gibt es keine flächige Membran; die Schallwellen wirken direkt auf einen im Magnetfeld beweglichen Leiter ein, der als sehr dünnes geripptes Bändchen ausgeführt ist. Der Vorteil dieses in Bild 3.12 skizzierten Mikrofontyps ist, daß das Bändchen praktisch trägheitslos den Luftbewegungen und damit dem Schall folgen kann. Dadurch wird aber auch deutlich, daß ein Bändchenmikrofon für den Gebrauch im Freien in dieser einfachen Form nur bedingt geeignet ist.

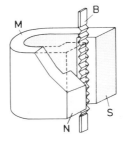

Bild 3.12 Bändchenmikrofon
B: geripptes Metallbändchen, M: Hufeisenmagnet mit Nordpol (N) und Südpol (S) (nach [14])

> Zum Betrieb von dynamischen Mikrofonen sind keine besonderen Versorgungsspannungen nötig.

3.3.4. Kondensatormikrofon

Gemäß Bild 3.13 ist vor einer festen, geschliffenen Elektrode im Abstand von etwa 10 μm eine elektrisch leitende Membran angebracht. Die ganze Anordnung stellt einen Kondensator dar, so daß das Ersatzschaltbild 3.14 gilt.

> Zum Betrieb eines Kondensatormikrofons ist eine besondere Spannungsquelle nötig.

• *Wirkungsweise*

Der durch feste Elektrode und bewegliche Membran gebildete Kondensator soll im Ruhezustand die Kapazität C_0 besitzen. Schwankt die Membran im Rhythmus des Schalldrucks, ändert sich die Kapazität um den Ruhewert C_0. Die gesamte Kapazität kann deshalb beschrieben werden durch

$$C(t) = C_0 + \Delta C(t). \tag{3.13}$$

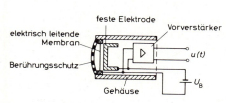 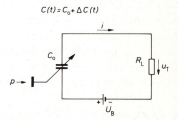

Bild 3.13
Prinzipieller Aufbau eines Kondensatormikrofons

Bild 3.14
Kondensatormikrofon-Ersatzschaltbild

Liegt an diesem Kondensator über einen hohen Widerstand die Gleichspannung U_B, ergibt sich auf den Elektroden die konstante Ladung

$$Q = C \cdot U. \tag{3.14}$$

Die Kapazitätsänderung gemäß Gl. (3.13) hat dann eine Spannungsänderung zur Folge, so daß U in Gl. (3.14) geschrieben werden kann zu

$$U = U_B - u_T, \tag{3.15}$$

wobei u_T die dem Schalldruckverlauf entsprechende Wechselspannung ist. Der im Gesamtkreis des Ersatzschaltbildes fließende Strom ist nun angebbar:

$$i = \frac{dQ}{dt} = \frac{d}{dt}[C(t) \cdot (U_B - u_T(t))]. \tag{3.16}$$

Werden in dieser Gleichung die beiden zeitabhängigen Größen $C(t)$ und $u_T(t)$ nach der Zeit differenziert, entsteht

$$i = (U_B - u_T)\frac{dC}{dt} - C\frac{du_T}{dt}.$$

Eine näherungsweise Weiterverarbeitung dieses Ausdrucks wird möglich, wenn man berücksichtigt, daß $\Delta C \ll C_0$ und $u_T \ll U_B$ ist:

$$i \approx U_B \frac{dC}{dt} - C_0 \frac{du_T}{dt} . \qquad (3.17)$$

Machen wir für die zeitabhängigen (komplexen) Größen die für sinusförmigen Verlauf gültigen Ansätze

$$\underline{u}_T = u_T\, e^{j\omega t} \quad \text{und} \quad \underline{C} = C_0 + \Delta C\, e^{j\omega t}$$

ergibt sich nach Differentiation

$$\underline{i} = j\omega C_0 U_B \cdot \frac{\Delta C e^{j\omega t}}{C_0} - j\omega C_0 \underline{u}_T .$$

Im ersten Term ist mit C_0 erweitert worden. Setzen wir nun noch $\underline{i} = \underline{u}_T/R_L$ ein und vernachlässigen wir die Zeitabhängigkeit von $\Delta \underline{C}$, mit anderen Worten: berücksichtigen wir nur den Betrag der Kapazitätsschwankungen, folgt für die Spannung am Lastwiderstand

$$\boxed{\underline{u}_T = U_B \frac{\Delta C}{C_0} \cdot \frac{R_L}{R_L + \dfrac{1}{j\omega C_0}} .} \qquad (3.18)$$

Der Realteil von Gl. (3.18) ergibt sich mit $|\underline{z}| = \sqrt{a^2 + b^2}$ zu

$$\boxed{|\underline{u}_T| = \frac{U_B \dfrac{\Delta C}{C_0}}{\sqrt{1 + \left(\dfrac{\omega_{gr}}{\omega}\right)^2}}} \qquad (3.19)$$

mit $\omega_{gr} = 1/R_L C_0$. Aus Gl. (3.19) kann der in Bild 3.15 dargestellte Frequenzgang abgelesen werden. Die geforderte untere Frequenzgrenze von 20 Hz wird möglich mit $C_0 = 750$ pF und

$$R_L = \frac{1}{2\pi \cdot 20 \cdot 750 \cdot 10^{-12}} \frac{s}{F} \approx 1\,\text{M}\Omega .$$

Die obere Grenzfrequenz wird durch die Membranspannung und die *Eigenfrequenz* des Systems bestimmt und läßt sich leicht auf 20 kHz bringen. Meßmikrofone für weit höhere Frequenzen sind käuflich.

Bild 3.15
Amplitudenfrequenzgang eines Kondensatormikrofons

▶ 3.3. Schallempfänger (Mikrofone)

● *Mikrofonanschluß*

Die an den hochohmigen Lastwiderstand R_L = 1 MΩ abgegebene Wechselspannung muß unmittelbar am Mikrofon verstärkt werden, damit keine störenden Zuleitungskapazitäten wirksam werden können. Kondensatormikrofone enthalten darum einen Vorverstärker (vgl. Bild 3.13), der einen sehr großen Eingangswiderstand besitzen muß ($\approx 10^9$ Ω). Trotz Vorverstärkung und Leistungsanpassung erreicht man bei *Kondensatormikrofonen* nur

> Übertragungsfaktor 1 mV/μbar = 10 mV/Pa.

● *Elektretmikrofon*

In den letzten Jahren hat sich mehr und mehr ein Mikrofontyp durchgesetzt, bei dem die Membran eines Kondensatormikrofons mit einem *Elektret* belegt ist. Als besonderer Vorteil ergibt sich, daß die Kondensatoranordnung mit *Elektretmembran* ohne separate Vorspannung betrieben werden kann.

Ein *Elektret* ist sozusagen das „elektrische Analogon" zum *Permanentmagneten*. So wie ja die besondere Eigenschaft eines Permanent- oder Dauermagneten darin besteht, daß von ihm ständig und ohne äußere Hilfsenergien ein *magnetisches Feld* ausgeht, so zeichnet sich ein Elektret dadurch aus, daß er ständig und ohne äußere Hilfsenergien Quelle eines *elektrischen Feldes* ist. Das bedeutet, ein Elektret trägt — wie in Bild 3.16 vereinfacht skizziert — auf seinen Oberflächen stabile elektrische Ladungen und stellt somit einen geladenen Kondensator dar. Nur muß hier die Ladung nicht erst aufgebracht werden und fließt auch in Jahren nicht ab.

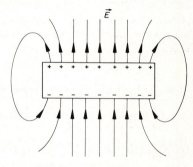

Bild 3.16. Elektret

● *Kondensatormikrofon mit Elektretmembran*

Die Konsequenz der Elektreteigenschaften liegt auf der Hand: Wird die in Bild 3.13 vor der festen Gegenelektrode angebrachte elektrisch leitende Membran mit einem Elektret beschichtet, der eine hinreichende elektrische Feldstärke erzeugt, kann die Vorspannung U_B entfallen. So ist ein Mikrofon entstanden, das in Preis und Qualität etwa zwischen dynamischen Standardmikrofonen und dynamischen Mikrofonen der Studioklasse liegt. Man baut heute Elektretmikrofone gerne in Kassettenrecorder ein, weil sie relativ unempfindlich gegen Körperschall sind (und darum die Laufgeräusche des Aufnahmegerätes nur wenig aufnehmen) und weil magnetische Streufelder, die beispielsweise vom Antriebsmotor ausgehen, keinen Einfluß auf das Mikrofon ausüben.

* 3.3.5. Kristallmikrofon

Eine Reihe natürlicher und künstlich hergestellter Kristalle weisen die Besonderheit auf, daß an ihren Oberflächen elektrische Ladungen entstehen, wenn sie mechanisch deformiert werden. Besonders ausgeprägt tritt diese mit *Piezoelektrizität* bezeichnete Erscheinung auf bei Turmalin, Quarz, Seignettesalz und speziellen keramischen Stoffen (Piezokeramik).

● *Prinzipieller Aufbau*

Wie in Bild 3.17 angedeutet, wird ein piezoelektrischer Kristall zwischen einer Gegenelektrode und einer elektrisch leitenden Membran angeordnet. Durch die auf die Membran auftreffenden Schallwellen wird der Piezokristall verformt. Die Verformung, und damit die piezoelektrisch erzeugte Ladung, ist proportional dem Schalldruck p. Der zeitliche Verlauf der Ladung ergibt sich aus

$$Q(t) = k_p \cdot \frac{l}{d} \cdot p(t) \qquad (3.20)$$

und ist das Abbild des Schalldruckverlaufs. k_p ist eine den Piezoeffekt betreffende Materialkonstante, l ist die Länge der Membran, d die Dicke des piezoelektrischen Kristallplättchens.

> Kristallmikrofone können wie dynamische Mikrofone und Kondensatormikrofone mit Elektretmembran ohne besondere Spannungsquellen betrieben werden. Der *Übertragungsfaktor* beträgt etwa 5 mV/Pa.

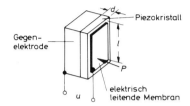

Bild 3.17
Piezoelektrischer Effekt

▶ 3.4. Schallsender (Lautsprecher und Hörer)

∗ 3.4.1. Kugelstrahler und Kolbenmembran

Das theoretische Abstrahlverhalten eines idealen Schallsenders wird oft an einer *pulsierenden Kugel* studiert, die technisch nicht zu verwirklichen ist. Doch lassen sich aus diesem theoretischen Modell Erkenntnisse gewinnen, die auch auf Membranstrahler anwendbar sind.

• *Pulsierende Kugel*

Bild 3.18a zeigt, wie man sich eine pulsierende Kugel vorzustellen hat, die sich im gewünschten Rhythmus nach allen Richtungen gleichförmig ausdehnt und zusammenzieht. Man nennt diese Anordnung *Strahler nullter Ordnung*. Denkt man sich durch die Kugel eine Symmetrieebene S_1 und nimmt man an, daß die beiden Hälften *gegenphasig* pulsieren, entsteht der in Bild 3.18b dargestellte *Strahler erster Ordnung*. In der Symmetrieebene löschen sich die von den beiden Kugelhälften kommenden Wellen gegenseitig aus; es entsteht ein *Schwingungsknoten*. In Bild 3.18c schließlich sind die Schwingungsformen eines *Strahlers zweiter Ordnung* angegeben; sie entstehen, wenn zwei Symmetrieebenen S_1 und S_2 vorhanden sind. Je höher die Ordnung des Strahlers, desto größer ist der Anteil der gegenseitigen Auslöschungen. D.h. die abgestrahlte Leistung des Kugelstrahlers ist um so größer, je niedriger die Ordnung ist.

a)

b)
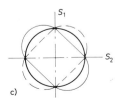
c)

Bild 3.18. Pulsierende Kugel
a) Strahler nullter Ordnung, b) Strahler erster Ordnung, c) Strahler zweiter Ordnung

▶ 3.4. Schallsender (Lautsprecher und Hörer)   51

● *Kolbenmembran*

Es wurde bereits gesagt, daß eine pulsierende Kugel nicht realisierbar ist. Einfach technisch ausführbar ist jedoch ein schwingender Kolben, im Falle der Schallabstrahlung als *Kolbenmembran* bezeichnet. Schwingt der Kolben gemäß Bild 3.19a ungehindert im Luftraum, entstehen an Vorder- und Rückseite gegenphasige Schallwellen, die sich in Kolbenmitte auslöschen. Diese Anordnung entspricht also dem in Bild 3.18b definierten Strahler erster Ordnung.

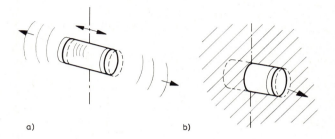

Bild 3.19
Kolbenmembran; a) frei schwingender Kolben (Strahler erster Ordnung), b) in Schallwand eingepaßter Kolben (Strahler nullter Ordnung)

● *Akustischer Kurzschluß*

Die durch die gegenphasige Überlagerung bewirkte Auslöschung der von Vorder- und Rückseite der Membran abgestrahlten Schallwellen wird *akustischer Kurzschluß* genannt. Er tritt besonders deutlich auf, wenn die abgestrahlte Frequenz niedrig ist, d.h. wenn die Wellenlänge groß gegen den Membrandurchmesser ist ($\lambda \gg d$). Wird aber die Kolbenmembran in die Öffnung einer starren, unendlich ausgedehnten Wand eingepaßt (*Schallwand*), wird der akustische Kurzschluß verhindert (Bild 3.19b). Die Abstrahleigenschaften entsprechen dann denen des in Bild 3.18a gezeigten Strahlers nullter Ordnung, was dem Abstrahlungsoptimum gleichkommt. In der Praxis genügt ein Schallwandradius, der in der Größenordnung der größten abzustrahlenden Wellenlänge liegt. Weil aber auch dabei immer noch relativ große Abmessungen nötig werden (ein Meter und mehr), werden heute Lautsprecher in akustisch geschlossene Boxen eingebaut, wodurch ebenfalls akustische Kurzschlüsse verhindert werden.

● *Lineare Verzerrungen*

Wesentlich für das Abstrahlverhalten einer Membran ist das Verhältnis von Membrandurchmesser d und abzustrahlender Wellenlänge λ. Einerseits nimmt die abgestrahlte *Schalleistung* mit sinkender Frequenz ab, wenn also $\lambda \gg d$ wird. Ebenfalls geht die abgestrahlte Leistung bei hohen Frequenzen zurück, wenn $\lambda \ll d$ ist. Das bedeutet, in den angegebenen Grenzbereichen entstehen unvermeidliche und unerwünschte *lineare Verzerrungen*. Im unteren Frequenzbereich werden die linearen Verzerrungen jedoch zum größten Teil durch die Eigenresonanz der Membran gemildert.

● *Richtwirkung*

Die von einer Membran erzeugten linearen Verzerrungen sind in der Strahlungsachse (also senkrecht zur Membranoberfläche) am geringsten. Im oberen Frequenzbereich sind sie stark richtungsabhängig. Das wird besonders deutlich, wenn der Membrandurchmesser in der Größenordnung der Wellenlänge liegt. Für $d = 2 \lambda$ ergibt sich die in Bild 3.20 gezeichnete Abstrahlcharakteristik. Mit zunehmender Frequenz entsteht eine immer stärker werdende *Richtwirkung*, so daß „hohe Töne" letzten Endes nur noch in der Achse senkrecht zur Membran hörbar sind. Mit noch weiter ansteigender Frequenz entstehen die im Richtdiagramm (Bild 3.20) bereits angedeuteten *Nebenmaxima*.

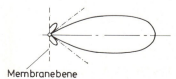

Bild 3.20
Richtdiagramm einer Membran für $d = 2 \lambda$

• *Empfindlichkeit von Schallsendern*

Unter der Empfindlichkeit eines Schallsenders versteht man den Betrag des erzeugten Schalldrucks pro angelegter Spannungseinheit, in DIN 1332, 45 580 und 45 590 als *Übertragungsfaktor* definiert. In der Praxis findet man Werte zwischen ungefähr 1 µbar/V und 50 µbar/V entsprechend 0,1 bis 5 Pa/V.

3.4.2. Magnetisches Telefon

Wegen seiner großen Empfindlichkeit von 50 µbar/V wird das magnetische Telefon zusammen mit dem Kohlemikrofon in Post-Fernsprechern verwendet. Ein anderer Name ist: *Elektromagnetischer Fernhörer*.

• *Elektromagnetischer Wandler*

Das magnetische Telefon ist ein elektromagnetischer Wandler, der als Schallsender und Schallempfänger brauchbar ist. Wegen seiner Hauptanwendung in Fernsprechern wird das Prinzip erst hier im Abschnitt *Schallsender* besprochen und in Bild 3.21 vorgestellt. Es wird die Anziehungskraft F eines Elektromagneten auf eine ebene Membran aus „weichmagnetischem Material" (Eisen) ausgenutzt, d.h. die ebene Membran wird durch den Magneten in Bewegung versetzt.

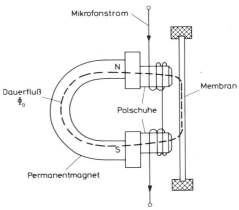

Bild 3.21. Prinzipzeichnung eines magnetischen Telefons (elektromagnetischer Fernhörer)

• *Wandlerprinzip*

Nehmen wir zunächst an, daß in der Anordnung nach Bild 3.21 kein Mikrofonstrom fließt, registrieren wir einen magnetischen *Dauerfluß* Φ_0 in dem Kreis, der sich aus dem Dauermagneten, den Polschuhen und der Membran zusammensetzt. Der Luftspalt zwischen der Membran und den Polschuhen beträgt 0,5 bis 1 mm. Der Dauerfluß Φ_0 übt auf die Membran folgende Anziehungskraft aus

$$F = c \cdot \Phi_0^2. \tag{3.21}$$

Die Kraftwirkung ist also proportional dem Quadrat des magnetischen Flusses (c: Proportionalitätsfaktor). Wird nun ein Mikrofonstrom (Wechselstrom!) angelegt, ändert sich die Kraftwirkung auf die Membran im Rhythmus des Mikrofonstroms. Setzen wir für den *Wechselfluß* an

$$\Phi_1(t) = \hat{\Phi}_1 \sin \omega t \tag{3.22}$$

erhalten wir den *Gesamtfluß*

$$\Phi = \Phi_0 + \hat{\Phi}_1 \sin \omega t \tag{3.23}$$

▶ 3.4. Schallsender (Lautsprecher und Hörer) 53

also die Überlagerung von Dauer- und Wechselfluß. Nun soll Φ in das Kraftgesetz (3.21) eingesetzt werden:

$$F = c\Phi^2 = c(\Phi_0 + \hat{\Phi}_1 \sin \omega t)^2$$
$$F = c(\Phi_0^2 + 2\Phi_0 \hat{\Phi}_1 \sin \omega t + \hat{\Phi}_1^2 \sin^2 \omega t). \tag{3.24}$$

Wegen des quadratischen Zusammenhangs entstehen *nichtlineare Verzerrungen* ($\hat{\Phi}_1^2 \sin^2 \omega t$), deren Stärke durch die Amplitude $\hat{\Phi}_1$ des Wechselflusses bestimmt wird. In der Praxis ist jedoch meist $\hat{\Phi}_1 \ll \Phi_0$. Dann können wir schreiben

$$\boxed{F = c(\Phi_0^2 + 2\Phi_0 \hat{\Phi}_1 \sin \omega t).} \tag{3.25}$$

Das erste Glied von Gl. (3.25), Φ_0^2, sorgt für eine Dauerdurchbiegung der Membran. Die Kraft auf die Membran ändert sich mit $2\Phi_0 \hat{\Phi}_1 \sin \omega t$; sie ist also proportional dem Wechselfluß und damit dem Mikrofonstrom. Wenn der Dauerfluß fehlt ($\Phi_0 = 0$), ergibt sich aus Gl. (3.24)

$$F = c\hat{\Phi}_1^2 \sin^2 \omega t = \frac{c}{2} \hat{\Phi}_1^2 (1 - \cos 2\omega t).$$

In diesem Fall würde die Membran also mit der doppelten Frequenz 2ω schwingen. Das magnetische Telefon wäre so nicht brauchbar. Es arbeitet nur dann zufriedenstellend, wenn $\Phi_0 \gg \hat{\Phi}_1$ gilt.

▶ **3.4.3. Dynamischer Lautsprecher**

Die heute am meisten verwendeten Schallsender arbeiten nach dem elektrodynamischen Prinzip. Man nennt sie *dynamische Lautsprecher;* ihr Aufbau ist mit Bild 3.22 wiedergegeben.

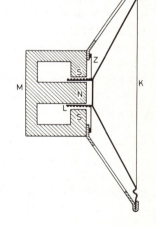

Bild 3.22
Aufbau eines dynamischen Lautsprechers (nach [14])
M: Topfmagnet mit Nord- (N) und Südpol (S);
L: Luftspalt mit Schwingspule;
Z: Zentrierung für Schwingspule und Konus K (Membran);
A: Weiche Aufhängung

• *Linearer Zusammenhang*

Während bei elektromagnetischen Wandlern (3.4.2) wegen $F \sim \Phi^2$ erhebliche nichtlineare Verzerrungen auftreten, ist ein großer Vorteil elektrodynamischer Wandler der, daß die Kraftwirkung auf die Membran linear mit dem Magnetfluß (und somit dem „Sprechstrom") zusammenhängt, also:

Bei elektrodynamischen Wandlern hängen die Membranauslenkung und damit der erzeugte Schalldruck linear mit dem magnetischen Fluß zusammen, d.h.

$F \sim \Phi$.

Es treten also keine *Oberwellen* auf. Der Strom durch die *Schwingspule* in Bild 3.22 („Sprechstrom") übt auf die Membran folgende Kraft aus

$$F = l \cdot B_0 \cdot i(t) \tag{3.26}$$

l ist die Länge des Drahtes (Leiters) der Schwingspule im magnetischen Feld; B_0 heißt *magnetische Induktion* und stellt den magnetischen Fluß pro Flächeneinheit dar, also $B_0 = \Phi/A$. Zusammen mit dem Sprechstrom $i(t)$ folgt

$$[F] = [l] \cdot [B_0] \cdot [i] = m \cdot \frac{Vs}{m^2} \cdot A = N.$$

• *Aufbau und Wirkungsweise*

Die Membran ist als Konus K ausgeführt (Bild 3.22). Dieser Konus trägt an seinem Ende die Schwingspule, die im Luftspalt L des Topfmagneten M aus weichmagnetischem Material beweglich ist. Zur Zentrierung von Schwingspule und Konus ist ein Zentrierring Z vorhanden. Fließt durch die Schwingspule ein Sprechstrom $i(t)$, erfährt der Konus eine Kraftwirkung, die um so größer ist, je stärker die Induktion B_0. In modernen Lautsprechern erzeugt der Permanentmagnet eine Induktion von mindestens

$$[B_0] = \frac{1\,Vs}{m^2} = \frac{1\,Wb}{m^2} = 1\,T.$$

Für 1 Vs kann die Einheit 1 Wb („Weber") benutzt werden. Die *Einheit* der Induktion ist 1 T („Tesla"). Früher wurde die magnetische Induktion in „Gauß" angegeben; es gilt: 1 G = 10^{-4} T.

• *Frequenzbereich und Richtcharakteristik*

Der Frequenzbereich, der von einem wie in Bild 3.22 skizzierten Lautsprechersystem (auch: *Chassis*) abgestrahlt werden kann, liegt bei etwa 1 : 100. Dabei kann dieser Bereich um so tiefer liegen, je größer die Membran ist. Für die Abstrahlung ganz tiefer Frequenzen ($\lambda \gg$ Membrandurchmesser d) muß das Lautsprecher-Chassis in eine hinreichend große Schallwand oder ein geschlossenes Gehäuse eingebaut werden, um einen *akustischen Kurzschluß* zu verhindern (3.4.1). Für sehr hohe Frequenzen sollte die Membran möglichst klein sein. Denn wenn die Wellenlänge des abzustrahlenden Schalls in die Größenordnung des Membranumfangs kommt, beginnt die Abstrahlung gerichtet zu werden. Je

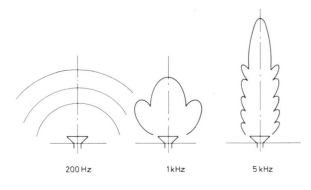

Bild 3.23
Richtdiagramme eines dynamischen Lautsprechers bei drei verschiedenen Frequenzen

200 Hz   1 kHz   5 kHz

▶ 3.4. Schallsender (Lautsprecher und Hörer)   55

größer das Verhältnis von Membrandurchmesser zu Wellenlänge wird, desto ausgeprägter ist die Bündelung. Bild 3.23 gibt ein paar Beispiele. Wir müssen somit zwei nachteilige Eigenschaften notieren:

> 1. Der Frequenzbereich dynamischer Lautsprecher beträgt etwa 1 : 100.
> 2. Bei hohen Frequenzen wird die Wellenlänge kleiner als der Membrandurchmesser und somit die Abstrahlung sehr stark gebündelt.

● *Erweiterung des Frequenzbereiches*

Für naturgetreue Musikübertragungen ist eine Erweiterung des abstrahlbaren Frequenzbereiches auf etwa 30 Hz bis 15 kHz (1 : 500) nötig. Dies wurde früher gelöst, indem in die Mitte eines großen, für tiefe Frequenzen geeigneten Konus ein sehr kleiner Konus für hohe Frequenzen eingeklebt wurde (Doppelkonus-Lautsprecher, Bild 3.24). Heute werden jedoch ausschließlich getrennte Lautsprechersysteme über *Frequenzweichen* zusammengekoppelt. So findet man „Zweiweg-Boxen", in denen ein Tiefton- und ein Mittelhochtonlautsprecher enthalten sind. In „Dreiweg-Boxen" sind Tief-, Mittel- und Hochton-System getrennt, optimal für den jeweils abzustrahlenden Frequenzbereich ausgelegt. Manchmal sind für stärkere Abstrahlungen Tiefton- und/oder Hochtonsysteme mehrfach enthalten.

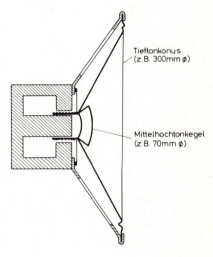

Bild 3.24. Doppelkonus-Lautsprecher

● *Frequenzweichen*

Frequenzweichen zur Aufteilung des gesamten Bereiches auf die verschiedenen Lautsprecher einer Kombination bestehen aus Spulen und Kondensatoren und sind nichts anderes als *Trennfilter*. Für die Dimensionierung von *L* und *C* sind die *Trennfrequenz* f_0 und die *Steilheit* an der Trennstelle vorzugeben. Üblich sind Trennfilter mit einer Steilheit von 6 dB oder 12 dB pro Oktave, wobei eine *Oktave* gerade eine Frequenzverdopplung bedeutet. Bild 3.25a zeigt den Dämpfungsverlauf eines *6 dB-Trennfilters*. Die zugehörige Schaltung ist in Bild 3.25b angegeben. *L* und *C* ergeben sich nach [18] aus

$$L_6 = \frac{160\,R}{f_0} \text{ in mH}; \qquad C_6 = \frac{160\,000}{f_0 \cdot R} \text{ in } \mu F. \qquad (3.27)$$

R ist die Impedanz der Lautsprecher-Schwingspule. Für ein *12 dB-Trennfilter* nach Bild 3.25c gilt

$$L_{12} = \frac{225 \cdot R}{f_0} \text{ in mH}; \qquad C_{12} = \frac{112\,000}{f_0 \cdot R} \text{ in } \mu F. \qquad (3.28)$$

Für die Abtrennung eines Tieftonlautsprechers legt man die Übergangsfrequenz unter 1 kHz, für Hochtonlautsprecher bei etwa 3 bis 5 kHz.

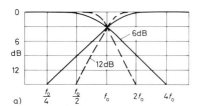
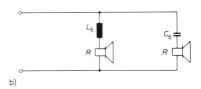
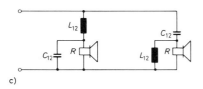

Bild 3.25

Frequenzweichen zur Lautsprecherkopplung
a) Dämpfungsverlauf eines 6 dB- und 12 dB-Trennfilters
b) 6 dB-Frequenzweiche
c) 12 dB-Frequenzweiche

• *Kalottenmembran*

In modernen Zweiweg- und Dreiweg-Boxen findet man immer häufiger Mittel- und Hochtonsysteme mit *Kalottenmembran*. Diese Bauweise hat ihren Namen daher, daß die Membran die Form einer Kugelkappe (Kalotte) hat. Die Vorteile solch einer wie in Bild 3.26 skizzierten Membran sind, daß der Membrandurchmesser sehr klein gemacht werden und – dadurch bedingt – die Richtcharakteristik stark verbreitert werden kann. Das bedeutet, die hohen Frequenzanteile werden gleichmäßiger in den Raum abgestrahlt. Außerdem ist die kleine Kalottenmembran nur wenig massebehaftet, wodurch das *Einschwingverhalten* erheblich verbessert wird; d.h. die Membran kann kurzen, impulsartigen Signalen schneller folgen, was zu einer Vervollkommnung der Klangwiedergabe führt.

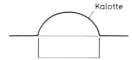

Bild 3.26. Kalottenmembran

• *Elektrische Anpassung*

Die *Schwingspule* eines dynamischen Lautsprechers sollte möglichst leicht sein. Darum darf sie nur wenige Windungen tragen. Daraus folgt, daß dynamische Lautsprecher in der Regel sehr niederohmig sind. Die Schwingspulen-Impedanz liegt heute meist bei 4 oder 8 Ω. Entweder durch *Übertrager* oder eine *Emitterfolger-Schaltung* muß der jeweilige Verstärkerausgang an die niedrige Lautsprecher-Impedanz angepaßt werden.

* **3.4.4. Elektrostatischer Lautsprecher**

Die Umkehrung des beim *Kondensatormikrofon* (3.3.4) verwendeten elektrostatischen Wandlerprinzips führt zum elektrostatischen Lautsprecher. Dieser Schallsender zeichnet sich dadurch aus, daß mittlere und hohe Frequenzen bis 20 kHz außerordentlich klanggetreu und mit sehr wenigen linearen Verzerrungen abgestrahlt werden.

• *Wandlerprinzip*

Bild 3.27 läßt erkennen, daß der Aufbau vergleichbar dem eines Kondensatormikrofons ist (Bild 3.13). Denn es ist ebenfalls eine elektrisch leitende Membran M (bewegliche Elektrode) vor einer festen Gegenelektrode G angebracht. Die extrem leichte und dünne Membran wird durch ein *Dielektrikum* (Isolator) von der Gegenelektrode getrennt und kann der angelegten „Tonspannung" $u(t)$ nahezu

▶ 3.4. Schallsender (Lautsprecher und Hörer)

trägheitslos folgen. Dadurch entstehen gegenüber dynamischen Lautsprechern Vorteile beim *Einschwingverhalten*, besonders bei hohen Frequenzen. Nachteilig ist, daß — ähnlich wie beim magnetischen Fernhörer (3.4.2) — eine hohe Gleichspannung U_B angelegt sein muß, weil die durch die Tonspannung erzeugten elektrostatischen Kräfte nur anziehend wirken. Ebenfalls problematisch kann werden, daß „Elektrostaten" wenig übersteuerungsfest sind. Das bedeutet, bei nur geringfügig zu hohen Tonspannungsamplituden setzt starkes Klirren ein (nichtlineare Verzerrungen). Stören kann mitunter, daß große Membranflächen bis zu 1 m² nötig sind und die Abstrahlung hoher Frequenzen stark gebündelt ist. Dem Vorteil der sehr sauberen Wiedergabe hoher Frequenzen stehen also einige Nachteile entgegen.

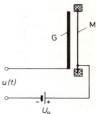

Bild 3.27
Prinzip des elektrostatischen Lautsprechers; $u(t)$: Signal;
U_B: hohe Gleichspannung

* 3.4.5. Piezoelektrischer Lautsprecher

Die Umkehrung des beim *Kristallmikrofon* (3.3.5) verwendeten piezoelektrischen Effektes führt zum piezoelektrischen Lautsprecher (auch: *Kristall-Lautsprecher*). Geeignet sind solche Schallsender vor allem für hohe und höchste Frequenzen, weshalb sie auch hauptsächlich als *Ultraschallgeber* verwendet werden.

● *Ultraschallgeberprinzip*

Richtig geschnittene und geschliffene *Piezokristalle* können durch ein elektrisches Wechselfeld zu mechanischen Schwingungen angeregt werden. Beispielsweise werden zwei piezoelektrische Kristallplatten fest aufeinander gekittet (Bild 3.28) und mit Metallelektroden bedeckt. Die Wechselspannung $u(t)$ erzeugt zwischen den beiden Elektroden, also in den Kristallplatten, ein elektrisches Feld. Die Kristallplatten werden dadurch senkrecht zu den Feldlinien gedehnt und zusammengezogen. Und zwar sind die Platten so geschnitten, daß die Dehnung diagonal und in den Kristallplatten 1 und 2 senkrecht zueinander erfolgt, was durch die Pfeile in Bild 3.28 angedeutet ist. Daraus entsteht eine Durchbiegung der Doppelplatte im Rhythmus der angelegten Wechselspannung. Die ganze Anordnung schwingt wie ein *Strahler zweiter Ordnung* (vgl. 3.4.1).

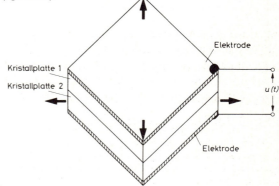

Bild 3.28
Prinzip des piezoelektrischen Lautsprechers; die Kristallplatten 1 und 2 schwingen senkrecht zueinander

3.4.6. Offene und geschlossene Hörer

Mit *Hörer* bezeichnet man solche *Schallsender*, die direkt am Ohr den Schall abstrahlen, weshalb sie meistens „Kopfhörer" heißen. Verwendet werden das elektromagnetische, elektrodynamische und elektrostatische Wandlerprinzip, wobei offene und geschlossene Systeme möglich sind.

• Geschlossene Hörer

In 3.2 (Schallwandlerprinzipien) wurde deutlich gemacht, daß Systeme, bei denen die Membran Teil eines allseitig geschlossenen Gehäuses ist, *druckempfindlich* arbeiten; d.h. bei geschlossenen Hörer-Systemen ist der erzeugte Schalldruck der Membranbewegung proportional. Die vollkommene akustische Abgeschlossenheit der Wandler führt für Kopfhörer zu zwei Konsequenzen:

1. Die im Gehäuse eingeschlossene Luft wirkt auf das Wandlersystem wie eine zusätzliche Federung, wodurch die *Resonanzfrequenz* des Systems und damit die untere Grenzfrequenz zu höheren Frequenzen hin verschoben werden. Daraus folgt (wie auch beim Einbau von Lautsprechern in geschlossene Gehäuse), daß das Gehäusevolumen einen Mindestwert nicht unterschreiten darf, damit hinreichend tiefe Frequenzen abgestrahlt werden können.

2. *Der Raum hinter der Membran* (im geschlossenen Gehäuse) *und der Raum vor der Membran* (zwischen Membran, Ohr und Gehörgang) bilden zwei gekoppelte Tonräume. Die Kopplung gelingt aber nur dann zufriedenstellend, wenn beide Tonräume vollkommen dicht sind. Schon eine geringe Undichtigkeit führt dazu, daß die Wiedergabe der tiefen Frequenzen erheblich verschlechtert wird.

> **Geschlossene Hörer** müssen ein Mindestvolumen aufweisen, was sie relativ groß und schwer macht. Weiterhin muß ein völlig dichter Sitz am Kopf gewährleistet sein. Nachteilig ist auch, daß bei geschlossenen Systemen Resonanzen und damit lineare Verzerrungen im Hörbereich entstehen. Die Empfindlichkeit beträgt im Beispiel eines dynamischen Hörers pro Hörkapsel 3,5 Pa/V entsprechend 35 µbar/V bei einer Schwingspulenimpedanz von 200 Ω.

• Offene Hörer

Systeme, bei denen die Membran frei im Schallfeld schwingen kann, heißen *Druckgradientenwandler*. Das bedeutet, die Membranbewegung entspricht den Schalldruckdifferenzen auf Vorder- und Rückseite der Membran. In einem offenen Hörer strahlt also die Membran nach außen und nach innen zum Ohr, nur um 180° phasenverschoben. Für tiefe Frequenzen sollte man bei solch einem System einen *akustischen Kurzschluß* (3.4.1) erwarten. Durch richtigen Sitz am Ohr wird aber der Kurzschluß verhindert, weil dann der direkte Weg zur Ohröffnung kürzer ist, als der Weg von der Membranrückseite über den Kapselaustritt zum Ohreingang. Die hinten austretenden Schallwellen können die direkten zwar etwas schwächen, aber nicht auslöschen.

> **Offene Hörer** gewährleisten eine resonanzfreie Abstrahlung zwischen 15 Hz und 20 kHz. Sie sind sehr leicht und preiswert. Die Empfindlichkeit beträgt in einem Beispiel 1,77 Pa/V entsprechend 17,7 µbar/V bei 2 kΩ Schwingspulenimpedanz.

• Magnetische Hörer

Magnetische Hörer arbeiten nach dem in 3.4.2 (Magnetisches Telefon) besprochenen elektromagnetischen Prinzip. Neben ihrer Hauptanwendung als Hörkapsel in Post-Fernsprechern kommen sie zum Einsatz in Kleinhörern zur Sprachwiedergabe (Diktiergeräte oder Fernsehton) und in Sub-Miniaturausführung für Hörgeräte und Hörbrillen.

• Dynamische Hörer

Für die Wiedergabe hochwertiger Musikaufnahmen sind dynamische Hörer am weitesten verbreitet. Das entspricht der Situation der in 3.4.3 beschriebenen dynamischen Lautsprecher. Genaugenommen sind in den Hörkapseln Miniaturlautsprecher enthalten. Die Schwingspulenimpedanz (*Nennimpedanz* nach DIN 45 000) wird meist bei 1000 Hz gemessen. Niederohmige Hörer zeigen Impedanzen von 4, 8 oder 16 Ω und sind zur Verwendung an den Lautsprecherbuchsen von Verstärkern gedacht. Die Impedanz mittelohmiger Hörer liegt oft (wie auch bei dynamischen Mikrofonen, 3.3.3) bei 200 Ω, manchmal bei 400 oder 600 Ω. Hochohmige Hörer haben eine Impedanz zwischen 2 und 4 kΩ, in Ausnahmen gar bis 20 kΩ.

• Elektrostatische Hörer

Ebenso wie manche Hersteller bestrebt sind, die Vorteile des elektrostatischen Prinzips (3.3.4 und 3.4.4) vor allem bei hohen Frequenzen zum Lautsprecherbau zu nutzen, wenden einige Firmen dieses Wandlerprinzip für Kopfhörer an. Sie sind meist niederohmig, benötigen aber ein separates „Speisegerät" für die notwendige hohe Vorspannung und sind durchweg sehr teuer.

3.5. Zusammenfassung

Elektroakustische Wandler bilden die Schnittstellen bei der Übertragung akustischer Signale. Wir unterscheiden *Schallempfänger* (Mikrofone) und *Schallsender* (Lautsprecher und Hörer).

Das Schallfeld entsteht durch Bewegung von Elementarteilchen der Luft um ihre Ruhelage. Das drückt sich in Schwankungen des Luftdrucks um einen Mittelwert von 1 bar = 10^5 Pa („Pascal") aus. Für *Schallwellenwiderstand, Schallintensität* und *Schalleistung* gilt formal das *Ohmsche Gesetz*. Der *Schalldruckpegel* wird in dB angegeben, wobei als Bezug die *Hörschwelle* mit $p_0 = 2 \cdot 10^{-5}$ Pa $= 2 \cdot 10^{-4}$ μbar verwendet wird. Wegen der starken Frequenzabhängigkeit der Lautstärkeempfindung ist die *Bezugsfrequenz* 1 kHz vereinbart. Dafür erhält man die *Lautstärke* zu

$$L_s = 20 \lg \frac{p}{p_0} \text{ phon (bei } f_0 = 1 \text{ kHz)}. \tag{3.11}$$

Schallwandlerprinzipien werden danach gegliedert, ob die Wandlung erfolgt
— *durch Stromsteuerung* (Kohlemikrofon),
— *über das magnetische Feld* (magnetischer Hörer, dynamisches Mikrofon, dynamischer Lautsprecher),
— *über das elektrische Feld* (Kondensator-Mikrofon, elektrostatische Lautsprecher und Hörer, Kristallmikrofon und Lautsprecher).

Geschlossenes System bedeutet, daß der Wandler druckempfindlich ist; *Offenes System* bildet einen Wandler, dessen Membranbewegung den Druckdifferenzen folgt (Druckgradientenwandler).

Die Richtcharakteristik ist bei geschlossenen Systemen kugelförmig, bei offenen Systemen nieren- oder keulenförmig (Richtwirkung).

Schallempfänger (Mikrofone):

Typ	Kohlemikrofon	dynamisches Mikrofon	Kondensatormikrofon	Elektretmikrofon	Kristallmikrofon
Prinzip	Stromsteuerung	Wandlung über Magnetfeld	Wandlung über elektrisches Feld		
Aufbau	steuerbarer Widerstand	Tauchspule oder Bändchen	Kondensator ohne Dielektrikum	Kondensator mit Elektret	piezoelektrischer Kristall
besondere Spannungsquelle	nein	nein	ja	nein	nein
Übertragungsfaktor in mV/Pa	500	1	10	10	5
Bandbreite	klein	groß	groß	groß	begrenzt
Verzerrungen	groß	klein	sehr klein	klein	mittel
Anwendung	Sprechkapsel in Fernsprechern	Hochwertige Musikübertragungen (Studio)			Sprachübertragung

Schallsender (Lautsprecher):

Typ	Magnetisches Telefon	dynamischer Lautsprecher	elektrostatischer Lautsprecher	piezoelektrischer Lautsprecher
Prinzip	Wandlung über Magnetfeld		Wandlung über elektrisches Feld	
Aufbau	magnetische Anziehung	Schwingspule	Kondensator	piezoelektrischer Kristall
besondere Spannungsquelle	nein	nein	ja	nein
Übertragungsfaktor in Pa/V	5	0,2 ... 0,7	0,1	0,4
Bandbreite	klein	mittel	groß	hochfrequent
Verzerrungen	groß	klein	klein	verschieden
Anwendung	Hörkapsel in Fernsprechern	Hochwertige Musikübertragung		Ultraschallgeber

Hörer sind Schallsender, die direkt am Ohr verwendet werden. Man unterscheidet *geschlossene* und *offene Systeme*. Verwendet werden
— *magnetische Hörer* für Sprachübertragungen (Diktiergeräte und Hörhilfen);
— *dynamische* und *elektrostatische Hörer* für Musikübertragungen.

4. Schwingungserzeugung

Begriffe wie *Sinusschwingung, Trägerschwingung, Pulsfolge, Generator, Oszillator* etc. werden in der Signalübertragungstechnik ständig verwendet. Die hinter diesen Begriffen stehenden technischen und physikalischen Vorgänge können unter dem Oberbegriff *Schwingungserzeugung* zusammengefaßt werden. Obwohl Schwingungsformen, Frequenzbereiche und Anwendungsfälle recht unterschiedlich sind, ist allen Oszillator- und Impulsschaltungen das Prinzip der *Rückkopplung* gemeinsam. Dieses Kapitel wird darum in 4.1 mit der Besprechung der Rückkopplung begonnen. Aufbauend auf dieser Grundlage wird in 4.2 die Erzeugung sinusförmiger und in 4.3 die Erzeugung nichtsinusförmiger Schwingungen behandelt.

▶ 4.1. Rückkopplung

Das *Prinzip der Rückkopplung* (engl. *Feedback*) beschränkt sich längst nicht mehr auf elektronische Systeme, sondern hat inzwischen eine verallgemeinerte Bedeutung erlangt. So ist die Rückkopplung ebenso als fundamentaler Mechanismus technischer Regelkreise wie wirtschaftlicher und sozialer Zusammenhänge erkannt. Der Begriff „kybernetisches System" ist gar gekoppelt an *Feedback*, und die „allgemeine Systemtheorie" (engl. *General System Theory*, GST), mit der versucht wird, verschiedenartigste Systeme einheitlich zu beschreiben, muß in der Hauptsache die Rückkopplungen zwischen den Elementen des Systems und dem Ganzen sowie den Elementen untereinander berücksichtigen. Wir werden uns selbstverständlich auf die Rückkopplung in elektronischen Schaltkreisen beschränken. Dabei müssen wir zwischen *Mitkopplung* und *Gegenkopplung* unterscheiden. Die *Mitkopplung* werden wir in diesem Kapitel als Werkzeug der Schwingungserzeugung verwenden. In 4.1.2 wird jedoch auch die *Gegenkopplung* behandelt, weil sie zum Stabilisieren aktiver Systeme (Verstärker) von großer Bedeutung ist.

▶ 4.1.1. Ableitung der Rückkopplung

Wir gehen mit Bild 4.1 von einem verstärkenden System aus; die Verstärkung wird mit $\underline{v}$ gekennzeichnet. Der Ausgang des Verstärkers ist über ein *Rückkopplungsnetzwerk*, dessen Eigenschaften durch einen *Übertragungsfaktor $\underline{k}$* beschrieben werden, auf seinen Eingang zurückgeführt. Der Übertragungsfaktor gibt an, welcher Anteil des Ausgangssignals in welcher *Phasenlage* auf den Eingang zurückgelangen kann. D.h. $\underline{v}$ und $\underline{k}$ sind komplexe Größen, was durch Unterstreichen der Symbole ausgedrückt werden soll.

Bild 4.1
Schema der Rückkopplung; $\underline{v}$: komplexe Verstärkung, $\underline{k}$: komplexer Übertragungsfaktor des Rückkopplungsnetzwerkes

● *Schreibweisen nach DIN*

In DIN 5475, Blatt 1 sind Benennungen und Schreibweisen komplexer Größen festgelegt, in DIN 5483 und 5488 sind Formelzeichen und Benennungen zeitabhängiger Größen gesammelt. Danach gilt folgende Regelung:

> Es werden gekennzeichnet
> *Komplexe Größen* durch Unterstreichen, z.B. $\underline{v}, \underline{k}, \underline{u}, \underline{i}$;
> *Effektivwerte* durch Großbuchstaben, z.B. U, I oder als $U_{\text{eff}}, I_{\text{eff}}$;
> *Augenblickswerte* durch Kleinbuchstaben, z.B. u, i;
> *Scheitelwerte* durch Kleinbuchstaben mit Dach, z.B. $\hat{u}, \hat{\imath}$.

Der komplexe Augenblickswert einer Sinusgröße kann danach geschrieben werden

$$\underline{x}(t) = \hat{x}\, e^{j\varphi} e^{j\omega t}. \tag{4.1}$$

Hierin ist φ der Phasenwinkel und ω die Kreisfrequenz der Sinusschwingung. Der Scheitelwert $\hat{x}$, der bei Sinusgrößen *Amplitude* genannt werden kann, ergibt sich aus dem Effektivwert zu $\hat{x} = X \sqrt{2}$. Der physikalische Augenblickswert ist der Realteil des komplexen Augenblickswertes, also

$$x(t) = \operatorname{Re}\underline{x}(t). \tag{4.2}$$

Die komplexe Amplitude der Sinusgröße ist

$$\underline{\hat{x}} = \hat{x}\, e^{j\varphi}, \tag{4.3}$$

so daß Gl. (4.1) auch geschrieben werden kann zu

$$\underline{x}(t) = \underline{\hat{x}}\, e^{j\omega t}. \tag{4.4}$$

Die Zerlegung der komplexen Ausdrücke in Real- und Imaginärteil wird mit Hilfe des folgenden Zusammenhangs möglich:

Eulersche Gleichung $\quad e^{j\alpha} = \cos\alpha + j\sin\alpha \tag{4.5}$

● *Vierpol*

Verstärker sind *Vierpole*, d.h. sie haben zwei Eingangs- und zwei Ausgangsklemmen. Das Verhältnis der komplexen Ausgangsgröße $\underline{S}_2$ zur Eingangsgröße $\underline{S}_1$ wird *komplexer Übertragungsfaktor* genannt:

$$\underline{A} = \frac{\underline{S}_2}{\underline{S}_1}.$$

Bei einem Verstärker nach Bild 4.2 sind die Eingangs- und Ausgangsgrößen komplexe Spannungen, der Übertragungsfaktor heißt dann *Verstärkungsfaktor* (komplex) oder kurz *Verstärkung* und lautet

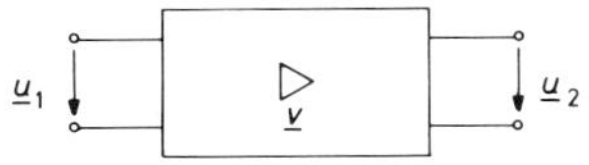

Bild 4.2. Vierpol

$$\underline{v} = \frac{\underline{u}_4}{\underline{u}_3} \tag{4.6}$$

Das gleiche gilt formal für den komplexen Rückkopplungsfaktor (vgl. Bild 4.3), kurz *Rückkopplung*:

$$\underline{k} = \frac{\underline{u}_1}{\underline{u}_2}. \tag{4.7}$$

● *Rückkopplungsgleichung*

In Bild 4.4 ist das Schema aus Bild 4.3 wiederholt, wobei aber bereits eingesetzt ist $\underline{u}_2 = \underline{u}'_2 = \underline{u}_3$ und $\underline{u}_4 = \underline{k} \cdot \underline{u}_2$. Weiterhin können wir ablesen

$$\underline{u}'_1 = \underline{u}_1 + \underline{k} \cdot \underline{u}_2 \tag{4.8}$$

und

$$\underline{v} = \frac{\underline{u}_2}{\underline{u}'_1}. \tag{4.9}$$

▶ 4.1. Rückkopplung

Zu berechnen ist das Verhältnis $\underline{u}_2/\underline{u}_1$, das wir $\underline{v}'$ nennen wollen. Dazu lösen wir (4.9) nach $\underline{u}'_1$ auf und setzen in (4.8) ein, dann folgt

$$\underline{u}_2 = \underline{u}_1 \underline{v} + \underline{k}\,\underline{v}\,\underline{u}_2$$

und damit die *Rückkopplungsgleichung*

$$\boxed{\underline{v}' = \frac{\underline{u}_2}{\underline{u}_1} = \frac{\underline{v}}{1 - \underline{k}\,\underline{v}}} \qquad (4.10)$$

Die Gesamtverstärkung $\underline{v}'$ des rückgekoppelten Vierpols aus Bild 4.4 ergibt sich also aus der Verstärkung $\underline{v}$ des nicht rückgekoppelten Vierpols dividiert durch $(1 - \underline{k}\,\underline{v})$.

> $\underline{k}\,\underline{v}$ heißt *Schleifenverstärkung;*
> $(1 - \underline{k}\,\underline{v})$ ist der *Rückkopplungsgrad.*

• Mitkopplung, Gegenkopplung

Je nach Größe des Rückkopplungsgrades $(1 - \underline{k}\,\underline{v})$ unterscheidet man zwei Fälle:

> *Mitkopplung:* $|\underline{k}\,\underline{v}| > 0$ bzw. $|1 - \underline{k}\,\underline{v}| < 1$;
> in diesem Fall wird $|\underline{v}'| > |\underline{v}|$.
> *Gegenkopplung:* $\underline{k}\,\underline{v} < 0$ bzw. $|1 - \underline{k}\,\underline{v}| > 1$;
> in diesem Fall wird $|\underline{v}'| < |\underline{v}|$.

Bild 4.5 zeigt drei Fälle möglicher Auswirkungen der Rückkopplung, wenn sinusförmige Signale vorliegen. Die dünn gezeichnete Kurve gibt jeweils die Eingangsspannung $\underline{u}_1$ an, die gestrichelte Kurve meint den rückgekoppelten Anteil $\underline{k}\,\underline{u}_2$, die stark ausgezogene Kurve ergibt sich aus der Addition der beiden anderen Kurven und stellt die Gesamtausgangsspannung $\underline{u}_2$ dar. Im Fall a überlagert sich das rückgekoppelte Signal genau phasengleich dem Eingangssignal, woraus eine Vergrößerung dieses Signals entsteht. Dies ist der Fall maximaler *Mitkopplung*. Im Fall b wird durch die Rückkopplung die Amplitude $\hat{u}_2$ kleiner als $\hat{u}_1$; dieses System ist *schwach gegengekoppelt.* Bild c schließlich zeigt den Fall maximaler *Gegenkopplung*, weil die Rückführung vollständig in Gegenphase arbeitet (Phasenverschiebung gleich π oder $\varphi = 180°$).

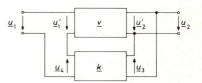

Bild 4.3. Parallel-Serien-Rückkopplung

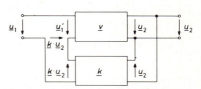

Bild 4.4. Spannungsrückkopplung

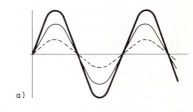

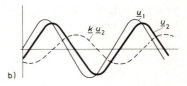

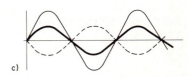

Bild 4.5. Auswirkungen der Rückkopplung
a) Rückwirkung „in Phase" (maximale Mitkopplung);
b) Rückwirkung phasenverschoben (schwache Gegenkopplung);
c) Rückwirkung „in Gegenphase" (maximale Gegenkopplung)

* 4.1.2. Gegenkopplung

In diesem Abschnitt betrachten wir den Fall, daß

$$|1 - \underline{k}\,\underline{v}| > 1 \quad \text{bzw.} \quad |\underline{k}\,\underline{v}| < 0 \quad \text{und} \quad |\underline{v}'| < |\underline{v}|.$$

Ergebnisse dieser Bedingungen sind in den Bildern 4.5b und 4.5c dargestellt.
Bemerkenswert ist, daß bei der schwachen Gegenkopplung nach Bild 4.5b das Ausgangssignal $\underline{u}_2$ gegenüber dem Eingangssignal $\underline{u}_1$ phasenverschoben ist. Die scheinbare Phasengleichheit in Bild 4.5c entsteht aus einer Verschiebung und „Drehung" des Ausgangssignals um 180°. Im folgenden werden ein paar gern genutzte Vorteile der Gegenkopplung aufgeführt.

• *Verrringerung von Störspannungen*

Alle in einen Verstärker eingestreuten Störspannungen (z.B. Netzbrummen) werden durch Gegenkopplung in gleichem Maße reduziert wie die Eingangsspannung. Störspannungen u_S überlagern sich der Eingangsspannung u_1 additiv. Mit der Rückkopplungsgleichung (4.10) können wir dann schreiben

$$u_2 = \frac{v}{1 - k\,v}\,u_1 + \frac{u_S}{1 - k\,v} \qquad (4.11)$$

wobei der Einfachheit halber die Beträge verwendet sind. Gl. (4.11) läßt die Aussage zu, daß Störspannungen durch kräftige Gegenkopplung verringert werden können. Eine ausreichende Gesamtverstärkung läßt sich trotzdem erzielen, indem die Verstärkung v des nicht rückgekoppelten Systems hinreichend groß vorgegeben wird.

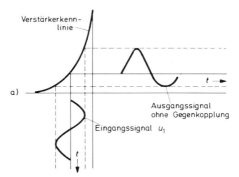

• *Verminderung des Klirrfaktors*

Ebenso wie Störspannungen um den Gegenkopplungsgrad vermindert werden, können *nichtlineare Verzerrungen* (2.3) um $(1 - k\,v)$ reduziert werden. Ganz anschaulich ist die auch mathematisch nachweisbare Verminderung des Klirrfaktors anhand der *Durchgangskennlinien* in Bild 4.6 dargestellt. Wird ein sinusförmiges Signal u_1 auf einen Verstärker gegeben (nichtlineare Kennlinie!), wird es ohne Gegenkopplung am Ausgang stark nichtlinear verzerrt auftreten (Bild 4.6b). Es ist leicht nachprüfbar, daß das verzerrte Signal bei der zweiten „Spiegelung" an der nichtlinearen Kennlinie fast vollkommen sinusförmig wird.

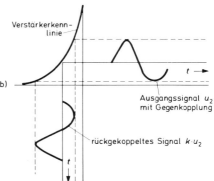

Bild 4.6. Verminderung des Klirrfaktors durch Gegenkopplung
a) nichtlineare Verzerrungen, wenn keine Gegenkopplung vorhanden ist;
b) Ausgleich der Verzerrungen durch Rückführung des verzerrten Signals

• *Verbesserung der Frequenzcharakteristik*

Von großem Nutzen ist oft, daß die *Bandbreite* eines Verstärkers in dem Maße vergrößert wird, wie die Verstärkung durch Gegenkopplung abnimmt,

▶ 4.1. Rückkopplung

weil das Produkt aus *Bandbreite mal Verstärkung konstant* bleibt. Allgemein gilt für die Spannungsverstärkung einer Transistorstufe bei hohen Frequenzen

$$\underline{v} = \frac{\underline{v}_m}{1 + j\frac{\omega}{\omega_{gr}}} \quad . \tag{4.12}$$

Hierin gibt $\underline{v}_m$ die Verstärkung bei mittleren Frequenzen an, ω_{gr} ist die *Grenzfrequenz* des Verstärkers. Das ist die Stelle auf der Frequenzachse, an der die Verstärkung um 3 dB abgesunken ist (3-dB-Punkt in Bild 4.7). Wird Gl. (4.12) in Gl. (4.10) eingesetzt, erhält man

$$\underline{v}' = \frac{\underline{v}_m}{1 - \underline{k}\,\underline{v}_m} \cdot \frac{1}{1 + \dfrac{j\omega}{\omega_{gr}(1 - \underline{k}\,\underline{v}_m)}} \quad . \tag{4.13}$$

Wir können nun direkt ablesen, daß die obere Bandgrenze von ω_{gr} auf $\omega_{gr}(1 - \underline{k}\,\underline{v}_m)$ erhöht wird, wenn $|\underline{k}\,\underline{v}| < 0$ ist, wenn also Gegenkopplung vorliegt. Bild 4.7 zeigt diese Verschiebung an, wozu eine doppelt logarithmische Darstellung gewählt ist.

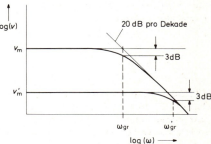

Bild 4.7
Vergrößerung der Bandbreite von ω_{gr} auf $\omega'_{gr} = \omega_{gr}(1 - \underline{k}\,\underline{v})$ durch Gegenkopplung (nach Gl. (4.12) und (4.13)); die Darstellung ist doppelt logarithmisch; der Abfall bei hohen Frequenzen verläuft mit 20 dB pro Dekade (pro Frequenzverzehnfachung also)

● *Stabilität der Verstärkung*

Ein weiterer Vorteil der Gegenkopplung ist, daß bei sehr großer Verstärkung des nicht rückgekoppelten Vierpols ($|\underline{v}| \to \infty$) die Gesamtverstärkung von Schwankungen der Betriebsspannung, der Temperatur und unvermeidbarer Exemplarstreuungen der Bauteile unabhängig wird. Um das zu verdeutlichen, betrachten wir den einfachen Transistorverstärker in Bild 4.8. Ist der Schalter S geschlossen, wird der Emitterwiderstand R_e durch C wechselstrommäßig kurzgeschlossen. In diesem Fall gibt es *keine Gegenkopplung*. Bleibt der Schalter jedoch offen, entsteht eine *Stromgegenkopplung*, und es baut sich über R_e die rückgekoppelte Spannung $\underline{u}_k$ auf. Mit der berechtigten Annahme $|\underline{i}_1| \ll |\underline{i}_2|$ erhalten wir $\underline{u}_k = -\underline{i}_2 \cdot R_e$ und $\underline{u}_2 = -\underline{i}_2 \cdot R_c$. Daraus folgt

$$\underline{k} = \frac{\underline{u}_k}{\underline{u}_2} = \frac{-\underline{i}_2 \cdot R_e}{-\underline{i}_2 \cdot R_c} = \frac{R_e}{R_c} \quad .$$

Berücksichtigen wir nun noch, daß $|\underline{v}|$ groß sein soll, ergibt sich

$$\underline{v}' = \frac{\underline{v}}{1 - \underline{k}\,\underline{v}} \approx -\frac{1}{\underline{k}} \quad \text{für } |\underline{v}| \to \infty \quad .$$

Damit folgt nun endgültig

$$\boxed{\underline{v}' \approx \frac{1}{\underline{k}} = -\frac{R_c}{R_e}} \quad . \tag{4.14}$$

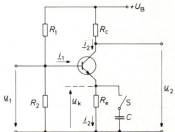

Bild 4.8. Transistorverstärker mit $\underline{u}_k = \underline{k}\,\underline{u}_2$ und Schalter S

Dieses wichtige Ergebnis besagt, daß bei hinreichend großer Verstärkung des nicht rückgekoppelten Vierpols die Gesamtverstärkung nur noch durch das Verhältnis von Kollektor- zu Emitterwiderstand bestimmt wird und somit unabhängig von sämtlichen übrigen Einflüssen ist.

4.1.3. Selbsterregungsbedingung

Wir greifen zurück auf die *Rückkopplungsgleichung* (4.10):

$$\underline{v}' = \frac{\underline{v}}{1 - \underline{k}\,\underline{v}} \cdot \qquad (4.10)$$

Bei positiver Rückkopplung (*Mitkopplung*) ist $\underline{k}\,\underline{v} > 0$ und $\underline{v}'$ wird größer als $\underline{v}$. Im Grenzfall $\underline{k}\,\underline{v} = 1$ wird gar $\underline{v}'$ unendlich groß.

• *Selbsterregung*

Unendliche Verstärkung bedeutet folgendes: Auch bei fehlender Eingangsspannung ($\underline{u}_1 = 0$, also z.B. Kurzschluß wie in Bild 4.9 eingezeichnet) kann aus geringsten Störungen in der Verstärkerschaltung eine endliche Ausgangsspannung $\underline{u}_2$ entstehen. Zur Auslösung solch einer *Selbsterregung* genügt schon Verstärkerrauschen oder ein Einschaltimpuls. Wir erhalten somit die **Selbsterregungsbedingung**

$$\underline{k} \cdot \underline{v} = 1. \qquad (4.15)$$

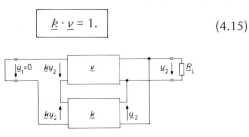

Bild 4.9. Spannungsrückkopplung mit $\underline{u}_1 = 0$ (Kurzschluß am Eingang) und Ausgangsspannung $\underline{u}_2$ am Lastwiderstand R_L

• **Betrag und Phase**

$\underline{k}$ und $\underline{v}$ sind komplexe Größen, d.h. die Selbsterregungsbedingung (4.15) muß nach *Betrag* und *Phase* erfüllt sein. Wir müssen somit fordern

$$\begin{aligned} \mathrm{Re}\,(\underline{k}\,\underline{v}) &= 1 \\ \mathrm{Im}\,(\underline{k}\,\underline{v}) &= 0. \end{aligned} \qquad (4.16)$$

In der komplexen $\underline{k}\,\underline{v}$-Ebene nach Bild 4.10a wird diese Bedingung (4.16) gerade durch den *Zeiger* $\underline{k} \cdot \underline{v} = 1$ realisiert, womit (4.15) erfüllt ist. Der *Betrag* (Realteil) muß also gleich 1 sein. Der Imaginärteil ist dann gleich 0, wenn der *Phasenwinkel* zwischen $\underline{k}$ und $\underline{v}$ ein ganzzahliges Vielfaches von 2π ist, also $\varphi = n \cdot 2\pi$ mit $n = 0, 1, 2, \ldots$ und somit das Produkt $\underline{k} \cdot \underline{v}$ einen Zeiger bildet.

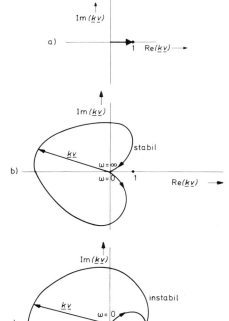

Bild 4.10. $\underline{k}\,\underline{v}$-Diagramme
a) Darstellung der Selbsterregungsbedingung mit $\underline{k}\,\underline{v} = 1$;
b) $\underline{k}\,\underline{v} = 1$ wird nicht umschlossen: keine Selbsterregung (stabil);
c) $\underline{k}\,\underline{v} = 1$ wird umschlossen: Selbsterregung möglich (instabil)

● *Nyquist-Kriterium*

Nun ist aber noch zu berücksichtigen, daß sowohl $\underline{v}$ als auch $\underline{k}$ einen *Frequenzgang* aufweisen können, weil beide Größen frequenzabhängige Blindwiderstände enthalten. Zur Veranschaulichung dieser Tatsache und zur Prüfung der Stabilität eines Verstärkers über dem ganzen Frequenzbereich $0 \leq \omega < \infty$ verwendet man eine Darstellung in der komplexen $\underline{k}\,\underline{v}$-Ebene, die *Nyquist-Diagramm* heißt. Mit Bild 4.10b erhalten wir dann das

> **Nyquist-Kriterium:** Ein Verstärker ist nur dann stabil gegen *Selbsterregung*, wenn die *Ortskurve* im $\underline{k}\,\underline{v}$-Diagramm den kritischen Punkt $\underline{k} \cdot \underline{v} = 1$ nicht umschließt.

Aus diesem Kriterium folgt andersherum, daß *Selbsterregung* nur dann auftreten kann, wenn die Ortskurve den Punkt $\underline{k}\,\underline{v} = 1$ umschließt (Bild 4.10c).

● *Frequenzabhängigkeit*

Die $\underline{k}\,\underline{v}$-Diagramme in den Bildern 4.10b und 4.10c sind so konstruiert, daß im Nullpunkt $\omega = 0$ und $\omega = \infty$ liegen. An diesen beiden Grenzen des Frequenzbereiches sind Verstärker also immer stabil, weil dabei $\underline{k}\,\underline{v} = 0$ wird (keine Rückkopplung). Zur Realisierung eines stabilen Verstärkers wird man bemüht sein, $\underline{k}$ positiv reell zu machen. Dann gelingt es, etwa in der Mitte des zu verarbeitenden Frequenzbandes (im Arbeitsbereich) eine Phase von π (180°) zu erzielen (vgl. Bild 4.5c: maximale Gegenkopplung). Mitkopplung, d.h. beginnendes instabiles Verhalten, tritt dann auf, wenn $|\underline{k}\,\underline{v}|$ positiv wird. So kann ein Verstärker durchaus im mittleren Frequenzbereich stabil arbeiten, bei hohen Frequenzen jedoch durch eine zusätzliche Phasendrehung von 180° zur Selbsterregung neigen (man sagt dann: der Verstärker schwingt).

▶ 4.2. Harmonische Oszillatoren

Hauptbestandteile eines harmonischen Oszillators zur Erzeugung sinusförmiger Schwingungen sind

> *Resonanzverstärker*, dessen *Schwingkreis* auf die gewünschte Frequenz abgestimmt ist (vgl. 4.2.1) und
> *positive Rückkopplung* (Mitkopplung) d.h. die Schleifenverstärkung positiv reell ($|\underline{k}\,\underline{v}| = 1$), so daß die Selbsterregungsbedingung erfüllt ist (vgl. 4.1).

▶ 4.2.1. Schwingkreise

Frequenzbestimmender Teil eines selektiven Verstärkers ist ein Schwingkreis, der im *Resonanzfall* mit der gewünschten Frequenz schwingt, weshalb man auch *Resonanzverstärker* sagt. Im folgenden werden Serien- und Parallelschwingkreise betrachtet, wobei jeweils die Kombination aus einem reinen Wirkwiderstand (ohmscher Widerstand), einem rein kapazitiven und einem induktiven Blindwiderstand verwendet wird. Zur Erinnerung sei vorab eine Zusammenstellung von Benennungen für *Wechselstromgrößen* angegeben (vgl. DIN 40110).

> *Scheinwiderstand* $\underline{Z} = R + jX$
> *Scheinleitwert* $\underline{Y} = G + jB = 1/\underline{Z}$
> mit
> *Wirkwiderstand R, Wirkleitwert G, Blindwiderstand* $X = X_L - X_C$ und
> *Blindleitwert B.* Ferner gilt
> *induktiver Blindwiderstand* $X_L = \omega L$
> *kapazitiver Blindwiderstand* $X_C = 1/\omega C$
> Die *Beträge* ergeben sich aus $Z = \sqrt{R^2 + X^2}$ und $Y = \sqrt{G^2 + B^2}$
> Für die *Leistungen* gilt
> *Wirkleistung* $P = UI \cos\varphi$
> *Blindleistung*[+]) $P_b = UI \sin\varphi$
> *Scheinleistung* $S = UI$
> *Leistungsfaktor* $\cos\varphi = P/S = R/Z$

• *Reihenschwingkreis*

Der Reihenschwingkreis nach Bild 4.11 heißt auch *Serienschwingkreis* oder *Serienresonanzkreis*. Die Resonanzfrequenz erhält man aus der Bedingung, daß im Resonanzfall $\underline{U}_L$ und $\underline{U}_C$ reell und gleich sind. Der Gesamtwiderstand (*Scheinwiderstand* oder *Impedanz*) des Reihenschwingkreises lautet

$$\underline{Z} = R + j\left(\omega L - \frac{1}{\omega C}\right) . \qquad (4.17)$$

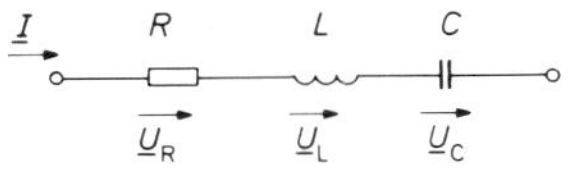

Bild 4.11. Reihenschwingkreis

Im *Resonanzfall* mit $\omega = \omega_0$ muß also der Imaginärteil verschwinden, d.h. $U_C = IX_C = U_L = IX_L$ oder $X_C = X_L$ und damit

$$\frac{1}{\omega_0 C} = \omega_0 L = X_0. \qquad (4.18)$$

• *Resonanzfrequenz, Resonanz-Blindwiderstand*

Aus (4.18) folgt die *Resonanzfrequenz*

$$\boxed{\omega_0 = \frac{1}{\sqrt{LC}}} . \qquad (4.19)$$

Sie ist vom Wirkwiderstand R unabhängig und wird auch oft *Eigenfrequenz* genannt, wobei $\omega_0 = 2\pi f_0$ gilt. Wird (4.19) in (4.18) eingesetzt, folgt sofort der *Resonanz-Blindwiderstand*

$$\boxed{X_0 = \sqrt{\frac{L}{C}}} . \qquad (4.20)$$

[+]) In DIN 40 110 wird die Blindleistung mit dem Buchstaben Q benannt. Um aber Verwechslungen mit dem *Gütefaktor Q* zu vermeiden, ist hier die Bezeichnung P_b gewählt.

4.2. Harmonische Oszillatoren

• *Gütefaktor, Verlustfaktor*

Zum Vergleich verschiedener Schwingkreise und zu ihrer Charakterisierung verwendet man neben der Eigenfrequenz den *Gütefaktor Q*, kurz *Güte* genannt. Definiert ist die Güte durch das Verhältnis von Blindleistung zu Wirkleistung. Für die Reihenresonanz gilt $P_{b0} = I^2 \cdot X_0$ und $P_0 = I^2 R$, also

Güte $\boxed{Q = \dfrac{X_0}{R}.}$ (4.21)

Der Reziprokwert der Güte wird *Verlustfaktor d* oder *Dämpfung* genannt:

$$d = \frac{1}{Q}. \qquad (4.22)$$

• *Verstimmung*

Der Imaginärteil von Gl. (4.17) verschwindet im Resonanzfall mit $\omega = \omega_0$. Abweichungen von der Resonanzfrequenz nennt man *Verstimmung ϵ* (vgl. DIN 1311, Blatt 2). Zur Ableitung der Verstimmung erweitert man $(\omega L - 1/\omega C)$ mit ω_0/ω_0:

$$\omega L \frac{\omega_0}{\omega_0} - \frac{1}{\omega C}\frac{\omega_0}{\omega_0} = \omega_0 L \frac{\omega}{\omega_0} - \frac{1}{\omega_0 C}\frac{\omega_0}{\omega}.$$

Mit Gl. (4.18) erhalten wir daraus

$$X_0 \left(\frac{\omega}{\omega_0} - \frac{\omega_0}{\omega}\right) = X_0 \epsilon. \qquad (4.23)$$

Die *Verstimmung ϵ* ist im Resonanzfall Null und erstreckt sich theoretisch von $-\infty$ bis $+\infty$, wenn die Frequenz f den Bereich von 0 bis ∞ durchläuft.

• *Scheinwiderstand des Reihenschwingkreises*

Mit der Güte Q und der Verstimmung ϵ können wir Gl. (4.17) umschreiben in

$\underline{Z} = R + jX_0\epsilon$ oder unter Verwendung von $X_0 = QR$

$\boxed{\underline{Z} = R(1 + jQ\epsilon).}$ (4.24)

Das Schwingkreisverhalten wird somit wesentlich bestimmt durch die *Güte* und die *Verstimmung*.

• *Parallelschwingkreis*

Der Parallelschwingkreis (*Parallelresonanzkreis*) nach Bild 4.12 besitzt einen Scheinwiderstand, der gleich dem Reziprokwert der *Leitwertsumme* ist:

$$\underline{Z} = \frac{1}{\underline{Y}} = \frac{1}{\dfrac{1}{R} + j\left(\omega C - \dfrac{1}{\omega L}\right)}. \qquad (4.25)$$

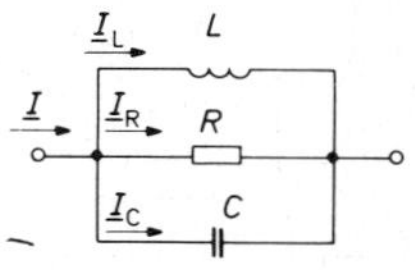

Bild 4.12 Parallelschwingkreis

Im Resonanzfall ($\omega = \omega_0$) folgt sofort wieder

$$\omega_C C = \frac{1}{\omega_0 L} = \frac{1}{X_0} \tag{4.26}$$

was formal mit Gl. (4.18) übereinstimmt. Das gleiche gilt für die *Resonanzfrequenz*:

$$\boxed{\omega_0 = \frac{1}{\sqrt{LC}}} \cdot \tag{4.27}$$

• *Gütefaktor bei Parallelresonanz*

Im Parallelschwingkreis ist die Blindleistung im Resonanzfall $P_{b0} = U^2/X_0$, die Wirkleistung entsprechend $P_0 = U^2/R$. Damit folgt für die *Güte*

$$\boxed{Q = \frac{R}{X_0}} \cdot \tag{4.28}$$

Mit dieser Güte und der Verstimmung (Gl. (4.23)) können wir den Scheinwiderstand Gl. (4.25) schreiben zu

$$\underline{Z} = \frac{1}{\underline{Y}} = \frac{1}{\frac{1}{R} + j\frac{1}{X_0}\epsilon} \quad \text{bzw.} \quad \boxed{\underline{Z} = \frac{R}{1 + jQ\epsilon}} \cdot \tag{4.29}$$

* 4.2.2. Oszillator mit induktiver Rückkopplung

Das Rückkopplungsnetzwerk (*Rückkopplungsvierpol*) wird in dieser Schaltung durch einen *Übertrager* gebildet. In der klassischen Schaltung mit einer Elektronenröhre (Triode) als Verstärkerelement heißt dieser Generator *Meißner-Oszillator*. Eine modernere Schaltung mit Transistor ist in Bild 4.13 gezeigt.

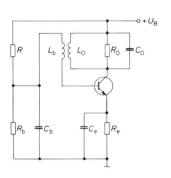

Bild 4.13
Oszillator mit induktiver Rückkopplung (Meißner-Oszillator)

• *Oszillatorschaltung*

Der frequenzbestimmende Teil der Schaltung Bild 4.13 ist der Parallelschwingkreis

$$\underline{Z}_0 = \frac{1}{\frac{1}{R_0} + j\left(\omega C_0 - \frac{1}{\omega L_0}\right)} \tag{4.30}$$

bzw. mit Gl. (4.29)

$$\underline{Z}_0 = \frac{R_0}{1 + jQ\epsilon} \tag{4.31}$$

$Q = R_0/X_0$ und $X_0 = \omega_0 L_0 = 1/\omega_0 C_0$. Der Betrag des Scheinwiderstandes wird

$$|\underline{Z}_0| = \frac{R_0}{\sqrt{1 + Q^2\epsilon^2}} \cdot \tag{4.32}$$

► 4.2. Harmonische Oszillatoren 71

Bild 4.14 zeigt den Verlauf des Scheinwiderstandes in Abhängigkeit von der Frequenz ω, was für
Gl. (4.32) einer Abhängigkeit von der Verstimmung ε entspricht. Für eine große Güte Q ergibt sich
ein ausgeprägtes Maximum bei ω = $ω_0$. Der Kurvenverlauf wird zunehmend breiter, wenn die Güte
kleiner wird.

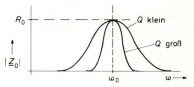

Bild 4.14
Betrag des Scheinwiderstandes als Funktion der Frequenz
für Parallelschwingkreis

• *Rückkopplungsfaktor*

Die Schwingkreis-Induktivität L_0 bildet die *Primärwicklung* eines Übertragers, über der die Spannung
$\underline{u}_L$ liegt. An der *Sekundärwicklung* L_b liegt die rückgekoppelte Spannung $\underline{u}_b$. Damit ergibt sich für
den Rückkopplungsfaktor

$$\underline{k} = \frac{\underline{u}_b}{\underline{u}_L} = \pm \frac{N_2}{N_1}. \tag{4.33}$$

Er ist also positiv oder negativ reell und wird nur durch das Windungszahlverhältnis (Übersetzungsverhältnis des Übertragers) bestimmt.

► **4.2.3. Oszillatoren mit Dreipunktschaltung**

Die Bezeichnung *Dreipunktschaltung* wird dann verwendet, wenn im frequenzbestimmenden Schwingkreis eines Oszillators Kapazität oder Induktivität so unterteilt sind, daß der
Schwingkreis drei Abgriffe besitzt. Diese Anordnung hat den Vorteil, daß die Rückkopplungsspannung in Größe und Phasenlage dem Bedarf entsprechend abgegriffen werden
kann. Bild 4.15 zeigt eine *induktive Dreipunktschaltung* (auch: *Hartley-Oszillator*).

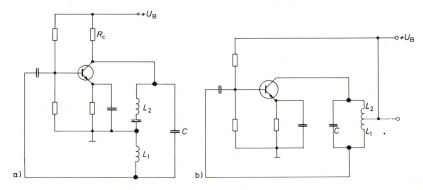

Bild 4.15. Induktive Dreipunktschaltungen; a) Hartley-Oszillator, b) Oszillator mit magnetisch
gekoppelten Spulen

• *Kapazitive Dreipunktschaltung*

In Bild 4.16 ist die wichtige *kapazitive Dreipunktschaltung* dargestellt, die auch unter
der Bezeichnung *Colpitts-Oszillator* bekannt ist. Die drei Anschlußpunkte des Schwingkreises sind stark hervorgehoben. Alle nicht bezeichneten Elemente sowie R_e und C_e

dienen — wie auch in Bild 4.15 — nur zur Einstellung und Stabilisierung des Arbeitspunktes. In der *Wechselstromschaltung* (Bild 4.17) sind sie weggelassen. Lediglich die Elemente des Schwingkreises L, C_1, C_2 und R_c (Kollektor- bzw. Arbeitswiderstand) sind berücksichtigt.

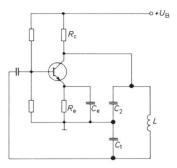

Bild 4.16. Kapazitive Dreipunktschaltung (Colpitts-Oszillator)

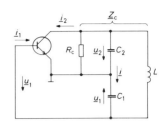

Bild 4.17. Wechselstromschaltung des Colpitts-Oszillators nach Bild 4.16

● *Rückkopplungsfaktor*

Die Ausgangsspannung $\underline{u}_2$ des Verstärkers in Bild 4.17 liegt am Kondensator C_2. Die Rückkopplungsspannung liegt an C_1 und ist gleich der Eingangsspannung $\underline{u}_1$. Für den Betriebsfall können wir voraussetzen, daß beide Kondensatoren vom gleichen, sehr großen Schwingkreisstrom $\underline{i}$ durchflossen werden. Damit erhalten wir

$$\underline{k} = \frac{\underline{u}_1}{\underline{u}_2} = \frac{-\underline{i}/j\omega C_1}{\underline{i}/j\omega C_2} = -\frac{C_2}{C_1}. \qquad (4.34)$$

Der *Rückkopplungsfaktor* ist also negativ reell und nur durch das Kapazitätsverhältnis bestimmt.

● *Verstärkung*

Zur Prüfung der Selbsterregungsbedingung $\underline{k}\,\underline{v} = 1$ muß neben dem Rückkopplungsfaktor auch die Verstärkung des nicht rückgekoppelten Verstärkers bekannt sein. Im Falle der in Bild 4.16 bzw. Bild 4.17 verwendeten Emitterschaltung können wir annehmen

$$\underline{v} = -\underline{S} \cdot \underline{Z}_c . \qquad (4.35)$$

$\underline{S}$ ist die sogenannte *Transistorsteilheit*. Für mittlere Frequenzen ist die Steilheit reell und ergibt sich aus

$$S = \frac{\alpha}{r_e} . \qquad (4.36)$$

α ist die *Basisstromverstärkung* des Transistors und nimmt Werte zwischen 0,95 und 0,99 an. r_e ist der Transistor-interne Emitterwiderstand, der bei etwa 10 Ω liegt. Er bestimmt deshalb allein das Wechselstromverhalten, weil der in Bild 4.16 eingezeichnete

▶ 4.2. Harmonische Oszillatoren

Vorwiderstand R_e durch die Kapazität C_e für Wechselströme kurzgeschlossen ist. Würde C_e abgetrennt, ergäbe sich über R_e eine hier unerwünschte *Stromgegenkopplung;* das Wechselstromverhalten wäre dann durch den großen Serienwiderstand R_e bestimmt, und im Resonanzfall erhielten wir bei großer Verstärkung ($\alpha \approx 1$) und mit $\underline{Z}_c = R_c$ (reell) die Gesamtverstärkung $v = -R_c/R_e$, was mit Gl. (4.14) in (4.1.2) übereinstimmt. Hierbei ist jedoch der Einfluß des Schwingkreises vernachlässigt.

● *Selbsterregungsbedingung*

Betrachten wir wieder die Wechselstromschaltung nach Bild 4.17. Die *Selbsterregungsbedingung* läßt sich nun mit den Gleichungen (4.34) bis (4.36) schreiben zu

$$\underline{k} = \frac{1}{\underline{v}} \quad \text{oder} \quad -\frac{C_2}{C_1} = -\frac{1}{S \cdot \underline{Z}_c} \;. \tag{4.37}$$

Damit können die Schwingungsbedingungen hingeschrieben werden, wenn wir die im Resonanzfall gültige Beziehung beachten, daß $\underline{Z}_c = R_c$, der Wellenwiderstand also reell ist.

● *Schwingungsbedingungen*

1. *Phasenbedingung:* Die Phasenbedingung ist erfüllt, wenn der Imaginärteil des Scheinwiderstandes verschwindet, somit $\underline{Z}_c = R_c$ wird; dann schwingt der Oszillator mit der *Resonanzfrequenz* $\omega = \omega_0$, also

$$\omega_0 = \frac{1}{\sqrt{L \dfrac{C_1 \cdot C_2}{C_1 + C_2}}} \tag{4.38}$$

2. *Amplitudenbedingung:* Für $\underline{Z}_c = R_c$ folgt aus Gl. (4.37)

$$\frac{C_2}{C_1} = \frac{1}{S \cdot R_c} \tag{4.39}$$

Damit ist der Colpitts-Oszillator vollständig bestimmt.

* 4.2.4. Frequenzstabilisierung mit Steuerquarz (Quarzoszillator)

Eine wichtige Rolle bei der Frequenzstabilisierung spielt die *Güte* (Gütefaktor, 4.2.1) des Schwingkreises. Ganz anschaulich wird mit Bild 4.14 deutlich, daß bei großer Güte Q Änderungen im Scheinwiderstand $\underline{Z}_0$ des Schwingkreises nur zu geringen Abweichungen von der Resonanzfrequenz ω_0 führen. Das bedeutet:

Je größer die Schwingkreisgüte Q, desto geringer sind bei Veränderungen des Scheinwiderstandes $\underline{Z}_0$ die Abweichungen von der Resonanzfrequenz ω_0.

Betrachten wir beispielsweise den Scheinwiderstand eines Reihenresonanzkreises (Gl. (4.24) aus 4.2.1), läßt sich die eben anschaulich gewonnene Aussage auch mathematisch erhärten:

$$\underline{Z} = R(1 + jQ\epsilon). \tag{4.24}$$

Der Realteil (Wirkwiderstand) ist gleich R, der Imaginärteil (Blindwiderstand) wird $X = RQ\epsilon$. Für den *Phasenwinkel* können wir somit schreiben

$$\tan \varphi = \frac{X}{R} = Q\epsilon. \qquad (4.40)$$

In der Nähe der Resonanzfrequenz (kleine Verstimmung) ist der Tangens ungefähr dem Phasenwinkel gleich, also

$$\varphi \approx Q\epsilon \quad \text{oder} \quad \boxed{\frac{\Delta\varphi}{\epsilon} \approx Q.} \qquad (4.41)$$

Das bedeutet, ist die Schwingkreisgüte Q groß, kann bei unerwünschten Verschiebungen der Resonanzfrequenz schon durch kleine Verstimmungen ϵ die zum Wiedereinstellen der Resonanzfrequenz notwendige Phasenkorrektur erzielt werden.

• *Oszillator mit Steuerquarz*

Eine Verbesserung der Güte um mehr als 2 Zehnerpotenzen wird möglich, wenn in den Schwingkreis ein *Steuerquarz* (Schwingquarz) einbezogen wird. Mit einer Güte von bis zu 10^6 werden Langzeit-Stabilitäten der Schwingfrequenz von 10^{-6} erzielt. Mit künstlich gealterten Quarzen und bei Verwendung von Thermostaten kommt man gar auf eine Konstanz der Schwingung von 10^{-8} bis 10^{-10}, was auch höchsten Anforderungen gerecht wird. Die erstaunlichen Fähigkeiten der Schwingquarze basieren auf dem *piezoelektrischen Effekt*, wonach ein piezoelektrischer Kristall in einem elektrischen Wechselfeld zu mechanischen Schwingungen bestimmter Frequenz und hoher Güte angeregt wird. Eine einfache Oszillatorschaltung mit Schwingquarz zeigt Bild 4.18. Es handelt sich um einen *Colpitts-Oszillator*, bei dem die Induktivität gegen einen Quarz ersetzt ist.

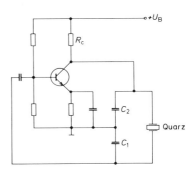

Bild 4.18
Colpitts-Oszillator mit Steuerquarz

• *Quarz-Ersatzschaltung*

In der Umgebung der Resonanz der Quarzschwingungen kann das Ersatzschaltbild 4.19 verwendet werden. Danach wird das Verhalten des Schwingquarzes beschrieben durch die Serienschaltung von C_q, L_q und R_q. Die Parallelkapazität C_p entsteht aus Gehäuse- und Anschlußkapazitäten. Werden Verluste vernachlässigt ($R_q = 0$), ist die Impedanz des Schwingquarzes ein reiner Blindwiderstand und ergibt sich zu

$$jX = -\frac{j}{\omega C_p} \frac{\omega^2 - \omega_s^2}{\omega^2 - \omega_p^2}. \qquad (4.42)$$

Dieser frequenzabhängige Blindwiderstand ist in Bild 4.20 grafisch dargestellt. Es entstehen eine *Nullstelle* und ein *Pol*.

$$\boxed{\begin{array}{ll} \textit{Nullstelle} \rightarrow \text{Serienresonanz} & \omega_s = \dfrac{1}{\sqrt{L_q C_q}} \\[2ex] \textit{Pol} \quad \rightarrow \text{Parallelresonanz} & \omega_p = \dfrac{1}{\sqrt{L_q \dfrac{C_q C_p}{C_q + C_p}}} \end{array}} \qquad (4.43)$$

▶ 4.2. Harmonische Oszillatoren

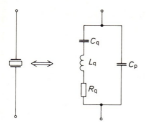

Bild 4.19. Quarz-Ersatzschaltung mit
C_q: Quarzkapazität,
L_q: Quarzinduktivität,
R_q: Quarzverlustwiderstand,
C_p: Gehäuse- und Anschlußkapazität

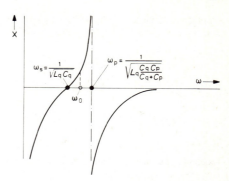

Bild 4.20. Frequenzabhängigkeit des Blindwiderstandes aus Bild 4.19

• *Arbeitsbereich des Quarzoszillators*

Der Schwingquarz soll in der gewählten kapazitiven Dreipunktschaltung die Induktivität ersetzen. D.h. der Arbeitsbereich der Schaltung muß zwischen Serienresonanz ω_s und Parallelresonanz ω_p des Quarzes liegen; denn nur in diesem Bereich ist der *Blindwiderstand positiv und damit induktiv*. Zur Abschätzung des Arbeitsbereiches bilden wir das Verhältnis von Parallel- und Serienresonanz. Allerdings muß beachtet werden, daß die Parallelresonanz des gesamten Schwingkreises nicht nur durch C_q und C_p des Schwingquarzes (Bild 4.19) beeinflußt wird, sondern daß auch C_1 und C_2 der Dreipunktschaltung Bild 4.18 eingehen. Wir definieren darum eine *effektive Parallelresonanz* ω_p^* und entwickeln mit den Gleichungen (4.43):

$$\frac{\omega_p^*}{\omega_s} = \sqrt{\frac{C_q + C_p^*}{C_p^*}} = \sqrt{1 + \frac{C_q}{C_p^*}} \approx 1 + \frac{1}{2}\frac{C_q}{C_p^*}. \tag{4.44}$$

Diese Entwicklung ist dann erlaubt, wenn $C_q \ll C_p^*$ gilt, was in der Praxis erfüllt ist.

▶ 4.2.5. RC-Generator

LC-Generatoren sind für tiefe Frequenzen ungeeignet, weil die dazu nötigen Induktivitäten sehr groß und schwer ausgeführt sein müßten und starke magnetische Streufelder erzeugen würden. Für diesen Frequenzbereich werden darum *RC-Generatoren* bevorzugt.

• *RC-Glied*

Der frequenzbestimmende Rückkopplungsweg wird in *RC*-Generatoren aus reellen Widerständen und Kapazitäten aufgebaut. Bei einer kettenförmigen Anordnung spricht man von *Phasenkette*. Wird gemäß Bild 4.21 ein *RC-Glied* durch eine Wechselspannung der Kreisfrequenz ω gespeist, ergibt sich eine Ausgangsspannung u_2, die gegenüber der Speisespannung u_1 um den Winkel φ phasenverschoben ist, also

$$u_2 = u_1 \cdot \cos\varphi. \tag{4.45}$$

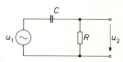

Bild 4.21. RC-Glied

Der Betrag der Phasenverschiebung wird durch R, C und ω bestimmt und ergibt sich zu

$$\cos\varphi = \frac{R}{\sqrt{R^2 + \omega^2 C^2}} \qquad (4.46)$$

bzw.

$$\tan\varphi = \frac{X_c}{R} = \frac{1}{R \cdot \omega C}. \qquad (4.47)$$

Wählt man in (4.47) für R und C feste Werte, durchläuft bei Veränderung der Kreisfrequenz zwischen $\omega = 0$ und $\omega = \infty$ der Phasenwinkel alle Werte zwischen $\pi/2$ und 0. Die Ausgangsspannung u_2 wird dabei mit anwachsendem Phasenwinkel immer kleiner. Andersherum läßt sich bei fester Frequenz eine wohlbestimmte Phasenverschiebung durch geeignete Wahl von R und C erzielen.

● *RC-Kette*

Als repräsentatives Beispiel sei die dreigliedrige Kette nach Bild 4.22 gewählt. Obwohl die einzelnen *RC*-Glieder sich gegenseitig beeinflussen, kann das Verhalten der Kette näherungsweise dadurch beschrieben werden, daß die Phasenverschiebungen der einzelnen Glieder sich addieren, die Abschwächungen gemäß $\cos\varphi$ sich etwa multiplizieren. Mit einer dreigliedrigen Kette werden also theoretisch Phasenverschiebungen zwischen $3\pi/2$ und 0 möglich, wenn die Kreisfrequenz von $\omega = 0$ beginnend erhöht wird. Entsprechend sind mit einer zweigliedrigen Kette Verschiebungen bis maximal π, mit einer viergliedrigen Kette bis maximal 2π möglich, etc.

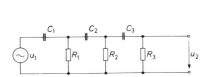

Bild 4.22. Dreigliedrige RC-Kette

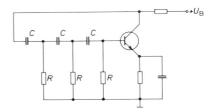

Bild 4.23. RC-Generator mit Phasenkette

● *Generatorschaltung*

Eine einfache Generatorschaltung, die nach der eben vorgestellten *Phasenschieber-Methode* arbeitet, ist in Bild 4.23 angegeben. Es handelt sich um eine gewöhnliche Verstärkerschaltung, in der die Ausgangsspannung (Kollektorspannung) über eine dreigliedrige Phasenkette auf den Eingang (die Basis) des Transistors zurückgeführt wird. In der Phasenkette sind die Kapazitäten C und die Widerstände R gleich groß gewählt. Eine genaue Rechnung, die hier nicht durchgeführt werden kann, ergibt folgende Werte:

$$|\underline{k}| = \frac{1}{29} \qquad \text{und} \qquad \boxed{\omega_0 = \frac{\sqrt{6}}{RC}.} \qquad (4.48)$$

▶ 4.2. Harmonische Oszillatoren

Die *Schwingfrequenz* ω_0 ist also vom Produkt RC abhängig. Um einen durchstimmbaren Oszillator aufzubauen, wird man beispielsweise einen *Mehrfachdrehkondensator* verwenden. Das Anschwingen des Oszillators ist aber erst möglich, wenn die *Selbsterregungsbedingung* erfüllt ist, d.h.

$$|\underline{v}| = \frac{1}{|\underline{k}|} = 29. \tag{4.49}$$

• *Brückenschaltung*

Oft verwendet werden RC-Generatoren mit Brückenschaltung. Bild 4.24 zeigt eine schematische Darstellung mit einem *Wienschen Brückenzweig*. Die Ausgangsspannung $\underline{u}_2$ des Verstärkers speist den Wienschen Brückenzweig mit

$$\underline{Z} = \frac{R}{1 + j\omega RC} \tag{4.50}$$

$$\underline{Z}' = \frac{R}{2}\left(1 + \frac{1}{j\omega RC}\right). \tag{4.51}$$

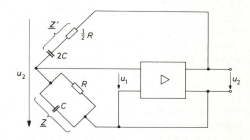

Bild 4.24. RC-Generator mit Wienschen Brückenzweig

Für den Rückkopplungsfaktor erhalten wir

$$\underline{k} = \frac{\underline{u}_1}{\underline{u}_2} = \frac{\underline{Z}}{\underline{Z}' + \underline{Z}} = \frac{1}{1 + \frac{\underline{Z}'}{\underline{Z}}} = \frac{1}{1 + \frac{R}{2R}(1 + j\omega RC)\left(1 + \frac{1}{j\omega RC}\right)}$$

also

$$\boxed{\underline{k} = \frac{1}{2 + j\frac{1}{2}\left(\frac{\omega}{\omega_0} - \frac{\omega_0}{\omega}\right)} = \frac{1}{2 + j\frac{\epsilon}{2}}} \tag{4.52}$$

mit

$$\boxed{\omega_0 = \frac{1}{RC}.} \tag{4.53}$$

• *Schwingungsbedingungen*

Der Rückkopplungsfaktor wird nur reell für $\omega = \omega_0$, wenn also die Schwingfrequenz gleich der *Bandmittenfrequenz* $\omega_0 = 1/RC$ ist, d.h.

> *Phasenbedingung:* $\omega = \omega_0 = \frac{1}{RC}$. Daraus folgt $|\underline{k}| = \frac{1}{2}$ und damit die
> *Amplitudenbedingung:* $|\underline{v}| = \frac{1}{|\underline{k}|} = 2.$

In praktischen Ausführungen wird meist $v = 3$ gewählt.

* 4.2.6. Andere Verfahren

In den vorangegangenen Abschnitten sind die wichtigsten Oszillatorschaltungen besprochen worden. Es gibt jedoch noch eine Reihe anderer Prinzipien, von denen hier zwei vorgestellt werden sollen, nämlich einmal die Erzeugung von *Mischfrequenzen* (Schwebungssummer), zum andern die Verwendung *negativer Widerstände*.

• *Schwebungssummer*

Das Prinzip des Schwebungssummers kann hier nur angedeutet werden, weil die nötigen Grundlagen zum Komplex *Frequenzmischung* gehören, der Inhalt von Teil 2 ist. Der Schwebungssummer gehört jedoch als häufig benutzter *Meßsender mit großem Frequenzbereich* in diesen Abschnitt. Bild 4.25 zeigt das Blockschaltbild. Danach werden eine feste Frequenz f_0 und eine veränderliche f_1 auf eine Mischstufe gegeben. An deren Ausgang liegen die neuen Frequenzkomponenten $f_1 + f_0$ und $f_1 - f_0$. Der nachfolgende *Tiefpaß* hat eine Grenzfrequenz von — in diesem Fall — 30 kHz, so daß an seinem Ausgang $\Delta f = f_1 - f_0 = 0 \ldots 30$ kHz abgegriffen werden kann. Der Vorteil dieser Anordnung ist folgender: Es macht keinen großen Aufwand, einen Oszillator zu realisieren, dessen Schwingfrequenz um 10 % veränderbar, ist, also von z.B. 300 bis 330 kHz durchgestimmt werden kann. Damit hat man aber einen Generator, der ohne Bereichsumschaltung zwischen 0 Hz und 30 kHz arbeitet, also besonders für NF-Anwendungen geeignet ist. Man muß allerdings dazu sagen, daß die Frequenzgenauigkeit nicht sehr gut ist, weil die Differenz der Frequenzschwankungen zwischen beiden Oszillatoren voll in die Ausgangsfrequenz eingeht.

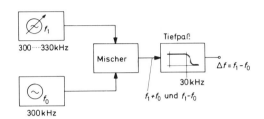

Bild 4.25. Prinzip des Schwebungssummers

• *Negativer Widerstand*

Eine zweite Methode, die hier ebenfalls nur kurz angedeutet werden kann, ist die Erzeugung von Schwingungen mit einem negativen Widerstand. Darunter versteht man Bauelemente, an denen ein elektrischer Strom mit anwachsender Spannung nicht zu- sondern abnimmt. Als Beispiel dafür sei eine *Tunneldiode* gewählt, deren Kennlinie wie in Bild 4.26 verläuft. Die Steigung in jedem Punkt des Kennlinienverlaufs wird als *differentieller Widerstand* r bezeichnet. Das bedeutet

$$\text{Kennlinienzweig 2: } r = \frac{dU}{dI} < 0$$

Im Kennlinienzweig 2 entsteht also ein *negativer differentieller Widerstand*, kurz: negativer Widerstand. Dieser negative Widerstand wird ausgenutzt, um gewöhnliche Schwingkreise (4.2.1), die wegen ohmscher Verluste immer bedämpft sind, zu *entdämpfen* und somit in einen stabilen Schwingzustand zu versetzen. In Bild 4.27 ist ein einfaches Beispiel mit einer Tunneldiode angegeben. Der Spannungs-

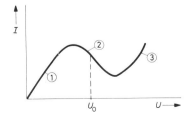

Bild 4.26. Kennlinie einer Tunneldiode

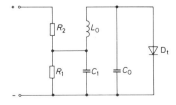

Bild 4.27. Schwingschaltung mit Tunneldiode D_t

teiler R_1, R_2 dient zur Arbeitspunkteinstellung, der Kondensator C_1 schließt den Teiler für Wechselströme kurz. Diese Schwingschaltung arbeitet auf der Frequenz

$$\omega_0 = \frac{1}{\sqrt{L_0 C_0}} \,. \tag{4.54}$$

Angewendet wird diese Schaltungsart oft zusammen mit einem *Operationsverstärker*. D.h. es wird neben der üblichen Gegenkopplung eine Mitkopplung aufgebaut, so daß der Operationsverstärker sozusagen als „negativer Widerstand" betrieben wird (*Negative Immitance Converter*, NIC; vgl. dazu [5]).

▶ 4.3. Impulsoszillatoren

Impulsoszillatoren sollen solche Generatoren sein, die *nichtsinusförmige* Schwingungen erzeugen, wie periodische Rechteckfolgen, rechteckförmige Einzelimpulse oder Impulspakete. Benötigt werden diese Signale z.B. in der Telegrafentechnik, zur Synchronisierung periodischer Abläufe in Elektronenstrahlröhren (Katodenstrahl-Oszillograf, Fernsehen), für Pulsmodulationsverfahren (vgl. Kap. 8, PCM) und in der Digitaltechnik. Die verwendeten Schaltungen werden darum auch *Impuls-* oder *Digitalschaltungen* genannt.

▶ 4.3.1. Impulserzeugung aus Sinusschwingung

In 2.3 (Nichtlineare Verzerrungen) ist mit Bild 2.9 angedeutet, wie auf einfache Weise aus einer Sinusschwingung eine Rechteckpulsfolge erzeugt werden kann, nämlich durch starke Begrenzung der Ausgangsspannung eines Sinusgenerators.

• *Begrenzerschaltung*

Die Begrenzerschaltung nach Bild 4.28a besitzt die in Bild 4.28b angegebenen symmetrischen Kennlinien. Fehlen die Vorspannungen U_V in den Diodenzweigen, entsteht die gestrichelte Kennlinie mit Knickpunkten bei etwa 0,6 V. Wird U_V jeweils in Sperrichtung überlagert, werden die Knickpunkte symmetrisch zum Nullpunkt auseinandergeschoben. Damit ergibt sich die in Bild 4.29 gezeigte *Durchgangskennlinie*, an der recht anschaulich die Abhängigkeit von Ausgangsspannung u_2 zur Eingangsspannung u_1 abgelesen werden kann. Bei starker Übersteuerung, also bei sehr großer Amplitude $\hat{u}_1$ ist die Ausgangsspan-

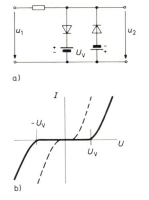

Bild 4.28. Amplitudenbegrenzer mit Vorspannung U_V
a) Schaltung, b) Kennlinien

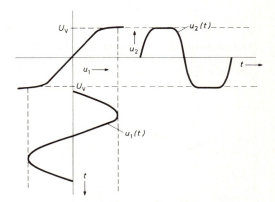

Bild 4.29. Durchgangskennlinie des Amplitudenbegrenzers mit Signal

nung für viele Zwecke bereits hinreichend gut rechteckförmig. Durch Hintereinanderschalten mehrerer Begrenzer mit jeweils zwischengeschalteten Verstärkern lassen sich Rechteckschwingungen hoher Flankensteilheit gewinnen.

• *Tastverhältnis*

Die mit dem Amplitudenbegrenzer Bild 4.28 erzeugten Rechteckschwingungen weisen die Besonderheit auf, daß die Impulsbreite gleich der Länge der Impulszwischenräume ist. Allgemein kann man nach Bild 4.30 für periodische, nichtsinusförmige Schwingungen angeben:

$$\boxed{\text{Tastverhältnis (engl.: } Duty\ Cycle\text{)}\ \frac{\tau}{t}\ \text{oder}\ \frac{\tau}{T}.}$$

Noch anders wird das Tastverhältnis in der Norm verstanden.

$$\boxed{\text{DIN 5488 und DIN 45 402: Tastgrad } \frac{\tau}{T}\ ,\ \text{Tastverhältnis } \frac{T}{\tau}.}$$

Hier wird also T/τ als Tastverhältnis bezeichnet. Daraus ergibt sich die Notwendigkeit, im folgenden immer das Verhältnis selbst anzugeben.

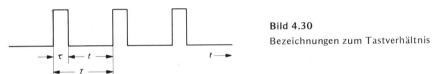

Bild 4.30
Bezeichnungen zum Tastverhältnis

• *Erzeugung schmaler Impulse*

Die Pulsfolge am Ausgang eines Amplitudenbegrenzers oder einer Begrenzerkette ist eine periodische Folge mit dem Tastverhältnis $\tau : t = 1 : 1$ bzw. $T : \tau = 2 : 1$. Schmale Impulse können daraus erzeugt werden, wenn dem Begrenzer nach Bild 4.28a ein *Differenzierglied* nachgeschaltet wird.

• *Differenzierglied*

Eine *CR*-Schaltung nach Bild 4.31 wird *Differenzierglied* genannt. Der Name ist wegen des Zusammenhangs von Ausgangsspannung u_2 und Eingangsspannung u_1 gewählt, der nun hergeleitet werden soll. Aus Bild 4.31 läßt sich ablesen, daß u_1 gleich der Summe der Spannungsabfälle über C und R ist, also

$$u_1 = iR + \frac{Q}{C}, \qquad (4.55)$$

wobei verwendet wurde, daß die gesamte auf einen Kondensator der Kapazität C gebrachte Ladung Q gleich dem Produkt aus der Kapazität und der anliegenden Spannung ist. Für die

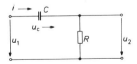

Bild 4.31
CR-Schaltung als Differenzierglied (Hochpaß)

▶ 4.3. Impulsoszillatoren

weitere Entwicklung ist es nötig, die Ladung Q selbst zu berechnen. Dabei gehen wir davon aus, daß die in einem kleinen *Zeitintervall* Δt auf den Kondensator transportierte Ladung $\Delta Q = i \cdot \Delta t$ ist. Die während der gesamten Aufladezeit auf den Kondensator fließende Ladung ergibt sich aus der Summe der einzelnen Ladungsmengen ΔQ, also

$$Q = \Sigma \Delta Q = \Sigma i \cdot \Delta t.$$

Bei dieser Herleitung ist insofern ein Fehler gemacht worden, als der gesamte Ladungsverlauf treppenförmig aus einzelnen „Ladungsstufen" zusammengesetzt angenommen wurde. Dieser Fehler wird um so kleiner, je schmaler die Zeitintervalle Δt gewählt werden und verschwindet im Grenzfall $\Delta t \to 0$.

$$Q = \lim_{\Delta t \to 0} \sum i \cdot \Delta t = \int i \cdot dt. \qquad (4.56)$$

Damit wird Gl. (4.55) zu

$$u_1 = i \cdot R + \frac{1}{C} \int i \, dt. \qquad (4.57)$$

Nun verwenden wir die durch die Praxis gerechtfertigte Annahme, daß R sehr klein ist. Dann können wir schreiben

$$\frac{du_1}{dt} \approx \frac{d}{dt}\left(\frac{1}{C}\int i \, dt\right).$$

Das bedeutet, wir erhalten durch *Differentiation*

$$i \approx C \frac{du_1}{dt}. \qquad (4.58)$$

Aus Bild 4.31 können wir schließlich ablesen $u_2 = i \cdot R$. Und mit Gl. (4.58) folgt hieraus der gesuchte Zusammenhang

$$\boxed{u_2 \approx RC \frac{du_1}{dt}.} \qquad (4.59)$$

Die Ausgangsspannung u_2 ergibt sich aus der *Ableitung* der Eingangsspannung u_1; oder anders: Die Eingangsspannung wird durch eine Schaltung nach Bild 4.31 differenziert.

Bild 4.32 zeigt eine rechteckförmige Eingangsspannung u_1 und die durch das Differenzierglied Bild 4.31 gebildete Ausgangsspannung u_2.

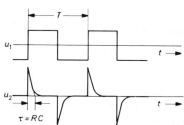

Bild 4.32
Rechteckförmige Eingangsspannung u_1 und durch Differenzierglied Bild 4.31 gebildete Ausgangsspannung u_2

• *Integrierglied*

Wird an den Ausgang des Begrenzers nach Bild 4.28a ein Integrierglied nach Bild 4.33 geschaltet, entsteht eine dreieckförmige Spannung (Dreieckspannung). Für die Eingangsspannung u_1 des RC-Gliedes gilt Gl. (4.57). Bei sehr großem C wird daraus sofort

$$i \approx \frac{u_1}{R}. \qquad (4.60)$$

Die Ausgangsspannung u_2 wird in diesem Fall

$$u_2 = \frac{1}{C} \int i \, dt.$$

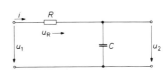

Bild 4.33. RC-Schaltung als Integrierglied (Tiefpaß)

Mit Gl. (4.60) erhalten wir schließlich

$$\boxed{u_2 \approx \frac{1}{RC} \int u_1 \, dt.} \qquad (4.61)$$

Die Ausgangsspannung u_2 ergibt sich als Integral über die Eingangsspannung u_1; oder anders: Die Eingangsspannung wird durch eine Schaltung nach Bild 4.33 integriert.

• *Integrierwirkung*

Bild 4.34 zeigt eine rechteckförmige Eingangsspannung u_1 und die durch das Integrierglied Bild 4.33 gebildete Ausgangsspannung u_2.

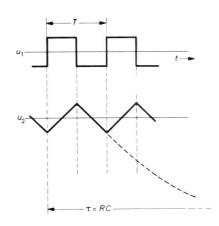

Bild 4.34
Rechteckförmige Eingangsspannung u_1 und durch Integrierglied nach Bild 4.33 gebildete Dreieckspannung u_2

* 4.3.2. Multivibrator

Wir betrachten einen zweistufigen Verstärker, wie er schematisch in Bild 4.35 dargestellt ist. Als Besonderheit dieser Anordnung muß hervorgehoben werden, daß die Ausgangsspannung der zweistufigen Anordnung in voller Höhe auf den Eingang rückgekoppelt wird. Diese Maßnahme hat Konsequenzen, die im folgenden behandelt werden.

Bild 4.35
Zweistufiger Verstärker mit vollständiger Mitkopplung (Phasendrehung 360°)

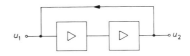

▶ 4.3. Impulsoszillatoren 83

• *Phasendrehung 360°*

Eine einzelne Verstärkerstufe bewirkt von sich aus eine Phasendrehung von 180° (Phase π). Also bewirkt die zweistufige Anordnung nach Bild 4.35 eine Phasendrehung von 360°. Infolgedessen gelangt die Ausgangsspannung u_2 „in Phase" auf die Eingangsspannung zurück, wird ihr also *phasengleich* überlagert. Stellt man noch die Gesamtverstärkung so ein, daß $|\underline{v}| = 1$ wird, ist die in 4.1.3 besprochene *Selbsterregungsbedingung* erfüllt, also

$$\underline{k} \cdot \underline{v} = 1. \qquad (4.15)$$

Das bedeutet, dieser zweistufige Verstärker ist schwingfähig, er arbeitet als *Oszillator*. Im allgemeinen zeichnet man die schwingfähige Anordnung in der in Bild 4.36 gezeigten symmetrischen Form und nennt sie *Multivibrator*.

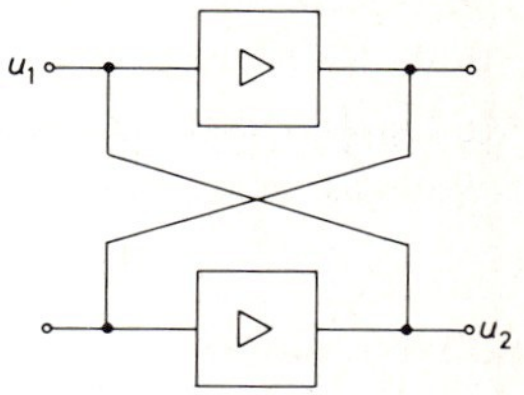

• *Multivibratortypen*

Je nachdem, wie die beiden Verstärkerstufen gekoppelt sind, unterscheidet man verschiedene Multivibratortypen:

Bild 4.36. Multivibrator

1. Astabiler Multivibrator — oder *Kippschwinger*
2. Monostabiler Multivibrator — oder *Monoflop*
3. Bistabiler Multivibrator — oder *Flipflop*

▶ 4.3.3. Astabiler Multivibrator

Beim astabilen Multivibrator sind Stufenkopplung und Rückkopplung *kapazitiv* ausgeführt. Es befinden sich also zwischen den beiden Verstärkerstufen und in der Rückführung Kondensatoren.

• *Schaltung*

Eine Realisierung eines astabilen Multivibrators zeigt die Schaltung in Bild 4.37a. Betrachten wir Transistor T_1 als erste Verstärkerstufe, dann dient C_2 zur Ankopplung der zweiten Stufe T_2 und C_1 zur Rückkopplung. Nehmen wir an, daß momentan T_1 Strom führt (also leitend ist) und T_2 sperrt. Dann haben wir die in Bild 4.37b eingetragenen Ausgangszustände mit $u_{c1} \approx 0$ V, $u_{c2} \approx +U_B$ und u_{b1} etwas positiv. Darum ist C_1 auf etwa $+U_B$ aufgeladen. C_2 hat zu diesem Zeitpunkt eine negative Spannung, wird aber mit der großen Zeitkonstanten $\tau_2 = R_2 C_2$ (R_2 groß) umgeladen, jedoch nur so lange, bis u_{b2} etwas positiv ist. Dann wird näm-

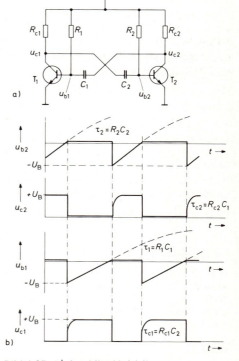

Bild 4.37. a) Astabiler Multivibrator (Kippschwinger), b) Spannungsverläufe

lich T_2 plötzlich leitend und u_{c2} „kippt" auf etwa 0 V. Weil auch jetzt noch über C_1 die Spannung U_B liegt, wird während des Kippvorgangs u_{b1} auf etwa $-U_B$ mitkippen. Der Spannungssprung u_{c2} von $+U_B$ auf 0 V wird also über C_1 auf die Basis von T_1 übertragen. Mit der sehr kleinen Zeitkonstanten $\tau_{c1} = R_{c1} C_2$ (R_{c1} klein) lädt sich nun C_2 auf $+U_B$ auf, wodurch ebenfalls u_{c1} schnell auf etwa $+U_B$ ansteigt. Gleichzeitig, d.h. vom Zeitpunkt des Kippens an, beginnt die Umladung von C_1 mit der großen Zeitkonstanten $\tau_1 = R_1 C_1$, wodurch der nächste Kippzyklus eingeleitet wird etc. Ohne äußere Einwirkungen pendelt der Multivibrator somit zwischen zwei instabilen Zuständen hin und her, weshalb er auch *Kippschwinger* genannt wird.

• *Synchronisierung*

Soll der astabile Multivibrator nicht frei schwingen, sondern synchron zu einer anderen Schwingung laufen, kann in Grenzen das Kippen durch eine Folge positiver Impulse erzwungen werden, die über einen Kondensator an den Kollektor von T_1 (Bild 4.37a) angekoppelt werden. Die positiven Impulse überlagern sich der Spannung u_{b2} und kippen T_2 in den leitenden Zustand. Der Kippzeitpunkt ist also durch solche Synchronisierimpulse wählbar, wenn nur die Eigenfrequenz des Kippschwingers etwas niedriger als die synchronisierende Frequenz eingestellt wird, was durch Verändern von C_1 und C_2 möglich ist. Diesen Synchronisierungsvorgang nennt man auch *Triggern*.

> Der astabile Multivibrator (Kippschwinger) kippt ohne äußere Einwirkungen zwischen zwei instabilen Zuständen hin und her; er ist darum als *Rechteckgenerator* brauchbar.

▶ **4.3.4. Monostabiler Multivibrator**

Der monostabile Multivibrator besitzt *einen* stabilen Zustand. Er kippt also nicht zwischen zwei instabilen Zuständen hin und her, ist darum auch *kein Oszillator*. Dieses Verhalten wird möglich, wenn in der Schaltung nach Bild 4.37a einer der Koppelkondensatoren durch einen Widerstand ersetzt wird, wenn also *eine der beiden Kopplungen galvanisch ausgelegt* wird. Bild 4.38a zeigt die Grundschaltung.

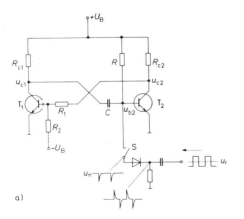
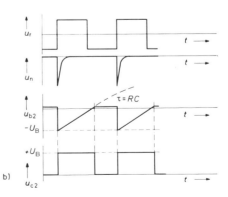

Bild 4.38. a) Monostabiler Multivibrator (Monoflop), b) Spannungsverläufe

▶ 4.3. Impulsoszillatoren 85

● *Schaltung*

Die Schaltung Bild 4.38a sei zunächst bei offenem Schalter S und im stabilen Zustand beschrieben. Dieser liegt dann vor, wenn Transistor T_2 leitend ist und darum $u_{c2} \approx 0\,V$ beträgt. In diesem Fall ist T_1 mit Sicherheit gesperrt, weil die Kollektorspannung u_{c2} und $-U_B$ über den Vorwiderständen (Basisteiler) R_1 und R_2 an der Basis von T_1 liegen. Dieser Zustand ist stabil. Nun soll der Schalter S geschlossen werden, d.h. es wird über ein *Differenzierglied* (4.3.1) und eine Diode eine Rechteckspannung u_r in die Basis von T_2 eingespeist. Die Rechteckspannung kann mit einer *Begrenzerschaltung* (4.3.1) oder einem *Kippschwinger* (astabiler Multivibrator, 4.3.3) erzeugt sein. Das Differenzierglied macht aus der Rechteckfolge Nadelimpulse (vgl. Bild 4.32), die nachgeschaltete Diode läßt nur die negativen Impulse durch. Wird diese Nadelimpulsspannung u_n auf die Basis von T_2 geleitet, ergeben sich die in Bild 4.38b gezeigten Zustände.

● *Synchronisierung*

Ist $u_n = 0\,V$, befindet sich der Multivibrator Bild 4.38a im stabilen Zustand mit $u_{c2} \approx 0\,V$ und u_{b2} etwas positiv (0,6 V). Gelangt ein negativer Nadelimpuls auf die Basis von T_2, kippt dieser aus dem leitenden in den gesperrten Zustand und u_{c2} kippt von 0 V auf $\approx +U_B$ (Bild 4.38b). Dieser Spannungssprung gelangt über R_1 auf die Basis von T_1 und öffnet ihn, wenn $R_2 > R_1$. Dadurch springt u_{c1} von etwa $+U_B$ auf 0 V und entsprechend u_{b2} von 0,6 V auf etwa $-U_B$. Mit der Zeitkonstanten $\tau = RC$ beginnt sich C umzuladen, jedoch nur so lange, bis bei $u_{b2} \approx 0,6\,V$ Transistor T_2 wieder leitend wird und u_{c2} zurück auf 0 V springt, der monostabile Multivibrator also wieder in den stabilen Zustand kippt. Mit einer Folge von Nadelimpulsen läßt sich so eine periodische Rechteckfolge erzeugen, die mit der Nadelimpulsfolge synchronisiert ist, von dieser also „getriggert" wird.

> Der monostabile Multivibrator (*Monoflop*) besitzt *einen* stabilen Zustand, ist darum kein Oszillator. Durch äußere Einwirkungen kann ein einmaliges Kippen ausgelöst werden, gefolgt von einem selbsttätigen Zurückkippen in den stabilen Zustand.

▶ **4.3.5. Bistabiler Multivibrator**

Während beim monostabilen Multivibrator (Bild 4.38) nur eine der beiden kapazitiven Kopplungen des astabilen Multivibrators (Bild 4.37) durch eine galvanische Kopplung ersetzt ist, sind beim bistabilen Multivibrator beide Kopplungen galvanisch ausgeführt. Bild 4.39a zeigt eine Grundschaltung.

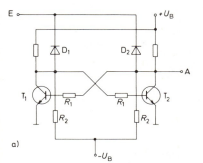
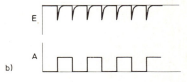

Bild 4.39
a) Bistabiler Multivibrator (Flipflop)
b) Impulsverlauf am Eingang E und Ausgang A des Flipflop

● *Schaltung*

Durch die Widerstände R_1 in den Kopplungszweigen besitzt die Schaltung Bild 4.39a zwei stabile Zustände. Nur durch äußere Einwirkungen kann dieser bistabile Multivibrator aus einem stabilen Zustand in den anderen versetzt werden. Wenn beispielsweise T_1 leitet, dann liegt sein Kollektor auf etwa 0 V, und an der Basis von T_2 liegt eine negative Spannung, so daß dieser Transistor sicher gesperrt ist. Wegen der dann an seinem Kollektor liegenden Spannung von etwa $+U_B$ wird T_1 stabil leitend gehalten, wenn $R_2 > R_1$. In diesem Zustand ist Diode D_1 leitend und D_2 gesperrt. Wird an den Eingang E ein negativer Nadelimpuls angelegt, kann er auf die Basis von T_1 gelangen, wodurch dieser gesperrt wird, gleichzeitig aber T_2 öffnet, den Multivibrator also umkippt. Nun ist auch Diode D_2 leitend und der nächste Nadelimpuls kann auf diesem Weg den Multivibrator erneut kippen etc. Mit einer Folge von Nadelimpulsen am Eingang E kann somit die Schaltung periodisch gekippt werden, am Ausgang A steht eine Rechteckfolge zur Verfügung. Bild 4.39b zeigt das Impulsdiagramm.

● *Zählflipflop*

Der gebräuchliche Name für einen bistabilen Multivibrator ist *Flipflop*. Wichtige Anwendungen haben Flipflops in der Digitaltechnik. Die Schaltung Bild 4.39 wird *Zählflipflop* genannt. Durch Hintereinanderschaltung mehrerer Zählflipflops läßt sich ein *Binärzähler* aufbauen (vgl. [1]).

● *Speicherflipflop*

Eine weitere Hauptanwendung finden Flipflops beim *Speichern digitaler Daten*. Für diesen Fall werden die beiden Eingänge des bistabilen Multivibrators nach Bild 4.39a nicht zu einem *Triggereingang* verkoppelt, sondern es wird jede Basis der beiden Transistoren T_1 und T_2 ohne Zwischenschaltung von Dioden getrennt angesteuert. Einzelheiten hierzu können in [1] nachgelesen werden.

4.3.6. Schmitt-Trigger

Mit der Bezeichnung *Schmitt-Trigger* ist eine spezielle *Flipflop-Schaltung* gemeint, bei der nur eine der beiden Kopplungen vom Kollektor des einen zur Basis des anderen Transistors führt; die zweite Kopplung wird hierbei über die Emitter realisiert, weshalb diese Schaltung auch „emittergekoppelt" heißt. Bild 4.40 zeigt die Schmitt-Schaltung, deren Hauptanwendung in der „Impulsformung" zu sehen ist.

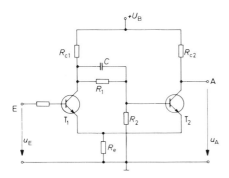

Bild 4.40
Schmitt-Trigger

• Funktionsprinzip

Die emittergekoppelte Schmitt-Schaltung besitzt über den Emitterwiderstand R_e eine gemeinsame Rückkopplung auf die Basis des Eingangstransistors T_1. Sie zeigt, abhängig von der Eingangsspannung u_E, drei typische Zustände:

Zustand I   : T_1 gesperrt, T_2 leitend
Zustand II : T_1 leitend, T_2 leitend
Zustand III: T_1 leitend, T_2 gesperrt

Typisch ist also, daß hier ein „Übergangszustand" abgegrenzt wird, in dem beide Transistoren leitend sind.

• Zustände I und III

Liegt keine Eingangsspannung an, ist also $u_E = 0$, sperrt T_1. Dann ist T_2 leitend, weil über R_{c1} und R_1 die Batteriespannung $+U_B$ an der Basis von T_2 liegt. Bei einer Erhöhung der Eingangsspannung bleibt dieser Zustand so lange erhalten, wie u_E unterhalb des Emitterpotentials von T_1 liegt. Dieser *Zustand I* ist in Bild 4.41 dargestellt. Die Ausgangsspannung u_A nimmt den Wert U_e an, der sich daraus ergibt, daß der Emitterstrom des leitenden Transistors T_2 über den gemeinsamen Emitterwiderstand R_e einen Spannungsabfall erzeugt. Wird u_E größer als die Emitterspannung U_e, beginnt T_1 zu leiten. Dadurch wird das Potential an der Basis von T_2 verringert, bis schließlich T_2 vollständig sperrt. Dann kann am Ausgang die Batteriespannung U_B registriert werden, auch wenn u_E weiter ansteigt. Dies ist der in Bild 4.41 angegebene *Zustand III*.

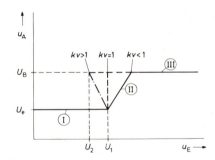

Bild 4.41
Typische Zustände der emittergekoppelten Schmitt-Schaltung

• Zustand II

Von entscheidender Bedeutung ist der *Zustand II*, also der Zustand, in dem beide Transistoren leiten. Wie in Bild 4.41 dargestellt, kann dieser Übergangszustand auf drei verschiedene Weisen realisiert werden. Stabil und mit einem allmählichen Übergang zwischen I und III verhält sich die Schaltung nur, wenn die *Schleifenverstärkung* $\underline{k}\,\underline{v} < 1$ gehalten wird (vgl. 4.1.1). Im Fall $\underline{k}\,\underline{v} = 1$ springt bei der kritischen Eingangsspannung U_1 die Ausgangsspannung von U_e auf U_B. Ist gar $\underline{k}\,\underline{v} > 1$, wird die Schaltung instabil, weil für Eingangsspannungen zwischen U_2 und U_1 die Ausgangsspannung sowohl U_e als auch U_B betragen kann.

• Impulsformer

Die Hauptanwendung findet der Schmitt-Trigger als Impulsformer. Dazu wird die Schleifenverstärkung auf den kritischen Fall $\underline{k}\,\underline{v} = 1$ eingestellt. Dann kann bei z. B. sinusförmiger Eingangsspannung die Ausgangsspannung nur zwei Werte annehmen. Wie Bild 4.42 verdeutlicht, lassen sich so bequem Rechteckimpulsfolgen, die auf einem Übertragungsweg verzerrt wurden (vgl. 2.2), in Rechtecke zurückformen.

> *Schmitt-Trigger* werden hauptsächlich zum Regenerieren und Verstärken von Rechteckspannungen verwendet, die auf einem Übertragungsweg verzerrt worden sind.

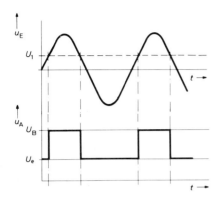

Bild 4.42
Impulsformung (Regenerierung) mit einem Schmitt-Trigger nach Bild 4.40 ($\underline{k}\,\underline{v} = 1$)

4.4. Zusammenfassung

Rückkopplung. Die Gesamtverstärkung eines rückgekoppelten Systems lautet

$$\underline{v}' = \frac{u_2}{u_1} = \frac{\underline{v}}{1 - \underline{k}\,\underline{v}} \,.\qquad(4.10)$$

Hierin ist $\underline{v}$ die Verstärkung bei fehlender Rückkopplung, $\underline{k}$ ist der Übertragungsfaktor des Rückkopplungsnetzwerkes. $\underline{k}\,\underline{v}$ heißt *Schleifenverstärkung*, $(1 - \underline{k}\,\underline{v})$ ist der *Rückkopplungsgrad*.

Gegenkopplung liegt dann vor, wenn $|\underline{k}\,\underline{v}| < 0$ gilt. Dann ist $|1 - \underline{k}\,\underline{v}| > 1$, und es wird $|\underline{v}'| < |\underline{v}|$, d.h. die Gesamtverstärkung wird vermindert. Diesem Nachteil stehen eine Reihe von Vorteilen gegenüber:

- Verringerung von Störspannungen
- Verbesserung der Frequenzcharakteristik
- Verminderung des Klirrfaktors
- Stabilität der Verstärkung

Mitkopplung tritt auf, wenn $|\underline{k}\,\underline{v}| > 0$ gilt. Dann ist $|1 - \underline{k}\,\underline{v}| < 1$, und es wird $|\underline{v}'| > |\underline{v}|$. Für $\underline{k}\,\underline{v} = 1$ wird $\underline{v}'$ unendlich groß, d.h. ein rückgekoppeltes System ist schwingfähig, wenn die *Selbsterregungsbedingung* erfüllt ist:

$$\underline{k}\,\underline{v} = 1 \qquad(4.15)$$

mit Re$(\underline{k}\,\underline{v}) = 1$ und Im$(\underline{k}\,\underline{v}) = 0$.

4.4. Zusammenfassung

Bei Schwingungserzeugern unterscheidet man solche zur Erzeugung sinusförmiger Spannungen (*Harmonische Oszillatoren*) und solche zur Impulserzeugung (*Impulsoszillatoren*).

Harmonische Oszillatoren besitzen als Hauptbestandteil einen *Resonanzverstärker*, dessen *Schwingkreis* auf die gewünschte Frequenz abgestimmt ist. Die *Resonanzfrequenz* beträgt beim *Reihen-* und beim *Parallelschwingkreis*

$$\omega_0 = \frac{1}{\sqrt{LC}}$$ (4.19) (4.27)

Der *Gütefaktor Q* eines Schwingkreises ist definiert als das Verhältnis von Blindleistung zur gesamten Wirkleistung.

Oszillator mit induktiver Rückkopplung (auch: *Meißner-Oszillator*) wird realisiert durch einen *Übertrager* als Rückkopplungsvierpol, der gegensinnig gewickelt sein muß. Das Übersetzungsverhältnis ergibt sich aus $-N_2/N_1 = \underline{k} = 1/\underline{v}$.

Oszillatoren mit Dreipunktschaltung sind solche, bei denen der Schwingkreis drei Abgriffe hat. Der wichtigste Typ ist die *kapazitive Dreipunktschaltung*, die auch unter dem Namen *Colpitts-Oszillator* bekannt ist. Der Rückkopplungsfaktor ist in diesem Fall negativ reell und nur durch das Kapazitätsverhältnis $\underline{k} = -C_2/C_1$ bestimmt. Die Resonanzfrequenz wird

$$\omega_0 = \frac{1}{\sqrt{L \dfrac{C_1 \cdot C_2}{C_1 + C_2}}}.$$ (4.38)

Frequenzstabilisierung mit Steuerquarz ist darum so erfolgreich, weil sich Güten bis 10^6 erzielen lassen, und weil gilt:

> Je größer die Schwingkreisgüte Q, desto geringer sind die Abweichungen von der Resonanzfrequenz ω_0.

Es sind Langzeit-Stabilitäten bis 10^{-10} möglich.

RC-Generatoren werden durch RC-Ketten (Phasenketten) oder Brückenschaltungen realisiert. Sie werden mit Erfolg zur Erzeugung tiefer Frequenzen eingesetzt, wofür *LC*-Generatoren ungeeignet sind.

Impulsoszillatoren erzeugen *nichtsinusförmige* Schwingungen. Die einfachste Art der Impulserzeugung ist die der Amplitudenbegrenzung, also die gewollte Verwendung nichtlinearer Verzerrungen. Allerdings ist die Pulsfolge am Ausgang eines Amplitudenbegrenzers oder einer Begrenzerkette eine periodische Folge mit dem *Tastverhältnis* $\tau : t = 1 : 1$ bzw. $T : \tau = 2 : 1$. Schmale Impulse können daraus erzeugt werden, wenn dem Begrenzer ein *Differenzierglied* nachgeschaltet wird. Mit einem *Integrierglied* (*RC*-Schaltung) lassen sich aus Rechtecken Sägezahnspannungen erzeugen.

Multivibratoren sind zweistufige Verstärker, mit denen eine Gesamt-Phasendrehung von 360° möglich wird. Infolgedessen gelangt die Ausgangsspannung „in Phase" auf die Eingangsspannung zurück, wird ihr also *phasengleich* überlagert.

Astabiler Multivibrator (auch: *Kippschwinger*) kippt ohne äußere Einwirkungen zwischen zwei instabilen Zuständen hin und her; er ist darum als *Rechteckgenerator* brauchbar. Die Schwingfrequenz ist mit den Koppelkondensatoren einstellbar.

Monostabiler Multivibrator (auch: *Monoflop*) besitzt *einen* stabilen Zustand, ist darum kein Oszillator. Durch äußere Einwirkung (*Triggern*) kann ein einmaliges Kippen ausgelöst werden, gefolgt von einem selbsttätigen Zurückkippen in den stabilen Zustand.

Bistabiler Multivibrator (auch: *Flipflop*) besitzt zwei stabile Zustände, weil die Kopplungen zwischen den beiden Stufen *galvanisch* ausgeführt sind und somit keine Umladeeffekte auftreten können. Wichtigste Anwendungen sind die als *Zählflipflop* (*Binärzähler*) und als *Speicherflipflop*.

Schmitt-Trigger wird eine spezielle Flipflop-Schaltung genannt, bei der nur eine der beiden Kopplungen vom Kollektor des einen zur Basis des anderen Transistors führt; die zweite Kopplung wird hierbei über einen gemeinsamen Emitterwiderstand realisiert. Eine Hauptanwendung findet die emittergekoppelte Schmitt-Schaltung zum Regenerieren und Verstärken von Rechteckspannungen, die auf einem Übertragungsweg verzerrt wurden.

Literatur zu Teil 1

Voraussetzungen für ein effektives Studium der Signalübertragung sind fundierte Elektronik-Kenntnisse. Eine Auswahl geeigneter Literatur zum Lernen und Vertiefen der Elektronik ist mit den Literaturstellen [3—9] gegeben. In vielen Lehrbüchern der Nachrichtentechnik werden ebenfalls die Grundlagen der Elektronik mitbehandelt. Im folgenden sind ein paar Bücher vorgestellt, die als Ergänzung und zur Vertiefung des in Teil 1 behandelten Stoffes geeignet erscheinen. Dabei wird selbstverständlich kein Anspruch auf Vollständigkeit erhoben; es soll sich lediglich um Anregungen handeln. Bei Bedarf läßt sich aus den Literaturverzeichnissen der nachfolgend genannten Bücher eine Vielzahl weiterer Schrifttums entnehmen.

1. Nachrichtentechnik. Scriptum zur Vorlesung an der TU-Braunschweig, von *H. Schönfelder* und *M. Brunk* [13]. Klar gegliedert, reich bebildert und mit anschaulichen Beispielen angereichert führt dieses sehr gute Scriptum in die Grundlagen der Nachrichtentechnik ein. Nach einer Abgrenzung des Lehrstoffes werden folgende Teilgebiete behandelt: Elektroakustische Wandler, Aktive Bauelemente, Verstärker, Generatoren, Frequenzwandlung, Telefonie, Telegrafie, Drahtlose Übertragung. Trotz der stofflichen Breite ist die Darstellung straff und dabei verständlich.

2. Das Fischer Lexikon, Technik IV (Elektrische Nachrichtentechnik) [14]. Der Vorteil einer lexikalischen Organisation liegt sicher darin, daß unter einem richtigen Stichwort schnell und zuverlässig die gerade benötigten Informationen aufgefunden werden können. Solch ein Buch ist aber nur zusammen mit einem Lehrbuch sinnvoll nutzbar.

3. Elektrische Nachrichtentechnik, Teil 1: Grundlagen, von *H. Fricke* et al. [15]. Das Hochschullehrbuch auf hohem Niveau behandelt umfassend die gesamte Nachrichtentechnik, d.h. es wird zuerst das „Wesen der elektrischen Nachrichtentechnik" besprochen. Dann folgen: Elektroakustik, Bauelemente, Schwingkreise, Elektronenröhren, Halbleiter, Verstärker, Schwingungserzeugung, Nichtlineare Widerstände, Modulation und Demodulation, Theorie der Leitungen, Antennen, Ausbreitung, Empfänger, Vierpoltheorie, Telegraphie, Fernsprechtechnik, Verzerrungen, Binäre Signale,

4.4. Zusammenfassung

Informationstheorie. Dieser Lehrstoff wird auf nur 270 Buchseiten behandelt. Wegen der daraus folgenden extrem knappen Darstellung und des hohen Niveaus ist dieses Buch für Anfänger völlig ungeeignet. Bei einiger Vorbildung jedoch und als Ergänzung zu einer einfacheren Einführung ist es sehr empfehlenswert.

4. Taschenbuch Elektrotechnik, Band 3: Nachrichtentechnik, von *E. Philippow* [16]. Auf 1600 Seiten wird eine umfassende Abhandlung der Nachrichtentechnik gegeben. In sieben Teilen sind dargestellt: Spezielle Theorien der Nachrichtentechnik, Bauelemente, Bausteine, Fernmeldetechnik, Hochfrequenztechnik, Elektroakustik, Strukturtheorie und Programmierung von Rechengeräten. Das Buch ist für Studierende der Hoch- und Ingenieurschulen empfohlen, ist aber in das höchste Niveau einzuordnen. Trotzdem wird es wegen der enormen Informationsfülle dem etwas Vorgebildeten als nützliches Nachschlagewerk dienen, obwohl die vielen verwendeten Beispiele nicht immer auf dem Stand der Technik sind.

5. Technische Akustik, von *H. H. Klinger* [17]. In diesem Bändchen aus der „Radio-Praktiker-Bücherei" (120 Seiten, Kleinformat) werden — auch für Anfänger verständlich — folgende Akustik-Themen behandelt: Grundlagen der Schwingungslehre, Grundbegriffe der Akustik, Elektroakustik, Bau- und Raumakustik, Lärm und Lärmbekämpfung, Ultraschall. Besonders die ersten drei Abschnitte sind dem Neuling zu empfehlen.

6. Lautsprecher und Lautsprechergehäuse für HiFi, von *H. H. Klinger* [18]. Dieses „Radio-Praktiker"-Büchlein stellt anschaulich „Aufbau und Eigenschaften dynamischer Lautsprecher" sowie „Lautsprechereinbau" vor. Obwohl heute immer seltener Lautsprecher selbst eingebaut werden, können aus solch einer Darstellung doch erhebliche Erkenntnisse zu den Themen Elektroakustik, Schallabstrahlung und Schallausbreitung gewonnen werden.

Zu *Kapitel 1* „Einleitung und Definitionen" können die unter Nr. 1 bis 3 vorgestellten Bücher herangezogen werden. *Kapitel 2* „Verzerrungen und Rauschen" findet Ergänzungen in den Büchern Nr. 1 bis 4. Zum Thema „Rauschen" ist in [6] (Elektronische Bauelemente und Netzwerke II, von *H.-G. Unger* und *W. Schultz*) ein ganzes Kapitel enthalten. Zu *Kapitel 3* „Wandler" mit „Elektroakustik" können alle sechs oben besprochenen Bücher benutzt werden. Zusätzlich muß hier das Buch [32] genannt werden, in dem ausführlich und auf hohem Niveau die „Grundlagen der Elektroakustik" behandelt sind. *Kapitel 4* „Schwingungserzeugung" kann mit den Büchern Nr. 1 bis 4 vertieft werden. Besonders gründliche Abhandlungen hierzu sind in [6] zu finden, und zwar in den Kapiteln „Rückkopplung und Stabilität", „Nichtlineare Reaktanzen" sowie „Impuls- und Digitalschaltungen". Zur Digitaltechnik selbst kann das Buch „Digitale Datenverarbeitung für das technische Studium" des Autors [1] herangezogen werden.

Teil 2
Modulation, Demodulation

In **Teil 1** sind ein paar wesentliche *Grundlagen der Signalübertragung* entwickelt worden, wobei die Probleme der Informationsminderung sowie die Verfahren der Informationswandlung und der Schwingungserzeugung im Vordergrund standen. In diesem **Teil 2** werden die eigentlichen *Verfahren der Signalübertragung* besprochen. Ausgehend vom allgemeinen Begriff der „Frequenzumsetzung zur Anpassung an die Betriebsbedingungen des Übertragungskanals" (*Kapitel 5*) werden speziell die für einen Signaltransport nötigen Umsetzungsverfahren *Modulation* und *Demodulation* behandelt. Dabei werden wir uns auf die drei wichtigsten Modulationsarten beschränken: Amplitudenmodulation (*Kapitel 6*), Frequenzmodulation (*Kapitel 7*) und Pulscodemodulation (*Kapitel 8*). Soweit wie nötig muß dabei auf den mathematischen Hintergrund eingegangen werden. Jedoch wird eine Hauptaufgabe in der Besprechung ausgeführter Modulator- und Demodulatorschaltungen bestehen.

5. Frequenzumsetzungen

* 5.1. Überlagerung und Umsetzung

Frequenzumsetzung bedeutet, daß eine Signalschwingung in eine andere *Frequenzlage* umgesetzt wird, um optimale Übertragungseigenschaften für das Signal zu erzielen. Es wird also dadurch eine *Anpassung* an die Kanaleigenschaften vorgenommen. In den meisten Fällen wird zum Zwecke der Umsetzung die Signalschwingung mit einer Hilfsschwingung zusammengebracht. Je nachdem, ob dabei neue Frequenzanteile entstehen oder nicht, spricht man von *Umsetzung* oder *Überlagerung*.

• *Überlagerung*

Wird an einem Bauteil mit linearer Kennlinie (z. B. ohmscher Widerstand) eine hochfrequente Schwingung (HF) mit einer niederfrequenten (NF) zusammengeführt, ergibt sich die in Bild 5.1a konstruierte Gesamtschwingung. Bei dieser *Überlagerung* entstehen keine neuen Frequenzanteile. Die Spektraldarstellung, Bild 5.1b, enthält nur die beiden Frequenzlinien f_{NF} und f_{HF}, auch für die durch Überlagerung entstandene Gesamtschwingung.

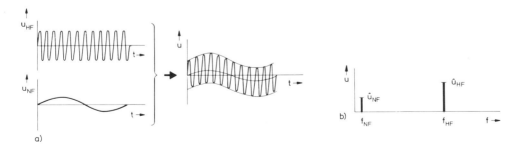

Bild 5.1. Überlagerung
a) Zeitabhängigkeiten, b) Spektraldarstellung

* 5.1. Überlagerung und Umsetzung

• Umsetzung

Allen Verfahren der *Frequenzumsetzung* ist gemeinsam, daß neue Frequenzanteile entstehen, die im ursprünglichen Signal nicht enthalten waren. Möglich wird dies, wenn man Bauteile mit nichtlinearer Kennlinie verwendet. Es werden zur Frequenzumsetzung also gerade die Nichtlinearitäten ausgenutzt, die in Wandlern und Verstärkern unerwünschte nichtlineare Verzerrungen erzeugen (vgl. 2.3). Die wichtigsten Verfahren der Frequenzumsetzung sind

> Vervielfachung, Teilung, Mischung, Modulation.

• Frequenzvervielfachung

Die einfachste Art der Frequenzumsetzung ist die *Vervielfachung* einer Frequenz f_1. Bild 5.2 zeigt in der Spektraldarstellung das Prinzip. Es ist hierbei also nur eine Eingangsfrequenz beteiligt. Am Ausgang des Vervielfachers kann die Frequenz $f_2 = nf_1$ abgenommen werden, die ein ganzzahliges Vielfaches der Eingangsfrequenz ist. Allerdings sind am Ausgang zusätzlich die Frequenzkomponente f_1 und i.a. weitere Oberwellen vorhanden. Durch Filterung (Bandpaßfilter) kann jedoch der gewünschte Anteil abgetrennt werden. Praktische Bedeutung haben Vervielfacher in der Hochfrequenztechnik, wenn eine Schwingung nicht direkt mit der benötigten Leistung oder Frequenzstabilität erzeugt werden kann. Dann wird eine Schwingung erzeugt, deren Frequenz das $1/n$-fache der geforderten beträgt (*Subharmonische*), und anschließend um den ganzzahligen Faktor n vervielfacht. Realisiert wird die Vervielfachung an Dioden, weil diese gerade die geforderte nichtlineare Kennlinie besitzen.

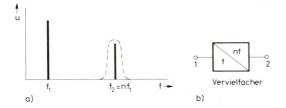

Bild 5.2 Frequenzvervielfachung
a) Spektrum,
b) Schaltzeichen nach DIN 40 700, Blatt 10

• Frequenzteilung

Nach Bild 5.3 ist die *Teilung* als der zur Vervielfachung inverse Prozeß erkennbar. Die technische Realisierung eines Teilers für analoge Signale (für sinusförmige Schwingungen beispielsweise) ist jedoch nicht so einfach wie die eines Vervielfachers. Die Frequenzteilung digitaler Signale dagegen ist relativ simpel. Man kann dazu Multivibrator-Schaltungen verwenden. Eine Möglichkeit der Frequenzteilung analoger Signale ergibt sich daraus, daß an einer Induktivität Spannung und Frequenz einander proportional sind ($u \sim \omega$). Nach diesem Zusammenhang, der in 7.3 hergeleitet wird, können Spannungsänderungen in Frequenzänderungen umgesetzt werden. Solche Bausteine heißen *V/F Converter*, wobei *V/F* für *Voltage/Frequency* steht. In anschaulicher Weise zeigt Bild 5.4, wie mit *V/F* bzw. *F/V* Convertern Spannungsamplituden zu Frequenzänderungen führen, und umgekehrt.

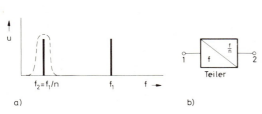
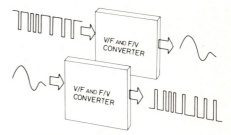

Bild 5.3. Frequenzteilung
a) Spektrum,
b) Schaltzeichen nach DIN 40 700, Blatt 10

Bild 5.4. Frequenz-Spannungs- und Spannungs-Frequenz-Umsetzung
(V: *Voltage*, F: *Frequency*)

● *Frequenzmischung*

Das Verfahren der *Mischung* ist dadurch gekennzeichnet, daß neben der Eingangsfrequenz f_1 eine Hilfsfrequenz f_0 verwendet wird, die auch *Trägerfrequenz* oder nur *Träger* heißt. Bild 5.5 zeigt ein Mischungsspektrum und das Schaltzeichen nach DIN 40 700, Blatt 10. In der Regel handelt es sich bei Mischungen darum, daß eine hochfrequente *Signalschwingung* f_1 und eine dicht benachbarte *Trägerschwingung* f_0 an einer nichtlinearen Kennlinie zusammengeführt werden. Am Ausgang 2 des Mischers wird dann das im *Linienspektrum* Bild 5.5a angegebene Frequenzgemisch registriert. D.h. es sind neben den Eingangsschwingungen f_0 und f_1 die beiden durch den Mischvorgang entstandenen Frequenzlinien $f_0 - f_1$ und $f_0 + f_1$ vorhanden. Die benötigte Schwingung kann herausgefiltert werden.

Bild 5.5
Frequenzmischung
a) Spektrum,
b) Schaltzeichen nach DIN 40 700, Blatt 10

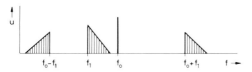

Bild 5.6
Signalband wird durch Summenmischung in *Gleichlage*, durch Differenzmischung in *Kehrlage* umgesetzt

> Durch *Mischung* zweier dicht benachbarter und i.a. hochfrequenter Schwingungen der Frequenz f_0 (Träger) und f_1 (Signal) entstehen als neue Schwingungen die *Differenz* $f_0 - f_1$ und die *Summe* $f_0 + f_1$ (mit $f_0 \approx f_1$).

Eingesetzt werden Mischer oft, um sehr schwache, hochfrequente Signale vor der Weiterverarbeitung in eine tiefe Frequenzlage umzusetzen, wo sie leichter verstärkt werden können (*Differenzmischung*). Eine weitere Anwendungsmöglichkeit ist die der Erzeugung sehr hochfrequenter Signale (Gigahertzbereich) relativ hoher Leistung und guter Frequenzstabilität (*Summenmischung*). Bei allen Anwendungsfällen ist in der Regel nicht nur eine Signalfrequenz f_1 beteiligt, sondern es liegt ein ganzes Frequenzband vor, z.B. mit der in Bild 5.6 gezeigten (idealisierten) Amplitudenverteilung. Dann entsteht das Signalband durch Summenmischung hochfrequent in *Gleichlage* und niederfrequent in *Kehrlage*.

● *Modulation*

Prinzipiell ist jede Modulation eine Frequenzmischung, nur daß nicht $f_0 \approx f_1$ verwendet wird, sondern daß $f_1 \ll f_0$ gilt. Es wird also, wie Bild 5.7 zeigt, ein niederfrequentes Signal mit einem hochfrequenten Träger gemischt. Unter diesen Voraussetzungen spricht man von *Modulation*. Am Ausgang 2 des Modulators entsteht neben der Signalschwingung f_1 ein Frequenzspektrum, das aus der Trägerfrequenz f_0 und den beiden neuentstandenen *Seitenlinien* $f_0 - f_1$ (untere Seitenlinie) und $f_0 + f_1$ (obere Seitenlinie) besteht.

> Jede der beiden *Seitenlinien* $f_0 - f_1$ und $f_0 + f_1$ stellt vollständig das Signal dar; anders: durch Modulation wird einem *Träger* f_0 ein *Signal* f_1 aufgeprägt, das in den neu entstandenen Seitenlinien enthalten ist.

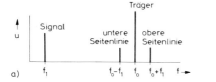

Bild 5.7
Modulation
a) Spektrum,
b) Schaltzeichen nach DIN 40 700, Blatt 10

▶ 5.2. Schwingungsmodulation

Ebenso wie bei Mischungen wird auch bei Modulationsvorgängen nicht nur eine Signalschwingung beteiligt sein, sondern ein ganzes Signalband. Dann entstehen entsprechend obere und untere Seitenbänder, wobei in jedem Seitenband vollständig das Signal enthalten ist, sowohl in der Frequenz als auch in der Amplitudenverteilung.

● *Modulationsarten*

Je nachdem in welcher Form der Träger vorliegt, unterscheidet man zwei Arten der Modulation. Wenn der Träger aus einer kontinuierlichen Sinusschwingung besteht, spricht man von *Schwingungsmodulation*, auch: *stetige Modulation*. Besteht er dagegen aus einer hochfrequenten Impulsfolge, spricht man von *Pulsmodulation*, auch: *unstetige Modulation*.

▶ **5.2. Schwingungsmodulation**

Nach DIN 5488 und 5483 wird eine kontinuierliche Sinusschwingung folgendermaßen dargestellt:

$$x = x(t) = \hat{x} \cdot \cos(\omega t + \varphi). \tag{5.1}$$

Hierin ist $\hat{x}$ die Schwingungsamplitude, ω die Kreisfrequenz der Schwingung mit $\omega = 2\pi f$ sowie $f = 1/T$ und φ die *Nullphase*. Bild 5.8 zeigt diese Zusammenhänge. Der *Effektivwert* des Wechselvorgangs beträgt $x_{\text{eff}} = X = x/\sqrt{2}$. Wir schreiben nun die allgemeine Schwingungsgleichung (5.1) für einen Träger und ein Signal auf und verwenden dabei anstelle von x den Buchstaben u, weil in der Signalübertragungstechnik elektrische Spannungen verarbeitet werden.

$$\text{Träger:} \quad u_T(t) = \hat{u}_T \cdot \cos(\omega_T t + \varphi_T) \tag{5.2}$$
$$\text{Signal:} \quad u_M(t) = \hat{u}_M \cdot \cos(\omega_M t + \varphi_M). \tag{5.3}$$

T steht für „Träger" und M für „Modulationsfrequenz" (Signal).

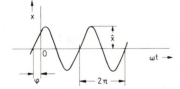

Bild 5.8. Illustration zu Gl. (5.1)

● *Modulation*

Je nachdem, welche Größe in Gl. (5.2) durch das Signal Gl. (5.3) zeitlich beeinflußt wird, unterscheidet man Amplituden- und Winkelmodulation:

Amplitudenmodulation: $\hat{u}_T = \hat{u}_T(t)$
Winkelmodulation: a) $\omega_T = \omega_T(t)$, Frequenzmodulation
b) $\varphi_T = \varphi_T(t)$, Phasenmodulation

• Amplitudenmodulation (AM)

Hierbei wird die Amplitude des Trägers durch das Signal verändert — *moduliert*. Der mathematische Ansatz dafür lautet

$$u_T(t) = \hat{u}_T(t) \cdot \cos \omega_T t \quad (5.4)$$

mit

$$\hat{u}_T(t) = \hat{u}_T + \Delta \hat{u}_T \cdot \cos \omega_M t. \quad (5.5)$$

Die Nullphase kann bei diesen prinzipiellen Betrachtungen außer acht gelassen werden, weil bei AM der Nachrichteninhalt durch die Phasenlage nicht beeinflußt wird. Der Zeitansatz (5.5) besteht somit aus der unmodulierten Trägeramplitude $\hat{u}_T$ und dem Signal, Gl. (5.3). Die Signalamplitude $\hat{u}_M$ ist aber in Gl. (5.5) als Änderung der Trägeramplitude geschrieben, also $\hat{u}_M \sim \Delta \hat{u}_T$. Setzen wir nun Gl. (5.5) in Gl. (5.4) ein, folgt

$$\boxed{u(t) = \hat{u}_T (1 + m \cdot \cos \omega_M t) \cos \omega_T t}$$

$$(5.6)$$

mit *Modulationsgrad* $m = \Delta \hat{u}_T / \hat{u}_T$ und *Amplitudenhub* $\Delta \hat{u}_T \sim \hat{u}_M$.

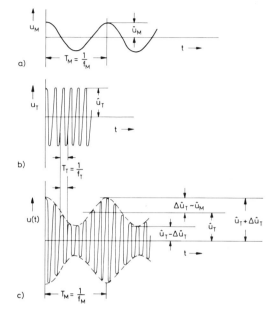

Bild 5.9
Amplitudenmodulation
a) Signalschwingung, $u_M = \hat{u}_M \cos \omega_M t$
b) Trägerschwingung, $u_T = \hat{u}_T \cos \omega_T t$
c) Amplitudenmodulierter Träger, Gl. (5.6)

In Bild 5.9 sind die durch Gl. (5.6) beschriebenen Zusammenhänge der Amplitudenmodulation dargestellt. Eine weiterführende Besprechung wird in Kap. 6 vorgenommen.

• Winkelmodulation (FM und PM)

Bei dieser Modulationsart wird entweder die *Frequenz* (FM) oder die *Phase* (PM) der Trägerschwingung durch das Signal verändert, also

$$u_T(t) = \hat{u}_T \cdot \sin(\omega_T(t) \cdot t) \quad \text{oder} \quad u_T(t) = \hat{u}_T \sin \varphi_T(t). \quad (5.7)$$

Die mathematischen Ansätze lauten
a) *Frequenzmodulation* (FM): $\omega_T(t) = \omega_T + \Delta \omega_T \cos \omega_M t.$ (5.8)
b) *Phasenmodulation* (PM): $\varphi_T(t) = \omega_T t + \Delta \varphi_T \cos \omega_M t.$ (5.9)

Hierin sind: *Kreisfrequenzhub* $\Delta \omega_T \sim \hat{u}_M$ bzw. *Frequenzhub* $\Delta f_T \sim \hat{u}_M$ und *Phasenhub* $\Delta \varphi_T \sim \hat{u}_M$.

▶ 5.3. Pulsmodulation

Ist das Signal (der modulierende Vorgang) sinusförmig, unterscheiden sich FM und PM nur in einer Phasenverschiebung von 1/4 Periode. Der allgemeine Zusammenhang zwischen FM und PM ergibt sich aus der Relation

$$\omega_T(t) = \frac{d}{dt} \varphi_T(t) \tag{5.10}$$

bzw.

$$\varphi_T(t) = \int \omega_T(t)\, dt = \int (\omega_T + \Delta\omega_T \cos \omega_M t)\, dt$$

$$\varphi_T(t) = \omega_T t + \frac{\Delta\omega_T}{\omega_M} \sin \omega_M t. \tag{5.11}$$

Wird Gl. (5.11) in Gl. (5.7) eingesetzt, entsteht die *Zeitfunktion der Winkelmodulation*:

$$\boxed{u(t) = \hat{u}_T \cdot \sin\left(\omega_T t + \frac{\Delta\omega_T}{\omega_M} \sin \omega_M t\right).} \tag{5.12}$$

Der Ausdruck $\Delta\omega_T/\omega_M$ heißt *Modulationsindex*; er ist gleich dem *Phasenhub*, also

$$\boxed{\Delta\varphi_T = \frac{\Delta\omega_T}{\omega_M}.} \tag{5.13}$$

▶ 5.3. Pulsmodulation

Wird anstelle einer kontinuierlichen, hochfrequenten Trägerschwingung eine periodische Folge von gleichen Impulsen mit der *Periodendauer T* und der *Impulsdauer τ* verwendet, spricht man von *Pulsmodulation*. Nach DIN 5488 ist ein *Impuls* ein Vorgang mit beliebigem Zeitverlauf, dessen Augenblickswert nur innerhalb einer beschränkten Zeitspanne Werte aufweist, die von Null merklich abweichen. Ein *Puls* dagegen ist ein periodischer Vorgang, also eine Folge gleicher Impulse. Beim Rechteckimpuls werden die Relationen zwischen Perioden- und Impulsdauer als *Tastverhältnis* bezeichnet (vgl. 4.3.1). Bild 5.10a zeigt eine unmodulierte Impulsfolge, Bild 5.10b ein Beispiel für ein modulierendes Signal. Bild 5.11 zeigt, wie beispielsweise durch ein Signal $u_M(t)$ die Amplitude des Trägerpulses moduliert wird. Bei der mit Bild 5.10a eingeführten Impulsfolge $u_T(t)$ ergeben sich für

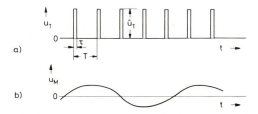

Bild 5.10
a) Unmodulierte Impulsfolge (Puls)
b) Modulierendes Signal

Bild 5.11. Pulsamplitudenmodulation (PAM)

den in Bild 5.10b angenommenen Signalwellenzug $u_M(t)$ gerade sieben *Abtastwerte*. Und es erhebt sich die Frage, ob diese relativ grobe Abtastung ausreicht bzw. ob eine untere Grenze für die Abtastrate gefunden werden kann.

▶ 5.3.1. Abtasttheorem

Bei Schwingungsmodulationen besteht der Träger aus einer kontinuierlichen Trägerschwingung der Frequenz f_T, so daß der zeitliche Verlauf der *Schwingungs-Amplitudenmodulation* lautet (vgl. 5.2)

$$u(t) = \hat{u}_T(t) \cdot \cos \omega_T t \tag{5.4}$$

bzw.

$$u(t) = \hat{u}_T (1 + m \cdot \cos \omega_M t) \cos \omega_T t. \tag{5.6}$$

Gl. (5.4) enthält mithin die Zeitfunktion $\cos \omega_T t$ des cosinusförmigen Trägers und die zeitabhängige, durch das Signal (Modulationsschwingung M) beeinflußte Trägeramplitude $\hat{u}_T(t)$. Im Falle der *Pulsamplitudenmodulation* (PAM) gehorcht die Pulsamplitude ebenfalls dem Zeitverlauf $\hat{u}_T(t) = \hat{u}_T(1 + m \cdot \cos \omega_M t)$; die Zeitfunktion der Impulsfolge wird nun aber aus einer unendlichen Summe von Schwingungsanteilen bestehen, nämlich aus einer *Fourier-Reihe* (vgl. 1.5). Für die in Bild 5.10a verwendete Folge von positiven Rechteckimpulsen lautet die *Fourier-Reihe*

$$u_p(t) = a_0 + a_1 \cos \omega_T t + a_2 \cos 2\omega_T t + a_3 \cos 3\omega_T t + ... \tag{5.14}$$

a_i sind die *Fourier-Koeffizienten;* sie sind ein Maß für die Amplituden der einzelnen Schwingungsanteile. Im Sonderfall, daß $a_1 = 1$ und $a_0 = a_2 = a_3 = ... = 0$ gilt, entsteht $u_p(t) = \cos \omega_T t$.

• *Pulsamplitudenmodulation (PAM)*

Nun läßt sich die *Zeitfunktion der Pulsamplitudenmodulation* hinschreiben:

$$\boxed{u(t) = \hat{u}_T(t) \cdot u_p(t)} \tag{5.15}$$

mit $u_p(t)$ nach Gl. (5.14) und $\hat{u}_T(t) = \hat{u}_T(1 + m \cdot \cos \omega_M t)$. (5.5)

Der wesentliche Unterschied zur Schwingungsmodulation (AM) Gl. (5.4) ist folgender: Bei AM, wo nur die eine kontinuierliche Trägerschwingung der Frequenz f_T vorhanden ist, enthält die Zeitfunktion Gl. (5.6) das Produkt

$$\cos \omega_M t \cdot \cos \omega_T t$$

mit der einen Trägerschwingung $\cos \omega_T t$. Bei PAM aber folgen aus Gl. (5.15) unendlich viele Frequenzkomponenten, nämlich $\cos \omega_T t$, $\cos 2\omega_T t$, $\cos 3\omega_T t$, ... und zusätzlich das Produkt

$$\cos \omega_M t (\cos \omega_T t + \cos 2\omega_T t + \cos 3\omega_T t + ...) \tag{5.16}$$

Eine Auswertung dieses Produktes, die erst in Kap. 6 näher erläutert wird, ergibt das in Bild 5.12 wiedergegebene Spektrum. Es besteht aus der Signalfrequenz ω_M, den Träger-

▶ 5.3. Pulsmodulation

frequenzen $n\omega_T$ mit $n = 1, 2, 3, \ldots$ und den *Seitenlinien* $n\omega_T - \omega_M$ und $n\omega_T + \omega_M$. Wegen des aus den Fourier-Koeffizienten a_i folgenden Amplitudenverlaufs gemäß $\sin x/x$ verschwinden die Anteile $3\omega_T, 6\omega_T, 9\omega_T$ etc.

Bild 5.12
Frequenzspektrum der Pulsamplitudenmodulation (PAM)

• *Rückgewinnung der Information*

Das gesamte in Bild 5.12 aufgeführte Frequenzspektrum wird von einem PAM-Sender abgestrahlt und demzufolge auf der Empfangsseite vollständig aufgenommen. Aus den Bildern 5.12 und 5.13 wird erkennbar, daß das Signal der Frequenz ω_M komplett zurückgewonnen werden kann, wenn ein *Tiefpaß* verwendet wird, dessen Grenzfrequenz ω_{gr} zwischen ω_M und $\omega_T - \omega_M$ liegt. Es muß also gelten

$$\omega_M \leq \omega_{gr} \leq \omega_T - \omega_M. \tag{5.17}$$

Es sei in Erinnerung gerufen, daß $f_T = \omega_T/2\pi$ die Pulsfolgefrequenz und damit die in Bild 5.11 eingeführte *Abtastfrequenz* der PAM ist. Im äußersten Fall darf gerade ω_M gleich ω_{gr} werden. Dann folgt aus (5.17) $\omega_{gr} = \omega_T - \omega_{gr}$ oder

$$\boxed{\omega_{gr} = \frac{1}{2}\omega_T.} \tag{5.18}$$

Die Grenzfrequenz des Tiefpasses muß also wenigstens gleich der halben Abtastfrequenz sein. Dann können Signalfrequenzen bis zu dieser Grenze ω_{gr} formgetreu übertragen werden.

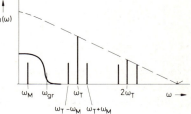

Bild 5.13
PAM-Spektrum nach Bild 5.12, aber in der Frequenzachse gespreizt und mit Tiefpaßcharakteristik der Grenzfrequenz ω_{gr}

• *Abtasttheorem*

In praktischen Fällen der PAM kommt es nun nicht darauf an, die Grenzfrequenz eines Tiefpasses zu bestimmen, sondern es wird die obige Betrachtungsweise umgekehrt. Aus Gl. (5.18) folgt dann sofort das *Abtasttheorem*

$$\boxed{\omega_T \geq 2\omega_M \quad \text{oder} \quad T_T \leq \frac{1}{2}T_M} \tag{5.19}$$

> Die *Abtastfrequenz*, also die Pulsfolge- oder Trägerfrequenz, muß mindestens doppelt so groß wie die höchste Modulationsfrequenz sein, um eine formgetreue Signaübertragung nach dem PAM-Verfahren zu gewährleisten.

Damit ergibt sich die in Bild 5.14 skizzierte erstaunliche Tatsache, daß pro Signalperiode zwei Abtastwerte genügen, nicht weniger — aber auch nicht mehr.

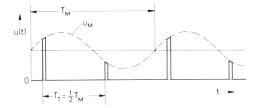

Bild 5.14
Abtastung eines Signals u_M nach dem Abtasttheorem

5.3.2. Modulationsarten

Die *Pulsamplitudenmodulation* (PAM) ist nur eine von mehreren gebräuchlichen Pulsmodulationsarten. Von technischer Bedeutung sind weiterhin:

Pulswinkelmodulation (PWM)
mit *Pulsfrequenzmodulation* (PFM)
  Pulsphasenmodulation (PPM)
  Pulslagenmodulation (PLM)
Pulsdauermodulation (PDM)
Deltamodulation
Pulscodemodulation (PCM); vgl. Kap. 8.

- **PA-Modulator**

Bild 5.15a zeigt einen einfachen PA-Modulator. Danach werden Signalspannung u_M und Trägerpuls u_T addiert. Hinter der Diode kann die gewünschte Modulation abgegriffen werden (Bild 5.15b).

- **Pulswinkelmodulation (PWM)**

Ebenso wie PAM als Pendant zur Modulation der Amplitude einer hochfrequenten Trägerschwingung (AM) anzusehen ist, findet die *Pulswinkelmodulation* (PWM) mit den Zweigen PFM und PPM ihr Gegenstück in der Schwingungs-Winkelmodulation mit den Zweigen FM und PM (vgl. 5.2).

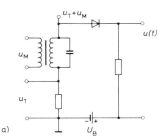

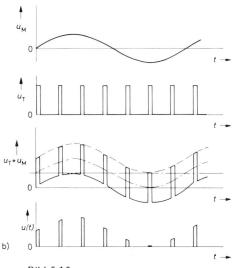

Bild 5.15
a) PA-Modulator,
b) Spannungsverläufe

▶ 5.3. Pulsmodulation

● *Pulsfrequenzmodulation (PFM)*

Bild 5.16 verdeutlicht, daß nur bei PAM die Pulsamplitude durch das modulierende Signal u_M zeitlich verändert wird. Alle anderen Verfahren arbeiten mit konstanter Pulsamplitude, d.h. sie sind unempfindlich gegen ungewollte Schwankungen der Pulsamplitude. Das Prinzip der *Pulsfrequenzmodulation* (PFM) ist in Bild 5.16b angegeben. Wenn die Signalamplitude Null ist, liegen die Trägerimpulse in „Normallage". Mit steigender Amplitude von u_M nehmen die Trägerimpuls-Abstände ab, mit sinkender Amplitude (negative Halbwellen) zu. D.h. die Frequenz des Trägerpulses wird proportional zur Signalamplitude verändert.

● *Pulsphasen- und Pulslagenmodulation (PPM, PLM)*

Bei PPM und PLM wird die Phase des Trägerpulses linear durch die Amplitude des modulierenden Signals verändert. Aus Bild 5.16c und 5.16d kann folgendes abgelesen werden:

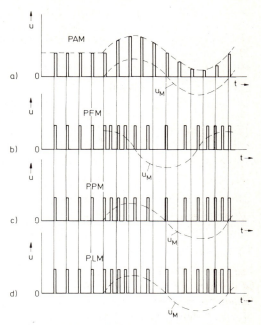

Bild 5.16. Impulsfolgen verschiedener Pulsmodulationsverfahren

a) Pulsamplitudenmodulation (PAM),
b) Pulsfrequenzmodulation (PFM),
c) Pulsphasenmodulation (PPM),
d) Pulslagenmodulation (PLM)

1. Bei einem sinusförmigen Signal unterscheiden sich PFM und PPM im Zeitverlauf nicht, wenn die modulierenden Vorgänge — wie in Bild 5.16 dargestellt — um 1/4 der Modulationsperiode gegeneinander verschoben sind.

2. PPM und PLM unterscheiden sich im Zeitverlauf nicht (bzw. nur unwesentlich), wenn entweder der Modulationsgrad klein oder die höchste Modulationsfrequenz sehr klein gegen die Trägerfrequenz ist. Andernfalls sind die Impulslagen unterschiedlich.

● *Pulsdauermodulation (PDM)*

Bild 5.17 zeigt an einem Beispiel, wie die Impulsdauer τ proportional zum modulierenden Signal verändert wird. Ohne Signal und in den Nulldurchgängen von u_M ist die Impulsbreite „normal". Mit wachsender Signalamplitude wächst die Impulsbreite, mit sinkender Amplitude (negative Halbwelle) nimmt sie ab. Der Beginn der Trägerimpulse liegt unverändert in „Normalstellung".

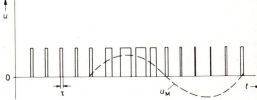

Bild 5.17
Pulsdauermodulation (PDM)

• **Deltamodulation**

Bei der *Deltamodulation* (oft: Δ-Modulation) wird die modulierende Spannung u_M in kurzen Zeitabständen mit einem aus dieser Spannung erzeugten Treppensignal verglichen. Ist die Signalamplitude von u_M innerhalb des Vergleichsintervalls größer als die zugehörige Treppenspannung, wird ein Impuls übertragen, andernfalls nicht. Bild 5.18a zeigt das Prinzip einer Deltamodulation, Bild 5.18b die Spannungsverläufe an den eingezeichneten Punkten. Die Modulationspannung u_M wird auf einen Analog-Digital-Wandler ADC und einen Vergleicher VGL gegeben. Synchronisiert durch den Impulsgenerator IG erzeugt der ADC aus dem analogen Signal u_M die Treppenspannung ②. Der Vergleicher gibt immer dann eine positive Spannung ab, wenn u_M größer ist als die Treppenspannung, und eine negative Spannung, wenn u_M kleiner ist. Mit dieser Rechteckspannung ③ wird die Torschaltung (Gate) angesteuert, d.h. es wird immer dann das Tor für den Puls ① geöffnet, wenn die Vergleicherspannung positiv und damit u_M größer als die Treppenspannung ist. Am Ausgang entsteht somit die gewünschte Impulsfolge.

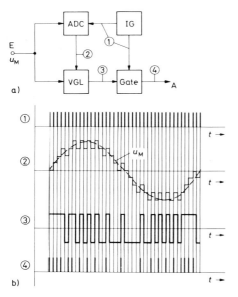

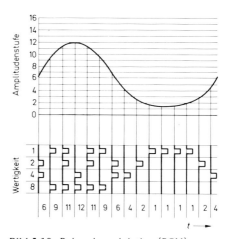

Bild 5.18. Deltamodulation
a) Prinzipschaltbild mit ADC: Analog-Digital-Converter, VGL: Vergleicher, Gate: Torschaltung, IG: Impulsgenerator
b) Spannungsverläufe an den eingezeichneten Punkten

Bild 5.19. Pulscodemodulation (PCM)

• **Pulscodemodulation (PCM)**

Der Ausdruck „Code" weist darauf hin, daß bei diesem Modulationsverfahren nicht der Augenblickswert des Signals übertragen wird, sondern nur das Kennzeichen, also der *Code* des Augenblickswertes. Gewissermaßen trifft diese Aussage auch für die Deltamodulation zu. Während aber dort der verwendete „Code" aus einzelnen Impulsen besteht, die aus der Differenz zwischen Modulationsspannung u_M und zugehöriger Treppenspannung entstehen, wird beim PCM-Verfahren jede *Amplitudenstufe binär codiert*, d.h. es wird jeder Amplitudenstufe eine binär codierte Impulsgruppe zugeordnet. Bild 5.19 erläutert dies. Während also bei allen anderen Pulsmodulationsverfahren jeder übertragene Impuls einen Signal-Amplitudenwert repräsentiert, ist für PCM pro Amplitudenwert eine ganze Impulsgruppe nötig. Wie groß die Gruppe wird, hängt davon ab, wie hoch die Signalamplitude aufgelöst werden soll. Verwendet werden Gruppen von q = 8, 10 oder 12 Impulsen. In Bild 5.19 ist als Beispiel q = 4 gewählt. Die Auflösung ergibt sich wegen der binären Codierung aus 2^q.

5.4. Zusammenfassung

Frequenzumsetzung bedeutet, daß eine Signalschwingung in eine andere *Frequenzlage* umgesetzt wird, um optimale Übertragungseigenschaften für das Signal zu erzielen. Je nachdem, ob dabei neue Frequenzanteile entstehen oder nicht, spricht man von *Umsetzung* oder *Überlagerung*.

Überlagerung ergibt sich dann, wenn an einem Bauteil mit linearer Kennlinie eine hochfrequente Schwingung mit einer niederfrequenten zusammengeführt wird. Dabei entstehen keine neuen Frequenzanteile.

Umsetzung nennt man eine solche Verknüpfung zweier Schwingungen, bei der neue Frequenzanteile entstehen. Möglich wird dies, wenn Bauteile mit nichtlinearer Kennlinie verwendet werden.

Während bei den Umsetzungsverfahren *Vervielfachung* und *Teilung* nur eine Eingangsfrequenz f_1 beteiligt ist, wird bei den Verfahren der *Mischung* und *Modulation* eine zusätzliche Hilfsfrequenz f_0 verwendet, die Trägerfrequenz oder nur Träger heißt. Der Unterschied ist: Mischung $f_0 \approx f_1$, Modulation $f_0 \gg f_1$.

Modulationsarten werden zunächst danach unterschieden, ob der Träger aus kontinuierlichen Sinusschwingungen besteht → *Schwingungsmodulation*, oder ob er aus einer hochfrequenten Impulsfolge besteht → *Pulsmodulation*.

Schwingungsmodulation sagt man, wenn der Träger folgendermaßen beschrieben werden kann

$$u_T(t) = \hat{u}_T \cdot \cos(\omega_T t + \varphi_T). \tag{5.2}$$

Je nachdem, welche Größe in dieser Gleichung durch das Signal (Modulationsschwingung) zeitlich verändert wird, unterscheidet man

Amplitudenmodulation: $\hat{u}_T = \hat{u}_T(t)$ (AM)
Winkelmodulation: a) $\omega_T = \omega_T(t)$, Frequenzmodulation (FM)
                           b) $\varphi_T = \varphi_T(t)$, Phasenmodulation   (PM)

Pulsmodulation bedeutet, daß der Träger aus einer periodischen Folge von gleichen Impulsen besteht. Solch eine Impulsfolge wird *Puls* genannt. Für das „Abtasten"

einer Signalschwingung, d.h. für die mindestens nötige Anzahl von Trägerimpulsen pro Signalperiode, gilt das *Abtasttheorem:*

$$\omega_T \geqslant 2\omega_M \quad \text{oder} \quad T_T \leqslant \frac{1}{2} T_M.$$
(5.19)

Die *Abtastfrequenz* muß mindestens doppelt so groß wie die höchste Modulationsfrequenz sein, um eine formgetreue Signalübertragung zu gewährleisten.

Pulsmodulationsarten von Bedeutung sind
1. *Pulsamplitudenmodulation*   (PAM)
2. *Pulswinkelmodulation*   (PWM)
   mit *Pulsfrequenzmodulation* (PFM)
       Pulsphasenmodulation   (PPM)
       Pulslagenmodulation   (PLM)
3. *Pulsdauermodulation*   (PDM)
4. *Deltamodulation*   (Δ-Mod.)
5. *Pulscodemodulation*   (PCM)

Die Verfahren 1 und 2 sind den Schwingungs-Modulationsverfahren AM und FM verwandt. Bei PAM ist die Pulsamplitude das direkte Abbild der Signalschwingung. Bei PWM und PDM sind Impulslage bzw. Impulsbreite (Impulsdauer) eindeutig einem Signalamplitudenwert zugeordnet.

Deltamodulation weist gegenüber den Pulsmodulationsarten 1 bis 3 die Besonderheit auf, daß nicht der Augenblickswert des Signals in Form der Pulsamplitude, -lage oder -dauer direkt übertragen wird, sondern eine *codierte Pulsfolge* den Signalverlauf darstellt. Und zwar wird die modulierende Spannung in kurzen Zeitabständen mit einem aus dieser Spannung erzeugten Treppensignal verglichen. Ist die Signalamplitude größer als die zugehörige Treppenspannung, wird ein Impuls übertragen, andernfalls nicht.

Pulscodemodulation wird ausführlich in Kap. 8 besprochen. Hier sei hervorgehoben, daß wie bei der Deltamodulation auch bei PCM die Augenblickswerte des Signals in codierter Form übertragen werden. Während dort aber der verwendete „Code" aus nur einem Impuls pro Augenblickswert besteht, wird beim PCM-Verfahren jede Amplitudenstufe binär codiert. Es ist also pro Amplitudenwert eine ganze Impulsgruppe nötig.

Die Vorteile von Deltamodulation und PCM liegen in der großen Störsicherheit. Nachteilig ist, daß diese Verfahren eine große Frequenzbandbreite erfordern.

6. Amplitudenmodulation (AM)

▶ 6.1. Theoretische Behandlung

In 5.2 ist die *Zeitfunktion der AM* hergeleitet worden. Sie lautet

$$u(t) = \hat{u}_T(t) \cdot \cos \omega_T t = \hat{u}_T (1 + m \cos \omega_M t) \cos \omega_T t. \tag{6.1}$$

Hierin bezeichnet der Index T den Träger und M die Modulationsschwingung. $m = \Delta\hat{u}_T/\hat{u}_T$ ist der *Modulationsgrad*, und der *Amplitudenhub* $\Delta\hat{u}_T$ ist der Signalamplitude $\hat{u}_M$ proportional. In Bild 5.9 sind diese Zusammenhänge anschaulich dargestellt.

• *Zeitfunktion der AM*

Eine nützliche Diskussion der AM wird möglich, wenn wir Gl. (6.1) ausmultiplizieren:

$$u(t) = \hat{u}_T \cos \omega_T t + \hat{u}_T m \cos \omega_M t \cos \omega_T t. \tag{6.2}$$

In dieser Form ist das Produkt zweier trigonometrischer Funktionen vom Typ $\cos\alpha \cdot \cos\beta$ enthalten. Nach einem Additionstheorem gilt:

$$\cos\beta \cdot \cos\alpha = \frac{1}{2} [\cos(\beta - \alpha) + \cos(\beta + \alpha)]$$

also

$$u(t) = \hat{u}_T \cos \omega_T t + \frac{1}{2} \hat{u}_T m \cos(\omega_T - \omega_M) t + \frac{1}{2} \hat{u}_T m \cos(\omega_T + \omega_M) t. \tag{6.3}$$

Diese aufgelöste *Zeitfunktion der AM* ist grafisch in Bild 6.1 dargestellt.

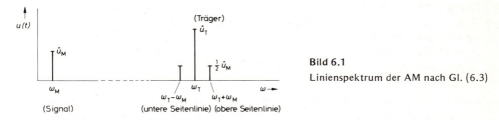

Bild 6.1
Linienspektrum der AM nach Gl. (6.3)

• *Linienspektrum der AM*

In dem *Linienspektrum* (auch: Amplitudenspektrum) Bild 6.1 sind alle an der Modulation beteiligten und alle dadurch entstandenen Schwingungen enthalten. Die niederfrequente Signalschwingung (Modulationsschwingung) hat die Frequenz $f_M = \omega_M/2\pi$ und die Amplitude $\hat{u}_M$. Nach Gl. (6.3) entsteht aus der Modulation von f_M auf den Träger $f_T = \omega_T/2\pi$ ein ganzes *Frequenzband,* das aus folgenden Anteilen zusammengesetzt ist:
1. *Träger* mit der Kreisfrequenz ω_T und der Amplitude $\hat{u}_T$;
2. *Untere Seitenlinie* mit der Kreisfrequenz $\omega_T - \omega_M$;
3. *Obere Seitenlinie* mit der Kreisfrequenz $\omega_T + \omega_M$, beide mit der Amplitude $\hat{u}_T m/2$.

Nehmen wir den einfachsten Fall an, daß der Amplitudenhub $\Delta\hat{u}_T$ gleich der Signalamplitude $\hat{u}_M$ ist, folgt für die Amplitude der Seitenlinien $\hat{u}_M/2$.

• **Signalband**

In praktischen Fällen wird nicht nur eine einzige Signalfrequenz auf einen Träger moduliert, sondern es wird stets ein ganzes *Signalband* einer vorgegebenen Bandbreite B beteiligt sein (z. B. Telefon mit B = 3,1 kHz, AM-Rundfunk mit B = 4,5 kHz). Der Einfachheit halber verwenden wir für solche Signalbänder die in Bild 6.2 eingezeichnete idealisierte *Amplitudenverteilung*, wonach bei Sprache und Musik die tiefen Frequenzanteile im statistischen Mittel mit größeren Amplituden auftreten als die hochfrequenten Anteile.

> Durch *Amplitudenmodulation* mit einem Signalband der Bandbreite B_S entstehen symmetrisch zum Träger ein oberes und ein unteres Seitenband mit jeweils der Bandbreite B_S. Jedes Seitenband enthält vollständig die Information. Die gesamte Breite des AM-Bandes beträgt $B_{AM} = 2f_{Mo}$.

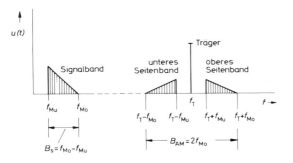

Bild 6.2 Amplitudenspektrum der AM bei Beteiligung eines ganzen Signalbandes

• **Zweiseitenbandübertragung**

Beim AM-Rundfunk (KW, MW, LW, vgl. 1.6, Bild 1.14) wird das komplette AM-Band übertragen, d.h. es werden der Träger und beide Seitenbänder ausgestrahlt. Man nennt dieses Verfahren *Zweiseitenbandübertragung* (engl. *Double Side Band*, DSB). Bild 6.3 zeigt am Beispiel des Mittelwellen-Rundfunks (MW), wie eine DSB-Übertragung realisiert ist.

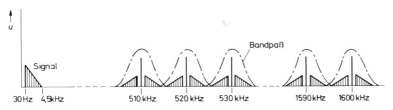

Bild 6.3 Amplitudenspektrum beim Mittelwellen-Rundfunk (MW) mit 4,5 kHz-Signalbandbreite und z.B. 10 kHz Trägerabstand

• **Einseitenbandübertragung**

Weil in jedem Seitenband die zu übertragende Information vollständig enthalten ist, liegt der Gedanke nahe, nur ein Seitenband zu verwenden. Diese Betriebsart wird *Einseitenbandübertragung* genannt (engl. *Single Side Band*, SSB). Ein durch SSB-Übertragung entstehender Vorteil ist offensichtlich, daß nämlich die Hälfte der notwendigen Sendebandbreite eingespart werden kann.

▶ 6.1. Theoretische Behandlung

• *Leistung der AM*

Mit speziellen SSB-Modulatoren (vgl. 6.2), die nur ein Seitenband erzeugen, wird zusätzlich zur Bandeinsparung ein erheblicher *Leistungsgewinn* möglich. Um dies zu erkennen, berechnen wir zunächst die Leistung, die für den Träger und die Seitenbänder aufgebracht werden muß. Für den Träger wird folgende Leistung benötigt:

$$P_T = \frac{U_T^2}{Z} = \frac{\hat{u}_T^2}{2Z}. \qquad (6.4)$$

Hier ist der Zusammenhang $U = \hat{u}/\sqrt{2}$ benutzt. Das gleiche Gesetz verwenden wir für die pro Seitenband nötige Sendeleistung, nur daß die Spannungsamplitude $\hat{u}_T$ zu ersetzen ist durch die aus Gl. (6.3) ablesbare Seitenbandamplitude $\hat{u}_T m/2$, also

$$P_{SB} = \frac{1}{2Z} \left(\frac{1}{2} \hat{u}_T m \right)^2 = \frac{1}{2Z} \cdot \frac{\hat{u}_T^2 m^2}{4} = P_T \cdot \frac{m^2}{4} \qquad (6.5)$$

Die für das gesamte AM-Spektrum aufzuwendende Sendeleistung wird dann

$$P_{AM} = P_T + 2 P_{SB} = P_T \left(1 + \frac{m^2}{2} \right). \qquad (6.6)$$

Eine endgültige Aussage wird möglich, wenn die gesamte AM-Leistung P_{AM} auf die für nur ein Seitenband notwendige Leistung P_{SB} bezogen wird:

$$\frac{P_{AM}}{P_{SB}} = \frac{P_T(1 + m^2/2)}{P_T m^2/4} \qquad \text{also} \qquad \boxed{\frac{P_{AM}}{P_{SB}} = \frac{4}{m^2} + 2.} \qquad (6.7)$$

• *Leistungsgewinn bei SSB*

Eine Interpretation von Gl. (6.7) führt zu folgenden Ergebnissen: Wenn $m = 1$ wird (vollständige Durchmodulation), folgt $P_{AM}/P_{SB} = 6$. In diesem Grenzfall ergibt sich also bei der SSB-Übertragung ein sechsfacher *Leistungsgewinn*. Anders ausgedrückt: Mit dem im Grenzfall möglichen Modulationsgrad $m = 1$, wie er beispielsweise vom Deutschlandfunk verwendet wird, wäre für SSB-Übertragungen nur ein Sechstel der Leistung nötig, die für eine DSB-Übertragung aufgewendet werden müßte.

> Bei Einseitenbandübertragung entsteht ein Leistungsgewinn, der theoretisch mindestens sechsfach ist.

• *Nachteile bei SSB*

Zwei Nachteile stehen den beiden oben entwickelten Vorteilen der SSB-Übertragung gegenüber:

1. Im Empfänger muß ein Hilfsträger auf mindestens 10 Hz genau und konstant dem SSB-Signal zugesetzt werden.
2. Das empfangene SSB-Signal ist zusätzlich phasenmoduliert, wodurch nichtlineare Verzerrungen entstehen.

Die Verzerrungen aus Nachteil Nr. 2 lassen sich hinreichend klein halten, wenn die im Empfänger zugesetzte Hilfsträgeramplitude groß ist.

• *Zusammensetzung der AM-Schwingung*

Die aus Gl. (6.3) folgende Tatsache, daß bei AM ein unteres und ein oberes Seitenband neu entsteht (Seitenbandtheorie), kann auf ganz anschauliche Weise aus einzelnen Sinusschwingungen konstruiert werden. Nehmen wir an, daß die in Bild 6.4a gezeichnete Modulationsschwingung
$u_M(t) = \hat{u}_M \cdot \cos \omega_M t$ auf den Träger
$u_T(t) = \hat{u}_T \cos \omega_T t$, Bild 6.4e, aufmoduliert wird, sollten nach Gl. (6.3) zwei Seitenlinien mit den Kreisfrequenzen $\omega_T - \omega_M$ bzw. $\omega_T + \omega_M$ und den Amplituden $\hat{u}_M/2$ entstehen. Teilbilder 6.4b und 6.4c zeigen diese Schwingungen, deren Addition das *Schwebungsbild* 6.4d ergibt. Wird nun noch die Schwebung zur Trägerschwingung Bild 6.4e addiert, folgt die amplitudenmodulierte Schwingung Bild 6.4f. Damit ist bewiesen, daß die komplette AM-Schwingung aus den vorgenannten Teilschwingungen besteht.

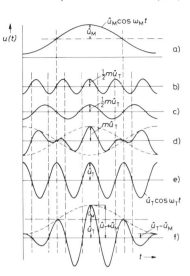

Bild 6.4. Zusammensetzung einer AM-Schwingung
a) Modulierende Schwingung (Signal)
b) Untere Seitenlinie
c) Obere Seitenlinie
d) Addition von b und c (Schwebung)
e) Trägerschwingung
f) Vollständige AM-Schwingung

▶ **6.2. Amplitudenmodulatoren**

▶ **6.2.1. Modulation an quadratischer Kennlinie**

Eine lineare Amplitudenmodulation, also eine lineare Abhängigkeit zwischen Signalamplitude $\hat{u}_M$ und Frequenzhub $\Delta \hat{u}_T$, wird möglich, wenn Modulations- und Trägerschwingung an den Eingang eines Verstärkers mit quadratischer Kennlinie gelegt werden.

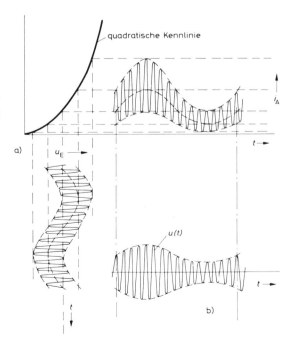

Bild 6.5. Modulation an quadratischer Kennlinie
a) Durchgangskennlinie mit Eingangsspannung u_E und Ausgangsstrom i_A
b) AM-Schwingung mit ausgefilterter Modulationsschwingung

▶ 6.2. Amplitudenmodulatoren

• *Durchgangskennlinie*

Die Wirkung der Modulation an einer quadratischen Kennlinie läßt sich an der *Durchgangskennlinie* eines Modulators sichtbar machen. Bild 6.5 verdeutlicht, daß damit die „Spiegelung" der Eingangsspannung u_E an der quadratischen Kennlinie gemeint ist. Das Ergebnis ist im gezeigten Fall der Ausgangsstrom i_A. Als Eingangsspannung ist die in Bild 5.1 konstruierte *Überlagerung* aus Trägerschwingung u_T (bzw. u_{HF}) und Modulationsschwingung u_M (bzw. u_{NF}) gewählt.

• *Amplitudenspektrum*

Der nach dem in Bild 6.5 verwendeten Verfahren entstehende Ausgangsstrom ist zweifelsohne amplitudenmoduliert. Allerdings ist darin das vollständige in Bild 6.6 skizzierte Amplitudenspektrum enthalten. Wird jedoch am Modulatorausgang mit einem Bandpaß die niederfrequente Modulationsschwingung weggefiltert, ergibt sich die reine AM-Schwingung (Bild 6.5b), wie sie in Bild 6.4f konstruiert ist und die der mathematischen Darstellung Gl. (6.3) genügt. Die Ausgangsspannung u_A einschließlich NF-Anteil erhält man leicht aus Bild 6.4, wenn Teilbilder a und f addiert werden.

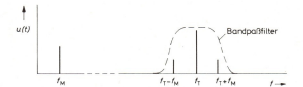

Bild 6.6
AM-Linienspektrum mit Bandpaßfilter zur Erzeugung der AM-Schwingung nach Bild 6.5b

• *Modulation an der Basis eines Transistors*

Eine Schaltung zur Modulation an einer quadratischen Kennlinie ist in Bild 6.7 angegeben. Trägerspannung u_T und Signalspannung u_M werden an der Basis des Transistors überlagert, so daß eine Eingangsspannung von der in Bild 6.5a gezeigten Form entsteht. u_T wird mittels eines Übertragers eingespeist (galvanische Trennung, d.h. keine Rückwirkung), u_M ist über einen Koppelkondensator angelegt. Der Kondensator C_1 muß die Trägerfrequenz kurzschließen, nicht aber die Signalfrequenzen. Dann liegt an der Transistorbasis das gewünschte überlagerte Signal. C_2 und C_3 müssen sämtliche Frequenzkomponenten kurzschließen, damit keine Rückkopplungsspannungen entstehen (vgl. 4.1). Am Kollektor des Transistors kann die in Bild 6.5 konstruierte Ausgangsspannung abgegriffen werden, die noch den niederfrequenten Signalanteil enthält. Mit dem *LC*-Schwingkreis (vgl. 4.2.1) werden die niederfrequenten Anteile ausgefiltert, wenn der Schwingkreis (Bandpaß) auf $\omega_T = 1/\sqrt{LC}$ abgestimmt ist.

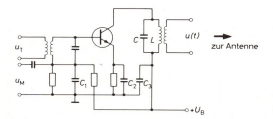

Bild 6.7
Modulation an der Basis eines Transistors

• *Modulation am Emitter*

Bild 6.8 zeigt den oft benutzten Fall der Modulation am Emitter. Der Unterschied zur Schaltung Bild 6.7 besteht darin, daß die Modulationsspannung am Emitter eingespeist wird. Das entspricht jedoch ebenfalls einer Überlagerung und einer gemeinsamen Ansteuerung der quadratischen Kennlinie gemäß dem Schema Bild 6.5. C_2 muß den Träger kurzschließen, C_1 und C_3 müssen für sämtliche Frequenzanteile einen Kurzschluß bilden. Die Modulation am Emitter gelingt bei großer Aussteuerung und großem Modulationsgrad (bis etwa m = 80 %) verzerrungsfreier als die an der Basis.

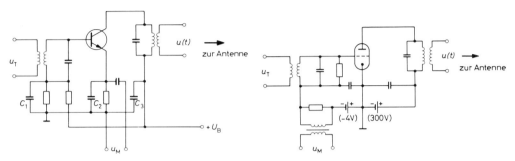

Bild 6.8. Modulation am Emitter eines Transistors   Bild 6.9. Gitterspannungsmodulation

• *Modulation am Gitter einer Röhre*

In Großsendern werden als aktive Elemente nach wie vor Elektronenröhren verwendet, um die meist sehr hohen Leistungen verarbeiten zu können. Die in Bild 6.9 gezeigte Einspeisung von u_T und u_M sowie die gemeinsame Aussteuerung der quadratischen Röhrenkennlinie entsprechen völlig dem Vorgehen bei der Modulation an der Basis eines Transistors (Bild 6.7). Will man mit einem *Gitterspannungsmodulator* noch verzerrungsfrei arbeiten, darf der Modulationsgrad nur maximal 70 % betragen (Triode), bei Mehrgitterröhren gar nur etwa 50 %. Ein weiterer Nachteil dieser Modulationsschaltung ist der schlechte Wirkungsgrad.

▶ **6.2.2. Modulation durch Veränderung der Verstärkung**

Besonders in Röhrensendern wird häufig die Modulation durch Veränderung der Verstärkung verwendet (Anodenmodulation), wobei die Verstärkung einer Röhre oder eines Transistors im Takte der Modulationsfrequenz linear verändert wird.

• *Durchgangskennlinien*

In Bild 6.10 sind Durchgangskennlinien in Form von Geraden verwendet, die durch den Nullpunkt des Achsenkreuzes mit Eingangsspannung u_E und Ausgangsspannung u_A laufen. Die Steilheit der Geraden ist ein Maß für die Verstärkung des aktiven Elementes. Große Steilheit bedeutet große Verstärkung, kleine Steilheit kleine Verstärkung. Wird mit der Modulationsschwingung u_M die Verstärkung und damit die Steilheit verändert, entsteht am Ausgang direkt die gewünschte AM-Schwingung ohne niederfrequenten Anteil.

► 6.2. Amplitudenmodulatoren

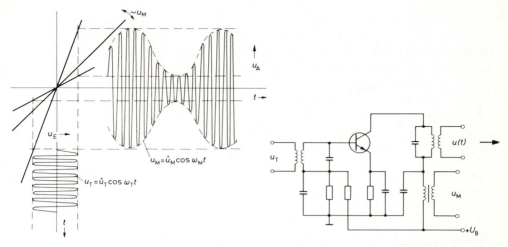

Bild 6.10. Durchgangskennlinien mit Eingangsspannung u_E und Ausgangsspannung u_A

Bild 6.11. Modulation am Kollektor eines Transistors

● **Modulation am Kollektor eines Transistors**

Mit einer Schaltung nach Bild 6.11 wird der in Bild 6.10 konstruierte Fall realisiert. Die Trägerspannung wird wie in den in 6.2.1 besprochenen Schaltungen an der Basis eingespeist. Die Modulationsspannung ist nun aber in den Kollektorkreis gelegt, d.h. sie wird der Batteriespannung U_B überlagert. Die Gesamtwirkung ist die einer veränderlichen Batteriespannung. Es wird also die Verstärkung des Transistors im Takt der Modulationsspannung geändert.

● **Modulation an der Anode einer Röhre**

Bild 6.12 verdeutlicht, wie bei der *Anodenmodulation* der Träger dem Gitter der Röhre zugeführt und die Modulationsspannung der Anodengleichspannung überlagert wird. Dies ist ganz ähnlich wie bei der Modulation am Kollektor eines Transistors (Bild 6.11). Vorteile dieser Schaltungsart sind:

1. Sehr lineare Modulation
2. Modulationsgrade bis $m = 100\,\%$
3. Wirkungsgrad bis $\eta = 90\,\%$

Diese Vorzüge sind der Grund dafür, daß die *Anodenmodulation* am häufigsten verwendet wird.

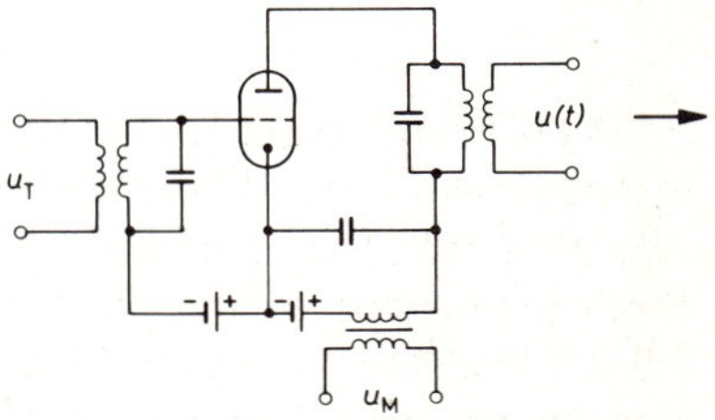

Bild 6.12. Anodenmodulation

▶ 6.2.3. Modulation mit Trägerunterdrückung

Für Einseitenbandübertragungen (vgl. 6.1) von Vorteil sind Modulationsschaltungen mit Trägerunterdrückung.

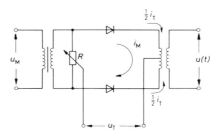

Bild 6.13. Prinzipschaltung des Gegentaktmodulators

• *Gegentaktmodulator*

Die Schaltung in Bild 6.13 heißt *Gegentaktmodulator*. Bei genügend großer Amplitude $\hat{u}_T$ wirkt die Trägerspannung als Schaltspannung für die beiden Dioden. D.h. die positiven Trägerhalbwellen schalten beide Dioden durch, die negativen sperren sie. Somit wird die Modulationsspannung sozusagen im Takte der hochfrequenten Trägerspannung zerhackt an den Ausgang geliefert. Denn immer wenn die Dioden leiten, fließt der NF-Strom i_M, wenn sie sperren kann kein Strom fließen. In Bild 6.14a sind diese Zusammenhänge dargestellt. Das Wesentliche an dieser Gegentaktschaltung ist, daß bei korrekter Symmetrierung mit Hilfe des Widerstandes R durch den Ausgangsübertrager kein HF-Strom fließen kann, weil $+i_T/2$ und $-i_T/2$ sich gerade gegenseitig aufheben. Sind nun noch die Kennlinien der beiden Dioden quadratisch und genau gleich, verbleiben im Amplitudenspektrum Bild 6.14b nur die beiden Seitenlinien und die niederfrequente Modulationsschwingung. Bei nicht quadratischen und gleichen Kennlinien entstehen Oberwellen, die ausgefiltert werden müssen.

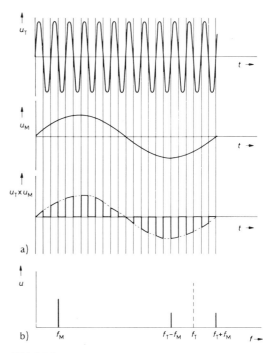

Bild 6.14
a) Schwingungsverläufe,
b) Ausgangsspektrum des Gegentaktmodulators nach Bild 6.13

• *Ringmodulator*

Der *Nachteil von Gegentaktmodulatoren* nach Bild 6.13 ist, daß im Ausgangsspektrum immer noch die niederfrequenten Signalanteile enthalten sind. Die *Ringmodulatorschaltung* nach Bild 6.15 erzeugt nur noch die beiden Seitenbänder (Bild 6.16b). Erreicht wird dies durch zwei weitere Dioden, die mit entgegengesetzter Polung in den Diagonalzweigen angeordnet sind. Mit jeder Halbperiode wird so der niederfrequente Signalstrom umgepolt und im zeitlichen Mittel gerade kompensiert.

▶ 6.2. Amplitudenmodulatoren

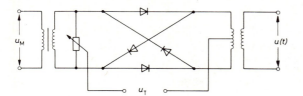

Bild 6.15
Prinzipschaltung des Ringmodulators

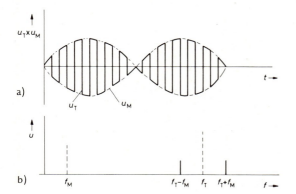

Bild 6.16
a) Schwingungsverlauf am Ausgang,
b) Ausgangsspektrum des Ringmodulators nach Bild 6.15

* 6.2.4. SSB-Modulatoren

Einseitenbandübertragung wird möglich, wenn entweder das gewünschte Seitenband aus dem vollständigen AM-Spektrum ausgefiltert wird oder wenn spezielle SSB-Modulatoren eingesetzt werden. Beide Möglichkeiten werden im folgenden besprochen.

● *Selektionsmethode*

Mit der Bezeichnung *Selektionsmethode* sind diejenigen Verfahren zusammengefaßt, bei denen alle unerwünschten Frequenzkomponenten weggesiebt werden. Prinzipiell kann die Selektionsmethode auf das vollständige AM-Spektrum angewendet werden, das mit den in 6.2.1 und 6.2.2 besprochenen Modulatoren erzeugt wird. Soll beispielsweise das untere Seitenband übertragen werden, muß das SSB-Filter etwa die in Bild 6.17a eingetragene Charakteristik haben. Wenn man aber bedenkt, daß bei einer Sprachübertragung mit Hilfe einer Trägerfrequenz von z.B. 300 kHz der relative Abstand zwischen Träger und Signal mit sagen wir 3 kHz Bandbreite nur 1 % beträgt, muß deutlich werden, wie steilflankig solch ein SSB-Filter arbeiten muß. Auch wenn man einen Gegentakt- oder Ringmodulator mit Trägerunterdrückung verwendet (Bild 6.17b), beträgt im verwendeten Beispiel der Abstand zwischen den beiden Seitenlinien (297 kHz bzw. 303 kHz) nur 6 kHz oder 2 %. Die Selektionsmethode erfordert darum besonders steilflankige Filter.

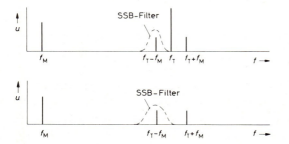

Bild 6.17
a) Selektionsmethode bei vollständigem AM-Spektrum
b) Selektionsmethode und SSB-Filterkurve für Gegentaktmodulator mit Trägerunterdrückung

• SSB-Filter

SSB-Filter sind heute immer *Quarzfilter*. Damit lassen sich Flankensteilheiten von bis zu 80 dB pro Oktave (pro Frequenzverdopplung also) erzielen. Bild 6.18a zeigt eine schematisierte Filterkurve eines handelsüblichen Quarzfilters mit der Mittenfrequenz von 9,0 MHz. Verwendet werden vorzugsweise Quarzfilter der Mittenfrequenzen 455 kHz, 9 MHz und 10,7 MHz. Gemäß Bild 6.18b wird die *Aufbereitung*, also die SSB-Filterung, bei einer der Vorzugsfrequenzen ausgeführt. Diese Aufbereitungsstufen können somit immer gleich aufgebaut sein. In einer nachfolgenden Mischerstufe findet dann die Umsetzung des Einseitenbandes auf die gewünschte Sendefrequenz statt.

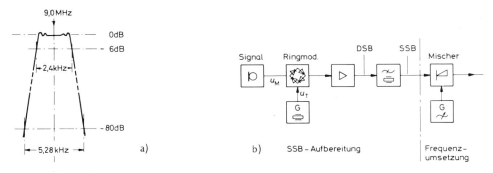

Bild 6.18
a) Schematisierte Filterkurve eines Quarzfilters
b) Prinzipschaltung eines SSB-Modulators nach der Selektionsmethode

• Phasenmethode

Ein anderer *Einseitenbandmodulator* kann mittels der *Phasenmethode* aufgebaut werden. Wie Bild 6.19 zeigt, werden dazu zwei Ringmodulatoren M1, M2 und zwei 90°-Phasenschieber benötigt. Die Modulator-Ausgänge werden additiv zusammengeführt. Die beiden Ringmodulatoren liefern jeweils das obere und untere Seitenband ohne den Träger. Wegen der um 90° verschobenen Einspeisung in M2 sind aber die oberen Seitenbänder der beiden Modulatoren gegeneinander um 180° ($= \pi$) phasenverschoben, die unteren dagegen sind in Phase. Sind beide Modulatoren genau gleich, wird folglich durch Addition der Ausgangssignale das obere Seitenband ausgelöscht. Ebenso läßt sich durch Subtraktion das untere Seitenband eliminieren.

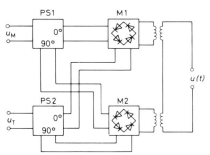

Bild 6.19
Einseitenbandmodulator nach der Phasenmethode; M1, M2: Ringmodulatoren; PS1, PS2: 90°-Phasenschieber

• Mathematische Rechtfertigung

Die eben gegebene Beschreibung der durch die Schaltung Bild 6.19 bewirkten Phasenverschiebung zwischen den oberen Seitenbändern läßt sich mit Hilfe der Zeitfunktion der AM Gl. (6.1) bzw. Gl. (6.3) rechtfertigen. Zur Aufstellung dieser Zeitfunktion sind für Signal und Träger die Zeitansätze $\cos \omega_M t$

▶ 6.3. Demodulation amplitudenmodulierter Schwingungen

bzw. $\cos \omega_T t$ gemacht worden. Nehmen wir dieses Zeitverhalten als Bezug, d.h. ordnen wir ihm die Phasenverschiebung 0° zu, und berücksichtigen wir, daß Ringmodulatoren mit Trägerunterdrückung arbeiten, können wir das Ausgangssignal des Modulators M1 in Anlehnung an Gl. (6.3) beschreiben durch

$$u_0(t) = \frac{1}{2} \hat{u}_T m \left[\cos(\omega_T - \omega_M) t + \cos(\omega_T + \omega_M) t\right]. \tag{6.8}$$

Der Ringmodulator M2 wird sowohl vom Signal u_M als auch vom Träger u_T her um 90° phasenverschoben gespeist. Gegenüber der oben gewählten Einspeisung in M1 müssen darum die Zeitansätze $\sin \omega_M t$ bzw. $\sin \omega_T t$ gewählt werden. Die der Gl. (6.1) entsprechende Form der Zeitfunktion wird somit

$$u_{90}(t) = \hat{u}_T (1 + m \cdot \sin \omega_M t) \sin \omega_T t. \tag{6.9}$$

Diese Gleichung wird mit Hilfe des Additionstheorems für das Produkt zweier Sinusfunktionen umgeformt. Unter Berücksichtigung der Trägerunterdrückung entsteht dann am Ausgang von Modulator M2

$$u_{90}(t) = \frac{1}{2} \hat{u}_T m \left[\cos(\omega_T - \omega_M) t - \cos(\omega_T + \omega_M) t\right]. \tag{6.10}$$

Die additive oder subtraktive Verknüpfung der Gleichungen (6.8) und (6.10) liefert die gewünschten Ergebnisse

$$u_0 + u_{90} = \hat{u}_T m \cos(\omega_T - \omega_M) t \tag{6.11}$$
$$u_0 - u_{90} = \hat{u}_T m \cos(\omega_T + \omega_M) t \tag{6.12}$$

Die am negativen Vorzeichen in Gl. (6.10) sichtbar werdende Phasenverschiebung um 180° führt also dazu, daß durch Addition allein das untere Seitenband am Ausgang der Schaltung nach Bild 6.19 übrigbleibt.

▶ 6.3. Demodulation amplitudenmodulierter Schwingungen

> Die Rückgewinnung der Nachricht aus der modulierten Trägerfrequenzspannung nennt man *Demodulation*.

Ebenso wie zur Modulation benötigt man zur Demodulation ein Bauteil mit nichtlinearer Kennlinie.

* 6.3.1. Diodendemodulation

Im Grunde handelt es sich bei der Demodulation einer AM-Schwingung um nichts anderes als um die *Gleichrichtung* des modulierten Trägers. Dazu werden Halbleiterdioden verwendet. Nach der Lage des Arbeitspunktes bei der Aussteuerung der Diode unterscheidet man wie bei der Aussteuerung von Verstärkern *A-Betrieb*, *B-Betrieb und C-Betrieb*.

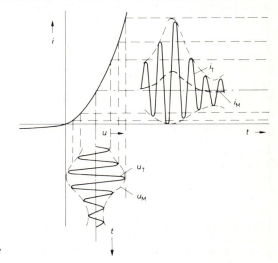

Bild 6.20
A-Betriebsart zur Demodulation einer AM-Schwingung; Ausgangsgröße i in Abhängigkeit von der Eingangsgröße u

● **A-Betrieb**

Bei der A-Betriebsart wird der positive Kennlinienzweig der Diode ausgesteuert. Bild 6.20 zeigt ein Beispiel. Es ist erkennbar, daß bei dieser Betriebsart immer ein AM-Rest übrigbleibt. Das bedeutet, daß ein solcherart demoduliertes Signal mehr oder weniger nichtlinear verzerrt ist, weil nicht zum Signal gehörige Frequenzkomponenten enthalten sind. Durch Filterung kann man die nichtlinearen Verzerrungen hinreichend klein machen.

● **B-Betrieb**

Kennzeichnend für die B-Betriebsart ist, daß der Arbeitspunkt im Knick der als — der Einfachheit halber — stückweise geradlinig angenommenen Gleichrichter-Kennlinie liegt. In Bild 6.21 ist dies verdeutlicht. Die im Ausgangsstrom enthaltenen Frequenzkomponenten können leicht durch Filter getrennt werden. D.h. das Signalband kann verzerrungsfrei herausgefiltert werden. Diese sogenannte *lineare Gleichrichtung* demoduliert also *verzerrungsfrei*.

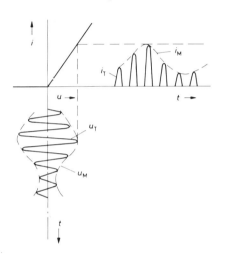
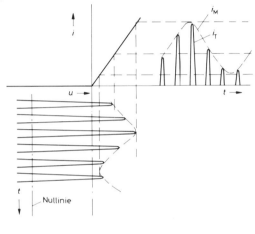

Bild 6.21. B-Betriebsart zur Demodulation einer AM-Schwingung mit stückweise geradlinig angenommener Gleichrichter-Kennlinie

Bild 6.22. C-Betriebsart zur Demodulation einer AM-Schwingung mit stückweise gerader Kennlinie

● **C-Betrieb**

Bei der C-Betriebsart wird der positive Gleichrichter-Kennlinienzweig nur von den Kuppen der AM-Schwingung ausgesteuert. Bild 6.22 läßt erkennen, daß dazu die AM-Schwingung hinreichend verstärkt sein muß.

▶ **6.3.2. Spitzengleichrichter**

Die gebräuchlichste Schaltung eines Diodendemodulators ist unter dem Namen *Spitzengleichrichter* bekannt. Die in Bild 6.23 gezeigte Schaltung ist prinzipiell in jedem AM-Rundfunkempfänger enthalten.

Bild 6.23
Spitzengleichrichter (R_i = Flußwiderstand der Diode plus Spulenwiderstand)

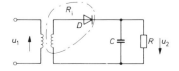

▶ 6.3. Demodulation amplitudenmodulierter Schwingungen

● *Prinzip der Spitzengleichrichtung*

In der Schaltung nach Bild 6.23 wird die empfangene AM-Schwingung über einen Eingangsübertrager der Diode D zugeführt. Hinter der Diode stellt sich etwa der in Bild 6.24 dargestellte Spannungsverlauf ein. Das bedeutet, im verwendeten Fall wird der Kondensator C durch die positiven Halbwellen der AM-Schwingung aufgeladen (B-Betrieb). Die Aufladung erfolgt über den Flußwiderstand der Diode und den Spulenwiderstand, zusammengefaßt als *Generatorinnenwiderstand* R_i bezeichnet. Während der negativen Halbwellen entlädt sich der Kondensator über den Parallelwiderstand R.

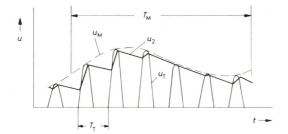

Bild 6.24
Spannungsverlauf hinter der Diode des Spitzengleichrichters und am Ausgang (u_2)

● *Zeitkonstanten*

Um eine einwandfreie Abtastung des gleichgerichteten AM-Signals zu gewährleisten, muß der Parallelwiderstand R des Spitzengleichrichters (Bild 6.23) groß gegen den Flußwiderstand der Diode und klein gegen ihren Sperrwiderstand sein. Zur praktischen Dimensionierung eines Spitzengleichrichters läßt sich eine Bedingung aufstellen, in der zwei *Zeitkonstanten* verwendet werden, nämlich

$$\tau = RC \quad \text{und} \quad \tau_i = R_i C.$$

● *Dimensionierung eines Spitzengleichrichters*

Aus Bild 6.24 kann man ablesen, daß für die Zeitkonstante τ_i gelten muß

$$\tau_i = R_i C \ll T_T. \tag{6.13}$$

Denn nur dann kann der Spitzengleichrichter den Amplitudenänderungen des Trägers hinreichend schnell folgen. Andererseits aber muß das Produkt RC groß genug gewählt werden, um ein zu starkes Entladen des Kondensators während der negativen Halbwellen zu verhindern. Jedoch muß gewährleistet bleiben, daß die Zeitkonstante $\tau = RC$ klein gegen die Signalperiode bleibt. Diese Überlegungen führen zu der Bedingung

$$\boxed{T_M \gg \tau = RC \gg T_T.} \tag{6.14}$$

* 6.3.3. Demodulation am Ringmodulator

Einseitenband-modulierte Signale (vgl. 6.2.3, „Modulation mit Trägerunterdrückung" und 6.2.4, „Phasenmethode") können z.B. mit Hilfe eines Ringmodulators (Bild 6.15) demoduliert werden. Gemäß Bild 6.25 wird dazu in den Eingang des Ringmodulators das SSB-Signal eingespeist. Wie bei der Modulation muß auch hier der Träger zugesetzt werden. D.h. es muß am Empfangsort mit großer Genauigkeit und Stabilität die Trägerschwingung erzeugt werden.

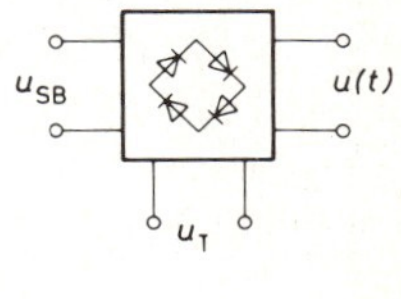

Bild 6.25
Ringmodulator zur Demodulation eines SSB-Signals

• **Mathematische Betrachtung**

Nehmen wir als Beispiel an, daß das untere Seitenband ausgesendet wurde. Dann wird am Modulatoreingang die Spannung $u_{SB} \sim \cos(\omega_T - \omega_M)t$ registriert (s. auch Gl. (6.11)). Durch Zusetzen der Trägerschwingung $u_T \sim \cos \omega_T t$ entsteht am Modulatorausgang als Produkt die Spannung

$$u(t) \sim \cos(\omega_T - \omega_M)t \cdot \cos \omega_T t.$$

Mit dem für Gl. (6.2) verwendeten Additionstheorem ergibt sich daraus

$$u(t) \sim \cos \omega_M t + \cos(2\omega_T - \omega_M)t.$$

Bild 6.26 zeigt die zugehörigen Spektrallinien. Es muß gesagt werden, daß obige Entwicklung nur für einen Modulator mit ideal quadratischer Kennlinie gilt. Bei Abweichungen davon sind in der demodulierten Spannung weitere Frequenzanteile enthalten.

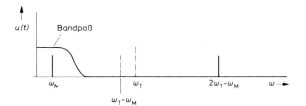

Bild 6.26
Ausgangsspektrum des Ringmodulators nach Bild 6.25 mit Bandpaß

6.4. Zusammenfassung

Durch **Amplitudenmodulation** mit einem Signalband der Bandbreite B_S entstehen symmetrisch zum Träger ein oberes und ein unteres Seitenband mit jeweils der Bandbreite B_S. Jedes Seitenband enthält vollständig die Information.

Zweiseitenbandübertragung (*Double Side Band*, DSB) heißt das beim AM-Rundfunk verwendete Verfahren, bei dem der Träger und beide Seitenbänder ausgestrahlt werden.

Einseitenbandübertragung (*Single Side Band*, SSB) bringt den Vorteil der Frequenzband-Einsparung und eines hohen Leistungsgewinns von

$$\boxed{\frac{P_{AM}}{P_{SB}} = \frac{4}{m^2} + 2.} \tag{6.7}$$

Nachteile bei SSB sind, daß der Träger im Empfänger auf mindestens 10 Hz genau und stabil zugesetzt werden muß und daß nichtlineare Verzerrungen unvermeidlich sind. Mit modernen PLL-Schaltungen jedoch macht die Einhaltung der Frequenzkonstanz keine Schwierigkeiten mehr.

Amplitudenmodulatoren für DSB arbeiten im wesentlichen nach zwei Prinzipien:

1. Modulation an quadratischer Kennlinie (Modulation an Basis oder Emitter, am Gitter einer Röhre oder an FET).
2. Modulation durch Veränderung der Verstärkung (Modulation am Kollektor oder der Anode einer Röhre).

Modulation mit Trägerunterdrückung wird für Einseitenbandübertragung verwendet. Wichtige Schaltungen sind: *Gegentaktmodulator* und *Ringmodulator*. Die Aussendung des einen gewünschten Seitenbandes geschieht entweder mit Hilfe der *Selektionsmethode* (Ausfilterung) oder der *Phasenmethode*.

Demodulation amplitudenmodulierter Schwingungen gelingt prinzipiell durch *Diodendemodulation*, d.h. durch Gleichrichtung des modulierten Trägers. Die gebräuchlichste Schaltung ist als *Spitzengleichrichter* bekannt. Als Bedingungen für die Dimensionierung eines Spitzengleichrichters wurden hergeleitet:

$$\tau_i = R_i C \ll T_T \tag{6.13}$$

$$T_M \gg \tau = RC \gg T_T \tag{6.14}$$

7. Frequenzmodulation (FM)

Von den in 5.2 abgegrenzten Winkelmodulationsarten *Frequenzmodulation* und *Phasenmodulation* wird hier nur die wichtige FM behandelt. Die dabei gesammelten Erkenntnisse gelten prinzipiell auch für PM. Ist der modulierende Vorgang sinusförmig, unterscheiden sich FM und PM ohnehin nur in einer Phasenverschiebung von 1/4 Periode.

▶ 7.1. Theoretische Behandlung

▶ 7.1.1. Zeitfunktion der FM

In 5.2 sind durch Zeitansätze für die Amplitude bzw. die Frequenz einer kontinuierlichen Sinusschwingung die Zeitfunktionen der AM und FM hergeleitet worden. Das Ergebnis bei Verwendung nur einer Sinusschwingung nennt man *Eintonmodulation*. Die reale Verarbeitung eines ganzen Frequenzbandes führt zur *Mehrtonmodulation*. Die sogenannte *Seitenbandtheorie* wird auch hier für den Fall der Eintonmodulation angewendet. Als Ausgangspunkt dient die in 5.2 entwickelte Zeitfunktion (Gl. (5.12)):

$$u(t) = \hat{u}_T \cdot \sin\left(\omega_T t + \frac{\Delta\omega_T}{\omega_M} \sin \omega_M t\right). \tag{7.1}$$

Der Ausdruck $\Delta\omega_T/\omega_M$ heißt *Modulationsindex*; er ist gleich dem *Phasenhub* $\Delta\varphi_T = \Delta\omega_T/\omega_M$. Dieser Quotient setzt die Amplitude $\hat{u}_M$ des modulierenden Signals in Beziehung zur Signalfrequenz ω_M; denn der *Frequenzhub* $\Delta\omega_T$ ist proportional der Signalamplitude.

• *Zerlegung der Zeitfunktion*

Durch Zerlegung der Zeitfunktion Gl. (7.1) wollen wir versuchen, Einzelheiten des FM-Signals herauszuarbeiten. Dabei tritt jedoch die mathematische Schwierigkeit auf, daß der Sinus eines Sinus zu bilden ist $(\sin(\sin\alpha))$. Dafür läßt sich folgende *Reihenentwicklung* angeben:

$$\frac{u(t)}{\hat{u}_T} = J_0(\Delta\varphi_T) \sin \omega_T t + \sum_{n=1}^{\infty} J_n(\Delta\varphi_T) \{\sin(\omega_T + n\omega_M)t + (-1)^n \sin(\omega_T - n\omega_M)t\} \tag{7.2}$$

Diese auf den ersten Blick etwas verwirrende Reihe bedeutet nichts anderes, als daß genau wie bei AM in der Zeitfunktion die Trägerschwingung und die durch den Modulationsvorgang entstandenen Seitenlinien enthalten sind. Eine Gegenüberstellung soll dies verdeutlichen und gleichzeitig die noch vorhandenen Unterschiede hervorheben.

- *Gegenüberstellung: FM/AM*

Für die Gegenüberstellung werden die Gleichungen (6.3) und (7.2) verwendet, wobei Gl. (6.3) — wie schon in Gl. (7.2) geschehen — durch die Trägeramplitude $\hat{u}_T$ dividiert wird; man sagt dazu: die Gleichungen sind auf $\hat{u}_T$ normiert. Damit ergibt sich das folgende Schema:

AM	$\dfrac{u(t)}{\hat{u}_T} =$	$\cos\omega_T t$	$+ \dfrac{m}{2}\{\cos(\omega_T+\omega_M)t + \cos(\omega_T-\omega_M)t\}$
FM	$\dfrac{u(t)}{\hat{u}_T} =$	$J_0 \sin\omega_T t$	$+ \displaystyle\sum_{n=1}^{\infty} J_n\{\sin(\omega_T+n\omega_M)t + (-1)^n \sin(\omega_T-n\omega_M)t\}$
		Träger	Seitenlinien

(7.3)

Zunächst ist mit dieser Aufstellung bestätigt, daß die Zeitfunktionen von AM und FM in Träger und Seitenlinien zerlegbar sind. Die zweite Übereinstimmung ist darin zu sehen, daß die Seitenlinien in beiden Fällen als Summen und Differenzen von Träger- und Modulationsschwingungen auftreten.

- *Unterschiede zur AM*

Unterschiede zwischen AM und FM treten in zweierlei Hinsicht auf. Einmal betreffen sie die *Amplituden der Spektrallinien*, die bei FM um die „Faktoren" $J_n(\Delta\varphi_T)$ verändert sind. Wesentlich ist, daß $J_0(\Delta\varphi_T)$ und $J_n(\Delta\varphi_T)$ keine konstanten Größen sondern *Funktionen des Phasenhubs* $\Delta\varphi_T = \Delta\omega_T/\omega_M$ und damit abhängig von der Signalamplitude sind. Der Verlauf dieser sogenannten *Bessel-Funktionen* ist in Bild 7.1 wiedergegeben. Danach nimmt für einen Phasenhub (bzw. *Modulationsindex*) von $\Delta\varphi_T = 0$ die Bessel-Funktion „nullter Ordnung" den Wert 1 an, also $J_0(\Delta\varphi_T = 0) = 1$. Alle Bessel-Funktionen höherer Ordnung werden in diesem Falle Null, d.h. $J_n(\Delta\varphi_T = 0) = 0$.

Es sei in Erinnerung gerufen, daß $\Delta\varphi_T = 0$ bedeutet: $\hat{u}_M = 0$; denn es gilt: $\Delta\varphi_T \sim \hat{u}_M$.

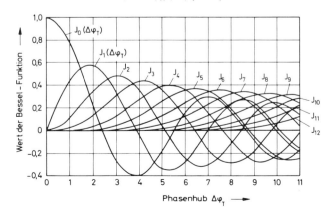

Bild 7.1
Verlauf der Bessel-Funktionen $J_n(\Delta\varphi_T)$ mit $n = 0 \ldots 12$ und Phasenhub $\Delta\varphi_T = \Delta\omega_T/\omega_M$

▶ 7.1. Theoretische Behandlung

Das heißt, ohne Signalamplitude verschwinden alle Seitenlinien und die Trägeramplitude ist unverändert gleich $\hat{u}_T$. Ist die Amplitude des modulierenden Signals ungleich Null, entstehen mit wachsendem Phasenhub (also mit wachsender Signalamplitude) immer mehr Seitenlinien, deren Amplituden auch negativ werden können und Nullstellen aufweisen. Für bestimmte Werte von $\Delta\varphi_T$ verschwindet gar die Trägeramplitude, wenn nämlich $J_0(\Delta\varphi_T) = 0$ wird.

• *Seitenlinien der FM*

Der zweite, schwerwiegendere Unterschied zwischen AM und FM ist folgender: Bei Eintonmodulation (also bei Modulation mit nur einer sinusförmigen Schwingung) entstehen durch AM genau zwei Seitenlinien — eine untere und eine obere. Durch FM aber ergeben sich schon bei Eintonmodulation theoretisch unendlich viele Seitenlinien mit den normierten Amplituden $J_n(\Delta\varphi_T)$ und $n = 1$ bis ∞. Außerdem ist anzumerken, daß die Amplituden der unteren Seitenlinien bei ungeraden n negativ werden (Faktor $(-1)^n$ in den Gleichungen (7.2) und (7.3)), d.h. es treten im unteren FM-Seitenband abwechselnd Phasendrehungen von 180° auf. Bild 7.2 zeigt schematisch FM-Amplitudenspektren für verschiedene Phasenhübe $\Delta\varphi_T$, wobei nur die Beträge der Linienamplituden dargestellt sind.

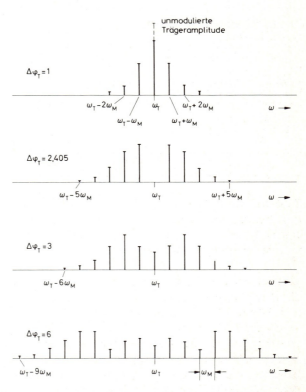

Bild 7.2. Amplitudenspektren von FM-Schwingungen für verschiedene Phasenhübe (Konstruktionen nach Bild 7.1)

• *Amplitudenbegrenzung*

Ein wesentlicher Vorteil der Frequenzmodulation soll nun besprochen werden. Bei AM ist die zu übermittelnde Information in den Amplitudenänderungen der modulierten Trägerschwingung enthalten. Jedes Störsignal wird darum gleichsam als zusätzliche Modulation wirken und bei der Demodulation entsprechend verfälschend mit eingehen. Bei FM befindet sich die Information dagegen in den Nulldurchgängen der Trägerschwingung, deren Amplitude ohne Belang ist und darum — wie in Bild 7.3 angedeutet — durch *Amplitudenbegrenzung* abgeschnitten werden kann. Damit sind auch die überlagerten Störsignale beseitigt.

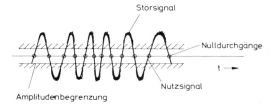

Bild 7.3
Störsignale auf der Trägerschwingung und weitgehende Beseitigung bei FM durch Amplitudenbegrenzung

7.1.2. Bandbegrenzung

Durch Frequenzmodulation entsteht in jedem Fall ein unendlich breites Frequenzspektrum. Hätte man die Absicht, die auf den Träger aufmodulierte Information vollständig und verzerrungsfrei zu übertragen, müßte man also versuchen, ein Frequenzband unendlicher Breite zu übertragen. Das ist natürlich unmöglich, weil kein Übertragungskanal mit der Grenzfrequenz „Unendlich" existiert. Dazu kommt, daß aus wirtschaftlichen Erwägungen die Sendebandbreite nur so groß wie unbedingt nötig sein sollte; denn (vgl. 1.6).

> Eine der wichtigsten Aufgaben der Nachrichtentechnik ist das Auffinden einer möglichst wirtschaftlichen Übertragung bei ausreichender Qualität.

• *Amplituden der Seitenlinien*

Sehen wir uns daraufhin einmal die Bessel-Funktionen in Bild 7.1 und die daraus konstruierten Amplitudenspektren in Bild 7.2 an, können wir folgendes feststellen:
- Die Amplituden der Besselfunktionen werden mit ansteigender Ordnung kleiner und gehen für $n \gg 1$ gegen Null.
- Mit zunehmendem Phasenhub (also mit wachsender Lautstärke) müssen immer mehr Bessel-Funktionen berücksichtigt werden – es entstehen immer mehr Seitenlinien; das Spektrum spreizt sich mit der Lautstärke des modulierenden Signals weiter auf (Bild 7.2).

Daraus lernen wir, daß einerseits das theoretisch unendlich breite FM-Band praktisch begrenzt ist, andererseits die Wahl der endgültigen Sendebandbreite von der maximalen Signalamplitude (Lautstärke) abhängen muß. Eine Hauptaufgabe ist somit, eine optimale Bandbreite zu finden.

• *Nichtlineare Verzerrungen*

Bei der Begrenzung der FM-Bandbreite ist zu beachten, daß nicht nur die erwarteten linearen sondern ebenfalls nichtlineare Verzerrungen entstehen. Nimmt man den Extremfall an, daß durch sehr starke Bandbegrenzung auf $B_{FM} = 2\omega_M$ nur noch der Träger und die ersten beiden Seitenlinien übertragen werden können, ergibt sich ein *Klirrfaktor* dritter Ordnung (vgl. 2.3) von

$$k_3 = \frac{1}{4}(\Delta\varphi_T)^2. \tag{7.4}$$

Bild 7.4 zeigt diese quadratisch mit dem Phasenhub wachsenden nichtlinearen Verzerrungen.

7.1. Theoretische Behandlung

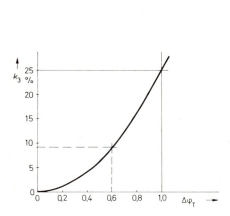

Bild 7.4. Klirrfaktor k_3 in Abhängigkeit vom Phasenhub $\Delta\varphi_T \sim \hat{u}_M$ für den Extremfall der Bandbreite $B_{FM} = 2 \cdot \omega_M$

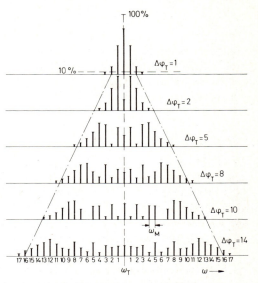

Bild 7.5. Amplitudenspektren von FM-Schwingungen; außerhalb der eingezeichneten Grenzlinie bleiben die Amplituden kleiner als 10 %

● *Reale Bandbreite*

Ein oft verwendeter Kompromiß besteht darin, daß als reale Bandbreite diejenige gewählt wird, bei der alle außerhalb liegenden Spektrallinien kleiner als 10 % der unmodulierten Trägeramplitude bleiben. Dann können die durch das Begrenzen der Bandbreite entstehenden nichtlinearen Verzerrungen vernachlässigt werden. Bild 7.5 gibt für ein paar Phasenhübe zwischen 1 und 14 die Grenzen an, außerhalb der die Amplituden kleiner als 10 % sind. Man erkennt, daß diese Grenzen einen sich etwa linear aufspreizenden Bereich herausschneiden. Zur Entwicklung einer Faustformel für eine minimale FM-Bandbreite müssen wir zwei Grenzfälle betrachten, nämlich große und kleine Frequenzhübe.

● *Große Frequenzhübe*

Wenn der Frequenzhub $\Delta\omega_T$ groß gegen die Signalfrequenz ω_M ist, kann die FM-Bandbreite als nahezu konstant angesehen werden. Dann folgt als Bandbreite $B_{groß}$ für *große Frequenzhübe*

$$B_{groß} = 2n \cdot \omega_M. \tag{7.5}$$

Hierin bedeutet n die größte noch zu berücksichtigende Ordnungszahl der Bessel-Funktion, also die letzte noch im realen Band verbleibende Frequenzlinie. Der Faktor 2 ergibt sich aus der Symmetrie des Bandes zum Träger und ω_M ist sozusagen eine Einheit auf der Frequenzachse. Aus Bild 7.5 kann man herauslesen, daß die zu berücksichtigende größte Ordnungszahl bei großen Phasenhüben etwa um 20 % größer als der zugehörige Phasenhub ist. Mit weiter wachsendem Phasenhub wird diese Abweichung noch geringer, so daß wir für unsere Abschätzung $n \approx \Delta\varphi_T$ verwenden wollen. Daraus folgt

$$B_{groß} \approx 2\Delta\varphi_T \cdot \omega_M = 2\Delta\omega_T. \tag{7.6}$$

• *Kleine Frequenzhübe*

Die für große Frequenzhübe entwickelte Bandbreite ist für kleine Frequenzhübe nicht brauchbar. Denn bei verschwindendem Frequenzhub würde nach Gl. (7.6) auch die Bandbreite gegen Null gehen, was natürlich Unsinn wäre. Aus Bild 7.4 können wir aber ablesen, daß bei sehr kleinem Phasenhub ($\Delta\varphi_T < 1$) der Klirrfaktor hinreichend klein bleibt, wenn nur die beiden Seitenlinien erster Ordnung übertragen werden. Das bedeutet, dieser Grenzfall erfordert lediglich die AM-Bandbreite (vgl. 6.1), nämlich

$$B_{klein} = 2\omega_M. \tag{7.7}$$

• *Faustformel für die FM-Bandbreite*

Eine einfache Faustformel für die minimale Bandbreite bei Frequenzmodulation folgt aus der Addition der Gleichungen (7.6) und (7.7), also

$$\boxed{B_\omega = 2(\Delta\omega_T + \omega_M).} \tag{7.8}$$

Der Index ω soll darauf hinweisen, daß in dieser Gleichung Kreisfrequenzen verwendet werden. Die FM-Bandbreite in Hertz (Hz) wird

$$\boxed{B_{FM} = 2(\Delta f_T + f_M).} \tag{7.9}$$

Die FM-Bandbreite ist demnach um den doppelten Frequenzhub größer als die Übertragungsbandbreite bei AM.

▶ 7.2. Frequenzmodulatoren

Es gibt verschiedene Möglichkeiten der Frequenzmodulation. Nur die wichtigste davon wollen wir hier besprechen:

| Frequenzmodulation durch Steuerung der Blindwiderstände in einer Oszillatorschaltung. |

In diesem Satz sind drei Begriffe und Aussagen enthalten, die erläutert werden müssen, nämlich: Blindwiderstand, Steuerung von Blindwiderständen, Oszillatorschaltung.

• *Blindwiderstand*

Es sei hier eine Wiederholung einfachster Grundlagen erlaubt, indem der Begriff *Blindwiderstand* in den zugehörigen Zusammenhang gesetzt wird:

Scheinwiderstand = ohmscher Widerstand + Blindwiderstand
oder in international gebrauchten Begriffen
Impedanz = Resistanz + Reaktanz

Unter *Blindwiderstand (Reaktanz)* versteht man also den Imaginärteil eines Gesamtwiderstands, dessen Realteil der ohmsche Widerstand ist. Im einfachsten Fall stellen Kapazitäten und Induktivitäten Blindwiderstände dar, wenn man den zwar kleinen, aber immer vorhandenen ohmschen Anteil vernachlässigt.

▶ 7.2. Frequenzmodulatoren 125

• *Steuerung von Blindwiderständen*

Bei der Realisierung eines Frequenzmodulators ergibt sich als Hauptaufgabe die Umwandlung von Amplitudenschwankungen in Frequenzänderungen. In 4.2.1 haben wir herausgearbeitet, daß Schwingkreise eine *Resonanzfrequenz* (auch: Eigenfrequenz) von der Größe

$$\omega_0 = \frac{1}{\sqrt{LC}} \qquad (7.10)$$

besitzen. Daraus wird deutlich, daß ein Schwingkreis seine Eigenfrequenz ändert, wenn L oder C verändert werden. Wir müssen also nach Möglichkeiten suchen, eine Kapazität oder eine Induktivität mit der Signalspannung u_M zeitlich zu verändern. D.h. wir wollen den frequenzbestimmenden Blindwiderstand des Schwingkreises durch die Signalspannung steuern. Ist der steuerbare Schwingkreis Bestandteil eines *Resonanzverstärkers* (vgl. 4.2), haben wir einen einfachen Frequenzmodulator entwickelt.

• *Oszillatorschaltung*

Wir können hier zurückgreifen auf 4.2.3. Dort ist als spezielle *kapazitive Dreipunktschaltung* der *Colpitts-Oszillator* (Bild 4.16) besprochen worden. Dieser Oszillator ist in Bild 7.6 in geringfügig geänderter Form wiedergegeben. Das entscheidende ist, daß die beiden Kapazitäten durch *Varaktoren* ergänzt sind.

• *Varaktor*

Varaktoren sind spezielle Dioden mit besonders großer Sperrschicht-Kapazität am *pn*-Übergang, die durch die Spannung über dem *pn*-Übergang verändert werden kann. D.h. ein Varaktor ist ein kapazitiver, steuerbarer Blindwiderstand, also genau das, was wir zur Frequenzmodulation benötigen. Andere Namen für diese Bauteile sind: *Kapazitätsvariationsdiode, Varaktordiode, Varicap* (von *Variable Capacity*). In Bild 7.7 ist grob qualitativ eine *Varaktor-Kennlinie* angegeben, die den Kapazitätsverlauf des durch $-U_B$ in Sperrichtung vorgespannten *pn*-Übergangs in Abhängigkeit von einer überlagerten Spannung U angibt, also $C = C(U)$. Man erkennt Bereiche, in denen sich die Sperrschichtkapazität recht gut linear mit der darüberliegenden Spannung verändert.

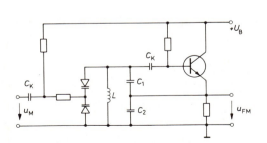

Bild 7.6. Colpitts-Oszillator mit steuerbaren Kapazitäten (Varaktoren) als Frequenzmodulator

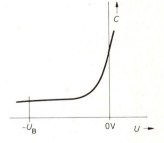

Bild 7.7. Varaktor-Kennlinie $C = C(U)$; U_B: Batteriespannung (Sperrichtung)

• **Colpitts-Oszillator für FM**

Die Oszillatorschaltung nach Bild 7.6 wird so abgestimmt, daß sie ohne Modulationsspannung ($u_M = 0$) die Trägerschwingung $f_T = \omega_T/2\pi$ abgibt. L und C sind demnach so zu wählen, daß die Eigenfrequenz des Oszillators $\omega_0 = 1/\sqrt{LC} = \omega_T$ wird. Die Gesamtkapazität C ergibt sich aus der Serienparallelschaltung von C_1, C_2 und den beiden Varaktoren. Durch die Gegeneinanderschaltung der Varaktoren wird ein Stabilisierungseffekt erzielt. Wird an den Eingang eine Spannung gelegt, verändert sich die Kapazität des unteren Varaktors entsprechend, wodurch die Oszillatorfrequenz in gleichem Maße verschoben wird. Damit ist die gewünschte Abhängigkeit zwischen der Modulationsspannung und der abgegebenen Frequenz hergestellt.

• **Frequenzstabilität**

Einiger Aufwand muß getrieben werden, um unter verschiedenen denkbaren Einflüssen (Klima, Alterung) die Trägerfrequenz mit der meist geforderten Genauigkeit von ca. 10^{-5} stabil zu halten. Bild 7.8 zeigt (in Anlehnung an [13]) einen UKW-Sender, der mit Hilfe eines sehr stabilen Quarzoszillators (4.2.4) und einer *Regelschaltung* die gewünschte Stabilität gewährleistet. Der verwendete Modulator arbeitet mit einer Mittenfrequenz von 4 MHz. Der maximale Frequenzhub beträgt nur ± 3,125 kHz, ist also so stark reduziert, daß ein Betrieb im linearen Teil der Modulationskennlinie möglich wird. Durch Frequenzvervielfachung mit $n = 24$ wird die für das gewählte Beispiel nötige Trägerfrequenz $f_T = 96$ MHz mit dem bei UKW-Rundfunk üblichen Frequenzhub von ± 75 kHz erzeugt. Zur Stabilisierung werden ein Quarzoszillator 15,625 kHz und ein Phasenvergleicher (*Diskriminator*) benötigt. Der außerdem vorhandene Frequenzteiler 256 : 1 reduziert die Modulatorschwingungen 4 MHz ± 3,125 kHz zu 15,625 kHz ± 12,2 Hz. Der auf 12,2 Hz verringerte Frequenzhub kann an dieser Stelle vernachlässigt werden, so daß am Eingang des Phasenvergleichers die heruntergeteilte Mittenfrequenz des Modulators mit der sehr genauen und stabilen Quarzfrequenz von 15,625 kHz verglichen wird. Bei Abweichungen zwischen beiden Frequenzen wird eine Gleichspannung (*Regelspannung*) U_- erzeugt, die über den Blindwiderstand des Modulators dessen Mittenfrequenz nachstellt.

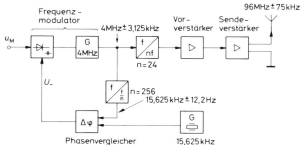

Bild 7.8
UKW-Sender mit Quarzoszillator und Regelschaltung zur Stabilisierung der Modulator-Mittenfrequenz (nach [13])

▶ **7.3. Demodulation frequenzmodulierter Schwingungen**

Hauptbestandteil eines FM-Demodulators ist eine Schaltung, mit der FM in AM umgewandelt werden kann (*FM/AM-Wandler* in Bild 7.9). Das empfangene FM-Signal wird jedoch zunächst einem *Amplitudenbegrenzer* zugeführt. Die Erzeugung einer konstanten Ampli-

▶ 7.3. Demodulation frequenzmodulierter Schwingungen

tude ist notwendig, damit im nachfolgenden FM/AM-Wandler keine ungewollten (weil nicht zur übertragenen Information gehörigen) Amplitudenschwankungen berücksichtigt werden. Denn im *Spitzengleichrichter*, dem dritten Glied des FM-Demodulators, würden diese Störmodulationen ebenfalls demoduliert werden.

Bild 7.9
Prinzip der FM-Demodulation mit Begrenzer, FM/AM-Wandler und Spitzengleichrichter

● *FM/AM-Wandler*

Im einfachsten Fall gelingt die Umwandlung von Frequenz- in Amplitudenschwankungen an einer *Induktivität*. Das sei kurz gezeigt. Nach dem *Induktionsgesetz* gilt für die in einer stromdurchflossenen Spule induzierte Spannung

$$U_i = -N \frac{d\Phi}{dt} = L \frac{di}{dt}. \tag{7.11}$$

Hierin bedeuten U_i die induzierte Spannung, N die Windungszahl der Spule und Φ der magnetische Fluß. Verwenden wir für den Strom i den Zeitansatz Gl. (4.4) aus 4.1.1, ergibt sich bei Vernachlässigung der Phase

$$U_i = L \frac{d}{dt}(\hat{i} e^{j\omega t}). \tag{7.12}$$

Die Ableitung nach der Zeit reproduziert die e-Funktion und erzeugt zusätzlich aus der inneren Ableitung des Exponenten den Faktor $j\omega$, also

$$U_i = j\omega L i \quad \text{bzw.} \quad \boxed{U_i \sim \omega.} \tag{7.13}$$

Damit ist nachgewiesen, daß an einer Induktivität Spannung und Frequenz einander proportional sind.

> An einer Induktivität lassen sich Frequenzänderungen in Spannungsänderungen umwandeln.

● *Flankendemodulator*

Am einfachsten läßt sich die Umwandlung von Frequenz- in Spannungsänderungen mit Hilfe eines Schwingkreises durchführen. Bild 7.10 zeigt die *Resonanzkurve* eines Schwingkreises. Aus dieser Darstellung geht hervor, daß der Schwingkreis bei seiner Eigenfrequenz $\omega_0 = 1/\sqrt{LC}$ mit der größten Amplitude schwingt. Abweichungen davon führen je nach *Kreisgüte* zu einer mehr oder

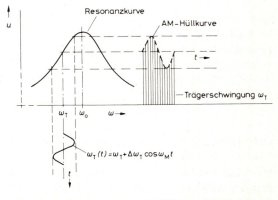

Bild 7.10. Wirkungsweise eines Flankendemodulators

weniger steilen Verringerung der Schwingungsamplitude (vgl. 4.2.4 und Bild 4.14). Steuern wir solch einen Schwingkreis mit einer in der Amplitude begrenzten FM-Schwingung an, deren zeitlicher Frequenzverlauf $\omega_T(t) = \omega_T + \Delta\omega_T \times \cos\omega_M t$ genügt, und legen wir den Arbeitspunkt so, daß die Trägerfrequenz ω_T etwa in der Mitte einer Flanke liegt, ergibt sich nach Bild 7.10 am Ausgang des Schwingkreises die gewünschte AM-Schwingung. Der Nachteil dieses einfachen Flankendemodulators ist, daß der lineare Bereich der Flanke klein ist und darum nichtlineare Verzerrungen entstehen können.

● *Differenzdiskriminator*

Einen hinreichend großen linearen Bereich bietet ein Differenzdiskriminator nach Bild 7.11. Die Schaltung weist zwei Besonderheiten auf: Einmal erkennt man am Eingang zwei seriell zusammengeschaltete Schwingkreise, deren Resonanzfrequenz $\omega_{01} = 1/\sqrt{L_1 C_1}$ und $\omega_{02} = 1/\sqrt{L_2 C_2}$ gemäß Bild 7.12 gegeneinander verschoben sind (gegeneinander verstimmte Schwingkreise). Zum anderen wird durch Vergleich mit Bild 6.23 (6.3.2) deutlich, daß den Schwingkreisen jeweils *Spitzengleichrichter* nachgeschaltet sind. Es ist leicht nachvollziehbar, daß der Differenzdiskriminator die in Bild 7.12 konstruierte Gesamtkennlinie $U_D(\omega)$ besitzt. Es wird mit dieser Schaltung also gleichzeitig FM/AM-Wandlung mit großer Linearität und Spitzengleichrichtung möglich.

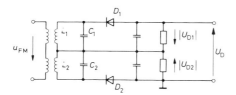
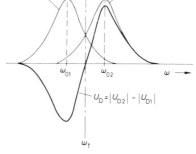

Bild 7.11. Differenzdiskriminator; Prinzipschaltung

Bild 7.12. Kennlinien des Differenzdiskriminators nach Bild 7.11

● *Ratiodetektor*

Die in Rundfunkempfängern am häufigsten verwendete Demodulatorschaltung ist in Bild 7.13 angegeben und wird *Ratiodetektor* genannt. Der Vorteil ist, daß diese Schaltung gleichzeitig Amplitudenbegrenzung aufweist, also sämtliche im Schema Bild 7.9 aufgeführten Demodulator-Bestandteile enthalten sind. Obwohl der Ratiodetektor ähnlich aufgebaut ist wie ein Differenzdiskriminator (mit Schwingkreis, Dioden und Ladekondensatoren), gibt es doch einige Unterschiede. Der erste Unterschied ist der, daß *Primärkreis* und *Sekundärkreis* der Eingangsstufe unsymmetrisch miteinander verkoppelt sind. Die Resonanzfrequenz des Sekundärkreises ist gleich der Trägerfrequenz, also $\omega_0 = 1/\sqrt{LC} = \omega_T$. Des weiteren ist festzustellen, daß die beiden Dioden in Reihe geschaltet sind, somit einen gemeinsamen Gleichstromweg haben. Darum liegt über dem Gesamtwiderstand R bzw. über der Kapazität C_D die Summe der Diodenspannungen, also $|U_{D1}| + |U_{D2}|$. Schließlich unterscheidet sich der Ratiodetektor dadurch, daß im Ausgang eine *Brückenschaltung* angeordnet ist (Bild 7.13b), bestehend aus den Zweigen C_1, C_2 und zweimal $R/2$ sowie einem Diagonalzweig C_D.

▶ 7.3. Demodulation frequenzmodulierter Schwingungen   129

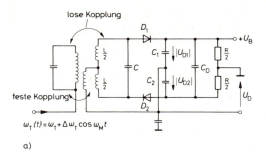
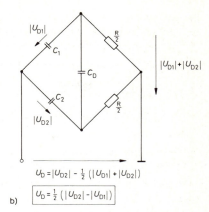

Bild 7.13. Ratiodetektor
a) Prinzipschaltung,
b) Brückenschaltung im Ausgang des Ratiodetektors

● *Funktionsprinzip*

Liegt am Eingang des Ratiodetektors eine Schwingung (Wechselspannung) der Frequenz $\omega_T = \omega_0$, ist also $\Delta\omega_T = 0$ und somit keine Modulation vorhanden, wird $|U_{D1}| = |U_{D2}|$ und infolgedessen $U_D = 0$. Ist jedoch $\Delta\omega_T \neq 0$, werden $|U_{D1}|$ und $|U_{D2}|$ verschieden groß und es ergibt sich eine Detektor-Ausgangsspannung U_D, die $\Delta\omega_T$ direkt proportional ist. Damit ist die FM in AM überführt. Die Begrenzerwirkung der Schaltung entsteht folgendermaßen: Der Kondensator C_D muß so dimensioniert sein, daß er zusammen mit dem Parallelwiderstand R eine große Zeitkonstante von $\tau = 0,1 \ldots 0,2$ s bildet. Ist nun der Kondensator C_D über die Dioden aufgeladen, kann sich die Ladespannung wegen der großen Zeitkonstanten nur sehr langsam ändern. Dadurch werden etwa vorhandene Stör-Amplitudenmodulationen unterdrückt, die Amplitude des FM-Signals bleibt konstant.

● *PLL-Technik*

PLL-Schaltungen (*Phase-Locked Loop*) sind heute als integrierte Schaltungen preiswert käuflich. Das ist der Hauptgrund dafür, daß nun zunehmend solche integrierten „phasensynchronisierten Regelschleifen" eingesetzt werden. Eine interessante Anwendung ist die als FM-Demodulator. Zum besseren Verständnis sei anhand Bild 7.14 das PLL-Prinzip erläutert. Hauptbestandteile des Regelkreises sind Phasenkomparator, Tiefpaß, Verstärker und spannungsgesteuerter Oszillator (VCO, *Voltage Controlled Oscillator*). Der VCO gibt eine Wechselspannung u_{VCO} bestimmter Frequenz und Phasenlage ab, die mit der Eingangsspannung u_E verglichen wird. Der Phasenkomparator erzeugt eine Wechselspannung $u(\Delta\varphi)$, die direkt proportional den Phasendifferenzen zwischen u_E und u_{VCO} ist. Mit dem Tiefpaß wird der „Gleichspannungsanteil" u_- herausgefiltert, verstärkt und dem VCO zugeführt. Entsprechend u_- ändert der VCO solange seine Schwingfrequenz, bis die Phasenlage von u_E und u_{VCO} übereinstimmen, die PLL-Schaltung also „eingerastet" ist. Die zum Synchronisieren (also bis zum Einrasten) benötigte Zeit wird *Fangzeit* genannt.

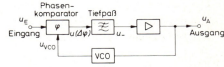

Bild 7.14. PLL-Schaltung

● *PLL-Demodulator*

Die PLL-Schaltung nach Bild 7.14 ist als FM-Demodulator nutzbar, wenn der VCO im ungestörten Zustand auf der Trägerfrequenz f_T schwingt. Ist das Eingangssignal u_E frequenzmoduliert, weicht es entsprechend der Modulation von der Trägerfrequenz ab, erzeugt mithin die Spannung $u(\Delta\varphi)$ bzw.

die Steuerspannung u_-. Weil diese Steuerspannung dem Frequenzhub des modulierten Trägers proportional ist, stellt sie direkt den niederfrequenten Signalverlauf dar. Es muß lediglich dafür gesorgt sein, daß die Grenzfrequenz des Tiefpasses etwas größer als die höchste Modulationsfrequenz ist.

7.4. Zusammenfassung

Die Zeitfunktion der FM zeigt, daß zwischen AM und FM insofern Übereinstimmungen vorhanden sind, als in beiden Fällen das Spektrum aus Träger und Seitenlinien besteht und die Seitenlinien als Summen und Differenzen von Träger- und Modulationsschwingung entstehen. Jedoch treten ein paar prinzipielle Unterschiede auf.

AM	FM
Signalamplitude in Änderung der Trägeramplitude enthalten	Signalamplitude in Änderung der Trägerfrequenz enthalten ($u_M \sim \Delta\omega_T$)
Signalfrequenz in Periode der Amplitudenänderung des Trägers enthalten	Signalfrequenz in Änderungsgeschwindigkeit des Phasenhubs $\Delta\varphi_T$ enthalten
Amplituden des Linien-Spektrums konstant	Amplituden des Linienspektrums sind Funktionen des Phasenhubs $\Delta\varphi_T$ (Bessel-Funktionen)
Linienspektrum besteht bei *Eintonmodulation* aus nur zwei Seitenlinien, bei *Mehrtonmodulation* aus zwei Seitenbändern mit der Bandbreite des modulierenden Signals	Linienspektrum besteht bei *Eintonmodulation* aus unendlich vielen Seitenlinien; d.h. das Amplitudenspektrum ist bei Einton- und Mehrtonmodulation theoretisch unendlich breit
Seitenlinien sind „in Phase"	Seitenlinien des unteren Seitenbandes sind abwechselnd um 180° gegeneinander phasenverschoben
Information ist in jedem Seitenband vollständig enthalten, d.h. Einseitenbandübertragung möglich	Information ist erst vollständig im gesamten unendlich breiten Amplitudenspektrum enthalten, d.h. Einseitenbandübertragung unmöglich
Übertragung des vollständigen AM-Spektrums möglich, weil Seitenband gleich Signalband	Übertragung des vollständigen FM-Spektrums unmöglich, weil unendlich breit, d.h. Verzerrungen unvermeidlich
Übertragungen störanfällig, weil Information in den Amplituden enthalten ist	Störanfällige Amplituden können abgeschnitten werden, weil Information allein in den Nulldurchgängen enthalten ist
Übertragungsbandbreite klein: $B_{AM} = 2f_M$	Übertragungsbandbreite groß: $B_{FM} = 2(\Delta f_T + f_M)$

7.4. Zusammenfassung

Der Hauptvorteil der FM ist darin zu sehen, daß die störanfälligen Amplituden abgeschnitten werden können (*Amplitudenbegrenzung*), weil die Informationen allein in den Nulldurchgängen enthalten sind.

Ein Nachteil der FM entsteht daraus, daß das FM-Spektrum theoretisch unendlich breit ist, somit die Übertragung des vollständigen Spektrums unmöglich ist und demzufolge Verzerrungen unvermeidlich sind.

Die reale FM-Bandbreite ergibt sich aus dem Kompromiß, daß alle Spektrallinien abgeschnitten werden können, deren Amplituden kleiner als 10 % der unmodulierten Trägeramplitude bleiben. Denn dann können die durch die Bandbegrenzung entstehenden nichtlinearen Verzerrungen vernachlässigt werden. Als Faustformel für die mindestens erforderliche Bandbreite gilt

$$B_{FM} = 2(\Delta f_T + f_M).\qquad(7.9)$$

Frequenzmodulation wird gewöhnlich durch *Steuerung der Blindwiderstände in einer Oszillatorschaltung* vorgenommen. Als steuerbare Blindwiderstände werden häufig *Varaktoren* oder Kondensatormikrofone in einen Schwingkreis mit der Resonanzfrequenz $\omega_0 = 1/\sqrt{LC}$ einbezogen. Ist dieser Schwingkreis Bestandteil eines *Resonanzverstärkers*, ist ein einfacher Frequenzmodulator entstanden. Eine bekannte Anordnung ist die *kapazitive Dreipunktschaltung (Colpitts-Oszillator)* mit Varaktoren, dessen Resonanzfrequenz ω_0 gleich der Trägerfrequenz ω_T ist.

Die Demodulation einer FM-Schwingung geschieht im Prinzip meist mit einer Schaltung, die aus *Amplitudenbegrenzer*, *FM/AM-Wandler* und *Spitzengleichrichter* besteht.

Amplitudenbegrenzung ist nötig, damit im FM/AM-Wandler keine ungewollten Amplitudenschwankungen verfälschend einwirken.

FM/AM-Wandler nutzen die Tatsache aus, daß an einer Induktivität Spannung und Frequenz einander proportional sind:

$$U_i = j\omega L i.\qquad(7.13)$$

An einer Induktivität lassen sich Frequenzänderungen in Spannungsänderungen umwandeln.

Flankendemodulator. Dabei wird zur FM/AM-Wandlung die Flanke der Resonanzkurve eines Schwingkreises ausgenutzt.

Differenzdiskriminator heißt eine Schaltung, die aus der Serienschaltung zweier gegeneinander verstimmter Schwingkreise besteht. Dadurch ergibt sich eine erhebliche Verbesserung der Linearität.

Ratiodetektor wird die schaltungstechnische Weiterführung genannt, die gleichzeitig Amplitudenbegrenzung, FM/AM-Wandlung und Spitzengleichrichtung ermöglicht. Darum wird diese Schaltung in den meisten UKW-Rundfunkempfängern eingesetzt. Wesentliche Bestandteile sind eine Brückenschaltung, an der die dem Frequenzhub $\Delta\omega_T$ proportionale Spannung abgegriffen wird, und ein Ladekreis mit großer Zeitkonstanten $\tau = 0{,}1 \ldots 0{,}2$ s zum Konstanthalten (Begrenzen) der Amplitude.

8. Pulscodemodulation (PCM)

8.1. Prinzip der PCM

8.1.1. Vorbemerkungen

Die zunehmende Bedeutung der PCM läßt sich auf zwei vorteilhafte Fakten zurückführen:

> - Weil nur Impulse übertragen werden, ist eine praktisch vollständige Unterdrückung von Störsignalen, die nicht größer als das PCM-Signal sind, möglich.
> - Weil nur Impulse zu verarbeiten sind, können mit hochintegrierten Standardschaltkreisen aus der Massenproduktion preiswerte PCM-Systeme erstellt werden.

In vielen Fällen ist außerdem als vorteilhaft anzusehen, daß die binär codierten Amplitudenstufen (vgl. Bild 5.19 in 5.3.2 und Bild 8.1) sofort für eine Weiterverwendung in digitalen Datenverarbeitungsanlagen zur Verfügung stehen.

● *Nachteil der PCM*

Als einziger, in der Übertragungstechnik jedoch zumeist schwerwiegender Nachteil ist die in der Regel sehr große Übertragungsbandbreite anzusehen, die sich aus dem Produkt von Abtastfrequenz und Impulszahl q pro Abtastwert ergibt.

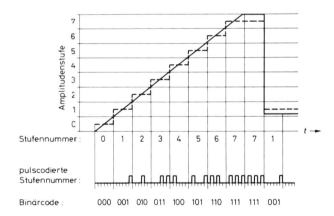

Bild 8.1. Prinzip der PCM

● *Quantisierung*

In 5.3.2 ist mit Bild 5.19 bereits das PCM-Prinzip angedeutet. Mit Bild 8.1 soll das Prinzip anhand einer Sägezahnspannung weiter verdeutlicht werden. Die Sägezahnspannung wird zunächst einem *Quantisierer* (andere Bezeichnungen: *Digitalisierer, Analog-Digital-Wandler, Analog-Digital-Umsetzer,* ADU, *Analog-Digital-Converter,* ADC) zugeführt. Diese Schaltung arbeitet folgendermaßen: Immer wenn die analoge Eingangsspannung eine bestimmte Amplitudenschwelle überschritten hat, gibt es am Ausgang eine Spannung, die dem Wert der Amplitudenstufe entspricht. Aus dem analogen Spannungsverlauf ist also ein treppenförmiges Signal entstanden — die Sägezahnspannung ist *quantisiert* bzw. *digitalisiert*.

8.1. Prinzip der PCM

● *Binäre Codierung*

Weiterverarbeitet bzw. übertragen werden nur noch die Stufenspannungen bzw. die zugeordneten Stufennummern. Dies ist technisch am einfachsten lösbar, wenn die Stufennummern *binär codiert* werden (vgl. [1]). Für die in Bild 8.1 gewählten 8 Amplitudenstufen sind dann Kombinationen aus 3 Impulsen nötig, weil $2^3 = 8$. Man sagt: Zur Quantisierung (bzw. Digitalisierung) in 8 Amplitudenstufen werden 3 Bit benötigt. Allgemein gilt, daß mit q Bit (mit Impulsgruppen, bestehend aus maximal q Impulsen) 2^q Stufennummern codiert werden können.

> Die Stufennummern eines quantisierten (bzw. digitalisierten) Signals werden binär codiert. Mit q Bit lassen sich 2^q Stufennummern verschlüsseln.

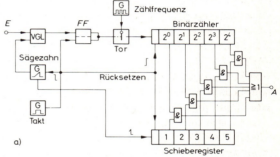

8.1.2. Analog-Digital-Umsetzung

Quantisierung und Codierung werden beispielsweise mit einer Schaltung nach Bild 8.2a vorgenommen. Bild 8.2b zeigt die zugehörigen Impulspläne. Mit der ansteigenden Flanke des Taktimpulses werden Binärzähler und Schieberegister auf Null gesetzt. Die abfallende Flanke löst den ersten *Quantisierungszyklus* aus, d.h. es wird der Sägezahngenerator angestoßen und das Flipflop FF gekippt, wodurch die Torschaltung geöffnet wird. Damit ist der Weg vom Zählfrequenzgenerator zum Binärzähler frei. Das Tor bleibt so lange geöffnet (Zeit t_1), bis die Sägezahnspannung gleich der Eingangsspannung U_E ist. Dann gibt der Vergleicher VGL einen Impuls ab, kippt damit das Flipflop und schließt das Tor. Der Binärzähler bleibt somit auf dem Wert stehen, der der analogen Eingangsspannung U_E entspricht. Je größer diese Eingangsspannung ist, d.h. je länger das Tor geöffnet ist, desto größer wird der Zählerstand. Durch die abfallende Flanke der Sägezahnspannung wird schließlich ein Impuls erzeugt, der das Schieberegister durchläuft und dabei nach-

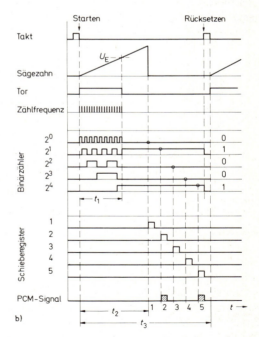

Bild 8.2
a) Quantisierungsschaltung für PCM (Schaltsymbole nach DIN 40 700 Teil 10 und Teil 14)
b) Impulspläne

einander die UND-Gatter ansteuert. Dadurch gelangt der Zählerstand über das ODER-Gatter seriell an den Ausgang A und kann dort als PCM-Signal abgenommen werden. Nach der Zeit t_3 ist die Schaltung für einen neuen Quantisierungszyklus bereit.

• *Entnahme von Stichproben*

Bei Verwendung der Bezeichnung „Entnahme von Stichproben" sollte man sich darüber im klaren sein, daß die Stichprobenentnahme ursprünglich aus der Statistik stammt und einen unregelmäßigen, nicht vorhersehbaren Vorgang darstellt. Wie im folgenden deutlich wird, ist hier aber eine regelmäßige (getaktete) Entnahme gemeint.

In dem mit Bild 8.2 gewählten Beispiel ist die Digitalisierung mit 5 Bit durchgeführt. D.h. die Amplitude des analogen Eingangssignals wird in $2^5 = 32$ Stufen aufgelöst. Der absolut verarbeitbare Amplitudenbereich ist durch die Sägezahnspannung festgelegt. Während der Zeit t_3 wird ein einziger Wert pulscodiert. In dieser Zeit ändert sich aber im allgemeinen Fall die Eingangsspannung, so daß der Quantisierungsvorgang auf eine Entnahme von Stichproben (engl. *Sampling*) hinausläuft, wie sie in Bild 8.3 angegeben ist. Man könnte bei solch einer Stichprobenentnahme auf die Idee kommen, daß das analoge Signal nur ungenügend abgetastet wird. In 5.3.1 wurde jedoch mit dem *Abtasttheorem* gezeigt, daß theoretisch schon zwei Stichproben pro Signalperiode genügen, um eine einwandfreie Rückgewinnung des Signals zu gewährleisten. Daß man in der Praxis mehr als zwei Abtastwerte pro Signalperiode wählt, hat technische Gründe, auf die wir im nächsten Abschnitt zurückkommen wollen. Für den in Bild 8.3 verwendeten periodischen Wellenzug sind 5 Proben (*Samples*) pro Periode angenommen. Dies entspricht der Praxis bei der Meßwertaufzeichnung auf Magnetbändern im PCM-Verfahren.

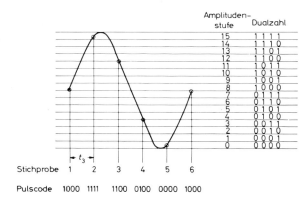

Bild 8.3

Entnahme von Stichproben; t_3: Quantisierungszeit nach Bild 8.2b

8.2. Quantisierungsrauschen und Aliasing

8.2.1. Quantisierungsrauschen

Als einen besonderen Vorteil von PCM-Systemen hatten wir herausgestellt, daß Störsignale die Information nicht beeinflussen können, solange sie in der Amplitude kleiner bleiben als die Nutzimpulse. Bei hinreichender Aussteuerung wird darum eine früher nur schwer realisierbare Störfreiheit erzielt.

8.2. Quantisierungsrauschen und Aliasing

• *Störsicherheit von PCM-Systemen*

Trotz der großen Störsicherheit von PCM-Systemen gegenüber äußeren Beeinflussungen und Störgeräuschen aus elektronischen Bauteilen gibt es immer eine Störung, die systembedingt ist und somit prinzipiell nicht beseitigt werden kann. Das ist das *Quantisierungsrauschen*, auch *Quantisierungsstörung* genannt.

• *Entstehung des Quantisierungsrauschens*

Die in 8.1 beschriebene Quantisierung analoger Signale bewirkt, daß nicht der jeweilige Augenblickswert eines Signals übertragen wird, sondern ein Amplitudenwert aus der gewählten Stufenskala, der sich vom wahren Wert um maximal eine halbe Stufe unterscheiden kann (vgl. Bilder 8.1 und 8.3). Der dadurch entstehende Fehler kann somit in einem idealen PCM-System ± 1/2 Quantisierungsstufe betragen. Dieser prinzipiell nicht unterdrückbare Fehler wird im Empfänger als Störgeräusch (Rauschen) aufgenommen. Bild 8.4 zeigt am Beispiel einer Sinusschwingung die durch die Quantisierung entstehenden Quantisierungsstörungen.

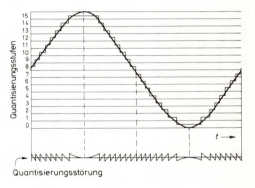

Bild 8.4
Entstehung des Quantisierungsrauschens

• *Störspannungsabstand*

Aus dem Quantisierungsprinzip folgt, daß die Störspannungsamplitude maximal einer Quantisierungsstufe entspricht. Daraus folgt sofort, daß die Störspannung geringer wird, wenn mehr und damit kleinere Amplitudenstufen gewählt werden, wenn also die *Quantelung* in feineren Stufen erfolgt. Diese anschauliche Erkenntnis wird in dem folgenden Ausdruck für das Verhältnis von Nutzspannung u zur Störspannung u_r verwendet:

$$\frac{u}{u_r} \approx \sqrt{\frac{3}{2}} \cdot 2^q . \tag{8.1}$$

Hierin ist q die Anzahl der Impulse pro Amplitudenwert bzw. die Zahl der zur Pulscodierung verwendeten Binärzeichen (Bit). Der aus der Quantisierung folgende *Störspannungsabstand* wird

$$\boxed{a_r = 20 \lg \frac{u}{u_r} \text{ dB}} \tag{8.2}$$

(vgl. 2.4.3).

• *Beispiele*

Aus Gl. (8.1) erkennt man, daß Quantisierungsstörungen nur auftreten, wenn ein Signal verarbeitet wird, dann aber von der Signalamplitude unabhängig sind. Allein die für die Digitalisierung gewählte Bit-Anzahl bestimmt den Störabstand. In der folgenden Aufstellung sind ein paar aus den Gleichungen (8.1) und (8.2) gewonnene Werte gesammelt:

Quantisierung		Verhältnis	Störspannungsabstand
Bit	Stufen	u/u_r	dB
3	8	9,8	20
5	32	39,2	32
7	128	156,8	44
8	256	313,5	50
10	1024	1254,1	62
12	4096	5016,6	74

8.2.2. Aliasing

Bezeichnet wird mit *Aliasing* ein Störeffekt, der nicht nur bei PCM auftritt, sondern der allen Verfahren anhaftet, die die regelmäßige Entnahme von Stichproben aus einem kontinuierlichen Vorgang benutzen.

• *Abtasttheorem*

Man erkennt am einfachsten Entstehung und Auswirkungen des Alias-Effektes, wenn auf die in 5.3.1 für PAM (Pulsamplitudenmodulation) angegebene Zeitfunktion Gl. (5.15) zurückgegriffen wird, die für die Herleitung des *Abtasttheorems* benutzt wurde. Dieses Vorgehen ist sicher erlaubt, weil PCM eigentlich auch so etwas wie PAM ist — nur daß die stichprobenartig dem kontinuierlichen Signal entnommenen Impulse nicht direkt, sondern in codierter Form übertragen werden. Darum gilt das Abtasttheorem auch für PCM. Jedoch muß nun eine Einschränkung vorgenommen werden:

> Die aus dem *Abtasttheorem* folgende Aussage, daß schon zwei Abtastwerte pro Signalperiode zur formgetreuen Übertragung genügen, gilt in der Praxis nur für eine Sinusschwingung, die sich während des Abtastvorgangs (*Sampling*) zeitlich nicht wesentlich ändert.

• *Abtastspektrum*

In 5.3.1 ist mit Bild 5.12 ein Ausschnitt aus dem PAM-Abtastspektrum dargestellt. Charakteristisch dafür ist, daß ganzzahlige Vielfache der Abtast- (oder Träger-)frequenz ω_T entstehen, die von unteren und oberen Seitenlinien im Abstand ω_M der Signalschwingung begleitet sind. Lassen wir die aus den *Fourierkoeffizienten* nach Gl. (5.14) folgende Amplitudenbewertung außer acht, können wir beispielsweise das Bild 8.5 konstruieren, in dem aber zwei Signalschwingungen beteiligt sind — nämlich eine niederfrequente ω_{M1} und eine hochfrequente ω_{M2} (im Bild zur besseren Kennzeichnung beide mit einem Dach versehen).

8.2. Quantisierungsrauschen und Aliasing

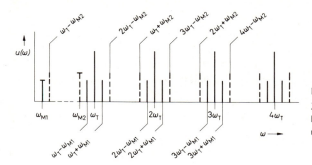

Bild 8.5
Zur Entstehung des Alias-Effektes bei zwei Signalfrequenzen $\omega_{M1} < \omega_T/2$ und $\omega_{M2} > \omega_T/2$ (ω_T: Abtastfrequenz)

• Seitenlinien

Verfolgen wir in Bild 8.5 die Auswirkungen, die sich aus der Abtastung der niedrigen Signalfrequenz ω_{M1} ergeben, erkennen wir das schon gewohnte Spektrum aus ganzzahligen Trägervielfachen $n\omega_T$ und Seitenlinien $n\omega_T \pm \omega_{M1}$ (durchgezogene Spektrallinien). Wäre nur die eine Signalschwingung vorhanden, würden zwei Abtastwerte pro Signalperiode genügen, und die formgetreue Rückgewinnung des Signals wäre mit einem Tiefpaß der Grenzfrequenz $\omega_{gr} = \omega_T/2$ möglich. Wir haben jedoch im Bild 8.5 eine zweite Signalschwingung der Frequenz ω_{M2} angenommen. Aus der Abtastung dieser Schwingung entstehen die Seitenlinien $n\omega_T \pm \omega_{M2}$. Dabei passiert aber folgendes, daß die unteren Seitenlinien einer wesentlich niedrigeren Frequenz entsprechen als der Signalfrequenz ω_{M2}. Genau das gleiche Spektrum würde entstehen, wenn als Signalfrequenz $\omega_{M3} = \omega_T - \omega_{M2}$ angenommen worden wäre. Man kann also im Gesamtspektrum schon bei zwei Signalschwingungen nicht mehr erkennen, was Signal und was Seitenlinie ist. So ist beispielsweise die Spektrallinie $3\omega_T - \omega_{M2}$ ebenso als Seitenlinie $2\omega_T + \omega_{M3}$ denkbar, d.h. jede aus einer verwendeten Signalschwingung entstehende Seitenlinie kann ebensogut als *Seitenlinie einer anderen Signalkomponente* angesehen werden. Das sind die *Alias-Frequenzen*.

• Oberwellen

In Bild 8.5 ist der Übersichtlichkeit halber die zweite Signalfrequenz ω_{M2} sehr groß gewählt worden. Tatsächlich tritt der *Alias-Effekt* immer dann auf, wenn die höchste Signalkomponente größer als $\omega_T/2$ wird. Bei sinusförmigen Signalen, die sich während des Abtastvorgangs zeitlich nicht wesentlich ändern, kann darum der Effekt vermieden werden, wenn ω_T mindestens doppelt so groß wie die höchste Signalschwingung gewählt wird. In der Praxis kann man aber nicht immer von reinen Sinus-Signalen ausgehen, sondern es wird meist ein Gemisch aus mehr oder weniger nichtsinusförmigen Schwingungen abzutasten sein. Das bedeutet, es muß mit *Oberwellen* gerechnet werden, deren Frequenzen weit größer als die maximale Signalkomponente sind (vgl. 2.3). Darum wird oft *Aliasing* unvermeidlich sein.

• Abtastung mit mindestens 3 Impulsen

In Bild 8.6 ist mit 8facher bzw. 4 und 3facher Frequenz abgetastet; es werden also pro Signalperiode 8 bzw. 4 oder 3 Abtastwerte entnommen. Man erkennt, daß in allen drei

Fällen die Signalperiode durch die Abtastwerte richtig wiedergegeben wird. Im Falle $\omega_T/\omega_M = 8$ (Teilbild a) ist auch der sinusförmige Kurvenlauf gut reproduzierbar (*formgetreue Abtastung*). Aber schon bei der Abtastung mit vier Impulsen (Teilbild b) ist nicht mehr festzustellen, ob die Abtastwerte zu einem „Sinus" oder einem „Dreieck" gehören. Der Leser kann leicht nachprüfen, daß bei einer anderen *Phasenlage* der Abtastimpulse auch die Amplitude des abgetasteten Signals nicht mehr richtig wiedergegeben wird. Das trifft in jedem Fall bei der Abtastung mit drei Impulsen zu (Teilbild c). Eine Rekonstruktion aus den drei Abtastimpulsen kann zu einem Kurvenlauf in der Form eines Sägezahns führen, wie er etwa durchgezogen eingezeichnet ist.

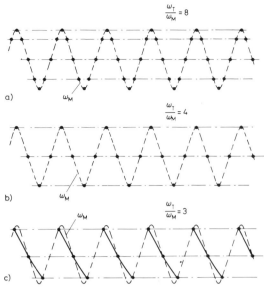

Bild 8.6. Abtastung eines sinusförmigen Signals der Frequenz ω_M mit 8 bzw. 4 und 3 Impulsen pro Signalperiode (Teilbilder a bzw. b und c)

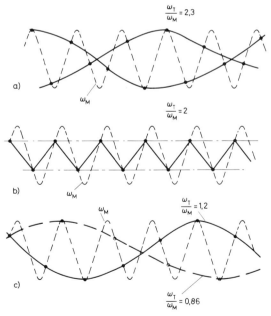

Bild 8.7. Abtastung eines sinusförmigen Signals der Frequenz ω_M mit 2,3 bzw. 2 und 1,2 und 0,86 Impulsen pro Signalperiode (Teilbilder a bzw. b und c). Eingetragen sind aus den Abtastwerten folgende Interpretationsmöglichkeiten

---

Wir fassen zusammen: Mit mindestens drei Abtastimpulsen pro Signalperiode läßt sich die Signalperiode und damit die Signalfrequenz eindeutig reproduzieren. Dabei eventuell entstehende Kurven in der Form von Dreiecken oder Sägezähnen können durch Tiefpaß-Filterung in Sinuskurven zurückgeführt werden. Jedoch sind, abhängig von der Phasenlage der Abtastung, oft Amplituden- und Phasenfehler unvermeidlich.

* 8.3. PCM-Anwendungsfälle

● *Optischer Alias-Effekt*

Mit weniger als drei Abtastimpulsen pro Signalperiode entstehen beispielsweise die in Bild 8.7 dargestellten Verläufe. Zwar muß nach dem Abtasttheorem das Abtasten einer reinen Sinusschwingung mit ω_T/ω_M gleich 2,3 bzw. gleich 2 möglich sein. Jedoch können nun schon recht starke Amplituden- und Phasenfehler auftreten. Ein anderer Effekt ist in Teilbild 8.7a angedeutet. Bei dem gewählten nichtganzzahligen Abtastverhältnis von 2,3 lassen sich die Abtastpunkte durch den eingezeichneten Kurvenverlauf großer Wellenlänge verbinden. Diese als *optischer Alias-Effekt* bezeichnete Erscheinung kann somit bei Beobachtungen solcher Vorgänge auf einem Bildschirm zu Fehlinterpretationen führen, auch wenn nach dem Abtasttheorem ein Wellenzug richtig abgetastet wird. In Bild 8.7c wird nur noch mit 1,2 bzw. 0,86 Impulsen pro Signalperiode abgetastet. In diesen Fällen ist das Abtasttheorem nicht mehr erfüllt. Auch reine Sinusschwingungen sind nicht mehr reproduzierbar. Bei der Rückgewinnung des digitalisierten Signals (D/A-Wandlung) entstehen langwellige Schwingungsformen, die mit dem ursprünglichen Signal nicht mehr viel zu tun haben.

● *Anti-Aliasing*

Aus den Bildern 8.6 und 8.7 ist abzulesen, daß Fehler und Verzerrungen klein werden, wenn mit mindestens der vierfachen Rate abgetastet wird. In der Praxis hat sich herausgestellt, daß das 2- bis 3fache der nach dem Abtasttheorem mindestens nötigen zwei Impulse pro Signalperiode zu guten Ergebnissen führt (4 bis 6 Abtastimpulse). Es gibt aber bei PCM-Anwendungen Fälle, wo so große Abtastfrequenzen ω_T nicht realisierbar sind.

> Wenn die Abtastfrequenz ω_T nicht mindestens doppelt so groß gewählt werden kann wie die höchste vorkommende Signalfrequenzkomponente, muß vor der Abtastung mit einem *Anti-Aliasing-Filter* das Signalband soweit begrenzt werden, bis das Abtasttheorem erfüllt ist.

Weitere Einzelheiten hierzu werden in 8.3.3 besprochen.

* 8.3. PCM-Anwendungsfälle

Weitgehend durchgesetzt hat sich PCM bei der Speicherung von Meßwerten auf Magnetbändern (8.3.3) und in der Telemetrie (8.3.4). Die Musikaufzeichnung in PCM-Technik ist dagegen noch nicht stark verbreitet (8.3.2). Für Nachrichtenübertragungen sind inzwischen in mehreren Ländern Strecken eingerichtet worden, über die mit Hilfe der PCM Sprach- (8.3.5), Ton- (8.3.6) oder Fernsehsignale (8.3.7) übertragen werden.

* 8.3.1. Formate

Zur Speicherung oder Übertragung von PCM-Daten werden verschiedene *Formate* verwendet. Bei der Auswahl eines Formats sind i.a. folgende Überlegungen anzustellen:

- Das Format soll „selbsttaktend" sein, d.h. im PCM-Schreibverfahren soll möglichst eine *Taktinformation* enthalten sein.
- Das Format soll hohe Bit-Packungsdichten bei niedriger Fehlerrate erlauben.
- Die Verwendung von Codeprüfverfahren soll möglich sein.

In Bild 8.8 sind die gebräuchlichsten und zum Teil von der IRIG-Kommission (*Inter Range Instrumentation Group*) genormten Formate gesammelt. Die Binärzustände (*Bit*) 0 oder 1 werden jeweils innerhalb einer *Bitzelle* dargestellt. Speicher- oder Übertragungsvorgänge können beispielsweise mit Taktimpulsen (*Clock*) synchronisiert sein.

• *RZ-Verfahren*

Das einfachste PCM-Format ist mit dem RZ-Verfahren (*Return to Zero*, Rückkehr nach Null) gegeben. Dabei sind 0-Bit dadurch gekennzeichnet, daß über eine ganze Bitzelle das Signal Null (*Zero*) bleibt. 1-Bit werden durch Impulse dargestellt, die eine halbe Bitzelle lang sind.

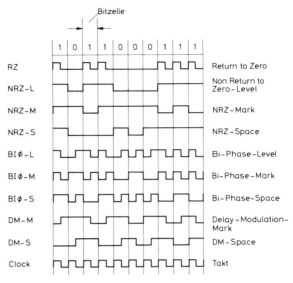

Bild 8.8. PCM-Formate

Nachteile des RZ-Formats:
1. Die Übertragungsfrequenz wird maximal (bei der Aufeinanderfolge von 1-Bit) gleich der Taktfrequenz.
2. Folgen mehrere 0-Bit aufeinander, erweist sich das RZ-Verfahren als störanfällig und als nicht selbsttaktend.

• *NRZ-Verfahren*

Beim RZ-Verfahren werden 0-Bit durch den elektrischen Zustand Null dargestellt (keine Spannung). Bei der Aufeinanderfolge mehrerer 0-Bit entstehen darum Bereiche, die gegen Störimpulse besonders empfindlich sind. Dieser gefährliche Zustand wird bei den NRZ-Verfahren (*Non Return to Zero*, keine Rückkehr nach Null) vermieden, weil für die beiden Bit positive bzw. negative Signale verwendet werden. Das bedeutet, es kommen bei Übertragungen nur z.B. +5 Volt und −5 Volt vor, oder es wird bei magnetischer Speicherung auf beispielsweise Magnetband je nach Binärzustand positiv und negativ bis in die *Sättigung* magnetisiert.

NRZ-L (*Level*, d.h. Pegel): „1" als positive oder negative Spannung,
„0" entgegengesetzt;
NRZ-M (*Mark*, d.h. Merkmal): „1" als Zustandsänderung,
„0" keine Änderung;
NRZ-S (*Space*, d.h. Raum): „0" als Zustandsänderung,
„1" keine Änderung.

Nachteile der NRZ-Formate:
1. Bei der Aufeinanderfolge gleichnamiger Bit ist keine Taktinformation enthalten.
2. Es müssen Gleichspannungen übertragen werden können.

Vorteil der NRZ-Formate:
Die Übertragungsfrequenz wird höchstens (bei der Aufeinanderfolge gleichnamiger Bit) gleich der halben Taktfrequenz.

* 8.3. PCM-Anwendungsfälle

• *Bi-Phase-Verfahren*

Biϕ ist eine aus dem Amerikanischen übernommene bequeme Abkürzung für *Bi Phase* („Zweiphasig"). Damit wird angedeutet, daß diese Formate die Binärzeichen mit zwei verschiedenen Perioden (Frequenzen) darstellen. Darum wird auch manchmal die Bezeichnung Zweifrequenzverfahren (*Double* oder *Two Frequency*) verwendet.

Biϕ-L (*Level*): „1" als Sprung von Plus nach Minus,
„0" als Sprung von Minus nach Plus, jeweils in Taktmitte;
Biϕ-M (*Mark*): „0" durch Sprung an den Rändern der Bitzellen,
„1" durch zusätzlichen Sprung in Taktmitte;
Biϕ-S (*Space*): Darstellung invers zu Biϕ-M.

Nachteil der Biϕ-Formate:
Die Übertragungsfrequenz wird maximal gleich der Taktfrequenz (im Mittel 1,4fach).

Vorteile der Biϕ-Formate:
1. Keine Gleichspannungskopplung erforderlich, weil in jedem Takt mindestens ein Wechsel.
2. Die Verfahren sind „selbsttaktend"; denn bei Biϕ-L ist immer ein Wechsel in der Mitte, bei Biϕ-M und -S immer ein Wechsel an den Rändern der Bitzellen vorhanden.

• *DM-Verfahren*

Diese Verfahren, die *Delay Modulation* (*Delay:* Verzögerung) oder *Miller-Codes* heißen, vereinigen alle Vorteile der NRZ- und Biϕ-Verfahren in sich und werden darum vor allem bei der Speicherung von PCM-Signalen auf Magnetbändern verwendet.

Die Taktinformation ist in jedem Fall enthalten und die Übertragungsfrequenz wird maximal gleich der halben Taktfrequenz

DM-M (*Mark*): „1" durch Sprung in Taktmitte,
„0" nach „1" kein Sprung,
„0" nach „0" Sprung am Bitanfang;
DM-S (*Space*): „0" durch Sprung in Taktmitte,
„1" nach „0" kein Sprung,
„1" nach „1" Sprung am Bitanfang.

Vorteile der DM-Verfahren:
1. Die Übertragungsfrequenz wird höchstens gleich der halben Taktfrequenz.
2. Keine Gleichspannungskopplung erforderlich.
3. Die Verfahren sind „selbsttaktend".

---

* 8.3.2. Musikaufzeichnung auf Magnetband

Bei herkömmlicher Magnetbandaufzeichnung wird die Qualität im wesentlichen beeinträchtigt durch *Bandrauschen, nichtlineare Verzerrungen* und *Tonhöhenschwankungen*. Im folgenden wird kurz angedeutet, wie diese Störungen entstehen und wie sie durch PCM klein gehalten werden. Lineare Verzerrungen (vgl. 2.2) durch eine zu niedrige obere Frequenzgrenze werden hier nicht berücksichtigt. Sie können auch bei herkömmlicher Aufzeichnung sehr klein gehalten werden, wenn nur die Bandgeschwindigkeit groß genug gewählt wird. Denn es gilt folgender Zusammenhang:

$$v_B = \lambda \cdot f. \qquad (8.3)$$

Daraus liest man ab, daß bei einer festen Wellenlänge λ der Aufzeichnung die Wiedergabefrequenz f linear mit der Bandgeschwindigkeit v_B ansteigt.

• Bandrauschen

Mit dem Ausdruck *Bandrauschen* bezeichnet man die Tatsache, daß ein unbespieltes Magnetband eine „rauschartige" Störspannung abgibt, die auf die statistische Verteilung der in der Bandoberfläche vorhandenen magnetisierbaren Teilchen zurückzuführen ist. Als Meßzahl für das Bandrauschen wird der *Fremdspannungsabstand* angegeben als

$$a_r = 20 \lg \frac{u}{u_r} \text{ dB}. \tag{8.4}$$

Dies stimmt formal mit dem Störspannungsabstand Gl. (8.2) des Quantisierungsrauschens überein (s. 8.2.1). Berücksichtigt man noch die in 3.1, Bild 3.2, erläuterte Frequenzabhängigkeit des menschlichen Gehörs, ergibt sich der *Ruhegeräuschspannungsabstand* (auch: *Dynamik*), wenn in Gl. (8.4) die entsprechend „gehörrichtig bewertete" Rauschspannung u_r eingesetzt wird. In DIN 45 500 Teil 4 (Heimstudio-Technik, Hi-Fi) und DIN 45 511 Teil 1 (Magnetbandgeräte für Schallaufzeichnung auf Magnetband 6) sind folgende Mindestwerte festgelegt:

	Heimstudio-Technik	Studio-Technik					
Bandgeschwindigkeit in cm/s	4,75; 9,53 und 19,05	19,05			38,1		
		Vollspur	Stereo	Zweispur	Vollspur	Stereo	Zweispur
Fremdspannungsabstand mindestens dB	46	53	49	48	56	52	51
Ruhegeräuschspannungsabstand mindestens dB	56	62	58	57	64	60	59

Pulscodemodulierte Magnetbandaufzeichnungen sind frei von Störungen durch das Bandrauschen, weil nicht die direkt vom Magnetband gelesenen Spannungsverläufe verstärkt und wiedergegeben werden, sondern weil der Pulscode verarbeitet wird. Somit verbleibt als Rauschspannungsabstand der aus dem Quantisierungsrauschen folgende Wert. In einem mit 12 Bit Auflösung realisierten Fall ist darum ein Störspannungsabstand von mehr als 70 dB zu erwarten (vgl. 8.2.1).

• Nichtlineare Verzerrungen

Bedingt durch den Magnetisierungsvorgang entstehen bei Magnetbandaufzeichnungen immer nichtlineare Verzerrungen (vgl. 2.3), die von der Aussteuerung abhängig sind. Besonders stark tritt dabei der *kubische Klirrfaktor* k_3 auf. In DIN 45 500 Teil 4 ist für Heimstudio-Technik die *Vollaussteuerung* dadurch definiert, daß der bei 333 Hz gemessene Klirrfaktor k_3 3 % betragen darf (bei einfachen Heimgeräten — nicht HiFi — gar 5 %). Für Studiogeräte legt DIN 45 511 Teil 1 für Vollaussteuerung ebenfalls 3 %, jedoch gemessen bei 1 kHz, fest. Pulscodemodulierte Aufzeichnungen bleiben durch nichtlineare Verzerrungen völlig unbeeinflußt; denn die Signalformen sind so lange ohne Bedeutung, wie der Pulscode eindeutig erkennbar ist. Trotzdem werden die notwendigen elektronischen Komponenten für geringe nichtlineare Verzerrungen sorgen. Für ein PCM-Gerät, das mit einer Bandgeschwindigkeit von 38 cm/s arbeitet, wird $k_3 = 0{,}03$ % angegeben, gemessen bei 1 kHz.

• Tonhöhenschwankungen

Tonhöhenschwankungen entstehen bei herkömmlichen Magnetbandaufzeichnungen dadurch, daß — je nach Qualität der mechanischen Laufwerkausführung — beim Transport des Magnetbandes mehr oder weniger starke *Geschwindigkeitsschwankungen* unvermeidlich sind (*Gleichlaufschwankungen*). Die nach DIN zulässigen Schwankungen liegen zwischen ± 0,1 und ± 0,2 %.

Pulscodemodulierte Aufzeichnungen sind praktisch unabhängig von Geschwindigkeitsschwankungen, weil sich ändernde Impulsabstände keine Veränderung des Pulscodes bewirken.

* 8.3. PCM-Anwendungsfälle

• Technische Ausführung

Neben den eben entwickelten Vorteilen von PCM-Aufzeichnungen muß ein Problem angegeben werden, das die technische Ausführung erheblich erschwert, nämlich die meist sehr große Frequenzbandbreite. Aus den Ausführungen von 8.2.2 wissen wir, daß die Abtastfrequenz ω_T mindestens doppelt so groß gewählt werden muß wie die höchste vorkommende Signalfrequenzkomponente. Aus 8.1.1 ist bekannt, daß die Frequenzbandbreite sich aus dem Produkt von Abtastfrequenz mal Impulszahl pro Abtastwert ergibt. Nehmen wir an, daß die Magnetbandaufzeichnung als obere Frequenzgrenze 15 kHz besitzen soll, muß die Abtastfrequenz mehr als 30 kHz betragen. In einem realisierten Fall sind 35,7 kHz gewählt. Weiterhin wird mit 12 Bit pro Amplitudenwert aufgelöst; zusätzlich wird ein dreizehntes *Prüfbit* verwendet. Damit folgt eine Frequenzbandbreite von etwa 464 kHz. Bewältigt wird diese Bandbreite dadurch, daß die 13 Bit pro Abtastwert in getrennten Spuren – also *bitparallel* – aufgezeichnet werden. So entsteht für die Aufzeichnung der einzelnen Bit nur noch die Bandbreite von 35,7 kHz. Mit der verwendeten Bandgeschwindigkeit von 38 cm/s gelingt diese Aufzeichnung. Zu ergänzen ist, daß eine vierzehnte Spur für Synchronisationspulse (Taktspur) und Magnetband der Breite 12,7 mm benutzt wird.

* 8.3.3. Meßwertspeicherung

Meßwerte sind in unterschiedlicher Signalform im Bereich zwischen 0 Hz und sehr hohen Frequenzen denkbar. D.h. es müssen Gleichspannungswerte und Impulse mit breiten Frequenzspektren gespeichert werden können. Vor allem die Forderung der Speicherung tiefer Frequenzen bis zum Grenzfall 0 Hz ist mit herkömmlicher *direkter Magnetbandaufzeichnung* (*Direct Recording*, DR) nicht erfüllbar. Aufzeichnungen unter 20 Hz sind kaum möglich. Ein Ausweg wurde durch Einführung der Frequenzmodulation gefunden. *FM-Bandspeicher* erlauben die Aufzeichnung von Signalen der Frequenz 0 Hz (Gleichspannungswerte); denn dieser Fall wird ja gerade durch die ungestörte Trägerschwingung dargestellt (vgl. Kap. 7).

• FM- und PCM-Bandspeicher

FM-Systeme waren über lange Zeit hin die einzige vernünftige Möglichkeit, Gleichspannungswerte aufzuzeichnen. Jedoch muß auf zwei Nachteile hingewiesen werden. Bei zu niedriger oberer Frequenzgrenze des Magnetbandspeichers können so viele Seitenlinien des theoretisch unendlich breiten FM-Bandes abgeschnitten werden, daß zu starke Verzerrungen auftreten. Weiterhin kann die Tatsache kritisch werden, daß bei der Frequenzmodulation die Information in den Nulldurchgängen liegt. Bei (unvermeidlichen) Geschwindigkeitsschwankungen im Aufzeichnungssystem können somit durch zeitliche Verschiebungen der Nulldurchgänge unerwünschte Störspannungen und Dynamikverluste entstehen. Durch die Einführung der PCM wurden diese Mängel beseitigt; denn dabei werden ja nur Impulse aufgezeichnet, die durch Geschwindigkeitsschwankungen unbeeinflußt bleiben, weil sie entweder *selbsttaktend* sind (vgl. 8.3.1) oder weil eine zusätzliche Taktspur mit Synchronisationsimpulsen vorhanden ist. Der nahezu einzige Vorteil von FM- gegenüber PCM-Bandspeichern muß aber auch genannt werden: Es können praktisch mit FM viermal höhere Signalfrequenzen gespeichert werden als mit PCM.

• Anti-Aliasing-Filter

In jedem Fall muß als systembedingt hingenommen werden, daß die obere Frequenzgrenze bei Magnetbandaufzeichnungen immer relativ niedrig liegt. Das bedeutet, es muß von vornherein mit dem *Alias-Effekt* gerechnet werden, zumal Meßwerte i.a. stark oberwellenhaltig sind. Die einzige Konsequenz ist, das Signal vor der Abtastung mit Tiefpaßfiltern (*Anti-Aliasing-Filter*) zu begrenzen. Zu berücksichtigen ist aber die mit Bild 8.9a veranschaulichte Tatsache, daß bei $\omega_M = \omega_T/2$ die untere Seitenlinie $\omega_T - \omega_M$ mit ω_M zusammenfällt, mithin zur Trennung ein „unendlich" steiles Filter benötigt würde. Mit vertretbarem Aufwand lassen sich Filter mit Flankensteilheiten von 24 bis 30 dB/Oktave (pro Frequenzverdopplung also) herstellen. Das bedeutet, mit solchen Filtern wird eine sichere Trennung möglich, wenn die Abtastfrequenz $\omega_T = 5\,\omega_M$ ist (Bild 8.9b).

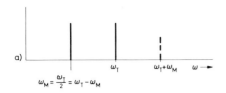
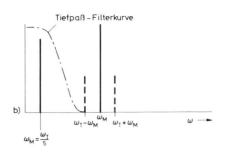

Bild 8.9
Amplitudenspektren mit
a) $\omega_M = \omega_T/2$, b) $\omega_M = \omega_T/5$

● *Technische Ausführungen*

Ausgeführt sind PCM-Magnetbandspeicher manchmal mit *Magnetbandkassetten* (Philips-Kassette mit 3,81 mm breitem Magnetband, wie sie auch für Musikaufzeichnungen verwendet wird) oder mit „*Magnetband 6"* auf Spulen (6,35 mm breites Magnetband, wie es auch auf Heim-Tonbandgeräten verwendet wird). Die Aufzeichnung pulscodemodulierter Meßwerte wird in der Regel in mehreren Spuren vorgenommen. Weiterhin werden oft mit Hilfe von *Multiplexverfahren*, auf jede Spur die Werte mehrerer Meßkanäle gespeichert.

● *Zeitmultiplex*

Für PCM-Anwendungen wird das *Zeitmultiplex-Verfahren* verwendet. Bild 8.10 zeigt das Schema. Danach werden also n Signale nacheinander abgefragt und somit zeitlich ineinander verschachtelt auf den Übertragungskanal gegeben. Im Empfänger muß eine gleiche und synchron laufende Abtasteinrichtung die Signale an die zugehörigen Ausgänge verteilen.

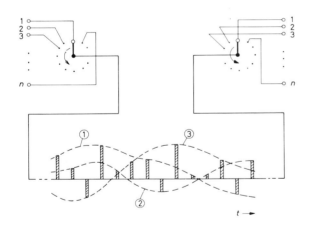

Bild 8.10
Zeitmultiplex-Verfahren mit Abtastimpulsen dreier beliebiger Signalverläufe

● *PCM-System*

In einem speziellen Beispiel werden auf „Magnetband 6" Meßwerte in vier Spuren abgespeichert. In jede Spur werden im Zeitmultiplex-Verfahren die Werte dreier Meßkanäle aufgezeichnet. Und zwar sind immer die in 12 bit aufgelösten Meßwerte in Dreiergruppen nacheinander angeordnet. Zusammen mit einem solch einer Dreiergruppe vorangestellten Synchronisierwort ergibt sich als Grundeinheit der Abspeicherung ein sogenannter *PCM-Rahmen*, wie er in Bild 8.11 dargestellt ist. Durch das in jedem Rahmen enthaltene Synchronisierwort wird eine getrennte Taktspur unnötig. Bild 8.12 zeigt schematisch die Aufzeichnung und Wiedergabe einer Spur. An die Stelle des in Bild 8.10 angedeuteten Übertragungskanals ist hier das Magnetbandgerät getreten. Mit dem vorgestellten System können also insgesamt 12 Meßkanäle abgefragt werden.

* 8.3. PCM-Anwendungsfälle

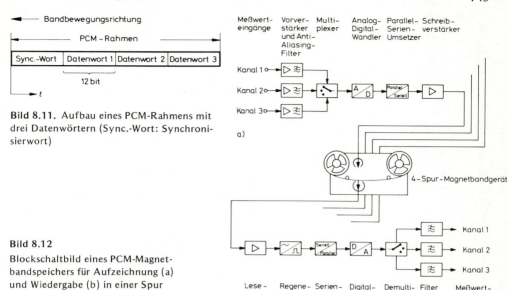

Bild 8.11. Aufbau eines PCM-Rahmens mit drei Datenwörtern (Sync.-Wort: Synchronisierwort)

Bild 8.12
Blockschaltbild eines PCM-Magnetbandspeichers für Aufzeichnung (a) und Wiedergabe (b) in einer Spur

* 8.3.4. PCM-Telemetrie

Telemetrie bedeutet „Fernmessen". Gemeint ist damit die drahtlose Übertragung von Meßdaten.

• *Telemetrie-Anwendungen*

Entstanden ist die Telemetrie im Bereich der Luft- und Raumfahrttechnik, wo das Problem aufgetreten war, viele verschiedenartige Meßdaten von fliegenden Objekten zur Bodenstation zu senden, wobei diese verschiedenen Daten gleichzeitig einen Übertragungskanal, den freien Raum nämlich, benutzen müssen. Heute ist die Telemetrie in sehr viele Bereiche der Technik eingedrungen. Geblieben ist das Problem, daß viele Meßdaten nicht über gleichviele Kanäle sondern über nur einen gesendet werden sollen. Gelöst wird die Aufgabe mit Hilfe verschiedener Modulations- und Multiplexverfahren. Große Bedeutung hat in diesem Zusammenhang FM erlangt, wobei zur Trennung der verschiedenen Daten das Verfahren des *Frequenzmultiplex* benutzt wird (vgl. 10.1.2). Aus den auch schon in 8.3.3 genannten Gründen wird heute oft PCM mit *Zeitmultiplex* vorgezogen.

• *Übertragung*

Für die Übertragung von Meßwerten gilt grundsätzlich alles, was in Teil 3 behandelt wird. Dazu kommt, daß für den hier anvisierten Spezialfall der PCM-Telemetrie viele der in Teil 4 (Datenfernverarbeitung) besprochenen Zusammenhänge Gültigkeit haben. Zur Übertragung geeignet sind vor allem elektrische Leiter (Telefon etc.), Licht und Funkstrecken. Sollen öffentliche Wege benutzt werden, ist die Genehmigung der Post einzuholen. Welcher Übertragungsweg gewählt wird, hängt einmal von den Anforderungen an Bandbreite und Übertragungsgeschwindigkeit ab. Andererseits müssen dabei wirtschaftliche Erwägungen einbezogen werden, wobei im allgemeinen gilt, daß Geschwindigkeit Geld kostet.

• *Drahtlose Übertragung*

Für die Übertragung von Meßwerten über *Funkstrecken* (drahtlos also) hält die Post die in Bild 8.13 eingetragenen Frequenzbänder im Megahertz-Bereich bereit. Die größte nutzbare Bandbreite beträgt 300 kHz, die stärkste Sendeleistung 6 Watt. Zugrunde liegen dabei die FTZ-Richtlinien für den „nichtöffentlichen beweglichen Landfunk", den „nichtöffentlichen festen Funkdienst" und für „Funkanlagen für medizinische Meßwertübertragungszwecke" (FTZ: Fernmelde-Technisches Zentralamt). Einzelheiten der drahtgebundenen und drahtlosen Übertragung werden in Teil 3 besprochen.

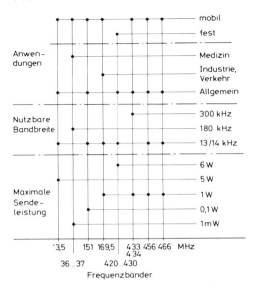

Bild 8.13
Frequenzbänder der Post für Telemetrie-Anwendungen

* 8.3.5. Sprachübertragung

Am Beispiel des Fernsprechsystems PCM 30 sei die prinzipielle Arbeitsweise erläutert. Bild 8.14 läßt erkennen, daß es für 30 Sprachkanäle ausgelegt ist, die in der sogenannten *Endstelle* über Tiefpässe der Grenzfrequenz f_{gr} = 3,4 kHz einem rotierenden Schalter zugeführt werden, der die Sprachkanäle zeitlich nacheinander abfragt (*Zeitmultiplex-System*, vgl. 8.3.4, Bild 8.10). Die Abtastfrequenz beträgt 8 kHz; jedes Abtastintervall ist demnach ca. 3,9 µs lang. Die nun zeitlich gestaffelten Sprachintervalle werden in einem Codierer mit 8 bit in PCM-Signale umgeformt, d.h. die Sprachamplituden sind in 256 Stufen aufgelöst, der Störspannungsabstand beträgt mithin 50 dB. Die Übertragungsbandbreite pro Kanal ergibt sich aus 8 kHz mal 8 bit zu 64 kHz.

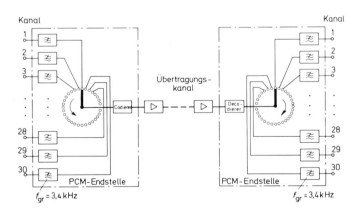

Bild 8.14
Prinzip einer
PCM-Sprechverbindung

● *Zwischenverstärkung*

Auf dem Übertragungskanal werden die PCM-Impulsfolgen durch *Dämpfungen*, *Nebensprechen* oder *Pegelschwankungen* mehr oder weniger stark verzerrt. Zum Ausgleichen der Verluste und zum *Regenerieren* der verzerrten Impulse müssen in Abständen *Regenerativverstärker* zwischengeschaltet werden.

* 8.3. PCM-Anwendungsfälle

Die Abstände zwischen den Verstärkern sollen im beschriebenen System nur 2 km betragen. Gespeist werden die Verstärker von den Endstellen mit 50 mA Gleichstrom. Die Entfernung zwischen zwei speisenden Endstellen darf bei papierisoliertem Kabel mit Adern von 0,8 mm Durchmesser 40 km sein. Daraus ergibt sich das in Bild 8.15 skizzierte PCM-Übertragungssystem; und es wird plausibel, daß dieses System nur für Orts- und Bezirksnetze geeignet ist.

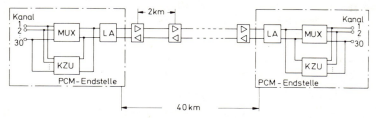

Bild 8.15. Übertragungssystem PCM 30; MUX: Multiplexer, KZU: Kennzeichenumsetzer, LA: Leitungsabschlußeinrichtung

● PCM-Übertragungssystem

In dem PCM-Übertragungssystem Bild 8.15 enthält der *Multiplexer* MUX den Zeitmultiplex-Abtastschalter und den Codierer bzw. Decodierer der in Bild 8.14 gezeichneten PCM-Endstellen. Es ist klar, daß in jeder Endstelle *Codierer und Decodierer* vorhanden sein müssen, weil die Sprechverbindung in beiden Richtungen möglich sein soll. Die *Kennzeichenumsetzer* KZU codieren die ein Gespräch kennzeichnenden Informationen. Die *Leitungsabschlußeinrichtungen* LA schließlich dienen zur Leitungsanpassung und Versorgung der Regenerativverstärker. Weil die Bandbreite pro Kanal sich aus 8 kHz Abtastrate mal 8 bit Auflösung zu 64 kHz ergibt, folgt eine Gesamt-Übertragungsbandbreite von 64 kHz mal Kanalzahl. Die Kanalzahl setzt sich aus 30 Sprachkanälen plus einem *Synchronkanal* und einem *Kennzeichenkanal* zusammen (s. PCM-Rahmen in Bild 8.16). Somit ist von den LA und den Leitungen eine Bandbreite von 64 kHz mal 32 Kanäle gleich 2,048 MHz zu bewältigen.

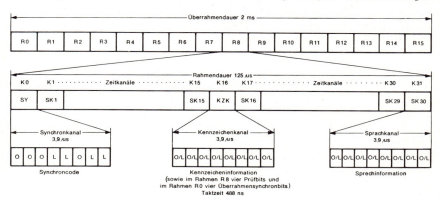

Bild 8.16. PCM-Rahmen und Überrahmen

● PCM-Rahmen

Bild 8.16 zeigt an, wie jeweils 32 Zeitkanäle (30 Sprach- plus 2 Synchron- und Kennzeichenkanäle) zu einem *Impulsrahmen* zusammengefaßt werden, der *PCM-Rahmen* genannt wird. Die einzelnen Kanäle sind 3,9 µs lang, die Rahmendauer beträgt somit 125 µs. Jeder PCM-Rahmen Rn beginnt mit einem *Synchronkanal* SY (Zeitkanal K0). Die 8 bit des Synchroncodes werden zur Synchronisierung des Empfängers benutzt. In den folgenden Zeitkanälen K1 bis K15 sind die Sprechkanäle SK1 bis SK15 untergebracht, die ebenfalls je 8 bit lang sind. Im Zeitkanal K16 wird die vom KZU-Gerät bereitgestellte Kennzeicheninformation übertragen. Die Zeitkanäle K17 bis K31 tragen die restlichen Sprechkanäle SK16 bis SK30.

• PCM-Überrahmen

Die Kennzeicheninformation im Zeitkanal K 16 stammt von zwei Sprechkreisen (je Kreis 4 bit). Um von allen 30 Sprechkreisen die Kennzeicheninformation übertragen zu können, wird durch das KZU-Gerät ein *Überrahmen* gebildet, der sich über 16 Rahmen Rn erstreckt. Dieser Überrahmen trägt mithin 16mal den Synchroncode und 32mal den Kennzeichencode. Davon sind im Rahmen R0 vier Überrahmensynchronbit und im Rahmen R8 vier Prüfbit reserviert, so daß gerade 30 Kennzeichencodes für die 30 Sprechkanäle verbleiben. Die gesamte Kennzeicheninformation der 30 Kanäle ist mithin auf 16 Rahmen verteilt, die den PCM-Überrahmen bilden.

• Reduzierung der Bandbreite

Die relativ große Übertragungsbandbreite von 64 kHz pro Kanal und demzufolge 2,048 MHz beim System PCM 30 haben Untersuchungen mit dem Ziel herausgefordert, die Bandbreite auf ein vernünftiges Maß zu reduzieren. Der erste Schritt war, durch Begrenzung des Sprachbandes auf 3000 Hz die Abtastfrequenz auf etwa 7 kHz (genau 6,857 kHz) zu beschränken. In Großversuchen mit einer Vielzahl von Testpersonen wurden sodann PCM-Sprachsignale mit 8, 7, 6, 5, 4, 3 und 2 bit Auflösungen beurteilt. Es zeigte sich, daß mit 7 bit und dem daraus folgenden Störspannungsabstand von 44 dB eine ausreichende Sprachverständigung möglich wird. Daraus folgt eine Übertragungsbandbreite von nur 48 kHz pro Kanal gegenüber 64 kHz beim System PCM 30. Die Gesamtbandbreite bei 30 Sprachkanälen wird damit von 2,048 MHz auf 1,536 MHz reduziert.

* 8.3.6. Tonübertragung

In 8.3.5 wurde am Beispiel der Sprachübertragung gezeigt, wie die bislang in der Fernsprechtechnik übliche *Datenrate* von 64 kbit/s auf 48 kbit/s reduziert werden kann, ohne die Qualität der Übertragung wesentlich zu beeinträchtigen. Solche Überlegungen sind bei Ton- und erst recht bei Fernsehübertragungen wegen der hier üblichen großen Signalbandbreiten von allergrößter Bedeutung.

• Kompression

Ein Verfahren zur Verringerung der Bitrate ohne Qualitätsverlust trägt die Bezeichnung *Kompression*. Dabei werden die Quantisierungsstufen (vgl. 8.1) unterschiedlich groß gewählt, und zwar so, daß bei kleinen Signalamplituden, wo das Signal-Rausch-Verhältnis am kleinsten ist, die Stufung möglichst fein gewählt wird, dann aber gröber wird, je größer die Signalamplituden sind.

• Logarithmische Quantisierung

Bild 8.17 zeigt einen möglichen Fall einer Kompression. Aufgetragen sind dort 1000 lineare Quantisierungsstufen über einer normierten Eingangsspannung. Würde der gesamte Amplitudenbereich der Eingangsspannung mit 1000 (etwa 2^{10}) Stufen aufgelöst, ergäbe sich der gestrichelt eingezeichnete lineare Verlauf. Dies entspricht mithin in etwa einer linearen Quantisierung mit 10 bit. Entsprechend kann aus den Steigungen der sieben durchgezogen eingetragenen Segmente abgelesen werden, daß sie linearen Quantisierungen mit 8 bit bis 14 bit entsprechen würden. Der gesamte Kurvenzug sagt nun

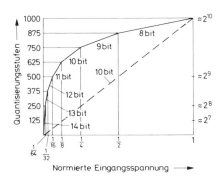

Bild 8.17

Logarithmische Quantisierung (Kompressionskennlinie, nach [27]). Der gestrichelte Verlauf entspricht etwa einer Quantisierung mit 10 bit. Einzelheiten siehe im Text

* 8.3. PCM-Anwendungsfälle

aus, daß Signalamplituden, die größer als 50 % der Maximalamplitude sind, mit 8 bit abgetastet werden, solche zwischen 25 % und 50 % mit 9 bit etc. und Amplituden kleiner als 1,56 % mit 14 bit. Der Gesamtverlauf ist in etwa logarithmisch, weshalb diese Art der Kompression auch *logarithmische Quantisierung* heißt. Die in Bild 8.17 konstruierte logarithmische Kompressorkennlinie, die bei kleinsten Amplituden mit 14 bit auflöst, wird schon mit 10 bit realisiert. Entsprechend werden „12-bit-Qualitäten" mit 8 bit erzielt etc.

• *Drop in und Drop out*

Wenn auf dem Übertragungsweg einzelne Bit des Pulscodes verlorengehen spricht man von *Drop out*. Umgekehrt wird mit *Drop in* der Effekt bezeichnet, daß Störimpulse in der Empfangsstation irrtümlich als Codebit interpretiert werden können, wenn ihre Amplituden einen Schwellwert überschreiten (genaue Definitionen für Magnetbandaufzeichnungen siehe DIN 66 010). Erinnern wir uns an die in den Bildern 8.1 und 5.19 (in 5.3.2) gegebenen Darstellungen, können wir schließen, daß jeder Impulsausfall oder jeder Störimpuls bei der Decodierung zu einer falschen Amplitudenstufe führt. Akustisch wirken sich diese Effekte als Knacken aus, das um so lauter ist, je größer die *Wertigkeit* des betroffenen Bit ist.

• *Prüfbit*

Um die durch *Drop in* bzw. *Drop out* möglichen Störgeräusche klein zu halten, werden *Prüfbit* eingeführt. Das bedeutet, es wird beim Codieren z.B. (je nach Vereinbarung) jede Impulsgruppe durch ein zusätzliches Bit auf eine gerade Quersumme (*gerade Parität*) oder eine ungerade Quersumme (*ungerade Parität*) ergänzt (näheres hierzu in [1]). Beim Decodieren wird jede Quersumme geprüft. Ist im Empfänger durch Störungen eine falsche Parität erkannt, läuft ein Korrekturmechanismus an. Und zwar werden entweder als fehlerhaft erkannte Quantisierungsstufen durch die jeweils vorhergehende oder durch das Mittel aus dieser und der nachfolgenden ersetzt. Der Betrag der Störungen kann damit erheblich herabgesetzt werden. Beispielsweise gelingt es, eine mittlere Fehlerrate von 10^{-5}/s auf 10^{-7}/s zu verkleinern.

* 8.3.7. Fernsehübertragung

Die von einer Farbfernseh-Aufnahmeröhre abgegebene *Farbsignale* „Rot" , „Grün" und „Blau" heißen *Chrominanzsignale*. Außerdem werden die *Helligkeitswerte* eines Bildes in *Luminanzsignale* umgewandelt (s. Kap. 12). Für Schwarzweißfernsehen werden nur die Luminanzsignale Y benötigt, für Farbfernsehen zusätzlich die Chrominanzsignale. Ausgesendet werden aber nicht sämtliche Farbinformationen, sondern nur die Farbsignale „Blau" (B) und „Rot" (R) bzw. − genauer gesagt − die Differenzen B-Y und R-Y sowie Y selbst.

• *Bitrate*

Zur Übertragung der gesamten Farbbildinformation dient der *Farbhilfsträger* der Frequenz 4,43 MHz. Nehmen wir an, daß mit der dreifachen Frequenz abgetastet werden soll und die Amplitude mit 8 bit aufgelöst wird (Störspannungsabstand 50 dB), folgt die nicht realistische Bitrate von 106,32 Mbit/s. Das Hauptproblem bei der Einführung von PCM-Fernsehsystemen ist somit die Reduzierung der Bitrate.

• *DPCM*

Ein derzeit oft verwendetes Verfahren zur Reduzierung der Bitrate heißt *Differential-Pulscodemodulation* (DPCM). Dabei wird jeweils nur die Differenz zwischen zwei aufeinanderfolgenden Abtastpunkten codiert und übertragen. Im Empfänger werden sämtliche übertragenen Differenzen gespeichert und aufaddiert, wodurch das vollständige Signal zurückgewonnen wird. Es ist einleuchtend, daß zur Erzielung einer vergleichbaren Qualität Amplitudendifferenzen in viel weniger Stufen aufgelöst werden müssen als der ganze zu verarbeitende Amplitudenbereich.

• *Realisierung*

Untersuchungen und Probeübertragungen von Farbfernsehbildern mit DPCM werden an verschiedenen Stellen durchgeführt. Dabei wird zusätzlich, ähnlich wie bei Tonübertragungen, mit einer nichtlinearen Quantisierungskennlinie gearbeitet. Und zwar werden große Bildflächen feiner aufgelöst als Bildränder.

Bei der BBC London wurden auf diese Weise PCM-Übertragungen mit der vollständigen Farbinformation prob ert. Beim Fernmelde-Technischen Zentralamt (FTZ) der Bundespost ist man einen etwas anderen Weg gegangen, indem nämlich nicht das vollständige Farbsignal sondern die einzelnen Farbsignalkomponenten Y, B-Y und R-Y getrennt codiert und übertragen wurden. In beiden Fällen ergaben sich gute Bildqualitäten mit nur 50 bis 60 Mbit/s.

8.4. Zusammenfassung

Die Bedeutung der PCM läßt sich auf zwei vorteilhafte Fakten zurückführen:

- Weil nur Impulse übertragen werden, ist eine praktisch vollständige Unterdrückung von Störsignalen, die nicht größer als das PCM-Signal sind, möglich.
- Weil nur Impulse zu verarbeiten sind, können mit hochintegrierten Standardschaltkreisen aus der Massenproduktion preiswerte PCM-Systeme erstellt werden.

Als einziger, in der Übertragungstechnik jedoch zumeist schwerwiegender Nachteil ist die in der Regel sehr große Übertragungsbandbreite anzusehen.

Quantisierung bedeutet, daß analoge Signale stufenweise in einzelne Spannungswerte zerlegt werden, was auch mit *Digitalisierung* oder *Analog-Digital-Wandlung* bezeichnet wird. Die Stufennummern eines quantisierten Signals werden binär codiert. Mit q Bit lassen sich 2^q-Stufennummern verschlüsseln.

Die Störsicherheit von PCM-Systemen ist praktisch sehr groß. Jedoch muß als systembedingt das *Quantisierungsrauschen* hingenommen werden, das dem Betrage nach ± 1/2 Quantisierungsstufe ausmachen kann. Daraus folgt, daß die Quantisierungsstörungen um so geringer werden, je feiner die *Quantelung* der Amplituden gewählt wird. Der *Störspannungsabstand* von PCM-Systemen beträgt darum

$$a_r = 20 \lg \frac{u}{u_r} \text{ dB mit } \frac{u}{u_r} \approx \sqrt{\frac{3}{2}} \cdot 2^q. \tag{8.2}$$

Das Abtasttheorem (vgl. 5.3.1) besagt, daß zur Quantisierung theoretisch schon zwei *Stichproben* (*Samples*) pro Signalperiode genügen. Dies gilt in der PCM-Praxis jedoch nur für eine einzelne Sinusschwingung, die sich während des Abtastvorgangs zeitlich nicht wesentlich ändert.

Aliasing tritt auf, wenn sich ein Frequenzgemisch während der Abtastung zeitlich ändert und die Abtastfrequenz ω_T nicht mindest doppelt so groß gewählt werden kann wie die höchste vorkommende Signalfrequenzkomponente. Dann läßt sich nämlich das abgetastete Signal nicht eindeutig zurückgewinnen, weil Signalfrequenzkomponenten und Seitenlinien nicht mehr unterscheidbar sind. Abhilfen entstehen, wenn vor der Abtastung das Signal mit Tiefpaßfiltern soweit in der Frequenz begrenzt wird, bis für sämtliche Signalkomponenten das Abtasttheorem erfüllt ist. Solche Filter heißen *Anti-Aliasing-Filter*.

8.4. Zusammenfassung

Formate (Schreibverfahren) zur Speicherung und Übertragung von PCM-Daten sollen möglichst *selbsttakend* sein und hohe Bit-Packungsdichten bei niedriger Fehlerrate erlauben. In diesem Sinne besonders geeignet sind die DM-Verfahren (*Delay-Modulation*), die meist *Miller-Codes* genannt werden.

Praktische Bedeutung hat PCM erlangt bei

Meßwertspeicherung auf Magnetband
PCM-Telemetrie
Sprachübertragung (Telefonie)

Literatur zu Teil 2

In diesem Teil 2 sind Modulationsverfahren besprochen worden, die als die eigentlichen *Verfahren* der Signalübertragung anzusehen sind. Es gibt natürlich Speziallliteratur zum Thema Modulation. Jedoch wird in der Regel in Büchern der Nachrichtentechnik die Modulation mit behandelt. Für den Modulationsbegriff allgemein sowie AM und FM speziell seien genannt:

1. Elektronische Bauelemente und Netzwerke II (Berechnung elektronischer Netzwerke), von *H.-G. Unger* und *W. Schultz* [6]. Auf hohem Niveau (wissenschaftliche Hochschule) werden in einem Kapitel „Modulation und Gleichrichtung" AM, Trägerunterdrückung, Einseitenbandmodulation und Amplitudendemodulation behandelt. Vorkenntnisse sind vorausgesetzt.

2. Nachrichtentechnik, von *H. Schönfelder* [13]. Dies ist die Niederschrift einer Vorlesung an der TU-Braunschweig. In einem Hauptkapitel „Frequenzumsetzung" werden AM, FM und Pulsmodulation besprochen, und zwar in solch anschaulicher und klar gegliederter Weise, daß auch weniger vorbelastete davon profitieren können.

3. Das Fischer Lexikon, Technik IV (Elektrische Nachrichtentechnik) [14]. Unter dem Stichwort „Modulatoren, Demodulatoren" werden *stetige* und *unstetige Modulationsverfahren* abgehandelt. Der Vorteil der geschlossenen Behandlung wird durch eine sehr kompakte Darstellung erkauft.

4. Elektrische Nachrichtentechnik, Teil 1: Grundlagen, von *H. Fricke* et al. [15]. In diesem Hochschullehrbuch wird in äußerst gedrängter Form über die Aufgaben der Modulation in Nachrichtenübertragungssystemen, über Schwingungsmodulation, Pulsmodulation und Demodulation gesprochen. Wegen der Kürze der Darstellung und einiger mathematischer Voraussetzungen ist dieses Kapitel des sonst sehr informativen Buches nur mit Einschränkungen zu empfehlen.

5. Taschenbuch Elektrotechnik, Band 3: Nachrichtentechnik, von *E. Philippow* [16]. Schon vom Umfang her (1600 Seiten) wird diese Darstellung der Nachrichtentechnik abschrecken. Dazu kommt, daß einerseits allerhöchstes Niveau eingenommen wird, andererseits die vielen verwendeten Beispiele nicht auf dem Stand der Technik sind. Trotzdem sei der Hauptabschnitt „Hochfrequenztechnik" hervorgehoben, weil darin Modulation und Demodulation wirklich umfassend dargestellt werden.

6. Nachrichtenelektronik, von *S. Liebscher* et al. [19]. Laut Vorwort ist dieses Lehrbuch Bestandteil der berufsbildenden Literatur. Unter dieser Zielsetzung werden auch in den Abschnitten Signale und Signalwandlung, Drahtlose Übertragungstechnik, Drahtgebundene Übertragungstechnik und Speichertechnik Grundlagen anschaulich dargestellt und viele Beispiele gegeben. Andererseits wird häufig und unvermittelt einiges an mathematischem Rüstzeug und spezieller Vorbildung vorausgesetzt. Trotzdem kann dieses Buch als Ergänzung empfohlen werden.

7. Einführung in die Nachrichtentechnik, von *R. Feldtkeller* und *G. Bosse* [20]. Wieder ein Hochschullehrbuch, das aus einer Vorlesung hervorgegangen ist und dementsprechend ein hohes Niveau anstrebt. Jedoch sind die Darstellungen von AM und FM zum Teil recht anschaulich und verständlich gelungen.

8. Taschenbuch der Hochfrequenztechnik, von *H. Meinke* und *F. W. Gundlach* [22]. Dieses bewährte Taschenbuch (über 1400 Seiten) enthält auch 100 Seiten zum Thema Modulation, wobei die Behandlung überwiegend theoretisch und auf hohem Niveau erfolgt. Das Prinzip der PCM wird ebenfalls kurz angesprochen.
9. Handbuch für Hochfrequenz- und Elektro-Techniker, herausgegeben von *K. Kretzer* [23]. Im VI. Band von 1960 ist ein Aufsatz über „Die Pulsmodulation und ihre Anwendung in der Nachrichtentechnik" enthalten. Gut verständlich werden das Abtasttheorem und die verschiedenen Arten der Pulsmodulation besprochen.
10. Modulation und Demodulation, von *E. Prokott* [24]. In aller Ausführlichkeit werden Schwingungsmodulation (Modulation mit Sinusträger) und Pulsmodulation besprochen, wobei gute mathematische Kenntnisse vorausgesetzt werden. Jedoch ist in den Kapiteln „Modulator und Demodulator im Übertragungskreis" sowie „Anwendung der Modulation in der Technik" sehr viel Praxis verarbeitet. Ein weiterer Vorzug des Buches ist das Kapitel „Pulscodemodulation".
11. Taschenlexikon Elektronik-Funktechnik, von *W. Conrad* [25]. Unter verschiedenen Stichworten wie beispielsweise Einseitenbandverfahren, Modulation, Trägerfrequenztechnik wird allgemeinverständlich über Modulationsverfahren gesprochen.
12. Telefunken Laborbuch [26]. Hierbei handelt es sich um wirkliche Laborbücher (inzwischen 5 handliche Bände), in denen für „Entwicklung, Werkstatt und Service", Grundlagen, Hilfsmittel, Tabellen etc. gesammelt sind. Im Band 1 werden in einem Kapitel Ringmodulatoren besprochen.
13. Einführung in die digitale Datenverarbeitung, von *H. J. Tafel* [33]. In dem Hochschullehrbuch werden in einem Kapitel anschaulich und verständlich Verfahren der Digital-Analog- und Analog-Digital-Umsetzung abgehandelt.
14. Digitale Elektronik in der Meßtechnik und Datenverarbeitung, von *F. Dokter* und *J. Steinhauer* [34]. In diesem Band II des umfassenden und bewährten Werkes werden in einem Hauptkapitel für den Praktiker verständlich Analog-Digital-Umsetzer untersucht. Grundlagen der Schaltalgebra werden vorausgesetzt.

Das spezielle Thema PCM kommt in allen genannten Büchern zu kurz. Darum sollen hier zusätzlich ein paar Fachaufsätze zur PCM genannt werden, die im Literaturverzeichnis unter den Nummern [27], [28], [29] und [30] gesammelt sind. Eine umfangreiche Literatursammlung zum Thema „Modulation und Demodulation" (185 Zitate) befindet sich in [24].

Teil 3
Übertragungstechnik

Unter *Übertragungstechnik* versteht man häufig die gesamte Nachrichtentechnik einschließlich der Modulationsverfahren. In der für dieses Buch entwickelten Gliederung sind die *Grundlagen der Signalübertragung* (Teil 1) und die *Verfahren der Signalübertragung* (Teil 2; Modulation, Demodulation) getrennt behandelt worden. Für den Rest des Buches verbleiben somit die Übertragungen im eigentlichen Sinne. Dabei wird so vorgegangen, daß *digitale Übertragungen* geschlossen in Teil 4 behandelt werden (*Datenfernverarbeitung*). Der Teil 3 bleibt reserviert für *analoge Übertragungen*. Begonnen wird die Besprechung mit drahtgebundener Übertragung, wobei zunächst Leitungen theoretisch und in ihren Eigenschaften untersucht werden (*Kapitel 9*). In *Kapitel 10* sind nach einem Abschnitt über Trägerfrequenztechnik mit Telegrafie und Telefonie die wichtigsten Anwendungen vorgestellt. *Kapitel 11* hat Antennen und Wellenausbreitungen zum Inhalt, womit die Grundlagen der drahtlosen Übertragung gegeben sind. In *Kapitel 12* werden die wichtigsten Fälle der drahtlosen Übertragung analoger Signale besprochen.

9. Leitungen

Elektrische Signalübertragung kann *drahtlos* durch den freien Raum oder *drahtgebunden* erfolgen. In jedem Fall aber handelt es sich um eine *Energieübertragung*. Der Hauptunterschied ist der, daß die zu übertragende elektrische Energie im Falle der drahtlosen Übertragung den ganzen *materiefreien Raum* ausfüllt, während sie bei drahtgebundener Übertragung in einem rohrförmigen Raum konzentriert bleibt, dessen Durchmesser sehr viel kleiner als seine Länge ist. In beiden Fällen erfolgt die Übertragung in physikalisch gleichartiger Weise. Jedoch ergeben sich bei Benutzung des „führenden" materiellen Leiters Besonderheiten, die die Übertragung einerseits vorteilhaft, andererseits störend beeinflussen. Hierauf wird im folgenden eingegangen. Nach einer Einteilung der verschiedenartigen Leiter (9.1) und den theoretischen Voraussetzungen (9.2) werden die Eigenschaften spezieller Leitungen herausgestellt (9.3).

▶ 9.1. Leitungstypen

▶ 9.1.1. Einteilung von Nachrichtenleitungen nach ihrem Aufbau

Eine Leitung wird dann als *homogen* bezeichnet, wenn sie ihren Querschnitt nicht ändert und die Leitungseigenschaften längs der Leitung konstant bleiben.

● *Einfachleitung*

Die Grundform einer elektrischen Leitung ist die *Einfachleitung*. Das ist eine Verbindung zwischen zwei Orten, die aus einem leitenden Draht oder einem anderen elektrischen Leiter besteht. Sie werden nicht als eigentliche Nachrichtenleitungen verwendet, sondern in Sendern und Empfängern zur Weiterleitung der Signalströme. So findet man z. B. auch Einfachleitungen zwischen einer Hochantenne und dem Empfangsgerät sowie zwischen diesem und der Erdung.

● *Doppelleitung*

Die meisten Übertragungswege der Nachrichtentechnik sind als *Doppelleitungen* ausgeführt. Dabei wird je ein Draht für die Hin- und Rückleitung des Signalstromes benutzt. Hierzu ist auch der Fall zu zählen, daß ein Stromweg durch die Erdoberfläche und der zugehörige zweite durch einen zur Erde parallel verlaufenden Leiter gebildet wird. Allgemein läßt sich eine systematische Einteilung von Doppelleitungen danach vornehmen, ob der Leitungsaufbau symmetrisch oder unsymmetrisch ist. *Symmetrisch* ist eine Doppelleitung dann, wenn beide Stromwege (Adern) gleichartig sind (*Parallelleitung*). *Unsymmetrisch* nennt man eine Leitung, wenn unterschiedliche Stromwege benutzt werden. So ist die obengenannte Doppelleitung mit der Erdoberfläche als Rückleiter unsymmetrisch. Der wichtigste unsymmetrische Leitungstyp ist jedoch das *Koaxialkabel*, bei dem die beiden Stromwege durch Innenleiter und Mantel gebildet werden.

● *Mehrfachleitung*

Fernmeldekabel sind als *Mehrfachleitungen* ausgeführt. Das bedeutet, daß symmetrische oder koaxiale Doppelleitungen zu Kabeln gebündelt werden. Besondere Aufmerksamkeit ist bei solchen Systemen dem Isolationswiderstand zwischen den einzelnen Doppelleitungen zu widmen, d.h. die einzelnen *Sprechkreise* sind so gut voneinander zu isolieren, daß das *Übersprechen* zwischen ihnen hinreichend klein bleibt.

● *Streifenleitung*

Eine *Streifenleitung* ist eine Sonderform der Mehrfachleitung. Sie werden hauptsächlich für Dezimeter- und Zentimeterwellen (*Mikrowellen*, vgl. Bild 1.14 in 1.6) verwendet. Hervorzuheben ist, daß sie sich als *gedruckte Schaltung* relativ billig herstellen lassen (*Microstrip*). Jedoch ist ihre Berechnung recht aufwendig.

● *Hohlleiter*

Die Übertragungswege in der Höchstfrequenztechnik (oberhalb etwa 3 GHz) werden hauptsächlich als Hohlleiter ausgeführt. Im Gegensatz zu gewöhnlichen Leitungen mit Hin- und Rückleiter (Doppelleitung) breiten sich hier die elektromagnetischen Wellen im Inneren von rechteckigen oder runden Metallröhren aus (s. 9.3.4).

● *Oberflächenwellenleiter*

An den Grenzflächen zwischen Metallen und Isolatoren (dielektrische Hülle) und auf den Oberflächen dielektrischer Leiter sind elektromagnetische Wellen (Dezimeter- und Zentimeterwellen) ausbreitungsfähig. Eingesetzt werden solche Systeme z.B. als Antennenzuleitungen oder Fernsehverteilerleitungen. Sie sind billiger herstellbar und weisen geringere Dämpfungen auf als Koaxialkabel. Überhaupt ist ein Merkmal aller Wellenleiter, daß ihre Dämpfung mit zunehmender Frequenz abnimmt. Gewöhnliche Leiter weisen gerade das entgegengesetzte Verhalten auf (Tiefpaßwirkung).

▶ 9.1.2. Einteilung von Nachrichtenleitungen nach ihrem Verwendungszweck

- ● **Übertragungsleitungen für Telefonie und Telegrafie**
  Freileitungen, Fernmeldekabel;
- ● **Trägerfrequenzleitungen**
  Koaxialkabel, Wellenleiter, Dielektrische Leiter, Sonderleitungen
  (z.B. *Lichtleiter*);
- ● **Leitungen für höchste Frequenzen**
  Koaxialkabel, Wellenleiter, Hohlleiter, Lichtleiter.

▶ 9.1. Leitungstypen   155

• *Freileitungen*

Freileitungen waren ursprünglich unsymmetrisch ausgeführt, d.h. die Übertragung erfolgte in einer Einfachleitung, die Rückleitung durch die Erde. Diese Form ist längst aufgegeben. Heute werden symmetrische Doppelleitungen verwendet, also je ein Draht für Hin- und Rückleitung des Stromes. Wie in 10.2 beschrieben, werden für eine Telefonverbindung zwei Doppelleitungen benötigt (Vierdrahtverbindung). Um den Einfluß magnetischer Wechselfelder aus eventuell benachbarten Starkstromleitungen und elektrostatische Einflüsse klein zu halten, werden jeweils die vier Drähte eines Sprechkreises zu sogenannten *Viereren* verseilt. Bild 9.1 zeigt die beiden wichtigsten Arten der *Verseilung*. Beim *Sternvierer* sind alle vier Leitungen gemeinsam verseilt, beim *DM-Vierer* (*Dieselhorst-Martin-Vierer*) jeweils zwei Paare.

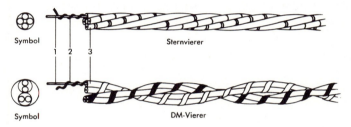

Bild 9.1. Verseilung von Vierdrahtverbindungen (Fernsprech-Vierer). 1: Kupferleiter, 2: Papierkordel, 3: Papierisolierung mit Aderkennzeichnung (entnommen aus [2])

• *Fernmeldekabel*

Fernleitungen werden selbstverständlich nicht nur für einen Anschluß verlegt. Man ist an der Verlegung vieladriger Kabel interessiert. Dazu werden Sternvierer oder DM-Vierer lagenweise zu Bündeln zusammengefaßt. Bild 9.2 zeigt ein Beispiel, in dem 12 Sternvierer gebündelt sind.

• *Trägerfrequenzleitungen*

Für Fernleitungen wird mit Hilfe der *Trägerfrequenztechnik* (vgl. 10.1) eine Mehrfachausnutzung der Fernmeldekabel vorgenommen. Weil dabei Trägerfrequenzen bis in den Megahertz-Bereich zu verarbeiten sind, wurden früher Fernmeldekabel mit Viererverseilung nur für direkte Übertragungen eingesetzt. Jedoch existieren heute hochwertige verseilte Kabel, mit denen bis zu 1,4 MHz übertragen werden können. Die eigentlichen Trägerfrequenzleitungen aber für den Bereich zwischen etwa 100 kHz und 3 GHz werden aus Koaxialkabeln aufgebaut.

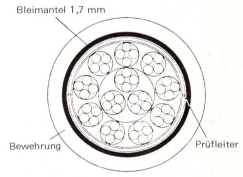

Bild 9.2. Aufbau eines Fernmeldekabels mit 12 Sternvierern

• *Leitungen für höchste Frequenzen*

Es existieren heute Koaxialkabel und Wellenleiter für Frequenzen bis etwa 10 GHz. Darüber jedoch sind als Leitungen nur noch *Hohlleiter* brauchbar (vgl. 9.1.1 und 9.3.4).

9.2. Allgemeine Leitungseigenschaften

9.2.1. Betriebszustände elektrischer Leitungen

Jeder stromdurchflossene Leiter wird von einem elektromagnetischen Feld begleitet, das den Leiter etwa schlauchförmig umgibt. In einem Zweidrahtsystem (*Doppelleitung*) wird das begleitende Feld im wesentlichen zwischen den beiden Leitungen konzentriert. Diese elektromagnetischen Felder sind die Träger der Energie, die über die Leitung übertragen werden sollen. Das bedeutet, die Felder stellen die Signale dar. Sie breiten sich mit der Geschwindigkeit c_s längs der Leitung aus, die im verlustfreien Grenzfall gleich der Lichtgeschwindigkeit ist.

• *Wellenlänge*

Periodischen Schwingungen der Frequenz f kann eine Wellenlänge λ zugeordnet werden. Und zwar gilt

$$\lambda = \frac{c_s}{f}, \qquad (9.1)$$

wenn c_s die oben eingeführte Ausbreitungsgeschwindigkeit der elektromagnetischen Felder längs einer Leitung ist. Für den nicht ganz realen Fall, daß sich ein Wechselstrom von 50 Hz mit Lichtgeschwindigkeit auf einer Leitung ausbreitet, folgt aus Gl. (9.1) die Wellenlänge von $\lambda = 3 \cdot 10^8/50 = 6000$ km. Das bedeutet, Leitungen in normalen Lichtnetzen werden immer kurz gegen λ sein, so daß sich über die Leitungslängen hin kaum Veränderungen der Strom- und Spannungsamplituden ergeben werden. Ein anderes, realistisches Beispiel sei mit den transatlantischen Telefonkabeln angegeben, auf denen sich die Sprechsignale mit $2 \cdot 10^8$ m/s über den 3700 km langen Weg ausbreiten, mithin 18,5 ms benötigen. Die Wellenlänge dieser Signalausbreitung liegt im Falle der größten Übertragungsfrequenz von 3,4 kHz bei nur 58,8 km. Das aber bedeutet, daß etwa 63 Perioden auf die Leitung passen, mithin der *Wellenvorgang* bei der Signalausbreitung „sichtbar" wird.

• *Elektrische Länge einer Leitung*

Ob Strom- und Spannungsverläufe auf einer Leitung konstant oder ortsabhängig sind, ist in vielen Fällen von Wichtigkeit. Die Verhältnisse in diesem Zusammenhang drückt man aber nicht absolut beispielsweise über die Leitungslänge l aus, sondern man benutzt dazu den Quotienten von l durch λ, weil so unterschiedliche Frequenzen oder Ausbreitungsgeschwindigkeiten berücksichtigt werden.

$\frac{l}{\lambda}$: auf die Wellenlänge bezogene *elektrische Länge* einer Leitung.

Man beachte, daß es sich bei dieser „Länge" um eine dimensionslose Größe handelt!

9.2. Allgemeine Leitungseigenschaften

• *Stationärer Zustand*

Für den Fall $l/\lambda \to 0$ sind keine Veränderungen der Strom- und Spannungsamplituden auf der Leitung wahrnehmbar, d.h. Strom und Spannung haben an allen Punkten der Leitung zu jeder Zeit denselben Wert. Es ergibt sich also ein *stationärer Zustand*.

• *Quasistationärer Zustand*

Der Grenzfall $l/\lambda \to 0$ ist kaum realisierbar. Wenn aber $l/\lambda \leq 0{,}01$ gilt, kann man in erster Näherung davon ausgehen, daß Strom und Spannung auf der Leitung nahezu (quasi) konstant bleiben. Für *elektrisch kurze Leitungen* ergibt sich also ein *quasi-stationärer Zustand*.

• *Nichtstationärer Zustand*

Wird $l/\lambda > 0{,}01$, kann die Ortsabhängigkeit von Strom und Spannung nach Betrag und Phase nicht mehr vernachlässigt werden. Solch *elektrisch lange Leitungen* weisen im Betrieb ein Verhalten auf, das als *nichtstationärer Zustand* bezeichnet wird.

• *Eingeschwungener Zustand*

Bei Amplitudenänderungen, insbesondere beim Ein- und Ausschalten, treten *Ausgleichsvorgänge* auf, die nach einem endlichen Zeitraum abgeschlossen sind. Mit anderen Worten: der gewünschte „einheitliche" Zustand auf einer Leitung stellt sich immer erst nach einer gewissen Zeit ein, wenn nämlich die Ausgleichsvorgänge abgeschlossen sind. Der einheitliche Zustand wird *eingeschwungener Zustand* genannt. Bilder 9.3 und 9.4 zeigen zwei Beispiele für das „Einschwingen".

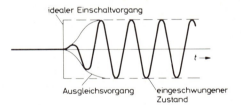

Bild 9.3. Einschalten einer Sinusschwingung

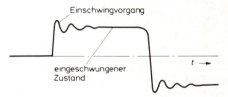

Bild 9.4. Einschwingverhalten bei einer Rechteckschwingung

9.2.2. Ersatzschaltungen und mathematische Behandlung

Es ist allgemeiner Brauch, Kondensatoren durch Kapazitäten C und Spulen durch Induktivitäten L darzustellen. In ähnlicher Weise sind für Leitungen Ersatzschaltbilder entwickelt worden, um mit bekannten Symbolen und in anschaulicher Weise Wellenausbreitungen beschreiben zu können. Bild 9.5 zeigt ein einfaches *Leitungsersatzschaltbild*, in dem zunächst *Verluste* bei der Wellenausbreitung nicht berücksichtigt sind. Danach wird eine *Zweidrahtleitung* (*Doppelleitung*, 9.1.1) dargestellt durch Aneinanderreihung von Längsinduktivitäten

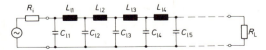

Bild 9.5. Einfaches Leitungsersatzschaltbild; R_i: Generatorinnenwiderstand, R_L: Lastwiderstand, L_l: Induktivität und C_l: Kapazität eines Leitungsstückes der Länge l

L_l und Querkapazitäten C_l. Jeder Strom i in den Leitern erzeugt ein *magnetisches Feld* und somit pro Leitungsstück der Länge l einen *Magnetfluß*

$$\phi_l = L_l \cdot i. \tag{9.2}$$

Entsprechend erzeugt eine Spannung u zwischen den beiden Leitern ein *elektrisches Feld* und somit pro Leitungsstück die *Ladung*

$$Q_l = C_l \cdot u. \tag{9.3}$$

• *Ausbreitungsvorgang*

Mit den nach Gl. (9.2) und Gl. (9.3) definierten Größen L_l und C_l läßt sich der Ausbreitungsvorgang auf einer mit Bild 9.5 beschriebenen Leitung etwa folgendermaßen erklären: Die Generatorspannung lädt die erste Querkapazität C_{l1} auf, wodurch über die erste Längsinduktivität L_{l1} eine Spannung aufgebaut wird. Damit beginnt durch L_{l1} ein Strom zu fließen, der C_{l1} entlädt und gleichzeitig C_{l2} auflädt. Dieser Vorgang wiederholt sich von Glied zu Glied, und es entsteht eine Ausbreitung des angelegten Signals mit einer endlichen Geschwindigkeit, die von den Größen L_l und C_l abhängt.

• *Verfeinertes Ersatzschaltbild*

Das einfache Ersatzschaltbild 9.5 genügt zwar zur qualitativen Beschreibung des Ausbreitungsvorgangs, nicht aber für eine quantitative Untersuchung, womit die Herleitung der *Leitungsgleichungen* gemeint ist. Dazu ergänzen wir das einfache Bild durch *Längswiderstände* R_l und *Querleitwerte* G_l, d.h. wir berücksichtigen *ohmsche Verluste*, womit das Ersatzschaltbild 9.6 entsteht. Jede reale Leitung kann nun durch Aneinanderreihung solcher *Leitungselemente* dargestellt werden.

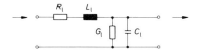

Bild 9.6
Verfeinertes Leitungsersatzschaltbild; R_l: Ohmscher Widerstand und G_l: Leitwert eines Leitungsstückes (s. auch Bild 9.5)

• *Leitungsbeläge*

Es hat sich als nützlich herausgestellt, die *Leitungsersatzgrößen* R_l, L_l, G_l und C_l nicht absolut sondern pro Längeneinheit anzugeben. Diese Größen bezeichnet man als *Leitungsbeläge* und macht sie durch einen hochgestellten Strich kenntlich. Es entstehen:

Widerstandsbelag:	$R' = R_l/l$ in Ω/m	*Induktivitätsbelag:*	$L' = L_l/l$ in H/m
Leitwertbelag:	$G' = G_l/l$ in S/m	*Kapazitätsbelag:*	$C' = C_l/l$ in F/m

• *Mathematische Behandlung*

Um die *Leitungsgleichungen* herleiten zu können, betrachten wir sehr kleine Leitungselemente der Länge Δl und die auf diese „kurze" Länge bezogenen Beläge. Nun lassen wir Δl sehr klein werden, machen also den gedanklichen Schritt zu einer mathematischen „unendlich kurzen" Leitungslänge. Führen wir noch ein rechtwinkliges Koordinatensystem ein und legen die Leitung in z-Richtung, können wir für die Leitungselemente anstelle von Δl die *infinitesimale* Längeneinheit dz einführen. Da-

9.2. Allgemeine Leitungseigenschaften

mit ergibt sich Bild 9.7 mit einem Leitungsstück der Länge dz. Bezogen auf den Anfang dieses Stückes haben sich am Ende Strom i und Spannung u verändert auf den Betrag

$$i + \frac{\partial i}{\partial z} \cdot dz \quad \text{und} \quad u + \frac{\partial u}{\partial z} \cdot dz. \tag{9.4}$$

Das bedeutet, auf dem Wegstück der Länge dz ändern sich Strom und Spannung nach Maßgabe der Leitungseigenschaften. Diese örtliche Veränderung über dem Leitungsstück dz wird mathematisch als *partielle Ableitung* nach dem Weg $\partial/\partial z$ („rundes" d) angegeben, multipliziert mit der Länge dz des Leitungsstücks. (Ebenfalls möglich und im folgenden auch verwendet sind partielle Ableitungen nach der Zeit $\partial/\partial t$.)

Bild 9.7
Leitungsersatzschaltbild mit mathematisch „unendlich" kurzer Länge dz und Änderungen von Strom und Spannung über diese Länge

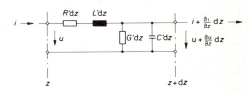

● *Maschengleichung*

Mit den eben definierten Strom- und Spannungsänderungen lassen sich aus den *Kirchhoffschen Gesetzen* für das Leitungselement Bild 9.7 Leitungsgleichungen herleiten. Eine erste folgt durch Verwendung der *Maschenregel*, wonach in einer Reihenschaltung eines geschlossenen elektrischen Kreises die *Summe aller Spannungsabfälle konstant* ist (2. *Kirchhoffsches Gesetz*). Danach ergibt sich aus Bild 9.7

$$u = R' dz \cdot i + L' dz \cdot \frac{\partial i}{\partial t} + u + \frac{\partial u}{\partial z} dz. \tag{9.5}$$

● *Knotengleichung*

Eine zweite Gleichung folgt durch Verwendung der *Knotenregel*, wonach in einer Parallelschaltung eines geschlossenen elektrischen Kreises die *Summe aller Ströme konstant* ist (1. *Kirchhoffsches Gesetz*). Somit lesen wir aus Bild 9.7 ab

$$i = G' dz \cdot u + C' dz \cdot \frac{\partial u}{\partial t} + i + \frac{\partial i}{\partial z} dz. \tag{9.6}$$

● *Differentialgleichungen der elektrischen Leitung*

Werden die Gleichungen (9.5) und (9.6) durch dz geteilt, entsteht ein Gleichungssystem, das die Basis für alle Betrachtungen der Leitungstheorie bildet:

$$\boxed{\begin{aligned} \frac{\partial u}{\partial z} &= -\left(R' + L' \frac{\partial}{\partial t}\right) i \\ \frac{\partial i}{\partial z} &= -\left(G' + C' \frac{\partial}{\partial t}\right) u \end{aligned}} \tag{9.7}$$

Es handelt sich hier um sogenannte *Differentialgleichungen*, in denen Strom und Spannung miteinander verkoppelt sind. Oft sind die Leitungsbeläge R', L', G', C' nicht alle existent, oder es sind mitunter die Beläge so unterschiedlich groß, daß die kleineren vernachlässigt werden können, wodurch sich das Gleichungssystem (9.7) vereinfacht. Sind z.B. L' und C' sehr klein, folgt

$$\frac{\partial u}{\partial z} = -R' i \quad \text{und} \quad \frac{\partial i}{\partial z} = -G' u.$$

Daraus erkennt man formale Ähnlichkeiten mit dem ohmschen Gesetz, wenn beachtet wird, daß R' und G' Widerstand bzw. Leitwert pro Längeneinheit bedeuten.

* 9.2.3. Leitungsgleichungen

Zur Lösung der Gleichungen (9.7) verwenden wir Sinusschwingungen der Frequenz ω, deren Augenblickswerte nach 4.1.1 geschrieben werden als

$$x(t) = \operatorname{Re} \underline{\hat{x}}\, e^{j\omega t} \tag{9.8}$$

oder mit dem *Effektivwert* $\underline{X} = \underline{\hat{x}}/\sqrt{2}$:

$$x(t) = \sqrt{2}\, \operatorname{Re}[\underline{X}\, e^{j\omega t}]. \tag{9.9}$$

Wir setzen Gl. (9.9) in Gl. (9.7) ein, indem für die allgemeine Größe x Spannung u bzw. Strom i geschrieben werden. Außerdem wird verwendet, daß die zeitlichen Ableitungen ergeben

$$\frac{\partial}{\partial t}[\underline{X}\, e^{j\omega t}] = j\omega \underline{X}\, e^{j\omega t},$$

weil die Ableitung einer e-Funktion diese reproduziert und die innere Ableitung den Faktor $j\omega$ ergibt. Wir können somit im folgenden stets für $\partial/\partial t$ den Faktor $j\omega$ einsetzen. Damit folgt schließlich

$$\begin{aligned}\sqrt{2}\, \operatorname{Re}\left[\frac{d\underline{U}}{dz}\, e^{j\omega t}\right] &= -\sqrt{2}\, \operatorname{Re}\left[(R' + j\omega L')\, \underline{I}\, e^{j\omega t}\right] \\ \sqrt{2}\, \operatorname{Re}\left[\frac{d\underline{I}}{dz}\, e^{j\omega t}\right] &= -\sqrt{2}\, \operatorname{Re}\left[(G' + j\omega C')\, \underline{U}\, e^{j\omega t}\right].\end{aligned} \tag{9.10}$$

Die „runden" (partiellen) d (∂) konnten durch gerade ersetzt werden, weil nur noch die Ableitungen nach z übriggeblieben sind.

● *Differentialgleichungen für $\underline{U}$ und $\underline{I}$*

Die Gleichungen (9.10) sind erfüllt, wenn gilt

$$\boxed{\frac{d\underline{U}}{dz} = -(R' + j\omega L')\, \underline{I} \quad \text{und} \quad \frac{d\underline{I}}{dz} = -(G' + j\omega C')\, \underline{U}.} \tag{9.11}$$

Dies sind die Differentialgleichungen der Effektivwerte von Spannung und Strom im eingeschwungenen Zustand. Zur Lösung dieser Gleichungen differenziert man die erste Gleichung nach z und setzt $d\underline{I}/dz$ aus der zweiten Gleichung in die erste ein:

$$\frac{d^2\underline{U}}{dz^2} = (R' + j\omega L')(G' + j\omega C')\, \underline{U}. \tag{9.12}$$

Setzen wir zur Abkürzung $\gamma^2 = (R' + j\omega L')(G' + j\omega C')$, erhalten wir:

$$\boxed{\begin{array}{lll} \textit{Wellengleichung} & \dfrac{d^2\underline{U}}{dz^2} = \gamma^2\, \underline{U} & (9.13) \\[2mm] \textit{Ausbreitungskonstante} & \gamma = \sqrt{(R' + j\omega L')(G' + j\omega C')} = \alpha + j\beta & (9.14) \\ \text{mit} & & \\ \textit{Dämpfungskonstante} & \alpha = \operatorname{Re} \gamma & \\ \textit{Phasenkonstante} & \beta = \operatorname{Im} \gamma & \end{array}}$$

● *Lösung der Wellengleichung*

Lösungen der *Wellengleichung* (9.13) sind

$$\underline{U}_1\, e^{-\gamma z} \quad \text{und} \quad \underline{U}_2\, e^{\gamma z},$$

9.2. Allgemeine Leitungseigenschaften

worin $\underline{U}_1$ und $\underline{U}_2$ beliebige komplexe Konstanten sind. Durch Einsetzen in Gl. (9.13) läßt sich leicht nachprüfen, daß die angegebenen Lösungen gültig sind. Die allgemeine Lösung der Wellengleichung folgt aus der Addition beider Teillösungen, also

$$\boxed{\underline{U} = \underline{U}_1 e^{-\gamma z} + \underline{U}_2 e^{\gamma z}.} \qquad (9.15)$$

• Lösung für den Strom

Eine Lösung für den Effektivwert des Stromes erhält man, wenn die erste der Gleichungen (9.11) nach $\underline{I}$ aufgelöst und für $\underline{U}$ die Lösung für die Spannung Gl. (9.15) eingesetzt wird:

$$\underline{I} = -\frac{1}{R' + j\omega L'} \cdot \frac{d\underline{U}}{dz} = \frac{\gamma}{R' + j\omega L'} (\underline{U}_1 e^{-\gamma z} - \underline{U}_2 e^{\gamma z}).$$

Durch Einsetzen von γ (Gl. (9.14)) entsteht

$$\frac{\gamma}{R' + j\omega L'} = \sqrt{\frac{G' + j\omega C'}{R' + j\omega L'}} = \frac{1}{\underline{Z}}.$$

Damit ist zur Abkürzung eingeführt der

$$\boxed{\text{Wellenwiderstand } \underline{Z} = \sqrt{\frac{R' + j\omega L'}{G' + j\omega C'}}.} \qquad (9.16)$$

Nun ergibt sich für den Strom

$$\boxed{\underline{I} = \frac{1}{\underline{Z}} (\underline{U}_1 e^{-\gamma z} - \underline{U}_2 e^{\gamma z}).} \qquad (9.17)$$

• Integrationskonstanten $\underline{U}_1$, $\underline{U}_2$

In den Lösungen für die Spannung Gl. (9.15) und den Strom Gl. (9.17) sind noch die *Integrationskonstanten* $\underline{U}_1$ und $\underline{U}_2$ zu bestimmen. Das gelingt, indem man beispielsweise Strom und Spannung am Anfang a der Leitung, also bei $z = 0$ betrachtet. Es folgt aus Gl. (9.15)

$$\underline{U}(0) = \underline{U}_1 + \underline{U}_2 = \underline{U}_a$$

und aus Gl. (9.17)

$$\underline{I}(0) = \frac{1}{\underline{Z}} (\underline{U}_1 - \underline{U}_2) = \underline{I}_a.$$

Hieraus läßt sich leicht ablesen:

$$\underline{U}_1 = \frac{\underline{U}_a + \underline{Z}\,\underline{I}_a}{2} \quad \text{und} \quad \underline{U}_2 = \frac{\underline{U}_a - \underline{Z}\,\underline{I}_a}{2}. \qquad (9.18)$$

• Leitungsgleichungen

Durch Einsetzen der Integrationskonstanten Gl. (9.18) in Gl. (9.15) und (9.17) entsteht die sogenannte *physikalische Form der Leitungsgleichungen:*

$$\boxed{\begin{aligned}\underline{U}(z) &= \frac{1}{2}(\underline{U}_a + \underline{Z}\,\underline{I}_a) e^{-\gamma z} + \frac{1}{2}(\underline{U}_a - \underline{Z}\,\underline{I}_a) e^{\gamma z} \\ \underline{I}(z) &= \frac{1}{2}\left(\frac{\underline{U}_a}{\underline{Z}} + \underline{I}_a\right) e^{-\gamma z} - \frac{1}{2}\left(\frac{\underline{U}_a}{\underline{Z}} - \underline{I}_a\right) e^{\gamma z}.\end{aligned}} \qquad (9.19)$$

Eine andere Schreibweise der Leitungsgleichungen ergibt sich, wenn die *Koeffizienten* $\underline{U}_a, \underline{I}_a, \underline{Z}\underline{I}_a$ und $\underline{U}_a/\underline{Z}$ zusammengefaßt werden:

$$\underline{U}(z) = \underline{U}_a \frac{e^{\gamma z} + e^{-\gamma z}}{2} - \underline{Z}\underline{I}_a \frac{e^{\gamma z} - e^{-\gamma z}}{2}$$

$$\underline{I}(z) = \underline{I}_a \frac{e^{\gamma z} + e^{-\gamma z}}{2} - \frac{\underline{U}_a}{\underline{Z}} \frac{e^{\gamma z} - e^{-\gamma z}}{2}.$$

Verwendet man die in allen mathematischen Formelsammlungen nachschlagbaren Zusammenhänge

$$\frac{e^x - e^{-x}}{2} = \sinh x \quad \text{und} \quad \frac{e^x + e^{-x}}{2} = \cosh x$$

folgt die *mathematische Form der Leitungsgleichungen*:

$$\boxed{\begin{aligned}\underline{U}(z) &= \underline{U}_a \cosh \gamma z - \underline{Z}\,\underline{I}_a \sinh \gamma z \\ \underline{I}(z) &= \underline{I}_a \cosh \gamma z - \frac{\underline{U}_a}{\underline{Z}} \sinh \gamma z\,.\end{aligned}}\tag{9.20}$$

* 9.2.4. Wellenausbreitung

In diesem Abschnitt sollen die Leitungsgleichungen (9.19) bzw. (9.20) interpretiert und damit die Ausbreitung von Wellen auf Leitungen diskutiert werden.

• *Zeit- und Ortsabhängigkeit*

Die komplexen Leitungsgleichungen sind für eine Diskussion in Gleichungen für die *Augenblickswerte* u und i umzuformen (vgl. 4.1.1); denn nur daran lassen sich die orts- und zeitabhängigen Vorgänge auf Leitungen ablesen. Dazu verwenden wir für die *Ausbreitungskonstante* die Form $\gamma = \alpha + j\beta$ und weiterhin den Zusammenhang zwischen Augenblickswert und Effektivwert: $x = \sqrt{2}\,\text{Re}\,\underline{X}\,e^{j\omega t}$ (s. Gl. (9.9)). Damit folgt aus Gl. (9.19)

$$u(z,t) = \sqrt{2}\,\text{Re}\,[\underline{U}_1 e^{-\alpha z} e^{-j\beta z} e^{j\omega t} + \underline{U}_2 e^{\alpha z} e^{j\beta z} e^{j\omega t}]. \tag{9.21}$$

Zur Abkürzung sind hier die über Gl. (9.18) bekannten Integrationskonstanten eingesetzt, mithin ist formal Gl. (9.15) verwendet. In gleicher Weise folgt aus Gl. (9.19) bzw. (9.17)

$$i(z,t) = \sqrt{2}\,\text{Re}\,\left[\frac{\underline{U}_1}{\underline{Z}} e^{-\alpha z} e^{-j\beta z} e^{j\omega t} - \frac{\underline{U}_2}{\underline{Z}} e^{\alpha z} e^{j\beta z} e^{j\omega t}\right]. \tag{9.22}$$

Mit Hilfe von Gl. (9.9) schreiben wir

$$\sqrt{2}\,\text{Re}\,\underline{U}_1 = \hat{u}_1\,\text{Re}(e^{j\psi_1}) \quad \text{und} \quad \sqrt{2}\,\text{Re}\,\underline{U}_2 = \hat{u}_2\,\text{Re}(e^{j\psi_2})$$

führen somit die *Phasenwinkel* ψ_1 und ψ_2 ein (Nullphase, vgl. 4.1.1). Ebenso definieren wir

$$\sqrt{2}\,\text{Re}\,(\underline{U}_1/\underline{Z}) = \hat{i}_1\,\text{Re}(e^{j\psi_1}) \quad \text{und} \quad \sqrt{2}\,\text{Re}\,(\underline{U}_2/\underline{Z}) = \hat{i}_2\,\text{Re}(e^{j\psi_2}).$$

Weiterhin wird verwendet $\text{Re}\,[e^{\mp \alpha z}] = e^{\mp \alpha z}$ und $e^{\pm j\varphi} = \cos\varphi \pm j\sin\varphi$, mithin

$$\text{Re}\,[e^{j(\omega t + \psi_1 - \beta z)}] = \cos(\omega t + \psi_1 - \beta z)$$
$$\text{Re}\,[e^{j(\omega t + \psi_2 + \beta z)}] = \cos(\omega t + \psi_2 + \beta z)\,.$$

Damit ergibt sich endgültig aus Gl. (9.21) und (9.22)

$$\boxed{\begin{aligned}u(z,t) &= \hat{u}_1 e^{-\alpha z} \cos(\omega t + \psi_1 - \beta z) + \hat{u}_2 e^{\alpha z} \cos(\omega t + \psi_2 + \beta z) \\ i(z,t) &= \hat{i}_1 e^{-\alpha z} \cos(\omega t + \psi_1 - \beta z) - \hat{i}_2 e^{\alpha z} \cos(\omega t + \psi_2 + \beta z).\end{aligned}}\tag{9.23}$$

9.2. Allgemeine Leitungseigenschaften

• *Grafische Darstellung*

Eine Interpretation der Gleichungen (9.23) führt zuerst zu der Erkenntnis, daß sowohl Strom als auch Spannung aus jeweils zwei Anteilen bestehen, die mit den Indizes 1 und 2 gekennzeichnet sind. Zu erkennen ist auch, daß beide Teile Kosinusschwingungen der Kreisfrequenz ω sind, deren Gesamtphase $\psi_1 - \beta z$ bzw. $\psi_2 + \beta z$ beträgt. Lassen wir die Nullphasenwinkel ψ_1 und ψ_2 außer acht, die ja nur die Lage der periodischen Schwingungen zu irgendeiner Nullage angeben, ergibt sich beispielsweise für die Spannung

$$u(z, t) = \hat{u}_1 e^{-\alpha z} \cos(\omega t - \beta z) + \hat{u}_2 e^{\alpha z} \cos(\omega t + \beta z) \tag{9.24}$$

Dieser Spannungsverlauf ist qualitativ in Bild 9.8 wiedergegeben.

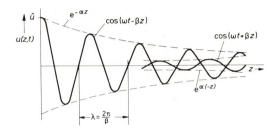

Bild 9.8
Grafische Darstellung von Gl. (9.24) mit einfallender und reflektierter Welle

• *Einfallende Welle*

Der erste Anteil von Gl. (9.24) stellt eine nach rechts (in z-Richtung) verlaufende Welle dar, deren Amplitude längs der Leitung mit $e^{-\alpha z}$ abnimmt – dies ist die *einfallende Welle* mit der *Ausbreitungsgeschwindigkeit*

$$\boxed{v = \frac{\omega}{\beta}} \tag{9.25}$$

• *Reflektierte Welle*

Ebenso gilt, daß der zweite Anteil von Gl. (9.24) eine nach links (in negativer z-Richtung) verlaufende Welle beschreibt, deren Amplitude längs der Leitung ebenfalls mit $e^{\alpha(-z)} = e^{-\alpha z}$ abnimmt. Weil im hier verwendeten Beispiel am Anfang der Leitung eingespeist wird, kann es sich nur um eine vom Ende der Leitung *reflektierte Welle* handeln.

> Das vollständige Verhalten auf Leitungen wird beschrieben durch die Überlagerung einer einfallenden und einer reflektierten Welle.

• *Anpassung*

Ein wichtiger Sonderfall ergibt sich, wenn vom Ende der Leitung keine Welle reflektiert wird. Dazu muß entweder die Leitung unendlich lang sein, so daß am Ende keine Energie mehr ankommt, mithin auch nichts reflektiert werden kann. Oder es muß die am Leitungsende eintreffende Energie vollständig von einem Verbraucherwiderstand absorbiert werden. Die Bedingung für das Verschwinden der rücklaufenden Welle lautet nach Gl. (9.19)

$$\underline{U}_a - \underline{Z}\,\underline{I}_a = 0.$$

Das bedeutet, wenn der Abschlußwiderstand $\underline{R} = \underline{Z}$ wird, gibt es keine Reflexion am Leitungsende.

> Wird eine Leitung mit einem Widerstand abgeschlossen, der gleich dem Wellenwiderstand ist, verschwindet die reflektierte Welle. Dieser Fall wird *Anpassung* genannt.

• Reflexionsfaktor

Im allgemeinen Fall kann man nicht von einer Anpassung ausgehen, vielmehr wird ein beliebiger Abschlußwiderstand zu berücksichtigen sein, so daß mit Reflexionen zu rechnen ist. Nehmen wir an, daß die Leitung mit einem beliebigen Widerstand $\underline{R}$ abgeschlossen ist, die Spannung über diesen Widerstand also beschrieben werden kann als $\underline{U}_e = \underline{R}\,\underline{I}_e$. Dann können wir mit Gl. (9.19) schreiben:

$$\underline{U}(z) = \frac{1}{2}(\underline{R} + \underline{Z})\,\underline{I}_e\,e^{-\gamma z} + \frac{1}{2}(\underline{R} - \underline{Z})\,\underline{I}_e\,e^{\gamma z}. \tag{9.26}$$

Daraus bilden wir das Verhältnis der rücklaufenden zur hinlaufenden Welle:

$$\frac{\underline{U}_{\text{rück}}}{\underline{U}_{\text{hin}}} = \frac{\underline{R} - \underline{Z}}{\underline{R} + \underline{Z}}\,e^{2\gamma z} \tag{9.27}$$

und es ergibt sich der *Reflexionsfaktor*

$$\boxed{\underline{r} = \frac{\underline{R} - \underline{Z}}{\underline{R} + \underline{Z}}.} \tag{9.28}$$

Eine andere Schreibweise erhält man, wenn das komplexe Widerstandsverhältnis $\underline{z} = \underline{R}/\underline{Z}$ eingeführt wird:

$$\boxed{\underline{r} = \frac{\underline{z} - 1}{\underline{z} + 1}.} \tag{9.29}$$

• Leerlauf

Bei *Anpassung* wirkt der Abschlußwiderstand $\underline{R} = \underline{Z}$ für die Leitungswelle so, als wenn die Leitung „unendlich" weitergeführt würde. Recht bildlich wird manchmal gesagt, daß die Welle sozusagen überlistet würde, weil sie im Abschlußwiderstand $\underline{R} = \underline{Z}$ eine Fortführung der Leitung zu sehen meint und darum ahnungslos in diesen Widerstand hineinwandert. Mathematisch wird dieser Fall durch einen Reflexionsfaktor $\underline{r} = 0$ beschrieben. Ein weiterer Sonderfall ist der einer leerlaufenden Leitung, wenn also eine Leitung mit einem sehr hohen Widerstand abgeschlossen ist (im Grenzfall unendlich groß). Praktisch wird dieser Fall durch eine am Ende offene Leitung realisiert, wobei der sehr hohe Abschlußwiderstand durch die Luft zwischen den Leitungen gebildet wird. Mit (9.28) bzw. (9.29) ergibt sich bei $\underline{R} = \infty$ ein Reflexionsfaktor für

Leerlauf: $\underline{r} = 1$.

Das bedeutet, die einfallende Welle wird vollkommen reflektiert.

• Strom- und Spannungsverlauf

Um den Strom- und Spannungsverlauf auf einer Leitung und am Leitungsende diskutieren zu können, setzen wir in der physikalischen Form der Leitungsgleichungen (9.19) die „Endwerte" von Strom und Spannung ein ($\underline{I}_e$ und $\underline{U}_e$) und beziehen außerdem die Ausbreitungskoordinate z auf die Leitungslänge l; dann folgt

$$\underline{U}(z) = \frac{1}{2}(\underline{U}_e + \underline{Z}\,\underline{I}_e)\,e^{\gamma(l-z)} + \frac{1}{2}(\underline{U}_e - \underline{Z}\,\underline{I}_e)\,e^{-\gamma(l-z)}$$

$$\underline{I}(z) = \frac{1}{2}\left(\frac{\underline{U}_e}{\underline{Z}} + \underline{I}_e\right)e^{\gamma(l-z)} - \frac{1}{2}\left(\frac{\underline{U}_e}{\underline{Z}} - \underline{I}_e\right)e^{-\gamma(l-z)}. \tag{9.30}$$

9.2. Allgemeine Leitungseigenschaften

Nun verwenden wir, daß für eine am Ende offene Leitung $\underline{I}_e = 0$ gelten muß, so daß aus Gl. (9.30) für *Leerlauf* entsteht

$$\underline{U}(z) = \frac{1}{2} \underline{U}_e \, e^{\gamma(l-z)} + \frac{1}{2} \underline{U}_e \, e^{-\gamma(l-z)}$$
$$\underline{I}(z) \cdot \underline{Z} = \frac{1}{2} \underline{U}_e \, e^{\gamma(l-z)} - \frac{1}{2} \underline{U}_e \, e^{-\gamma(l-z)}.$$
(9.31)

Die Gleichung für den Strom ist mit $\underline{Z}$ multipliziert, um in Bild 9.9 denselben Maßstab verwenden zu können. Am Ende der Leitung, bei $z = l$ also, werden die Gleichungen (9.31) zu

$$\underline{U}(z = l) = \underline{U}_e \quad \text{und} \quad \underline{I}(z = l) = 0.$$

Auf der Leitung selbst haben Strom und Spannung den gleichen *oszillierenden Verlauf*, jedoch so gegeneinander verschoben, daß der Strom dort minimal wird, wo die Spannung maximal ist und umgekehrt dort Strommaxima liegen, wo die Spannung minimal ist.

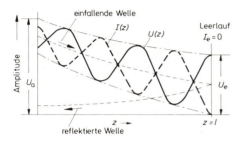

Bild 9.9
Strom- und Spannungsverlauf bei Leerlauf am Leitungsende

• *Kurzschluß*

Ein idealer Kurzschluß ist dadurch gekennzeichnet, daß $\underline{R} = 0$ gilt. Mithin ergibt sich nach Gl. (9.28) ein Reflexionsfaktor für

Kurzschluß: $\underline{r} = -1$.

Das bedeutet, die einfallende Welle wird wie bei Leerlauf vollkommen reflektiert, nur ist nicht die reflektierte Welle am Ende der Leitung in Phase mit der einfallenden, sondern bei Kurzschluß sind einfallende und reflektierte Welle um 180° in der Phase gegeneinander verschoben. Mit der Bedingung, daß für die am Ende kurzgeschlossene Leitung $\underline{U}_e = 0$ wird, entsteht aus Gl. (9.30) für *Kurzschluß*

$$\underline{U}(z) = \frac{1}{2} \underline{Z} \underline{I}_e \, e^{\gamma(l-z)} - \frac{1}{2} \underline{Z} \underline{I}_e \, e^{-\gamma(l-z)}$$
$$\underline{I}(z) \cdot \underline{Z} = \frac{1}{2} \underline{Z} \underline{I}_e \, e^{\gamma(l-z)} + \frac{1}{2} \underline{Z} \underline{I}_e \, e^{-\gamma(l-z)}.$$
(9.32)

Am Ende der Leitung wird

$$\underline{U}(z = l) = 0 \quad \text{und} \quad \underline{I}(z = l) = \underline{I}_e.$$

Auf der Leitung selbst haben Strom und Spannung wieder den gleichen oszillierenden Verlauf, nur haben sie gegenüber Leerlauf sozusagen ihre Rollen vertauscht. D.h. Bild 9.9 gilt für Kurzschluß, wenn Strom und Spannung ausgetauscht werden (Bild 9.10).

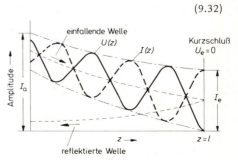

Bild 9.10. Strom- und Spannungsverlauf bei Kurzschluß am Leitungsende

• Verlustlose Leitung

Der Sonderfall einer verlustlosen oder dämpfungsfreien Leitung ist besonders leicht faßbar. Dann sind nämlich R' und G' gleich Null und es gilt $\alpha = 0$. D.h. die exponentielle Änderung von Strom- und Spannungsamplituden verschwindet; Strom und Spannung haben über die ganze Leitungslänge eine konstante, ungedämpfte Amplitude. In der dreidimensionalen Darstellung nach Bild 9.11 erkennt man, daß die komplexen Verläufe von Strom und Spannung im Falle der verlustbehafteten Leitung einen Rotationskörper bilden, dessen Mantel sich in z-Richtung exponentiell verjüngt. Im Falle der verlustlosen Leitung entartet dieser Rotationskörper in einen Kreiszylinder. Die *Schraubenlinien* auf den Rotationskörpern geben den Einfluß der Phasenkonstanten β wieder (Imaginärteil von γ).

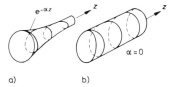

Bild 9.11
Rotationskörper der komplexen Strom- und Spannungsverläufe
a) verlustbehaftete Leitung ($\alpha \neq 0$)
b) verlustlose Leitung ($\alpha = 0$)

• Stehende Wellen

Für im *Leerlauf oder Kurzschluß* betriebene *verlustlose Leitungen* ergibt sich folgende Besonderheit: Der Reflexionsfaktor ist dem Betrage nach gleich Eins, d.h. hin- und rücklaufende Wellen haben entlang der Leitung gleiche Amplitude. Jedoch addieren sie sich einmal zum doppelten Wert der Einzelwelle, zum andern heben sie sich gerade auf. Strom und Spannung sind um 90° in der Phase verschoben, so daß sich das Bild 9.12 ergibt. Man bezeichnet diesen Sonderfall mit dem Ausdruck *stehende Wellen*.

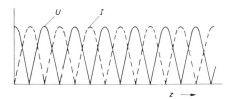

Bild 9.12
Verlustlose Leitung im Leerlauf oder Kurzschluß führt zur Ausbildung stehender Wellen; Phasenverschiebung zwischen Strom und Spannung beträgt 90°

• Eingangswiderstand

Gemäß Bild 9.13 kann eine elektrische Doppelleitung als *Vierpol* aufgefaßt werden. Der Zusammenhang zwischen Strömen und Spannungen an den Klemmenpaaren an Anfang a und Ende e der Leitung ist durch die *Leitungsgleichungen* bestimmt. Dabei ist zu bedenken, daß der räumliche Verlauf von Strom und Spannung längs der Leitung durch den gegebenen Leitungsabschluß erzwungen wird. Darum wird oft von Bedeutung sein, wie groß der Widerstand am Anfang der Leitung in Abhängigkeit von Leitungsabschluß und Leitungslänge ist. Dieser *Eingangswiderstand* ergibt sich aus

$$\underline{R}_a = \frac{\underline{U}_a}{\underline{I}_a}. \qquad (9.33)$$

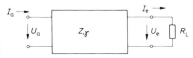

Bild 9.13. Doppelleitung als Vierpol

• Berechnung des Eingangswiderstands

Zur Berechnung des Eingangswiderstands einer Leitung gehen wir von der mathematischen Form der Leitungsgleichung aus. Jedoch verwenden wir dabei nicht die auf den Leitungsanfang bezogenen Formen Gl. (9.20), sondern wir formen die auf das Leitungsende bezogenen Gleichungen (9.30) entsprechend um. Es ergibt sich

$$\underline{U}(z) = \underline{U}_e \cosh \gamma (l-z) + \underline{Z} \underline{I}_e \sinh \gamma (l-z)$$

$$\underline{I}(z) = \underline{I}_e \cosh \gamma (l-z) + \frac{\underline{U}_e}{\underline{Z}} \sinh \gamma (l-z). \qquad (9.34)$$

9.2. Allgemeine Leitungseigenschaften

Am Anfang der Leitung ist $z = 0$. Somit folgt

$$\underline{U}(z=0) = \underline{U}_a = \underline{U}_e \cosh \gamma l + \underline{Z}\, \underline{I}_e \sinh \gamma l$$

$$\underline{I}(z=0) = \underline{I}_a = \underline{I}_e \cosh \gamma l + \frac{\underline{U}_e}{\underline{Z}} \sinh \gamma l \,. \tag{9.35}$$

Setzen wir diese Gleichungen zusammen mit $\underline{R}_L = \underline{U}_e/\underline{I}_e$ in Gl. (9.33) ein, entsteht

$$\underline{R}_a = \underline{Z}\, \frac{\underline{R}_L \cosh \gamma l + \underline{Z} \sinh \gamma l}{\underline{Z} \cosh \gamma l + \underline{R}_L \sinh \gamma l}$$

oder

$$\boxed{\underline{R}_a = \underline{Z}\, \frac{\underline{R}_L + \underline{Z} \tanh \gamma l}{\underline{Z} + \underline{R}_L \tanh \gamma l}} \,. \tag{9.36}$$

• Sonderfälle des Eingangswiderstands

Nach Gl. (9.36) ist der Eingangswiderstand $\underline{R}_a$ eine Funktion des Abschlußwiderstands $\underline{R}_L$. Weitere Informationen sind aus diesem komplexen Ausdruck jedoch nur schwer zu entnehmen. Darum sollen zwei Sonderfälle betrachtet werden:

Leerlaufwiderstand nennt man den Eingangswiderstand, der sich für eine am Ende leerlaufende Leitung ergibt. Dann ist $\underline{I}_e = 0$, und es entsteht aus Gl. (9.35)

$$\underline{R}_a (\text{Leerlauf}) = \underline{Z} \coth \gamma l \,. \tag{9.37}$$

Kurzschlußwiderstand heißt der Eingangswiderstand, wenn $\underline{U}_e = \underline{R}_L = 0$ ist. Dann folgt

$$\underline{R}_a (\text{Kurzschluß}) = \underline{Z} \tanh \gamma l \,. \tag{9.38}$$

Mit Hilfe von Bild 9.14 können wir schließen, daß für hinreichend große Argumente hyperbolischer Tangens und Kotangens gleich 1 gesetzt werden können. Daraus folgt

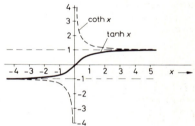

Bild 9.14. Verläufe von $\tanh x$ und $\coth x$

Bei $\gamma l > 3$ (bei hinreichend langen Leitungen also) sind Eingangs- und Wellenwiderstand nahezu gleich:

$$\underline{R}_a \approx \underline{Z} \,.$$

• λ/4-Transformator

Wenn eine Leitung verlustfrei ist, verschwindet der Realteil α der Ausbreitungskonstanten γ und der Wellenwiderstand wird reell (s. Gl. (9.16)): Damit entsteht aus Gl. (9.36)

$$\underline{R}_a = Z\, \frac{\underline{R}_L + j Z \tan \beta l}{Z + j \underline{R}_L \tan \beta l} \,. \tag{9.39}$$

Wählen wir nun die Leitungslänge l zu $\lambda/4$ und verwenden wir $\beta = 2\pi/\lambda$, folgt $\beta l = \pi/2$. Weil der Tangens von $\pi/2$ gegen unendlich geht, können in (9.39) jeweils $\underline{R}_L$ und Z vernachlässigt werden, also

$$\underline{R}_a = Z\, \frac{j Z \tan \beta l}{j \underline{R}_L \tan \beta l} \,. \quad \text{Somit ergibt sich für } l = \lambda/4 \quad \boxed{\underline{R}_a = \frac{Z^2}{\underline{R}_L}} \,. \tag{9.40}$$

Bei gegebenem Wellenwiderstand Z wird also der Leitungsabschlußwiderstand R_L in den Eingangswiderstand R_a transformiert. Ist der Wellenwiderstand $Z = \sqrt{R_a R_L}$, kann jeder Leitungsabschluß in jeden anderen Widerstand R_a transformiert werden.

• $\lambda/2$-Transformator

Ein weiterer wichtiger Sonderfall ist der, daß eine verlustfreie Leitung $\lambda/2$ lang ist. Dann wird $\beta l = \pi$, und in Gl. (9.39) verschwinden die Tangens-Terme. Somit folgt aus (9.39) für $l = \lambda/2$

$$\underline{R}_a = \underline{R}_L .\tag{9.41}$$

Man erhält also am Eingang einer $\lambda/2$-Leitung unabhängig von den Leitungseigenschaften wieder den Abschlußwiderstand. Durch $\lambda/2$-Leitungen werden demnach die Widerstandsverhältnisse nicht gestört.

> *Verlustlose Leitungen* haben folgende vorteilhafte Eigenschaften:
> Leitungslänge $l = \lambda/4$ führt zu $\underline{R}_a = Z^2/\underline{R}_L$ ($\lambda/4$-Transformator),
> Leitungslänge $l = \lambda/2$ führt zu $\underline{R}_a = \underline{R}_L$ ($\lambda/2$-Transformator).

• Veranschaulichung der Transformatoreigenschaft

Mit Bild 9.15 lassen sich die zuvor besprochenen Transformatoreigenschaften veranschaulichen, wenn man bedenkt, daß Spannung und Widerstand einander proportional sind: $\underline{U} \sim \underline{R}$. Bei Leerlauf ($\underline{I}_e = 0$) ergibt sich der in Bild 9.9 skizzierte Leitungszustand mit einem Spannungsbauch; bei Kurzschluß ($\underline{U}_e = 0$) entsteht gemäß Bild 9.10 am Leitungsende ein Spannungsminimum. Für den Fall einer verlustlosen Leitung mit beliebigem Abschluß $\underline{R}_L$ folgen schließlich die beiden Spannungsverläufe in Bild 9.15 mit einerseits $\underline{R}_L > Z$, andererseits $\underline{R}_L < Z$. Man erkennt jedenfalls leicht, daß, unabhängig von Leitungseigenschaften, im Abstand $\lambda/2$ vor dem Leitungsende die Spannung und damit der Leitungswiderstand denselben Wert aufweisen, mithin eine $\lambda/2$-Leitung $\underline{R}_a = \underline{R}_L$ besitzt. Ebenso wird erkennbar, daß eine $\lambda/4$-Leitung den Abschlußwiderstand $\underline{R}_L$ hinauf- oder heruntertransformiert.

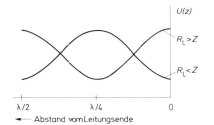

Bild 9.15
Zur Veranschaulichung der Widerstandstransformation

9.2.5. Leitungskonstanten

In 9.2.3 wurden die für die Wellenausbreitung auf Leitungen maßgeblichen Größen *Ausbreitungskonstante* γ und *Wellenwiderstand* $\underline{Z}$ definiert; beide hängen von den Leitungsbelägen R', L', G' und C' ab. Für diese sechs, eine Leitung charakterisierenden Größen wurde folgende Einteilung eingeführt:

> *Primäre Leitungskonstanten:* R', L', G', C'
> *Sekundäre Leitungskonstanten:* γ, $\underline{Z}$

9.2. Allgemeine Leitungseigenschaften

● *Primäre Leitungskonstanten*

Die Berechnung der Leitungsbeläge ist in der Regel äußerst schwierig. Hier sollen darum am Beispiel *Koaxialleitung* nur grob qualitativ die Frequenzabhängigkeiten der Beläge angegeben werden. So ergibt sich die erfreuliche Tatsache, daß Induktivitätsbelag L' und Kapazitätsbelag C' von der Frequenz nahezu unabhängig sind. R' und G' jedoch sind stärker von der Frequenz abhängig. Für hohe Frequenzen gilt

$$R' \sim \sqrt{\omega} \quad \text{und} \quad G' \sim \omega. \tag{9.42}$$

In Bild 9.16 sind diese Abhängigkeiten dargestellt. Bei tiefen Frequenzen weicht R' von der Proportionalität zur Wurzel aus der Frequenz ab und läuft bei $\omega = 0$ in den *Gleichstromwert* R'_0.

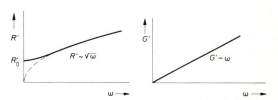

Bild 9.16
Widerstandsbelag R' und Leitwertbelag G' als Funktion der Frequenz für eine Koaxialleitung

● *Sekundäre Leitungskonstanten*

Aus den Gleichungen (9.14) und (9.16) wissen wir, daß für die sekundären Leitungskonstanten gilt

$$\gamma = \sqrt{(R' + j\omega L')(G' + j\omega C')} = \alpha + j\beta \tag{9.14}$$

$$\underline{Z} = \sqrt{\frac{R' + j\omega L'}{G' + j\omega C'}} . \tag{9.16}$$

Es sollen für ein paar wichtige Sonderfälle Näherungen für γ und $\underline{Z}$ angegeben werden.

● *Verlustlose Leitung*

Sind keine Verluste vorhanden, ist also $\alpha = 0$, muß nach Gl. (9.14) auch $R' = G' = 0$ gelten. Dann folgt sofort $Z = \sqrt{L'/C'}$ und $\beta = \omega\sqrt{L'C'}$. Der Wellenwiderstand wird also reell und frequenzunabhängig.

● *Freileitungen*

Für diesen wichtigen Leitungstyp (Telefon) gilt, wenn der Leitungsquerschnitt genügend groß ist, daß der Ableitungswiderstand verschwindet ($G \approx 0$), der Induktivitätsbelag aber groß wird, also $\omega L' \gg R'$ angenommen werden kann (außer bei ganz niedrigen Frequenzen). Dann ergeben sich

$$Z = \sqrt{\frac{L'}{C'}}, \quad \alpha = \frac{R'}{2}\sqrt{\frac{C'}{L'}} + \frac{G'}{2}\sqrt{\frac{L'}{C'}} \quad \text{und} \quad \beta = \omega\sqrt{L'C'}.$$

Wellenwiderstand und Phasenkonstante stimmen also mit den Ergebnissen der verlustlosen Leitung überein.

• *Leitungen mit geringem Querschnitt*

Wenn der Leitungsquerschnitt klein wird, muß man tiefe und hohe Frequenzen getrennt betrachten. *Bei tiefen Frequenzen* kann $G' \approx 0$ und $R' \gg \omega L'$ angenommen werden. Damit ergibt sich $\underline{Z} = \sqrt{R'/j\omega C'}$ und $\alpha = \beta = \sqrt{\omega C' R'/2}$. *Bei hohen Frequenzen* stimmen $\underline{Z}$, α und β mit den Ergebnissen für Freileitungen überein.

• *Verzerrungsfreie Leitungen*

Eine Leitung wird *verzerrungsfrei* genannt, wenn Dämpfung und die in Gl. (9.25) angegebene Ausbreitungsgeschwindigkeit auf der Leitung unabhängig von der Frequenz sind. Die Bedingung dafür lautet

Verzerrungsfreie Leitung: $\boxed{\dfrac{R'}{L'} = \dfrac{G'}{C'}}$. (9.43)

Damit ergibt sich $\alpha = R'\sqrt{C'/L'} = G'\sqrt{L'/C'}$. $\underline{Z}$ und β stimmen wieder mit den Ergebnissen der verlustlosen Leitung überein.

• *Ergebnisse für $\underline{Z}$, α und β*

In der nachfolgenden Tabelle sind die eben ermittelten Ergebnisse für Wellenwiderstand sowie Dämpfungs- und Phasenkonstante (Real- und Imaginärteil der Ausbreitungskonstanten γ) gesammelt. Das auffälligste Ergebnis ist, daß bei hohen Frequenzen immer $\underline{Z}$ gegen $\sqrt{L'/C'}$ und β gegen $\omega\sqrt{L'C'}$ gehen.

Leitungstyp	Bedingungen	$\underline{Z}$	α	β
Verlustlose Leitung	$R' = G' = 0$	$\sqrt{\dfrac{L'}{C'}}$	0	$\omega\sqrt{L'C'}$
Freileitung	$G' \approx 0$ $\omega L' \gg R'$	$\sqrt{\dfrac{L'}{C'}}$	$\dfrac{R'}{2}\sqrt{\dfrac{C'}{L'}} + \dfrac{G'}{2}\sqrt{\dfrac{L'}{C'}}$	$\omega\sqrt{L'C'}$
Leitung mit geringem Querschnitt bei tiefen Frequenzen	$G' \approx 0$ $R' \gg \omega L'$	$\sqrt{\dfrac{R'}{j\omega C'}}$	$\sqrt{\dfrac{\omega C' R'}{2}}$	$\sqrt{\dfrac{\omega C' R'}{2}}$
Leitung mit geringem Querschnitt bei hohen Frequenzen	$\omega L' \gg R'$ $\omega C' \gg G'$	$\sqrt{\dfrac{L'}{C'}}$	$\dfrac{R'}{2}\sqrt{\dfrac{C'}{L'}} + \dfrac{G'}{2}\sqrt{\dfrac{L'}{C'}}$	$\omega\sqrt{L'C'}$
Verzerrungsfreie Leitung	$\dfrac{R'}{L'} = \dfrac{G'}{C'}$	$\sqrt{\dfrac{L'}{C'}}$	$R'\sqrt{\dfrac{C'}{L'}} = G'\sqrt{\dfrac{L'}{C'}}$	$\omega\sqrt{L'C'}$

Beim Lesen dieser Tabelle muß man daran denken, daß die primären Leitungskonstanten L' und C' von der Frequenz nahezu unabhängig sind, R' und G' jedoch nach der in Gl. (9.42) angegebenen Weise von ω abhängen.

● *Phasengeschwindigkeit*

Die mit Gl. (9.25) definierte Ausbreitungsgeschwindigkeit von Leitungswellen wird *Phasengeschwindigkeit* genannt. Diese Bezeichnungsweise rührt daher, daß die Ausbreitungsgeschwindigkeit $v = \omega/\beta$ das Wandern der *Nulldurchgänge* von Strom oder Spannung und damit die zeitliche Änderung der Phase beschreibt (Ausbreitung der Wellenphase). Für sämtliche in obenstehender Tabelle angegebenen Fälle mit $\beta \approx \omega\sqrt{L'C'}$ ergibt sich für die *Phasengeschwindigkeit*

$$\boxed{v = \frac{1}{\sqrt{L'C'}}\,.} \tag{9.44}$$

Diese wichtige Gleichung besagt, daß unter den gegebenen Bedingungen die Phasengeschwindigkeit praktisch von der Frequenz unabhängig ist.

● *Gruppengeschwindigkeit*

Das Wandern der Nulldurchgänge auf Leitungen muß nicht notwendigerweise mit derselben Geschwindigkeit geschehen wie das Ausbreiten der in den Leitungswellen enthaltenen Energie. Darum hat man neben der *Phasengeschwindigkeit* die *Gruppengeschwindigkeit* eingeführt, deren mathematische Beschreibung lautet

$$\boxed{v_g = \frac{d\omega}{d\beta}\,.} \tag{9.45}$$

Sie ergibt sich also als *Ableitung* der Frequenz nach der Phasenkonstante. In vielen Fällen ist jedoch $v = v_g$. Wenn aber $v \neq v_g$ gilt, sagt man, die Leitung hat *Dispersion* (Auseinanderlaufen).

▶ 9.3. Eigenschaften spezieller Leitungen

9.3.1. Freileitungen

Nach 9.2.5 gelten für Freileitungen $G' \approx 0$ und $\omega L' \gg R'$, wenn bei Mehrfachführungen die Leitungsabstände wenigstens 20 cm betragen. Man nennt diesen Leitungstyp darum auch *verlustarme Leitung*, weil nämlich G' und R' sehr klein sind.

● *Wellenwiderstand*

Der Wellenwiderstand ist in weiten Bereichen wenig frequenzabhängig, weil nach 9.2.5 L' und C' sich mit der Frequenz kaum ändern. Wegen des hohen Induktivitätsbelags und des bei hinreichend großen Leitungsabständen geringen Kapazitätsbelags wird Z relativ groß, nämlich 500 bis 700 Ω.

● *Leitungsdämpfung*

Ein wesentliches Kriterium für Fernübertragungen ist die Dämpfung auf der Leitung. Sie wird beschrieben durch die *Dämpfungskonstante*

$$\alpha = \frac{R'}{2}\sqrt{\frac{C'}{L'}} + \frac{G'}{2}\sqrt{\frac{L'}{C'}}\,. \tag{9.46}$$

Wegen $G' \approx 0$ folgt sofort

$$\boxed{\alpha \approx \frac{R'}{2} \sqrt{\frac{C'}{L'}}.} \qquad (9.47)$$

Hieraus kann man ablesen, daß die Dämpfung von Freileitungen erfreulich klein sein muß; denn R' und C' sind klein und L' ist groß.

• *Pupinisierung*

Gl. (9.47) legt nahe, durch künstliche Erhöhung des Induktivitätsbelags die Leitungsdämpfung weiter zu verringern. Dazu veröffentlichte bereits 1900 der Amerikaner *Michael Pupin* Untersuchungen, wonach *bespulte Leitungen* mit erhöhtem Induktivitätsbelag etwa nur 1/5 der Dämpfung einer gleichen unbespulten Leitung aufweisen, d.h. die Reichweite steigt bei gleicher Dämpfung auf das Fünffache. Den gleichen Effekt erreicht man, wenn nicht die kompletten Leitungen bespult oder umsponnen werden, sondern in gewissen Abständen Spulen, also Einzelinduktivitäten eingebaut sind. Der Spulenabstand für solch ein *Pupinkabel* muß klein gegen die Wellenlänge sein und wurde zu 1,7 km gewählt. Der durch diese *Pupinisierung* entstehende frequenzabhängige Dämpfungsverlauf ist in Bild 9.17 angegeben. Ebenfalls eingetragen ist der Dämpfungsverlauf eines *symmetrischen Kabels*, bei dem die beiden Adern in nur geringem Abstand geführt sind.

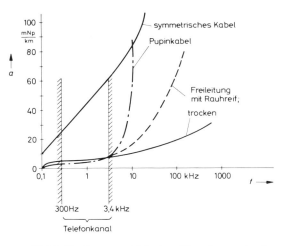

Bild 9.17. Frequenzabhängiger Dämpfungsverlauf verschiedener Leitungstypen in mNp/km (Milli-Neper pro km; Umrechnung in dB nach Gl. (1.9) in 1.3; nach [13])

• *Vor- und Nachteile*

Der Vorteil von Freileitungen ist unbestreitbar die im *Telefoniekanal* 300 Hz bis 3,4 kHz sehr geringe und frequenzunabhängige Dämpfung. Das trifft insbesondere für *pupinisierte Freileitungen* zu. Jedoch sind aus Bild 9.17 auch Nachteile abzulesen, nämlich:

- Starke wetterabhängige Schwankung der Leitungsdämpfung,
- ausgeprägte Tiefpaßwirkung der Pupinisierung, d.h. sehr starkes Ansteigen der Dämpfung jenseits der Grenzfrequenz.

  Dazu kommen
- große Empfindlichkeit für hochfrequente Störungen wegen des großen Leiterabstandes,
- starkes *Nebensprechen* wegen kapazitiver und induktiver Kopplungen, vor allem in den Trägern und Gestängen der Freileitungen.

▶ 9.3. Eigenschaften spezieller Leitungen 173

Für das *Nebensprechen* wird eine Dämpfung von mindestens 65 dB gefordert (Wahrung des Postgeheimnisses). Wegen der großen Empfindlichkeit von Freileitungen für hochfrequente Störungen werden heute überwiegend Koaxialkabel (9.3.2) oder verdrillte und zu Mehrfachleitungen gebündelte Fernmeldekabel (9.3.3) verwendet.

• *Laufzeiten*

Weitere durch *Pupinisierung* entstehende Nachteile ergeben sich durch einen Anstieg der Laufzeiten auf solchen Kabeln. Um zu gewährleisten, daß der Wechsel von Rede zu Gegenrede beim Fernsprechen nicht gestört wird, sollte die *Gesamtlaufzeit* für eine Sprechverbindung weniger als 250 ms betragen. Nach dem in 9.2.5 angegebenen Zusammenhang (9.44) gilt

$$t_L = l\sqrt{L'C'}. \tag{9.48}$$

Wenn nun durch Pupinisierung L' zu groß wird, ist auch bei kurzen Leitungslängen l kaum die Bedingung $t_L < 250$ ms einzuhalten. Für die *Laufzeitunterschiede* verschiedener Frequenzanteile müssen ebenfalls Grenzen eingehalten werden, um eine hinreichende Sprachverständigung zu erzielen. So gilt für den Bereich 300 ... 800 Hz: $\Delta t_L < 20$ ms, für 800 ... 3400 Hz: $\Delta t_L < 10$ ms. Aus $\beta = \omega\sqrt{L'C'}$ wird erkennbar, daß ein großer Induktivitätsbelag starke Phasenänderungen und damit zu große Laufzeitunterschiede erzeugt.

▶ **9.3.2. Koaxialkabel**

Für Frequenzen ab etwa 100 kHz werden heute überwiegend Koaxialkabel verwendet. Vor allem der Megahertz-Bereich bis hinauf zu ca. 3 GHz ist das Hauptfeld für Koaxialkabel, weil hier dieser Leitungstyp bei geringen Abmessungen sehr niedrige Dämpfungsverluste aufweist und die koaxiale Bauweise besonders sicher gegen Störbeeinflussungen ist. Weiterhin gilt als vorteilhaft, daß die Dämpfung auf Koaxialleitungen witterungsunabhängig ist.

• *Prinzipieller Aufbau*

Der prinzipielle Aufbau eines Koaxialkabels ist in Bild 9.18 dargestellt. Es ist ein massiver Innenleiter (Kupferdraht) von einer Isolation und einem rohrförmigen Außenleiter umgeben, wobei der Außenleiter durch einen isolierenden Mantel geschützt ist. Durch diese koaxiale Anordnung ist der signalführende Innenleiter gegen äußere Störfelder weitgehend abgeschirmt.

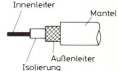

Bild 9.18
Prinzipieller Aufbau eines Koaxialkabels

• *Fernsprechkoaxialkabel*

Für das öffentliche Fernsprechnetz wurden nach 1945 vom CCITT international Koaxialkabel genormt (CCITT: *Comité Consultatif International Télégraphique et Téléphonique*, etwa: Internationaler beratender Ausschuß für den Telegrafen- und Fernsprechdienst). Bei der sogenannten *CCI-Normaltube* 2,6/9,5 handelt es sich um eine Ausführung mit einem kupfernen Innenleiter von 2,64 mm Durchmesser, der gemäß Bild 9.19 durch scheibenförmige Distanzstücke aus Polyäthylen oder Teflon geschoben ist. Darum wird ein aus einem Kupferband gebogener Außenleiter von 9,52 mm Durchmesser geschoben, der durch dünne Stahlbänder stabilisiert und durch einige Lagen Papierband geschützt ist. Mehrere solcher Leitungen werden zusammen zu Fernmeldekabeln verseilt. Oft sind sie auch zusammen mit Doppelleitungen oder Vierern (vgl. 9.1.2) verseilt.

Bild 9.19
Koaxialkabel für das öffentliche Fernsprechnetz (international genormt und bekannt als CCITT-Tube 2,6/9,5)

● *Senderkoaxialkabel*

Spezielle Bauweisen und Abmessungen sind nötig, um Sendeleistungen bis zu Hunderten von Kilowatt zwischen Sender und Sendeantenne zu übertragen. Bild 9.20 zeigt eine typische Ausführung. Koaxialkabel für Antennensysteme von Funkstationen, Richtfunk- oder Radaranlagen sind in Bild 9.21 dargestellt.

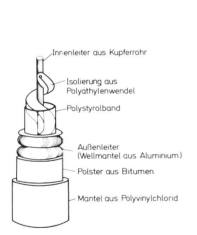

Bild 9.20. Senderkoaxialkabel;
Außendurchmesser z.B. 155 mm

Bild 9.21. Koaxialkabel für Antennensysteme
(AEG-Telefunken-Fotos)
a) CELLFLEX-Kabel für Frequenzen bis 1 GHz
b) FLEXWELL-Kabel für Frequenzen bis 3 GHz und 215 mm Durchmesser

● *Wellenwiderstand*

Eine wichtige Bestimmungsgröße für Koaxialkabel ist der Wellenwiderstand Z, der im allgemeinen eine komplexe Größe ist. Für praktische Anwendungen genügt jedoch die Kenntnis des Realteiles. Man erhält ihn aus dem Logarithmus des Verhältnisses der Durchmesser vom Außenleiter D und Innenleiter d (vgl. Bild 9.22):

▶ 9.3. Eigenschaften spezieller Leitungen

$$Z \approx \frac{60}{\sqrt{\epsilon}} \ln \frac{D}{d} \ . \tag{9.49}$$

Der Verlauf dieses Wellenwiderstands ist in Bild 9.23 dargestellt, jedoch multipliziert mit der Wurzel aus der Dielektrizitätskonstanten.

Bild 9.22 Bestimmungsgrößen für den Wellenwiderstand von Koaxialkabeln

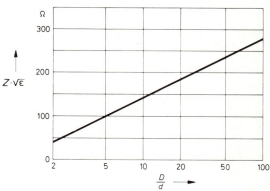

Bild 9.23 Wellenwiderstand $Z\sqrt{\epsilon} = 60 \ln(D/d)$ von Koaxialkabeln in Abhängigkeit vom Durchmesser-Verhältnis D/d

● **Dämpfungskonstante**

Eine weitere wichtige Beschreibungsgröße ist selbstverständlich die *Dämpfungskonstante* α. Für Fernsprech- und Empfängerkoaxialkabel kann die in 9.2.5 angegebene Näherung für Leitungen mit geringem Querschnitt bei hohen Frequenzen benutzt werden, also

$$\alpha = \frac{R'}{2} \sqrt{\frac{C'}{L'}} + \frac{G'}{2} \sqrt{\frac{L'}{C'}} \ . \tag{9.50}$$

Mit der ebenfalls eingeführten Näherung $Z = \sqrt{L'/C'}$ kann Gl. (9.50) geschrieben werden als

$$\alpha = \frac{R'}{2Z} + \frac{G'Z}{2} = \alpha_R + \alpha_G \ . \tag{9.51}$$

Die Dämpfung setzt sich also zusammen aus einer *Längsdämpfung* α_R und einer *Querdämpfung* α_G. Man wünscht sich α_R klein und α_G groß. Dies wird möglich, wenn Z groß ist. Verwenden wir Gl. (9.49), wird ersichtlich, daß Z groß wird bei einem großen Verhältnis D/d. Koaxialkabel mit großem Außendurchmesser werden darum ein günstiges Dämpfungsverhalten aufweisen. Bild 9.24 zeigt den Einfluß des Außendurchmessers D auf die Dämpfung mit $Z = 60 \ \Omega$.

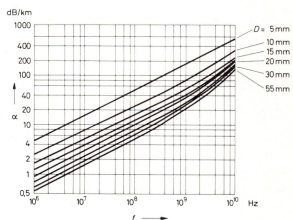

Bild 9.24. Einfluß des Außendurchmessers D eines Koaxialkabels auf die Dämpfungskonstante mit $Z = 60 \ \Omega$ (nach [23])

• *Grenzen der Störsicherheit*

Die koaxiale Anordnung wird mit Recht als besonders störsicher angesehen, weil der Außenleiter den Innenleiter abschirmt. Jedoch sind immer noch Fälle denkbar, in denen das zu übertragende Signal nicht vollständig gegen Störungen abgeschirmt wird. Diese zumeist geringen Störeinwirkungen spielen aber dann eine große Rolle, wenn Koaxialleitungen zur Übertragung niedriger Spannungen benutzt werden sollen (Meßleitungen).

• *Erdschleifen*

In Bild 9.25a ist schematisch dargestellt, wie beim Verlegen koaxialer Leitungsverbindungen *Erdschleifen* entstehen können. Die dort angegebenen Verbindungsstellen ergeben sich immer beim Aneinanderkoppeln mehrerer Kabel und an Ein- und Ausgängen verschiedener Meßgeräte. Jeweils zwischen zwei Erdungsstellen bilden sich Erdschleifen aus, so daß ein mehr oder weniger großer *Störstrom* i_N (*Noise Current*) fließen kann. Abhilfen sind möglich, wenn entweder die Verbindungsstellen isoliert ausgeführt sind (Teilbild b) oder nur die Signalquelle geerdet wird (Teilbild c).

> Die Gefahr der Entstehung störanfälliger *Erdschleifen* wächst mit der Anzahl der Erdungsstellen. Optimal ausgeführt ist eine Koaxialverbindung, wenn nur die Signalquelle geerdet ist.

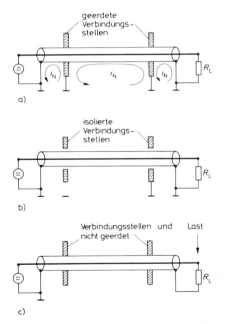

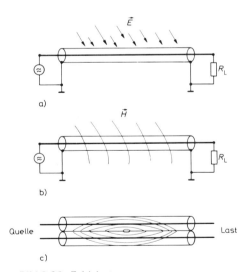

Bild 9.25. Beschaltung von Koaxialkabeln
a) Verbindungsstellen und Last geerdet, dadurch Bildung von Erschleifen mit Störstrom i_N (*Noise Current*)
b) Verbindungsstellen isoliert
c) Verbindungsstellen und Last nicht geerdet

Bild 9.26. Feldeinstreuungen
a) Störungen durch elektrische Felder (Kabel wirkt als Antenne)
b) Störungen durch Magnetfelder
c) Übersprechen bei Mehrfachleitungen

▶ 9.3. Eigenschaften spezieller Leitungen 177

● *Feldeinstreuungen*

Auch wenn eine Koaxialverbindung optimal geerdet ist, bleibt sie anfällig gegen Einstreuungen von Störfeldern, wie sie beispielsweise von energiereichen Rundfunk- und Radarstationen, von Hochspannungsleitungen oder Maschinen ausgesendet werden. Wie in Bild 9.26a dargestellt, kann das Koaxialkabel für solche Strahlungen als Antenne wirken (vgl. Kap. 11), oder sie stellen so etwas wie *Sekundärwicklungen* eines Transformators dar. Magnetfelder gar greifen gemäß Teilbild b durch die Koaxialanordnung hindurch. Ein besonders schlimmer Fall von Feldeinstreuungen ist durch die Kabel selbst bedingt, wenn nämlich Mehrfachleitungen zusammen geführt sind. Dann kann das in Bild 9.26c skizzierte *Übersprechen (Crosstalk)* auftreten.

● *Triaxialkabel*

Eine wesentliche Verbesserung der Abschirmwirkung gegenüber allen genannten Störquellen wird mit einer Koaxialanordnung nach Bild 9.27a erzielt. Dieses in Bild 9.27b dargestellte *Triaxialkabel* kann an beliebig vielen Stellen geerdet werden, weil das eigentliche Koaxialkabel durch den zusätzlichen dritten Mantel wirksam geschützt ist. Eine andere Möglichkeit der Beschaltung eines Triaxialkabels zeigt Bild 9.27c. Hierbei werden Innenleiter und „innerer Außenleiter" an der Signalquelle parallel geschaltet, an der Last jedoch offen gehalten. Dadurch wirkt die innere Anordnung wie ein *Faradayscher Käfig*.

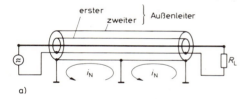

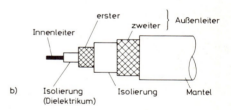

Bild 9.27

Triaxialkabel

a) Anordnung mit geschirmtem Koaxialsystem
b) Technische Ausführung
c) Erster Innenleiter als *Faraday-Käfig*

▶ **9.3.3. Fernmeldekabel**

Wie in Bild 9.1 angegeben, bestehen die Fernmeldekabel aus Kupferleitern von 0,4 bis 1,5 mm Durchmesser. Um die Kapazität der Kabel klein zu halten, werden die Kupferleiter zunächst mit einer feinen Papierschnur umwickelt (0,2 mm ⌀), darüber kommt dann ein Papierband in Form eines Röhrchens. Die so isolierten Leiter werden paarweise oder — meistens — als *Vierer* zu einer Grundeinheit verseilt. Wie in 9.1.2 beschrieben, unterscheidet man dabei *Sternverseilung* und *DM-Verseilung*. Die Paare oder Vierer werden auf verschiedene Weise gebündelt, woraus die sogenannte *Kabelseele* entsteht. Bild 9.28a zeigt, wie Sternvierer in konzentrischen Lagen zur Kabelseele verseilt werden. In einem Beispiel sind dies 600 Vierer, d.h. diese Kabelseele besteht aus 2400 Leitern. Manchmal werden Sternvierer zu Bündeln und erst diese Bündel zu Kabelseelen verseilt (Bilder 9.28b und 9.28c). Bild 9.29a gibt den kompletten Aufbau eines Fernsprecherdkabels an. Die Bilder 9.29b bis 9.29e zeigen ausgeführte Fernmeldekabel.

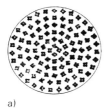 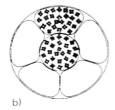 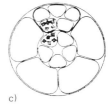

a) b) c)

Bild 9.28. Aufbau von Kabelseelen aus Sternvieren; a) konzentrische Lagen, b) und c) gebündelte Sternvierer (entnommen aus [2])

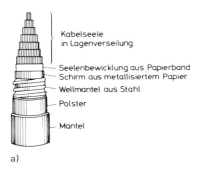

a)

b)

Bild 9.29
a) Aufbau eines Fernsprecherdkabels mit Kabelseele in konzentrischer Lagenverseilung,
b) ausgeführtes Fernmeldekabel (Telefunken-Foto)

● *Kombinierte Kabel*

Oft werden verschiedene Leitungstypen wie Sternvierer und Koaxialkabel miteinander verseilt, um verschiedenen Anforderungen gerecht werden zu können. Zwei Beispiele sind in Bild 9.30 wiedergegeben, wobei das Kabel nach Bild 9.30b bei der Bundespost unter der Bezeichnung *Form 17* oder *TF Fk 17* häufig verwendet wird. Die Zahl 17 weist darauf hin, daß mit den 8 Sternvierern und der einen koaxialen Leitung insgesamt 17 Kanäle zur Verfügung stehen. Es sei hervorgehoben, daß solche Fernmeldekabel zur Kontrolle des Isolationszustands *Prüfleiter* aufweisen.

● *Seekabel*

Zwischen Europa und USA wurde 1956 das sogenannte *Nordatlantik-Kabel* verlegt, das TF-Verbindungen zwischen London und New York bzw. London und Montreal herstellte. Eine weitere Verbindung zwischen Europa und Nordamerika wurde 1959 in Betrieb ge-

▶ 9.3. Eigenschaften spezieller Leitungen   179

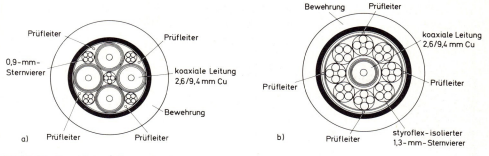

Bild 9.30. Kombinierte Fernmeldekabel
a) 4 koaxiale Leiter und 5 Sternvierer, b) 1 Koaxialleiter und 8 Sternvierer (TF Fk 17)

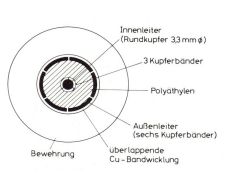

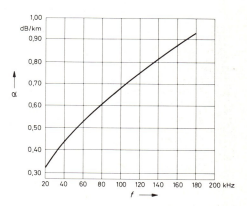

Bild 9.31. Aufbau des Nordatlantik-Seekabels von 1956

Bild 9.32. Dämpfungsverlauf des Nordatlantik-Kabels

nommen. Den prinzipiellen Aufbau des Nordatlantik-Kabels zeigt Bild 9.31. Es handelt sich um ein spezielles Koaxialkabel mit einem Außenleiterdurchmesser von 16 mm und einer Bewehrung, die je nach Wassertiefe unterschiedlich dick ist. Der Wellenwiderstand des Koaxialkabels beträgt 55 Ω. Die Gesamtverbindung ist aus zwei solchen parallel verlaufenden Koaxialkabeln aufgebaut, die im *Vierdraht-Gleichlage-Verfahren* betrieben werden (zwei Innen- und zwei Außenleiter). Ausgenutzt wird der Frequenzbereich 15 ... 174 kHz für insgesamt 36 Sprechkanäle. Der frequenzabhängige Dämpfungsverlauf des Nordatlantik-Kabels ist in Bild 9.32 angegeben.

* **9.3.4. Hohlleiter**

Im Vorspann zu Kap. 9 wurde festgestellt, daß die zu übertragende *elektrische Energie* im Falle der drahtlosen Übertragung den ganzen „materiefreien Raum" ausfüllt, während sie bei drahtgebundener Übertragung in einem rohrförmigen Raum konzentriert bleibt und vom Leiter geführt wird. Bild 9.33 zeigt, wie ein Leiter, der einen Wechselstrom $i(t)$ führt, schlauchförmig von einem *Magnetfeld* $\vec{H}$ begleitet wird.

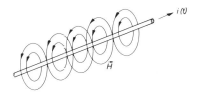

Bild 9.33
Stromdurchflossener Leiter mit begleitendem Magnetfeld

● *Stromverdrängung*

Bild 9.33 beschreibt ganz allgemein den physikalischen Vorgang der leitungsgebundenen Übertragung. Bei sehr hohen Frequenzen jedoch, wo die Querschnittsabmessungen eines Leiters mit den Wellenlängen vergleichbar werden (3 GHz entspricht ca. 10 cm), tritt folgender Effekt auf: Durch sogenannte *innere Selbstinduktion* verteilt sich der Strom nicht mehr gleichmäßig über den ganzen Querschnitt des Drahtes. Er wird vielmehr mit anwachsender Frequenz mehr und mehr an die Leiteroberfläche gedrängt, so daß schließlich nur noch eine sehr dünne Oberflächenschicht des massiven Leiters den Strom führt. Das aber bedeutet, daß durch diesen *Skineffekt* der ohmsche Widerstand des Leiters mit zunehmender Frequenz ansteigt, weil der effektive Leiterquerschnitt kleiner wird.

● *Konsequenz aus dem Skineffekt*

Bei sehr hohen Frequenzen ist infolge des Skineffektes der ohmsche Widerstand nicht mehr dem Leiterquerschnitt sondern dessen Umfang umgekehrt proportional. Das legt den Gedanken nahe, das für den Stromfluß nicht mehr nutzbare massive Innere des Leiters einfach wegzulassen und nur noch dünnwandige Rohre zur Übertragung hochfrequenter Signale zu verwenden. So ergibt sich beispielsweise die in Bild 9.34 skizzierte spezielle Koaxialbauform mit einem rohrförmigen Innenleiter für Frequenzen bis etwa 10 GHz (vgl. Bild 9.21b).

Bild 9.34
HF-Koaxialleiter mit rohrförmigem Innenleiter sowie Feldverteilungen zwischen Hin- und Rückleiter

● *Rechteckhohlleiter*

Läßt man aus dem Koaxialkabel nach Bild 9.34 den inneren Leiter fort, entsteht ein *Hohlleiter*. Hohlleiter sind in beliebigen Querschnittsformen denkbar, wenn nur die Wände aus möglichst gut leitendem Material bestehen. Gebräuchlich sind jedoch vor allem solche mit rechteckigem, quadratischem oder rundem Querschnitt. Die allgemeinen Eigenschaften sollen am wichtigsten Typ *Rechteckhohlleiter* besprochen werden. Bild 9.35 zeigt einen solchen Leitungstyp. Während in normalen Einfach- oder Doppelleitungen der Strom nur in Leitungsrichtung fließt, verteilt er sich in Hohlleitern über die Wandflächen und kann nicht nur in Leitungsrichtung (Teilbild a), sondern auch senkrecht dazu (Teilbild b) fließen. Nach den *Maxwellschen Gesetzen* erzeugt ein sich zeitlich änderndes elektrisches Feld ein *magnetisches Wirbelfeld* und, umgekehrt, ein sich änderndes magnetisches Feld ein *elektrisches Wirbelfeld*. Auf die Wandströme in Bild 9.35 übertragen bedeutet dies, daß die sich zeitlich ändernden Wandströme von magnetischen Feldern begleitet werden und die für den Stromfluß notwendigen Potentialdifferenzen elektrische Felder zur Folge haben.

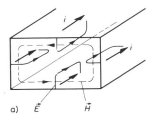
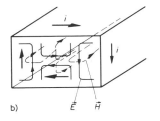

Bild 9.35
Rechteckhohlleiter mit verschiedenen Wandströmen (einfache Beispiele) und zugehörigen Feldverteilungen

Elektromagnetische Wellen

Die in Bild 9.35 für je einen Querschnitt skizzierten, stark vereinfachten Felder breiten sich im Hohlleiter längs der Leitungsrichtung aus. Man nennt sie darum *elektromagnetische Wellen*. Die Fortpflanzung solcher Wellen kann man sich gemäß Bild 9.36 durch ständige Reflexionen an den möglichst gut leitenden Wänden vorstellen. Bei einem idealen Leiter würden einfallende Wellen vollkommen reflektiert werden; reale Leiter reflektieren nur unvollkommen, entziehen der Welle somit Energie. Bild 9.37 zeigt schließlich, wie sich einfallende und reflektierte Wellen zu einem *Wellenfeld* überlagern, in dem, ähnlich wie bei Wasser- oder Lichtwellen, durch *Interferenz* Knoten und Bäuche entstehen, die für die elektrische Komponente $\vec{E}$ der Welle parallel zur reflektierenden Wand verlaufen.

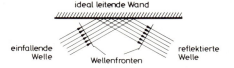

Bild 9.36
Reflexion elektromagnetischer Wellen an ideal leitender Wand

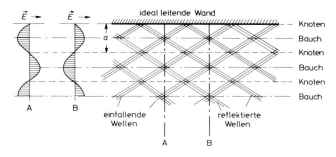

Bild 9.37
Ausbildung eines Wellenfeldes mit Knoten und Bäuchen für eine elektrische Komponente $\vec{E}$

Schwingungsknoten

Durch eine ideal leitende Wand werden im elektrischen Feld *Schwingungsknoten* erzwungen, was in Bild 9.37 bereits verwertet ist. Dies entspricht dem in 9.2.4 besprochenen Fall eines Kurzschlusses am Ende einer Doppelleitung, bei dem $U_e = 0$ erzwungen wird. Daraus folgt sofort, daß man jede der im Abstand a von der leitenden Wand auftretende *Knotenfläche* durch eine weitere leitende Wand ersetzen kann, ohne das Wellenfeld zu stören. Führt man diese Betrachtung für die dritte Dimension durch, entsteht das Bild 9.38, wobei die Querschnittsabmessungen a und b des Hohlleiters gerade den Knotenabständen der elektrischen Welle entsprechen.

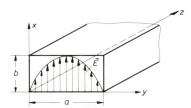

Bild 9.38. Entstehung eines Rechteckquerschnittes aus dem Wellenfeld Bild 9.37

Bild 9.39. Hohlleiter-Verbindung (AEG-Telefunken-Foto)

• Schwingungstypen

Das Koordinatensystem Bild 9.38 ist so gewählt, daß die z-Achse stets in Leitungsrichtung weist und somit die Ausbreitungsrichtung der elektromagnetischen Hohlleiterwelle angibt. Je nachdem, ob in z-Richtung nur ein elektrisches Feld (E_z) oder nur ein magnetisches Feld (H_z) vorhanden ist, unterscheidet man die zwei Grundtypen *E-Welle* und *H-Welle*:

Grundtyp	in Ausbreitungsrichtung	internationale Bezeichnung
E-Welle	elektrisches Feld (E_z) $H_z = 0$	Transversal-magnetische Welle (TM-Welle)
H-Welle	magnetisches Feld (H_z) $E_z = 0$	Transversal-elektrische Welle (TE-Welle)
L-Welle	keine Feldkomponenten $E_z = H_z = 0$	Transversal-elektromagnetische Welle (TEM-Welle)

Der letzte Typ heißt *Leitungs-* oder *Lecher-Welle*. Diese TEM-Welle besitzt in Ausbreitungsrichtung weder eine elektrische noch eine magnetische Feldkomponente und ist darum in Hohlleitern nicht ausbreitungsfähig.

Beispiele von *Schwingungstypen* sind in Bild 9.40 für Rechteckhohlleiter und in Bild 9.41 für Rundhohlleiter angegeben. Am meisten verwendet werden im

Rechteckhohlleiter: H_{10}-Welle und E_{11}-Welle
Rundhohlleiter: H_{11}-Welle und E_{01}-Welle

Die H_{10}-Welle im Rechteckhohlleiter wird auch oft als „Hauptwelle" bezeichnet.

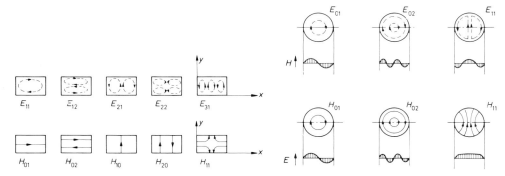

Bild 9.40. Beispiele für Schwingungstypen im Rechteckhohlleiter

Bild 9.41. Beispiele für Schwingungstypen im Rundhohlleiter

• Phasengeschwindigkeit

Die elektromagnetischen Wellen breiten sich innerhalb des Hohlleiters mit *Lichtgeschwindigkeit c* aus. Wie in den Bildern 9.36 und 9.37 dargestellt, geschieht wegen der ständigen Wandreflexionen die Ausbreitung jedoch zickzackförmig. Gemäß Bild 9.42 läßt sich daraus eine resultierende Wellenkomponente konstruieren, die in z-Richtung mit der Geschwindigkeit v_z fortschreitet und die *Phasengeschwindigkeit* heißt:

$$v_z = \frac{c}{\sin \vartheta} \cdot \quad (9.52)$$

▶ 9.3. Eigenschaften spezieller Leitungen

Das bemerkenswerteste Ergebnis dieser Betrachtungen ist, daß die Phasengeschwindigkeit v_z stets größer als die Lichtgeschwindigkeit c ist. Lediglich für den Fall $\vartheta = 90°$, wenn also die elektromagnetische Welle parallel zur Hohlleiterwand verläuft, wird $v_z = c$.

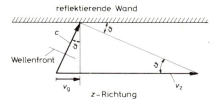

Bild 9.42
Konstruktion von Phasen- (v_z) und Gruppengeschwindigkeit (v_g) aus den mit Lichtgeschwindigkeit c unter dem Winkel ϑ auftreffenden Wellenfronten

• *Gruppengeschwindigkeit*

Die Energieausbreitung im Hohlleiter verläuft mit einer Geschwindigkeit, die stets kleiner als die Lichtgeschwindigkeit ist (vgl. 9.2.5). Diese *Gruppengeschwindigkeit* (auch: *Signalgeschwindigkeit*) ergibt sich aus Bild 9.42 zu

$$v_g = c \cdot \sin \vartheta. \tag{9.53}$$

Im Falle $\vartheta = 0°$ (senkrechtes Auftreffen auf die Hohlleiterwand) wird $v_g = 0$. Es gibt dann also keine Energieausbreitung, d.h. es wird kein Signal übertragen. Ein Zusammenhang zwischen Phasen- und Gruppengeschwindigkeit ergibt sich durch Multiplikation von (9.52) mit (9.53):

$$c^2 = v_z \cdot v_g. \tag{9.54}$$

• *Wellenlänge und kritische Frequenz*

Aus dem inzwischen bekannten Zusammenhang $c = f \cdot \lambda$ (s. Gl. (9.1) in 9.2.1) ergibt sich bei fester Frequenz f die zur Phasengeschwindigkeit v_z gehörende Wellenlänge von

$$\lambda_z = \frac{v_z}{f} = \frac{c}{f \cdot \sin \vartheta}. \tag{9.55}$$

λ_z ist stets größer als die zur Lichtgeschwindigkeit c gehörende Wellenlänge λ und wird im Grenzfall $\vartheta = 0°$ unendlich groß. Damit wird aber auch die Phasengeschwindigkeit unendlich groß, die Gruppengeschwindigkeit aber wird $v_g = 0$. Die Frequenz, für die die elektromagnetische Welle gerade diese Bedingungen erfüllt, heißt *kritische Frequenz* f_c. Sie hängt mit der Lichtgeschwindigkeit der einfallenden Welle zusammen gemäß

$$f_c = \frac{c}{\lambda_c} \tag{9.56}$$

und stellt für einen gegebenen Hohlleiter und Schwingungstyp eine untere *Grenzfrequenz* dar.

• *Grenzwellenlänge*

Die in Gl. (9.56) eingeführte *kritische Wellenlänge* λ_c heißt allgemein *Grenzwellenlänge*. Sie gibt die Wellenlänge an, bei der der Energietransport durch den Hohlleiter nicht mehr möglich ist. Wellen mit einer Länge kleiner als λ_c sind ausbreitungsfähig. Andersherum bedeutet dies, daß nur Signale mit Frequenzen größer f_c einen gegebenen Hohlleiter passieren können.

• *Beispiele für Grenzwellenlängen*

Um ein Gefühl für die vom Schwingungstyp und den Hohlleiterabmessungen abhängige Grenzfrequenz (kritische Frequenz) f_c zu bekommen, sind im folgenden ein paar Zahlenbeispiele gesammelt.

Rechteckhohlleiter	λ_C	f_C für a = 457 mm	f_C für a = 13 mm
H_{10} (Hauptwelle)	$2a$	328,2 MHz	11,54 GHz
E_{11}	$\dfrac{2ab}{\sqrt{a^2+b^2}}$		
E_{11} ($a=b$)	$\dfrac{2a}{\sqrt{2}}$	464,1 MHz	16,32 GHz
E_{11} ($a=2b$)	$\dfrac{2a}{\sqrt{5}}$	733,9 MHz	25,8 GHz
Rundhohlleiter	λ_C	f_C für D = 457 mm	f_C für D = 13 mm
H_{11}	$1{,}71 \cdot D$	383,9 MHz	13,5 GHz
E_{01}	$1{,}31 \cdot D$	501,1 MHz	17,6 GHz

Zur Berechnung der Grenzfrequenzen ist der Zusammenhang $f_C = c/\lambda_C$ mit $c = 3 \cdot 10^8$ m/s verwendet. Wenn also beispielsweise in einem Rechteckhohlleiter mit a = 457 mm die „Hauptwelle" H_{10} angeregt werden soll, ist diese Welle erst für Frequenzen größer 328,2 MHz ausbreitungsfähig. Ist der Hohlleiter nur a = 13 mm breit, können keine Frequenzen unterhalb 11,54 GHz übertragen werden. Daraus wird deutlich, daß Hohlleiter nur im Gigahertzbereich mit „vernünftigen" Querschnittsabmessungen verwendbar sind.

* 9.3.5. Lichtleiter

Nach Bild 1.14 in 1.6 existieren elektromagnetische Strahlungen in dem unvorstellbar großen Frequenzbereich zwischen etwa 10^4 Hz und 10^{23} Hz. Bild 9.43 zeigt noch einmal diesen Bereich in logarithmischer Darstellung. Technisch genutzt und weitgehend ausgeschöpft sind die Bereiche bis gut 10^{10} Hz (10 GHz), also die Radiowellen- und Hochfrequenzbereiche. Durch den in den sechziger und siebziger Jahren stark angestiegenen Bedarf an Übertragungskanälen bei gleichzeitig gewachsenem Bandbreitenbedarf wurden Entwicklungslaboratorien in aller Welt gezwungen, höhere Frequenzbänder technisch zu erschließen. So gibt es vielversprechende Installationen im Millimeterwellenbereich (bis ca. 100 GHz). Noch weiter gehen die Projekte mit Lichtleitern, also mit der Nutzung des Sonderbereiches elektromagnetischer Wellen, den wir als Licht empfinden.

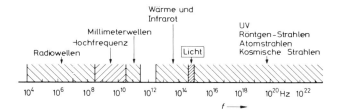

Bild 9.43 Elektromagnetische Strahlungen

• *Wellenausbreitung*

Die Ausbreitung der Lichtwellen in Lichtleitfasern geschieht prinzipiell wie die von Hohlleiterwellen, nämlich zickzackförmig durch *Totalreflexion* an den Faserwänden. In Bild 9.44 ist dieser Ausbreitungsvorgang für vier verschiedene Fasertypen dargestellt

• *Totalreflexion*

Ausgenutzt wird die aus der Optik bekannte Erscheinung der *Totalreflexion*, um die Lichtwellen in der Lichtleitfaser zu führen. Das bedeutet, immer dann, wenn Lichtstrahlen hinreichend flach von einem optisch dichteren in ein optisch dünneres Medium übergehen, tritt Totalreflexion auf. Wenn

9.3. Eigenschaften spezieller Leitungen

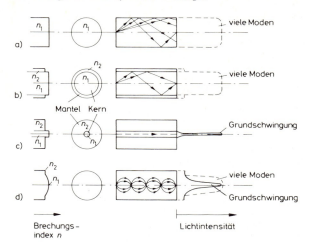

Bild 9.44
Bauformen von Lichtleitfasern
a) Mantellose Faser
b) Multimode-Faser
c) Monomode-Faser
d) Gradientenfaser

also der in Bild 9.42 für den Fall des Hohlleiters definierte Einfallswinkel ϑ den stoffabhängigen Grenzwinkel für Totalreflexion übersteigt, können keine Lichtstrahlen das optisch dichtere Medium verlassen. Für die in Bild 9.44a skizzierte *mantellose Faser* beträgt der Grenzwinkel je nach Glassorte etwa 25° bis 42°. Üblich ist es, die „optische Dichte" eines Stoffes mit dem *Brechungsindex n* zu beschreiben. Es muß also der Brechungsindex der mantellosen Faser größer sein als der der Umgebungsluft. Der Faserdurchmesser wird durch den Grenzwinkel bestimmt.

• Ummantelte Faser

Mantellose Fasern haben allenfalls für Demonstrationszwecke, nicht jedoch für die Praxis eine Bedeutung. Verwendet werden ummantelte Fasern mit einem Kern vom Durchmesser 50 bis 100 μm und einem Brechungsindex n_1, sowie einem Mantel der Dicke von 5 bis 10 μm mit einem Brechungsindex $n_2 < n_1$ (Bild 9.44b). In beiden Fällen (mit und ohne Mantel) ist bei gegebener Frequenz die Übertragung der Grundwelle und von Oberwellen möglich. Weil man die einzelnen Teilschwingungen *Moden* nennt, spricht man in diesem Fall von *Multimode-Fasern*. Wird, wie in Bild 9.44c angedeutet, der Kern auf 2 bis 4 μm verdünnt, kann nur noch die jeweilige Grundschwingung der Lichtwelle übertragen werden. Solch eine Lichtleitfaser heißt darum *Monomode-Faser*.

• Gradientenfaser

Bei Gradientenfasern ändert sich der Brechungsindex kontinuierlich vom Faserzentrum nach außen (Bild 9.44d). Solche Fasern mit einem Durchmesser von etwa 70 μm haben den Vorteil, daß Grundschwingung und höhere Moden übertragen werden können.

• Dämpfung

Es kann als bekannt vorausgesetzt werden, daß Glas die Lichtstrahlen nicht völlig unbedämpft durchläßt. Je dicker eine Glasscheibe, desto weniger Licht kann hindurchtreten. Sieht man sich den in Bild 9.45 für eine moderne Lichtleitfaser aus Glas dargestellten Dämpfungsverlauf über die Lichtwellenlänge an, erkennt man für den sichtbaren Bereich und das nahe Infrarot Dämpfungen zwischen 10 und 20 dB/km. Man stelle sich einmal vor, was dies bedeutet, daß nämlich sozusagen ein Stück Glas von einem Kilometer Dicke das Licht erst auf etwa den zehnten Teil abschwächt! Man erwartet die Entwicklung von Lichtleitern mit nur ca. 2 dB/km.

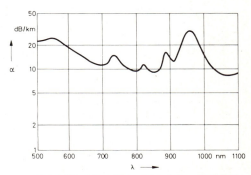

Bild 9.45. Dämpfungsverlauf einer Lichtleitfaser aus Glas

• Optische Nachrichtenkabel

Die sehr dünnen und empfindlichen Lichtleitfasern aus Glas werden nach Bild 9.46 durch mehrfache Schutzummantelungen zu Kabeln verstärkt. Oft verwendet werden Kabel, in denen viele Lichtleitfasern gebündelt sind. Ein paar typische Vorteile solcher Leitungen und der optischen Nachrichtenübertragung seien aufgezählt:

- sehr hohe Übertragungsgeschwindigkeiten (Gigahertzbereich),
- vollkommene Unempfindlichkeit gegen elektromagnetische Störfelder,
- keine Abstrahlung von Störfeldern,
- kleine Abmessungen, geringes Gewicht und große Biegsamkeit,
- geeignet für Signalübertragung zwischen Orten unterschiedlichen Potentials bis zu einigen 100 kV.

Als sehr preiswerte Alternative zu den teueren aber dämpfungsarmen Glasfasern werden solche aus Kunststoff angeboten, in einem Beispiel mit Kerndurchmessern zwischen 0,13 mm und 1,50 mm. Diese flexiblen und unempfindlichen Fasern sind allerdings nur für die Überbrückung relativ kurzer Strecken geeignet, weil ihre Dämpfung ein Mehrfaches der von Glasfasern beträgt.

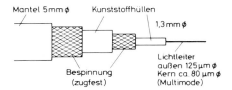

Bild 9.46

Aufbau eines optischen Nachrichtenkabels mit einer Multimode-Faser aus Glas

• Übertragungsstrecke

In vielen Fällen wird auch bei der optischen Signalübertragung mit einer festen Trägerfrequenz gearbeitet. Das Signal wird dem Träger durch *Helligkeitsmodulation* aufgeprägt. Man wird dann bemüht sein, eine Trägerschwingung zu wählen, die ein günstiges Dämpfungsverhalten aufweist (vgl. Bild 9.45). So wird das in Bild 9.46 skizzierte Kabel für eine Wellenlänge von 820 nm (nahes Infrarot) empfohlen, wo die Dämpfung nach Bild 9.45 nur etwa 10 dB/km beträgt. Als Lichtquelle werden manchmal *Leuchtdioden*, oft aber *Halbleiterlaser* verwendet, als Empfänger *Fotodioden*. Bild 9.47 zeigt schematisch eine solche Übertragungsstrecke. Entsprechend der zur Zeit verfügbaren Leistungen und der in Bild 9.45 dargestellten Dämpfungen der Lichtleiter wird bei solchen Strecken mit Zwischenverstärkungen im Abstand von etwa 10 km zu arbeiten sein.

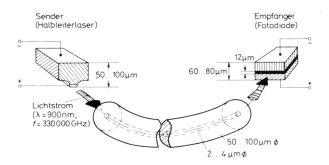

Bild 9.47

Übertragungsstrecke mit Lichtleiter

9.4. Zusammenfassung

Nachrichtenleitungen werden nach ihrem *Aufbau* eingeteilt in
Einfachleitung, Doppelleitung, Mehrfachleitung, Streifenleitung, Hohlleiter, Oberflächenwellenleiter.

Bei der *Doppelleitung* unterscheidet man:
symmetrische Leitung (beide Stromwege gleichartig, z.B. *Parallelleitung*),
unsymmetrische Leitung (Stromwege verschieden, z.B. *Koaxialkabel*).

Betriebszustände elektrischer Leitungen werden mit Hilfe des Verhältnisses „Leitungslänge l durch Wellenlänge λ" beschrieben, das als *elektrische Länge* einer Leitung bezeichnet wird. Damit ergeben sich folgende Betriebszustände:

1. *Elektrisch kurze Leitungen*

   $l/\lambda \to 0$ — stationärer Zustand (Strom und Spannung haben an allen Punkten der Leitung denselben Wert)

   $l/\lambda \leqslant 0{,}01$ — quasistationärer Zustand (Strom und Spannung auf der Leitung nahezu konstant).

2. *Elektrisch lange Leitungen*

   $l/\lambda > 0{,}01$ — nichtstationärer Zustand (starke Ortsabhängigkeit von Strom und Spannung).

3. *Eingeschwungener Zustand*

   Einheitlicher Zustand auf einer Leitung nach Abschluß von Ausgleichsvorgängen (Ein- oder Ausschalten).

Das Ersatzschaltbild elektrischer Leitungen setzt sich zusammen aus

Widerstandsbelag: $R' = R_l/l$ in Ω/m
Leitwertbelag: $G' = G_l/l$ in S/m
Induktivitätsbelag: $L' = L_l/l$ in H/m
Kapazitätsbelag: $C' = C_l/l$ in F/m

Mit Hilfe der *Kirchhoffschen Gesetze* lassen sich aus dem Ersatzschaltbild Differentialgleichungen aufstellen, deren Lösungen zu den Leitungsgleichungen führen.

Physikalische Form der Leitungsgleichungen:

$$\underline{U}(z) = \frac{1}{2}(\underline{U}_a + \underline{Z}\,\underline{I}_a)\,e^{-\gamma z} + \frac{1}{2}(\underline{U}_a - \underline{Z}\,\underline{I}_a)\,e^{\gamma z}$$

$$\underline{I}(z) = \frac{1}{2}\left(\frac{\underline{U}_a}{\underline{Z}} + \underline{I}_a\right)e^{-\gamma z} - \frac{1}{2}\left(\frac{\underline{U}_a}{\underline{Z}} - \underline{I}_a\right)e^{\gamma z} \tag{9.19}$$

Mathematische Form der Leitungsgleichungen:

$$\underline{U}(z) = \underline{U}_a \cosh \gamma z - \underline{Z}\,\underline{I}_a \sinh \gamma z$$

$$\underline{I}(z) = \underline{I}_a \cosh \gamma z - \frac{\underline{U}_a}{\underline{Z}} \sinh \gamma z \tag{9.20}$$

Es bedeuten z: Wegkomponente in Leitungsrichtung, $\underline{U}_a$ bzw. $\underline{I}_a$: komplexer Wert von Spannung bzw. Strom am Anfang der Leitung. Weiterhin gilt:

Wellenwiderstand der Leitung $\quad \underline{Z} = \sqrt{\dfrac{R' + j\omega L'}{G' + j\omega C'}} \qquad$ (9.16)

Ausbreitungskonstante $\qquad \gamma = \sqrt{(R' + j\omega L')(G' + j\omega C')} = \alpha + j\beta \quad$ (9.14)

mit

Dämpfungskonstante $\qquad \alpha = \operatorname{Re} \gamma$

Phasenkonstante $\qquad \beta = \operatorname{Im} \gamma$

Eine Interpretation der Leitungsgleichungen führt zu folgenden Aussagen:

> 1. Das vollständige Verhalten auf Leitungen wird beschrieben durch die Überlagerung einer einfallenden und einer reflektierten Welle.
> 2. Eine Welle, die sich auf einer Leitung ausbreitet, „sieht" immer den Wellenwiderstand.
> 3. Wird eine Leitung mit einem Widerstand abgeschlossen, der gleich dem Wellenwiderstand ist, verschwindet die reflektierte Welle. Dieser Fall wird *Anpassung* genannt.

Der Reflexionsfaktor beschreibt die Verhältnisse auf einer Leitung, wenn sie mit einem beliebigen komplexen Widerstand $\underline{R}$ abgeschlossen ist:

$$\underline{r} = \frac{\underline{R} - \underline{Z}}{\underline{R} + \underline{Z}} = \frac{\underline{z} - 1}{\underline{z} + 1} \qquad (9.28, 9.29)$$

mit $\underline{z} = \underline{R}/\underline{Z}$. Leicht angebbar sind die Reflexionsfaktoren folgender Grenzfälle.

$\underline{R} = 0$: Kurzschluß $(\underline{r} = -1)$
$\underline{R} = \underline{Z}$: Anpassung $(\underline{r} = 0)$
$\underline{R} = \infty$: Leerlauf $(\underline{r} = 1)$

Widerstandstransformation nennt man die Tatsache, daß bei bestimmten Leitungslängen der Anfangswiderstand $\underline{R}_a$ einer Leitung definiert mit einem Lastwiderstand (Abschluß) $\underline{R}_L$ am Ende der Leitung zusammenhängt. Und zwar gilt für *verlustlose Leitungen*:

Leitungslänge $l = \lambda/4$ führt zu $\underline{R}_a = \underline{Z}^2/\underline{R}_L \quad (\lambda/4$-Transformator$)$
Leitungslänge $l = \lambda/2$ führt zu $\underline{R}_a = \underline{R}_L \qquad (\lambda/2$-Transformator$)$.

Phasen- und Gruppengeschwindigkeit der Ausbreitungsvorgänge auf Leitungen sind definiert als

Phasengeschwindigkeit $\qquad v = \dfrac{\omega}{\beta}; \quad$ oft $v = \dfrac{1}{\sqrt{L'C'}} \qquad$ (9.44)

Gruppengeschwindigkeit $\qquad v_g = \dfrac{d\omega}{d\beta}$. $\qquad\qquad\qquad\qquad$ (9.45)

▶ 10.1. Trägerfrequenztechnik

> Während die Phasengeschwindigkeit das Wandern der Nulldurchgänge von Strom und Spannung beschreibt, gibt die Gruppengeschwindigkeit die Ausbreitung der in den Leitungswellen enthaltenen Energie an. Ist $v \neq v_g$, spricht man von *Dispersion*.
>
> **Hohlleiter** kann man sich aus Koaxialkabeln entstanden vorstellen, wenn der Innenleiter weggelassen wird. Es handelt sich somit um einen Leitungstyp, der keinen Rückleiter aufweist. Die Wellenausbreitung geschieht in Hohlleitern durch ständige *Totalreflexion* der elektrischen und magnetischen Energie an den Innenwänden. Hohlleiter sind für die Übertragung von Signalen sehr hoher Frequenz geeignet, bei denen die Wellenlänge kleiner 1 m wird. Jedoch sind Signale unterhalb einer *Grenzfrequenz* f_c (auch: *kritische Frequenz*) nicht übertragbar:
>
> $$f_c = \frac{c}{\lambda_c}, \qquad (9.56)$$
>
> wobei c die Lichtgeschwindigkeit ist. Die Grenzwellenlänge hängt vom Schwingungstyp ab. Sie wird für die „Hauptwelle" im **Rechteckhohlleiter**
>
> $$\lambda_c = 2a,$$
>
> wenn a das größere der Rechteckmaße ist.
>
> **Lichtleiter** transportieren Signale ähnlich wie Hohlleiter. D.h. sie führen Lichtwellen durch Totalreflexion an den Leiterwänden.

10. Drahtgebundene Übertragung

Nachdem in Kap. 9 mit einer knappen Einführung in die *Theorie der Leitungen* die Grundlagen der drahtgebundenen Übertragung gelegt wurden, wird in Kap. 10 über die wichtigen Anwendungen gesprochen. Begonnen wird mit einem Einblick in die Trägerfrequenztechnik (10.1), die ebenso für drahtlose Übertragungen Gültigkeit hat. Besprechungen der Fernsprechtechnik (10.2) und der Fernschreibtechnik (10.3) schließen sich an.

▶ 10.1. Trägerfrequenztechnik

Zur Mehrfachausnutzung von teuren Fernleitungen (bei drahtgebundener Übertragung) und des freien Raumes (bei drahtloser Übertragung) wurden Verfahren entwickelt, die das gleichzeitige Übertragen unterschiedlicher Signale von verschiedenen Sendern ermöglichen. Es sind dies die Verfahren der *Trägerfrequenztechnik*, kurz *TF-Technik*.

▶ 10.1.1. Raumstaffelung

Unter *Raumstaffelung* versteht man die räumlich getrennte Übertragung verschiedener Signale. Dabei müssen zwei Fälle unterschieden werden.

• *Drahtgebundene Übertragung*

Für den Fall der in diesem Kap. 10 besprochenen drahtgebundenen Übertragung bedeutet *Raumstaffelung*, daß für jede selbständige Nachricht eine gesonderte Leitung benötigt wird. In Bild 10.1 ist angedeutet, wie die Übertragung von n Nachrichten zwischen den Orten A und B mit n Leitungen realisiert wird.

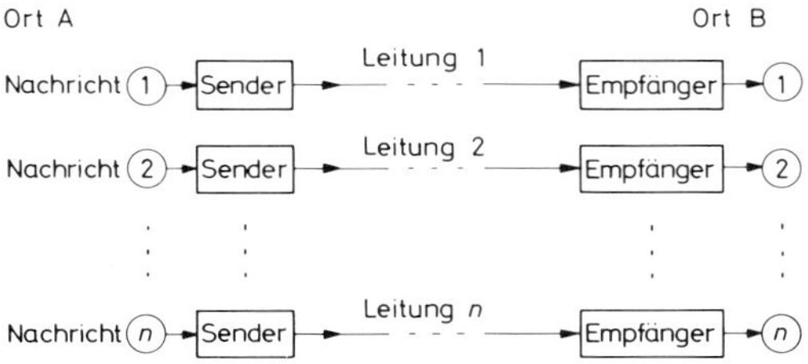

Bild 10.1
Raumgestaffeltes System für drahtgebundene Übertragung

Raumstaffelung bei drahtgebundener Übertragung

Vorteile: Keine Multiplex-Einrichtungen nötig; jede einzelne Leitung muß nur die Signalbandbreite B_S übertragen können.

Nachteil: Zur gleichzeitigen Übertragung n verschiedener Nachrichten müssen n Leitungen verlegt werden.

• *Drahtlose Übertragung*

Eine etwas andere Situation entsteht bei drahtloser Übertragung, die hier bezüglich der TF-Technik ebenfalls berücksichtigt werden soll. Weil nämlich bei der Übertragung zwischen zwei Orten A und B eine Trennung von Sendern auf gleicher Sendefrequenz nur schwierig oder gar unmöglich ist, werden solche Sender räumlich getrennt, und zwar möglichst soweit auseinander, daß die Sendereichweiten sich nicht überlappen. Bild 10.2 zeigt, wie beispielsweise sechs Sender, die auf gleicher Sendefrequenz arbeiten, räumlich getrennt (gestaffelt) werden müssen.

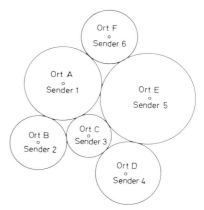

Bild 10.2. Raumgestaffeltes System für drahtlose Übertragung von 6 Sendern auf gleicher Sendefrequenz

▶ **10.1.2. Frequenzstaffelung**

Frequenzstaffelung bedeutet die gleichzeitige Übertragung verschiedener Nachrichten auf demselben Kanal, aber in der Frequenzlage getrennt. Die zur Durchführung der Frequenzstaffelung benutzte Methode wird *Frequenzmultiplex-Verfahren* genannt.

• *Frequenzmultiplex-Verfahren*

Die Verfahren der Frequenzstaffelung beruhen darauf, daß die Signalbänder von n Nachrichten n verschiedenen Trägerfrequenzen aufmoduliert werden, die in der Frequenzlage

▶ 10.1. Trägerfrequenztechnik

aufeinander folgen. In 1.7 ist dies mit den Bildern 1.17 und 1.18 illustriert. Bild 10.3 soll noch einmal verdeutlichen, wie die den Trägern $f_1 \ldots f_n$ *aufmodulierten* Signalbänder gemeinsam auf den Kanal gegeben und zeitgleich, jedoch in der Frequenzlage getrennt übertragen werden.

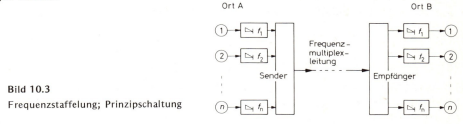

Bild 10.3
Frequenzstaffelung; Prinzipschaltung

● *Frequenzbandbreite*

Während für Raumstaffelung bei drahtgebundener Übertragung jede Leitung nur die Signalbandbreite B_S übertragen muß, wird die Bandbreite des Übertragungskanals für Verfahren der Frequenzstaffelung ein Vielfaches davon betragen müssen. Nehmen wie wieder an, daß zu jeder Nachricht die Bandbreite B_S gehört und zwischen den in der Frequenzlage getrennten Kanälen ein Sicherheitsabstand ΔB_S eingehalten werden soll (Bild 10.4). Dann ergibt sich:

Bandbreitenbedarf bei Einseitenbandübertragung:

$$B_{SSB} = n\,(B_S + \Delta B_S)\ \text{Hz} \qquad (10.1)$$

Bandbreitenbedarf bei Zweiseitenbandübertragung:

$$B_{DSB} = 2n\,(B_S + \Delta B_S)\ \text{Hz} \qquad (10.2)$$

In der Praxis wird $\Delta B_S/(B_S + \Delta B_S)$ etwa 20 ... 25 % betragen.

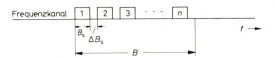

Bild 10.4. Bandbreitenbedarf B bei frequenzgestaffelter Übertragung

● *Multiplex-Einrichtung*

Die Geräte zum Verteilen der n Nachrichten auf n Frequenzkanäle werden *Multiplex-Einrichtungen* genannt (kurz: *Multiplexer*). Die grundlegenden Verfahren sind die der *Modulation*. Bei drahtgebundener Übertragung ist Amplitudenmodulation üblich (vgl. Kap. 6) bei Rundfunkübertragungen AM und FM (Kap. 7). In jedem Fall wird durch das Aufmodulieren auf den Träger die Kanallage bestimmt. Zum Trennen der ineinander verschachtelten Nachrichten werden Filter verwendet, die auf die jeweilige Trägerfrequenz abgestimmt sind (vgl. Bild 1.18 in 1.7). Die *Flankensteilheit* der Filter muß hinreichend groß sein, um eine sichere Kanaltrennung zu gewährleisten.

Frequenzstaffelung ist das für Trägerfrequenzsysteme bedeutendste Verfahren.

Vorteil: Sehr gute Leitungsausnützung und damit wirtschaftliche Übertragung vieler Nachrichten über große Entfernungen.

Nachteil: Zum Teil aufwendige Breitbandleitungen sowie Vielfachaufwand an Modulatoren und Trennfiltern nötig.

▶ **10.1.3. Zeitstaffelung**

Das Prinzip der Zeitstaffelung ist bereits in 1.7 mit Bild 1.19 und in 8.3.3 mit Bild 8.10 vorgestellt. Mit einem rotierenden Schalter ist dort veranschaulicht, wie man sich eine *Abtastung* der Signale vorstellen kann. Etwas verallgemeinert wollen wir zusammenfassen:

Das *Prinzip der Zeitstaffelung* besteht darin, daß jedem der n Signale in bestimmten Zeitabständen *Proben* (engl.: *Samples*) entnommen werden. Diese Abtastwerte werden zeitlich nacheinander übertragen und im Empfänger wieder zusammengesetzt.

• *Abtasttheorem*

Die Grundlage aller Verfahren zur Zeitstaffelung ist das *Abtasttheorem*. Wie in 5.3.1 ausgeführt, muß danach die *Abtastfrequenz* f_T mindestens doppelt so groß gewählt werden wie die höchste abzutastende Signalfrequenz (Modulationsfrequenz) f_M, also $f_T \geq 2 f_M$. In der Praxis wird man häufig gar bis zum Zehnfachen der höchsten Signalfrequenz gehen müssen. Das Abtasten wirkt in der Regel wie eine *Pulsamplitudenmodulation* (PAM, 5.3.2). Die Übertragung der abgetasteten Signale kann entweder direkt erfolgen (Telegrafie, 10.3), oder es wird vorher eine Überführung in ein anderes *Pulsmodulationsverfahren* vorgenommen (besonders PCM, Kap. 8).

• *Theoretische Frequenzbandbreite*

In Bild 10.5 sind schematisch die Zeitverhältnisse bei zeitgestaffelter Übertragung angegeben. Gehen wir von dem durch das Abtasttheorem beschriebenen theoretischen Idealfall aus, dann muß nach Gl. (5.19) in 5.3.1 für die Abtastung einer Nachricht $T_T \leq T_M/2$ sein, wenn T_M die Periodendauer der höchsten Signalfrequenz ist. Nun sollen aber n Nachrichten abgetastet und in die n Zeitkanäle umgesetzt werden, so daß sich die Abtastperiode auf $\tau + t = T_T/n$ verkleinern wird. Daraus folgt sofort

$$\tau + t \leq \frac{T_M}{2n} \quad \text{oder} \quad \boxed{f_{Tast} \geq 2 n f_M.} \tag{10.3}$$

Bild 10.5
Zeitverhältnisse bei zeitgestaffelter Übertragung

▶ 10.1. Trägerfrequenztechnik

Kennzeichnen wir wieder die Signalbandbreite mit B_S, folgt aus (10.3) ein

Bandbreitenbedarf bei Zeitstaffelung (mindestens):

$B_{min} = 2n B_S$ Hz. (10.4)

Theoretisch wäre also nur etwa die gleiche Bandbreite nötig, wie bei frequenzgestaffelter Zweiseitenbandübertragung (Gl. (10.2) in 10.1.2).

• *PCM-Übertragung*

Eine erhebliche Ausweitung des Bandbreitenbedarfs entsteht bei zeitgestaffelten PCM-Übertragungen. Wie in 8.1 erläutert, müssen nämlich in jedem der n Zeitkanäle des Bildes 10.5 *binär codierte Impulsgruppen* untergebracht werden. Nehmen wir an, daß bei reiner Sprachübertragung, bei der keine sehr hohen Qualitätsforderungen gestellt werden (Telefon), mit $q = 7$ Impulsen abgetastet wird (7 bit; also $2^7 = 128$ Amplitudenstufen), entsteht beispielsweise $B = 2n B_S \cdot 7$ Hz. Bei der Magnetbandaufzeichnung von Meßwerten (vgl. 8.3.3) würde man bei einer Auflösung mit 12 bit ($q = 12$) gar $B = 5n B_S \cdot 12$ Hz benötigen. Allgemein können wir also schreiben

Bandbreite bei PCM:
$B = x n B_S q$ Hz,

mit $x = 2 ... 5$ und $q = 7 ... 12$. Auf jeden Fall ergeben sich recht hohe Bandbreiten, so daß häufig eine frequenzgestaffelte Übertragung vorgezogen wird.

• *Zeitmultiplex*

Die Verfahren zur Zeitstaffelung werden als *Zeitmultiplex-Technik* oder *Zeitmultiplex* bezeichnet. In der einfachsten Form sind zur Realisierung rotierende Schalter (Bild 8.10) zur Zeitstaffelung möglich (z.B. Drucktelegraf nach Baudot). In modernen Zeitmultiplex-Systemen werden für die Staffelung (Abtastung) *Zeitfilter* verwendet. Eine Möglichkeit der Ausführung ist in Bild 10.6 angegeben.

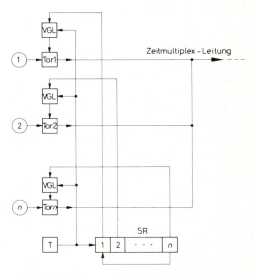

Bild 10.6. Schema eines Zeitfilters für Zeitmultiplex; VGL: Vergleicher, T: Taktgenerator, SR: Schieberegister

• *Zeitfilter*

Hauptbestandteile des in Bild 10.6 skizzierten Zeitfilters (elektronischer Schalter) sind Vergleicher (VGL), elektronische Tore, ein Taktgenerator (T) und ein n-stelliges Schieberegister (SR). Der Taktgenerator steuert gleichzeitig SR und alle n VGL an. SR schaltet mit jedem Taktschritt um eine Zelle weiter, so daß von den n SR-Ausgängen nacheinander die VGL mit je einem Impuls beliefert werden. Immer dann, wenn beide VGL-Eingänge mit einem Impuls belegt sind, wird an seinem Ausgang ein Impuls erzeugt, wodurch für die Impulsdauer das zugehörige elektronische Tor geöffnet wird. So werden nacheinander alle *n* Tore geöffnet, was einer zyklischen Abtastung der *n* Nachrichten entspricht. Auf der Empfängerseite muß eine gleiche Zeitfilter-Einrichtung vorhanden sein. Weiterhin sind zur Rückgewinnung (Demodulation) der zeitgestaffelten Signale Tiefpässe erforderlich, die aus den aneinandergereihten und in der Amplitude modulierten Impulsen das Signal herausfiltern.

• *Synchronisation*

Eine ganz wesentliche Bedingung für Zeitmultiplex-Übertragungen ist die *Synchronisierung zwischen Sender und Empfänger*. In modernen Systemen wird dazu in bestimmten Zeitabständen eine spezielle Impulsfolge gesendet, womit der Taktgenerator auf der Empfängerseite synchronisiert wird (vgl. dazu beispielsweise die PCM-Rahmen in 8.3). In jedem Fall erhöht sich dadurch die notwendige Übertragungsbandbreite.

Zeitstaffelung bringt folgende Vor- und Nachteile.

Vorteil: Die durch die Zeitstaffelung gewonnene *zeitdiskrete Signaldarstellung* bietet sich besonders in digital arbeitenden Systemen an (z.B. PCM).

Nachteil: Die Übertragungsbandbreite wird mit wachsenden Qualitätsforderungen groß; die Synchronisierung von Sender und Empfänger ist aufwendig.

▶ **10.2. Telefonie (Fernsprechen)**

Fernsprechen ist die wohl am meisten verwendete Form der *Telekommunikation*. Dazu kommt, daß die internationalen *Fernsprechnetze* nicht nur für Telefongespräche (Ferngespräche) verwendet werden, sondern ebenso als *Vermittlungsnetze* für das Fernschreiben und die Bildtelegrafie (10.3.4) sowie für Datenübertragungen benutzbar sind (Teil 4). Weil jedoch ursprünglich dieses weltweite Netz für die *analoge Sprachübertragung* ausgelegt wurde, ist die Übertragungsbandbreite für diesen Zweck reduziert. Und zwar wird mit der Bandbreite 300 bis 3400 Hz gearbeitet, weil dies für eine befriedigende *Sprachverständlichkeit* ausreicht. Und nur der schmale *Fernsprechkanal* steht für andere Zwecke wie Telegrafie und Datenübertragung zur Verfügung. Man nennt diese spezielle Form der Übertragungstechnik darum auch *Schmalbandkommunikation*. Im folgenden werden ein paar wichtige Grundlagen der Fernsprechtechnik besprochen.

▶ **10.2.1. Spezielle Bauelemente der Fernsprechtechnik**

Sprache als Nachrichtenform erfordert *elektroakustische Wandler*. Im Falle der Telefonie wird sendeseitig ein *Kohlemikrofon* (3.3.2), empfangsseitig ein *magnetisches Telefon* (3.4.2) verwendet.

Gegenverkehr (gleichzeitige Rede und Gegenrede) wird möglich mit Hilfe der Betriebsart *Duplex* (1.7).

Drahtgebundene Übertragung geschieht allgemein über *Fernmeldekabel* (9.3.3). Sonderformen der ergänzenden drahtlosen Übertragung werden in 10.2.5 besprochen.

Spezielle Bauelemente für die Fernsprechtechnik sind nötig wegen der Forderung nach *automatischer Vermittlung* zwischen je zwei beliebigen Teilnehmerstellen. Als besonders wichtig seien hier herausgegriffen: *Relais, Koppelfelder, Wähler* und *Nummernschalter*.

• Relais

Relais sind in der Fernsprechtechnik trotz vieler Versuche mit vollelektronischen Systemen noch nicht wegzudenken, weil sie zuverlässig arbeiten und als *Verstärker* mit großer Strom- und Leistungsverstärkung einsetzbar sind. Die Verstärkerwirkung sei anhand des Bildes 10.7 erläutert. Danach sind steuernder Eingangskreis und gesteuerter Ausgangskreis *galvanisch getrennt*, d.h. es besteht keine leitende Verbindung zwischen ihnen. Der kleine Steuerstrom i_1 erregt die Relaiswicklung A und schaltet dadurch über den Relaiskontakt a den Batteriekreis ein, so daß der große Strom i_2 durch den Lastwiderstand fließen kann.

Relaiswirkung: Es genügt ein kleiner Steuerstrom zum Schalten großer Leistungen; Relais sind also Leistungsverstärker.

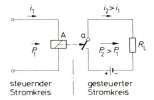

Bild 10.7
Prinzip der Relaiswirkung

• Flachrelais

Von großer Bedeutung für die Fernsprechtechnik sind die einfach herstellbaren Flachrelais (Bild 10.8). Fließt durch die um den flachen Kern gelegte Relaiswicklung der Steuerstrom i_1, wird der Anker angezogen und drückt dabei die untere Feder des Kontaktsatzes gegen die obere, wodurch der Kontakt des Batteriekreises geschlossen wird. In Bild 10.9 ist schematisch ein *Postrelais* (Fernsprechrelais) dargestellt, das als *Siemens-Flachrelais* in die Fernsprech-Geschichte eingegangen ist.

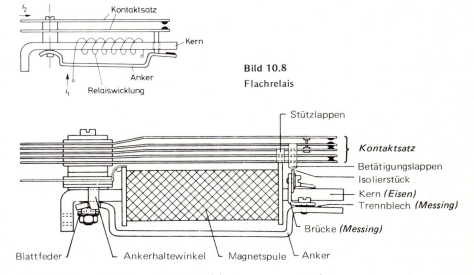

Bild 10.8
Flachrelais

Bild 10.9. Postrelais (Siemens-Flachrelais) (entnommen aus [13])

• *ESK-Relais*

Mit einer *Ansprechzeit* von 15 ms ist das Flachrelais relativ langsam. Das führte zur Entwicklung des Edelmetall-Schnell-Kontakt-Relais (ESK-Relais) nach Bild 10.10, bei dem kein Anker vorhanden ist. Die magnetische Kraft wirkt vielmehr unmittelbar auf die Kontaktfedern, wodurch die Ansprechzeit auf 1 ms verringert wurde. Die Kontakte selbst bestehen aus Edelmetall (Palladium-Silber-Legierung), um eine hohe Lebensdauer zu ermöglichen.

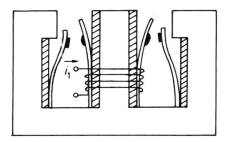

Bild 10.10. ESK-Relais (Edelmetall-Schnell-Kontakt) (entnommen aus [13])

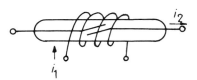

Bild 10.11. Reed-Relais (entnommen aus [13])

• *Reed-Relais*

Noch erheblich kleiner und einfacher aufgebaut sind *Reed-Relais*. Wie Bild 10.11 zeigt, gibt es hierbei nur noch Kontaktfedern, die von der Relaiswicklung umschlossen sind. Fließt ein Steuerstrom i_1, werden die beiden Kontaktfedern durch die zwischen ihnen entstehenden magnetischen Kräfte zusammengedrückt. Die Kontaktfedern sind in ein gasgefülltes Glasröhrchen eingeschmolzen und dadurch geschützt. Hierdurch hat dieses Relais seinen Namen, denn das englische Wort *Reed* heißt etwa „Röhrchen" oder „Schilfrohr".

• *Koppelfelder*

In modernen Fernsprechsystemen werden die Verbindungen zwischen den Sprechstellen über *Koppelfelder* hergestellt, bei denen jede ankommende Leitung von allen abgehenden Leitungen gekreuzt wird. Die Kontakte an den Kreuzungsstellen (*Koppelpunkte*) des Bildes 10.12 werden heute noch mit Relais realisiert (ESK, Reed). Für die Zukunft erwartet man eine Ablösung der mechanischen Relais durch vollelektronische Schaltglieder (Dioden oder Gatter).

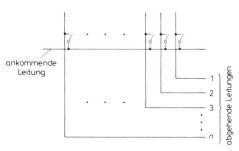

Bild 10.12
Prinzip eines Koppelfeldes

• Kreuzschienenverteiler

Die Grundform eines Koppelfeldes ist mit einem *Kreuzschienenverteiler* nach Bild 10.13 realisierbar. So entstehen *matrixförmige Kontaktfelder*, die jede ankommende mit jeder abgehenden Leitung verknüpfen können.

Bild 10.13
Kreuzschienenverteiler (Koppelpunkt a_2/b_4 selektiert)

• Wähler

In älteren Fernsprechsystemen werden in der Fernsprechvermittlung (Fernsprechamt) ankommende und abgehende Leitungen über *Wähler* miteinander verknüpft. Das sind aufwendige mechanische Gebilde, die als *steuerbare Kontaktwerke* arbeiten. Ursprünglich waren dies vor allem *Hebdrehwähler* (auch: Viereckwähler), die gemäß Bild 10.14 mit Hilfe von Heb- und Drehmagneten jeden Koppelpunkt der Kontaktbank erreichen können. Die Anzahl der Heb- und Drehschritte ist durch die am Teilnehmerapparat gewählte Ziffer bestimmt. Die Schaltgeschwindigkeit beträgt 50 Schritte pro Sekunde.

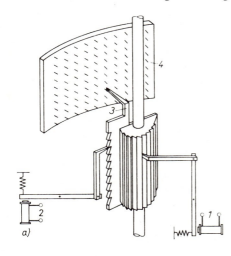
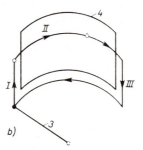

Bild 10.14. Hebdrehwähler (entnommen aus [15])
a) Schema (1: Drehmagnet, 2: Hebmagnet, 3: Kontaktarm, 4: Kontaktbank),
b) Bewegungsverlauf (I: Hebbewegung, II: Drehbewegung bis Arbeitsstellung, III: Rückführung)

• Wählverbindung

Nehmen wir das Beispiel einer fünfstelligen Verbindung, dann ergibt sich etwa das einfache Schema des Bildes 10.15. Mit der ersten Ziffer (3) wird über — hier nicht gezeichnete Leitungswähler — der Hebdrehwähler 3 angewählt. Das Ziffernpaar (16) hebt diesen Wähler auf Reihe 1 (1. Dekade) und auf Kontakt 6 in dieser Reihe, so daß nun eine Verbindung zu Wähler 316 hergestellt ist. Dort wird mit dem Ziffernpaar (98) der angerufene Teilnehmer angewählt. In solch einem System könnte theoretisch jeder Teilnehmer mit 99999 anderen verbunden werden.

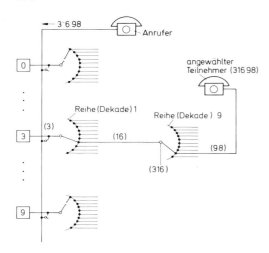

Bild 10.15
Einfaches Schema einer fünfstelligen Fernsprechverbindung

● *EMD-Wähler*

Eine Weiterentwicklung mit einer Schaltgeschwindigkeit von 200 Schritten pro Sekunde und verbesserten Kontakteigenschaften stellte der *Edelmetall-Motor-Drehwähler* (kurz: EMD-Wähler) dar. Hierbei erfolgt der Antrieb statt über Magnete mit einem Motor, und es werden nur Drehbewegungen ausgeführt. Die einzelnen Dekaden müssen also aneinandergereiht sein.

● *EWS-Technik*

Die Fernsprechtechnik hat in der Bundesrepublik ein hohes Maß an Automation und Störsicherheit erreicht, mit Vollautomation im Inland und gut 98 % automatischer Vermittlung (Selbstwählverkehr) bei abgehenden Auslandsgesprächen. Derzeit wird die EMD-Technik (die Wähltechnik nach Bild 10.15 mit EMD-Wählern) abgelöst von der EWS-Technik (Elektronisch gesteuertes Wählsystem, EWS). Das bedeutet, Wähler werden ersetzt durch Koppelfelder (Bilder 10.12 und 10.13) bei denen die Koppelpunkte mit Relais realisiert sind (Reed-Relais oder spezielle Relais-Entwicklungen mit Schutzgasfüllungen).

● *Nummernschalter*

Die am Teilnehmerapparat (Fernsprechapparat) eingegebenen Ziffern, die den Verbindungswunsch darstellen, müssen in Stromstöße umgesetzt werden, mit denen die Wähler in die entsprechende Stellung gebracht oder in den Koppelfeldern der zugehörige Koppelpunkt selektiert werden kann. Das Eingeben geschieht heute noch im wesentlichen mit einer *Nummernscheibe*. Jedoch setzen sich allmählich Zehnertastaturen zur Eingabe durch.

● *Wählscheibe*

Die Eingabe mit der *Nummernscheibe* geschieht folgendermaßen: Der Teilnehmer dreht die Scheibe entsprechend der gewählten Ziffer bis zum Fingeranschlag. Durch dieses *Aufziehen* wird eine Feder gespannt. Beim fliehkraftgeregelten Rücklauf wird die durch das Abheben des Hörers eingeschaltete Gleichspannung so oft unterbrochen, wie es der gewählten Ziffer entspricht. Zur Ziffer 0 gehören 10 Stromstöße. Der Rücklauf für die Ziffer 0 soll (1,0 ± 0,1) s dauern, weshalb für jede Ziffer 100 ms zur Verfügung stehen.

▶ 10.2. Telefonie (Fernsprechen)

Wie mit Bild 10.16 am Beispiel der Ziffer 3 dargestellt, beträgt die Unterbrechung pro Ziffer 62 ms. Die Erzeugung und Verarbeitung der Wählimpulse im 100 ms-Takt bezeichnet man als *Impuls-Wähl-Verfahren* (IWV).

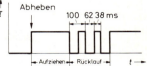

Bild 10.16
Impulsverhältnisse beim Wählen der Ziffer 3 mit einer Wählscheibe

● *Tastenwahl*

Die noch betriebenen elektromechanischen Wählsysteme mit Nummernscheibe und EMD-Wähler arbeiten mit dem in Bild 10.16 dargestellten 100 ms-Takt. Die neuen EWS-Systeme können wesentlich schneller durchschalten, was jedoch erst nach vollständiger Einführung der EWS-Technik nutzbar wird. In der Übergangszeit werden sie im öffentlichen Fernsprechnetz sozusagen „gebremst" im 100 ms-Takt betrieben. In gleicher Weise müssen die *Tastwahl-Fernsprecher* in das aufgezeigte Schema passen und beim Ersatz von Hauptanschlüssen mit Nummernscheibe die Wählimpulse im 100 ms-Takt abgeben. In diesem Fall spricht man auch von „Pseudo-Tastenwahl". In Nebenstellenanlagen sind jedoch schon heute höhere Geschwindigkeiten nutzbar. Aus diesem Grunde werden derzeit Tastenwahl-Fernsprecher angeboten, die nach verschiedenen Verfahren arbeiten:

> Impuls-Wähl-Verfahren (IWV)
> Mehrfrequenz-Verfahren (MFV)
> Dioden-Erd-Verfahren (DEV)

In allen drei Fällen trägt eine in gedruckter Schaltung ausgeführte Leiterplatte sämtliche elektronischen Bauteile und Steckanschlüsse und die *Gabelschaltung* (vgl. 10.2.2). Die IWV-Apparate mit Tastatur enthalten auf dieser Leiterplatte außerdem einen Speicher, der die durch Tastung „beliebig" schnell erzeugten Wählimpulse zwischenspeichert und im 100 ms-Takt abgibt. Tastwahl-Fernsprecher nach diesem Verfahren sind mithin in Hauptanschlüssen im öffentlichen Fernsprechnetz einsetzbar — sie sind *kompatibel*.

▶ **10.2.2. Grundschaltungen**

Zur Realisierung des Gegenverkehrs (gleichzeitige Rede und Gegenrede im *Duplexbetrieb*) müssen Mikrofon und Hörkapsel (magnetisches Telefon, 3.4.2) in geeigneter Weise zusammengeschaltet werden.

● *Direkte Reihenschaltung*

Die direkte Reihenschaltung nach Bild 10.17 ist nur für „Kleinstanlagen" geeignet (Hausverkehr). Diese einfach aufgebaute Anordnung hat den Nachteil, daß einerseits die Empfindlichkeit gering ist, andererseits wegen der Verstärkerwirkung des Kohlemikrofons leicht *akustische Rückkopplungen* auftreten können, die beispielsweise durch räumliche Trennung von Mikrofon und Hörer unterbunden werden müssen.

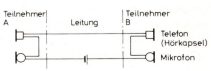

Bild 10.17
Direkte Reihenschaltung

• Indirekte Schaltung

Bild 10.18 zeigt eine aufwendigere Schaltung, bei der jedes Kohlemikrofon durch eine eigene Batterie gespeist wird. Die Übertrager halten Hörer und Leitung vom Gleichstrom frei. Außerdem wird eine bessere Anpassung des Mikrofon-Innenwiderstands von etwa 200 Ω an den Leitungswiderstand von Z_0 = 600 Ω erzielt, wodurch größere Reichweiten möglich werden. Solch *indirekte Schaltungen* werden für Feldfernsprecher verwendet.

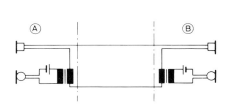
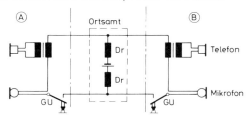

Bild 10.18. Indirekte Schaltung mit Ortsbatterie

Bild 10.19. Zentralbatterie-Betrieb (GU: Gabelumschalter, Dr: Drossel)

• OB- und ZB-Betrieb

Die indirekte Schaltung nach Bild 10.18 arbeitet im *Ortsbatterie-Betrieb* (OB-Betrieb). Hierbei ist jeder Teilnehmerapparat mit einer Batterie ausgerüstet. Im öffentlichen Fernsprechnetz jedoch werden sämtliche Mikrofone eines Amtsnetzes von einer zentralen Batterie versorgt, die gemäß Bild 10.19 im Ortsamt installiert ist. Bei diesem *Zentralbatterie-Betrieb* (ZB-Betrieb) wird durch Abheben des Handapparates mittels eines *Gabelumschalters* GU (auch: Hakenumschalter) der Gleichstromkreis für den eigenen Fernsprechapparat eingeschaltet. Die Drosseln Dr verhindern einen Kurzschluß über den Batteriekreis.

• Gabelschaltung

Wegen der erheblichen Verstärkerwirkung des Kohlemikrofons kann auch bei indirekten Schaltungen eine *akustische Rückkopplung* auftreten. Um diese zu vermeiden, sind Fernsprechapparate mit einer Brückenschaltung ausgerüstet, die unter der Bezeichnung *Gabelschaltung* bekannt ist (Bild 10.20).

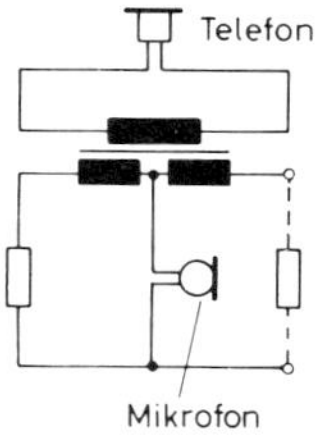

Bild 10.20. Gabelschaltung

• Fernsprechapparat

Fernsprechapparate der Bundespost (Teilnehmerapparate) enthalten neben dem im *Handapparat* vereinigten Mikrofon und Fernhörer (Telefon) einen Wecker, eine Gabelschaltung nach Bild 10.20 und einen Nummernschalter. Bild 10.21 zeigt eine vollständige Schaltung bei aufgelegtem Handapparat (Ruhezustand). Durch Abheben des Handapparates werden

▶ 10.2. Telefonie (Fernsprechen)

die Kontakte des Gabelumschalters, GU_1 und GU_2, geschlossen, wodurch die Zentralbatterie des Ortsamtes an das Mikrofon gelegt wird. Gleichzeitig wird der *Nummernschalter-Arbeitskontakt* nsa geschlossen, um durch das Wählen erzeugte Störimpulse vom Hörer fern zu halten. Die den Vermittlungswunsch darstellenden Impulsfolgen werden beim Rücklauf der Nummernscheibe erzeugt, und zwar, indem der *Nummernschalter-Impulskontakt* nsi entsprechend öffnet (jeweils 62 ms lang). Der 1 µF-Kondensator sorgt zusammen mit dem 100 Ω-Widerstand für *Funkenlöschung* am nsi-Kontakt. Dieser Kondensator hat eine zweite Aufgabe: Bei aufgelegtem Handapparat (nsa, GU_1 und GU_2 offen) leitet er ankommende Rufwechselströme (25 Hz) zum Wecker W. Die Klemmen a und b sind mit den Fernsprechleitungen verbunden.

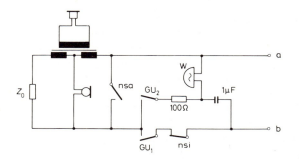

Bild 10.21
Fernsprechapparat mit Z_0: Leitungsnachbildung, W: Wecker, nsa: Nummernschalter-Arbeitskontakt, nsi: Nummernschalter-Impulskontakt, GU: Gabelumschalter

▶ **10.2.3. Übertragungstechnik**

In der Fernsprechtechnik kommt es nicht primär darauf an, eine möglichst naturgetreue Sprachübertragung zu erzielen. Vielmehr wird aus Wirtschaftlichkeitserwägungen nur eine ausreichende *Sprachverständlichkeit* und ein einwandfreier *Wechsel von Rede zu Gegenrede* gefordert.

• *Laufzeiten*

Um den *Wechsel von Rede zu Gegenrede* nicht zu stören, darf die *Gesamtlaufzeit* t_L der Sprachsignale zwischen zwei Sprechstellen nicht mehr als 250 ms betragen (eine Viertelsekunde). Wegen $t_L = l\sqrt{L'C'}$ (Gl. (9.48) in 9.3.1) dürfen die Leitungsbeläge also nicht zu groß werden. Wichtig für eine ausreichende Silbenverständlichkeit ist, daß die Laufzeitunterschiede bis 800 Hz nicht mehr als 20 ms, darüber nur höchstens 10 ms betragen. Das bedeutet, in diesen beiden Teilbereichen dürfen die höchsten Signalfrequenzanteile um nur 20 ms bzw. 10 ms schneller über die Leitung laufen als die mit der niedrigsten Frequenz.

• *Nebensprechen*

Unter *Nebensprechen* versteht man das Überkoppeln von Signalen zwischen zwei dicht zusammen geführten Leitungen. Angegeben wird jedoch nicht das Nebensprechen selbst, sondern die Dämpfung zwischen beiden Leitungen. Nach DIN 40 148, Blatt 3 wird für die *Nebensprechdämpfung* eingeführt das
Nebensprechdämpfungsmaß

$$a_N = \frac{1}{2} \ln \frac{P_{nutz}}{P_{stör}} \text{ Np} = 10 \lg \frac{P_{nutz}}{P_{stör}} \text{ dB.} \qquad (10.5)$$

Zur *Wahrung des Postgeheimnisses* werden als Nebensprechdämpfung mindestens 7,5 Np vorgeschrieben. Das bedeutet, die von einer Leitung (von einem Gespräch also) auf eine andere übergekoppelte Leistung $P_{stör}$ darf auf dieser nur den $3 \cdot 10^{-7}$ ten Teil der auf ihr transportierten Nutzleistung P_{nutz} betragen. Andernfalls besteht die Gefahr, daß Teile von fremden Gesprächen von anderen Teilnehmern mitgehört werden können.

• *Duplexbetrieb*

Der für gleichzeitige Rede und Gegenrede notwendige *Gegenverkehr (Duplexbetrieb)* wird in der Fernsprechtechnik mit Zweidraht- oder Vierdrahtführung realisiert.

• *Einseitenbandübertragung*

Wie in 10.2.4 näher erläutert, werden Fernsprechsignale amplitudenmoduliert übertragen. Zur optimalen Nutzung des Übertragungskanals wird *Einseitenbandübertragung* verwendet (s. 6.2.4). Prinzipiell kann dabei die *Frequenzstaffelung* verschiedener Gespräche auf zwei Arten geschehen, einmal indem für beide Gesprächsrichtungen dieselbe Frequenzlage benutzt wird (*Frequenzgleichlage*), zum andern indem das Sprechen in einer anderen Frequenzlage als das Gegensprechen übertragen wird (*Frequenzgetrenntlage*).

• *Vierdraht-Frequenzgleichlage-Übertragung*

In NF- und TF-Weitverkehrssystemen (NF: Niederfrequenz, TF: Trägerfrequenz) wird heute in der Regel mit *Vierdraht-Frequenzgleichlage-Übertragung* nach Bild 10.22a gearbeitet. In Vierdrahtsystemen sind die beiden Übertragungsrichtungen getrennt geführt und in bestimmten Abständen wird auch getrennt verstärkt. In den Endämtern werden die vier Leitungen über *Gabelschaltungen* zusammengeführt, die ähnlich wie die in den Teilnehmerapparaten aufgebaut sind (Bilder 10.20 und 10.21). Die Aufgabe der Gabelschaltungen soll mit Bild 10.23 verdeutlicht werden. Würden nämlich gemäß Bild 10.23a beide Verstärker direkt parallel geschaltet, könnte die dadurch mögliche Rückkopplung zur Selbsterregung führen (vgl. 4.1) und es ergäbe sich ein unangenehmes Rückkopplungs-Pfeifen. Gabelschaltungen verhindern das Rückkoppeln.

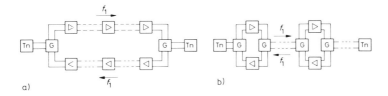

Bild 10.22. Fernsprech-Übertragungsarten
a) Vierdraht-Frequenzgleichlage-Übertragung; b) Zweidraht-Frequenzgleichlage-Übertragung
(Tn: Teilnehmerapparat, G: Gabelschaltung)

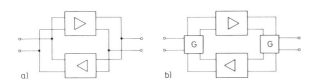

Bild 10.23
Parallelschaltung von Verstärkern
a) direkte Parallelschaltung mit Rückkopplung,
b) Entkopplung durch Gabelschaltungen G nach Bild 10.24

▶ 10.2. Telefonie (Fernsprechen)

• *Zweidrahtverstärker mit Gabelschaltung*

Die in Bild 10.22a für die Endämter eingezeichneten Gabelschaltungen sollen am Beispiel der *Zweidraht-Frequenzgleichlage-Übertragung* nach Bild 10.22b erklärt werden. Diese Übertragungstechnik wird in manchen Ortsnetzen und Endämtern benutzt. Bild 10.24 zeigt die Entkopplung zwischen Eingang und Ausgang der beiden Leitungsverstärker mit Hilfe von Gabelschaltungen, die als *Differentialübertrager* arbeiten. Bei exakter Nachbildung des Leitungs-Wellenwiderstands Z teilt sich der Ausgangsstrom der Verstärker zu gleichen Teilen auf die Leitung und den Zweig mit der Leitungsnachbildung Z auf. Dadurch heben sich die von den Verstärkerausgängen gespeisten Durchflutungen in den beiden Übertragerwicklungen auf und eine Rückkopplung in den jeweils anderen Verstärker ist verhindert. Eine über die Leitung an die Gabelschaltung gelangende Spannung u_1 liegt jeweils zur Hälfte an den Leitungsverstärkern. In gleicher Weise werden die Leistungen halbiert. Der Hauptnachteil dieser Schaltungsart und damit der Zweidrahtübertragung ist, daß die exakte Nachbildung des Wellenwiderstands Z nur für eine Frequenz möglich ist. Weil aber ein ganzes Frequenzband (300 ... 3400 Hz) zu verarbeiten ist, gelingt die Entkopplung nie vollständig, weshalb vor allem bei Hintereinanderschaltung von mehr als drei Zweidrahtverstärkern Selbsterregung möglich ist. Das ist der Hauptgrund dafür, daß heute in der Regel Vierdrahtverstärker vorgezogen werden.

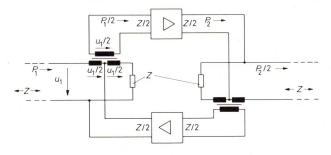

Bild 10.24
Zweidrahtverstärker mit Gabelschaltung

10.2.4. Trägerfrequenztelefonie

Trägerfrequenz-Telefoniesysteme arbeiten amplitudenmoduliert im *Einseitenbandverfahren* (Einsparung von Frequenzband, vgl. 6.2). Gemäß dem Schema des Bildes 10.25 werden dazu Ringmodulatoren verwendet (6.2.4), an deren Ausgang sowohl die Trägerfrequenz f_T als auch die niederfrequenten Signale f_M unterdrückt sind, mithin nur die beiden Seitenbänder erzeugt werden. Im Falle der Fernsprechübertragung beträgt die Signalbandbreite

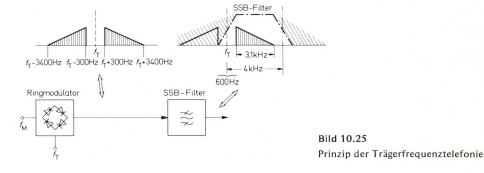

Bild 10.25
Prinzip der Trägerfrequenztelefonie

3,1 kHz (300 ... 3400 Hz), so daß zwischen einzelnen Seitenbändern ein Frequenzabstand von 600 Hz verbleibt. Filter mit für diesen Abstand ausreichender Flankensteilheit sind mit geringem Aufwand herstellbar, weshalb die Kanaltrennung mit SSB-Filtern keine Schwierigkeiten macht. Der Trägerabstand (die Kanalbreite also) ist zu 4 kHz festgelegt.

- *Frequenzbandumsetzung*

Es sind heute Einseitenband-Trägerfrequenzsysteme mit 60 bis 2700 Kanälen in Benutzung. Diese Telefoniekanäle werden jedoch nicht 60 oder gar 2700 nebeneinanderliegenden Trägern aufmoduliert; das würde einen viel zu großen *Siebaufwand* erfordern. Es werden vielmehr spezielle Umsetzungsverfahren der *Mehrfachmodulation* mit Gruppenbildung verwendet. Wie Bild 10.26 zeigt, werden in einem ersten Schritt jeweils drei Kanäle der Breite 4 kHz den Trägerfrequenzen 12, 16 und 20 kHz aufmoduliert, wodurch sogenannte *Vorgruppen* gebildet sind. Im benutzten Beispiel ergeben 12 Telefoniekanäle 4 Vorgruppen der jeweiligen Bandbreite 12 ... 24 kHz (Teilbild a). In einem zweiten Modulationsschritt werden diese 4 Vorgruppen den Trägern 84, 96, 108 und 120 kHz aufmoduliert. Die Einseitenbandfilterung macht nun keinerlei Probleme mehr, weil die Seitenbänder 24 kHz auseinanderliegen (Teilbild b).

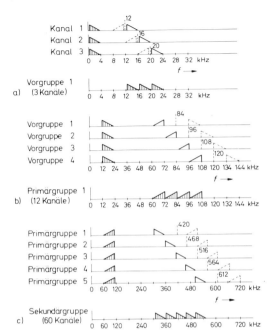

Bild 10.26. Prinzip der Mehrfachmodulation
a) Bildung der Vorgruppe, b) Bildung der Primärgruppe, c) Bildung der Sekundärgruppe

- *Gleichlage, Kehrlage*

Während im ersten Modulationsschritt zur Bildung der *Vorgruppen* die in *Gleichlage* mit dem Signalband liegenden oberen Seitenbänder ausgefiltert werden, führt der zweite Modulationsschritt zur *Kehrlage*, weil die unteren Seitenbänder, die jeweils eine Vorgruppe enthalten, weiterverwendet werden. Aus den vier Vorgruppen ist somit die *Primärgruppe* geworden, die im Frequenzbereich 60 ... 108 kHz 12 Telefoniekanäle trägt (Bild 10.26b). Ein letzter Modulationsschritt macht aus fünf Primärgruppen die *Sekundärgruppe*. Gemäß Bild 10.26c enthält sie insgesamt 60 Telefoniekanäle, die im Frequenzbereich 312 ... 552 kHz in *Gleichlage* mit den Telefon-Sprachsignalen liegen. Bild 10.27 zeigt schematisch die Mehrfachumsetzung dieses V60-Systems. In Bild 10.28 sind die vom CCITT für die Mehrfachumsetzung von Telefoniekanälen international vereinbarten Grundgruppen eingetragen.

- *System V120*

Das 120-Kanal-System wird realisiert, indem man eine Sekundärgruppe (312 ... 552 kHz) mit einer Trägerfrequenz von 564 kHz in den Bereich 12 ... 252 kHz umsetzt, so daß eine Verdopplung der Kanalzahl von 60 auf 120 möglich ist. Jedoch sind damit alle Reserven ausgeschöpft.

▶ 10.2. Telefonie (Fernsprechen)

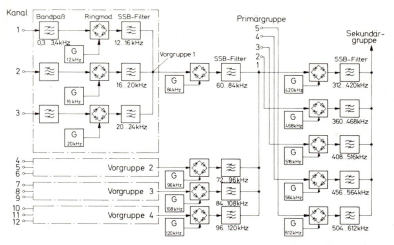

Bild 10.27. Schema der Mehrfachumsetzung für das System V 60 nach Bild 10.26

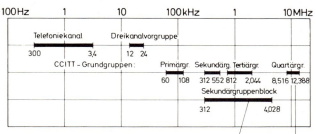

Bild 10.28
CCITT-Grungruppen
(entnommen aus [2])

• *Systeme hoher Kanalzahl*

Systeme mit mehr als 120 Kanälen sind auf zwei Arten realisierbar. Einmal läßt sich durch Bündelung von Sternvierern zu Fernmeldekabeln die Kanalzahl vervielfachen, so daß in dem mit Bild 9.2 angegebenen Beispiel mit 12 Sternvierern 2 × 12 × 120 = 2880 Kanäle zur Verfügung stehen, auf denen 1440 Gespräche im Gegenverkehr übertragen werden können. Meist jedoch sind zwei gleichartige Kabel für die beiden Sprechrichtungen verlegt, so daß 2880 Gespräche geführt werden können. Der andere Weg zur Kapazitätserweiterung geht über die Erschließung höherer Frequenzbereiche durch Verwendung von *Koaxialkabeln*, die bis in den hohen Megahertzbereich verwendbar sind. Damit wird es möglich, durch beispielsweise Zusammenfassung von 5 Sekundärgruppen eine *Tertiärgruppe* im Frequenzbereich 812 ... 2044 kHz für 300 Kanäle zu bilden (System V300). In ähnlicher Weise lassen sich die Systeme V900, V960 und V2700 realisieren. Durch Kombination von Vierern und Koaxialleitungen in einem Kabel lassen sich leistungsfähige Übertragungsstrecken aufbauen. Mit dem in Bild 9.30b (9.3.3) skizzierten Kabel *Form 17*, das nur 8 Sternvierer und eine Koaxialleitung besitzt, kommt man auf dieselbe Kanalzahl von 2880 wie bei dem oben erwähnten Fernmeldekabel mit 12 Sternvierern, nämlich

$$\left. \begin{array}{l} \text{in den 8 Sternvierern mit V120: } 8 \times 2 \times 120 = 1920 \text{ Kanäle} \\ \text{in der Koaxialleitung mit V960: } 1 \times 960 = 960 \text{ Kanäle} \end{array} \right\} = 2880 \text{ Kanäle.}$$

• *TF-Telefoniesysteme*

TF-Systeme für *symmetrische Leitungen* (s. 9.1.1) zeigt Bild 10.29. Im *Nahverkehr* wird teilweise ein 12-Kanal-System Z12N verwendet (Z: Zweidrahtleitung, N: Nahverkehr), bei dem für eine Übertragungsrichtung die *Primärgruppe* im Bereich 60 ... 108 kHz benutzt wird (vgl. Bild 10.28). Für die andere Übertragungsrichtung wird die Primärgruppe mit einer Trägerfrequenz von 114 kHz auf die niedrige Frequenzlage von 6 ... 54 kHz umgesetzt. Im *Weitverkehr auf symmetrischen Leitungen* kommen die oben besprochenen Systeme V60 und V120 zum Einsatz (V: Vierdrahtleitung). Systeme mit mehr als 60 Sprechkanälen benutzen Koaxialkabel (Bild 10.30). Sie werden durch Zusammenfassen mehrerer Sekundärgruppen oder mit Tertiär- bzw. Quartärgruppen aufgebaut. Die dazu von der Post benutzten Geräte heißen *Sekundärgruppenumsetzer* (SGU).

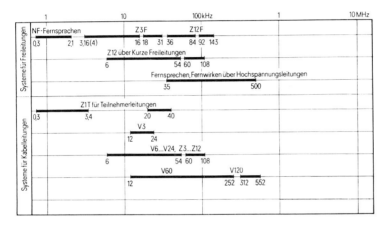

Bild 10.29. TF-Systeme für symmetrische Leitungen (entnommen aus [2])

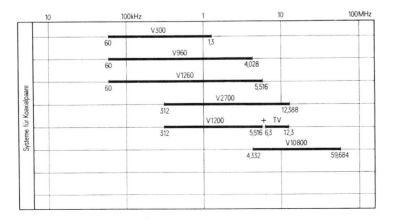

Bild 10.30. TF-Systeme für Koaxialkabel (entnommen aus [2])

▶ 10.2. Telefonie (Fernsprechen)

● *System V10800*

1976 wurde von der Bundespost zwischen den Knotenpunkten Frankfurt und Düsseldorf die erste *60 MHz-Strecke* in Betrieb genommen. Auf dieser 300 km langen Strecke können über ein einziges Koaxialkabel gleichzeitig 10800 Gespräche übertragen werden, und zwar im Frequenzbereich 4,332 ... 59,684 MHz (System V10800, vgl. Bild 10.30). Verlegt sind parallel drei 60-MHz-Kabel. Zwei Kabel, also 21600 Kanäle, werden für den Sprechverkehr genutzt, das dritte Kabel mit 10800 Kanälen ist für Ersatzzwecke reserviert. In Abständen von 1,55 km sind Zwischenverstärker eingesetzt, so daß auf der Gesamtstrecke etwa 200 Verstärker pro V10800-Kabel hintereinandergeschaltet sind. Daß aus diesem Grunde an die Verstärker hohe Anforderungen hinsichtlich Herstellungsgenauigkeit und Zuverlässigkeit zu stellen sind, ist einzusehen. Die insgesamt $3 \times 200 = 600$ Zwischenverstärker sind in im Boden vergrabenen Behältern untergebracht; die Kabel verlaufen ebenfalls unterirdisch. Als Lebensdauer des gesamten vergrabenen Systems werden 15 ... 20 Jahre angegeben.

* **10.2.5. Sonderformen und neue Entwicklungen**

Sonderformen und neue Entwicklungen sind in der Fernsprechtechnik ebenso häufig wie in anderen Bereichen. Wir wollen hier kurz auf folgende Auswahl eingehen: Lichtleiter, Richtfunk (analog und digital), Halbleiter-Koppelpunkt, Einsatz von Mikroprozessoren.

● *Licht als Trägerschwingung*

Der ständig steigende Bedarf an Bandbreite in Übertragungsnetzen hat dazu veranlaßt, nach unkonventionellen Wegen zu suchen. Eine seit vielen Jahren verfolgte Idee ist die der Verwendung von Licht als Träger, was durch die Erfindung des Lasers begünstigt wurde; denn damit stehen Lichtquellen zur Verfügung, die Licht einer einzigen Wellenlänge abstrahlen können (einfarbiges oder *monochromatisches Licht*). Die Frequenzen des sichtbaren Lichtes liegen bei einigen 10^{14} Hz. Mit einer Trägerschwingung solch einer Frequenz könnten also theoretisch mehr als 100 Millionen Sprachkanäle oder 100 000 Fernsehkanäle gleichzeitig übertragen werden (Trägerfrequenzsystem V10800 transportiert 10800 Sprach- oder sechs Fernsehkanäle!). Jedoch ist eine hinreichend ungestörte Ausbreitung des modulierten Lichtes in der Erdatmosphäre nicht möglich, weshalb für die *optische Breitbandkommunikation* die Übertragung in Lichtleitern versucht wird. Wie in 9.3.5 besprochen, sind Lichtleiter in der Lage, Lichtstrahlungen bestimmter Wellenlänge mit sehr geringen Verlusten von 2 dB/km zu führen. Erste Versuche der kommerziellen Nutzung sind im Jahr 1976 bekannt geworden. So hat die britische Post zwei 12 km voneinander entfernte Telefonzentralen mit einem zweiadrigen Lichtleiter verbunden. Etwa in der Hälfte der Strecke ist ein Verstärker eingefügt.

● *Richtfunk*

Richtfunk wird als *drahtlose Übertragungstechnik* in 12.3 behandelt. Die Tatsache jedoch, daß in Nachrichten-Übertragungsnetzen – speziell im Fernsprechnetz – sich Kabelwege und Richtfunkstrecken ergänzen, macht eine kurze Besprechung an dieser Stelle nötig. Eingesetzt werden Richtfunkstrecken einmal dann, wenn die Übertragungswege im Weitverkehrs-Kabelnetz abgesichert werden sollen. Im Falle einer Störung wird zwischen den parallel geführten Kabel- und Richtfunkwegen automatisch umgeschaltet. Der zweite Fall liegt dort vor, wo keine Kabel verlegt werden können, Richtfunkstrecken mithin als Ergänzung nötig sind. Der typische Fall hierfür ist die Strecke zwischen dem Torfhaus im Harz und West-Berlin (s.12.3.3).

● *Basisbänder für Richtfunksysteme*

In Bild 10.31 sind die Basisbänder von Richtfunksystemen gesammelt. Ganz ähnlich wie bei der mit Bild 10.26 erläuterten TF-Technik (10.2.4) werden die zu den Basisbändern gehörenden Gruppen durch *Mehrfachumsetzung* gebildet. Das System V960Fu beispielsweise entsteht aus 4 Vorgruppen (je 3 Sprechkanäle), die zu Grundgruppen im Bereich 60 ... 108 kHz zusammengefaßt sind und von denen 5 Stück im Bereich 312 ... 552 kHz die Grundübergruppe bilden. 16 solcher 60-kanaligen Gruppen werden zur Übergruppe im Bereich 60 ... 4028 kHz zusammengesetzt. Die nun zur Verfügung stehenden 960 Kanäle werden Trägerfrequenzen von 2 oder 4 GHz aufmoduliert, wobei *Frequenzmodulation* verwendet wird (vgl. Kap. 7). Das System V960Fu ist als Richtfunk-Standardsystem anzusehen. Auf der Strecke Torfhaus — Berlin wird mit den 2 GHz-Systemen V120Fu und V300Fu gearbeitet. In vielen regionalen Bereichen wird das System V2700Fu eingesetzt. Auf wichtigen Hauptstrecken findet man heute auch schon das System V10800Fu.

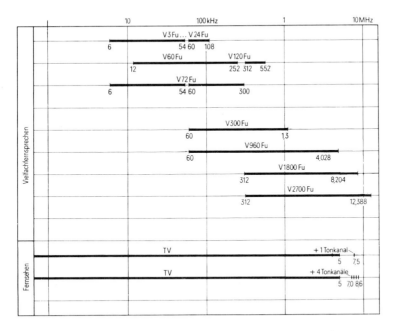

Bild 10.31. Basisbänder für Richtfunksysteme (entnommen aus [2])

● *Digitale Richtfunkübertragung*

Der ständig steigende Bedarf an Übertragungskapazität, die zu erwartende Umstellung der Vermittlungstechnik (s. *Halbleiter-Koppelpunkt* und *Mikroprozessor*) sowie die Tatsache, daß die Datenübermittlung zwischen Rechenanlagen zunimmt (vgl. Teil 4) führten dazu, daß PCM-Systeme für den Frequenzbereich oberhalb von 13 GHz entwickelt werden (PCM, s. Kap. 8). Das Richtfunksystem PSK 120—240/15000 arbeitet mit 15 GHz. Die Bezeichnung 120—240 deutet darauf hin, daß 2×120 Sprachkanäle zur Verfügung stehen, wobei z.B. das Zeitmultiplexsystem PCM 120 zugrunde gelegt ist. Entsprechend den CCIR-Empfehlungen (CCIR: *Comité Consultatif International des Radiocommunications*, etwa: Internationales beratendes Komitee für Funknachrichtentechnik) werden zwei je 120 MHz breite Bänder mit je acht Frequenzkanälen im Abstand von 14 MHz benutzt. Daraus ergibt sich eine Gesamtkapazität von $2 \times 8 \times 240 = 3840$ Sprechkreisen. Die Sendeleistung beträgt wahlweise 100 oder 500 mW.

● *EWS-Technik*

Wie bereits in 10.2.1 angegeben, wird derzeit durch die Bundespost das *Elektronische Wählsystem* (EWS) eingeführt, bei dem die alten Drehwähler durch Koppelfelder ersetzt wurden, deren Koppelpunkte mit Schutzgasrelais realisiert sind. An der konsequenten Weiterentwicklung zum vollelektronischen System mit *Halbleiter-Koppelpunkten* wird gearbeitet. Inzwischen werden solche Koppelpunkte in Serie gefertigt.

▶ 10.2. Telefonie (Fernsprechen)

● *Halbleiter-Koppelpunkt*

Die Hauptschwierigkeiten bei der Entwicklung von HL-Koppelpunkten lagen in der Erzielung hinreichender Strombelastungen und eines großen Verhältnisses von Sperr- zu Durchlaßwiderstand. Ferner wird die Ausführung dadurch bestimmt, daß der Koppelpunkt einerseits als Schalter für die analogen Sprachsignale arbeiten muß, andererseits aber wie ein Speicher für digitale Daten *adressierbar* sein soll (vgl. [1]); denn jedes ankommende Signal muß ja mit Hilfe der Koppelpunkte an jede abgehende Leitung verteilt werden können. Die Firma *Motorola* hat nach diesen Gesichtspunkten den in Bild 10.32 dargestellten Koppelpunkt entwickelt (*Semiconductor Crosspoint*). Die Grundaufgabe ist die, daß die ankommenden Leitungen A1, A2 nach W1, W2 durchzuschalten sind (und umgekehrt), womit dann zwei Wege für Sprechen und Gegensprechen frei sind.

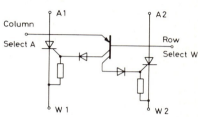

Bild 10.32
Halbleiter-Koppelpunkt (Motorola), (*Column Select*: Spaltenauswahl, *Row Select*: Reihenauswahl)

● *Adressieren und Durchschalten*

Das Auswählen (*Adressieren*) des gewünschten Koppelpunktes und das Durchschalten geschieht mit den beiden *Auswahlleitungen Column Select* A (Spaltenauswahl A) und *Row Select* W (Reihenauswahl W). Und zwar muß an die Basis des Doppelkollektor-Transistors die Spannung 0V („logisch 0") gelegt werden, an den Emitter z.B. 5V („logisch 1"). Dann schaltet der Transistor durch, und über die beiden Kollektoren werden in gleicher Weise die *Gates* der beiden Tyristoren angesteuert, woraufhin diese durchschalten und die Wege von A1 nach W1 und von A2 nach W2 frei machen. In der integrierten Schaltung MC3416 von Motorola (24 Anschlußstifte) sind 4 × 4 solcher Koppelpunkte zu einem Koppelfeld zusammengeschaltet. Wie Bild 10.33 verdeutlicht, läßt sich durch Reihen- und Spaltenauswahl (*Row Select* und *Column Select*) jeder der 16 Koppelpunkte getrennt adressieren, wodurch die zugehörigen *Anodenleitungen* 1 und 2 an die *Katodenleitungen* 1 und 2 durchgeschaltet werden. Bild 10.34 zeigt, wie 4 MC3416 zu einem 8 × 8-Koppelfeld zusammengeschaltet sind. Die Spaltenauswahl geschieht mit der CMOS-Decodierschaltung MC14028, die die „Vertikaleingänge" AV, BV und CV entschlüsselt. Ebenso wird die Reihenauswahl über die „Horizontaleingänge" AH, BH und CH mit der CMOS-Schaltung MC14556 vorgenommen. Mit dem zusätzlichen Eingang CE (*Enable*) und der Gatterschaltung MC14011 wird die obere oder die untere Hälfte des Koppelfeldes freigegeben. Durch entsprechende Verknüpfung mit weiteren MC3416 lassen sich größere Koppelfelder aufbauen.

> Es sei darauf hingewiesen, daß das Adressieren und Durchschalten mit Hilfe *binär codierter Impulsgruppen* geschieht, mithin die Koppelfelder direkt von Digitalrechnern ansteuerbar sind.

● *Mikroprozessor*

Der *Mikroprozessor* hat als vielseitige und inzwischen auch recht preiswerte Halbleiterschaltung bereits in vielen industriellen Bereichen Eingang gefunden. Das liegt daran, daß durch die Programmierbarkeit und die Möglichkeit des Ausbaues zum *Mikrocomputer* einmal gefundene Problemlösungen veränderbar sind und somit Optimierungen und Anpassungen an geänderte Bedingungen möglich werden. Es ist anzunehmen, daß Mikroprozessoren auch die Fernsprech-Vermittlungstechnik erheblich beeinflussen werden. Das wird besonders glaubhaft, wenn man bedenkt, daß Koppelfelder in EWS-Technik und erst recht mit Halbleiter-Koppelpunkten von Digitalrechnern gesteuert werden. So denkt man daran, Mikroprozessoren an folgenden Stellen einzusetzen:

- in großen Vermittlungssystemen zur Gesprächsdaten- und Gebührenerfassung;
- in vollelektronischen Nebenstellenanlagen in Zeitmultiplextechnik (PCM);

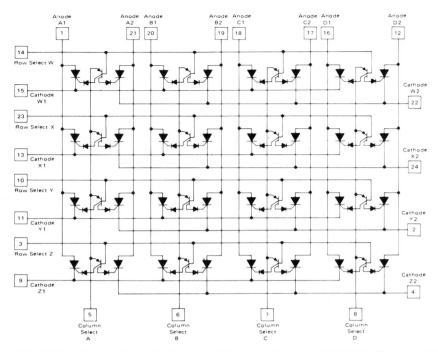

Bild 10.33. Halbleiter-Koppelfeld aus 4 × 4 Koppelpunkten nach Bild 10.32 (Motorola MC 3416)

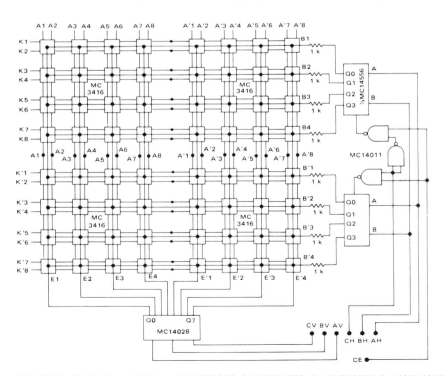

Bild 10.34. 8 × 8-Koppelfeld aus 4 × MC3416, 1 × MC14028, 1 × MC14556, 1 × MC14011

▶ 10.3. Telegrafie (Fernschreiben)   211

- in Teilnehmerapparaten für die Speicherung von Rufnummern, für Kurzwahlverfahren, das automatische Probieren bei besetzten Anschlüssen etc.;
- für neue *Telekommunikationsdienste*.

Als Zentralprozessoren in großen Vermittlungssystemen, also als zentrale, steuernde Rechner in Ämtern mit hunderten und tausenden von Teilnehmern, sind Mikroprozessoren derzeit noch nicht brauchbar. Denn die Mikroprozessoren der laufenden Generation verfügen nur über eine direkt adressierbare Speicherkapazität von 64 Kbyte. Das bedeutet, bei vollständigem Ausbau eines Mikrocomputers sind 64×1024 Speicherplätze nutzbar, die jeweils 8 bit = 1 byte aufnehmen können. Aber schon bei wenigen hundert Teilnehmern reicht diese Speicherkapazität nicht mehr aus; dann müssen große Computer mit hinreichend großen Arbeitsspeichern eingesetzt werden.

▶ 10.3. Telegrafie (Fernschreiben)

Telegrafie bedeutet „Fernschreiben", womit auch die Hauptaufgabe eines Telegrafen gekennzeichnet ist, nämlich die Übermittlung geschriebener Informationen (Texte). Jedoch waren und sind neben dieser Hauptanwendung die Übertragung auch anderer als geschriebener Informationen unter der Bezeichnung *Telegrafie* üblich, wie z.B. akustische oder optische Telegrafie und vor allem *Bildtelegrafie*. Darum muß der Begriff der Telegrafie weiter gefaßt werden:

> Unter *Telegrafie* versteht man die sprachentbundene und materielose Übermittlung von Informationen mit elektrischen, optischen oder akustischen Hilfsmitteln.

Während optische und akustische Telegrafen praktisch keine Bedeutung mehr haben, sind *Fernschreiber* und *Bildtelegrafen* nicht mehr wegzudenkende Einrichtungen. Für Fernschreiber sind spezielle *Codes* (*Alphabete*) vereinbart, für Bildtelegrafen sind besondere *Bildabtasteinrichtungen* entwickelt worden.

10.3.1. Codierung

Bereits im Jahre 1837 entwickelte der US-Amerikaner *Samuel F. B. Morse* einen Code zum maschinellen Übertragen von Texten und Zahlen – das *Morsealphabet*. Ebenso gilt er als Erfinder des ersten brauchbaren Maschinentelegrafen (Morseapparat oder Morsetelegraf), und 1843 baute er die erste Telegrafenlinie zwischen Washington und Baltimore (ca. 60 km). Das Morsealphabet besteht aus Kombinationen von kurzen und langen Stromschritten (s. Bild 10.35), die mit einem tastenförmigen Schalter manuell (von Hand) erzeugt werden. Im Empfänger werden die Stromschritte als kurze und lange „Tutzeichen" hörbar gemacht bzw. als entsprechende Kombinationen von Punkten und Strichen auf einen Papierstreifen geschrieben (Bild 10.36).

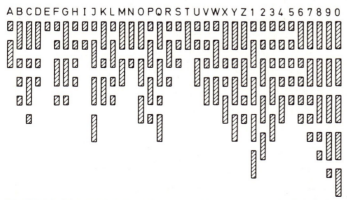

Bild 10.35. Morsealphabet aus kurzen und langen Stromschritten (schematisch)

Buch-stabe	Zeichen	Satzzeichen	Zeichen
a	·—	Punkt	·—·—·—
ä	·—·—	Komma	—·—·——
b	—···	Fragezeichen	··——··
c	—·—·	Doppelpunkt	———···
ch	————	Apostroph	·————·
d	—··	Anführungsstriche	·—··—·
e	·	Bindestrich	—····—
f	··—·	Doppelstrich =	—···—
g	——·	Klammer ( )	—·——·—
h	····	Bruchstrich	—··—·
i	··	Trennung (zw. Zahl und Bruch ³/₄)	·—··—
j	·———		
k	—·—	Unterstreichung	··——·—
l	·—··	Anfangszeichen	—·—·—
m	——	Warten	·—···
n	—·	Irrung	········
o	———	Verstanden	···—·
ö	———·	Aufforderung zum Geben (K)	—·—
p	·——·		
q	——·—	Kreuz, Schluß der Übermittlung	·—·—·
r	·—·		
s	···	Schluß des Verkehrs (SK)	···—·—
t	—		
u	··—	Zahlen 1	·————
ü	··——	2	··———
v	···—	3	···——
w	·——	4	····—
x	—··—	5	·····
y	—·——	6	—····
z	——··	7	——···
á, à	·——·—	8	———··
ñ	——·——	9	————·
		0	—————

Bild 10.36. Morsealphabet nach Bild 10.35, wie es als Kombination von Punkten und Strichen auf Papierstreifen geschrieben wird

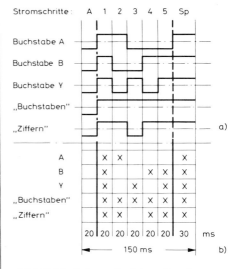

Bild 10.37. Schema des internationalen Telegrafenalphabetes Nr. 2 (CCITT)
a) Stromschritte mit A: Anlaufschritt und Sp: Sperrschritt,
b) Zugehörige Code-Tabelle mit Zeitverhältnissen

• *Fünferalphabet*

Der Standard-Code für Fernschreiben ist das vom CCITT 1929 vorgeschlagene internationale *Telegrafenalphabet Nr. 2*. Die einzelnen Zeichen werden dabei aus $q = 5$ Stromschritten gebildet, weshalb dieser Code auch *Fünferalphabet* genannt wird. Gemäß Bild 10.37 ist jedes Fünfschrittzeichen eingerahmt von einem *Startschritt* (*Anlaufschritt* A) und einem *Stopschritt* (*Sperrschritt* Sp). Dieses Fünferalphabet bietet nur $2^5 = 32$ Möglichkeiten, was zur Codierung von Buchstaben, Zahlen, Satzzeichen, Steuer- und Sonderzeichen natürlich nicht ausreicht. Darum ist, ähnlich wie bei einer gewöhnlichen Schreibmaschine, sozusagen eine *Umschaltmöglichkeit* vorhanden, wodurch der *Zeichenvorrat* verdoppelt werden kann. Wie aus Bild 10.38 erkennbar, dienen zum „Umschalten" die beiden Steuerzeichen $\boxed{A...}$ (es folgen „Buchstaben") und $\boxed{1...}$ (es folgen „Ziffern" und „Zeichen"). Abzüglich dieser beiden Zeichen verbleiben somit 62 Möglichkeiten zur Codierung. Einige davon sind offengelassen (◥) und für den internen Telegrafenbetrieb oder nationale Besonderheiten frei.

CCITT Nr.		1	2	3	4	5	6	7	8	9	10	11	12	13	14	15	16	17	18	19	20	21	22	23	24	25	26	27	28	29	30	31	32
Buchstaben		A	B	C	D	E	F	G	H	I	J	K	L	M	N	O	P	Q	R	S	T	U	V	W	X	Y	Z	<	≡	A...	1...	Zwr	◥
Ziffern u. Zeichen		-	?	:	✠	3	◥	◥	◥	8	ℜ	(	)	.	,	9	0	1	4	'	5	7	=	2	/	6	+						◥
Anlaufschritt																																	
Code-Schritte (Fünferalphabet)	1	X	X		X	X	X				X	X						X		X		X		X	X	X	X			X	X		
	2	X		X				X		X	X	X	X				X	X	X			X	X	X					X	X	X		
	3			X			X		X	X		X		X	X		X	X		X		X	X		X	X				X		X	
	4		X	X	X		X	X			X	X		X	X	X			X				X		X			X		X	X		
	5		X					X	X				X	X		X	X	X			X		X	X	X	X	X			X	X		
a) Sperrschritt		X	X	X	X	X	X	X	X	X	X	X	X	X	X	X	X	X	X	X	X	X	X	X	X	X	X	X	X	X	X	X	X
Code-Schritte (Siebeneralphabet)	1	X		X	X		X							X	X						X	X		X		X	X	X	X	X			
	2		X						X	X			X		X	X	X	X			X	X		X				X			X		
	3	X	X								X		X	X	X				X	X			X			X		X	X		X	X	
	4	X			X	X	X			X		X				X	X						X		X					X	X	X	
	5			X	X	X		X	X	X	X	X		X	X				X		X											X	
	6			X		X	X	X	X		X		X				X	X		X		X			X	X	X						
b)	7		X					X				X						X	X	X			X	X	X		X		X	X			

✠ Wer da? ≡ Zeilenvorschub Zwr Zwischenraum

ℜ Klingelsignal A... Buchstaben-Umschaltung ◥ Frei für nationale Besonderheiten

< Wagenrücklauf 1... Ziffern- und Zeichen-Umschaltung

Bild 10.38

a) Vollständiges Telegrafenalphabet Nr. 2 (Fünferalphabet); b) Siebeneralphabet (32 der 35 Möglichkeiten)

• *Redundanz*

Ein Nachteil des Fünferalphabets ist, daß Übertragungsfehler nicht erkennbar sind. Denn jede Veränderung auf dem Übertragungsweg durch Störimpulse oder Ausfälle führt ja zu einem anderen gültigen Zeichen, weil alle Kombinationsmöglichkeiten genutzt werden. Man sagt: Der Code verfügt über keine *Redundanz,* die zur Fehlererkennung genutzt werden könnte. *Redundanz* heißt wörtlich „Weitschweifigkeit" und bedeutet in unserem Fall, daß Codierungsmöglichkeiten ungenutzt bleiben. Denn nur dann, wenn durch Falschimpulse eine in der Code-Tabelle nicht definierte Kombination auftritt, ist daraus der Übertragungsfehler erkennbar. Natürlich werden immer noch nicht die Übertragungsfehler erkennbar, die zu einem gültigen Code-Zeichen führen. Aber die Wahrscheinlichkeit für Fehlererkennung nimmt mit wachsender Redundanz zu. Bei hinreichender Redundanz wird neben der Erkennung sogar eine automatische Fehlerkorrektur möglich.

• *Siebeneralphabet*

Möglichkeiten der Fehlererkennung und -korrektur bietet das *Siebeneralphabet* von *H. van Duuren.* Von den $2^7 = 128$ Möglichkeiten werden hierbei nur die 35 genutzt, die aus den Kombinationen „3 mal Strom" und „4 mal kein Strom" bestehen (Stromschrittverhältnis 3 : 4). Im Empfänger wird geprüft, ob die Siebenerzeichen die 3 : 4-Bedingung erfüllen. Falls nicht, wird der Sender zur Wiederholung aufgefordert (vgl. auch 10.3.3). Bild 10.38b zeigt 32 der 35 Codierungen.

10.3.2. Geschwindigkeit und Bandbreite

Eine wichtige Größe zur Beurteilung eines Übertragungssystems ist die Übertragungsgeschwindigkeit bzw. die notwendige Frequenzbandbreite. Bei Fernschreiben spricht man von *Telegrafiergeschwindigkeit*.

• *Telegrafiergeschwindigkeit*

Der Kehrwert aus der Dauer T_0 eines Stromschrittes ergibt die *Schrittgeschwindigkeit* v_S, die den besonderen Namen *Telegrafiergeschwindigkeit* erhalten hat:

$$v_S = \frac{1}{T_0} \text{ Schritte/s.} \qquad (10.6)$$

Die Einheit „Schritte/s" wird nach dem französischen Ingenieur E. Baudot „Baud" genannt und als „Bd" abgekürzt. Weil jeder Stromschritt aus einer der beiden *binären Möglichkeiten* „Strom" bzw. „kein Strom" besteht, ist ebenfalls die Einheit „bit/s" erlaubt. Es gilt somit für

$$\textit{Fernschreiber: } 1 \frac{\text{Schritt}}{\text{s}} = 1 \text{ Bd} = 1 \frac{\text{bit}}{\text{s}}.$$

• *Telegrafierleistung*

Als *Telegrafierleistung* bezeichnet man den Kehrwert der Zeit T_S, die zur Übertragung eines ganzen Zeichens nötig ist:

$$N_T = \frac{1}{T_S} \text{ Zeichen/s.} \qquad (10.7)$$

• *Beispiele*

Mit einem von Hand getasteten Morsetelegrafen ist eine Telegrafiergeschwindigkeit von etwa 10 Bd möglich. Die Telegrafierleistung beträgt dann 70 ... 120 Zeichen/min. Im *Telex-Netz* der Bundespost beträgt gemäß Bild 10.37 die Schrittdauer T_0 = 20 ms, die Dauer pro Zeichen T_S = 150 ms. Daraus folgt v_S = 50 Bd und N_T = 400 Zeichen/min. Im *Datex-Netz* der Bundespost (vgl. Teil 4) sind 200 Bd erlaubt. Welche Geschwindigkeiten und Leistungen möglich sind, hängt allein von der zur Verfügung stehenden Frequenzbandbreite ab.

• *Bandbreite des Fernschreibkanals*

Die notwendige Frequenzbandbreite wird durch die kürzeste Stromschrittdauer T_0 bestimmt. Sie beträgt für den Fall, daß ständig Stromwechsel auftreten (Buchstabe Y in Bild 10.37):

$$f_S = \frac{1}{2 T_0} = \frac{1}{2} v_S \text{ in Hz.} \qquad (10.8)$$

Für den Fall T_0 = 20 ms bzw. v_S = 50 Bd wird diese sogenannte *Telegrafierfrequenz* f_S = 25 Hz. Aus Sicherheitsgründen werden 40 Hz Bandbreite für einen Fernschreibkanal gewählt. An Gl. (10.8) wird erkennbar, daß die Telegrafiergeschwindigkeit durch die vorgegebene Bandbreite begrenzt ist:

$$v_S = 2 f_S \text{ in Bd.} \qquad (10.9)$$

Werden größere Bandbreiten zur Verfügung gestellt, sind höhere Geschwindigkeiten möglich. Im Telex-Netz jedoch darf die Telegrafiergeschwindigkeit nicht höher als 50 Bd werden.

▶ 10.3.3. Fernschreiber

Zu den Vorläufern moderner Fernschreiber gehören vor allem der *Morsetelegraf* und die *Drucktelegrafen* von *Hughes* (1856) und *Baudot* (1874).

▶ 10.3. Telegrafie (Fernschreiben)

• *Drucktelegraf*

Das Prinzipbild 10.39 eines Drucktelegrafen ist deutlich mit dem in 8.3.3 mit Bild 8.10 angegebenen Zeitmultiplex-Schema verwandt. Anders ist nur die Art der Ein- und Ausgabe, die beim Drucktelegrafen *parallel* stattfindet. Die Übertragung selbst geschieht in beiden Fällen *seriell*. Vor allem die Eingabe im Parallelcode war recht schwierig, weil die zum gewünschten Zeichen gehörende Tastenkombination gleichzeitig zu drücken war und während der Abtastung schon mit der anderen Hand die nächste Kombination ausgewählt werden mußte. Eine weitere Schwierigkeit war die Einhaltung des nötigen Gleichlaufs zwischen Sender und Empfänger. Daraus folgten zwei Entwicklungsschritte, die bis heute das Fernschreibprinzip bestimmen (wenn man von den Neuentwicklungen der Firmen SEL und Siemens absieht):

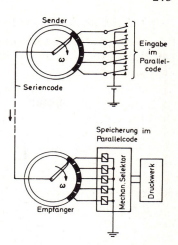

Bild 10.39. Prinzip des Drucktelegrafen nach Baudot (entnommen aus [13])

- Einführung des *Start-Stop-Prinzips* zur Synchronisierung von Sender und Empfänger mit *Anlaufschritt* A vor jedem Zeichen und *Sperrschritt* Sp (Stopschritt) nach jedem Zeichen.
- Eingabe aller Zeichen mit Hilfe einer Typenhebel-Tastatur (Fernschreibmaschine, engl.: *Teletype*, TTY).

• *Tastatur*

Die Tastatur eines Fernschreibers ist ähnlich wie die einer gewöhnlichen Schreibmaschine angeordnet (Bild 10.40). Unterschiede treten bei einigen Zeichen auf; zusätzlich sind die in Bild 10.38 erläuterten Sonderfunktionen vorhanden. Der Hauptunterschied ist der, daß beim Fernschreiber jede Taste nur einfach belegt ist. Es muß nur, gemäß der Code-Tabelle Bild 10.38, vor Buchstaben die Taste ⟨A...⟩, vor Ziffern und Zeichen die Taste ⟨1...⟩ gedrückt werden. Ausgedruckt werden Fernschreibtexte nur mit Kleinbuchstaben. Die in Bild 10.38 mit ⟨ ⟩ gekennzeichneten 5 Positionen für nationale Besonderheiten sind in der Tastatur Bild 10.40 mit ⟨Ü⟩, ⟨Ö⟩, ⟨Ä⟩, ⟨......⟩ und ⟨NL⟩ belegt, also für Umlaute, Punktreihe und Wagenrücklauf mit Zeilensprung verwendet.

Bild 10.40
Fernschreiber-Tastatur; Symbole vgl. Bild 10.38
(Werkfoto Siemens AG München)

● *Prinzip der Fernschreibmaschine*

Die klassische Fernschreibmaschine arbeitet *elektromechanisch*. Erst 1976 wurden vollelektronische Fernschreiber vorgestellt (s. „Neue Fernschreiber"). Bild 10.41 zeigt das Schema des elektromechanischen Fernschreibmechanismus in Ruhestellung. Entsprechend dem fünfstelligen Fernschreib-Code (Fünferalphabet) sind zur Eingabecodierung 5 Sendewählschienen SW vorhanden. Sie sind so eingekerbt, daß sie sich beim Betätigen einer Taste (hier z.B. „Y") gemäß der Code-Kombination verschieben. Zum Buchstaben Y gehört laut Codetabelle (Bild 10.38) die Kombination „10101" (in Binärschreibweise). Mit den in Bild 10.41 gezeichneten Einkerbungen schieben sich beim Drücken der Y-Taste die Sende-Wählschienen 1, 3 und 5 nach links, schließen die zugehörigen Kontakte kurz, so daß im Batteriekreis die Kontaktkombination „10101" erzeugt ist. Es ist also der Fünfercode für den Buchstaben Y elektromechanisch „gespeichert" — und zwar *parallel*. Auf die Übertragungsleitung ÜL muß der Code aber *seriell* geschickt werden. Dazu wird beim Drücken der Tastenhebel über eine darunterliegende Auslösevorrichtung AV die Rutschkupplung RK ausgelöst und damit die Nockenwelle NW in Bewegung gesetzt. Zuerst wird daraufhin der Schalter A/Sp kurzgeschlossen, so daß ein Stromimpuls auf die Leitung gelangt — der Anlaßimpuls (Anlaufschritt A). Damit wird automatisch der Empfänger gestartet. Dann werden nacheinander mit den Nockenscheiben alle Schalter kurzgeschlossen. Immer dann, wenn vorher durch Verschieben der Sendewählschienen der Batteriekreis kurzgeschlossen war, wird ein Sendeimpuls erzeugt. Damit ist die Paralleleingabe in eine Serienübertragung umgewandelt.

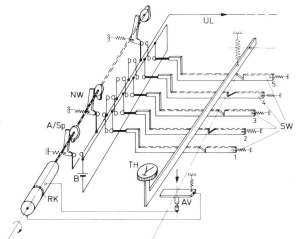

Bild 10.41
Schema des elektromechanischen Fernschreibmechanismus in Ruhestellung; TH: Tastenhebel, SW: Sendewählschienen, AV: Auslösevorrichtung; RK: Rutschkupplung, B: Batterie, A/Sp: Anlauf- und Sperrschritt, NW: Nockenwelle, ÜL: Übertragungsleitung. Als Beispiel gewählt ist der Buchstabe Y (m Fünfercode 10101)

● *Fernschreibempfänger*

Im Empfänger müssen die Signale des Fünfercodes aufgenommen, decodiert und ausgedruckt werden. Hauptbestandteile des Empfängers sind darum ein Elektromagnet, eine gleichartige Nockenwelle wie im Sender, Empfängerwählschienen und ein Druckwerk. Der Elektromagnet wird durch den Anlaufschritt A des Senders aktiviert; damit ist der Empfänger-Auslösemechanismus entriegelt, d.h. Nockenwelle und Wählschienen werden freigegeben. Die Nockenwelle läuft synchron mit der des Senders. Darum können die fünf Nockenscheiben im geforderten 20 ms-Takt (vgl. Bild 10.37) die Leitung abtasten. Immer dann, wenn ein Impuls registriert ist, wird damit die zugehörige der fünf Empfängerwähl-

▶ 10.3. Telegrafie (Fernschreiben)   217

schienen verschoben. Bild 10.42 zeigt diese Wählschienen in Ruhestellung. Die Verschiebung der Wählschienen geschieht in gleicher Weise wie im Sender. Nach einer Umdrehung der Nockenwelle (150 ms) ist ein Codezeichen abgetastet und die Wählschienen sind so verschoben, daß genau an nur einer Stelle die Schlitze in den fünf Schienen hintereinander stehen. Nun fallen auf die verschobenen Wählschienen sämtliche Zughebel des Druckwerkes. Aber nur einer paßt in die hintereinander stehenden Schlitze und löst dabei den zugehörigen Typenhebel aus.

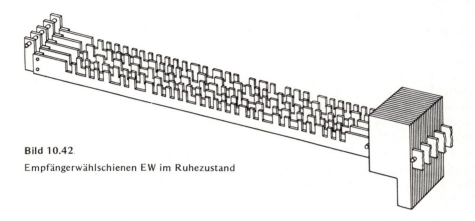

Bild 10.42
Empfängerwählschienen EW im Ruhezustand

● *Lochstreifen*

Die meisten Fernschreiber besitzen Stanz- und Leseeinrichtungen für Lochstreifen. Für die Verwendung mit dem Fünferalphabet sind 5-Kanal-Lochstreifen der Breite 17,5 mm genormt. Bild 10.43 verdeutlicht, wie durch Kombination runder Löcher quer zum Streifen die einzelnen Codezeichen nach Bild 10.38a dargestellt werden. Das Stanzen der Löcher geschieht heute mit elektromagnetisch ausgelösten Stempeln, wobei Stanzleistungen von bis zu 200 Zeichen/s möglich sind. Gelesen wird *optoelektronisch*, mit Fotodioden also und mit Leseleistungen von bis zu 2000 Zeichen/s. Die *Vorteile bei Lochstreifenverwendung* liegen auf der Hand:

● Die Leistung der Fernschreibmaschine beträgt 6,7 Zeichen/s, bei reinen Datenübertragungen (ohne Anlauf- und Sperrschritt) 10 Zeichen/s. Manuell (von Hand) können aber nur 3 bis 4 Zeichen/s eingegeben werden. Mit Lochstreifen ist der Fernschreiber also besser nutzbar.

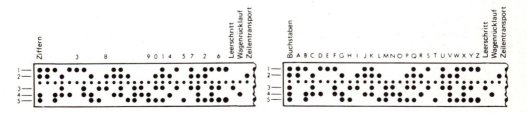

Bild 10.43. 5-Kanal-Lochstreifen mit Codierung nach Bild 10.38a

- Fernschreiben können beliebig langsam vorbereitet werden, um sie dann geschlossen zu einer tariflich günstigen Zeit mit größtmöglicher Geschwindigkeit übertragen zu können.
- Der gleiche Text kann mehreren Empfängern zugeschrieben werden, ohne daß Übermittlungsfehler durch Mehrfachtastung von Hand auftreten.

• *Neue Fernschreiber*

1976 ist eine neue Generation von Fernschreibern eingeführt worden. Die beiden wesentlichen Neuheiten gegenüber den elektromechanischen Fernschreibmaschinen werden mit folgenden Attributen beschrieben.

- Vollelektronisch,
- so leise wie eine moderne Büroschreibmaschine,
- kaum größer als eine Büroschreibmaschine.

Vollelektronisch sind diese Maschinen tatsächlich im Codierungsteil, bei der Parallel-Serien-Umsetzung und im Sendeteil sowie an den entsprechenden Stellen im Empfangsteil. Die „Elektronik" ist, dem Stand der Technologie gemäß, mit hochintegrierten Schaltkreisen (LSI, *Large Scale Integration*) realisiert. Darum sind sie relativ klein und leicht ausgeführt und kaum in der Arbeitsgeschwindigkeit beschränkt. Jedoch ist auch bei diesen Neukonstruktionen ein Rest von Mechanik verblieben, nämlich im Drucker. Allerdings handelt es sich in einem Fall um einen extrem leisen und schnellen Drucker mit einer leicht auswechselbaren *Typenscheibe* aus verschleißfestem Kunststoff, die über das Papier bewegt wird.

▶ 10.3.4. Bildtelegrafen

Die elektrische Bildtelegrafie wird manchmal als Vorstufe des Fernsehens bezeichnet, weil in beiden Fällen am Sender Bilder in *Flächenelemente* (*Bildpunkte*) zerlegt und deren *Helligkeitswerte* übertragen werden. Jedoch kann man, wenn man von den sehr unterschiedlichen Prinzipien und Ausführungen absieht, folgende vordergründige Unterscheidung anstellen:

Bildtelegrafie dient zur Übertragung ruhender Bilder, wobei die Übertragung selbst beliebig langsam ablaufen kann;
Fernsehen (*Television*) dient zur Übertragung bewegter Bilder, wobei die Übertragung einzelner Teilbilder nur 1/25 Sekunde dauern darf.

Nach der Art der Bildvorlage unterscheidet man heute zwei Teilbereiche der Bildtelegrafie mit unterschiedlichen Verfahren und Geräteentwicklungen:

Faksimile-Übertragung für die Übermittlung von Schwarzweiß-Vorlagen (Strichzeichnungen, Schriften);
Telebild-Übertragung für die Übermittlung von Halbtonvorlagen (Fotos).

▶ 10.3. Telegrafie (Fernschreiben) 219

● *Abtastverfahren*

Alle Abtastverfahren beruhen auf der sogenannten *Bildfeldzerlegung*. Das bedeutet, die Bildvorlagen werden mit geeigneten technischen Einrichtungen so in gleich große Flächenelemente zerlegt, daß die Zusammensetzung im Sender bei richtigem Betrachtungsabstand für das Auge wieder ein kontinuierliches Bild ergibt. Dieses Vorgehen wird deshalb sinnvoll, weil auch die Netzhaut des Auges mit den im Abstand von 2 ... 5 µm angeordneten Zäpfchen jedes Bild in Bildpunkte zerlegt. Wenn in einer Vorlage die Bildelemente so klein sind, daß sie unter dem Winkel der Grenzauflösung des Auges liegen, werden sie von diesem als Ganzes empfunden.

● *Siemens-Hell-Schreiber*

Der von *R. Hell* erfundene Fernschreiber wird zwar nur zur Übertragung von Buchstaben, Ziffern und Zeichen verwendet, stellt aber dadurch, daß eine Art Bildfeldzerlegung genutzt wird, eine stark vereinfachte Form der Bildtelegrafie dar. Die Zerlegung wird gemäß Bild 10.44 in 7 × 7 Flächenelemente vorgenommen. Die „Abtastung" und Codierung der Flächenelemente wird mit *Nockenscheiben* ausgeführt, und zwar in der Form, daß jedem Zeichen (Buchstabe, Ziffer etc.) eine Scheibe zugeordnet ist. Wie aus Bild 10.44 am Beispiel des Buchstabens E ersichtlich, entsprechen die sieben Spalten des Bildfeldes sieben Sektoren auf den Nockenscheiben. Die Informationen „Weiß" oder „Schwarz" in den Spalten I ... VII werden durch zwei Radien auf der Nockenscheibe realisiert. Ein Abtaster wandelt die Stufen der Nockenscheibe mit Hilfe eines Ein-Aus-Schalters in elektrische Impulse um, die etwa in der Form des Bildes 10.44c den Buchstaben E darstellen und seriell übertragen werden. Bild 10.45 zeigt das Schema des Siemens-Hell-Schreibers. Auf der Senderachse sind ebensoviele Nockenscheiben angeordnet, wie Tasten vorhanden sind.

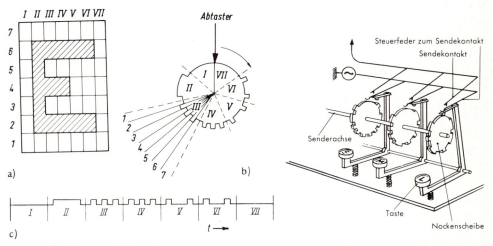

Bild 10.44. Siemens-Hell-Schreiber
a) Bildfeldzerlegung
b) Nockenscheibe für Buchstabe E
c) zeitliche Impulsfolge

Bild 10.45. Schema des Siemens-Hell-Senders

• Siemens-Hell-Empfänger

Das in Bild 10.46 dargestellte Prinzip des Empfängers ist recht einfach. Es wird mit den Impulsfolgen nach Bild 10.44 der *Empfangsmagnet* 1 angesteuert. Der bei 3 gelagerte Anker 2 trägt am Ende eine Schneide 4. Gegenüber dieser Schneide ist die *Schreibspindel* 5 angeordnet, die eine zweigängige, erhabene Spirale 6 trägt. Zwischen Schneide und Schreibspindel wird mit Hilfe von Rollen 8 ein Papierstreifen 7 bewegt. Immer wenn ein Impuls empfangen wird, zieht der Anker an und drückt dadurch für die Impulsdauer die Schneide 4 gegen Papier und Schreibspindel, so daß die eingefärbte Spirale 6 das Papier schwärzen kann.

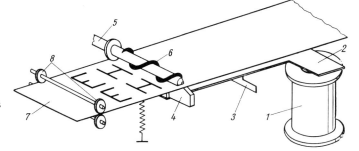

Bild 10.46
Schematische Darstellung
des Siemens-Hell-Empfängers
(Erläuterungen im Text)

• Faksimileschreiber

Aus dem Siemens-Hell-Schreiber entstand der *Faksimileschreiber*. Die Abtastung und Bildfeldzerlegung geschieht dabei in der in Bild 10.47 gezeigten Weise. Es wird also die Bildvorlage auf eine Trommel aufgespannt, die sich mit konstanter Geschwindigkeit dreht. Der Optikschlitten wird gleichzeitig mit der Geschwindigkeit v von oben nach unten bewegt. Es entsteht somit eine spiralförmige Abtastung. Im Optikschlitten befinden sich eine Lichtquelle und eine Fotozelle. Je nach Schwärzungsgrad des abgetasteten Bildpunktes wird mehr oder weniger Licht reflektiert, die Fotozelle erzeugt somit mehr oder weniger Strom. Im Empfänger wird dieser Strom einem Schreibsystem zugeführt, das aus einer synchron mit der Sendetrommel rotierenden Empfangstrommel, auf die Schreibpapier gespannt ist, und einem Schreibrädchen besteht. Überschreitet der Strom einen einstellbaren Schwellwert, wird das laufend eingefärbte Rädchen gegen das Papier gedrückt. Hieraus wird deutlich, daß mit diesem Verfahren nur „Schwarz" und „Weiß" wiedergegeben werden kann. Halbtöne sind nicht reproduzierbar. Eine Hauptanwendung für Faksimileschreiber ist in der Übertragung von Wetterkarten zu sehen.

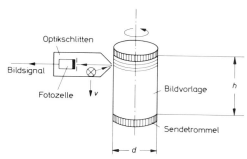

Bild 10.47
Prinzip des Faksimileschreibers
d: Trommeldurchmesser, h: Höhe der
Bildvorlage, v: Geschwindigkeit des
Optikschlittens

▶ 10.3. Telegrafie (Fernschreiben)

• *Bandbreite und Übertragungszeit*

Die Bandbreite für Bildübertragungen ergibt sich aus der maximal zu übertragenden Frequenz f_{max}. Diese hängt von der Bildgröße bzw. den Trommelabmessungen, der Drehgeschwindigkeit n der Trommel und der Anzahl z der abgetasteten Zeilen ab. Nehmen wir an, daß die Bildgröße gleich $b \times h$ ist (Breite mal Höhe), mit $b = d \cdot \pi$, also gerade auf die Sendetrommel Bild 10.47 paßt, dann folgt nach [13]

$$f_{max} = \frac{n}{120} \cdot z \frac{b}{h} \text{ Hz}. \qquad (10.10)$$

Die *Bandbreite* ist mithin der Trommeldrehzahl n, der Zeilenzahl z und dem Verhältnis Bildbreite zu Bildhöhe proportional. Die *Übertragungszeit* eines Bildes, T_B, beträgt

$$T_B = \frac{z}{n} \text{ min}. \qquad (10.11)$$

Sie wird mit zunehmender Zeilenzahl größer, nimmt aber mit wachsender Trommeldrehzahl ab. Die nachfolgende Tabelle gibt ein paar Ergebnisse für ein Gerät der Fa. Hell, Kiel, mit zwei verschiedenen Zeilenzahlen z an. Dieser „HELL-FAX Wetterkartengeber" ist sozusagen mit zwei verschiedenen Qualitätsstufen zu betreiben, nämlich mit der hohen Auflösung von 2150 Zeilen und der niedrigen von 1100 Zeilen. Auf zwei Besonderheiten ist noch hinzuweisen: In der Praxis hat sich gezeigt, daß die Bandbreite niedriger als f_{max} gewählt werden kann. Dies wird mit dem *Kell-Faktor* $K = 0{,}67$ ausgedrückt, so daß der Wert $K f_{max}$ als „effektive Bandbreite" f_{max}^* anzusehen ist. In der Tabelle ist ebenfalls die *Telegrafiergeschwindigkeit* angegeben, die nach Gl. (10.9) aus 10.3.2 doppelt so groß ist wie die *Telegrafierfrequenz*, also in unserem Fall $v_s = 2 f_{max}^*$ ist.

HELL-FAX Wetterkartengeber

Bildformat $h \times b$ in cm	Trommeldurchmesser d in mm	Zeilenzahl z	Zeilendichte $l = z/h$ in Zeilen/mm	Drehzahl n in 1/min	Übertragungszeit T_B in min	Grenzfrequenz f_{max} in kHz	effektive Grenzfrequenz f_{max}^* in kHz	Telegrafiergeschwindigkeit v_s in Bd
57 × 45	152	2150	3,8	60	36	0,9	0,6	1200
				90	24	1,35	0,9	1800
				120	18	1,8	1,2	2400
		1100	1,9	60	18	0,45	0,34	700
				90	12	0,68	0,51	1050
				120	9	0,92	0,69	1400

• *Telebildabtastung*

Wie eingangs erwähnt, spricht man von *Telebildübertragung*, wenn auch Halbtöne erfaßt und wiedergegeben werden. Die Abtastung ist praktisch die gleiche wie bei Faksimileschreibern. Die, je nach Schwärzungsgrad der Vorlage, mehr oder weniger starke Reflexion des Lichtes führt zu unterschiedlich großem Fotostrom, der in Stufen eingeteilt werden kann, so daß durch Übertragung dieser Stufen die einzelnen Grauwerte (Halbtöne) der Vorlage übermittelt werden. Zur Übertragung wird in Deutschland *Amplitudenmodulation* (Kap. 6) verwendet. D.h. die zu den Graustufen gehörenden Fotostromamplituden werden einer hochfrequenten Trägerschwingung aufmoduliert.

• *Telebildempfänger*

Telebildempfänger müssen in der Lage sein, die vom Sender angebotenen Gleichspannungen auf dem Papier in die zugehörigen Grautöne umzuwandeln. Am meisten bewährt hat sich bislang ein elektromechanisches Schreibverfahren. Dabei wird auf eine Empfangstrommel, die synchron mit der Sendetrommel laufen muß, *Fotopapier* gespannt, wobei das Format 13 cm × 18 cm (Pressefotos) vorherrscht. Genau wie im Sender (Bild 10.47) wird eine Lichtquelle über das Fotopapier bewegt, wobei die Helligkeit der Lampe im Rhythmus des Bildsignals gesteuert wird.

10.3.5. Übertragungstechnik

In der Telegrafentechnik handelt es sich immer darum, relativ niederfrequente Impulsfolgen zu übertragen. Dazu bedient man sich verschiedener Verfahren, die in zwei Gruppen eingeteilt sind:

- Gleichstromtelegrafie und
- Wechselstromtelegrafie (WT).

Spezielle Verhältnisse liegen bei der Telebildübertragung vor.

• *Gleichstromtelegrafie*

Bei *Gleichstromtelegrafie* besteht zwischen Sender und Empfänger eine *galvanische Kopplung*. Die Telegrafiersignale werden durch Gleichstrom gebildet, der ständig ein- und ausgeschaltet wird (*Einfachstrombetrieb*), oder es wird zwischen zwei Gleichstromwerten hin- und hergeschaltet (*Doppelstrombetrieb*). Auf den Übertragungswegen sind *Zweidrahtbetrieb* oder *Vierdrahtbetrieb* möglich. Eine Sonderform wird als *Unterlagerungstelegrafie* (UT) bezeichnet.

• *Einfachstrombetrieb*

Von *Einfachstrombetrieb* spricht man, wenn auf der Übertragungsleitung nur zwischen den zwei Zuständen „Strom" und „kein Strom" unterschieden wird, wenn also gemäß Bild 10.48 der Gleichstrom I_L geschaltet wird. Ist nur während der Übertragung eines Stromschrittes der Gleichstrom auf der Leitung, spricht man von *Arbeitsstrombetrieb* (Bild 10.48a). Diese Betriebsart hat den Nachteil, daß der Zustand des Übertragungsweges in den Betriebspausen nicht kontrollierbar ist, weil kein Strom fließt. Darum verwendet man häufig den *Ruhestrombetrieb* (Bild 10.48b), bei dem auf der Leitung der Dauerstrom I_L fließt, der nur zur Übertragung eines Schrittes unterbrochen wird. Einfachstrombetrieb verwendet man nur zwischen Fernschreiber und Fernschreibvermittlung des Ortsamtes, maximal jedoch nur bis zu 30 km.

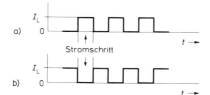

Bild 10.48
Einfachstrombetrieb
a) Arbeitsstrombetrieb,
b) Ruhestrombetrieb; I_L: Leitungsstrom

▶ 10.3. Telegrafie (Fernschreiben)   223

● *Doppelstrombetrieb*

Soll der unkontrollierbare Zustand „kein Strom" ganz vermieden werden, ist *Doppelstrombetrieb* anzuwenden. Bild 10.49 zeigt, daß in diesem Fall die einzelnen Stromschritte durch *Polaritätswechsel* realisiert sind. Man nennt die beiden Ströme *Zeichenstrom* I_Z und *Trennstrom* I_T. Die Beispiele des Bildes 10.37 sind für diese Betriebsart angegeben. Der Doppelstrombetrieb ist sehr sicher, weil der Nachrichteninhalt in den Polaritätswechseln enthalten ist. Amplitudenschwankungen haben darum nur geringe Auswirkungen.

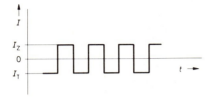

Bild 10.49
Doppelstrombetrieb; I_Z: Zeichenstrom,
I_T: Trennstrom

● *Zweidrahtbetrieb*

In der Fernschreibtechnik wird die Betriebsart *Halbduplex* (Wechselverkehr, vgl. 1.7) verwendet, d.h. es kann nicht gleichzeitig geschrieben und empfangen werden. Daher genügen zwei Drähte für beide Übertragungsrichtungen. Trotzdem wird nur zwischen Teilnehmer und Ortsamt der Zweidrahtbetrieb durchgeführt. Bei größeren Entfernungen muß mit Zwischenverstärkungen gerechnet werden. Mit nur zwei Drähten im Wechselverkehr wären dann aufwendige Umschalteinrichtungen vorzusehen (*Gabelschaltungen*, vgl. 10.2.2). Es entstehen aber in jedem Fall Schwierigkeiten, weil in der Gleichstromtelegrafie auch Gleichspannungsanteile zu übertragen sind.

● *Vierdrahtbetrieb*

Für Fernverbindungen wird aus den genannten Gründen prinzipiell nur *Vierdrahtbetrieb* angewendet. Damit kann in beiden Übertragungsrichtungen getrennt verstärkt werden. In den Ortsämtern muß demnach von Zweidraht-Einfachstrombetrieb auf Vierdraht-Doppelstrombetrieb umgeschaltet werden. Die Standardschaltung dafür ist in Bild 10.50 skizziert.

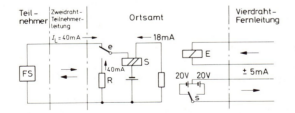

Bild 10.50
Umsetzerschaltung von Zweidraht-Einfachstrombetrieb auf Vierdraht-Doppelstrombetrieb; FS: Fernschreiber, R: Nachbildungswiderstand, S: Senderelais mit Kontakten s, E: Empfangsrelais mit Kontakt e

● *Umsetzerschaltung*

In der Umsetzerschaltung Bild 10.50 wird zwischen dem Fernschreiber FS und dem Ortsamt mit zwei Drähten im Einfachstrombetrieb gearbeitet. Das Senderelais S hat zwei Wicklungen, die gegeneinander geschaltet sind. Die zweite Wicklung ist durch den Hilfsstrom von 18 mA ständig eingeschaltet, so daß der Kontakt s des Senderelais beispielsweise in der gezeichneten Lage ist. Wird vom FS ein Stromschritt I_L = 40 mA erzeugt, wird die erste Wicklung stärker erregt und legt den Kontakt s um. Nach Ablauf des Stromschrittes kippt der Kontakt s wieder zurück usw., wodurch der Doppelstrombetrieb erzeugt ist.

Ankommende Doppelstromzeichen gelangen über Kontakte e des Empfangsrelais E zum FS. Sofort anschließend wird durch E der Kontakt e derart umgelegt, daß S über den „Nachbildungswiderstand" (Leitungsnachbildung) R mit 40 mA versorgt wird. Durch diese Maßnahme wird erreicht, daß sich die Erregung von S beim Empfang nicht ändert und die ankommenden Zeichen nicht wieder als „Echos" abgegeben werden.

● *Unterlagerungstelegrafie*

Durch die spezielle Betriebsart *Unterlagerungstelegrafie* (UT) wird es möglich, Fernschreib- und Fernsprechsignale gleichzeitig auf einer Leitung zu übertragen. Man nutzt nämlich, daß der Fernsprechkanal 300 ... 3400 Hz breit ist, mithin der Bereich 0 ... 300 Hz frei zur Verfügung steht. In Bild 10.51a ist angegeben, wie über Hoch- und Tiefpässe Fernsprecher F und Fernschreiber FS zusammengeführt werden. Bild 10.51b zeigt die Frequenzbandaufteilung bei UT. Neben dem 40 Hz breiten Telegrafiekanal (vgl. 10.3.2) werden danach getrennt und auf die Trägerfrequenz 150 Hz aufmoduliert sogenannte „Ruf- und Wahlzeichen" gesendet.

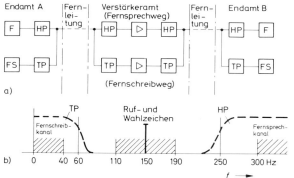

Bild 10.51
Unterlagerungstelegrafie
a) Prinzipschaltung (F: Fernsprecher, FS: Fernschreiber, HP: Hochpaß, TP: Tiefpaß),
b) Frequenzbandaufteilung

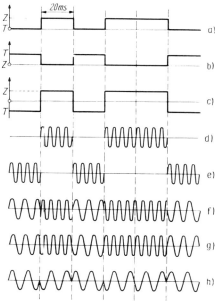

Bild 10.52

Tastarten der Wechselstromtelegrafie
Z: Zeichenstrom, T: Trennstrom

a) Einfach-Arbeitsstrombetrieb
b) Einfach-Ruhestrombetrieb
c) Doppelstrombetrieb
d) AM-Ruhestrombetrieb
e) AM-Arbeitsstrombetrieb
f) Doppeltonbetrieb mit Phasensprung (FM)
g) Doppeltonbetrieb ohne Phasensprung (FM)
h) Phasensprungbetrieb

• Wechselstromtelegrafie

Das Prinzip der *Wechselstromtelegrafie* (WT) beruht darauf, daß der Fernsprechkanal 300 ... 3400 Hz mit Hilfe des Frequenzmultiplex-Verfahrens (10.1.2) für Telegrafiesignale mehrfach genutzt wird (Trägerfrequenzbetrieb). Verwendet werden Amplitudenmodulation und verschiedene Varianten von Frequenz- bzw. Phasenmodulation. Bild 10.52 gibt eine Reihe von Gleich- und Wechselstromdarstellungen einzelner Stromschritte an. Man spricht hierbei von „Tastung" bzw. „Umtastung" und nennt die Verfahren *Tastarten*. Besondere Bedeutung hat die Tastart d (AM-Ruhestrombetrieb).

• Amplitudenmoduliertes System

In 10.3.2 ist die *Telegrafierfrequenz* zu f_s = 25 Hz berechnet, die Bandbreite eines Fernschreibkanals aber um den Faktor 1,6 höher auf 40 Hz festgelegt worden. Weil amplitudenmodulierte Systeme der Wechselstromtelegrafie mit Zweiseitenbandübertragung arbeiten, ergibt sich ein Bandbreitenbedarf von 80 Hz. Wie in Bild 10.53 dargestellt, sind für diese 80 Hz-Kanäle Mittenabstände von 120 Hz vereinbart, so daß freie Räume („tote Zonen") von 40 Hz verbleiben. Mit diesen Zahlen bietet der Fernsprechkanal 300 ... 3400 Hz eine „Kapazität" von 24 Fernschreibkanälen. Die *Trägerabstände* sind ungerade Vielfache von 60 Hz: f_T = (2n + 1) · 60 Hz mit n = 3, 4, ... , 26.

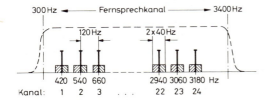

Bild 10.53

Frequenzschema eines Systems AM-WT 120 (24 Telegrafiekanäle)

• Frequenzmodulierte Systeme

Das frequenzmodulierte System FM-WT 120 arbeitet mit den gleichen Mittenfrequenzen wie das in Bild 10.53 skizzierte System AM-WT 120, stellt also ebenfalls 24 Fernschreibkanäle zur Verfügung. Für die Telegrafiergeschwindigkeit 50 Bd wird ein Frequenzhub von ± 30 Hz verwendet. Soll mit 100 Bd gearbeitet werden, muß der Hub ± 60 Hz betragen. Dann wird der Trägerabstand auf 240 Hz verdoppelt, die Kanalzahl somit auf 12 halbiert (System FM-WT 240).

• Doppeltonbetrieb

Doppeltonbetrieb bedeutet, daß für die Übermittlung der beiden Telegrafie-Schaltzustände je eine Trägerfrequenz zweier benachbarter Kanäle des Systems AM-WT 120 (Bild 10.53) verwendet wird. Diese spezielle Art frequenzmodulierter Übertragung ist besonders störsicher. Allerdings ist die Kanalzahl schon bei 50 Bd auf 12 reduziert.

• Faksimile- und Telebildübertragung

Auch für Bildübertragungen wird der Fernsprechkanal 300 ... 3400 Hz benutzt. In vielen Ländern dürfen darum ohne Genehmigung und speziellen Anschluß Fernsprechleitungen zur Bildübermittlung verwendet werden. In der Bundesrepublik stellt die Deutsche Bundespost genehmigungs- und gebührenpflichtige *Bildleitungen* zur Verfügung. Zwar sind dies auch nur normale Fernsprechleitungen, die jedoch durch eine spezielle *Phasenentzerrung* verbessert sind.

• Trägerfrequenzübertragung

Die Schwarzweiß- bzw. Grauinformationen einer Bildvorlage liegen nach der Abtastung (Bildfeldzerlegung) als Gleichspannungswerte vor. Fernsprechleitungen haben aber eine untere Grenzfrequenz von 300 Hz. Zur Nutzung dieser Leitungen für Bildübertragungen müssen darum die Bildsignale einem Träger aufmoduliert werden, der etwa mitten im Fernsprechkanal liegt. Bild 10.54 zeigt den Frequenzplan für einen mit der Trommeldrehzahl 60 min^{-1} betriebenen Telebild-Sender für den Pressedienst

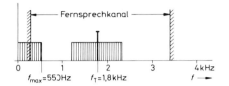

Bild 10.54
Einstufenmodulation für einen Telebild-Sender mit f_{max} = 550 Hz auf einen Träger von 1,8 kHz

• Einstufenmodulation

Die direkte Modulation auf einen Träger inmitten des Fernsprechkanals nennt man *Einstufenmodulation*. Aus Bild 10.54 wird aber ein Nachteil dieser Technik sichtbar: Die NF ragt in den Übertragungsbereich hinein. Würde der Telebild-Sender gar mit 120 Trommelumdrehungen pro Minute betrieben und somit 1100 Hz als Grenzfrequenz benötigen, käme es gar zu einer Überlappung von NF und linkem Seitenband. Aus diesen Gründen verwendet man Zweistufenmodulation.

• Zweistufenmodulation

Um NF und Seitenbänder zu trennen, wird in einer ersten Modulationsstufe das NF-Band der Breite 1100 Hz (Telebild-Sender mit 120 min^{-1}) auf den Träger f_{T1} = 5 kHz aufmoduliert (Bild 10.55a). In einer zweiten Modulationsstufe wird nun dieses Spektrum — also NF und Träger 5 kHz mit beiden Seitenbändern — auf den zweiten Träger f_{T2} = 6,8 kHz aufmoduliert (Bild 10.55b). Danach liegt nur der Träger 1,8 kHz mit beiden Seitenbändern im Fernsprechkanal — als Teil des unteren Seitenbandes der Zweitmodulation. Alle anderen Anteile bleiben außerhalb.

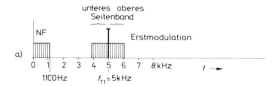

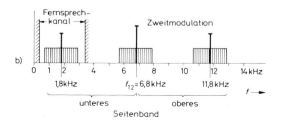

Bild 10.55
Zweistufenmodulation für einen Telebild-Sender mit f_{max} = 1100 Hz
a) Erste Modulation auf den Träger f_{T1} = 5 kHz,
b) Zweite Modulation des Spektrums a auf den Träger f_{T2} = 6,8 kHz

▶ 10.3. Telegrafie (Fernschreiben)

• *Restseitenbandübertragung*

Die eben beschriebenen Verfahren der *Zweiseitenbandübertragung* (DSB) versagen, wenn beispielsweise mit einem Telebild-Sender für den Fahndungsdienst (vgl. 10.3.4) gearbeitet wird, der eine Bandbreite von 1650 Hz benötigt, das DSB-Band mit 3,3 kHz mithin breiter würde als der 3,1 kHz breite Fernsprechkanal. Die bei der Trägerfrequenztelegrafie übliche *Einseitenbandtechnik* (SSB) kann bei Telebild-Übertragungen auch nicht verwendet werden. Durch Unterdrückung des Trägers würde nämlich der Gleichspannungsanteil des Bildsignals verschwinden, in dem aber gerade die Information für die Grauwerte der Bildvorlage enthalten sind. Darum wird hier *Restseitenbandmodulation* (RSB) verwendet. Bild 10.56a zeigt ein Beispiel mit einer Trägerfrequenz von 2,4 kHz und einem Restseitenband der Breite 0,6 kHz.

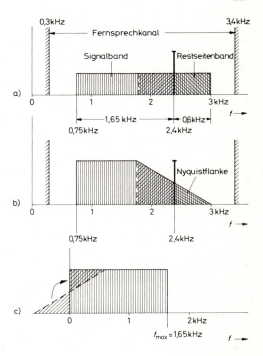

Bild 10.56. Restseitenbandmodulation für einen Fahndungsdienstsender mit f_{max} = 1,65 kHz
a) Frequenzspektrum mit 0,6 kHz Restseitenband und f_T = 2,4 kHz,
b) Frequenzspektrum mit Nyquistflanke,
c) Überlagerung der Restseitenbandkomponenten mit Nyquistflanke bei der Demodulation

• *Nyquistflanke*

Die Übertragungsart nach Bild 10.56a hat den Nachteil, daß für die in der Nähe des Trägers liegenden niedrigen Modulationsfrequenzen Zweiseitenbandübertragung, für die höheren aber Einseitenbandübertragung auftritt. Das führt zu Verzerrungen, die sich vor allem in einer Unschärfe der Wiedergabe an den Stellen von Schwarz-Weiß-Übergängen ausdrücken. Diese Unschärfe kann erheblich reduziert werden, wenn die sogenannte *Nyquistflanke* eingeführt wird, wenn also gemäß Bild 10.56b der „Zweiseitenbandteil" vom Maximalwert des Signalbandes linear auf Null abfällt und der Träger in die Mitte des Frequenzabfalls gelegt wird. Bei der Demodulation solch eines Restseitenbandes mit Nyquistflanke wird durch Überlagerung der „Zweiseitenbandteile" gerade das vollständige und weitgehend unverzerrte Signalband zurückgewonnen. Die Technik der Restseitenbandübertragung mit Nyquistflanke wird auch bei anderen Verfahren der Bildübertragung (z.B. Fernsehen) angewendet.

10.4. Zusammenfassung

Trägerfrequenztechnik bedeutet die *Mehrfachübertragung* verschiedener Signale auf demselben Übertragungskanal. Dabei unterscheidet man:

Raumstaffelung – jede Nachricht wird über eine gesonderte Leitung übertragen, d.h. es müssen soviele Leitungen verlegt werden, wie Nachrichten gleichzeitig zu übertragen sind.

Frequenzstaffelung – die verschiedenen Nachrichten werden gleichzeitig, aber in der Frequenzlage getrennt übertragen (*Frequenzmultiplex-Verfahren*). Zur Trennung in verschiedene Frequenzlagen werden die *Modulationsverfahren* benutzt (vor allem AM und FM).

Zeitstaffelung – den verschiedenen Nachrichten werden in bestimmten Zeitabständen *Proben* (*Samples*) entnommen, wobei das *Abtasttheorem* zu beachten ist. Die Abtastwerte werden zeitlich nacheinander (zeitlich ineinander gestaffelt) übertragen und im Empfänger wieder zusammengesetzt. In der Hauptsache wird bei Zeitstaffelung PCM verwendet.

Der Gegenverkehr (*Duplexbetrieb*) wird in der Fernsprechtechnik mit Zweidraht- oder Vierdrahtsystemen durchgeführt. Für *Zweidrahtsysteme* sind spezielle Verstärker mit *Gabelschaltung* nötig, um eine Entkopplung der beiden Sprechrichtungen zu gewährleisten. Diese Übertragungsart wird in manchen Ortsnetzen und Endämtern benutzt. In Weitverkehrssystemen wird jedoch in der Regel mit *Vierdraht-Frequenzgleichlage-Übertragung* gearbeitet. Dabei ist jede Sprechrichtung getrennt verdrahtet und verstärkt und beide Richtungen benutzen dieselbe Frequenzlage.

Trägerfrequenztelefonie nennt man die im Weitverkehr benutzte Methode, die unter Verwendung von Frequenzmultiplex-Verfahren mit SSB-AM (Einseitenbandübertragung) eine Mehrfachnutzung eines Fernmeldekabels erlaubt. Auf *Doppelleitungen*, die zu Sternvierern verseilt sind, werden maximal 120 Sprechkanäle übertragen (Systeme V60 und V120). Systeme hoher Kanalzahl sind in der Regel mit *Koaxialkabeln* ausgeführt (V300, V2700, V10800).

Sonderformen und neue Entwicklungen von Bedeutung für die Fernsprechtechnik sind: *Lichtleiter* für extrem hochfrequente und breitbandige Übertragungen; *Richtfunk* zur Ergänzung des Weitverkehr-Kabelnetzes; *Digitale Übertragungstechnik* (PCM), *Halbleiter-Koppelfelder* für vollelektronische Vermittlungssysteme; *Mikroprozessoren* zur Übernahme von wichtigen Teilaufgaben wie Gesprächsdaten- und Gebührenerfassung, Steuerung kleiner Fernsprechsysteme, Speicherung von Rufnummern, Ermöglichen von Kurzwahlverfahren und automatischem Probieren bei besetzten Anschlüssen.

Telegrafie (Fernschreiben) nennt man die sprachentbundene und materielose Übermittlung von Informationen mit elektrischen, optischen oder akustischen Hilfsmitteln in codierter Form. Wichtige Codes sind das *Fünferalphabet* (Telegrafenalphabet Nr. 2) und das *Siebeneralphabet*. Während beim Fünferalphabet alle $2^5 = 32$ Codierungsmöglichkeiten genutzt werden (bzw. ähnlich wie bei einer Schreibmaschine durch eine Umschalteinrichtung die Möglichkeiten verdoppelt werden), wird das Siebeneralphabet nur teilweise genutzt, so daß mit Hilfe der nicht genutzten Code-Kombinationen (*Redundanz*) eine *Fehlererkennung* möglich wird.

10.4. Zusammenfassung

Telegrafiergeschwindigkeit und Telegrafierfrequenz ergeben sich aus folgenden Gleichungen

$$v_s = \frac{1}{T_0} \text{ Schritte/s} \tag{10.6}$$

mit $1 \frac{\text{Schritt}}{\text{s}} = 1 \text{ Bd} = 1 \frac{\text{bit}}{\text{s}}$ (Bd = „Baud") und

$$f_s = \frac{1}{2T_0} = \frac{1}{2} v_s \text{ in Hz.} \tag{10.8}$$

Bildtelegrafen dienen zur Übertragung ruhender Bilder, wobei die Übertragung selbst beliebig langsam ablaufen kann (Schmalbandübertragung). Im Gegensatz dazu ist das Fernsehen (*Television*) zur Übertragung bewegter Bilder reserviert, wobei die Übertragung einzelner Teilbilder nur 1/25 Sekunde dauern darf. Es sind zwei Teilbereiche der Bildtelegrafie zu unterscheiden:

Faksimile-Übertragung für die Übermittlung von Schwarz-Weiß-Vorlagen (Strichzeichnungen, Schriften);

Telebild-Übertragung für die Übermittlung von Halbtonvorlagen (Fotos).

Die Übertragungstechnik wird unterteilt nach Gleichstromtelegrafie und Wechselstromtelegrafie (WT).

Gleichstromtelegrafie setzt voraus, daß Sender und Empfänger galvanisch gekoppelt sind. Die Telegrafiesignale werden durch Gleichstrom gebildet, der ständig ein- und ausgeschaltet wird (Einfachstrombetrieb), oder es wird zwischen zwei Gleichstromwerten hin- und hergeschaltet (Doppelstrombetrieb).

Umsetzerschaltungen werden in den Ortsämtern eingesetzt. Sie sind nötig, um den *Zweidraht-Einfachstrombetrieb* zwischen Fernschreiber und Ortsamt in den auf Fernleitungen üblichen *Vierdraht-Doppelstrombetrieb* umzusetzen.

Unterlagerungstelegrafie bedeutet die gleichzeitige Nutzung eines Nachrichtenkabels für Fernsprechen und Fernschreiben, wenn der 40 Hz-Telegrafiekanal in den für Ferngespräche nicht genutzten Bereich 0...300 Hz gelegt wird.

Wechselstromtelegrafie beruht darauf, daß der Fernsprechkanal 300...3400 Hz mit Hilfe des Frequenzmultiplex-Verfahrens für Telegrafiesignale mehrfach genutzt wird. Verwendet werden Amplitudenmodulation (24 Telegrafiekanäle im Fernsprechkanal) und verschiedene Varianten von Frequenz- und Phasenmodulation (24 oder 12 Kanäle).

11. Antennen und Wellenausbreitung

▶ 11.1. Antenneneigenschaften und Kenngrößen

Die grundsätzlichen Eigenschaften von Antennen und deren Kenngrößen werden für den Typ *Sendeantenne* besprochen. Die Gültigkeit der Ergebnisse auch für *Empfangsantennen* ergibt sich aus dem zum Abschluß aufgezeigten Prinzip der *Reziprozität*.

11.1.1. Antenne als Strahler

Die Antenne wandelt leitungsgebundene elektrische Energie in *Strahlungsenergie* um. Zum Verständnis der Vorgänge beim Ablösen und Ausbreiten der elektromagnetischen Strahlung ist es nützlich, Grundlegendes über elektromagnetische Felder und Wellen zu wissen. Darum seien zunächst die einfachen Zusammenhänge wiederholt.

● *Elektrisches und magnetisches Feld*

Bei der Besprechung des „Wellenleitertyps" *Hohlleiter* (9.3.4) sind mit den Bildern 9.33 bis 9.35 Beispiele für Feldverteilungen vorgestellt worden. Aus Bild 9.33 liest man ab, daß jeder stromdurchflossene Leiter „schlauchförmig" von einem magnetischen Feld $\vec{H}$ umgeben ist — d.h., *jeder Stromfluß erzeugt ein magnetisches Feld*. Andererseits dürfte als bekannt vorausgesetzt werden, daß zwischen den Platten eines Kondensators ein elektrisches Feld $\vec{E}$ entsteht, wenn eine Spannung angelegt ist — d.h., *jede Potentialdifferenz (Spannung) bedingt ein elektrisches Feld*. Überlegt man weiterhin, daß kein Stromfluß ohne Potentialdifferenz möglich ist, folgt sofort:

> Zu einem magnetischen Feld gehört immer ein elektrisches Feld, d.h. jeder Stromfluß erzeugt ein *elektromagnetisches Feld*.

● *Elektromagnetische Wellen*

Fließt durch einen Leiter ein periodischer Wechselstrom, baut sich nach obigem Muster ein *elektromagnetisches Wechselfeld* auf. Im Falle, daß der Leiter an irgendeiner Stelle endet, ein Generator aber ständig elektrische Energie nachliefert, kann sich das Feld vom Ende des Leiters ablösen und als *elektromagnetische Welle* in den freien Raum treten. Bild 11.1 soll verdeutlichen, daß die Ausbreitungsrichtung z der elektromagnetischen Wellen im freien Raum immer senkrecht zum elektromagnetischen Feld verläuft, das durch die in diesem Beispiel senkrecht aufeinander stehenden *Vektoren* $\vec{E}$ und $\vec{H}$ gekennzeichnet ist. Die mit der Wellenausbreitung in z-Richtung verbundene Energieübertragung wird mit Hilfe des Vektors $\vec{S}$ beschrieben, der *Poyntingvektor* heißt und der senkrecht auf den Vektoren $\vec{E}$ und $\vec{H}$ steht. Er gibt die *Strahlungsleistung pro Flächeneinheit* an, also die Energiemenge des elektromagnetischen Feldes, die je Sekunde durch eine senkrecht zur Ausbreitungsrichtung z stehende Fläche von 1 m² strömt. Mathematisch wird dies beschrieben durch das *Vektorprodukt (Kreuzprodukt)* von $\vec{E}$ und $\vec{H}$:

$$\vec{S} = \vec{E} \times \vec{H}, \tag{11.1}$$

mit $|\vec{S}| = |\vec{E}| \cdot |\vec{H}| \sin \alpha$; α ist der Winkel zwischen den Vektoren $\vec{E}$ und $\vec{H}$.

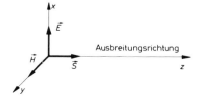

Bild 11.1
Zur Definition der Wellenausbreitung; $\vec{E}$: elektrischer Feldvektor, $\vec{H}$: magnetischer Feldvektor, sowie *Poyntingvektor* $\vec{S} = \vec{E} \times \vec{H}$

► 11.1. Antenneneigenschaften und Kenngrößen

Weil die Feldstärken die Einheiten $[E] = V/m$ und $[H] = A/m$ haben, folgt für den Poyntingvektor $[S] = VA/m^2$, was tatsächlich einer Leistung pro Flächeneinheit entspricht. Die Ausbreitung der elektromagnetischen Wellen erfolgt im freien Raum mit *Lichtgeschwindigkeit*

$$c = \frac{1}{\sqrt{\mu_0 \epsilon_0}} \:. \tag{11.2}$$

Hierin sind

> magnetische Feldkonstante $\mu_0 = 1{,}2566 \cdot 10^{-6} \, \dfrac{Vs}{Am}$
>
> elektrische Feldkonstante $\epsilon_0 = 8{,}8542 \cdot 10^{-12} \, \dfrac{As}{Vm}$
>
> (Bezeichnungsweisen nach DIN 1324 und DIN 1325).

• *Ebene Wellen*

In Bild 11.1 ist der Sonderfall angenommen worden, daß die elektromagnetische Strahlung sich genau in nur eine Richtung z ausbreitet. Ein anderer Grenzfall ist der, daß elektromagnetische Wellen von einer ideal punktförmigen Strahlungsquelle ausgehen. Dann entsteht eine kugelförmige Abstrahlcharakteristik, d.h. die elektromagnetischen Wellen breiten sich nach allen Richtungen gleichmäßig und mit derselben Geschwindigkeit c aus (Kugelstrahler). In einiger Entfernung von der Strahlungsquelle wird jedoch mit wachsendem Abstand (Radius) die Krümmung der „Kugeloberfläche" immer geringer, so daß zumindest für hinreichend kleine Flächenstücke die jeweilige *Wellenfront* eben erscheint. Im sogenannten *Fernfeld* wird man also in jedem Fall mit ebenen Wellen rechnen können. Ein *horizontal* polarisierter Ausschnitt ist in Bild 11.2 skizziert.

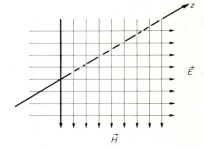

Bild 11.2
Ebene Wellenfront, horizontal polarisiert

• *Polarisation*

Die *Polarisation* einer elektromagnetischen Welle ist an der *Lage der elektrischen Feldkomponente* ablesbar. Allgemein unterscheidet man:

> 1. *Elliptische* bzw. *kreisförmige Polarisation*. Hierbei liegen die Feldvektoren nicht in festen Richtungen, sondern sie drehen sich ständig in Ellipsenform. Der Grenzfall der kreisförmigen Drehung („entartete" Ellipse) heißt *Zirkularpolarisation*. Je nach Drehrichtung unterscheidet man noch *rechtsdrehende* bzw. *linksdrehende Polarisation*.
> 2. *Lineare Polarisation*. Die Feldvektoren haben eine feste Richtung. Je nachdem, ob der elektrische Feldvektor $\vec{E}$ *parallel* oder *senkrecht* zur Erdoberfläche liegt, spricht man von *horizontaler* bzw. *vertikaler Polarisation*.

• *Hertzscher Dipol*

Wir wollen uns eine am Ende offene Doppelleitung vorstellen, die von einem HF-Generator gespeist wird (Bild 11.3a). Durch Aufklappen solch einer leerlaufenden Leitung der Länge l entsteht eine *Dipolantenne* der Länge $2l$ (Bild 11.3b). Für den Fall, daß l klein gegen die Wellenlänge λ der vom Generator abgegebenen Speisespannung ist $(l \ll \lambda)$, kann über die Dipollänge $2l$ hin eine konstante Verteilung des Stromes i angenommen werden. Solch ein *elektrisch kurzes Stromelement* wird *Hertzscher Dipol* genannt:

> Als *Hertzscher Dipol* wird ein strahlendes Stromelement bezeichnet, dessen Länge l sehr klein gegen die Wellenlänge ist und dessen Stromverteilung sich über dieser Länge nicht ändert.

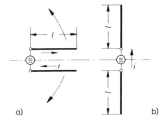

Bild 11.3
Entstehung einer Dipolantenne
a) am Ende offene Doppelleitung der Länge l,
b) durch Aufklappen gebildeter Dipol der Länge $2l$

• *Einseitig geerdete Antenne*

Nehmen wir an, daß sich in der Symmetrieebene des Bildes 11.3b eine „unendlich" gut leitende Fläche befindet, kann beispielsweise die untere Dipolhälfte weggelassen werden, ohne daß sich an den Feldverteilungen der oberen Hälfte etwas ändert — die leitende Fläche in der Symmetrieebene wirkt als „Spiegel". In der Praxis wird die Symmetrieebene durch die Erdoberfläche realisiert, weshalb dieser Typ auch *einseitig geerdete* oder *fußpunktgespeiste Antenne* heißt, meistens jedoch *Vertikalantenne* genannt wird. Nun ist zwar die mittlere *Leitfähigkeit* des Erdbodens wesentlich kleiner als in Metallen, also keineswegs „unendlich gut". Für hochfrequente Wechselströme kann jedoch in erster Näherung mit einer hinreichend guten Leitfähigkeit gerechnet werden.

• *Unbelastete Antenne*

Die *Strom- und Spannungsverteilung* auf Antennen soll anhand der am Ende offenen Doppelleitung (Bild 11.3a) entwickelt werden. Aus 9.2.4 wissen wir, daß bei einer am Ende leerlaufenden Leitung dort ein *Stromknoten* entsteht, der Strom am Leitungsende mithin $i = 0$ wird. Es bilden sich auf solch einer leerlaufenden Doppelleitung also *stehende Wellen* aus mit Stromknoten in Abständen $n\lambda/2$ und Strommaxima in Abständen

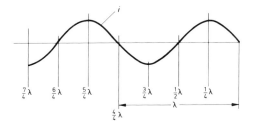

Bild 11.4
Stehende Wellen auf leerlaufender Leitung mit Stromknoten in Abständen $n\lambda/2$ und Strommaxima in Abständen $(2n-1)\lambda/4$ vom Leitungsende $(n = 1, 2, 3, \ldots)$

► 11.1. Antenneneigenschaften und Kenngrößen   233

$(2n - 1) \lambda/4$ vom Ende $(n = 1, 2, 3, ...)$. Bild 11.4 soll dies verdeutlichen. Für den Fall $n = 1$ ergibt sich auf einer Doppelleitung der Länge $l = \lambda/4$ die in Bild 11.5a eingezeichnete Stromverteilung. Bild 11.5b zeigt in einer Gegenüberstellung Strom- und Spannungsverteilungen der Dipolantenne und der einseitig geerdeten Antenne. Man kann leicht ablesen, daß in diesen Fällen $2l = \lambda/2$ und $h = \lambda/4$ sind. Strom- und Spannungsverteilungen eines in *Oberschwingungen* erregten Dipols sind in Bild 11.6 angegeben.

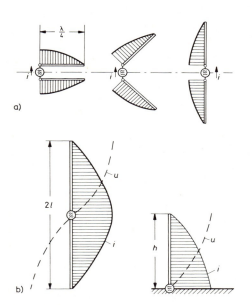

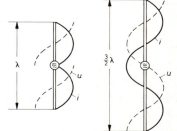

Bild 11.5
a) Spreizung einer offenen Zweidrahtleitung (vgl. Bild 11.3),
b) Strom- und Spannungsverteilungen auf Dipolantenne und einseitig geerdeter Antenne

Bild 11.6. Strom- und Spannungsverteilungen von in Oberschwingungen betriebenen Dipolantennen
a) Erregung in der 2. Oberschwingung
b) Erregung in der 3. Oberschwingung

● *Belastete Antenne*

Aus Bild 11.5b wird erkennbar, daß sowohl beim $\lambda/2$-Dipol als auch bei der einseitig geerdeten Antenne die Stromamplituden in der Nähe des „Speisepunktes" maximal sind, mithin diese Bereiche wesentlich größere Beiträge zur Gesamtstrahlung liefern als Abschnitte am Ende der Antennen, wo der Strom den Wert Null annimmt. Die Abstrahlungsverhältnisse werden erheblich günstiger, wenn auf den Antennen möglichst gleichmäßige Stromverteilungen erzwungen werden (wie idealerweise beim Hertzschen Dipol). Das gelingt mit Hilfe sogenannter *Endkapazitäten* C_E, die gemäß Bild 11.7 aus einfachen linearen Antennen L-, T- oder Schirm-Antennen machen. Neben der Erzwingung einer gleichmäßigeren Stromverteilung erreicht man durch Endkapazitäten eine oft erhebliche Verkürzung der Antennenhöhe, was insbesondere für den Einsatz zur Abstrahlung langer Wellen von Bedeutung ist. Die Zusammenhänge zwischen Endkapazität C_E und der *effektiven*

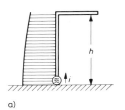
a)

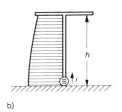
b)

c)

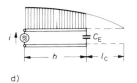
d)

Bild 11.7
Antennen mit Endkapazitäten
a) L-Antenne, b) T-Antenne, c) Schirm-Antenne,
d) Leitungsmodell mit Endkapazität und Stromverteilung

Antennenverlängerung l_C (bzw. dem Stück l_C, um das eine Antenne kürzer ausgeführt sein kann) ergeben sich aus

$$l_C = \frac{\lambda}{2\pi} \arctan \omega\, C_E Z_0. \tag{11.3}$$

Die Bauhöhe einer einseitig geerdeten Antenne mit Endkapazität wird somit

$$h = \frac{\lambda}{4} - l_C. \tag{11.4}$$

Z_0 ist der *Wellenwiderstand des freien Raumes;* er beträgt

$$Z_0 = \sqrt{\frac{\mu_0}{\epsilon_0}} = \sqrt{\frac{1{,}2566 \cdot 10^{-6}\,\text{H/m}}{8{,}8542 \cdot 10^{-12}\,\text{F/m}}} = 376{,}6\,\Omega. \tag{11.5}$$

● *Antennenverkürzung*

Für Mittelwellenrundfunk mit Sendefrequenzen bis etwa 500 kHz (λ = 600 m) lassen sich einseitig geerdete $\lambda/4$-Antennen noch realisieren; denn Antennentürme mit h = 150 m sind herstellbar. Für Langwellenrundfunk jedoch mit beispielsweise 150 kHz (λ = 2000 m) ist eine $\lambda/4$-Antenne mit h = 500 m kaum vorstellbar. Nehmen wir aber eine Endkapazität von z.B. 3 pF an, ergibt sich schon eine Verkürzung von l_C = 260 m.

● *Wellenablösung, Dipolantenne*

Ausgehend von der in Bild 11.5 eingeführten sinusförmigen Stromverteilung wollen wir anhand Bild 11.8 diskutieren, wie sich beim Aufspreizen einer offenen Zweidrahtleitung die Verteilung des elektrischen Feldes ändert. Teilbild a zeigt, daß bei hinreichendem Abstand vom Leitungsende das elektrische Feld senkrecht von Leiter zu Leiter läuft (*transversales elektrisches Feld*). Solch ein gleichmäßiger Verlauf wird auch *homogenes Feld* genannt. Zum Leitungsende hin wird das homogene Feld mehr und mehr gestört. Beim Aufspreizen entstehen kreisbogenförmige Feldlinien (Bild 11.8b), die schließlich beim fertigen Dipol zur Feldverteilung nach Bild 11.8c führen.

▶ 11.1. Antenneneigenschaften und Kenngrößen   235

> Das von einer *Dipolantenne* (symmetrische Antenne) abgestrahlte Wellenfeld ist *linear polarisiert;* es breitet sich in allen Richtungen senkrecht zur Dipolachse gleichmäßig aus, wenn der Dipol frei im Raum steht, nicht jedoch in Achsenrichtung des Dipols.

Je nachdem, ob der Dipol parallel oder senkrecht zur Erdoberfläche montiert ist, werden *horizontal* bzw. *vertikal polarisierte Wellen* abgestrahlt.

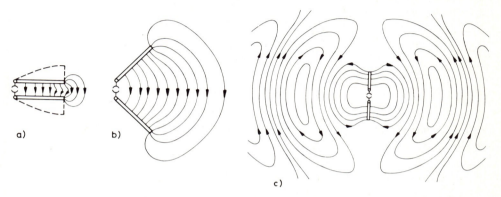

Bild 11.8. Das elektrische Feld beim Aufspreizen einer am Ende offenen Doppelleitung zur Dipolantenne (mit Wellenablösung) (entnommen aus [37])

● *Wellenablösung, einseitig geerdete Antenne*

Ähnlich wie in Bild 11.5b die *symmetrische Dipolantenne* durch Spiegelung an einer leitenden Fläche (Erdoberfläche) zur *unsymmetrischen Stabantenne* wurde, kann aus Bild 11.8c die Feldverteilung der einseitig geerdeten Antenne gewonnen werden, wenn in die Symmetrieebene senkrecht zur Dipolachse die „spiegelnde" Erdoberfläche gelegt wird. Eine andere Herleitung wird mit Bild 11.9 beschrieben. Und zwar stellen wir uns eine am Ende offene (im Leerlauf betriebene) Koaxialleitung in der Weise vor, daß der Außenleiter in die leitende Erdoberfläche, der Innenleiter in den Antennenmast übergehen. Dann ergeben sich die in Bild 11.9 eingezeichneten Feldverteilungen und Wellenablösungen am Antennenende. Eine solche einseitig geerdete Antenne mit der Höhe $h = \lambda/4$ nennt man *unsymmetrische Marconi-Antenne.*

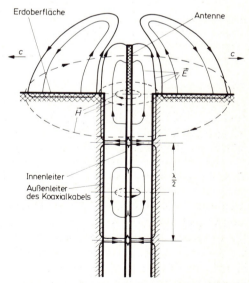

Bild 11.9. Feldverteilungen und Wellenablösung bei einer am Ende offenen Koaxialleitung (*Marconi-Antenne*)

Das von einer *Marconi-Antenne* (unsymmetrische Antenne) abgestrahlte Wellenfeld ist *vertikal polarisiert;* es breitet sich parallel zur Erdoberfläche in allen Himmelsrichtungen aus (Rundstrahler).

▶ **11.1.2. Kenngrößen der Antenne**

Nehmen wir beispielsweise die im vorigen Abschnitt 11.1.1 besprochene Wellenablösung von einer *Dipolantenne,* läßt sich das Abstrahlverhalten etwa mit der dreidimensionalen Darstellung Bild 11.10 angeben, wenn der Dipol frei im Raum steht.

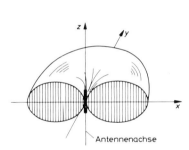

Bild 11.10. Dreidimensionale Strahlungscharakteristik eines $\lambda/2$-Dipols (angeordnet im Nullpunkt des Koordinatensystems)

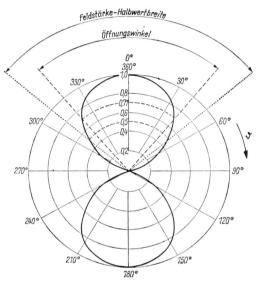

Bild 11.11. Horizontaldiagramm eines $\lambda/2$-Dipols mit Öffnungswinkel und Feldstärke-Halbwertsbreite

• *Richtdiagramm*

Nur ausnahmsweise wird die Richtcharakteristik einer Antenne mit dreidimensionalen Darstellungen beschrieben. Üblich ist eine *zweidimensionale Darstellung in Polarkoordinaten,* die *Richtdiagramm* genannt wird. Bild 11.11 zeigt das *Horizontaldiagramm* eines $\lambda/2$-Dipols (auch: *Halbwellendipol*). Es handelt sich hierbei um einen bereits in Bild 11.10 verwendeten Schnitt in der *xz*-Ebene, wenn die Dipolantenne parallel zur Erdoberfläche angebracht ist, die Abstrahlung mithin horizontal polarisiert erfolgt. Die *Hauptstrahlrichtung* dieser Anordnung liegt in der *x*-Achse des Bildes 11.10. In der Darstellung mit Polarkoordinaten sind es die Richtungen mit den Winkeln $\vartheta = 0°$ und $\vartheta = 180°$. Recht anschaulich nennt man die Abstrahlcharakteristik in Hauptstrahlrichtung *Hauptkeule.*

• *Öffnungswinkel*

Eine wichtige Kenngröße von Antennen ist deren *Öffnungswinkel* in Hauptstrahlrichtung. Man erhält ihn, indem die Punkte zu beiden Seiten der Hauptkeule markiert werden, an denen die abgestrahlte Leistung auf den halben Wert abgesunken ist (3 dB Leistungsabfall,

▶ 11.1. Antenneneigenschaften und Kenngrößen 237

vgl. 1.3). Weil für Richtdiagramme elektrische Feldstärken des Strahlungsfeldes ausgewertet werden und demzufolge Spannungen aufgetragen sind, entspricht in der Darstellung Bild 11.11 der Wert 0,71 dem 3 dB Leistungsabfall (0,71² = 0,50 denn U² ~ P).

● *Bezugsantenne*

Um ein Maß für die Richtungsabhängigkeit der Antennenstrahlung zu ermitteln, verwendet man oft eine *Bezugsantenne* (auch: *Referenzantenne*). Die Antennen-Kenngrößen werden dann relativ zur Bezugsantenne angegeben. (Es sei hier daran erinnert, daß z.B. auch bei Längenmessungen so vorgegangen wird; als „Bezugslänge" ist dafür das Meter international vereinbart.) Als Bezugsantenne dient entweder ein Dipol (*Normaldipol*) oder ein fiktiver *Kugelstrahler*, eine nicht realisierbare Antenne also, die aber den einfachen Fall der ideal kugelförmigen Abstrahlung darstellt. Für diesen auch als *isotrope Antenne* bezeichneten Strahler ergibt sich eine *Strahlungsdichte* von

$$S_{ref} = \frac{P}{4\pi r^2} \ . \tag{11.6}$$

P ist die gesamte Strahlungsleistung des Kugelstrahlers. Sie nimmt also in allen Richtungen gleichmäßig mit dem Quadrat des Kugelradius r ab.

● *Antennengewinn*

Die wichtige Kenngröße *Antennengewinn* ist ein Maß für die Richtfähigkeit einer Antenne. Er wird ermittelt, indem man die richtungsabhängige Strahlungsdichte der eigentlichen Antenne mit der Strahlungsdichte der Bezugsantenne vergleicht. Die Richtungen werden in *Kugelkoordinaten (Polarkoordinaten r, φ, ϑ)* angegeben. Wenn man sich die Antennenachse gemäß Bild 11.10 in z-Richtung eines kartesischen Koordinatensystems denkt, wird jeder Punkt im dreidimensionalen Raum vollständig beschrieben durch den Radius r vom Nullpunkt, den „Drehwinkel" φ in der xy-Ebene und den „Erhebungswinkel" ϑ in der xz-Ebene (vgl. Bild 11.11). In dieser Schreibweise ergibt sich der *Gewinn einer Antenne* aus der Strahlungsdichte der eigentlichen Antenne $S_r(\vartheta, \varphi)$ bezogen auf die maximale Strahlungsdichte der Bezugsantenne $(S_{ref})_{max}$ zu

$$g = \frac{S_r(\vartheta, \varphi)}{(S_{ref})_{max}} \ . \tag{11.7}$$

Wird eine *isotrope Antenne* nach Gl. (11.6) als Referenz verwendet, folgt als *Antennengewinn*

$$\boxed{g = \frac{S_r(\vartheta, \varphi)}{P} 4\pi r^2 .} \tag{11.8}$$

● *Gewinn in dB*

Der Antennengewinn kann als direktes oder als logarithmiertes Verhältnis (*Gewinnmaß*, vgl. 1.3) angegeben werden. In jedem Fall ist die Art der Bezugsantenne und die Definition des Gewinns zu nennen. Wenn nicht anders betont, betrifft der angegebene Wert den Gewinn in Richtung der Hauptkeule. In jedem praktischen Fall ergibt sich aber der Gewinn aus einem Leistungsverhältnis

$$g = \frac{P}{P_0} , \tag{11.9}$$

wenn nun P die Leistung der eigentlichen Antenne und P_0 die der Bezugsantenne bedeuten. Üblicherweise jedoch wird der Gewinn in dB als *Gewinnmaß* angegeben, also

$$\boxed{G = 10 \lg \frac{P}{P_0} \text{ dB.}} \tag{11.10}$$

Ist der Lastwiderstand beider Antennen gleich, kann G auch aus den Spannungen berechnet werden (vgl. 1.3):

$$G = 20 \lg \frac{U}{U_0} \text{ dB.} \tag{11.11}$$

Aus den Gleichungen (11.8) bzw. (11.10) wird deutlich, daß ein *idealer Kugelstrahler* (isotrope Antenne) einen Gewinn von $g = 1$ bzw. $G = 0$ dB aufweist. Je stärker eine Antenne gerichtet abstrahlt, um so größer ist ihr Gewinn.

• *Impedanz einer Antenne*

Die *Impedanz* einer Antenne ergibt sich ganz allgemein aus dem Verlauf von Strom und Spannung auf der Antenne, genauer: aus dem Verhältnis von Spannung zu Strom. Weil dieses Verhältnis aber auf der Antenne nicht konstant ist, verwendet man den Einspeisepunkt (Fußpunkt) der Antenne und bezeichnet die Impedanz an dieser Stelle als *Eingangswiderstand*.

• *Eingangswiderstand*

Der *Eingangswiderstand einer Antenne* (auch: Fußpunktwiderstand) ist im allgemeinen komplex. Er ist von Bedeutung für den Anschluß von Leitungen zwischen Sender und Antenne bzw. Antenne und Empfänger. Zur optimalen Nutzung der verfügbaren Sende- bzw. Empfangsleistung muß der Eingangswiderstand einer Antenne möglichst gut an den Wellenwiderstand der Leitung angepaßt sein. Bild 11.12 zeigt die Ersatzschaltung für den Eingangswiderstand. Danach ergibt sich eine Reihenschaltung von Wirk- und Blindwiderständen. Weil die Wirkleistung P (Eingangsleistung), die der Sender auf die Antenne überträgt, sich gemäß $P = P_v + P_s$ in Verlust- und Strahlungsleistung aufteilt, teilt sich entsprechend der Wirkwiderstand R auf in

$$\boxed{\begin{array}{ll} \textit{Verlustwiderstand} & R_v = \dfrac{P_v}{I^2} \\ \text{und} & \\ \textit{Strahlungswiderstand} & R_s = \dfrac{P_s}{I^2} \end{array}} \tag{11.12}$$
$$\tag{11.13}$$

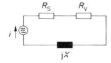

Bild 11.12
Ersatzschaltung für den komplexen Eingangswiderstand einer Antenne; R_s: reeller Strahlungswiderstand, R_v: reeller Verlustwiderstand

● Strahlungswiderstand

Wenn man die Strahlungsleistung P_s und den Höchstwert des Antennenstromes kennt, kann man den *Strahlungswiderstand* berechnen nach

$$R_s = \frac{P_s}{I_{max}^2}. \tag{11.14}$$

Für den $\lambda/2$-*Dipol* ergibt er sich nach Gl. (11.15) zu 73,2 Ω. Dieses Ergebnis ist jedoch nur für einen unendlich dünnen Leiter gültig ($\lambda/d \to \infty$). In praktischen Ausführungsformen kann man bei Halbwellendipolen mit etwa 60 Ω rechnen. Zusammenfassend seien *Berechnungsgleichungen für Strahlungswiderstände* angegeben.

Halbwellendipol ($\lambda/2$-Dipol): $R_s = 0{,}194\, Z_0 = 73{,}2$ Ω (11.15)

Marconi-Antenne ($h = \lambda/4$): $R_s = 73{,}2/2 = 36{,}6$ Ω

Kurze Stabantenne ($h < \lambda/4$): $R_s = \dfrac{\pi}{3} Z_0 \dfrac{h^2}{\lambda^2}$ (11.16)

mit $Z_0 = \sqrt{\mu_0/\epsilon_0} = 376{,}6$ Ω (vgl. 11.1.1).

● Antennenwirkungsgrad

In manchen Fällen wird der *Antennenwirkungsgrad* η_A angegeben. Er ist definiert als das Verhältnis von Strahlungsleistung P_s zur gesamten Eingangsleistung P:

$$\eta_A = \frac{P_s}{P} = \frac{P - P_v}{P} = \frac{1}{1 + P_v/P_s}. \tag{11.17}$$

Hier sind verschiedene gebräuchliche Schreibweisen angegeben. Weil bei gegebenem Strom Leistung und Widerstand einander proportional sind, wird der Wirkungsgrad oft geschrieben als

$$\boxed{\eta_A = \frac{1}{1 + R_v/R_s}.} \tag{11.18}$$

● Wirkfläche

Die Richteigenschaft einer Antenne kann man auch mit ihrer *Wirkfläche* beschreiben. Darunter versteht man eine senkrecht zur Strahlrichtung liegende Fläche, durch die die gleiche Leistung fließt, wie sie von einer Empfangsantenne bei *Anpassung* dem Strahlungsfeld entzogen werden kann. Damit ist diese Kenngröße primär zur Beurteilung von Empfangsantennen geeignet. Wegen der *Reziprozität* (vgl. 11.1.3) kann aber ebenso für Sendeantennen eine Wirkfläche angegeben werden. Die *Wirkfläche A* einer Antenne ist definiert als

$$A = \frac{P}{S}. \tag{11.19}$$

Sie ist also proportional der gesamten Eingangsleistung, bezogen auf die Strahlungsdichte des elektromagnetischen Feldes. Eine für numerische Berechnungen geeignete Form ist

$$\boxed{A = \frac{\lambda^2}{4\pi} g_{max}.} \tag{11.20}$$

Für g_{max} ist der aus Gl. (11.8) folgende maximale Gewinn einzusetzen, wenn also als Bezugsantenne ein Kugelstrahler gewählt ist. Es ergibt sich somit für

$$\text{Halbwellendipol:} \quad A = \frac{1{,}64}{4\pi}\lambda^2 = 0{,}1305\,\lambda^2$$

$$\text{Stabantenne:} \quad A = \frac{3}{8\pi}\lambda^2 = 0{,}1194\,\lambda^2$$

Bemerkenswert ist, daß die Wirkfläche von der Antennenlänge unabhängig ist und sich nur mit dem Quadrat der Wellenlänge ändert. Für hohe Sendefrequenzen wird die Wirkfläche mithin schnell sehr klein.

* 11.1.3. Reziprozität

Reziprozität heißt wörtlich übersetzt „Wechselseitigkeit". Gemeint ist in technischen Systemen die Austauschbarkeit (Umkehrbarkeit) von Ursache und Wirkung, ohne daß sich die Verhältnisse zwischen Ursache und Wirkung ändern. In der Signalübertragungstechnik versteht man unter Reziprozität speziell, daß die Empfangsgröße unverändert bleibt, wenn Sender und Empfänger miteinander vertauscht werden.

• *Übertragungsfaktor*

Wir wollen eine Funkübertragung im freien Raum nach dem Schema Bild 11.13 betrachten. Vorausgesetzt werden vollständige Anpassung und Antennenwirkungsgrad $\eta_A = 100\,\%$ (keine Wärmeverluste). Ferner soll der Abstand r so groß sein, daß jede Antenne im *Fernfeld* der anderen ist. Unter diesen Voraussetzungen können wir mit Gl. (11.8) die Strahlungsdichte des Senders schreiben zu

$$S_S = \frac{P_S\,g_S}{4\pi r^2}, \qquad (11.21)$$

wenn also der Gewinn der Sendeantenne (g_S) auf den isotropen Strahler bezogen ist. Mit der Definition (11.19) für die Wirkfläche der Empfangsantenne ergibt sich

$$A_E = \frac{P_E}{S_S} = \frac{P_E}{P_S\,g_S}\,4\pi r^2. \qquad (11.22)$$

Bild 11.13

Funkübertragung im freien Raum mit Innenwiderstand Z, Leistung P und Wirkfläche A von Sendeseite S bzw. Empfangsseite E

Die Empfangsleistung wird mithin

$$P_E = \frac{P_S\,g_S\,A_E}{4\pi r^2}. \qquad (11.23)$$

Damit kann nun der *Übertragungsfaktor* angegeben werden, der das Verhältnis von Empfangs- zu Sendeleistung darstellt:

$$\boxed{\frac{P_E}{P_S} = \frac{g_S\,A_E}{4\pi r^2}.} \qquad (11.24)$$

● Vertauschung von Sender und Empfänger

Nehmen wir in einem zweiten Schritt an, daß mit der Empfangsantenne aus Bild 11.13 gesendet und mit der Sendeantenne empfangen wird. Dann können wir sofort den Übertragungsfaktor für dieses neue System hinschreiben:

$$\frac{P_E}{P_S} = \frac{g_E A_S}{4\pi r^2} \, . \qquad (11.25)$$

Gegenüber Gl. (11.24) sind also Sende- und Empfangsgrößen ausgetauscht. Unter Verwendung des *Reziprozitätstheorems* können wir die Beziehungen (11.24) und (11.25) gleich setzen, woraus sich ergibt

$$g_S A_E = g_E A_S$$

oder

$$\boxed{\frac{g_S}{A_S} = \frac{g_E}{A_E}} \, . \qquad (11.26)$$

Damit haben wir das wichtige Ergebnis gewonnen, daß das Verhältnis von Gewinn zur Wirkfläche unabhängig von der jeweiligen Antennenanordnung und für jede Antenne gleich ist.

● Verhältnis: Gewinn zur Wirkfläche

Das für jede Antenne gleiche Verhältnis von Gewinn zur Wirkfläche läßt sich allgemeingültig bestimmen, wenn beispielsweise die Kenngrößen der einseitig geerdeten Antenne in Gl. (11.26) eingesetzt werden, also $g_{max} = 3/2$ und $A = 3\lambda^2/8\pi$. Damit folgt

$$\boxed{\frac{g}{A} = \frac{4\pi}{\lambda^2}} \, . \qquad (11.27)$$

▶ 11.2. Wellenausbreitung

Die Betrachtung von Wellenausbreitungen in drahtlosen Übertragungssystemen wird dadurch erleichtert, daß der Abstand zwischen Sender und Empfänger immer sehr groß gegen die Wellenlänge ist. Man muß darum nicht die meist recht komplizierten Wellenerscheinungen im *Nahfeld* der Antennen untersuchen, sondern kann sich auf die einfachen Verhältnisse der ebenen Wellenfronten im *Fernfeld* beschränken. Die Ausbreitung selbst geschieht entweder parallel zur Erdoberfläche als *Bodenwelle* oder in den freien Raum als *Raumwelle*. Dabei wird mit diversen Störeinflüssen zu rechnen sein, die sich in Form von Beugung, Brechung oder Reflexion auswirken.

11.2.1. Die Erdatmosphäre

Als *Erdatmosphäre* bezeichnet man die Gashülle der Erde, die bis etwa 2000 ... 3000 km Höhe reicht. Der für Wellenausbreitungen wichtige Teil der Atmosphäre erstreckt sich bis etwa 500 km und ist gemäß Bild 11.14 eingeteilt in *Troposphäre*, *Stratosphäre* und *Ionosphäre*.

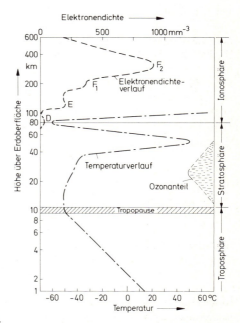

Bild 11.14. Schichtstruktur der Erdatmosphäre mit Temperaturverlauf, Ozonanteil und Verlauf der Elektronendichte in der Ionosphäre (nach [36] und [37])

• *Troposphäre*

Die *Troposphäre* ist der unterste Teil der Erdatmosphäre zwischen Erdoberfläche und ca. 11 km Höhe. Dieser Bereich ist dadurch gekennzeichnet, daß in ihm die Temperatur etwa linear mit der Höhe auf bis durchschnittlich $-50\,°C$ abnimmt.

• *Stratosphäre*

Die zwischen 11 und 80 km definierte Stratosphäre weist im unteren Teil ein Gebiet etwa konstanter Temperatur zwischen -40 und $-50\,°C$ auf. In diesem Bereich bildet sich der *Ozongürtel* aus, der eine maximale Ozondichte bei ca. 25 km besitzt und bis zum Temperaturmaximum von $+50\,°C$ in 50 km Höhe reicht. Der Ozongürtel ist verantwortlich für die Absorption eines großen Teiles der von der Sonne ausgehenden und gesundheitsschädigenden Ultraviolettstrahlung.

• *Ionosphäre*

Die in 50 km Höhe maximale Temperatur nimmt im oberen Teil der Stratosphäre stark ab und durchläuft in etwa 80 km Höhe ein Minimum. Hier liegt der Beginn der *Ionosphäre*, die bis gut 500 km reicht. Dieser Teil der obersten Erdatmosphäre hat seinen Namen daher, daß in ihm durch vor allem energiereiche Sonneneinstrahlung (UV- und Gammastrahlung) ein großer Teil der neutralen Luftmoleküle ständig *ionisiert* wird. D.h. es werden durch diese Strahlen Elektronen aus den Atomverbänden gelöst, so daß die Ionosphäre in weiten Bereichen aus freien Elektronen (negative Ladungen) und positiv geladenen Atomresten besteht, die *Ionen* genannt werden. Im oberen Teil von Bild 11.14 ist ganz grob der mittlere Verlauf der Elektronendichte in der Ionosphäre eingezeichnet. Die erkennbare Schichtung der Elektronendichte wird mit den Buchstaben D, E, F_1 und F_2 gekennzeichnet. Die größte Ionisationsdichte stellt sich in der F_2-Schicht in etwa 300 km Höhe ein.

Die Elektronendichten der ionisierten Schichten der Ionosphäre schwanken tages- und jahreszeitlich und sind von der Aktivität der Sonnenflecken abhängig.

Bei Sonneneinstrahlung bilden sich alle vier Schichten D, E, F_1 und F_2 mehr oder weniger stark aus, indem sie die ultravioletten Sonnenstrahlen weitgehend absorbieren. Der doch noch hindurchtretende Rest an UV-Strahlung wird vom Ozongürtel in der Stratosphäre festgehalten. Nachts verschwinden die Schichten D, E und F_1 fast vollständig. Von der tagsüber stark ionisierten Schicht F_2 jedoch bleibt auch nachts noch ein Rest bestehen.

• *Plasma*

Unter *Plasma* versteht man ein vollständig ionisiertes Gas, in dem gleich viele negative und positive Ladungen vorhanden sind, das also keine Raumladungen aufweist und nach außen hin neutral erscheint. Außerdem sollen sich alle Ladungsträger frei bewegen können, d.h. sie sollen möglichst nicht miteinander oder mit den neutralen Molekülen des Restgases zusammenstoßen. Wegen der geringen Luftdichte in der Ionosphäre weisen die ionisierten Schichten recht gut alle Eigenschaften eines Plasmas auf.

• *Wellenausbreitung im Plasma*

Eine weitere Plasmaeigenschaft ist für die drahtlose Signalübertragung von wesentlicher Bedeutung: Wenn eine elektromagnetische Welle mit Lichtgeschwindigkeit c auf ein Plasma auftrifft, läuft sie im Plasma mit der *Gruppengeschwindigkeit* v_g weiter:

$$v_g = c\,\sqrt{1-\left(\frac{\omega_c}{\omega}\right)^2} \qquad (11.28)$$

▶ 11.2. Wellenausbreitung

ω_c heißt kritische Frequenz oder *Plasmafrequenz*:

$$\omega_c = \sqrt{\frac{n q^2}{m \epsilon_0}} \qquad (11.29)$$

mit n: Elektronenkonzentration im Plasma; $q = 1{,}602 \cdot 10^{-19}$ As: Elementarladung; $m = 9{,}1083 \cdot 10^{-31}$ kg: Ruhmasse des Elektrons; $\epsilon_0 = 8{,}8542 \cdot 10^{-12}$ As/Vm: elektrische Feldkonstante. Die kritische Frequenz ist nur von der Elektronenkonzentration n abhängig. Mit der in Bild 11.14 für die E-Schicht eingezeichneten Konzentration $n = 200$ mm^{-3} = $2 \cdot 10^{11}$ m^{-3} folgt $f_c \approx 4$ MHz. Mit $n = 900$ mm^{-3} der F_2-Schicht ergibt sich $f_c \approx 8{,}5$ MHz. Je nach Ionisierungsdichte kann gerechnet werden mit

$$f_c = 0{,}5 \ldots 15 \text{ MHz}. \qquad (11.30)$$

• **Einfluß der Plasmafrequenz**

Die Plasmafrequenz (kritische Frequenz) f_c beeinflußt ganz entscheidend das Ausbreitungsverhalten elektromagnetischer Wellen. Aus Gl. (11.28) kann man ablesen, daß für Betriebsfrequenzen $\omega \gg \omega_c$ die Gruppengeschwindigkeit v_g im Plasma etwa gleich der Lichtgeschwindigkeit ist. Mit abnehmender Betriebsfrequenz jedoch wird v_g ständig kleiner, und im Grenzfall $\omega = \omega_c$ ergibt sich schließlich $v_g = 0$. Das bedeutet:

> In einem Plasma sind elektromagnetische Wellen nur ausbreitungsfähig, wenn deren Betriebsfrequenz größer als die kritische Plasmafrequenz ist ($\omega > \omega_c$). Im Grenzfall $\omega = \omega_c$ wird die Gruppengeschwindigkeit $v_g = 0$; d.h. der Energietransport im Plasma hört vollständig auf; die ionisierte Schicht reflektiert alle ankommenden Wellen.

• **Wellenwiderstand des Plasmas**

Der Wellenwiderstand eines Plasmas mit der kritischen Frequenz ω_c lautet

$$\underline{Z}_p = \frac{Z_0}{\sqrt{1 - \left(\frac{\omega_c}{\omega}\right)^2}} . \qquad (11.31)$$

Hierin ist $Z_0 = 376{,}6\ \Omega$ der Wellenwiderstand des freien Raumes. Für den Fall $\omega > \omega_c$ ist die komplexe Größe $\underline{Z}_p$ rein reell und geht für $\omega \gg \omega_c$ gegen Z_0. Dieser Grenzfall ergibt also eine vollständige *Anpassung;* eine einfallende Welle läuft ungehindert durch das Plasma (vgl. hierzu 9.2.4 „Wellenausbreitung"). Nähert sich aber die Betriebsfrequenz der Plasmafrequenz, geht $\underline{Z}_p$ gegen Unendlich. Das kann aber nach 9.2.4 als *Leerlauf* interpretiert werden, wofür der *Reflexionsfaktor* gleich eins wird, die einfallenden Wellen mithin vollständig reflektiert werden. Im Falle $\omega < \omega_c$ schließlich wird der Plasma-Wellenwiderstand $\underline{Z}_p$ rein imaginär; eine Wellenausbreitung ist nicht möglich.

11.2.2. Bodenwelle

Wir gehen von einer einseitig geerdeten Antenne aus (kurze Stabantenne oder Marconi-Antenne), für die der Vorgang der Wellenablösung anhand Bild 11.9 in 11.1.1 erklärt werden kann. Die dreidimensionale Strahlungscharakteristik dieser Antenne erhält man aus Bild 11.10 als obere Hälfte, wenn die xy-Ebene durch die Erdoberfläche ersetzt und der Erdoberfläche eine unendlich gute Leitfähigkeit zugedacht wird. In diesem Falle müßten sich in alle Richtungen parallel zur Erdoberfläche Bodenwellen mit zunehmendem Halbkugelradius unbegrenzt ausbreiten (Kurve 1 in Bild 11.15). Weil jedoch nicht von einer unendlich guten Leitfähigkeit der Erdoberfläche ausgegangen werden kann, muß damit gerechnet werden, daß der Boden dem Strahlungsfeld Energie entzieht (*Erdverluste*) und sich mit zunehmendem Abstand d eine wie in Bild 11.15 angegebene Einschnürung ausbildet. Darum wird die Reichweite von Bodenwellen um so geringer, je kleiner die Leitfähigkeit der Erdoberfläche ist. Es bleiben schließlich nur noch Raumwellenanteile über (Kurve 4 in Bild 11.15).

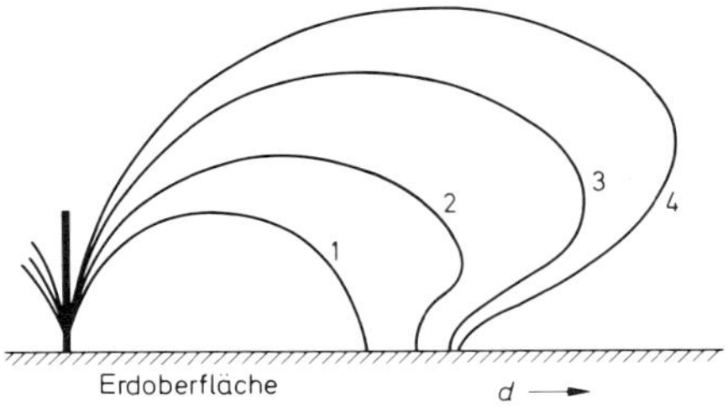

Bild 11.15
Einschnürung und Bedämpfung einer Bodenwelle mit zunehmender Entfernung d von der Sendeantenne

● *Frequenzabhängigkeit*

Die Reichweite von Bodenwellen hängt entscheidend von deren Frequenz ab. Mit steigender Frequenz nimmt nämlich die Eindringtiefe des elektrischen Feldes in den Erdboden ab, wodurch der für die Stromleitung zur Verfügung stehende effektive Querschnitt geringer wird. Dies entspricht dem von elektrischen Leitern her bekannten Effekt der Stromverdrängung (*Skin-Effekt*). Dieser Effekt bewirkt beispielsweise, daß eine Bodenwelle der Frequenz 150 kHz (λ = 2000 m) im Abstand von 1000 km um etwa 15 dB bedämpft ist, bei 300 kHz jedoch schon um 20 dB, bei 3 MHz (λ = 100 m) um ca. 55 dB. Bild 11.16a zeigt den frequenzabhängigen Dämpfungsverlauf einer Bodenwelle über normalem Erdboden. Aus Bild 11.16b wird die wichtige Tatsache erkennbar, daß die Reichweite von Bodenwellen über Meerwasser erheblich größer ist als über dem Erdboden. Das ergibt sich aus der wesentlich größeren spezifischen Leitfähigkeit des Meerwassers.

> Bodenwellen werden mit zunehmender Frequenz und größer werdender Entfernung mehr und mehr geschwächt; anders: Die Reichweite von Bodenwellen nimmt mit wachsender Wellenlänge zu, weil längere Wellen von der Erde gebeugt werden und somit der gekrümmten Oberfläche folgen können.

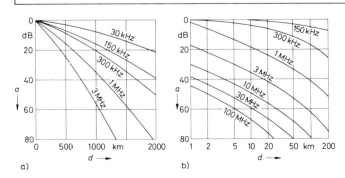

Bild 11.16

Dämpfungsmaß a für die Bodenwelle über Erdboden (a) und Meerwasser (b) als Funktion des Abstandes d

▶ 11.2. Wellenausbreitung   245

● *Beugung*

Unter *Beugung* (*Diffraktion*) versteht man ganz allgemein die bei Wellen mögliche Abweichung von der Geradlinigkeit der Ausbreitung, wenn Hindernisse oder Begrenzungen im Wege stehen. Die Abweichung vom geraden Strahlenverlauf ist um so größer, je mehr die Abmessungen der Hindernisse oder der Öffnungen in einem Hindernis von der Größenordnung der Wellenlänge oder kleiner sind. Durch diesen Effekt des Herumgreifens von Wellen um Hindernisse wird beispielsweise das Hören hinter Hindernissen erst möglich. Und damit ist auch erklärbar, daß langwellige elektromagnetische Strahlen dem „Hindernis" Erdkrümmung besser folgen als kurzwellige. Das gilt erst recht für z.B. Berge oder Häuser, an denen auch Ultrakurzwellen gebeugt werden.

● *Bodenwellen im UKW-Bereich*

Aus Bild 11.16a läßt sich ablesen, wie stark die Dämpfung der Bodenwelle mit der Frequenz zunimmt. Im UKW-Bereich (per Definition 30 ... 300 MHz, bzw. 10 ... 1 m Wellenlänge) betragen die Reichweiten nur noch etwa 20 km bei 30 MHz und weniger als 10 km bei 100 MHz, wenn eine Dämpfung von 70 dB als Grenzwert angenommen wird. Wellen in diesem Frequenzbereich breiten sich mithin sozusagen nur noch in Sichtweite aus, weshalb man auch *quasioptische Wellenausbreitung* sagt. Innerhalb der optischen Sichtweite ist allerdings schon mit kleinsten Senderleistungen eine ungestörte und von Wettereinflüssen unabhängige Übertragung möglich. Im kurzwelligen UKW-Bereich ($\lambda < 5$ m) sind Reichweiten über den optischen Horizont hinaus erzielbar (Überhorizontausbreitung), wenn Sende- und Empfangsantenne hoch genug ausgeführt sind

11.2.3. Raumwelle

Raumwelle nennt man den Teil der von einer Antenne abgestrahlten Welle, der in den freien Raum wandert und durch die Dämpfung und Krümmung des Erdbodens nicht beeinflußt wird. In einem *homogenen Medium* (einem Medium also, das völlig gleichmäßig und störungsfrei aufgebaut ist) breiten sich Raumwellen geradlinig aus. Hier sollen diejenigen Raumwellen behandelt werden, die durch *Brechung* oder *Reflexion* in der Erdatmosphäre zur Empfangsantenne gelangen.

Dabei unterscheiden wir:

> ● Brechung in der Troposphäre (UKW)
> ● Reflexion an der Ionosphäre (MW und KW)

● *Überreichweiten*

Mit dem Begriff *Überreichweiten* bezeichnet man allgemein Ausbreitungsvorgänge, bei denen die Reichweite der Strahlung größer ist, als durch normale Bodenwellenausbreitung oder geradlinige Raumwellenausbreitung zu erwarten wäre. Überreichweiten kommen zustande durch klimabedingte Brechung, durch Reflexion oder durch Streustrahlübertragung (engl.: *Scatter*).

● *Inversion*

Wie in Bild 11.14 dargestellt, fällt normalerweise die Temperatur in der Troposphäre linear mit zunehmender Höhe ab. Unter bestimmten meteorologischen Bedingungen kann es jedoch zu sprunghaften Änderungen von Luftfeuchte und Temperatur kommen. Gibt es dabei einen Temperatursprung zu höheren Werten, spricht man von *Inversion*. Solch eine Inversion bedeutet einen Wechsel in der Luftdichte, und es gilt, daß Warmluft ein dünneres Medium als Kaltluft darstellt. Dieser Effekt ist die Ursache für eine aus der Optik bekannte Erscheinung, die *Brechung* genannt wird.

• *Brechung*

Trifft eine Welle schräg auf die Grenzfläche zweier Medien unterschiedlicher Dichte, in denen die Welle also verschiedene Ausbreitungsgeschwindigkeiten hat, dann tritt beim Übergang in das zweite Medium eine Änderung ihrer Geschwindigkeit auf. Das führt zu einer Richtungsänderung — die Welle wird an der Grenzfläche gebrochen. Wenn gemäß Bild 11.17 eine Welle mit der Geschwindigkeit v_I und unter dem Winkel α_I auf die Grenzfläche trifft, läuft sie in Medium II mit der Geschwindigkeit v_{II} in Richtung α_{II} weiter. Weil beim Übergang die Wege AC und BD in gleicher Zeit durchlaufen werden, gilt

$$\frac{BD}{AC} = \frac{v_I}{v_{II}} . \qquad (11.32)$$

Außerdem sind

$$\frac{BD}{AD} = \sin \alpha_I \quad \text{und} \quad \frac{AC}{AD} = \sin \alpha_{II} . \qquad (11.33)$$

Daraus folgt

$$\frac{BD}{AC} = \boxed{\frac{v_I}{v_{II}} = \frac{\sin \alpha_I}{\sin \alpha_{II}}} . \qquad (11.34)$$

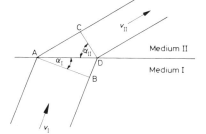

Bild 11.17. Brechung an der Grenzschicht zweier Medien

Nach diesem *Brechungsgesetz* muß der Winkel α_{II} größer sein als α_I, wenn $v_{II} > v_I$ ist. Im Falle elektromagnetischer Wellen nennt man Medium II *optischer dünner* als Medium I, wenn $v_{II} > v_I$ ist.

• *Brechung an einer Inversionsschicht*

Wir hatten festgestellt, daß eine Inversionsschicht sich durch eine Temperatur auszeichnet, die höher als die der darunterliegenden Schichten ist. Damit bildet solch eine Warmluftschicht für eine von unten einfallende Welle (vgl. Bild 11.18) ein optisch dünneres Medium, so daß bei hinreichend flachem Einfall die Welle sehr stark gebrochen und zur Erde zurückgestrahlt werden kann. Inversionsschichten können in unterschiedlichen Höhen auftreten, so daß verschiedene Überreichweiten entstehen.

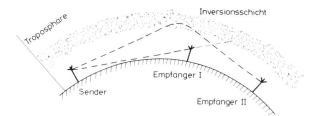

Bild 11.18
Ausbreitung von Ultrakurzwellen entweder quasi-optisch zum Empfänger I oder durch Brechung an einer Inversionsschicht zum Empfänger II

• *Schlauchübertragung*

Wenn sich eine tiefliegende und sehr weitreichende Inversionsschicht ausgebildet hat (*Bodeninversion*), kann es zu einer Ausbreitung gemäß Bild 11.19 kommen, die *troposphärische Schlauchübertragung* (engl.: *Ducting*) zwischen Erdoberfläche und einer Bodeninversionsschicht genannt wird. Eine zweite Art der Schlauchübertragung ist zwischen übereinanderliegenden Inversionsschichten möglich. Bei dieser in Bild 11.20 dargestellten Ausbreitungsart entstehen sogenannte *tote Zonen*, in denen kein Empfang möglich ist. Die Schlauchübertragung mit Bodeninversion ist frei von toten Zonen.

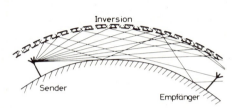

Bild 11.19. Scatter zwischen Erdoberfläche und Bodeninversion

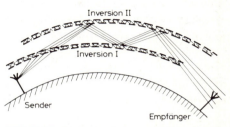

Bild 11.20. Scatter zwischen zwei übereinanderliegenden Inversionsschichten

• *Streustrahlübertragung*

In den oberen Lagen der Troposphäre (bei etwa 10 km) kann es zu Turbulenzen kommen, an denen elektromagnetische Strahlen diffus gestreut werden. Ein Teil davon gelangt wieder zur Erdoberfläche zurück. Diese Streustrahlübertragung (engl.: *Scatter*) liefert zwar an die Empfangsantenne nur wenig Energie, ist aber sehr konstant. Die *troposphärische Streustrahlübertragung* (*Tropospheric Scatter*) wird vorwiegend für Frequenzen zwischen 100 MHz und 1000 MHz verwendet, wobei Reichweiten bis 1000 km erzielt werden, die Übertragungsqualität aber nicht besonders gut ist. Durch *ionosphärische Streustrahlübertragung* (*Ionospheric Scatter*), bei der die Streuwirkung der untersten Ionosphärenschichten in etwa 100 km Höhe ausgenutzt wird, werden mit Frequenzen zwischen 25 und 60 MHz Reichweiten bis zu 2500 km möglich.

• *Reflexion an der Ionosphäre*

Nach 11.2.1 ist Reflexion an der Ionosphäre nur für Frequenzen möglich, die niedriger sind als die kritische Frequenz f_c (Gl. (11.29)), die ihrerseits von der Elektronenkonzentration in den ionisierten Luftschichten abhängig ist und etwa zwischen 0,5 und 15 MHz betragen kann. Damit ist von vornherein mit UKW ($f > 30$ MHz) ein Reflexionsbetrieb an der Ionosphäre ausgeschlossen. Diese Aussagen gelten jedoch nur bei senkrechtem Auftreffen der Strahlung auf eine ionisierte Schicht. Bei schrägem Auftreffen werden höhere Frequenzen als f_c reflektiert. Wenn der Winkel zwischen der Lotrechten und der Einfallsrichtung α_0 ist, ergibt sich als Grenzfrequenz (engl. *Maximal Usable Frequency*, MUF):

$$\boxed{\text{MUF} = \frac{f_c}{\cos \alpha_0}} \quad . \tag{11.35}$$

Diese Grenzfrequenz ist also bei senkrechtem Auftreffen ($\alpha_0 = 0°$) gleich f_c. Mit zunehmendem Winkel α_0 wird aber MUF schnell größer als f_c.

• *Schwunderscheinungen*

Wenn eine drahtlose Übertragung auf zwei verschiedenen Wegen zum Empfänger gelangt, können sich dort beide Anteile so überlagern, daß es zu Verzerrungen oder gar Auslöschungen des Signals kommt (*Interferenzerscheinungen*). Diesen Vorgang nennt man in der Funktechnik *Schwund* (engl.: *Fading*). Unterschiedliche Ausbreitungswege haben Boden- und Raumwelle (Bild 11.21a) oder einfach und mehrfach reflektierte Raumwellen (Bild 11.21b). Die zur Interferenz und damit zum Schwund führenden Phasenverschiebungen treten je nach Reflexionsbedingungen in den Ionosphärenschichten unregelmäßig auf. Wird das vom Sender ausgestrahlte Frequenzband von der Interferenz etwa gleichmäßig erfaßt, treten nur Amplitudenschwankungen (lineare Verzerrungen) auf, die durch Verstärkungsregelung im Empfänger weitgehend ausgeglichen werden können. Bei großen Wegdifferenzen können die Schwunderscheinungen aber auch stark von der Frequenz abhängen. Dann können bei amplitudenmodulierten Wellen die Seitenbänder anders schwinden als der Träger. Daraus ergeben sich Verzerrungen, die im Empfänger nur unter erhöhtem Aufwand ausgleichbar sind.

Bild 11.21. Unterschiedliche Ausbreitungswege zwischen Sender und Empfänger
a) Boden- und Raumwelle, b) einfach und mehrfach reflektierte Raumwellen

▶ **11.2.4. Ausbreitung in verschiedenen Wellenbereichen**

Es soll hier die Ausbreitung in den technisch wichtigen Wellenbereichen zwischen etwa 30 kHz und 30 GHz untersucht werden. Wie in Bild 1.14 in 1.6 aufgelistet, sind in diesem Bereich Telefon, Telegrafie, Rundfunk, Fernsehen, Richtfunk und Radar angesiedelt.

• *Längstwellen*

Längstwellen (auch: *Myriameterwellen* bzw. VLF) sind solche unter 30 kHz mit Wellenlängen zwischen 10 und 100 km. Die Übertragung zwischen zwei Antennen geschieht nur über die *Bodenwelle*, die sehr wenig bedämpft ist, mithin größte Entfernungen überbrücken kann. Genutzt wird dieser Wellenbereich z.B. für Funktelegrafie über und auch unter Wasser und für Sonderanwendungen.

• *Langwellen*

Die manchmal als *Kilometerwellen* bezeichneten Langwellen (LW bzw. LF) mit $\lambda = 1$ bis 10 km breiten sich als *Bodenwelle* bis zu mehreren tausend Kilometern aus. Mit Langwellenrundfunk ist darum auch der Empfang sehr weit entfernter Sender möglich. Die *Raumwelle* regt aufgrund der niedrigen Frequenz tagsüber die Gasmoleküle der D- und E-Schicht in der Ionosphäre an und wird dadurch völlig bedämpft. Während der Nacht verschwinden diese Schichten; die Bedämpfung erfolgt dann in der darüberliegenden F_1-Schicht (vgl. Bilder 11.14 und 11.22).

▶ 11.2. Wellenausbreitung

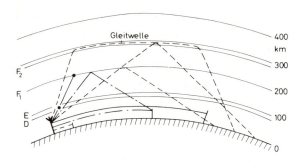

Bild 11.22
Ausbreitung in den für Rundfunkübertragung wichtigen Wellenbereichen LW, MW und KW

● **Mittelwellen**

Mittelwellen (MW bzw. MF oder *Hektometerwellen*) im Bereich 300 kHz bis 3 MHz (100 ... 1000 m) sind tagsüber praktisch nur als *Bodenwelle* bis etwa 100 km wirksam. Nachts jedoch nimmt die Bedämpfung der *Raumwelle* durch die unteren Ionosphärenschichten soweit ab, daß durch Reflexion an der F_1-Schicht Überreichweiten bis mehr als 1000 km möglich werden. Jedoch ist dann in hohem Maße mit *Schwunderscheinungen* zu rechnen.

● **Kurzwellen**

Kurzwellen (KW bzw. HF oder *Dekameterwellen*) mit λ = 10 ... 100 m (3 ... 30 MHz) sind als *Bodenwelle* so stark bedämpft, daß deren Wirkung kaum verwertbar ist. Für diesen Frequenzbereich ist die *Raumwelle* von entscheidender Bedeutung. Tagsüber werden hinreichend schräg einfallende Raumwellen an der Schicht F_1 reflektiert. Während der Nacht verschwindet diese Schicht, so daß Reflexionen und Brechungen an der Schicht F_2 auftreten. Durch Ausbildung von *Gleitwellen* (vgl. *Schlauchübertragung*, Bild 11.20) oder durch Mehrfachreflexionen (Mehrfachsprünge) an der Erdoberfläche sind Verbindungen rund um die Erde möglich.

● **Ultrakurzwellen**

Die im Bereich 30 bis 300 MHz definierten Ultrakurzwellen (UKW bzw. VHF) haben nicht nur für den Rundfunk eine Bedeutung. Ebenso sind die Fernsehbänder I und III sowie Luftfahrt-Funkverbindungen, Polizeifunk, Amateurfunk und viele andere Landfunkdienste in diesem Bereich der Meterwellen (1 ... 10 m) angesiedelt. Die Ausbreitung geschieht bei optischer Sicht praktisch verlustlos. Über den Horizont hinaus gelangen Beugungsanteile und schwächere Streuanteile. Überreichweiten sind durch Brechung an einer Inversionsschicht möglich. Im langwelligen UKW-Bereich (3 ... 10 m) ist mit Reflexionen an der Ionosphäre zu rechnen, wodurch dann recht große Reichweiten entstehen.

● **Dezimeterwellen**

Dezimeterwellen (UHF, 10 ... 100 cm bzw. 300 MHz bis 3 GHz) werden vorwiegend im Sichtbereich benutzt (Fernsehen Band IV und V). Jedoch sind Streustrahlungen (*Scattering*) in wenigen km Höhe möglich, so daß Reichweiten zwischen etwa 400 und 1000 km erzielbar sind.

● **Zentimeterwellen**

Zentimeterwellen (3 ... 30 GHz) werden oft *Mikrowellen* genannt, obwohl die Wellenlängen zwischen 1 und 10 cm liegen. Die Ausbreitung ist quasioptisch, so daß direkte

Übertragungen kaum über 50 km möglich sind. Bei Regen, Wolken und Nebel entstehen durch Streuung diffuse Reflexionen, wodurch starke Schwächungen (10 dB/km) und bei starkem Regen gar Auslöschung (30 dB/km) möglich sind.

▶ 11.3. Einfache Rund- und Richtstrahler

Mit der Bezeichnung „einfache Rund- und Richtstrahler" sollen hier solche Antennen gemeint sein, die für Rundfunksender und -empfänger von Bedeutung sind, nämlich

> *Sendeantennen:*
> Vertikalantennen für MW und KW, mit Endkapazität für LW;
> Dipolantennen für UKW und KW.
> *Empfangsantennen:*
> Vertikalantennen für LW, MW, KW, UKW;
> Rahmen- und Ferritantennen für LW und MW;
> Dipolantennen für UKW und KW.

▶ 11.3.1. Vertikalantennen

Als *Vertikalantenne* bezeichnet man eine lineare Antenne, die senkrecht (also vertikal) zum Erdboden angeordnet ist. In 11.1.1 haben wir diesen Typ einseitig geerdete oder fußpunktgespeiste Antenne genannt. Andere Namen sind: Linearstrahler, kurze lineare Antenne oder — besonders auf der Empfängerseite — kurze Stabantenne.

> Vertikalantennen sind Rundstrahler, d.h. sie strahlen parallel zur Erdoberfläche gleichmäßig in alle Richtungen. Die Rundumstrahlung ist *vertikal polarisiert*.

• *Marconi-Antenne*

Die einfachste Ausführung einer Vertikalantenne mit einem günstigen Eingangswiderstand ist unter der Bezeichnung *Marconi-Antenne* bekannt, wenn sie $h = \lambda/4$ hoch ausgeführt ist. Dieser auch „Viertelwellenstab" genannte Monopol ist also genau halb so lang wie ein $\lambda/2$-Dipol (Halbwellendipol; s. 11.1.2 und 11.3.2). Der *Strahlungswiderstand* ist darum mit $R_s = 36,6\ \Omega$ ebenfalls halb so groß wie der des Halbwellendipols im freien Raum (Gl. (11.15) in 11.1.2). Die besonders zur Ausstrahlung von *Mittelwellen* (Hektometerwellen) verwendeten Marconi-Antennen werden im allgemeinen in einem Umkreis um den Fußpunkt mit einem strahlenförmigen *Erdnetz* versehen (Bild 11.23), um die Bodenleitfähigkeit zu verbessern. Diese sogenannten *Erdradials* (Radialleiter) sind entweder auf dem Erdboden aufliegende oder — meistens — etwa 20 ... 50 cm tief im Erdreich vergrabene Kupferleiter. Für den Mittelwellenbereich werden wenigstens 120 gleichmäßig über

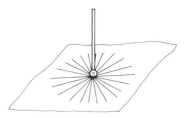

Bild 11.23
Vertikalantenne mit Erdnetz (*Radials*) zur Verminderung der Erdverluste

▶ 11.3. Einfache Rund- und Richtstrahler

den Vollkreis verteilte Radials verlegt; im Kurzwellenbereich kommt man mit weniger aus. Der Einsatz von Marconi-Antennen für Langwellenrundfunk wird möglich mit Hilfe von *Endkapazitäten*. Die sich dadurch ergebenden effektiven Antennenhöhen sind nach Gl. (11.4) in 11.1.1 berechenbar.

• *Richtdiagramme*

Aufschluß über das Abstrahlverhalten von Vertikalantennen in Abhängigkeit von der Antennenhöhe h geben die in Bild 11.24 skizzierten vertikalen Richtdiagramme (*Vertikaldiagramme*, jeweils nur ein Quadrant). In Teilbild a ist das für einen „Viertelwellenstab" (Marconi-Antenne) zu erwartende Abstrahlverhalten eingetragen (vgl. auch Bild 11.10, obere Hälfte). Die mit jeder Signalhalbwelle in Form von Kugelschalen anwachsende Feldverteilung sorgt für eine in etwa gleichmäßige Abstrahlung vom Erdboden (Erhebungswinkel 0°) bis etwa 60°, so daß die Bodenwelle und relativ steil abgestrahlte Raumwellen er-

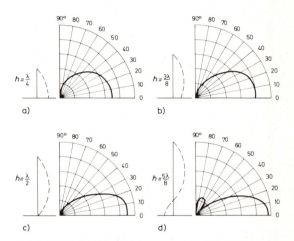

Bild 11.24. Vertikaldiagramme von Vertikalantennen
a) $h = \lambda/4$, b) $h = 3\lambda/8$, c) $h = \lambda/2$, d) $h = 5\lambda/8$
(mit zugehörigen Stromverteilungen)

zeugt werden. In der Nähe der Sendeantenne überwiegt die Bodenwelle und sorgt für einen stabilen Empfang. In großer Entfernung kommt nur noch die an Inosphärenschichten reflektierte Raumwelle an, weil die Bodenwelle kaum über 200 km hinausreicht. In dem Bereich dazwischen jedoch fallen Boden- und Raumwelle gleich stark ein, so daß mit Schwunderscheinungen zu rechnen ist (vgl. 11.2.3). Dieser sogenannte *Nahschwund*, der besonders stark bei Mittelwellenrundfunk auftritt, kann verringert werden, wenn der Vertikalstrahler höher als $\lambda/4$ ausgeführt wird.

• *Schwundmindernde Antenne*

Der durch die Steilabstrahlung des Viertelwellenstrahlers verursachte Nahschwund läßt sich in größere Entfernungen drängen, wenn es gelingt, die Raumwelle flacher abzustrahlen. Mit Antennenlängen von $h = 3\lambda/8$ bzw. $\lambda/2$ (Bilder 11.24b und 11.24c) kommt man diesem Ziel näher, weil die maximalen Erhebungswinkel nur noch 40° bzw. 35° betragen. Ein Optimum stellt der $5\lambda/8$-Strahler dar. Mit dem maximalen Winkel von 27° wird hiermit praktisch nur noch die Bodenwelle abgestrahlt. Zwar bildet sich bei etwa 70° eine *Nebenkeule* aus, die aber mit $h = 5\lambda/8$ noch ziemlich schwach ist. Mit weiter steigender Antennenlänge wird die Nebenkeule stärker, das Abstrahlverhalten mithin ungünstiger.

> Mittelwellenabstrahlungen mit schwundarmen Zonen bis gut 200 km gelingen mit Vertikalantennen, deren Höhen h zwischen $3\lambda/8$ und $5\lambda/8$ liegen.

● *Groundplane*

Allgemein gilt, daß eine Antenne möglichst hoch montiert sein sollte, um über Hindernisse gut hinwegstrahlen zu können. Vor allem λ/4-Vertikalstrahler für Kurzwellen (3 ... 30 MHz) mit Antennenhöhen zwischen 2,5 m und 25 m werden darum gerne auf Hochhäusern, hohen Masten etc. aufgestellt. Dadurch geht aber der direkte Kontakt mit natürlicher Erde verloren. Am Antennenfußpunkt wird deshalb mit leitenden *Gegengewichten* die Erde simuliert. Wegen der in Bild 11.25 erkennbaren radial vom Fußpunkt ausgehenden Anordnung werden die Gegengewichte *Radials* genannt. Die Gesamtheit aller Radials heißt *Erdungsebene*, engl.: *Groundplane*. Um eine gute Rundstrahlcharakteristik zu erzielen, müssen mindestens vier Radials der Länge λ/4 vorgesehen werden. Eine Besonderheit solch einer Antenne ist die extrem flache Abstrahlung. Zur Vergrößerung des Strahlungswiderstands von 36,6 Ω (Viertelwellenstrahler) auf etwa 50 Ω werden manchmal die Radials schräg nach unten in einem Winkel von 135° zum Strahler gespannt. Allerdings wird dadurch die Abstrahlcharakteristik wieder etwas steiler. Mit zunehmender Zahl von Radials steigt der Antennenwirkungsgrad.

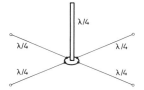

Bild 11.25
Viertelwellenstrahler mit horizontalen Radials (*Groundplane*)

● *Empfangsantennen für LMK*

Als Empfangsantennen für den Lang-, Mittel-, Kurzwellenbereich (LMK-Rundfunk) werden in vielen Fällen Vertikalantennen verwendet. Jedoch ist es allenfalls für den Kurzwellenempfang mit Wellenlängen um 10 m zumutbar, λ/4-Antennen oder Halbwellendipole aufzustellen, nicht aber für den übrigen KW-Bereich bis 100 m und erst recht nicht für Mittel- und Langwellen-Empfang mit Wellenlängen bis zu 10 km. Sieht man von der in 11.5 dargelegten Möglichkeit ab, *Langdrahtantennen* zum Empfang in diesen Wellenbereichen einzusetzen, werden zumindest für MW und LW die Empfangsantennen immer kurze Stabantennen sein, deren Höhe klein gegen die Wellenlänge ist und die demzufolge das Verhalten eines *Hertzschen Dipols* aufweisen (vgl. 11.1.1). Der Strahlungswiderstand (der Realteil des Eingangswiderstands also) ist wegen der extremen Stabkürze verschwindend klein; der Eingangswiderstand ist nahezu rein kapazitiv und frequenzunabhängig. Ebenso ist mit solch einer Antenne die an den Empfänger abgegebene Signalspannung frequenzunabhängig und genügt folgendem Zusammenhang:

$$U_E = E \cdot h_{eff} \,. \tag{11.36}$$

Die Eingangsspannung hängt also ab von der durch die Antenne aufgenommene elektrische Feldstärke E und von der *effektiven Antennenhöhe* h_{eff}. Dies ist eine rechnerische Größe, die ebenfalls frequenzunabhängig ist und bei kurzen Stäben etwa der halben geometrischen Höhe über dem Erdboden entspricht. Damit folgt konsequenterweise, daß sehr kurze Stabantennen, um hinreichende Eingangsspannungen zu erzielen, möglichst hoch montiert sein sollten. Die bei Auto-Empfangsantennen vorhandenen besonderen Schwierigkeiten werden in 11.3.4 besprochen.

11.3. Einfache Rund- und Richtstrahler

• *Anpassung*

Aus 9.2.4 wissen wir, daß maximale Leistung übertragen wird, wenn der Scheinwiderstand des Generators an den des Verbrauchers angepaßt ist (Leistungsanpassung). Auf die Antennentechnik übertragen bedeutet dies, daß der *Eingangswiderstand* von Antenne und Empfänger gleich groß wie der *Wellenwiderstand Z* der Verbindungsleitung (Speiseleitung) sein sollte. Zumindest an der Übergangsstelle zwischen Antennenfuß und Verbindungsleitung gelingt dies bei Vertikalantennen in der Regel nicht direkt. Denn nehmen wir an, es werde mit 60 Ω- oder (neuerdings) 75 Ω-Koaxialkabel gearbeitet, gelingt eine vollständige Anpassung nicht einmal mit einer Groundplane-Antenne, deren Radials um 135° nach unten abgewinkelt sind (50 Ω Fußpunktwiderstand). Allenfalls mit senkrecht nach unten geführten Radials wäre eine Anpassung mit 60 Ω möglich. Aber dann ist aus der Groundplane-Antenne ein senkrecht stehender Halbwellendipol geworden (vgl. 11.3.2). Mit einer Marconi-Antenne entsteht an deren 36,6 Ω schon eine erhebliche Fehlanpassung. Dies wird vollends zum Problem mit den extrem kurzen LMK-Empfangsantennen, bei denen der Realteil des Scheinwiderstands am Antennenfußpunkt (Strahlungswiderstand) nahezu verschwindet. In diesen Fällen ist keine Leistungsanpassung möglich. Es wird vielmehr die geringe Antennenspannung kapazitiv und unter teilweise erheblicher Spannungsteilung auf die Verbindungsleitung übergekoppelt. Damit über die Leitung noch eine ausreichende Spannung an den Empfängereingang abgegeben werden kann, soll solch eine Leitung eine möglichst niedrige Kapazität, dafür aber einen hohen Wellenwiderstand besitzen.

▶ 11.3.2. Dipolantennen

Dipolantennen eignen sich zum Senden und Empfangen von Ultrakurzwellen, weil für diesen Wellenbereich λ/2-Dipole noch mit vernünftigen Abmessungen ausgeführt werden können. Das gilt ebenso für den KW-Bereich bis etwa 20 m.

> Für UKW-Rundfunk werden λ/2-Dipole horizontal betrieben — die Übertragung ist *horizontal polarisiert*. Das Richtdiagramm des Einzeldipols im freien Raum zeigt eine ausgesprochene Richtwirkung senkrecht zur Dipolachse.

• *Einfluß der Erdoberfläche*

Die in Bild 11.10 dreidimensional und in Bild 11.11 zweidimensional in einer beliebigen Ebene durch die Dipolachse dargestellte Strahlungscharakteristik gilt in dieser Form nur, wenn der Dipol „hinreichend" weit (mehr als 5 λ) vom Erdboden entfernt montiert ist. Bei Annäherung an den Erdboden entstehen im Richtdiagramm dadurch Verzerrungen, daß die vom Erdboden reflektierten Anteile sich der achtförmigen Richtcharakteristik überlagern. Zur Untersuchung dieses Effektes seien vorab mit Bild 11.26 zwei Dipollagen und zugehörige Diagrammorientierungen definiert. *Vertikaldiagramme* stellen Schnitte senkrecht zur Erdoberfläche dar. *Horizontaldiagramme* entstehen aus Schnitten parallel zum Erdboden; sie sind sozusagen die Draufsichten der Vertikaldiagramme. Teilbild 11.26a zeigt einen *Vertikaldipol*, Teilbilder b und c je einen *Horizontaldipol*.

• *Vertikaldipol*

Der Einfluß des Abstandes h zwischen Erdoberfläche und geometrischer Mitte eines vertikal montierten λ/2-Dipols ist in Bild 11.27 dargestellt. Es handelt sich um Vertikaldia-

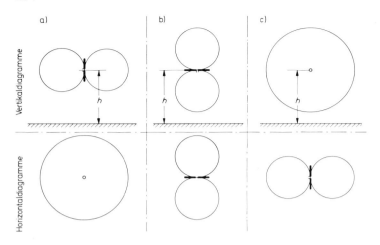

Bild 11.26. Vertikal- und Horizontaldiagramme von Dipolen, die in der Höhe h über Erdboden montiert sind
a) Vertikaldipol, b) und c) Horizontaldipol

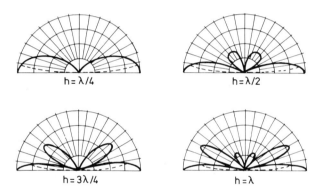

Bild 11.27
Vertikaldiagramme von senkrechten Halbwellendipolen in den angegebenen Höhen h über ideal leitendem Erdboden bzw. mit Erdverlusten (gestrichelt), (*Dipolanordnung* gemäß Bild 11.26a)

gramme gemäß Bild 11.26a (Vertikalschnitte in Dipolachse). Mit $h = \lambda/4$ entartet der $\lambda/2$-Dipol zum einseitig geerdeten Viertelwellenstab. Über ideal leitender Erde ergibt sich mithin die obere Hälfte der achtförmigen Richtcharakteristik. Gestrichelt eingezeichnet ist der sich aus der Berücksichtigung von Erdverlusten ergebende Verlauf (vgl. Einschnürungen in Bild 11.15). Mit zunehmender Höhe entstehen relativ scharf gebündelte Nebenkeulen, die gerne für den Kurzwellenbetrieb genutzt werden. Günstige Höhen für Ionosphärenreflexionen sind $h \approx 0{,}5\,\lambda$ und $h > 4\,\lambda$.

● *Horizontaldipol*

Der Einfluß von Erdreflexionen auf das Richtdiagramm eines horizontalen $\lambda/2$-Dipols ist in Bild 11.28 skizziert. Aufgetragen sind in diesem Fall nicht Vertikaldiagramme der Dipol-Strahlungscharakteristik, sondern die Abhängigkeit des Reflexionsfaktors vom Abstand über dem Erdboden in der Vertikalebene. Das ungestörte Vertikaldiagramm des Dipols ist in der jeweiligen Höhe bei jedem Winkel mit dem zugehörigen Reflexionsfaktor

▶ 11.3. Einfache Rund- und Richtstrahler 255

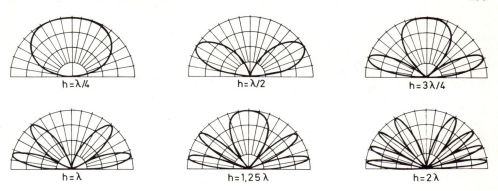

Bild 11.28. Erdreflexionen in Abhängigkeit von der Höhe h über ideal leitender Erde für einen horizontalen Halbwellendipol entsprechend Bild 11.26c (Vertikalebenen)

Bild 11.29
Vertikaldiagramm eines horizontalen $\lambda/2$-Dipols in der Höhe $h = 1{,}75\,\lambda$ über Erdboden (gemäß Bild 11.26b)

zu multiplizieren. Bei bestimmten Höhen bilden sich dadurch starke Nebenkeulen aus, die für Kurzwellenbetrieb genutzt werden. In Bild 11.29 ist für $h = 1{,}75\,\lambda$ das Vertikaldiagramm in der Ebene durch die Dipolachse angegeben (Darstellung gemäß Bild 11.26b).

● *Kreuzdipol*

Für den UKW-Empfang spielt nach den eben besprochenen Zusammenhängen der Aufstellungsort des horizontalen $\lambda/2$-Dipols eine nicht zu vernachlässigende Rolle. Gegebenenfalls ist durch Verändern der Position der Empfang zu optimieren. Dies kann aber wegen der Richtwirkung senkrecht zur Dipolachse mit gutem Ergebnis nur für Sender gelingen, die aufgrund dieser Richtcharakteristik erfaßt werden. Ein angenähertes Kreisdiagramm in der Horizontalebene und damit gleich gute Empfangsvoraussetzungen für Sender in verschiedenen Richtungen besitzt ein *Kreuzdipol* nach Bild 11.30. Eine andere Bezeichnung dafür ist *Drehkreuz*, engl. *Turnstile*. Es handelt sich hierbei um zwei $\lambda/2$-Dipole, die 90° gegeneinander verdreht angeordnet sind. Allerdings müssen beide Dipole mit einer gegenseitigen Phasenverschiebung von 90° gespeist bzw. abgegriffen werden, was mit Hilfe von $\lambda/4$ langen Umwegleitungen zwischen den Dipolen möglich ist. Wegen der Parallelschaltung beider 60 Ω-Dipole im Fußpunkt sollte die Antennenleitung einen Wellenwider-

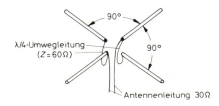

Bild 11.30. Kreuzdipol

stand von 30 Ω besitzen, wenn Anpassung erwünscht ist. In vielen Gemeinschaftsantennen-Anlagen (GA) findet man auf dem Dach des zu versorgenden Hauses eine Antenne nach Bild 11.31 mit einem Kreuzdipol für UKW und einer darüber montierten Vertikalantenne für LMK.

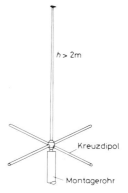

Bild 11.31
Hochantenne (Dachantenne) mit Kreuzdipol für UKW-Empfang und Vertikalantenne für LMK

● *Anpassung*

Im schon recht hochfrequenten UKW-Bereich (etwa 100 MHz) ist es wegen der allgemein relativ niedrigen Antennenspannung wichtig, den Strahlungswiderstand des Empfangsdipols an den Wellenwiderstand der Antennenleitung anzupassen. Wegen des hohen Strahlungswiderstands von etwa 60 Ω beim λ/2-Dipol scheint dies keine Schwierigkeiten zu machen. Es entsteht jedoch dadurch ein Problem, daß Dipole symmetrisch aufgebaut sind, die Antennenleitung mithin auch symmetrisch sein sollte. Darum können 60 Ω-Koaxialkabel nicht verwendet werden. Symmetrische Doppelleitungen (Flach- oder Schlauchleitungen für Antennenverbindungen) haben einen Wellenwiderstand von 120 Ω, 240 Ω oder 300 Ω. Um an solch hohe Wellenwiderstände anpassen zu können, benutzt man statt einfacher λ/2-Dipole *Faltdipole* nach Bild 11.32, bei denen dicht am primären λ/2-Dipol ein zweiter, in der Mitte kurzgeschlossener λ/2-Dipol parallel liegt und beide Dipole leitend miteinander verbunden sind.

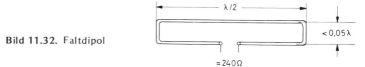

Bild 11.32. Faltdipol

● *Strahlungswiderstand von Faltdipolen*

Zur Berechnung des Strahlungswiderstands des Faltdipols greifen wir zurück auf Gl. (11.14):

$$R_s = \frac{P_s}{I_{\max}^2} \, . \tag{11.14}$$

Berücksichtigt man, daß gegenüber dem einfachen λ/2-Dipol bei gleichem Eingangsstrom sich im Faltdipol die strahlende Stromverteilung verdoppelt, genügt also zur Erzeugung der gleichen Strahlungsleistung der halbe Strom. Damit folgt für den Strahlungswiderstand R_s'' des Faltdipols

$$R_s'' = \frac{P_s}{\left(\dfrac{I_{\max}}{2}\right)^2} \, . \tag{11.37}$$

▶ 11.3. Einfache Rund- und Richtstrahler

Durch Gleichsetzung von (11.14) mit (11.37) ergibt sich theoretisch sofort

$$R_s'' = 4\,R_s = 4 \cdot 73{,}2\,\Omega \approx 293\,\Omega. \tag{11.38}$$

In der Praxis beträgt der Strahlungswiderstand des einfachen Dipols 60 Ω, der des Faltdipols wird demzufolge 240 Ω. Damit läßt sich der λ/2-Faltdipol gut an symmetrische Doppelleitungen anpassen. Für mehrfach gefaltete Dipole erhält man den Strahlungswiderstand aus dem Zusammenhang

$$R_{sn} = n^2 R_{s1}. \tag{11.39}$$

R_{s1} ist der Strahlungswiderstand des einfachen Dipols (73,3 Ω bzw. 60 Ω) und n gibt die Anzahl der Elemente des Faltdipols an.

● **Breitbanddipole**

Um ganze Bänder im VHF- oder UHF-Bereich abdecken zu können, sind spezielle Breitbanddipole entwickelt worden. Als Grundform ist der in Bild 11.33 dargestellte „dicke Dipol" anzusehen. Anders als bei einem wie in Bild 11.33b skizzierten schlanken *Ganzwellendipol* hat die Stromverteilung eines dicken Dipols im Speisepunkt und an den Enden keine Nullstellen. Während also beim sehr dünnen Dipol (*Schlankheitsgrad* λ/d groß) die *Resonanzlänge* λ/2 mit der geometrischen Dipollänge zusammenfällt, wird die geometrische Länge um so kürzer, je dicker der Dipol ist. Dieser Effekt wird zur breitbandigen Strahlungswiderstandsanpassung genutzt, indem man beispielsweise einen *Doppelkegeldipol* nach Bild 11.34a konstruiert. Mit solch einer sich kontinuierlich im Dipoldurchmesser ändernden Form ergibt sich eine gute Breitbandanpassung. Vergleichbare Ergebnisse werden erzielt, wenn die räumlichen Doppelkegel zu ebenen Flächen reduziert werden. Dann entsteht der in Bild 11.34b gezeigte *Flächendipol in Schmetterlingsform*, auch *Spreizdipol* oder *Schmetterlingsdipol* genannt. Dieser Dipol darf jedoch nicht verwechselt werden mit dem als „Schmetterlingsantenne" bezeichneten Schlitzstrahler, der in 11.6 besprochen wird. Eine weitere Vereinfachung ergibt sich mit dem Spreizdipol nach Bild 11.34c, bei dem in Form von vier Stäben sozusagen nur noch die Flächenbegrenzungen vorhanden sind (*Fächerdipol*). Als Spreizungswinkel wird manchmal α = 50° gewählt. Dann beträgt der Strahlungswiderstand etwa 240 Ω.

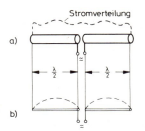

Bild 11.33
Stromverteilungen bei dicken (a) und dünnen Dipolen (b)

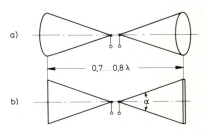

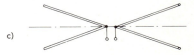

Bild 11.34. Breitbanddipole
a) Doppelkegeldipol,
b) Flächendipol in Schmetterlingsform,
c) Spreizdipol

11.3.3. Rahmen- und Ferritantennen

Rahmenantennen sind, vereinfacht ausgedrückt, Spulen, in denen durch das magnetische Feld $\vec{H}$ der elektromagnetischen Strahlung eine Spannung induziert wird.

• *Magnetischer Dipol*

Alle bislang besprochenen Antennentypen sind für das Senden oder Empfangen der elektrischen Komponente $\vec{E}$ des elektromagnetischen Feldes ausgelegt. Demzufolge gehen vom Hertzschen Dipol gemäß Bild 11.8, vom $\lambda/2$-Dipol und von Vertikalantennen elektrische Felder aus, begleitet natürlich von magnetischen Feldern. Die Antennenwirkung jedoch ist bestimmt durch das elektrische Feld. Eine *Rahmenantenne* stellt sozusagen das „magnetische Analogon" zum Hertzschen Dipol dar. Dieser Vergleich wird auch dadurch gerechtfertigt, daß im vorzugsweisen Einsatzgebiet von Rahmenantennen (LW, MW) die Rahmenabmessungen immer sehr klein gegenüber der Wellenlänge sind. Wie Bild 11.35 verdeutlicht, hat das magnetische Feld $\vec{H}$ der Rahmenantenne die gleiche Verteilung wie das elektrische Feld $\vec{E}$ des Hertzschen Dipols, weshalb solch eine Anordnung mit einer kurzen Spule („Rahmen" aus wenigen Wicklungen, Bild 11.35c) oft *Magnetischer Dipol* genannt wird.

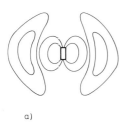
a)
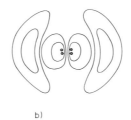
b)
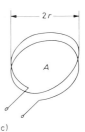
c)

Bild 11.35. a) Strahlungsfeld eines Hertzschen Dipols; b) Strahlungsfeld einer Rahmenantenne (magnetischer Dipol); c) Kreisrunde Rahmenantenne mit Radius r und Fläche $A = \pi r^2$

• *Induzierte Spannung*

Die in einer Spule der Windungszahl n induzierte Spannung U_i hängt von dem durch die Spulenfläche A tretenden Magnetfluß Φ ab. Für eine um den Winkel φ schräg stehende Spule (Bild 11.36a) ergibt sich darum

$$U_i = \omega n \Phi \cos\varphi = \omega n \mu_0 A |\vec{H}| \cos\varphi. \qquad (11.40)$$

Der magnetische Fluß ist mithin $\Phi = \mu_0 A |\vec{H}|$, d.h. die induzierte Spannung wächst mit der Windungszahl, der Spulenfläche und der magnetischen Feldstärke. Die sich aus dem Rahmen-Drehwinkel φ ergebende Richtcharakteristik ist in Bild 11.36b skizziert.

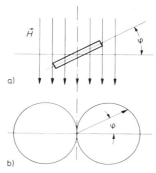

Bild 11.36
a) Rahmenantenne im magnetischen Feld $\vec{H}$,
b) zugehöriges Richtdiagramm

11.3. Einfache Rund- und Richtstrahler

• *Ferritantenne*

Induzierte Spannung, Strahlungswiderstand und Wirkungsgrad einer Rahmenantenne lassen sich vergrößern, wenn der Rahmen mit einem Ferritkern gemäß Bild 11.37 gefüllt wird, der für eine möglichst gute Wirkung stabförmig sein sollte. Der Ferritstab bildet einen sehr kleinen magnetischen Widerstand, weshalb auch Feldlinien, die sonst geradlinig im freien Raum verlaufen würden, im Stab konzentriert werden.

> Ferritantennen werden zum Empfang von Mittel- und Langwellen direkt in Rundfunkempfänger eingebaut. Die Richtwirkung entspricht der eines Dipols; sie sollten darum horizontal ausrichtbar montiert sein.

Bild 11.38 zeigt zusammenfassend die Zuordnung der für UKW und LMK gebräuchlichen Feldpolarisationen zu den bevorzugten Antennentypen.

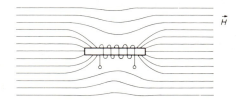

Bild 11.37. Konzentration des magnetischen Feldes in einer Ferritantenne

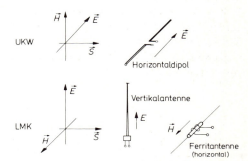

Bild 11.38. Zuordnung von Feldpolarisationen und Antennentypen

11.3.4. Mobilantennen

Mobilantennen sind solche, die an Fahrzeugen montiert sind. Am stärksten verbreitet findet man sie als Autoantennen zum Empfang von UKW- und LMK-Rundfunk. Häufig müssen Autoantennen aber auch zum Senden und Empfangen für Autotelefon und Sprechfunk dienen. Selbstverständlich werden zum gleichen Zweck Antennen an Wasser- und Luftfahrzeugen verwendet. Wir wollen hier unterscheiden zwischen *Schmalbandantennen* und *Breitbandantennen.* Problematisch ist in jedem Fall, daß Fahrzeugantennen in der Regel unter äußerst ungünstigen Bedingungen betrieben werden müssen, nämlich dicht über dem Erdboden, zwischen Häusern, in Tälern, Wäldern, unter Hochspannungsanlagen etc. Dadurch ändern sich die Empfangsbedingungen ständig; Abschattungen, Interferenzen und Polarisationsdrehungen sind zu verkraften.

• *Schmalbandantennen*

Am geringsten sind die Probleme noch, wenn bei festen Sende- und Empfangsfrequenzen gearbeitet wird, wie das z.B. bei Autotelefon und Sprechfunk (Autofunk) der Fall ist. Für den KW-Sprechfunk sind Viertelwellenstäbe der Länge 2,5 m gerade noch zur Montage am Automobil geeignet, wenn die lange Rute abgespannt wird. Für Funkdienste im KW-Bereich zwischen 10 m und 100 m (30 ... 3 MHz) werden etwa 3 m lange Stabantennen mit Verlängerungsspulen benutzt. Für die anderen Bereiche (3,5 m bzw. 2 m und 0,7 m) werden Vertikalantennen mit Strahlerlängen von $\lambda/4$, $\lambda/2$ und $5\lambda/8$ angeboten, alle ausgelegt für vertikale Polarisation.

● *Montageorte*

Günstige Abstrahlverhältnisse liegen vor, wenn die Mobilantenne in der Mitte des Wagendachs montiert ist; dann wirkt das Dach als Spiegelfläche (guter Leiter). Nimmt man den Viertelwellenstab mit einem Gewinn von 0 dB als Bezugsstrahler an, entsteht mit $\lambda/2$- bzw. $5\lambda/8$-Strahlern 3 dB Gewinn bei Montage in Dachmitte. Bei Montage am Fahrzeugheck oder an den Seiten wird der Gewinn wieder bis auf 0 dB reduziert.

● *Breitbandantennen*

Erheblich größere Schwierigkeiten entstehen, wenn im fahrenden Automobil UKW- und LMK-Rundfunk empfangen werden soll. Hierbei ist einerseits der Frequenzbereich 150 kHz bis 104 MHz (2 km ... 2,9 m) zu bewältigen, andererseits sollen mit einer einzigen Antenne die horizontal polarisierten Ultrakurzwellen und die vertikal polarisierten LMK-Wellen empfangen werden können. Dazu kommt, daß der metallische Körper des Fahrzeugs in seiner Umgebung für erhebliche Feldverzerrungen sorgt. Bild 11.39 läßt erkennen, wie es, abhängig von der Fahrzeugkontur, sogar zu Polarisationsdrehungen kommt. Dies ist aber gerade ein für das beschriebene Vorhaben günstiger Effekt; denn dadurch ist es möglich, mit einer Vertikalantenne Signale beider Polarisationsrichtungen zu empfangen. Andererseits wird aber deutlich, daß es sich bei dieser Art Mobilantenne immer nur um einen Kompromiß handeln kann.

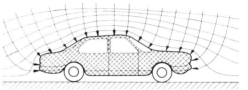

Bild 11.39
Feldverzerrungen durch den metallischen Fahrzeugkörper

● *Stablänge*

Ein Kompromiß muß ebenfalls bei der Stablänge eingegangen werden. Zwar ist es im UKW-Bereich möglich, einen Viertelwellenstab mit einer optimalen (mittleren) Länge von 80 cm zu montieren. Diese Länge ist aber für den LMK-Bereich zu kurz. Das sei erläutert. Im LMK-Bereich wirkt die kurze Stabantenne mit $l \ll \lambda$ als kurzer *kapazitiver Monopol* (vgl. 11.3.1), wobei das Fahrzeug als kapazitives Gegengewicht dient. Die Antennenspannung ist darum allein von der effektiven Antennenhöhe abhängig (s. Gl. (11.36)). Bild 11.40 zeigt diese Abhängigkeit, verglichen mit den Verhältnissen bei UKW. Danach ergibt sich als guter Kompromiß eine Antennenlänge von 1 m bis 1,10 m für alle vier Wellenbereiche.

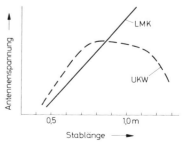

Bild 11.40
Antennenspannung als Funktion der Stablänge

● *Montageorte*

Anders als bei Antennen für Sprechfunk (Schmalbandantennen), wo mit fester, vertikaler Polarisation gearbeitet wird, sollte man Breitbandantennen für den kombinierten ULMK-Empfang nicht in der Symmetrieachse des Fahrzeugs montieren, also nicht auf dem Dach oder dem Kofferraumdeckel anbringen. Denn in diesen Bereichen enden die elektrischen Feldlinien nahezu ungestört und vertikal auf dem Karosserieblech. Für vertikal polarisierte Sprechfunk- und LMK-Signale sind Stabantennen an diesen Stellen darum optimal angebracht, für horizontal polarisierte UKW-Signale jedoch gerade nicht. Als Montageorte für Rundfunkempfang eignen sich besonders solche Fahrzeugstellen, an denen mit einem schrägen Einfall des elektrischen Feldes zu rechnen ist, wo mithin von beiden Polarisationsrichtungen etwas vorhanden ist. In diesem Sinne sind die Plätze auf dem vorderen Kotflügel in der Nähe des Fensterholms oder auf den Außenseiten der Heckpartie besonders gut geeignet, wobei wegen der größeren Entfernung zum eventuell störenden Motor die Heckpartie vorzuziehen ist (bei Heckmotorfahrzeugen gilt diese Aussage umgekehrt).

● *Elektronische Antennen*

Für den ULMK-Empfang in Automobilen werden in zunehmendem Maße *elektronische Antennen* eingesetzt. Andere Namen sind *aktive Antenne* oder *integrierte Antenne*. Es handelt sich dabei in den meisten Fällen um kurze Stabantennen, die direkt am Fußpunkt einen besonders rauscharmen Verstärker aufweisen („integrierte Elektronik"). Das sind heute sogenannte *Zweiwegverstärker*, die die beiden Frequenzbereiche UKW und LMK getrennt verarbeiten. Die Stablänge beträgt meistens 40 cm. Trotz dieser Kürze werden Ergebnisse erzielt, die im LMK-Bereich mit denen der 1m-Stabantenne vergleichbar sind, im UKW-Bereich sogar noch günstiger ausfallen. Dies ist allein dadurch möglich geworden, daß seit einigen Jahren extrem rauscharme Transistoren für die Eingangsstufen solcher Antennenverstärker zur Verfügung stehen. Bild 11.41 zeigt prinzipielle Details der Schaltung einer neuen elektronischen Antenne. Die Stablänge von 40 cm resultiert daraus, daß damit das UKW-Bandfilter genau die für den UKW-Bereich erforderliche Bandbreite besitzt.

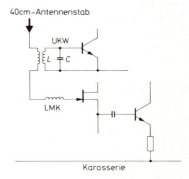

Bild 11.41. Prinzip der Schaltung einer elektronischen Autoantenne (nach [38])

11.4. Gruppenstrahler

11.4.1. Antennengruppen

Antennengruppen sind systematische Anordnungen mehrerer gleicher Einzelantennen, wobei wir im folgenden den *Halbwellendipol als Grundelement* ansehen wollen.

• Dipolpaar

Die einfachste Dipolkombination ist in Bild 11.42 dargestellt. Es sind zwei Halbwellendipole im Abstand d zusammengeschaltet und gleichphasig gespeist. Die elektromagnetische Welle möge unter dem Winkel φ einfallen, wobei die Verbindungsachse zu $\varphi = 0$ gewählt ist. Die Richtcharakteristik eines Einzeldipols ist aus den Bildern 11.10 und 11.11 bekannt. Die Gesamtcharakteristik des Dipolpaares hängt entscheidend vom Dipolabstand d ab und ergibt sich als *relative Richtcharakteristik* aus

$$S_{\text{rel}}(\varphi) = \cos\left(\frac{\pi d}{\lambda} \cos \varphi\right). \tag{11.41}$$

Bild 11.43 zeigt $S_{\text{rel}}(\varphi)$ für $d = \lambda/4$, $\lambda/2$ und λ. Mit $d = \lambda/2$ entsteht eine scharf gebündelte Richtwirkung quer zur Dipolpaar-Ebene.

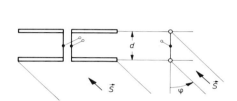

Bild 11.42. Gleichphasig zusammengeschaltetes Dipolpaar mit Dipolabstand d, Einfallswinkel φ und Poyntingvektor $\vec{S}$

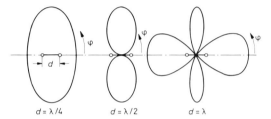

Bild 11.43. Horizontale Richtcharakteristiken des Dipolpaares nach Bild 11.42 für verschiedene Dipolabstände d

• Lineare Dipolkombinationen

Kombinationen aus n Dipolen, in einer Reihe (linear) angeordnet, nennt man *lineare Dipolkombinationen* oder *Dipolreihen*. Der Fall $n = 2$ ist oben als Dipolpaar behandelt. Grundsätzlich gibt es die drei Möglichkeiten der Anordnung von Dipolreihen, wie sie in Bild 11.44 angegeben sind. Danach werden „in Linie" hintereinandergeschaltete Dipole als *Dipolspalte* oder *Dipollinie* bezeichnet. Parallel aneinandergereihte Dipole bilden eine *Dipolzeile* (anschaulich auch als „gestockte Dipole" bezeichnet). Dipolzeilen sind als Querstrahler und Längsstrahler geeignet. Die gewünschte Eigenschaft wird erzielt durch

> Gleichphasige Speisung → Querstrahler (*Broadside Array*)
> Gegenphasige Speisung → Längsstrahler (*End-fire Array*)

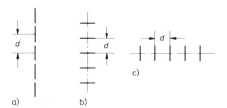

Bild 11.44
Lineare Dipolgruppen (Dipolreihen)
a) Dipolspalte oder Dipollinie,
b) vertikale Dipolzeile,
c) horizontale Dipolzeile

11.4. Gruppenstrahler

• *Ebene und räumliche Gruppen*

In vielen Fällen ist es üblich, Kombinationen von Dipolspalten und Dipolzeilen zu bilden, um spezielle Richtwirkungen und demzufolge hohe Antennengewinne (vgl. 11.1.2) zu erzielen. Man verwendet für solche Kombinationen auch die Bezeichnungen *Dipolwände* oder *Gruppenantennen*. Bild 11.45 zeigt schematisch zwei *ebene Gruppen* (zweidimensionale Anordnung). Werden ebene Gruppen hintereinander montiert oder vor eine Reflektorfläche gestellt, entsteht eine *räumliche Gruppe* (dreidimensionale Anordnung). Bild 11.46 zeigt ein Beispiel.

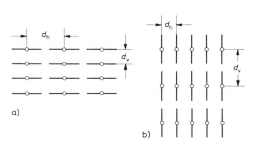

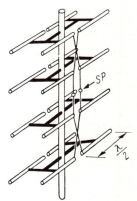

Bild 11.45. Ebene Dipolgruppen
a) Horizontalgruppe,
b) Vertikalgruppe (d_h: Horizontalabstand, d_v: Vertikalabstand)

Bild 11.46. Räumliche Dipolgruppe (Gruppenantenne); SP: Speisepunkt

• *Kreisgruppen*

Befinden sich die Fußpunkte von in z-Richtung stehenden Dipolen in gleichen Abständen auf einem Kreisumfang (Bild 11.47), ist eine *Kreisgruppe* entstanden. Besonders interessant wird solch ein Strahler, wenn in Kreismitte eine Vertikalantenne gesetzt wird. Sind die Kreiselemente gleichphasig gespeist, lassen sich sehr flache Abstrahlungen erreichen, deren Erhebungswinkel durch die Speisung der Mittenantenne veränderbar ist. Kreisgruppen sind darum besonders als schwundmindernde Antennen einsetzbar (vgl. 11.3.1).

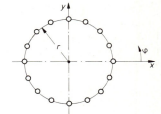

Bild 11.47. Kreisgruppe

11.4.2. Richtstrahler

Zur Diskussion der Richtwirkung von Dipolgruppen gehen wir von Bild 11.43 in 11.4.1 aus. Dort ist für den Fall gleichphasiger Speisung und mit dem Dipolabstand $d = \lambda/2$ als Richtdiagramm eine gestreckte Acht angegeben worden. In Bild 11.48a wird dieses Richtverhalten anhand der Phasenverläufe plausibel gemacht.

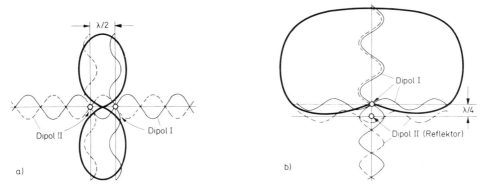

Bild 11.48. Dipolpaare mit Phasenlagen und Richtdiagrammen. a) Querstrahler, b) Längsstrahler

• *Richtverhalten*

Durch die gleichphasige Speisung der im Abstand $d = \lambda/2$ angeordneten Halbwellendipole überlagern sich bei sinusförmiger Erregung die elektrischen Felder gerade so, daß es in der Dipolpaarachse zur Auslöschung kommt (Phasenverschiebung zwischen beiden Dipolen 180° bzw. $\lambda/2$). In den Richtungen quer zur Paarachse ergibt sich aber gemäß Bild 11.48a eine Addition, so daß als Richtdiagramm die gestreckte Acht entsteht. Durch die *gleichphasige Speisung* ist also ein *Querstrahler* entstanden. Werden aber zwei Dipole im Abstand $d = \lambda/4$ so betrieben, daß Dipol II mit einer Phasenverschiebung von $-90°$ ($\pi/2$ bzw. $\lambda/4$) gespeist wird, entsteht die in Bild 11.48b eingetragene „nierenförmige" Richtcharakteristik, weil von Dipol II ausgehend die Felder sich gerade auslöschen, von Dipol I ausgehend aber addieren. Durch die *gegenphasige Speisung* ist also ein *Längsstrahler* entstanden, der in Richtung Dipol I strahlt. Dipol II wird darum *Reflektor* genannt. Werden schließlich die beiden Dipolpaare aus Bild 11.48 in der in Bild 11.49 angegebenen Weise zu einer Dipolgruppe kombiniert, überlagern sich beide Richtcharakteristiken, und es entsteht eine ausgeprägte Richtwirkung.

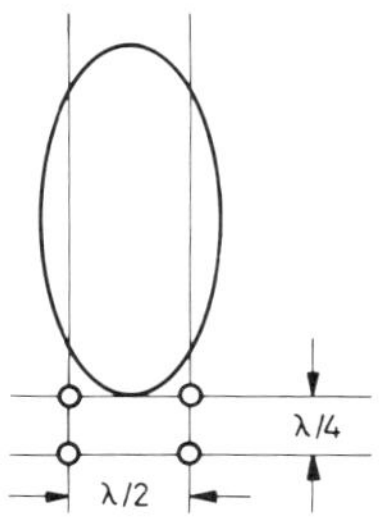

Bild 11.49
Durch Kombination der Dipolpaare aus Bild 11.48 entstandene Dipolgruppe

• *Horizontale Dipollinie*

Eine Dipollinie (auch Dipolspalte) besteht aus einer Reihe gleichphasig gespeister Halbwellendipole. Zwei Beispiele für den Fall Dipolabstand $d = \lambda/2$ sind in Bild 11.50 mit ihren horizontalen Richtdiagrammen dargestellt. Die Richtcharakteristik ist rotationssymmetrisch zur Achse der Dipollinie. Horizontal montiert ergibt sich also wie beim einfachen Dipol eine Richtwirkung senkrecht zur Achse (in Querrichtung also). In die-

11.4. Gruppenstrahler

sem Sinne ist eine *horizontale Dipollinie als Richtstrahler* anzusehen. Durch den mit wachsender Dipolzahl n abnehmenden Öffnungswinkel der Hauptkeule entsteht ein zunehmender Antennengewinn.

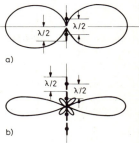

Bild 11.50
Horizontale Richtdiagramme zweier Dipollinien
a) Zwei $\lambda/2$-Dipole,
b) Vier $\lambda/2$-Dipole, Dipolabstand d jeweils $\lambda/2$

• *Dipolzeile als Querstrahler*

Dipolzeilen nach Bild 11.44b oder 11.44c wirken als Querstrahler, wenn alle Dipole gleichphasig gespeist werden. Ein paar Richtdiagramme einer quer strahlenden Zeile mit $n = 2$ Dipolen (Dipolpaar) sind in den Bildern 11.43 und 11.48a angegeben. Das dreidimensionale Richtdiagramm einer vertikalen, gleichphasig gespeisten Dipolzeile aus $n = 4$ Dipolen im jeweiligen Abstand von $\lambda/2$ zeigt Bild 11.51a. Mit $n = 6$ Halbwellendipolen im Abstand $\lambda/2$ nimmt die Richtwirkung deutlich zu (Bild 11.51b). Eine Unterscheidung ist nach der Art der gleichphasigen Speisung nötig. Die Serienspeisung gemäß Bild 11.52 muß abwechselnd vertauscht ausgeführt sein, weil die Phase auf der Speiseleitung sich ja in Abständen von $\lambda/2$ jeweils um 180° dreht. Bei Abweichung von der *Resonanzfrequenz* der $\lambda/2$-Dipole wird die Gleichphasigkeit zunehmend gestört, weshalb man in diesem Fall von *Schmalbandspeisung* spricht. Bei der Einspeisung nach Bild 11.53 bleibt die Gleichphasigkeit auch bei Frequenzänderungen erhalten, es handelt sich mithin um eine *Breitbandspeisung*.

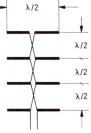

Bild 11.52. Schmalbandspeisung von Dipolzeilen

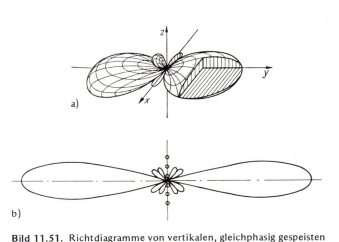

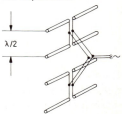

Bild 11.53. Breitbandspeisung von Dipolzeilen

Bild 11.51. Richtdiagramme von vertikalen, gleichphasig gespeisten Dipolzeilen im jeweiligen Abstand von $\lambda/2$
a) $n = 4$ Dipole (dreidimensionale Darstellung),
b) $n = 6$ Dipole (Vertikaldiagramm)

- *Dipolzeile als Längsstrahler*

In Bild 11.48b ist die einfachste Form einer längsstrahlenden Dipolzeile angegeben, nämlich zwei im Abstand $\lambda/4$ hintereinander stehende und gegenphasig gespeiste Halbwellendipole. Für eine Dipolzeile mit vier Dipolen ($n = 4$) im Abstand von je $d = \lambda/4$ sind in Bild 11.54 Richtdiagramme dargestellt. Variiert ist der bei der Speisung benachbarter Elemente eingestellte Phasenwinkel δ. Für $\delta = 0$ (gleichphasige Speisung) ergibt sich die Querstrahlcharakteristik. Bemerkenswert ist noch, daß mit $\delta > \pi/2$ die Hauptkeule verschwindet. Man spricht dann von einer „unsichtbaren Hauptkeule". Der technisch wichtigste Fall ist der des Längsstrahlers mit

$$\delta = 2\pi \frac{d}{\lambda}. \qquad (11.42)$$

Mit $d = \lambda/4$ folgt daraus $\delta = \pi/2$.

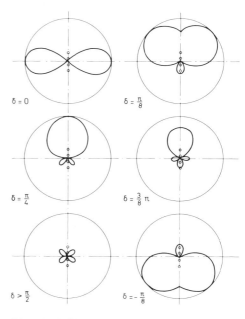

Bild 11.54. Richtdiagramme einer Dipolzeile aus $n = 4$ Elementen, je im Abstand $\lambda/4$, in Abhängigkeit vom Phasenwinkel δ bei der Speisung der Einzelelemente (nach [16])

- *Längsstrahler mit gespeisten Elementen*

Ein paar technische Ausführungsformen sind in Bild 11.55 angegeben.

- *Doppelseitiger Strahler* (Bild 11.55a): Abstand der Dipolpaare $d = \lambda/2$, darum Erregung der Dipole mit $\delta = 180°$.
- *Einseitiger Strahler* (Bild 11.55b): Zwei im Abstand von $\lambda/4$ räumlich ineinandergeschachtelte und mit 90° Phasenverschiebung gespeiste doppelseitige Strahler.
- *Fischgrätenantenne* (Fishbone Antenna, Bild 11.55c): Kapazitiv an die Speiseleitung angekoppelte Dipole der Länge $\lambda/3$ mit gegenseitigem Abstand von höchstens $\lambda/12$. Die meistens in der Gesamtlänge von 3λ bis 5λ gebaute Antenne ist besonders breitbandig (0,5 f_0 bis 1,2 f_0).

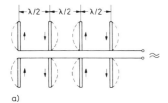

Bild 11.55. Technische Ausführungen von Längsstrahlern mit gespeisten Elementen
a) Doppelseitiger Strahler (mit Stromverteilungen)
b) Einseitiger Strahler aus zwei ineinandergeschachtelten doppelseitigen Strahlern
c) Fischgrätenantenne mit Abschluß der Speiseleitung ($R = Z$)

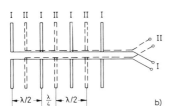

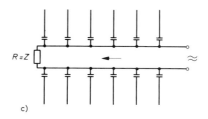

11.4. Gruppenstrahler

● *Längsstrahler mit strahlungserregten Elementen*

Die Richtcharakteristik und damit der Gewinn eines Längsstrahlers lassen sich auch beeinflussen durch geeignete Wahl der Abstände und der Längen der Einzelstrahler. Dazu wird bei den wichtigsten Typen ein $\lambda/2$-Dipol (aktives Element) als Strahler S verwendet; mit weiteren Elementen, die als *Reflektoren* (R) oder *Direktoren* (D) dienen (passive Elemente, also nicht gespeist), wird die gewünschte Richtwirkung erzielt. Aus einer Betrachtung der Widerstands- und Phasenverhältnisse ergibt sich, daß eine Verkürzung gegenüber der Resonanzlänge $\lambda/2$ bei einem nichtgespeisten, also passiven Element (auch: *Parasitärelement*) eine Bündelung in Richtung dieses Elementes ergibt (*Direktor*), eine Verlängerung jedoch führt zu einer Bündelung in entgegengesetzter Richtung (*Reflektor*). Bild 11.56 zeigt schematisch dieses Ergebnis.

Bild 11.56
Prinzip des Längsstrahlers mit strahlungserregten Elementen, S: Strahler (aktives Element), D: Direktor, R: Reflektor (passive Elemente), HSR: Hauptstrahlrichtung

● *Yagi-Antenne*

Ordnet man mehrere Direktoren hintereinander an, können Richtschärfe und damit Gewinn wesentlich gesteigert werden. Solche wie in Bild 11.57 schematisch dargestellten Anordnungen heißen nach ihrem Erfinder *Yagi-Antennen*. Die einfache Antenne nach Bild 11.57a ergibt bereits einen Leistungsgewinn von 4 ... 5 dB, wenn der Abstand d_1 zwischen Strahler und Reflektor etwa 0,10 ... 0,15 λ beträgt und der Abstand d_2 zwischen Strahler und Direktor 0,10 λ groß ist. Bei der Yagi-Antenne nach Bild 11.57b ergeben sich günstige Verhältnisse, wenn der Abstand zwischen den Direktoren $3\lambda/8$ und ihre Länge 0,45 λ betragen. Die Länge der Reflektoren soll 0,55 λ sein.

Der Spannungsgewinn einer *Yagi-Antenne* erhöht sich bei Verdopplung der Elementzahl um theoretisch 3 dB. Eine Berechnung des Antennengewinns für beliebige Elementzahlen n ist möglich nach folgender Formel:

$$G = 20 \lg \sqrt{n} \text{ dB}. \tag{11.43}$$

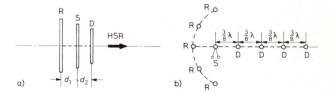

Bild 11.57. Yagi-Antennen
a) einfachste Form mit einem aktiven Element (Strahler S), einem Reflektor R und einem Direktor D,
b) oft gebrauchte Bauform (nach |22|)

● *Ebene Dipolgruppen*

Eine zweidimensionale Dipolanordnung nach Bild 11.45 heißt *ebene Dipolgruppe*, oft auch Dipolwand, Gitterantenne oder Gitterwandantenne. Sinnvoll ist der Aufwand für solche Konstruktionen nur für den UKW-Bereich oder noch kurzwelligere Gebiete (Fernsehen). Jedoch werden dann schon mit relativ wenigen Elementen erhebliche Gewinne erzielt. Zur besseren Anpassung an übliche Speiseleitungen und zur Reduzierung der Verdrahtung werden zwei oder vier Dipole zusammengefaßt und mit einer

Leitung gespeist. Speist man je zwei Halbwellendipole gemäß Bild 11.58b, entstehen Dipole der Länge λ, wobei aber die Stromverteilung sich gegenüber der von getrennten Dipolen nicht ändert. Solche Dipole der Länge λ nennt man *Ganzwellendipole*. Noch einen Schritt weiter geht eine Anordnung nach Bild 11.58c, wobei vier Dipole gemeinsam gespeist werden. Allerdings müssen je zwei Ganzwellendipole mit dem Widerstand $R = Z$ verbunden werden. Der Strahlungswiderstand eines Ganzwellendipols ist in der Regel hoch. Es wird nämlich gemäß Bild 11.58b an einer Stelle mit einem Spannungsbauch eingespeist. Je nach *Schlankheitsgrad* (Betriebswellenlänge durch Stabdurchmesser) können Strahlungswiderstände zwischen einigen hundert und einigen tausend Ohm erzielt werden.

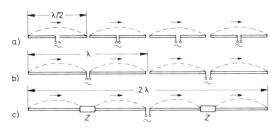
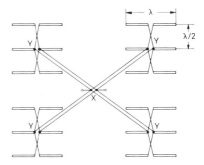

Bild 11.58. Speisung von Dipollinien ohne Veränderung der Stromverteilung
a) Halbwellendipole getrennt gespeist
b) Bildung von zwei Ganzwellendipolen
c) Zentralspeisung

Bild 11.59. Symmetrische Speisung einer in Untergruppen aufgeteilten ebenen Dipolgruppe

● *Gruppenspeisung*

Größere ebene Dipolgruppen werden zur Speisung in kleinere Gruppen zerlegt. Ein typischer Fall ist mit Bild 11.59 angegeben, wo vier Gruppen aus je sechs Halbwellendipolen (bzw. je drei Ganzwellendipolen) vom Knotenpunkt X her gespeist werden. Nehmen wir an, daß die Fußpunktimpedanz jedes Ganzwellendipols bei 900 Ω liegt, beträgt der Widerstand in den vier Speisepunkten Y noch 300 Ω (900 Ω : 3, weil drei Dipole parallel). Die Verbindung zwischen den Speisepunkten Y und dem Knotenpunkt X kann auf zwei Arten ausgeführt werden: Entweder es werden *angepaßte Leitungen* verwendet, deren Wellenwiderstand also gleich dem Widerstand von 300 Ω an den Speisepunkten ist; dann können die Leitungen beliebig lang sein. Oder es werden *abgestimmte Leitungen* verlegt. Deren Länge muß ein ganzzahliges Vielfaches von λ/2 sein. Jedoch hat dann der Wellenwiderstand praktisch keine Bedeutung. In beiden Fällen entsteht im Knotenpunkt X 1/4 des Speisepunktwiderstandes der Einzelgruppen, im verwendeten Beispiel also 75 Ω. Es ist leicht nachzurechnen, daß bei einer Einzelspeisung aller Halbwellendipole im Knotenpunkt X ein für praktische Nutzungen viel zu kleiner Widerstand von etwa 2,5 Ω entsteht.

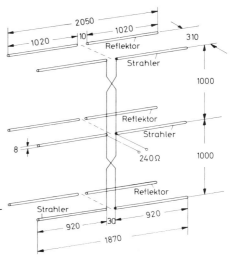

● *Räumliche Dipolgruppen*

Ebene Dipolgruppen nach Bild 11.59 strahlen zweiseitig (*bidirectional*). Wird eine nur einseitige Abstrahlung (*unidirectional*) und der damit verbundene Gewinnzuwachs gewünscht, müssen die Dipole

Bild 11.60. 12-Element Gruppenantenne (Gewinn ca. 10 dB). Dimensioniert für das 2 m-Amateurband; Maße in mm (nach [36])

11.4. Gruppenstrahler

der ebenen Gruppe um gleich viele Reflektoren im Abstand 0,1 λ bis 0,3 λ ergänzt werden. Der Antennengewinn wächst dadurch um etwa 3 dB. Die räumliche 12-Element-Gruppe nach Bild 11.60 ist ein typisches Beispiel, dimensioniert für das 2m-Amateurband (150 MHz). Der Speisepunktwiderstand beträgt 240 Ω, der Gewinn etwa 10 dB. Oft gebraucht werden 16-Element-Gruppen, die durch Aufstocken der 12er-Gruppe nach Bild 11.60 entstehen. Der Gewinn steigt dabei um 1 dB auf 11 dB. Diese 12- bzw. 16-Element-Gruppen sind als Grundeinheiten anzusehen, mit denen große räumliche Gruppen nach dem in Bild 11.59 angegebenen Schema aufgebaut werden können. Dabei gilt, daß eine Verdopplung der Elementzahl etwa 3 dB Gewinnzuwachs bringt.

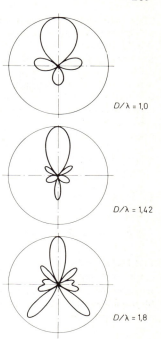

● *Kreisgruppen als Richtstrahler*

Kreisgruppen sind gemäß Bild 11.47 Anordnungen aus Vertikaldipolen, die auf einem Kreisumfang stehen. Sie können je nach Phasenlage in den einzelnen Elementen als Rundstrahler oder als Richtstrahler wirken. Der besondere Vorteil solcher Anordnungen besteht darin, daß allein durch entsprechende Phaseneinstellungen die Hauptkeule in jede gewünschte Richtung gedreht werden kann, ohne daß die Schärfe der Bündelung abnimmt. Dies ist mit ebenen Gruppen nicht möglich. Für den einfachen Fall, daß alle Ströme gleich groß sind, die Phase zweier gegenüberliegender Elemente aber gerade entgegengerichtet ist, entstehen Richtdiagramme wie in Bild 11.61 angegeben. Als Parameter ist das Verhältnis von Kreisdurchmesser D zur Wellenlänge benutzt. Die Schärfe der Bündelung nimmt mit wachsendem Kreisdurchmesser zu. Allerdings werden gleichzeitig auch die Nebenkeulen größer.

Bild 11.61. Horizontaldiagramme einer Kreisgruppe aus 10 Vertikaldipolen mit verschiedenen Werten für das Verhältnis Kreisdurchmesser D zur Wellenlänge

● *Reflektorwände*

Einfache Dipole, Falt- und Breitbanddipole sowie Yagi-Antennen werden zur Erhöhung des Gewinns oft vor Reflektorwände gesetzt. Dabei handelt es sich in der Regel um großflächige Metallkonstruktionen, wobei Blechwände mit gut leitender Oberfläche aber auch beispielsweise Maschendrahtgeflechte beste Wirkungen gewährleisten. In der Praxis wird jedoch meist ein Gitter aus Paralleldrähten oder Stäben aufgebaut, wobei der Stababstand etwa λ/20 betragen sollte. Die Reflektorwand muß in jeder Richtung mindestens λ/2 über die Abmaße des Dipols hinausragen. Wenn die Strahler unmittelbar (< 0,05 λ) vor der Wand montiert sind, ergibt sich ein Gewinn von mehr als 7 dB. Aus vielen Gründen wird man in der Praxis jedoch Abstände zwischen 0,10 λ und 0,35 λ bzw. zwischen 0,65 λ und 0,85 λ realisieren. Der Gewinn beträgt dann etwa 5 dB. Etwas höhere Gewinne werden mit abgewinkelten oder gekrümmten Reflektorwänden erzielt.

● *Zirkularpolarisation*

Es sei hier wiederholt, mit welchen Polarisationen deutsche Rundfunk- und Fernsehsender arbeiten:

LMK-Rundfunk:	vertikal polarisiert
UKW-Rundfunk:	horizontal polarisiert
Fernsehen Band I:	vertikal polarisiert
Fernsehen Bänder III, IV, V:	horizontal polarisiert

Die horizontale Polarisation wurde für UKW-Rundfunk deshalb eingeführt, weil dadurch ein besserer Schutz gegen Zündfunken-Störungen von Automobilen etc. gewährleistet ist. Auch im Band I des Fernsehfunks wird heute oft auf Horizontalpolarisation übergegangen. Bei einigermaßen ungestörten Ausbreitungen wird ein optimaler Empfang nur möglich, wenn auch die Empfangsantennen für die richtige Polarisation ausgelegt sind. Dies ist z.B. von vornherein nicht der Fall bei Autoantennen, weil sich weltweit vertikale Stäbe für alle Wellenbereiche durchgesetzt haben (vgl. 11.3.4). Der Empfang wird mit solch einer „Kompromißantenne" aber doch möglich, weil während der Übertragung mit Polarisationsdrehungen zu rechnen ist. Daraus folgt jedoch, daß auch Antennen der richtigen Polarisation nur selten optimal empfangen können. So scheint es naheliegend, von den Sendern her beide Polarisationsrichtungen anzubieten, also mit *Zirkularpolarisation* auszustrahlen. Erste Anlagen dafür sind bereits in Betrieb genommen.

● *Antennen für Zirkularpolarisation*

Ein wichtiger Strahler für Zirkularpolarisation ist die *Spulenantenne* nach Bild 11.62. (Andere Namen sind: Wendelantenne, Korkenzieherantenne, Helical- oder Helix-Antenne.) Weil elektrische Feldvektoren immer senkrecht auf leitenden Oberflächen enden, entsteht insgesamt ein umlaufendes elektrisches Feld — also Zirkularpolarisation. Eine Spule für den untersten UHF-Bereich kann folgende Abmessungen haben: Länge = 1,44 λ; Spulendurchmesser = 0,31 λ; Steigung = 0,24 λ; Drahtdurchmesser = 0,017 λ; Steigungswinkel = 14°; Windungszahl = 6; Strahlungswiderstand $\approx$ 130 Ω; Frequenzbereich 300 ... 500 MHz. Spulenantennen sind immer breitbandig und werden vom VHF-Bereich bis in den cm-Bereich benutzt. In vielen Fällen werden Antennen für Zirkularpolarisation mit vertikal stehenden Kreuzdipolen oder gekreuzten Yagis (*Kreuz-Yagi*) aufgebaut. Beide Systeme müssen mit einer gegenseitigen Phasenverschiebung von 90° gespeist werden. Bilder 11.63 und 11.64 zeigen Ausführungsbeispiele.

Bild 11.62
Spulenantenne mit Richtdiagrammen   Spule   Horizontaldiagramm   Vertikaldiagramm

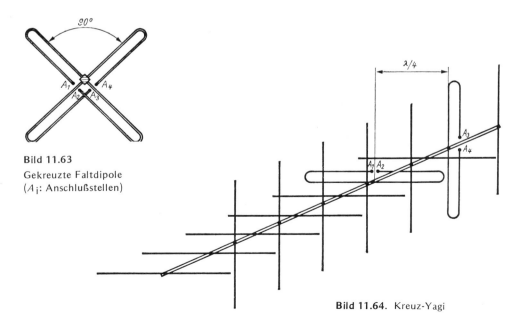

Bild 11.63
Gekreuzte Faltdipole
(A_i: Anschlußstellen)

Bild 11.64. Kreuz-Yagi

* 11.4.3. Rundstrahler

Rundstrahler der einfachsten Form sind die Marconi-Antenne und der vertikal montierte Dipol. Wegen der bei richtiger Dimensionierung recht guten Rundstrahleigenschaften zählt man häufig auch die Drehkreuzantenne dazu.

• Drehkreuzantenne

In 11.3.2 ist die Drehkreuzantenne (*Turnstile*) in ihrer einfachsten Form besprochen worden, nämlich aufgebaut aus zwei rechtwinklig gekreuzten und mit 90° Phasendifferenz gespeisten Dipolen (Bild 11.30). Im allgemeinen Fall sind n radiale Stäbe auf einer Kreisscheibe angeordnet. Bei großem n ist das Horizontaldiagramm nahezu kreisförmig. Für den wichtigen Fall $n = 4$ sind in Bild 11.65 Horizontal- und Vertikaldiagramm angegeben. Aus dem *Horizontaldiagramm* wird erkennbar, daß schon mit zwei gekreuzten Halbwellendipolen eine gute Rundstrahlung erzielt wird. Denn vier Radialstrahler der jeweiligen Länge $l = \lambda/4$ bilden ja gerade zwei $\lambda/2$-Dipole. Mit $l = \lambda/2$ (zwei gekreuzte Ganzwellendipole) entstehen jedoch erhebliche Richtwirkungen. Das *Vertikaldiagramm* zeigt, daß die Rundstrahlung sehr steil abgegeben wird.

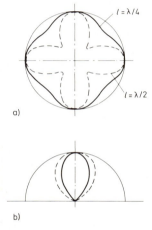

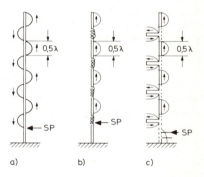

Bild 11.65. Richtdiagramme einer Drehkreuzantenne aus vier Elementen der Länge l
a) Horizontaldiagramm
b) Vertikaldiagramm

Bild 11.66. Marconi-Franklin-Antenne mit Speisepunkt SP
a) in Oberwellen erregte Vertikalantenne,
b) mit Spulen und
c) mit Umwegleitungen unterdrückte gegenphasige Halbwellen

• Marconi-Franklin-Antenne

Mit Bild 11.58 wurde gezeigt, wie durch Zusammenfassung und Parallelspeisung zweier Halbwellendipole ein Ganzwellendipol entsteht. Zwei Ganzwellendipole zusammengefaßt ergeben eine lineare, zentral gespeiste Anordnung der Länge 2λ (Bild 11.58c), die so wirkt, als sei ein einfacher *Dipol in Oberwellen erregt* (vgl. dazu Bild 11.6 in 11.1.1). Dies sei mit Bild 11.66 weiter untersucht. Im Teilbild a ist eine vertikale, am Fußpunkt gespeiste Antenne mit vier Perioden in Resonanz dargestellt. Werden die gegenphasigen Halbwellen durch Spulen oder Umwegleitungen unterdrückt, entstehen zwei in den Teilbildern b und c gezeigte Versionen der *Marconi-Franklin-Antenne*. Es handelt sich mithin bei diesem Antennentyp um eine vertikale Dipollinie, wobei die einzelnen Halbwellendipole durch Spulen oder Umwegleitungen verbunden sind. Verwendet werden solche fußpunktgespeisten Dipollinien im Kurzwellenbereich.

• Kreisgruppenantennen

Kreisgruppen als Richtstrahler sind in 11.4.2 besprochen worden. Bei gleichphasiger Speisung aller n Elemente, die gemäß Bild 11.47 auf einem horizontalen Kreisring vertikal angeordnet sind, entsteht ein kreisförmiges Horizontaldiagramm, wenn gilt:

$$n \geqslant \frac{\pi D}{\lambda} + 2. \qquad (11.44)$$

Wenn also der Kreisdurchmesser zu $D = \lambda/2$ gewählt wird, genügen bereits $n = 4$ Elemente für eine gute Rundstrahlung. Dies ist denn auch die gebräuchlichste Form von rundstrahlenden Kreisgruppenantennen, geeignet für den Kurzwellen- und UKW-Bereich bei vertikaler Polarisation.

• Gruppenantenne mit vertikaler Polarisation

Für Fernsehsender im Band I (41 ... 68 MHz) sind spezielle Kreisgruppenantennen für die in diesem Bereich früher übliche vertikale Polarisation gebaut worden. Ein Beispiel ist in Bild 11.67 skizziert. Und zwar sind bei dieser Fernseh-Sendeantenne zwei Kreisgruppen aus je vier vertikalen Faltdipolen übereinander montiert. Das Besondere an dieser Antenne ist die benutzte *Drehfeldspeisung*. Darunter versteht man eine Erregung der n Elemente in der Form, daß die Einzelelemente eine gegenseitige Phasenverschiebung im Sinne einer umlaufenden Welle erhalten. Nach einem Umlauf muß gerade wieder die Anfangsphase erreicht sein. Bei $n = 4$ Elementen bewirkt die Drehfeldspeisung, daß zwei diametral gegenüberstehende Elemente in Gegenphase schwingen. So wird eine wirkungsvolle Entkopplung vom vertikalen Trägermast erzielt.

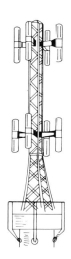

Bild 11.67

Vertikal polarisierende Rundstrahlantenne für Fernsehsender aus zwei übereinander montierten Kreisgruppen mit je vier Faltdipolen

Bild 11.68

Quirlantenne (gestockte Drehkreuze) für UKW-Sender

• Strahler für horizontale Polarisation

Nach dem mit Bild 11.67 angegebenen Prinzip sind die meisten Rundfunk- und Fernseh-Sendeantennen aufgebaut. D.h. Antennenmasten werden mit geeigneten Strahlern bestückt, wobei Strahlertyp, Anzahl und Anordnung durch die gewünschte Polarisation und Richtcharakteristik bestimmt sind. Für UKW-Rundfunk und Fernsehen sind horizontal polarisierende Strahler nötig. Geeignet sind in diesem Sinne: *Drehkreuzantenne* und *U-Antenne*. Die Richtcharakteristik von Drehkreuzantennen ist in der Horizontalebene gemäß Bild 11.65 mit Elementlängen kleiner $\lambda/4$ nahezu kreisförmig. Ein ähnliches Verhalten zeigen U-Antennen. Hierbei handelt es sich um an beiden Enden rechtwinklig umgebogene Dipole. Beide Rundstrahlertypen weisen jedoch den Nachteil auf, daß erhebliche Strahlungsanteile nach oben und unten abgegeben werden, mithin für die bei UKW-Rundfunk notwendige horizontale Abstrahlung verloren gehen. Durch vertikale Gruppenbildung mit Abständen von etwa 0,85 ... 0,90 λ zwischen den Elementen läßt sich die Richtcharakteristik erheblich verbessern (Bild 11.68).

11.5. Langdrahtantennen

• **Reflektorwand-Rundstrahler**

Mit den am Ende von 11.4.2 besprochenen Reflektorwandantennen, die gute Richtstrahler sind, lassen sich wirkungsvolle und universelle Rundstrahler für die VHF- und UHF-Bereiche aufbauen. Bild 11.69 zeigt Horizontaldiagramme für den Fall, daß vier Reflektorwände quadratisch um einen Antennenmast angeordnet sind. Bei *Drehfelderregung* entstehen wesentlich stärkere Schwankungen als bei gleichphasiger Erregung. Das Runddiagramm kann verbessert werden, wenn bei mehrstöckigem Aufbau die Reflektorwände der einzelnen Ebenen gegeneinander verdreht montiert werden. Andererseits lassen sich durch entsprechende räumliche Anordnung der Richtstrahler fast beliebige Horizontaldiagramme erzeugen.

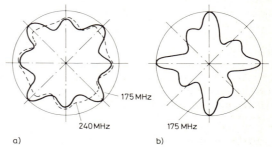

Bild 11.69
Horizontaldiagramme eines aus vier Reflektorwänden aufgebauten Rundstrahlers
a) gleichphasige Erregung,
b) Drehfelderregung

11.5. Langdrahtantennen

11.5.1. Einfache Langdrahtantenne

Zum Herausarbeiten der Besonderheiten bei Langdrahtantennen wollen wir zunächst die in Bild 11.70 skizzierte, am Ende offene Anordnung untersuchen.

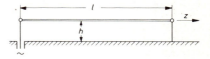

Bild 11.70
Am Ende offene Langdrahtantenne (stehende Wellen)

• **Stehende Wellen**

Ein mehrere Wellenlängen langer Draht, horizontal gespannt, bildet zusammen mit der Erdoberfläche eine Doppelleitung. Ist diese Anordnung gemäß Bild 11.70 am Ende offen, bilden sich auf der Leitung stehende Wellen aus. Damit ist praktisch der Betriebsfall realisiert, wie er auch bei Vertikalantennen und Dipolen vorliegt. Der Langdraht ist sozusagen in Oberwellen erregt, ähnlich wie bei einem Oberwellendipol (11.1.1) oder der Marconi-Franklin-Antenne (11.4.3). Für am Ende offene und durch Bodenreflexionen ungestörte Langdrähte verschiedener Länge sind in Bild 11.72 Horizontaldiagramme gezeichnet. Die Strahlungsverteilung ist jeweils rotationssymmetrisch zur Drahtachse und ungestört, wenn gilt

$$\frac{h}{l} = 0{,}291. \qquad (11.45)$$

Mit beispielsweise $l = 3\lambda$ muß demnach der Langdraht mindestens in der Höhe $h \approx \lambda$ gespannt sein.

• **Wanderwellen**

Wird die in der Höhe h gespannte Langdrahtantenne gemäß Bild 11.71 am Ende mit einem Wirkwiderstand abgeschlossen, der gleich dem Wellenwiderstand des Drahtes ist (reflexionsfreier Abschluß, vgl. 9.2.4), dann bilden sich fortschreitende Wellen aus, und es entstehen einseitig gerichtete Strahlungsdiagramme nach Bild 11.73. Dies ist die eigentliche *Langdrahtantenne*, die heute im Kurzwellenbereich eingesetzt wird und dabei etwa $\lambda/2$ bis λ hoch angebracht ist. Der von der Drahtlänge abhängige Gewinn G, der zugehörige Strahlungswiderstand R_s und jeweilige Winkel φ, den die Strahlungs-Hauptkeule (Hauptstrahlrichtung) mit der Drahtachse bildet, sind in Bild 11.74 angegeben. Der Gewinn ist für eine offene Langdrahtantenne mit stehenden Wellen berechnet.

Bild 11.71. Mit Wellenwiderstand reflexionsfrei abgeschlossene Langdrahtantenne (Wanderwellen)

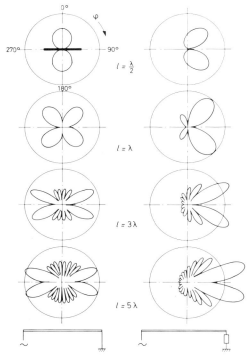

* **11.5.2. Rhombusantenne**

Eine Erhöhung der Richtschärfe und des Antennengewinnes wird möglich, wenn Langdrähte in geeigneter Weise kombiniert werden.

• *V-Antenne*

Eine V-Antenne entsteht, wenn zwei Langdrahtantennen in der Horizontalen unter dem Winkel α gegeneinander ausgespannt und im Gegentakt erregt werden. Der Winkel ergibt sich aus

$$\alpha = 1{,}72 \cdot \frac{\lambda}{l} . \qquad (11.46)$$

Mit solch einer Anordnung ist bei Leerlauf an den Drahtenden ein um etwa 3 dB höherer Gewinn zu erwarten als mit einem gleich langen Einzeldraht. Wie sich bei reflexionsfrei abgeschlossenen Drähten aus den Diagrammen der Einzeldrähte das Gesamtdiagramm der V-Antenne ermitteln läßt, ist in Bild 11.75 angegeben.

• *Rhombusantenne*

Werden entsprechend Bild 11.76 zwei V-Antennen zusammengesetzt und im Gegentakt erregt, entsteht eine Rhombusantenne. Wie im Bild schematisch angedeutet, werden dadurch Richtwirkung und Gewinn weiter gesteigert. Außerdem ist diese Bauform noch breitbandiger als eine gleich lange V-Antenne. Die Hauptstrahl-

Bild 11.72. Horizontaldiagramme im freien Raum bei stehenden Wellen

Bild 11.73. Horizontaldiagramme bei Wanderwellen

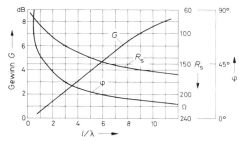

Bild 11.74. Antennengewinn G, Strahlungswiderstand R_s und Winkel φ der Hauptkeule zur Drahtachse in Abhängigkeit von der Drahtlänge

11.5. Langdrahtantennen

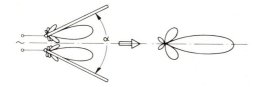

Bild 11.75
Horizontaldiagramm einer V-Antenne, konstruiert aus den Diagrammen der am Ende reflexionsfrei abgeschlossenen Einzeldrähte (α: Öffnungswinkel)

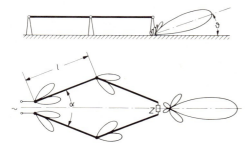

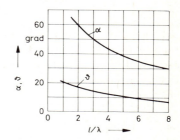

Bild 11.76. Rhombusantenne mit vertikalen und horizontalen Richtdiagrammen (Seitenansicht und Draufsicht)

Bild 11.77. Typische Werte von Rhombusantennen in Abhängigkeit von der Drahtlänge l (Bild 11.76), Öffnungswinkel α und Erhebungswinkel ϑ

richtung liegt in der Symmetrieachse, weist jedoch gegen Erde den Winkel ϑ auf (Erhebungswinkel). Optimale Öffnungswinkel α und zugehörige Erhebungswinkel ϑ sind in Bild 11.77 in Abhängigkeit von der Drahtlänge l angegeben.

> Die Rhombusantenne ist der wichtigste Richtstrahler für Kurzwellen-Sprechfunk und Kurzwellen-Richtfunk. Das horizontal polarisierte Feld der Hauptkeule wird mit dem Erhebungswinkel ϑ gegen die reflektierenden Ionosphärenschichten gestrahlt.

● *Mehrfachrhombus*

Zur weiteren Verbesserung der Richtwirkung und um die Hauptkeule bei Bedarf schwenkbar zu machen, werden manchmal Rhombusantennen mehrfach montiert. Dabei sind denkbar: Übereinanderstockung, Hintereinander- und Nebeneinander-Anordnung. Beispielsweise wird für einen im Abstand von $\lambda/2$ gestockten Doppelrhombus ein Gewinn von 17 dB angegeben. Die gebräuchlichste Form eines Mehrfachrhombus ist jedoch die in Bild 11.78 skizzierte Anordnung. Bei nur jeweils einem Rhombusdraht entsteht an den Knickstellen eine Unstetigkeit im Wellenwiderstand, die zur Einschränkung der Bandbreite führt. Durch die gezeigte Mehrfachaufspreizung, und durch die damit verbundene effektive Querschnittsvergrößerung an den Knickpunkten, wird der Sprung im Wellenwiderstand ausgeglichen. In Anlehnung an die in 11.3.2 mit Bild 11.34 vorgestellten Breitbanddipole spricht man bei dieser Form von *Breitbandrhombus* (auch: „dicker" Rhombus). Ein weiterer Vorteil dieser Anordnung ist, daß der Eingangswiderstand von etwa 800 Ω (beim Einzelrhombus) auf ca. 600 Ω reduziert wird, so daß die Speisung mit 600 Ω-Zweidrahtleitungen angepaßt erfolgen kann.

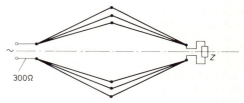

Bild 11.78. Breitbandrhombus

11.6. Schlitz- und Flächenstrahler

11.6.1. Grundlagen

Bei allen in den vorhergehenden Abschnitten besprochenen *Linearantennen* und den aus solchen aufgebauten Gruppenstrahlern war als Ursache der Strahlung die jeweilige lineare Stromverteilung auf den Leitern angesehen worden. Diese Vorstellung von einem linienförmigen Strombelag ist zwar bestens geeignet, Wellenablösungen und Strahlungsfelder bei Linearantennen zu beschreiben; sie wäre aber nur mit zusätzlichen Hilfsannahmen zur Beschreibung der Vorgänge bei Schlitz- und Flächenstrahlern brauchbar und entspricht auch nicht direkt den physikalischen Gegebenheiten.

• *Energietransport*

Der elektrische Energietransport geschieht nicht etwa in den Leitern, sondern in deren unmittelbarer Umgebung. Diese nichtleitende Umgebung wird *Dielektrikum* genannt. Bei einem Stromfluß breitet sich im Dielektrikum das elektromagnetische Feld und damit die elektrische Energie aus. Beispielsweise konzentriert sich die Energie zwischen den beiden Leitern einer Doppelleitung oder zwischen Innen- und Außenleiter eines Koaxialkabels. Die beiden Leiter selbst dienen nur zum Führen der Energie. Daraus kann man schließen, daß an jeder Leitungsunterbrechung das elektromagnetische Feld und damit die elektrische Energie in den freien Raum strahlen.

> Jede Leitungsunterbrechung oder Öffnung stellt eine Antenne zur Abstrahlung elektromagnetischer Felder dar.

Beispiele für die Energieabstrahlung sind mit Bild 11.79 angegeben. Danach strahlt eigentlich nur die Öffnung der Speiseleitung zur Antenne. Die Antenne selbst dient lediglich zur Führung und Überleitung in das Strahlungsfeld.

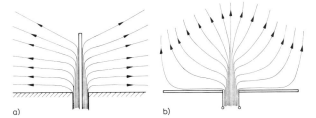

Bild 11.79
Energiestrom und Ablösung am Leitungsende
a) Vertikalantenne,
b) Dipol

• *Abstrahlung an Öffnungen*

Die Aussage, daß eigentlich nur die Leitungsöffnungen strahlen, legt den Gedanken nahe, auf die Fortsetzung der Speiseleitung als Antennenstab zu verzichten und nur die Öffnung selbst strahlen zu lassen. Dieser Gedanke wird besonders realistisch, wenn die Wellenlängen nur noch Zentimeter oder Millimeter betragen (UHF und Mikrowellen). Entscheidend für das Abstrahlverhalten und damit für den Wirkungsgrad ist eine geeignete Formgebung der strahlenden Öffnung. Grundsätzlich gilt dabei, daß die Abstrahlung um so wirkungsvoller gelingt, je größer die Öffnung ist. Beispielsweise läßt sich eine große Öffnung zusätzlich mit einem für die Abstrahlung vorteilhaften stetigen Übergang durch eine wie in Bild 11.80 dargestellte kegelförmige Ausbildung erzielen. Die strahlende Öffnung wird *Apertur* genannt. Ihre Fläche (in Bild 11.80 $A_a = r^2 \pi$) sollte wenigstens in einer Dimension größer als einige Wellenlängen sein.

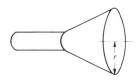

Bild 11.80
Kegelförmige Öffnung mit strahlender Fläche $A_a = r^2 \cdot \pi$

* 11.6. Schlitz- und Flächenstrahler

● *Gewinn*

Für den Fall, daß die Öffnung gleichphasig und gleichmäßig (*homogen*) strahlt, kann ein allgemeiner Ausdruck für den Gewinn angegeben werden, der unabhängig von der Form der Apertur ist:

$$G = 4\pi \frac{A_a}{\lambda^2}. \qquad (11.47)$$

Der Gewinn steigt also mit zunehmender Aperturfläche und abnehmender Wellenlänge. Weil der Fall homogener Strahlung nicht immer realisierbar ist, wird eine Öffnung praktisch mit einer *Wirkfläche* A_w strahlen, die kleiner als die Aperturfläche A_a ist: $A_w = q A_a$ mit $q \leq 1$ (Flächenausnutzungsfaktor).

● *Aperturstrahler*

Wegen der Abhängigkeit der Antennenwirkung von der Apertur verwendet man auch den Begriff *Aperturstrahler*. Unter diesem Obergriff werden zwei Typen unterschieden: *Flächenstrahler* und *Schlitzstrahler*. Als Unterscheidungskriterium wird die auf die Wellenlänge bezogene Form der Apertur benutzt:

> *Flächenstrahler:* Apertur in beiden Dimensionen mindestens von der Größenordnung der Wellenlänge oder groß dagegen.
> *Schlitzstrahler:* Nur eine Dimension von dieser Größenordnung, die andere sehr viel kleiner.

* **11.6.2. Schlitzstrahler**

Wir wollen die weiteren Überlegungen anhand eines aus einer ebenen, leitenden Fläche herausgeschnittenen Schlitzes vornehmen. Gemäß Bild 11.81 soll der Schlitz $\lambda/2$ lang und die Breite b sehr klein dagegen sein.

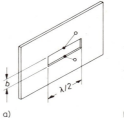
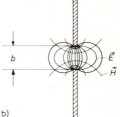

Bild 11.81
a) $\lambda/2$-Schlitz mit $b \ll \lambda$
b) Feldverteilung im in der Mitte erregten Schlitz

● *Analogie zum $\lambda/2$-Dipol*

Wird der $\lambda/2$-Schlitz aus Bild 11.81a in der Mitte gespeist, entsteht in ihm die in Teilbild b angegebene Verteilung des elektrischen Feldes. Das heißt, in der Öffnung verläuft das elektrische Feld nur quer zum Schlitz, also parallel zur Schirmebene. Das magnetische Feld steht senkrecht auf der Schlitzöffnung. Der $\lambda/2$-Schlitz zeigt mithin die gleichen Feldverteilungen wie ein $\lambda/2$-Dipol — nur daß die elektrischen und magnetischen Feldkomponenten gerade vertauscht sind. Unter Berücksichtigung dieser Vertauschung läßt sich somit das Strahlungsverhalten eines Schlitzes aus dem eines Dipols herleiten. Das bedeutet insbesondere, daß ein vertikaler Schlitz horizontal polarisiert abstrahlt, ein horizontaler Schlitz aber vertikal polarisiert. Bei einem sehr schmalen Schlitz beträgt die Eingangsimpedanz etwa 485 Ω und nimmt zu, wenn der Schlitz verbreitert wird.

● *Schlitzerregung*

Ein paar Arten der Schlitzerregung sind in Bild 11.82 angegeben. Teilbild a zeigt die Mittenspeisung mit einem Koaxialkabel; der Innenleiter führt zur oberen Kante, der Außenleiter ist mit der Unterkante verbunden. Eine vertikal polarisierende Schlitzantenne ist in Teilbild b skizziert, ein „gefalteter" Schlitzstrahler in Teilbild c. Die Eingangsimpedanz dieser Anordnung verringert sich im Verhältnis

4 : 1, so daß die Speisung mit einem 75 Ω Koaxialkabel möglich wird. Teilbild d schließlich zeigt einen Rechteckhohlleiter, der mit einer Schlitzblende abgeschlossen ist. Aus 9.3.4 wissen wir, daß zur Ausbreitung der *Hauptwelle* der Rechteckhohlleiter gerade λ/2 breit sein muß, die Blende mithin einen λ/2-Schlitz darstellt.

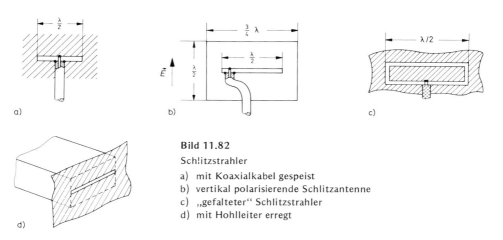

Bild 11.82
Schlitzstrahler
a) mit Koaxialkabel gespeist
b) vertikal polarisierende Schlitzantenne
c) „gefalteter" Schlitzstrahler
d) mit Hohlleiter erregt

● *Rohrschlitzstrahler*

Eine für den Fernsehrundfunk wichtige Sendeantenne entsteht, wenn die geschlitzte Metallplatte entsprechend Bild 11.83a zu einem Rohr gebogen wird. Solche *Rohrschlitzantennen* mit vertikalem Schlitz strahlen *horizontal polarisiert*, bündeln vertikal und weisen horizontal ein Richtdiagramm auf, daß vom Rohrdurchmesser $2r$ abhängt. Mit Rohrdurchmessern, die groß gegen die Wellenlänge sind, strahlen sie in den Halbraum vor der Schlitzseite (Bild 11.83b). Ist der Rohrdurchmesser jedoch klein gegen die Wellenlänge, entsteht horizontal eine recht gute Rundstrahlcharakteristik (Bild 11.83c). Stockt man mehrere Rohrschlitzstrahler übereinander, bleibt die horizontale Rundstrahlung unverändert, der vertikale Öffnungswinkel aber wird kleiner, d.h. der Antennengewinn steigt. Die Speiseleitungen werden im Rohrinnern zu den Schlitzen geführt. Zwei Rohrschlitzstrahler übereinander mit einem Mittenabstand von 1,4 λ ergeben einen Gewinn von $g = 3,1$ (Spannungsgewinn $G \approx 10$ dB). Bei vier Schlitzen verdoppelt sich der Gewinn. Für den UKW- und Fernsehrundfunk werden häufig acht Rohrschlitzstrahler gestockt. Der Gewinn beträgt dann etwa $g = 12$ ($G \approx 21$ dB).

 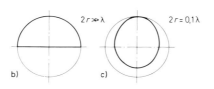

Bild 11.83
Rohrschlitzantenne (a) und Richtdiagramme für verschiedene Rohrdurchmesser $2r$

● *Schmetterlingsantenne*

Als Sendeantenne für den UKW- und Fernsehrundfunk sehr oft benutzt wird eine Sonderform des Schlitzstrahlers, die *Schmetterlingsantenne* genannt wird (auch: *Batwingantenne*). Der Schlitzstrahler liegt bei dieser Antenne zwischen Tragmast und zwei flügelförmigen Rohrkonstruktionen mit den Abmessungen nach Bild 11.84a. Die Richtwirkung ist die gleiche wie die normaler Schlitzantennen; die Abstrahlung erfolgt horizontal polarisiert. Zum Einsatz als Fernsehrundstrahlantenne mit hohem Gewinn werden je zwei Schmetterlingsantennen zu Drehkreuzen vereinigt und etwa gemäß Bild 11.84b umlaufend mit jeweils 90° Phasendifferenz gespeist. Solche Anordnungen zeichnen sich durch ein fast

11.6. Schlitz- und Flächenstrahler

kreisrundes Strahlungsdiagramm und durch besondere Konstanz ihrer Strahlungseigenschaften in einem großen Frequenzbereich aus. Mehrere Schmetterlings-Drehkreuze übereinander erhöhen als Gruppenstrahler die Richtwirkung in der Vertikalebene. Für diese Ausführung benutzt man auch die Bezeichnung *Super-Turnstile-Antenne*.

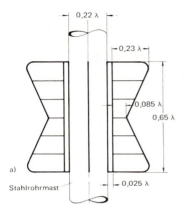

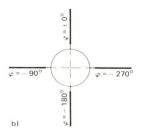

Bild 11.84. Schmetterlingsantenne
a) Abmessungen
b) Speisung der Drehkreuzanordnung

11.6.3. Flächenstrahler

Nehmen wir beispielsweise die Öffnung eines Rechteckhohlleiters mit der Fläche $a \times b$ (vgl. dazu Bilder 9.38 und 9.39 in 9.3.4). Dann gilt für den Wellenwiderstand dieser Öffnung

$$Z = \frac{Z_0}{\sqrt{1 - \left(\frac{\lambda}{2a}\right)^2}} \quad . \tag{11.48}$$

Je größer a wird, d.h. je größer die Apertur ist, um so mehr nähert sich der Wellenwiderstand Z dem Wellenwiderstand Z_0 des freien Raumes. Dann ist also der Hohlleiter mit dem Wellenwiderstand $Z = Z_0$ abgeschlossen, und die einfallenden Wellen werden von der Öffnung fast ohne Reflexion abgestrahlt.

● *Hornstrahler*

Im Zentimeterwellenbereich (Mikrowellen) und Millimeterwellenbereich werden als Verbindungs- und Speiseleitungen praktisch nur Hohlleiter benutzt. Daher bietet es sich an, durch hornartige Aufweitungen gemäß Bild 11.80 die Hohlleiterenden zu wirksamen Antennen auszubilden. Je nach der Art des speisenden Hohlleiters ist der Trichter mit kreisförmigem oder rechteckigem Querschnitt ausgeführt und wird auch manchmal *Hohlleiterantenne* genannt. Bild 11.85 zeigt ein paar Beispiele. Der Öffnungswinkel α liegt bei kommerziellen Hörnern zwischen 40° und 60°. Dies ist ein Kompromiß, der realistische Hornbaulängen verbindet mit brauchbaren Bündelungseigenschaften. Zur Verbesserung der Strahlereigenschaften bei möglichst kurzen Baulängen werden „optische Verfahren" herangezogen, indem die Hornstrahler mit *Linsen* oder *Spiegeln* kombiniert werden.

Bild 11.85
Ausführungsformen von Hornstrahlern
a) Sektorhorn
b) Hornparabolstrahler

• *Parabolspiegel*

Jede Linsen- oder Spiegelform, die für optische Zwecke geeignet ist, kann auch zur Bündelung elektromagnetischer Wellen dienen. Die am meisten verwendete Form ist der *Parabolspiegel*. Bild 11.86 zeigt ein paar wichtige Ausführungsformen. Wesentlich ist in allen Fällen, daß die Quelle im *Brennpunkt* des rotationsparabolischen Metallspiegels angebracht ist. Dann werden nach optischen Gesetzen die vom Spiegel reflektierten Wellen in der *Aperturebene* gleichphasig sein. Die *Aperturebene* ist die Öffnungsfläche des Spiegels. Die im Brennpunkt stehende Quelle wird *Primärstrahler* genannt. Als Primärstrahler werden Hornstrahler oder auch Breitbanddipole verwendet. Bild 11.86a stellt die einfachste Form einer *Parabolantenne* dar. Es handelt sich um einen von der Vorderseite mit einem Hornstrahler gespeisten *Rotationsparaboloid*. Eine wichtige Bauform vor allem für große Flächenantennen ist die von der Rückseite gespeiste *Cassegrain-Antenne* (Bild 11.86b). Hierbei leuchtet ein in der Aperturebene und der Symmetrieachse des Hauptreflektors liegender Primärstrahler zunächst einen im Brennpunkt angebrachten *Fangreflektor* aus, von dem die Strahlung auf den Hauptreflektor fällt und erst von dort endgültig abgestrahlt wird. Die effektive Brennweite des Spiegelsystems wird dadurch viel länger als die Brennweite des Hauptreflektors. Außerdem wird durch diese Doppelspiegelung von vornherein das Vorbeistrahlen des Erregers am Hauptreflektor eingeschränkt. Wegen der damit verbundenen starken Bündelung wird die Cassegrain-Antenne vor allem in Bodenstationen von Nachrichtensatellitensystemen und für radioastronomische Teleskope eingesetzt. Eine relativ breitbandige Verwendung erlaubt die *Muschelantenne* nach Bild 11.86c, die von einem primären Erreger (Hornstrahler) schräg angestrahlt wird und die ihre Hauptanwendung in Richtfunk-Systemen findet.

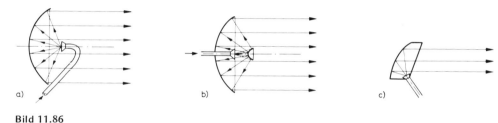

Bild 11.86
a) Parabolantenne (von der Vorderseite gespeist); b) Cassegrain-Antenne; c) Muschelantenne

11.7. Zusammenfassung

Die Antenne wandelt leitungsgebundene elektrische Energie in *Strahlungsenergie* um. Beim Studium des Abstrahlverhaltens kann man davon ausgehen, daß jeder Stromfluß ein *elektromagnetisches Feld* erzeugt, das sich bei geeigneter Formgebung des stromführenden Leiters von diesem ablösen kann. Die im abgelösten elektromagnetischen Feld transportierte Energie wird mit dem *Poyntingvektor* $\vec{S}$ beschrieben:

$$\vec{S} = \vec{E} \times \vec{H}. \tag{11.1}$$

Dies ist die Energiemenge im Feld, die je Sekunde durch eine senkrecht zur Ausbreitungsrichtung stehende Fläche von $1\,\mathrm{m}^2$ strömt. Die Ausbreitung selbst erfolgt im freien Raum mit *Lichtgeschwindigkeit*:

$$c = \frac{1}{\sqrt{\mu_0 \epsilon_0}} \approx 3 \cdot 10^8 \ \mathrm{m/s}. \tag{11.2}$$

Der wirksame Wellenwiderstand des freien Raumes ist

$$Z_0 = \sqrt{\frac{\mu_0}{\epsilon_0}} = 376{,}6 \, \Omega. \tag{11.5}$$

Die Polarisation einer elektromagnetischen Welle ist an der Lage der elektrischen Feldkomponente ablesbar.

Feldvektor dreht sich ständig:	*Elliptische Polarisation*
Grenzfall der kreisförmigen Drehung:	*Zirkularpolarisation*
Feldvektor parallel zur Erdoberfläche:	*Horizontale Polarisation*
Feldvektor senkrecht zur Erdoberfläche:	*Vertikale Polarisation*

Dipolantennen strahlen ein linear polarisiertes Wellenfeld ab, also je nach Dipollage horizontal oder vertikal polarisiert. Wenn der Dipol frei im Raum steht, breitet sich das Feld in allen Richtungen senkrecht zur Dipolachse gleichmäßig aus, nicht jedoch in Richtung der Dipolachse.

Vertikalantennen (einseitig geerdete bzw. Marconi- oder Stabantennen) strahlen vertikal polarisiert. Die Wellenausbreitung erfolgt parallel zur Erdoberfläche in allen Himmelsrichtungen.

Kenngrößen der Antenne sind

Richtdiagramm: Grafische Darstellung der Antennenrichtwirkung in horizontaler oder vertikaler Ebene; daraus kann der *Öffnungswinkel* abgelesen werden, definiert durch die Punkte zu beiden Seiten der Hauptkeule, an denen die abgestrahlte Leistung auf den halben Wert abgesunken ist (3 dB Leistungsabfall).

Antennengewinn: Wenn P_0 die Leistung einer Bezugsantenne ist (fiktiver Kugelstrahler, oft aber auch Dipolantenne), ergibt sich

$$g = \frac{P}{P_0} \quad \text{bzw.} \quad G = 10 \lg\left(\frac{P}{P_0}\right) \text{ in dB (Leistungsgewinn)} \tag{11.10}$$

Eingangswiderstand: Der komplexe Fußpunktwiderstand einer Antenne. Der Realteil heißt *Strahlungswiderstand:* $R_s = P_s/I_{max}^2$, wenn P_s die Strahlungsleistung der Antenne und I_{max} der maximale Antennenstrom am Speisepunkt ist. Für einen Halbwellendipol gilt theoretisch $R_s = 73{,}2 \, \Omega$.

Die Wellenausbreitung geschieht entweder parallel zur Erdoberfläche als *Bodenwelle* oder in den freien Raum als *Raumwelle*.

Bodenwellen werden mit zunehmender Frequenz und größer werdender Entfernung mehr und mehr geschwächt; anders: Die Reichweite von Bodenwellen nimmt mit wachsender Wellenlänge zu, weil längere Wellen von der Erde gebeugt werden.

Raumwellen sind für Signalübertragungen nutzbar durch *Brechung in der Troposphäre* (UKW) oder durch *Reflexion an der Ionosphäre* (MW und KW). Zu besonders großen Reichweiten kann es kommen durch *Schlauchübertragung* (mehrfache Beugung oder Reflexion zwischen zwei Schichten) oder durch *Streustrahlübertragung (Scatter)*. Durch Überlagerung von Bodenwellen und zur Erde zurückgelenkten Raumwellen können Schwunderscheinungen (*Fading*) entstehen. Gebiete, die weder von Raum- noch von Bodenwellen erreicht werden, heißen *tote Zonen*.

> **Sende- und Empfangsantennen** sind in ihren Ausführungsformen bestimmt durch; Frequenzbereich, Polarisation, Richtcharakteristik, wobei wesentlich eingeht, ob *Rundfunk* oder *Richtfunk* vorgesehen ist. Als Grundelemente zur Auswahl stehen:
>
> > Vertikalantenne und Dipolantenne.
>
> Wichtige Sonderformen sind: Ferritantenne, Langdrahtantenne, Schlitz- und Flächenstrahler. Durch *Gruppenbildung* vor allem mit Dipolantennen und Schlitzstrahlern lassen sich nahezu beliebige Richtcharakteristiken und Polarisationen sowie hohe Gewinne erzielen. Die am häufigsten verwendete Gruppenantenne ist die längsstrahlende *Yagi-Antenne*.

12. Drahtlose Übertragung

Die wichtigste Form der drahtlosen Übertragung stellt zweifelsohne der Rundfunk dar. Darum wird dieses Kapitel mit der Besprechung von *Hörrundfunk* (12.1) und *Fernsehrundfunk* (12.2) begonnen. Der *Richtfunk* als Instrument der Signalübertragung zwischen zwei Punkten, und dabei insbesondere als Ergänzung zur drahtgebundenen Fernsprechübertragung wird in 12.3 behandelt. Als moderne Alternative zu herkömmlichen Übertragungswegen bietet sich der *Satellitenfunk* an (12.4).

▶ 12.1. Hörrundfunk

12.1.1. Zielsetzungen, Qualitätsstufen, Sonderformen

Hörrundfunk wird in folgenden Wellenbereichen übertragen (vgl. auch Bild 1.14 in 1.6):

> *Langwelle* LW (150 ... 285 kHZ bzw. 2 ... 1,053 km)
> *Mittelwelle* MW (525 ... 1605 kHz bzw. 571 ... 187 m) } AM
> *Kurzwelle* KW (6 ... 19 MHz bzw. 49 ... 16 m)
> *Ultrakurzwelle* UKW (87 ... 104 MHz bzw. 3,45 ... 2,88 m)} FM

Die Bereiche LW, MW und KW bezeichnet man oft kurz als *LMK-Rundfunk,* wegen der verwendeten Amplitudenmodulation aber auch als *AM-Rundfunk.* Ebenso wird der *UKW-Rundfunk* manchmal *FM-Rundfunk* genannt.

• *AM-Wellenpläne*

Die Belegung der AM-Wellenbereiche LW, MW und KW mit Sendern wird dadurch bestimmt, daß mit einer Signalbandbreite von 4,5 kHz im Zweiseitenbandverfahren moduliert wird (vgl. Kap. 6), mithin 9 kHz Bandbreite pro Sender nötig ist. Mit einem Sicherheitsabstand für Sender, die sich in ihren Empfangsreichweiten überschneiden, ergibt sich eine *Kanalbreite* von 10 kHz und demzufolge mit einem 10 kHz-Raster eine Kapazität von beispielsweise 108 Kanälen im MW-Bereich (vgl. Bild 6.3 in 6.1). Den Luxus des

▶ 12.1. Hörrundfunk   283

Sicherheitsabstands kann man sich heute bei Langwelle und vor allem bei Mittelwelle nicht mehr leisten, weshalb für AM-Rundfunk der Senderabstand auf 9 kHz festgelegt ist. Daraus folgt

> *Langwelle* (150 ... 285 kHz) 15 Kanäle
> *Mittelwelle* (525 ... 1605 kHz) 120 Kanäle

Auf der Wellenplankonferenz Ende 1975 in Genf haben 110 Staaten aus Europa, Afrika und Asien für die 120 Kanäle des MW-Bereiches 8000 Sender angemeldet. Wegen dieser enormen Überbelegung und der nachts zum Teil erheblichen Reichweite der Hektometerwellen (MW) wird überlegt, die Kanalbreite auf Kosten der Qualität weiter zu reduzieren oder zur *Einseitenbandübertragung* überzugehen — bislang jedoch ohne Erfolg auf Realisierung.

● *Kurzwelle*

Etwas andere Verhältnisse als bei Lang- und Mittelwelle liegen im KW-Bereich vor: Weil die Bodenwelle nicht gut ausbreitungsfähig ist (vgl. 11.2.4), können sich räumlich benachbarte Sender kaum gegenseitig stören. In dem weiten KW-Bereich von etwa 13 MHz könnte man somit fast 1500 Kanäle unterbringen. Dabei ist jedoch zu bedenken, daß wegen der Kurzwellenübertragung durch Reflexionen an Ionosphärenschichten sich im Laufe eines Tages ständig die Empfangsflächen verschieben. Deshalb nutzt man längst nicht die volle Kapazität des 13 MHz breiten Bandes. Vielmehr sind *Rundfunkbänder für Kurzwelle* folgendermaßen verteilt:

Band in m	Wellenbereich in m	Frequenzbereich in MHz	Bandbreite in kHz
16	16,81 ... 16,90	17,85 ... 17,75	100
19	19,54 ... 19,87	15,35 ... 15,10	250
25	25,21 ... 25,64	11,90 ... 11,70	200
31	30,93 ... 31,58	9,70 ... 9,50	200
41	41,10 ... 41,67	7,30 ... 7,20	100
49	48,39 ... 50,00	6,20 ... 6,00	200

Die „Frequenzlücken" werden für verschiedene Funkdienste genutzt, wie Sprechfunk (kurze Reichweiten) oder Richtfunk (extrem begrenzte und feste Empfangsorte).

● *UKW-Wellenplan*

Der Wellenplan für UKW-Sender ist durch zwei Besonderheiten beeinflußt: Einmal ist wegen der verwendeten Frequenzmodulation die Sendebandbreite groß — in Deutschland 300 kHz (vgl. 7.1.2). Das UKW-Band ist darum mit 300 kHz breiten Kanälen belegt, beginnend bei der *Mittenfrequenz* 87,3 MHz mit Kanal 1 und etwa bis Kanal 52 mit 102,6 MHz Mittenfrequenz genutzt. Neuere Empfänger sind bis Kanal 70 (108,0 MHz) vorbereitet. Die zweite Besonderheit ist, daß Ultrakurzwellen sich im wesentlichen nur in Sichtweite bzw. nur wenig über den Horizont hinaus ausbreiten. Darum können die relativ wenigen UKW-Kanäle mehrfach belegt werden, wenn nur die Sender weit genug auseinander liegen. Im Mittel ergibt sich etwa eine sechsfache Belegung pro Kanal.

● **AM/FM**

Der Hörrundfunk begann mit *Amplitudenmodulation* und vertikaler Polarisation in den Bereichen Lang-, Mittel- und Kurzwelle. Mit relativ geringem Aufwand war so die Versorgung sehr großer Gebiete möglich. Vor allem KW-Sender sind in der Lage, z.B. ganz Europa abzudecken (Bild 12.1). Jedoch muß dabei teilweise mit erheblichen Qulitätseinbußen gerechnet werden, wie: geringe Bandbreite (4,5 kHz), Schwunderscheinungen, tote Zonen, starke Störanfälligkeit. Der später eingeführte Hörrundfunk im UKW-Bereich arbeit mit *Frequenzmodulation* und horizontaler Polarisation. Damit sind bewußt mehrere Schritte zu einer qualitativ hochwertigen Übertragung gemacht worden, wie: große Bandbreite (15 kHz), geringe Störanfälligkeit (weil Information bei FM in den wenig störanfälligen Nulldurchgängen enthalten ist und horizontal polarisierte Felder relativ sicher gegen Zündfunkenstörungen sind). Jedoch wurde die Qualitätssteigerung erkauft mit der für Ultrakurzwellen typischen geringen Reichweite. Somit ergibt sich folgendes Schema:

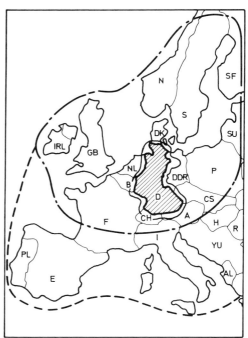

Bild 12.1. Hörbare Heimatsender im europäischen Ausland

——— UKW-Bereich
—·— { MW tagsüber mäßig, abends sehr gut
      { LW tagsüber gut, abends sehr gut
———— { MW und LW nur abends gut,
      { KW in allen Gebieten gut bis sehr gut

AM-Rundfunk (LMK) mit vertikaler Polarisation für große Reichweiten bei mäßiger bis schlechter Qualität.

FM-Rundfunk (UKW) mit horizontaler Polarisation bei sehr geringen Reichweiten mit guter bis sehr guter Qualität.

Bei Musikübertragungen verwendet man zur Beschreibung der Qualität den englischen Ausdruck *High Fidelity* (kurz: *Hi-Fi*), was soviel heißt wie „höchste Wiedergabetreue".

● **Stereofonie**

Beim UKW-Rundfunk wurde zunächst ebenso „einkanalig" übertragen wie beim AM-Rundfunk. Diese *monofone Übertragung* (kurz: Mono-Übertragung) trägt den Mangel in sich, daß beispielsweise ein Sinfonieorchester, das eine vielleicht 10 m breite Schallquelle darstellt, aus dem einen Lautsprecher des Mono-Empfangsgerätes gebündelt abgestrahlt wird. Ein naturgetreuer räumlicher Höreindruck ist so nicht möglich, weil die einkanalige Wiedergabe keine Richtungsinformationen enthält. Die Einführung der *Stereofonie* (kurz: Stereo) bei UKW-Rundfunk war darum ein entscheidender Schritt zu einer weiteren Verbesserung der Musikübertragung (*HiFi-Stereofonie*).

● Laufzeit-Stereofonie

Das einfachste Stereo-Aufnahmeverfahren nutzt *Laufzeitunterschiede* in der Form aus, daß zwei gleiche Mikrofone in nicht zu großem Abstand nebeneinander aufgestellt und deren Ausgangsspannungen getrennt verstärkt und übertragen werden. Die aufgrund des räumlichen Abstandes der beiden Mikrofone entstehenden Laufzeitunterschiede sorgen für eine Wiedergabe mit Richtungsinformationen. Jedoch hat dieses Verfahren einen für die Rundfunkübertragung entscheidenden Nachteil: Weder einer der beiden Einzelkanäle für sich allein noch das Überlagern beider Kanäle ergeben eine befriedigende Einkanalwiedergabe. Man sagt, solch ein Stereo-System ist *nicht kompatibel* mit dem UKW-Mono-System.

● Intensitäts-Stereofonie

Volle System-Kompatibilität erlaubt ein Verfahren, bei dem nicht Laufzeit- sondern *Lautstärkenunterschiede* genutzt werden: die *Intensitäts-Stereofonie*. Um gleiche Phasenverhältnisse in den Stereo-Kanälen zu gewährleisten, werden zwei Mikrofone in einem Punkt vereinigt. Je nach Richtcharakteristik der beiden Mikrofone ergeben sich die in Bild 12.2 skizzierten Möglichkeiten der Intensitäts-Stereofonie:

> *MS-Stereofonie* (Mitten-Seiten-Stereofonie, Bild 12.2a); ein Mikrofon mit Kugelcharakteristik (Mitten-Mikrofon), das zweite mit Achterkennlinie.
>
> *XY-Stereofonie* (Links-Rechts-Stereofonie, Bild 12.2b); beide Mikrofone mit herzförmigem Richtdiagramm (Kardioide, vgl. 3.3.1), jedoch Richtung größter Empfindlichkeit entgegengesetzt.

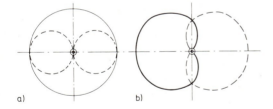

Bild 12.2
Mikrofonanordnungen mit Richtcharakteristiken für Intensitäts-Stereofonie; beide Mikrofone im Mittelpunkt vereinigt
a) *MS*-Stereofonie (Mitten-Seiten)
b) *XY*-Sereofonie (Links-Rechts)

Bild 12.3 zeigt das Blockschema eines Mikrofonkanals für MS-Stereofonie. Es gilt

$$M + S \triangleq X \quad \text{und} \quad M - S \triangleq Y$$

oder

$$X + Y \triangleq M \quad \text{und} \quad X - Y \triangleq S \qquad (12.1)$$

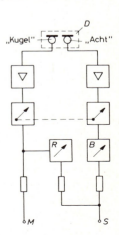

Bild 12.3
Blockschaltbild eines Mikrofonkanals für *MS-Stereofonie*
D: Doppelmikrofon mit Kugel- und Achtercharakteristik; R: Richtungseinstellung; B: Basisbreiteneinstellung

mit M: Toninformation
S: Richtungsinformation } vollständige Stereoinformation

oder X: Linksinformation
Y: Rechtsinformation } vollständige Stereoinformation

M bzw. $X + Y$ stellen das kompatible, monofone Signal dar. Der S-Kanal ist alleine nicht brauchbar.

• Quadrofonie

Auch hochwertigen Stereo-Übertragungen haftet noch ein Mangel an: Die Musikwiedergabe kommt nur von vorn; sie ist sozusagen zweidimensional, flächig. Ein wesentlicher Beitrag zum Klangeindruck wird aber beispielsweise durch die im Konzertsaal von den Rück- und Seitenwänden reflektierten Schallanteile geliefert. Die Nachbildung auch dieser Anteile ist Ziel der verschiedenen *Quadrofonie-Verfahren*. Dabei wird unterschieden zwischen *Pseudo-Quadrofonie* und *echter Quadrofonie*. Die Verfahren der Pseudo-Quadrofonie benutzen das UKW-Stereo-Signal und verdoppeln im einfachsten Fall die Stereo-Wiedergabe durch zwei im Rücken der Zuhörer angeordnete Lautsprecher. Wirkungsvoller wird die Wiedergabe, wenn die beiden rückwärtigen Lautsprecher über ein Netzwerk nach Bild 12.4 angekoppelt werden. Mit dem Lautstärkeeinsteller LH können die hinteren Boxen (HL und HR) dem Raum angepaßt werden. Echte Quadro-Verfahren werden heute im wesentlichen auf zwei Arten realisiert:

> *Diskretverfahren* (z.B. CD-4). Hierbei werden die vier Quadro-Kanäle getrennt aufgenommen, übertragen und wiedergegeben. Dieses optimale Verfahren ist jedoch für UKW-Rundfunk nicht geeignet.
>
> *Matrix-Verfahren* (z.B. SQ oder QM von ,,Stereo-Quadrofonie" bzw. ,,Quadro-Matrix"). Hierbei werden die vier Quadro-Signale mit einem *Encoder* auf zwei Stereo-Kanäle reduziert. Zur vierkanaligen Wiedergabe muß mit einem *SQ-Decoder* das Stereo-Signal wieder getrennt werden.

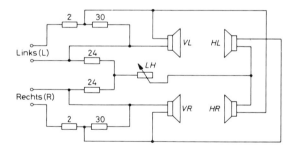

Bild 12.4
Netzwerk für Pseudo-Quadrofonie
mit LH: Lautstärkeeinsteller für hinteres Lautsprecherpaar
V: Vorne; H: Hinten

• Verkehrsfunk

Ein inzwischen enorm wichtiger Sonderdienst des Hörrundfunks ist der *Verkehrsfunk*. Dabei kommt es nicht auf höchste Wiedergabetreue an, sondern auf eine gezielte und rechtzeitige Information über Verkehrsstörungen, Sperrungen, Umleitungen etc. Verkehrsdurchsagen werden heute von fast allen Sendern ausgestrahlt. Im einfachsten Fall wird bei Bedarf oder im Anschluß an Nachrichtensendungen über die regionale oder überregionale Lage berichtet. Für den Autofahrer optimal ist der Verkehrsfunk aber erst, wenn er automatisch über die Verkehrslage in dem Bereich unterrichtet wird, in dem er sich gerade mit seinem Fahrzeug bewegt. Dazu ist in der Bundesrepublik im UKW-Band ein spezieller Verkehrsfunk eingerichtet worden, der aber nur zusammen mit einem Zusatzgerät funktioniert, das *Verkehrslotse* (VL) heißt. Damit kann die sogenannte *Autofahrer-Rundfunk-Information* (ARI) genutzt werden. Das ARI-System beinhaltet drei Kennfrequenzen, die von angeschlossenen Sendern ausgestrahlt werden:

▶ 12.1. Hörrundfunk

- *Senderkennung*. Alle Verkehrsrundfunksender sind durch die gleiche, spezielle Frequenz gekennzeichnet. Ist solch ein Sender eingeschaltet, leuchtet i.a. eine Lampe auf. Mit einer „Stumm-Taste" können Sender ohne Verkehrsnachrichten abgeschaltet werden.
- *Bereichskennung*. Diese Kennung ist gemäß Bild 12.5 regional gestaffelt und bestimmten Sendern zugeordnet. Entsprechend dieser Karte oder Hinweisschildern an den Autobahnen muß am Verkehrslotsen ein Buchstabe A bis F eingestellt werden. Dann wird automatisch nur noch der für diese Region zuständige Sender hörbar.
- *Durchsagekennung*. Diese dritte Kennfrequenz dient dem Komfort. Besitzt die Autoradio-Empfangsanlage einen entsprechenden Decoder, kann das Radio leise oder völlig stumm geschaltet werden. Bei Verkehrsdurchsagen wird durch die Kennfrequenz auf ausreichende Lautstärke geschaltet. Auch eventuell eingeschaltete Kassetten-Musik wird für die Dauer der Durchsage unterbrochen.

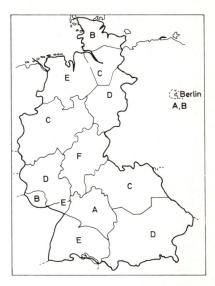

Bild 12.5. Verkehrsfunkbereiche A bis F

▶ **12.1.2. Hörrundfunk-Sender**

Jeder Sender besteht im Grunde aus drei Elementen, wobei aber in praktischen Ausführungen zwei oder alle drei in einer Stufe vereinigt sein können:

Steuersender: Der Teil eines Senders, in dem die hochfrequente Trägerschwingung mit der geforderten Frequenzkonstanz erzeugt wird (Oszillator).

Modulator: Hiermit wird dem Träger das zu übertragende niederfrequente Signal aufgeprägt. Grundlagen, Verfahren und Grundschaltungen der wichtigsten Modulationsarten sind in Teil 2 besprochen.

Leistungsendstufe (auch: Sendeverstärker): In diesem Teil eines Senders wird die nötige Sendeleistung erzeugt und an die Antenne abgegeben. Wegen der beim Rundfunk in der Regel relativ hohen Sendeleistungen sind Endstufen allgemein mit *Röhren* ausgeführt.

● *LW- und MW-Sender*

Im Lang-, Mittel- und Kurzwellenbereich des Hörrundfunks wird mit *Amplitudenmodulation* (AM, vgl. Kap. 6) und *Zweiseitenbandübertragung* (DSB, vgl. 6.2) gearbeitet. Die Großsender strahlen Leistungen zwischen 100 kW und 2000 kW aus. Bild 12.6 zeigt das Schaltschema eines AM-Senders für Lang- und Mittelwelle. Benutzt wird die in 6.2.2 mit Bild 6.12 diskutierte *Anodenmodulation*, wegen der sehr linearen Modulationscharakteristik und des großen Wirkungsgrades von etwa 90 %. Der Modulationsverstärker arbeitet im B-Betrieb (vgl. Bild 6.21 in 6.3.1), weshalb man auch von *Anoden-B-Modulation* spricht. Der Sendeverstärker wird im C-Betrieb gefahren (vgl. Bild 6.22 in 6.3.1). Als Steuersender dient ein Quarzoszillator mit einer Frequenzkonstanz von mindestens 10^{-8}. Um Rückwirkungen zu vermeiden, wird ein Trennverstärker zwischengeschaltet. Der Modulationsgrad beträgt beim AM-Rundfunk $m = 0,7$.

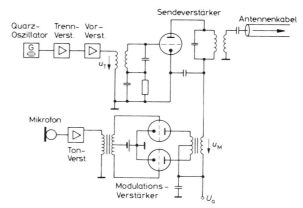

Bild 12.6
Prinzipschaltbild eines AM-Hörrundfunksenders für Lang- und Mittelwelle

U_a: Anodengleichspannung
(nach [37])

● *KW-Sender*

Kurzwellensender sind prinzipiell aufgebaut wie die mit Bild 12.6 beschriebenen LW- und MW-Sender. Es gibt jedoch ein paar Besonderheiten, die daraus resultieren, daß mit wachsender Frequenz (hier 6 ... 19 MHz) der Einfluß der Schalt- und Röhrenkapazitäten zunimmt. Darum müssen sorgfältige Abschirmungen vorgenommen werden. Die Verhinderung von unerwünschten Rückkopplungen wird manchmal dadurch erreicht, daß der Oszillator des Steuersenders auf einer niedrigeren Frequenz (Subharmonische) arbeitet. Durch Frequenzvervielfachung oder Aufwärtsmischung (vgl. 5.1) wird dann die Trägerfrequenz aufbereitet (im allgemeinen nur Verdopplung). Wegen der sich im Laufe eines Tages ändernden Ausbreitungsbedingungen für Kurzwellen (vgl. 11.2.4) sind KW-Sender meist mit Steuersendern ausgerüstet, die es gestatten, je nach Tageszeit die Trägerfrequenz zu wechseln.

● *UKW-Sender*

UKW-Sender des Hörrundfunks arbeiten frequenzmoduliert (FM) mit Sendeleistungen bis zu 100 kW. Die Sendebandbreite beträgt 300 kHz, der Frequenzhub ± 75 kHz. Das Prinzip eines UKW-Senders ist in 7.2 mit Bild 7.8 angegeben. Moduliert wird bei FM meistens im Steuersender, wobei gemäß Bild 7.8 mit einer Regelschaltung und einem Quarzoszillator als Frequenzvergleichsnormal stabilisiert wird. In manchen Fällen wird aber auch der Steuersender als Quarzstufe aufgebaut. Die Modulation erfolgt dann als *Phasenmodulation* hinter der Trennstufe.

● *UKW-Stereo*

Die Besonderheiten eines Stereo-Senders ergeben sich daraus, daß die beiden jeweils 15 kHz breiten Stereo-Bänder (Links- und Rechtsinformation) über einen Kanal übertragen werden sollen. Dazu benötigt man im Sender *Encoder*, im Empfänger *Decoder* (Bild 12.7). Der Encoder hat die Aufgabe, das *Summensignal* $M = X + Y$ (Mitten- bzw. Toninformation, vgl. 12.1.1) und das *Differenzsignal* $S = X - Y$ (Seiten- bzw. Richtungsinformation) für die Frequenzmodulation aufzubereiten. Und zwar wird entsprechend

▶ 12.1. Hörrundfunk

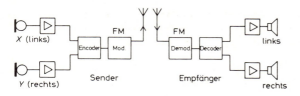

Bild 12.7. Blockschaltbild einer UKW-Stereoübertragung (Antennensymbole nach DIN 40 700 Teil 3)

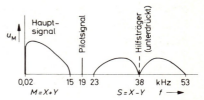

Bild 12.8. Vollständiges Spektrum eines Stereo-Signals vor der Frequenzmodulation (typische Amplitudenverteilung)

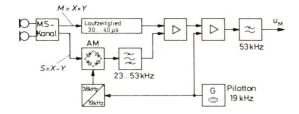

Bild 12.9

Encoder zur Erzeugung des Stereo-Signals Bild 12.8 (MS-Kanal nach Bild 12.3)

Bild 12.8 das mit dem monofonen System kompatible Summensignal im Originalfrequenzbereich 20 Hz ... 15 kHz belassen (Hauptsignal). Das ebenfalls 15 kHz breite Differenzsignal wird durch Amplitudenmodulation einem 38 kHz-Hilfsträger aufmoduliert, wobei der Träger selbst unterdrückt ist. Anstelle des unterdrückten Hilfsträgers wird ein *19 kHz-Pilotton* ausgestrahlt, aus dem im Decoder des Empfängers der zur Demodulation des Hilfskanals notwendige 38 kHz-Träger gewonnen werden kann. Das vollständige Spektrum des Stereosignals (Bild 12.8) wird in der Frequenz moduliert und ausgestrahlt. Bild 12.9 gibt das Prinzip eines Encoders zur Erzeugung des Spektrums nach Bild 12.8 an.

▶ **12.1.3. Hörrundfunk-Empfänger**

Ein vollständiger Rundfunkempfänger (Radiogerät) muß folgende Teilaufgaben bewältigen:
- Aufnahme der HF-Spannung (einige μV!) von der Antenne,
- Vorverstärkung der niedrigen HF-Spannung und Auswählen (Selektieren) des gewünschten Senders,
- Demodulieren,
- Leistungsverstärkung und Wandlung in akustische Signale.

• *Geradeausempfänger*

Die einfache Aneinanderreihung der zur Lösung der einzelnen Aufgaben nötigen Komponenten ergibt die in Bild 12.10a dargestellte Anordnung, die *Geradeausempfänger* genannt wird. Im Eingang liegt dabei ein *Resonanzverstärker*, der auf den gewünschten Sender abgestimmt ist, der also in einem Bereich um die Trägerfrequenz des Senders am meisten verstärkt. Es folgen Demodulator, NF-Verstärker (Leistungsverstärker) und Wandler. Die *Selektion* solch eines Empfängers ist aber nicht gut, d.h. benachbarte Sender können mit nur einem Resonanzverstärker kaum getrennt werden, weshalb mehrere Verstärker in Reihe geschaltet werden, die dann im Beispiel des Bildes 12.10b mit einem Dreifach-Drehkondensator abgestimmt werden mußten. Weil der Gleichlauf bei der Abstimmung und die Entkopplung zwischen den Kreisen nur schwer realisierbar sind, werden heute Überlagerungsempfänger verwendet.

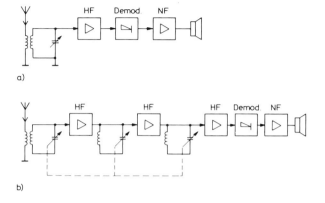

Bild 12.10

Blockschema eines Geradeausempfängers

a) einkreisiger Empfänger
b) dreikreisiger Empfänger

(HF: Hochfrequenz,
NF: Niederfrequenz)

- *Überlagerungsempfänger*

Wesentlicher Bestandteil eines Überlagerungsempfängers ist ein *abstimmbarer Oszillator*, der die veränderliche Frequenz f_G abgibt. Das empfangene HF-Band mit der Trägerfrequenz f_T wird gemäß Bild 12.11 mit Hilfe der Oszillatorfrequenz f_G in einem *Mischer* (vgl. 5.1) auf die konstante *Zwischenfrequenz* $f_Z = |f_G - f_T|$ umgesetzt. Für LMK-Rundfunk ist f_Z zu 468 kHz festgelegt, für UKW zu 10,7 MHz. Wird ein anderer Sender gewünscht, muß nun nur noch der Oszillator soweit abgestimmt werden, bis die feste Zwischenfrequenz erzeugt ist. Die Vorteile solch eines Überlagerungsempfängers sind:

> Es muß nur der eine Oszillator abgestimmt werden (nicht mehrere Kreise wie beim Geradeausempfänger).
> Die weitere Verstärkung, Filterung und Demodulation braucht nur für die feste Zwischenfrequenz ausgelegt zu sein.

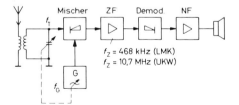

Bild 12.11

Blockschema eines Überlagerungsempfängers
(ZF: Zwischenfrequenz)

Im Bild 12.11 ist der Empfängereingang zusätzlich mit einem einstellbaren Bandpaß ausgestattet, der zusammen mit dem Oszillator abgestimmt wird. Der Zweck dieser Anordnung soll mit Bild 12.12 erläutert werden. Man erkennt aus diesem Bild, daß benachbarte Störsender zwar im Mischer mit umgesetzt, dann aber im ZF-Verstärker (ZF: Zwischenfrequenz) ausgesiebt werden. Dies bezeichnet man als *Hauptselektion*. Es gibt aber eine Frequenzlage f'_T, die im Mischer eine „passende" Zwischenfrequenz $f_Z = |f'_T - f_G|$ er-

▶ 12.1. Hörrundfunk

zeugt. Solch ein *Spiegelsender*, der also gleich weit von der Oszillatorfrequenz f_G entfernt ist wie der eigentliche Sender, würde mit demoduliert werden. Um dies zu verhindern, wird im Eingang eine *Vorselektion* durchgeführt. Spiegelsender können nun nicht mehr stören.

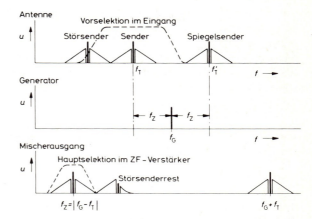

Bild 12.12
Frequenzplan eines Überlagerungsempfängers mit einem Spiegelsender

● *AM-Empfänger*

Der in Bild 12.11 dargestellte Überlagerungsempfänger ist direkt als AM-Empfänger für Lang-, Mittel- und Kurzwelle brauchbar. Der AM-Zweig des Rundfunkempfängers Bild 12.13 stimmt darum prinzipiell damit überein. Abweichend ist, daß im Eingang breitbandig vorverstärkt und danach erst die Vorselektion ausgeführt wird. Weiterhin wird zur Erhöhung der Trennschärfe hinter dem ZF-Verstärker ein zweites Mal gesiebt. Eine Besonderheit ist die *Schwundregelung*, mit deren Hilfe sich unterschiedliche Empfangsbedingungen ausgleichen lassen. Im verwendeten Fall wird dem Demodulator eine Gleichspannung entnommen, die der mittleren Amplitude des empfangenen HF-Signals proportional ist. Durch Rückführung dieser *Regelspannung* auf einen Vorverstärker wird dessen Verstärkung so verändert, daß der Demodulator nicht übersteuert wird.

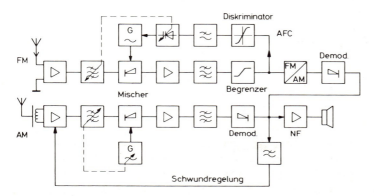

Bild 12.13. Überlagerungsempfänger für den Hörrundfunk mit FM- und AM-Zweig sowie Abstimmungs- und Schwundregelung (nach [37])

● *FM-Empfänger*

Der FM-Zweig des Empfängers Bild 12.13 ist vor dem Demodulator wie der AM-Zweig aufgebaut, nur mit anderer Zwischenfrequenz. Gemeinsam haben beide Zweige die Leistungsendstufe und den elektroakustischen Wandler (Lautsprecher). Vor der Demodulation des FM-Signals sorgt ein Begrenzer dafür, daß keine AM-Störungen im Demodulator zu Tonfrequenzstörungen umgesetzt werden können. Eine Besonderheit ist die *Abstimmungsregelung* (AFC, *Automatic Frequency Control*). Sie benutzt die amplitudenbegrenzte ZF-Spannung, die an einen *Diskriminator* gelegt wird (vgl. 7.3). Ist die Zwischenfrequenz richtig eingestellt, verschwindet die Diskriminator-Ausgangsspannung. Bei Verstimmungen jedoch entsteht eine positive oder negative Regelspannung, die über einen Tiefpaß auf eine Kapazitätsdiode gelangt und dadurch den Oszillator so lange nachstimmt, bis der Empfänger wieder auf die Zwischenfrequenz abgestimmt ist, mithin die Regelspannung verschwindet.

● *Stereo-Empfänger*

Die Besonderheiten eines Stereo-Empfängers entstehen daraus, daß das gemäß Bild 12.8 codierte Stereo-Signal nach der FM-Demodulation decodiert, d.h. in die Links- und Rechtsinformation getrennt werden muß. Weiterhin sollte die Möglichkeit des Mono-Empfangs bestehen. Aus diesen Forderungen ergibt sich das Blockschema Bild 12.14. Hinter der Kette: Eingangsteil ET mit Selektion und Mischung, ZF-Verstärkung und FM-Demodulation ist zunächst eine Frequenzweiche angebracht. Hinter dem Tiefpaß 15 kHz verbleibt das Hauptsignal (Summen- bzw. Mittensignal $M = X + Y$). Es kann direkt weiterverstärkt und zur Monowiedergabe verwendet werden. Sollen Stereosendungen wiedergegeben werden, müssen die beiden Bandpässe das Hilfssignal (Differenz- bzw. Seitensignal $S = X - Y$) zur AM-Demodulation bringen, wozu durch Aussiebung und Verdopplung des Pilottones 19 kHz der Hilfsträger 38 kHz erzeugt wird. Schließlich werden im eigentlichen Stereo-Decoder Mitten- und Seitensignal in Rechts- und Linksinformation übergeführt, getrennt verstärkt und verschiedenen Lautsprechereinheiten zugeführt. Der *Stereo-Decoder* (auch: *Matrixdecoder*) addiert bzw. subtrahiert Summen- und Differenzsignal:

$$(X + Y) + (X - Y) = 2X$$
$$(X + Y) - (X - Y) = 2Y$$

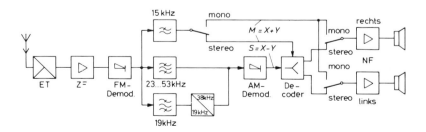

Bild 12.14. Stereo-Empfänger mit Eingangsteil ET, ZF-Verstärker, FM-Demodulator, Frequenzweiche, Stereo-Decoder und Mono-Stereo-Umschaltung

▶ 12.2. Fernsehrundfunk

Für den Fernsehrundfunk wurden folgende Bänder im Dezimeter- (VHF) und Zentimeterbereich (UHF) festgelegt:

Band	Frequenzbereich	Kanäle	Bezeichnung	Kanalabstand
I	41 ... 68 MHz	Fernsehkanäle 2–4		7 MHz
II	87 ... 104 MHz	UKW-Tonrundfunk	VHF	300 kHz
III	174 ... 230 MHz	Fernsehkanäle 5–11	(dm-Wellen)	7 MHz
IV	470 ... 605 MHz	Fernsehkanäle 21–37		8 MHz
V	605 ... 960 MHz	Fernsehkanäle 38–60	UHF (cm-Wellen)	8 MHz
VI	11,7 ... 12,7 GHz	12 GHZ-Fernsehen	SHF (Mikrowellen)	

Enthalten ist in dieser Klassifizierung der UKW-Tonrundfunk (Band II). Außerdem ist das neue Band VI für 12 GHz-Übertragungen aufgeführt. Die Fernsehbänder I und III (VHF) zeichnen sich dadurch aus, daß die quasioptische Ausbreitung noch nicht so ausgeprägt ist, weshalb größere Reichweiten möglich sind. Wegen der relativ großen Wellenlängen im Band I ist hier mit Reichweiten über die optische Sicht hinaus zu rechnen (vgl. 11.2.2). Darum wird dieses Band vor allem in Gebirgen benutzt. 12 GHz-Übertragungen sind wegen der kurzen Wellenlänge von 2,5 cm nur bei direkter Sichtverbindung möglich. In Städten ist deshalb mit erheblichen Störungen durch Reflexionen an Hochhäusern zu rechnen. Darum werden diese neuen Systeme mit *Großgemeinschaftsantennenanlagen* (GGA) und Kabelverteilungen realisiert.

▶ 12.2.1. Grundlagen der Fernsehtechnik

Nach internationalen Vereinbarungen geschieht die Fernsehbildabtastung zeilenweise mit folgenden Werten:

Zeilenzahl $z = 625$
Bildbreite : Bildhöhe $= b : h = 4 : 3$
Bildpunkte pro Zeile $= 625 \cdot 4/3 = 833$
Bildfrequenz $f_V = 25$ Bilder/s $= 25$ Hz

• *Zeilensprungverfahren*

Eine erhebliche Verbesserung des Bildes ist mit dem *Zeilensprungverfahren* möglich. Gemäß Bild 12.15 wird dabei jedes Bild zweimal abgetastet, und zwar in Form zweier ineinander verschachtelter Halbbilder. 1. Halbbild: Schreiben der Zeilen 1, 3, 5, ... ; 2. Halbbild: Schreiben der Zeilen 2, 4, 6, ... Die dadurch auf 50 Hz verdoppelte Halbbildwechselfrequenz sorgt bei unveränderter Zeilenzahl $z = 625$ pro Bild für eine flimmerfreie Wiedergabe. Die Bildwechselfrequenz beträgt nach wie vor $50/2 = 25$ Hz.

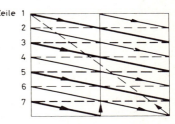

Bild 12.15
Prinzip des Zeilensprungverfahrens am Beispiel $z = 7$

• *Videobandbreite*

Die für Fernsehübertragung (Videoübertragung) nötige Frequenzbandbreite läßt sich aus der Anzahl der zu übertragenden Bildpunkte pro Sekunde berechnen. Mit 833 Bildpunkten pro Zeile, 625/2 Zeilen pro Halbbild und 50 Bildern pro Sekunde ergibt sich

$$833 \cdot \frac{625}{2} \cdot 50 = 1{,}3 \cdot 10^7 \text{ Bildpunkte pro Sekunde.}$$

Nimmt man den Grenzfall an, daß die Bildpunkte abwechselnd schwarz und weiß sind (Schachbrettmuster), und berücksichtigt man ferner, daß mit jeder Periode der Videofrequenz zwei Bildpunkte dargestellt werden (positive und negative Halbwelle), entsteht schließlich

$$f_{max} = \frac{1{,}3}{2} \cdot 10^7 \text{ Hz} = 6{,}5 \text{ MHz} \tag{12.2}$$

als theoretisch höchste Videofrequenz. Zur Bestimmung der praktischen Bandbreite ist noch folgendes zu bedenken: Für den in Bild 12.15 deutlich gemachten *Zeilenrücklauf* muß ein gewisser Zeitraum vorgesehen werden. Während dieser *Austastlücken* wird kein Videosignal übertragen. Weiterhin kann auch hier die in 10.3.4 mit dem *Kell-Faktor* $K = 0{,}67$ beschriebene Tatsache benutzt werden, daß von z Zeilen nur zK auflösbar sind. Somit folgt als *effektive Videobandbreite*

$$f_{max}^* = f_{max} \cdot 1{,}14 \cdot 0{,}67 = 5 \text{ MHz}, \tag{12.3}$$

mit f_{max} aus Gl. (12.2) und einem durch die Austastlücken bedingten Zahlenwert 1,14.

• *Synchronisierung*

Das Zeilensprungverfahren setzt eine exakte Synchronisierung der *Ablenkgeneratoren* von Bildaufnahme- und Wiedergabegeräten voraus. Dazu werden vom Sender neben dem Bildsignal *Synchronisierimpulse* ausgestrahlt. Bild 12.16a zeigt schematisch das Bildsignal (*Videosignal*) für eine Zeile, in dem die Grauwerte, also die Helligkeit der einzelnen Bildpunkte enthalten sind. Jedes Zeilenende und der Rücklauf (Austastlücke) sind durch einen *Horizontalsynchronimpuls* (H-Synchronimpuls, auch: Zeilensynchronimpuls) gekennzeichnet. Die Teilbilder 12.16b und 12.16c stellen die Halbbildwechsel (Rasterwechsel) dar. Der *Vertikalsynchronimpuls* (V-Synchronimpuls, auch: Bildsynchronimpuls) ist 2,5 mal so lang wie die Zeilendauer. Damit während dieser Zeitdauer die Zeilensynchronisation weiterlaufen kann, ist der Bildsynchronimpuls der Dauer $2{,}5\,T_H$ sowie seine unmittelbare Umgebung mit der halben Zeilendauer ($0{,}5\,T_H$) gerastert.

> Das vollständige Signal gemäß Bild 12.16 einschließlich aller Synchronimpulse heißt *Bild-Austast-Synchron-Signal*, kurz: *BAS-Signal*.

• *Modulation*

Das vollständige BAS-Signal nach Bild 12.16 wird amplitudenmoduliert übertragen. Gearbeitet wird dabei mit *Negativmodulation*. Das bedeutet, daß gemäß Bild 12.16a den dunklen Stellen (Schwarzwert) eine große Trägeramplitude zugeordnet ist, den hellen Stellen (Weißwert) eine niedrige Amplitude. Damit wird erreicht, daß HF-Störimpulse

▶ 12.2. Fernsehrundfunk

als schwarze Bildelemente auftreten, die weniger störend wahrgenommen werden als Aufhellungen. Des weiteren gewährleistet dieses Verfahren, daß die Synchronsignale immer mit maximaler Amplitude übertragen werden. Um die Sendebandbreite möglichst klein zu halten, wurde für die Übertragung selbst nicht das beim AM-Hörrundfunk übliche Zweiseitenbandverfahren gewählt. Ein reines Einseitenbandverfahren mit Trägerunterdrückung verbietet sich aber auch, weil in der Trägeramplitude gerade die Grauwerte enthalten sind. Für die Fernsehbildübertragung ist darum *Restseitenbandübertragung* vereinbart (Bild 12.17).

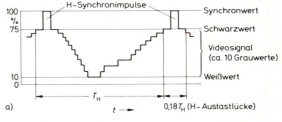

Bild 12.16
Vollständiges BAS-Signal
a) Videosignal einer Zeile mit H-Synchronimpulsen (T_H: Zeilendauer),
b) und c) Halbbildwechsel mit H- und V-Synchronimpulsen (T_V: Bilddauer)

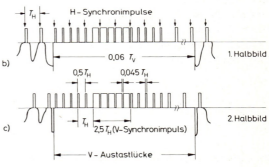

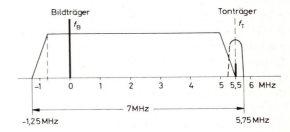

Bild 12.17
Trägerfrequenzspektrum eines Fernsehsenders (Bildträger f_B restseitenbandmoduliert mit Nyquistflanken, Tonträger f_T frequenzmoduliert)

• *Fernsehton*

Der getrennt vom Bildsender arbeitende Tonsender ist frequenzmoduliert. Der *Tonträger* f_T, der 5,5 MHz oberhalb des *Bildträgers* f_B liegt, wird mit ± 50 kHz Frequenzhub moduliert; die FM-Bandbreite beträgt ± 250 kHz (s. Bild 12.17). Der Tonsender strahlt mit 20 % der Bildsender-Spitzenleistung.

> *Fernsehbild* (Videosignal): AM mit Restseitenbandübertragung und Nyquistflanke; *Fernsehton:* FM mit ± 50 kHz Hub und ± 250 kHz Bandbreite. Daraus folgt eine Gesamtbandbreite von 7 MHz.

▶ 12.2.2. Fernsehsender und Bildaufnahmeröhren

Beim Hörrundfunk sind im Sender als *Wandler* Mikrofone eingesetzt (vgl. 3.3). Dies gilt ebenso für den Fernsehton. Die Wandler in Fernsehsendern heißen *Bildaufnahmeröhren* (bzw. Fernsehkamera, wenn das ganze Gerät gemeint ist).

• *Fernsehsender*

Das prinzipielle Blockschaltbild eines Fernsehsenders ist in Bild 12.18 angegeben. *Bildsender* (1) ... (9) und *Tonsender* (10) ... (16) werden getrennt betrieben. Erst mit der Bild-Tonweiche (17) werden sie zusammengeführt und in das Antennenkabel gespeist.

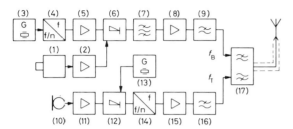

Bild 12.18
Blockschema eines Fernsehsenders (nach [37]); Erläuterungen im Text

• *Bildsender*

Von der als Wandler dienenden Fernsehkamera (1) wird über den Videoverstärker (2) der Amplitudenmodulator (6) gespeist, wobei meist mit Gittermodulation gearbeitet wird (vgl. 6.2.1). Die Bildträgerfrequenz f_B liefert ein bei der *Subharmonischen* f_B/n betriebener Quarzoszillator (3). Nach Frequenzvervielfachung (4), Verstärkung (5) und Modulation (6) wird im Restseitenbandfilter (7) der größte Teil des unteren Seitenbandes unterdrückt. Der Bildsendeverstärker (8) verstärkt auf beispielsweise 10 kW. Über das Oberwellenfilter (9) wird die Bild-Tonweiche (17) angesteuert.

• *Tonsender*

Der Tonsender ist praktisch aufgebaut wie ein UKW-Sender (z.B. Bild 7.8 in 7.2). Über das Mikrofon (10) und einen Vorverstärker (11) wird ein Steuersender (12) gespeist, der zusammen mit dem Quarzoszillator (13) dem Regelkreis aus Bild 7.8 entspricht. Weil auch hier mit Subharmonischen f_T/n der Tonträgerfrequenz f_T gearbeitet wird, folgt ein Vervielfacher (14). Nach Endverstärkung (15) und Oberwellenfilterung (16) wird die Zusammenführung mit dem modulierten BAS-Signal vorgenommen.

• *Bildaufnahmeröhren*

In der Bildaufnahmeröhre einer Fernsehkamera (*Kameraröhre*) wird das zu übertragende Bild auf die *Signalplatte* der Röhre projiziert. Für jeden Bildpunkt muß auf der Signalplatte eine Umwandlung des jeweiligen Helligkeitswertes in ein elektrisches Signal erfolgen. Die Wirkungsweise sei anhand der in Bild 12.19 skizzierten Kameraröhre erläutert, die bereits 1933 als *Ikonoskop* vorgestellt wurde. Benutzt wurde wie heute in modernen Konstruktionen das Prinzip der *Ladungsspeicherung* in der Signalplatte. Beim Ikonoskop ist als Ladungsspeicher eine Kondensatoranordnung enthalten, gebildet aus einem rückwärtigen Metallbelag und einer Schicht aus Silberteilchen. Treffen Lichtstrahlen auf die vor den Silberteilchen liegende fotoelektrische Schicht, werden aus dieser sogenannte *Fotoelektronen* befreit und in der Kondensatoranordnung gesammelt. Ein vollständiges Bild

▶ 12.2. Fernsehrundfunk

ist dann als entsprechende Ladungsverteilung (Ladungsbild) auf der Signalplatte gespeichert. Wird nun ein *Katodenstrahl* zeilenweise über das Ladungsbild geführt, entladen sich die durch die Silberteilchen gebildeten „Elementarkondensatoren" und es fließt ein Entladestrom, der dem Ladungsbild folgt, mithin das Videosignal darstellt.

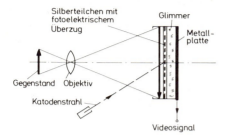

Bild 12.19. Prinzip des Ikonoskops

● *Vidikon*

Moderne Bildaufnahmeröhren benutzen nicht den beim *Ikonoskop* verwendeten Effekt der Fotoelektronenemission (auch: äußerer Fotoeffekt). Vielmehr werden als Signalplatten Halbleiterschichten eingesetzt, die bei Bestrahlung entsprechend der Helligkeit ihre Leitfähigkeit verändern (innerer Fotoeffekt). Eine typische und heute noch viel verwendete Ausführungsform ist das mit Bild 12.20 schematisierte *Vidikon*. Als Speicherplatte dient dabei eine sehr dünne Halbleiterfotoschicht aus *Antimontrisulfid* (Sb_2S_3), die durch *Aufdampfen* auf eine ebenfalls dünne, durchsichtige und elektrisch leitende Trägerschicht aus Zinn oder Indiumoxid hergestellt wird. Durchsichtig werden die Schichten ausgeführt, weil bei diesen Kameratypen die Signalplatte von der Rückseite mit Elektronenstrahlen abgetastet wird. So sind einfache, kompakte und robuste Kameras entstanden, die heute beispielsweise auch für mobile Zwecke einsetzbar sind. Die Erzeugung des Videosignals geschieht beim Vidikon folgendermaßen: Im unbelichteten Zustand ist die Signalplatte auf die Plattenspannung U_p aufgeladen. Durch Lichteinstrahlung ändert sich entsprechend der Halbleiter-Schichtwiderstand. Beim Abtasten mit dem Elektronenstrahl laden sich abgetastete Plattenbereiche wieder auf die Plattenspannung auf, und zwar um so schneller, je stärker die abgetastete Stelle belichtet war. Die unterschiedlichen Ladevorgänge entsprechen also dem optischen Bild und können als Videosignal abgegriffen werden (Bild 12.20).

> Die heute am meisten verwendeten Kameraröhren mit Halbleiter-Signalplatten heißen: Vidikon, Plumbicon, Newvicon, Si-Vidikon. Hergestellt werden diese Rohre in den Durchmessern 30 mm (Plumbicon), 25,4 mm (1'') und 17 mm (2/3'').

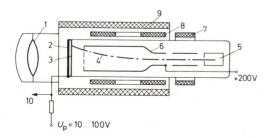

Bild 12.20
Vidikon-Röhre; 1: Objektiv; 2: Signalplatte; 3: Fotohalbleiter (Sb_2S_3); 4: Abtaststrahl; 5: Strahlsystem; 6: Anodenzylinder; 7: Justierspulen; 8: Ablenkspulen; 9: Fokussierspulen

• Plumbicon

Die mit Antimontrisulfid als Fotohalbleiter bestückten Sb_2S_3-Vidikons haben den Nachteil, daß sie bei geringer Beleuchtung sehr träge sind, was in der Fachsprache mit „Nachziehen" umschrieben wird, weshalb sie nicht als „Live-Kameras" geeignet sind. Diesen Nachteil vermeiden *Plumbicon-Röhren*, die als Fotohalbleiter eine *Bleioxidschicht* besitzen. Von allen zur Zeit eingesetzten Kameraröhren hat das Plumbicon die geringste Trägheit, weshalb dieser Röhrentyp dort die Szenerie beherrscht, wo es auf hohe Bildqualität ankommt.

• Newvicon

Newvicons haben Speicherschichten aus Cadmium- und Zinktelluriden mit ähnlichen Eigenschaften wie die Bleioxidschichten der Plumbicons. Betrieben werden diese Röhren sozusagen als *Sperrschicht-Vidikons*, also mit prinzipiell ähnlichen Vorspannungen wie eine Fotodiode. Vorteile dieses Röhrentyps sind große Empfindlichkeit und hohe Auflösung.

• Si-Vidikon

Einen wesentlichen Unterschied gegenüber Vidikons, Plumbicons und Newvicons weisen *Silizium-Vidikons* auf: Die Speicherplatte ist nicht aus einem zusammenhängenden Fotohalbleiter aufgebaut; sie besteht vielmehr aus einer sehr großen Anzahl von Silizium-Planar-Dioden (z.B. 540×540 bei 1" Durchmesser) auf einkristallinem Silizium. Andere Bezeichnungen für diesen Typ sind: Multidiodenröhre oder Telecon. Der besondere Vorteil von Si-Vidikons ist die sehr geringe Einbrennunempfindlichkeit. Für viele Anwendungsfälle kann von Interesse sein, daß dieser Typ eine gute Empfindlichkeit bis in den nahen Infrarotbereich aufweist.

• Kameraröhren

Die spektrale Empfindlichkeit einiger Kameraröhren ist in Bild 12.21 angegeben. Es sei abschließend darauf hingewiesen, daß inzwischen röhrenlose Fernsehkameras entwickelt sind. Sie benutzen modernste Halbleiterspeicher, die unter dem Sammelbegriff *Ladungsverschiebeschaltungen* bekannt sind (engl.: *Charge Transfer Devices*, CTD).

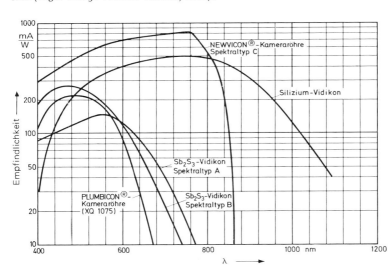

Bild 12.21
Eigenschaften von Kameraröhren
(VALVO)

▶ 12.2.3. Fernsehempfänger und Bildwiedergaberöhren

Beim Hörrundfunk und für den Fernsehton sind im Empfänger als *Wandler* Lautsprecher eingesetzt (vgl. 3.4). Die optischen Wandler im Fernsehempfänger heißen *Bildwiedergaberöhre*, oder kurz *Bildröhre*.

▶ 12.2. Fernsehrundfunk

● *Fernsehempfänger*

Wie beim Hörrundfunk werden auch beim Fernsehrundfunk *Überlagerungsempfänger* eingesetzt (vgl. Bilder 12.11 und 12.13 in 12.1.3). Die wesentliche Besonderheit liegt in der Bilderzeugung aus dem BAS-Signal und der damit verbundenen Zeilen- und Bildsynchronisierung. Bild 12.22 zeigt das vollständige Blockschema eines Fernsehempfängers. Danach sind die Vorverstärker und Mischstufen für VHF (Band I und III) sowie UHF (Band IV/V) getrennt ausgeführt (1). Durch Mischung werden aber alle HF-Signale auf eine einheitliche Zwischenfrequenz im Bereich 33 ... 40 MHz umgesetzt. Der ZF-Verstärker (2) muß mit der Bandbreite von 7 MHz Bild- und Tonsignale gemeinsam verstärken. Vor der AM-Demodulation (4) wird das trägerfrequente Fernsehsignal so geformt, wie es in Bild 12.23 angedeutet ist (vgl. dazu 10.3.5 mit Bild 10.56).

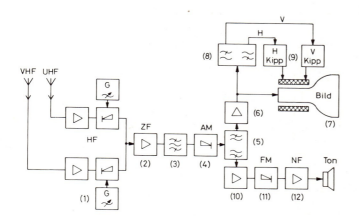

Bild 12.22
Blockschema eines Fernsehempfängers; Erläuterungen im Text

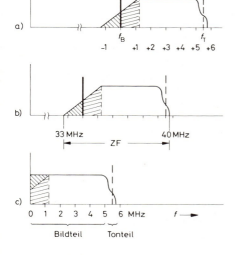

Bild 12.23
Zur Demodulation von Fernsehsignalen
a) Durchlaßkurve im HF-Teil (1) des Bildes 12.22,
b) Durchlaßkurve im ZF-Teil (3) des Bildes 12.22,
c) durch Überlagerung des Restseitenbandes mit Nyquistflanke entstandenes Signalband am Demodulatorausgang (4) des Bildes 12.22

- **Bild- und Tonsignale**

Die *Bildsignale* der Bandbreite 5 MHz werden mit dem Videoverstärker (6) in Bild 12.22 auf die zur Ansteuerung der Bildröhre (7) nötige Leistung verstärkt. Außerdem werden daraus mit Hilfe des Amplitudensiebes (8) die Horizontal- und Vertikalsynchronimpulse H und V herausgefiltert. Die am Ausgang der Frequenzweiche (5) noch um den Träger $f_T = 5{,}5$ MHz in der Frequenz modulierten *Tonsignale* werden über den Vorverstärker (10) dem FM-Demodulator (11) zugeführt und abschließend endverstärkt (12).

- **Schwarzweiß-Fernsehbildröhre**

In Bild 12.24 ist schematisch eine *Bildröhre für Schwarzweiß-Fernsehen* dargestellt. Von der Katode des Strahlerzeugungssystems ausgesendete Elektronenstrahlen werden durch die Anodenspannung U_a von etwa 20 kV beschleunigt und auf die Leuchtschicht auf der Innenseite des Bildschirms gelenkt. Mit dem an das Steuergitter gelegten Videosignal wird die auf die Leuchtschicht auftreffende Intensität des Elektronenstrahls gesteuert (*Helligkeitsmodulation* des Elektronenstrahles). Jedoch würde so der Elektronenstrahl immer senkrecht auf die Bildschirmmitte auftreffen und kein Bild erzeugen können. Dazu dient die auf den Röhrenhals geschobene *Ablenkeinheit*, die aus speziell geformten Spulen besteht. Die H- und V-Synchronimpulse erregen die Ablenkspulen in der Weise, daß der Elektronenstrahl ständig die nach dem Zeilensprungverfahren geforderten Zeilen schreibt (vgl. 12.2.1).

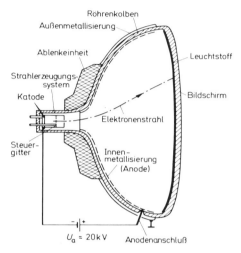

Bild 12.24. Aufbau einer Schwarzweiß-Fernsehbildröhre; U_a: Anodenspannung

- **Röhrenabmessungen**

Fernsehbildröhren sind mit rechteckigen Leuchtschirmen ausgeführt, wobei das Seitenverhältnis etwa 3 : 4 beträgt. Die Röhrengröße wird mit der Länge der Schirmdiagonalen charakterisiert, wozu man bei internationalen Vereinbarungen von heute nicht mehr zulässigen Zollmaßen ausgegangen war ($1'' = 25{,}4$ mm). Für Schwarzweiß-Fernsehen werden Bildröhren mit Diagonalen zwischen $12''$ und $25''$ angeboten, also zwischen 31 cm und 63 cm. Wichtige Größen sind derzeit 43 cm ($17''$), 47 cm ($18''$), 56 cm ($22''$), 61 cm ($24''$). Für Farbfernsehen werden auch 66 cm-Röhren ($26''$) angeboten. In Abschnitt 12.2.4 wer-

Bild 12.25
Unterschiedliche Röhrentiefen durch verschiedene Ablenkungswinkel

▶ 12.2. Fernsehrundfunk

den wir darauf zurückkommen. Ein weiteres Röhrenmerkmal ist die Länge zwischen Bildschirm und Halsende. Diese „Bautiefe" hängt davon ab, mit welcher maximalen Ablenkung der Elektronenstrahl geführt wird. Bei Schwarzweißröhren wird in der Regel mit maximal 90° abgelenkt. Neue Bildröhren lenken mit 110°, manchmal auch 114° ab. Die dadurch erzielte Verringerung der Bautiefe ist mit Bild 12.25 demonstriert.

* **12.2.4. Farbfernsehen**

Beim Schwarzweiß-Fernsehen wird für jedes einzelne Flächenelement der Bildvorlage die mittlere Leuchtdichte in ein proportionales elektrisches Signal umgewandelt — das *Videosignal*. Beim Farbfernsehen muß zusätzlich zu dieser Helligkeitsinformation eines Bildpunktes noch Information über Farbton und Farbsättigung dieses Bildpunktes übertragen werden. Es ergibt sich somit die folgende formale Aufteilung:

> Das *Videosignal* beim Farbfernsehen (die vollständige Farbbildinformation) setzt sich zusammen aus
> *Luminanzsignal* (Helligkeitsinformation) und
> *Chrominanzsignal* (Farbinformation).

● *Farben*

Was das menschliche Auge als *Farbe* empfindet, ist physikalisch eine elektromagnetische Schwingung einer bestimmten Wellenlänge oder ein Schwingungsgemisch aus dem „sichtbaren Bereich" (vgl. dazu Bild 1.14 in 1.6 und Bild 9.43 in 9.3.5). Bild 12.26 zeigt noch einmal detailliert die Zuordnung der Farben zu den Wellenlängen bzw. Frequenzen elektromagnetischer Schwingungen. Neben dem durch die Wellenlänge des Lichtes bestimmten *Farbton* spielen für die Wahrnehmung noch eine Rolle die *Farbintensität* und die *Farbsättigung*. Damit läßt sich zusammenfassen:

> *Farbton*, also die Farbe selbst, wird durch die Wellenlänge des Lichtes bestimmt;
> *Farbintensität* (auch: Leuchtdichte oder Helligkeit) kennzeichnet — wie der Name sagt — die Intensität der Farbe;
> *Farbsättigung* gibt an, welchen „Weißanteil" die Farbe hat. Je höher die Sättigung, desto geringer ist der Weißanteil.

Die Spektralfarben (Regenbogenfarben) sind in diesem Sinne vollständig gesättigte Farben.

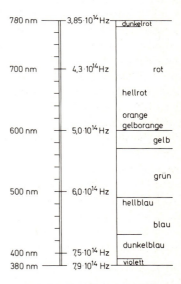

Bild 12.26. Zuordnung der sichtbaren Farben zu den Wellenlängen bzw. Frequenzen des Lichtes

● *Farbmischung*

Die Übertragungsverfahren des Farbfernsehens nutzen die Erkenntnis der Farbenlehre, daß praktisch jede Farbe durch *additive Mischung* aus den drei *Primärfarben* Rot, Grün und Blau zusammengesetzt werden kann (Dreifarbentheorie). Bild 12.27 zeigt schematisch, wie beispielsweise durch Mischung von Rot und Grün die Farbe Gelb entsteht. Die additive Mischung aller drei Primärfarben im richtigen Verhältnis läßt die Farbe Weiß entstehen.

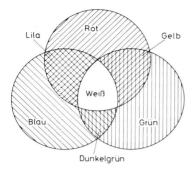

Bild 12.27
Additive Farbmischung mit den drei Primärfarben Rot, Grün, Blau

• *Farbaufnahmekamera*

Bei der Aufnahme farbiger Fernsehbilder werden die Erkenntnisse der Dreifarbentheorie in der mit Bild 12.28 angegebenen Weise genutzt. Und zwar wird das durch eine Optik O gebündelte Bild über halbdurchlässige Spiegel S_h und reflektierende Spiegel S aufgeteilt und über Farbfilter F_R, F_G, F_B den drei Bildaufnahmeröhren R, G, B zugeführt. An den Ausgängen stehen die drei Farbsignale U_R, U_G und U_B zur Weiterverarbeitung und Übertragung zur Verfügung.

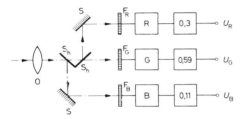

Bild 12.28
Prinzipieller Aufbau einer Farbaufnahmekamera mit Amplitudenbewertung 0,3 U_R; 0,59 U_G; 0,11 U_B. O: Optik; S: Spiegel; S_h: halbdurchlässige Spiegel; F_R, F_G, F_B: Rot-, Grün- bzw. Blaufilter; R, G, B: Bildaufnahmeröhren für Rot, Grün bzw. Blau; U_R, U_G, U_B: Farbsignale

Die Signale U_R, U_G und U_B heißen Farbwertsignale oder *Chrominanzsignale*; sie werden auch oft abgekürzt mit R, G und B bezeichnet.

• *Kompatibilität*

Bei der Einführung des Farbfernsehens war sicherzustellen, daß die Farbübertragungen mit den Schwarzweiß-Normen verträglich (*kompatibel*) sind. Das bedeutet, es muß möglich sein, Farbsendungen mit einem Schwarzweiß-Empfänger wiederzugeben. Ebenso müssen aber auch Schwarzweiß-Sendungen mit einem Farb-Empfänger verarbeitet werden können (*Rekompatibität*).

• *Luminanzsignal*

Das *Luminanzsignal* stellt die Helligkeitsinformationen eines Bildes dar. Im Falle der Schwarzweiß-Übertragung sind die verschiedenen Grauwerte die Helligkeitsinformationen; das *Luminanzsignal* ist mithin das vollständige *Videosignal*. Beim Farbfernsehen sind zusätzlich die *Chrominanzsignale* zu übertragen. Um die Kompatibilität zu gewährleisten, muß bei Farbübertragungen die Darstellung der Grauwerte in der „Codierungsvorschrift" für die Darstellung der Farbwerte (*Chrominanzsignal*) enthalten sein. Und zwar werden die Grauwerte als Mischung gleichgroßer Anteile der drei Primärfarben dargestellt, wobei aber die spektrale Empfindlichkeit des menschlichen Auges durch Korrekturfaktoren berücksichtigt wird, die an den Ausgängen der Bildaufnahmeröhren des Bildes 12.28 die Farbwertsignale in der Amplitude bewerten. Damit folgt:

Luminanzsignal $Y = 0,3\, R + 0,59\, G + 0,11\, B$. (12.4)

Im Schwarzweiß-Fall gilt $R = G = B$; mithin wird bei
Schwarzweiß-Fernsehen $Y = R = G = B$. (12.5)

▶ 12.2. Fernsehrundfunk 303

Im Falle $R = G = B = 0$ ist also das Luminanzsignal $Y = 0$; dies ist das Schwarzsignal. Der Fall mit $Y = R = G = B$ maximal ergibt das Weißsignal. Dazwischen liegen alle für Schwarzweiß-Fernsehen nötigen Grauwerte.

> *Kompatibilität:* Das *Luminanzsignal Y* ist Bestandteil des vollständigen Farbsignals und genügt allein zur Aussteuerung von Schwarzweiß-Empfängern.
> *Rekompatibilität:* Das Luminanzsignal einer Schwarzweiß-Übertragung ist nach den mit den Gleichungen (12.4) und (12.5) getroffenen Vereinbarungen nur ein Spezialfall des vollständigen Farbsignals; es kann mithin auch von Farbempfängern verarbeitet werden.

● *Chrominanzsignal*

Neben dem kompatiblen Luminanzsignal Gl. (12.4) müssen für Farbsendungen Farbinformationen übertragen werden, die jedoch keinen Beitrag zum Luminanzsignal liefern dürfen. Um den Signalaufwand möglichst niedrig zu halten, überträgt man aber nicht alle drei *Chrominanzsignale R, G* und *B*. Weil wegen der festen Beziehung Gl. (12.4) zwischen Helligkeits- und Farbsignalen die Summe der Farbgehalte gleich der Gesamthelligkeit ist, genügt die Übertragung der beiden *Farbdifferenzsignale* $(R - Y)$ und $(B - Y)$. Damit ergibt sich endgültig das folgende Schema.

Übertragen werden beim *Farbfernsehen*:	
Luminanzsignal	*Farbdifferenzsignale*
$Y = 0{,}3\,R + 0{,}59\,G + 0{,}11\,B$	$R - Y$ und $B - Y$
(Helligkeitsinformation; für Schwarzweiß-Fernsehen ausreichend)	(Farbinformation; liefert keinen Beitrag zur Helligkeitsinformation)

Die nicht übertragene Farbe Grün wird im Farbfernseh-Empfänger durch Differenzbildung zwischen Luminanz- und Farbdifferenzsignalen zurückgewonnen.

● *Modulation*

Das Luminanzsignal wird entsprechend Bild 12.17 in 12.2.1 dem *Bildträger* f_B aufmoduliert (AM). Auch wird bei Farbfernsehen der *Tonträger* $f_T = f_B + 5{,}5$ MHz durch den Fernsehton in der Frequenz moduliert. Zusätzlich müssen nun aber die Farbdifferenzsignale übertragen werden, ohne die Bandbreite zu vergrößern. Dieses Vorhaben gelingt dadurch, daß die Farbinformation in die Lücken des Frequenzspektrums der Helligkeitsinformation eingeschachtelt wird. Mit Bild 12.29 soll dies verdeutlicht werden. Es zeigt schematisiert einen Ausschnitt aus dem Modulationsspektrum des Luminanzsignals. Der Abstand der einzelnen Spektrallinien ist gleich der Größe der Bildwechselfrequenz (Rasterfrequenz 50 Hz), die sich aus der Vertikalsynchronisierung ergibt zu $f_V = 1/T_V$ (vgl. Bild 12.16 in 12.2.1). Diese Spektrallinien gruppieren sich um ganze Vielfache der Zeilenfrequenz $f_H = 1/T_H = 15\,625$ Hz (Horizontalsynchronisierung). Jeweils in der Mitte zwischen den Zeilenfrequenzlinien $n\,f_H$ befinden sich Lücken, die für die Farbinformation genutzt werden. Dazu werden die Farbdifferenzsignale einem *Farbhilfsträger* aufmoduliert, dessen Frequenz gleich einem ungeraden Vielfachen der halben Zeilenfrequenz ist. Benutzt wird Phasenmodulation (vgl. 5.2) in der Weise, daß die *Farbsättigung* der Amplitude und der *Farbton* dem Phasenwinkel des Farbhilfsträgers entsprechen.

> Das vollständige Farbfernseh-Videosignal, bestehend aus Luminanzsignal, Synchronimpulsen und dem mit dem Farbdifferenzsignal (Chrominanzsignal) modulierten Farbhilfsträger, heißt *Farbbild-Austast-Synchron-Signal*, kurz: *FBAS-Signal*.

Das FBAS-Signal wird dann dem *Bildträger* f_B aufmoduliert, wobei wie mit dem BAS-Signal des Schwarzweiß-Fernsehens AM verwendet wird. Die Modulationsbandbreite für das Farbsignal kann klein gehalten werden (etwa 1 MHz), weil das Auge Farbstrukturen nur relativ grob auflöst. Eine ausreichende Bildschärfe wird durch das breitbandige Luminanzsignal (5 MHz) erzielt.

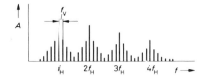

Bild 12.29
Frequenzspektrum des mit dem Luminanzsignal in der Amplitude modulierten Bildträgers; f_V: Bildwechselfrequenz (Vertikalsynchronisierung); f_H: Zeilenwechselfrequenz (Horizontalsynchronisierung)

● *Farbfernseh-Übertragungsverfahren*

Es werden heute drei Farbfernseh-Übertragungsverfahren verwendet:

> *NTSC-Verfahren* in den USA (NTSC: *National Television System Committee*);
> *SECAM-Verfahren* in Frankreich und mehreren Ostblockländern (SECAM: *Séquentiel à Mémoire*);
> *PAL-Verfahren* in der Bundesrepublik und vielen anderen Ländern
> (PAL: *Phase Alternation Line*).

Das in den vorangegangenen Abschnitten beschriebene Farbfernsehprinzip entspricht dem *NTSC-Verfahren*. Der wesentliche *Nachteil* dieses Verfahrens ist, daß sich durch ungünstige Übertragungsbedingungen die Phase des Farbhilfsträgers ändern kann, wodurch störende Farbverschiebungen entstehen. Die später entwickelten Verfahren PAL und SECAM sollen die Farbverschiebungen verhindern.

● *SECAM-Verfahren*

Bei dem in Frankreich entwickelten *SECAM-Verfahren* wird der Farbhilfsträger frequenzmoduliert. Es kann jedoch nur jeweils eines der beiden Farbdifferenzsignale $(R - Y)$ bzw. $(B - Y)$ übertragen werden. Darum werden während einer Zeile die Signale $(R - Y)$, während der darauffolgenden die Signale $(B - Y)$ gesendet. Eine Verzögerungsleitung im Empfänger speichert die erste Zeile so lange, bis die zweite eingetroffen ist; dann erst werden beide gemeinsam wiedergegeben. Der *Nachteil* dieses Verfahrens ist, daß der frequenzmodulierte Hilfsträger in Schwarzweiß-Empfängern größere Bildstörungen erzeugt als die phasenabhängige Modulation. Außerdem wird eine größere Bandbreite benötigt.

● *PAL-Verfahren*

Das in der Bundesrepublik entwickelte *PAL-Verfahren* verwendet wie das NTSC-System die phasenempfindliche Modulation, um Bildstörungen in Schwarzweiß-Empfängern gering zu halten. Die aus Phasenfehlern folgenden Farbverschiebungen werden hierbei aber durch einen einfachen „Trick" vollständig beseitigt: Jede vom Sender ausgestrahlte Zeile des ersten Halbbildes (vgl. 12.2.1) wird mit allen enthaltenen Phasenfehlern in einer *Verzögerungsleitung* des Empfängers gespeichert, wobei die Verzögerungszeit 64 μs betragen muß ($T_H = 1/f_H = 1/15\,625$ Hz = 64 μs). Die zweite Zeile wird senderseitig umgepolt, und zwar so, daß die Phasenfehler in der gleichen Richtung wie bei der ersten Zeile liegen. Nach Rückpolung dieser Zeile im Empfänger hat sich auch der Phasenfehler um 180° gedreht. Durch Überlagerung der ersten in der Verzögerungsleitung gespeicherten Zeile mit dieser zweiten heben sich die Fehler gegenseitig auf − die Phasenfehler korrigieren sich selbsttätig.

● *Farbbildröhren*

Farbbildröhren funktionieren grundsätzlich ebenso wie Bildwiedergaberöhren für Schwarzweiß-Fernsehen (vgl. Bild 12.24 in 12.2.3). Jedoch sind zwei Besonderheiten zur Farbwiedergabe nötig:

- Das *Strahlerzeugungssystem* muß drei getrennte Elektronenstrahlen für die Farbinformationen *Rot*, *Grün*, *Blau* erzeugen, die durch das Luminanzsignal zugleich und durch die Chrominanzsignale R, G und B getrennt ausgesteuert werden;
- Der *Leuchtschirm* muß die drei Primärfarben *Rot*, *Grün* und *Blau* enthalten und durch additive Mischung daraus jede für die Wiedergabe nötige Farbe erzeugen können.

▶ 12.2. Fernsehrundfunk

• *Strahlerzeugung*

Die Erzeugung der drei Elektronenstrahlen für *R*, *G* und *B* geschieht heute auf eine der drei in Bild 12.30 angegebenen Weisen. Das *Delta-System* mit drei um jeweils 120° gegeneinander versetzten Strahlerzeugungssystemen ist das älteste. Es ist inzwischen weitgehend abgelöst durch *In-line-Systeme* (Bild 12.30b) mit drei horizontal nebeneinander liegenden Strahlerzeugungen oder durch *Trinitron-Systeme* (Bild 12.30c) mit nur einem System, in dem alle drei Strahlen erzeugt werden, die dann durch ein *elektronisches Prisma* zu trennen sind. Bild 12.31 zeigt noch einmal den Unterschied bei der Strahlerzeugung mit drei Systemen bzw. mit nur einem System.

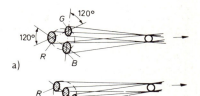

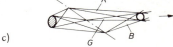

Bild 12.30
Strahlerzeugungssysteme für Farbfernsehen
a) drei getrennte Systeme für Rot (*R*), Grün (*G*) und Blau (*B*) jeweils 120° gegeneinander versetzt (*Delta-System*),
b) drei getrennte Systeme horizontal nebeneinander (*In-line-System*),
c) ein System mit Strahlaufteilung (*Trinitron-System*)

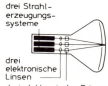
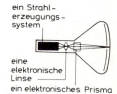

Bild 12.31. Strahlerzeugung
a) mit drei Systemen
b) mit einem System

• *Schattenmasken*

Nahezu alle Farbbildröhren arbeiten mit sogenannten *Schattenmasken*, die gemäß Bild 12.32 vor dem Leuchtschirm angebracht sind. Danach werden prinzipiell immer die drei Elektronenstrahlen durch die Öffnungen der Schattenmaske fokussiert und auf den Leuchtschirm geworfen, der in regelmäßigen Abständen mit sehr fein verteilten Leuchtstoffen der drei Primärfarben Rot, Grün und Blau belegt ist.

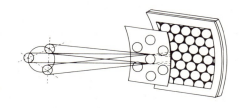

Bild 12.32
Prinzip der Maskierung am Beispiel der Lochmaske

Das geschieht so, daß der Strahl „Rot" (vom Strahlerzeugungssystem für das Chrominanzsignal R) jeweils auf einen roten Leuchtpunkt fällt und G auf Grün bzw. B auf Blau gelenkt werden. Genutzt wird bei diesem Verfahren die Eigenschaft des menschlichen Auges, daß bei der Betrachtung verschiedenfarbiger benachbarter Flächenelemente, die nicht mehr getrennt wahrnehmbar sind, eine additive Farbmischung vorgenommen wird. Die Flächenelemente müssen nur klein genug sein. Bei Verwendung von Lochmasken entsprechend Bild 12.32 liegen die Farbpunktdurchmesser bei 400 ... 500 μm. Die drei wichtigsten Ausführungsformen für Schattenmasken sind in Bild 12.33 angegeben.

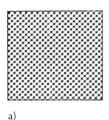
a)
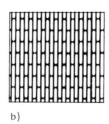
b)
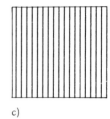
c)

Bild 12.33. Ausführungsformen von Schattenmasken. a) Lochmaske; b) Schlitzmaske; c) Streifenmaske

● *In-line-Bildröhre*

Die größte Rolle in der Farbfernsehtechnik spielen derzeit In-line-Bildröhren mit 110° Ablenkung, Schlitzmaske und einer Diagonalen von 66 cm (26''). Bild 12.34 zeigt den Aufbau solch einer Röhre. Nach Bild 12.35 ist der Leuchtschirm mit durchgehenden, vertikalen Streifen für die drei Farben belegt. Die Streifenbreite beträgt etwa 250 μm. Die Schlitzmaske sorgt dafür, daß das Schirmbild in gezeigter Weise gerastert ist. Die In-line Röhre zeichnet sich durch scharfe Zeichnung und große Helligkeit aus. Die Vorteile dieser Konstruktion werden aber erst in Verbindung mit modernen, selbstkonvergierenden Ablenkeinheiten vollständig nutzbar.

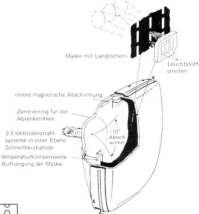

Bild 12.34. Aufbau einer 110° In-line-Bildröhre (Telefunken)

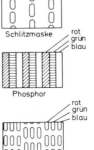

Bild 12.35. Prinzip der 110° In-line-Bildröhre

• *Konvergenz*

Mit *Konvergenz* bezeichnet man das möglichst ideale Zusammentreffen der drei Elektronenstrahlen auf dem Bildschirm (*konvergieren:* sich annähern, zusammentreffen). Bei schlechter Konvergenz entstehen auf dem Bildschirm drei Teilbilder in den drei Primärfarben, die unterschiedlich verzerrt und gegeneinander verschoben sein können. Im geringsten Störungsfall bewirkt eine schlechte Konvergenz Farbränder an allen Konturen. Wegen unvermeidlicher Herstellungstoleranzen (*statische Konvergenzfehler*) und dadurch, daß die Elektronenstrahlen exzentrisch zur Bildschirmmitte ausgesendet werden (*dynamische Konvergenzfehler*), müssen *Korrekturmöglichkeiten zur Konvergenzeinstellung* vorgesehen sein. Bei Delta-Röhren sind beispielsweise 4 Einsteller zum Ausgleich statischer und 15 ... 18 Einsteller zur Korrektur dynamischer Konvergenzfehler vorhanden, die sich gegenseitig beeinflussen, weshalb die Korrektur zu einer äußerst mühsamen Prozedur wird. Neue Ablenkeinheiten, wie sie für In-line-Bildröhren verwendet werden, sind *selbstkonvergierend*. Erreicht wird dieser vorteilhafte Effekt durch besondere Ausbildung der Ablenkspulen (parastigmatische Ablenkung mittels Sattelspule). Stark vereinfachend ausgedrückt, besteht die Selbstkonvergenz darin, daß durch Überlagerung eines *kissenförmig* verzerrten Horizontal-Ablenkfeldes mit einem *tonnenförmig* verzerrten Vertikal-Ablenkfeld die drei Strahlen unter allen Bedingungen und Ablenkwinkeln immer in einen gemeinsamen „Brennpunkt" gezwungen werden.

* 12.3. Richtfunk

Wie bereits in 10.2.5 ausgeführt, werden *Richtfunkstrecken* zur Ergänzung und Sicherung des Weitverkehrs-Kabelnetzes der Postverwaltungen eingesetzt. Für sehr große Reichweiten sind häufig Kurzwellenverbindungen installiert. Von größter Bedeutung für Breitbandverbindungen sind jedoch Richtfunkstrecken im VHF- und UHF-Bereich. Das Typische an Richtfunkstrecken ist, daß sie normalerweise eine Verbindung zwischen zwei Orten A und B herstellen, und zwar in beiden Richtungen (Bild 12.36a). Das ist wichtig, um den für die Fernsprechtechnik nötigen Gegenverkehr (Duplexbetrieb) durchführen zu können. Die grundsätzlich andere Betriebsweise beim *Rundfunk* wird noch einmal mit Bild 12.36b verdeutlicht.

Bild 12.36. Funkstrecken
a) Richtfunk; b) Rundfunk

* 12.3.1. Richtfunkbänder und -systeme

Basisbänder für Richtfunksysteme sind in 10.2.5 mit Bild 10.31 angegeben. Sie sind, wie in der Trägerfrequenztechnik üblich, durch Gruppenbildung entstanden, wobei als Grundeinheit ein 4 kHz breiter Sprachkanal (Telefonkanal) verwendet ist (vgl. Bild 10.26 in 10.2.4).

• *Richtfunkbänder*

Der Übersichtlichkeit halber seien die *Richtfunk-Basisbänder* hier noch einmal zusammengefaßt:

3 ... 24 Kanäle	V 3 Fu ... V24 Fu			
60 Kanäle	V 60 Fu	960 Kanäle	V 960 Fu	
72 Kanäle	V 72 Fu	1800 Kanäle	V 1800 Fu	
120 Kanäle	V 120 Fu	2700 Kanäle	V 2700 Fu	
300 Kanäle	V 300 Fu	10800 Kanäle	V10800 Fu	

Der Buchstabe V bei diesen Bezeichnungen für Bänder mit Kapazitäten zwischen 3 und 10800 Kanälen ist von drahtgebundenen Systemen entlehnt, wo V für „Vierdrahtübertragung" steht (vgl. 10.2.3). Die Übernahme dieser Bezeichnung ist so zu erklären, daß Richtfunkstrecken untrennbarer Bestandteil im Post-Kabelnetz sind. Um dennoch die Bandbezeichnungen auseinanderhalten zu können, ist der Zusatz Fu für „Funk" angehängt.

308   12. Drahtlose Übertragung

● *Richtfunksysteme*

Wie eingangs erwähnt, arbeiten Richtfunksysteme im Kurzwellen-, VHF- und UHF-Bereich. Das bedeutet, d e oben vorgestellten Basisbänder werden Trägern in diesen Bereichen aufmoduliert, wobei Amplituden, Frequenz- und Phasenmodulation benutzt werden. In Kurzwellensystemen wird mit Trägerfrequenzen zwischen 2 MHz und 30 MHz gearbeitet. Mit 150 m Wellenlänge gehört die Frequenz 2 MHz eigentlich schon zum kurzwelligen Mittelwellenbereich. Die Ausbreitungseigenschaften sind aber ähnlich wie die der Kurzwellen. Die wichtigsten Richtfunksysteme arbeiten frequenzmoduliert im Bereich zwischen etwa 100 MHz und 16 GHz (VHF und UHF). Bild 12.37 gibt einen Systemüberblick. Die Systembezeichnungen sind wie folgt zu lesen: FM 1800-TV/4000 bedeutet beispielsweise, daß mit Trägerfrequenzen im Bereich um 4000 MHz eine frequenzmodulierte Übertragung von 1800 Fernsprechkanälen möglich ist. Wahlweise kann aber auch ein Fernsehkanal (TV) übertragen und der verbleibende Rest mit Fernsprechkanälen angefüllt werden.

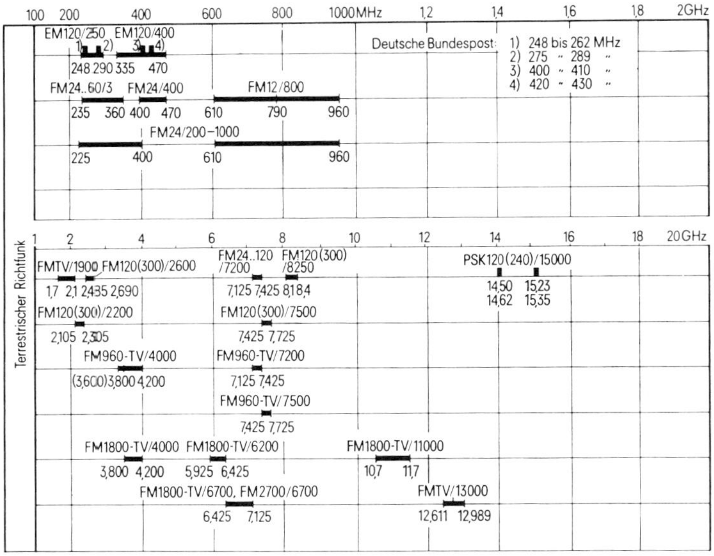

Bild 12.37
Richtfunksysteme
(entnommen aus [2])

* 12.3.2. Kurzwellenverbindungen

Wie aus 11.2.4 bekannt ist, sind mit Kurzwellen Verbindungen rund um die Erde möglich. Wenn es auf größte Reichweiten ankommt, werden darum Kurzwellenstrecken eingerichtet. Die Reichweite hängt vom Zustand der Ionosphärenschichten ab, der sich tages- und jahreszeitlich ändert. Darum müssen oft aufwendige Nachführeinrichtungen für die Sendefrequenz oder die Abstrahlrichtung der Antenne vorgesehen werden.

● *Bandbreite*

Wegen der relativ geringen zur Verfügung stehenden Bandbreite von 28 MHz (2 ... 30 MHz) kann im Kurzwellenbereich nur mit AM und Einseitenbandübertragung gearbeitet werden (vgl. dazu 6.1). Je nach Anforderungen und vertretbarem Aufwand für die Empfängerseite wird mit teilweise oder vollständig unterdrücktem Träger gesendet. Mit dieser bandsparenden Methode macht man sich gleichzeitig den in 6.1 errechneten *Leistungsgewinn* zunutze, so daß für gleich guten Empfang nur mit weniger als 20 % der AM-Leistung gesendet werden muß (Leistungsgewinn mehr als 5-fach).

* 12.3. Richtfunk

● *Einseitenbandsender*

Ein Richtfunksender für die Übertragung von 24 Sprachkanälen ist in Bild 12.38 dargestellt. Gespeist wird der Sender über zwei Kanäle mit jeweils den Richtfunkbändern V12Fu, die nach Bild 10.31 im Bereich 6 ... 54 kHz liegen. In einer *Vorstufenmodulation* werden beide 12-Kanal-Bänder getrennt amplitudenmoduliert; die Trägerfrequenz 300 kHz liefert ein gemeinsamer Generator. Die Bandpässe sorgen dafür, daß aus einem Modulationszweig das obere Seitenband, aus dem anderen das untere ausgesiebt werden (vgl. Frequenzplan in Bild 12.38b). Beide Seitenbänder werden zusammen in einem *Zwischenumsetzer* auf 2 MHz umgesetzt. Das obere Seitenband dieser Umsetzung im Bereich 1946 ... 2054 kHz wird schließlich im *Endumsetzer* auf die gewünschte Sendefrequenz im Bereich 2 ... 30 MHz gebracht. Der Endverstärker (Leistungsstufe) erzeugt die erforderliche Sendeleistung von bis zu 100 kW.

> KW-Richtfunksysteme arbeiten als Einseitenbandsender im Bereich 2 ... 30 MHz mit Leistungen bis zu 100 kW. Für Sender und Empfänger werden Rhombusantennen oder Dipolgruppen mit starker Richtwirkung verwendet (vgl. 11.4 und 11.5).

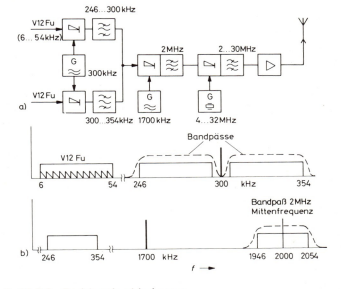

Bild 12.38
Einseitenbandsender für KW-Richtfunk
a) Prinzipschaltbild
b) Frequenzplan

* **12.3.3. Breitbandverbindungen**

Breitbandverbindungen nennt man solche Richtfunkstrecken, die mit Trägerfrequenzen im Bereich 200 MHz bis etwa 8 GHz arbeiten und darum breitbandig, d.h. mit großen Kanalkapazitäten betrieben werden können. Wie Bild 12.37 verdeutlicht, sind in diesem Bereich eine niederfrequente Gruppe bei 200 ... 1000 MHz und eine hochfrequente bei 2 ... 8 GHz trennbar. Außerdem werden Richtfunksysteme bei 11 ... 13 GHz und bei 14 ... 15 GHz betrieben. Allen Systemen gemeinsam ist, daß die Ausbreitung quasioptisch stattfindet, also in erster Näherung nur Sichtverbindungen möglich sind. Damit ergibt sich folgende Gegenüberstellung:

Kurzwellenverbindungen	Breitbandverbindungen
Richtfunk bis zu größten Entfernungen möglich	Richtfunk nur etwa auf Sichtweite möglich (ca. 50 km)
Betriebsbedingungen instabil	Betriebsbedingungen stabil
Kanalkapazitäten stark begrenzt	Kanalkapazitäten sehr groß

• Relaisstationen

Weil die Reichweite in der Regel nur der „Radiosichtweite" entspricht, die *Funkfeldlänge* mithin auf etwa 50 km begrenzt ist, werden zur Überbrückung größerer Entfernungen in diesen Abständen *Relaisstationen* installiert. Das sind Verstärkerstationen, die aus Empfangs- und Sendeantenne sowie Empfänger und Sender bestehen. Mit vielen Relaisstationen lassen sich ganze Kontinente per Breitbandrichtfunk überbrücken. In der Bundesrepublik sind mit Relaisstationen engvermaschte Breitbandsysteme aufgebaut. Damit störende Reflexionen vermieden werden, sollten die Antennen der Relais so hoch montiert sein (Bild 12.39a), daß sich innerhalb der in Bild 12.39b dargestellten Ellipse (sogenannte *1. Fresnelzone*) keine Hindernisse befinden. Die kleine Halbachse der Ellipse errechnet sich aus

$$b = 0{,}5 \sqrt{\lambda \cdot R} \quad \text{in m} \tag{12.6}$$

Die Wellenlänge der Richtstrahlung und der Abstand R zwischen den Relais sind in Meter einzusetzen. Für das in Bild 12.39a angegebene Beispiel mit $R = 32{,}5$ km und einer Sendefrequenz von 7500 MHz wird $b = 18$ m.

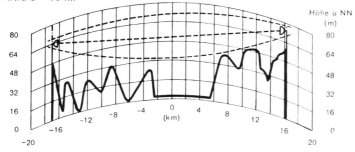

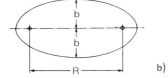

Bild 12.39
Reflexionsfreie Richtfunkausbreitung
a) Schema mit Erdkrümmung und Hindernissen
b) Ellipse (*1. Fresnelzone*), die frei von Hindernissen sein muß

• Breitbandantennen

Für Breitband-Richtfunksysteme im Bereich 200 ... 8000 MHz werden Antennen mit hohem Gewinn benötigt. Geeignet sind in diesem Sinne *Parabolspiegel*, *Hornparabolantenne* und *Muschelantenne* (vgl. 11.6.3). Bild 12.40 zeigt diese Antennentypen mit der schematisierten Wirkungsweise. Ein Beispiel eines Antennensystems für den 2 GHz-Bereich ist in Bild 12.41 wiedergegeben.

• Frequenzmodulation

Breitband-Richtfunksysteme werden vor allem frequenzmoduliert betrieben (vgl. Bild 12.37). Der wesentliche Vorteil liegt darin, daß bei FM durch starke Amplitudenbegrenzung lineare Verzerrungen (Amplituden-Nichtlinearitäten) vermieden werden können. Die mit AM unvermeidbaren Verzerrungen würden bei Breitbandsystemen dazu führen, daß die vielen Sprachkanäle nicht mehr trennbar wären. Um trotz Frequenzmodulation die Sendebandbreite möglichst klein zu halten, wählt man den *Frequenzhub* Δf_T gleich der höchsten Frequenz f_M des modulierenden Signalfrequenzbandes (vgl. hierzu Kap. 7). Mit Gl. (7.9) aus 7.1.2 folgt also als *FM-Sendebandbreite*

$$B_{FM} = 4 f_M. \tag{12.7}$$

Das ist nur doppelt soviel, wie bei AM-Zweiseitenbandübertragung benötigt würde, aber viermal soviel wie bei AM-Richtfunksystemen mit Einseitenbandübertragung.

* 12.3. Richtfunk

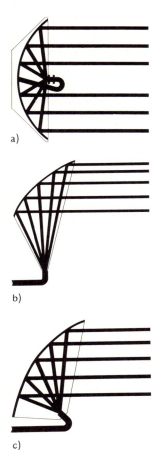

Bild 12.40. Breitband-Richtfunkantennen (Telefunken)
a) Parabolspiegel; b) Hornparabolantenne; c) Muschelantenne

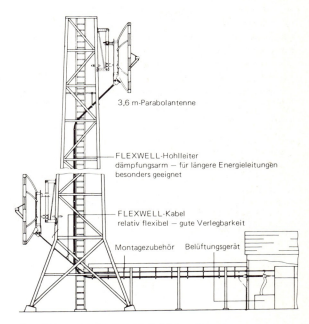

Bild 12.41. Antennensystem für den 2 GHz-Bereich (Telefunken)

● Überhorizont-Richtfunksysteme

Neben den Richtfunkverbindungen mit optischer Sicht und Relaisstationen in Abständen von etwa 50 km werden eine ganze Reihe von *Überhorizont-Richtfunksystemen* betrieben. Dabei wird die in 11.2.3 beschriebene *troposphärische Streustrahlübertragung* verwendet (engl. *Tropospheric Scatter*, oder kurz *Troposcatter*). Das bedeutet, es wird ausgenutzt, daß Frequenzen zwischen 100 MHz und wenigen GHz von Turbulenzzonen in etwa 10 km Höhe zur Erde zurückgestreut werden. Dadurch werden Reichweiten zwischen etwa 400 km und 1000 km möglich. Mit dieser Betriebsart sind Nachrichtenübertragungen über unzugängliche Landstrecken, Meeresbuchten, Binnenseen oder Gebirge hinweg möglich.

● Diversity-Betrieb

Bei Streustrahlübertragungen sind *Schwunderscheinungen* (vgl. 11.3) unvermeidbar, weil die Streubedingungen nicht konstant bleiben. Die für Richtfunkstrecken wirksamste Methode zur Schwundminderung wird mit *Mehrfachempfang* bzw. *Diversity-Empfang* bezeichnet. Man versteht darunter die mehrfache Auslegung eines Übertragungskanals mit unterschiedlichen Ausbreitungsparametern. Möglich sind

- *Raum-Diversity*; dabei werden mehrere Antennen räumlich voneinander getrennt angeordnet, so daß der Schwund in den einzelnen Empfangsantennen unterschiedlich ist. Beispielsweise ergibt sich mit zwei Antennen bei einem gegenseitigen Abstand von 5 λ eine Störabstandsverbesserung von 8 dB.

- *Frequenz-Diversity;* hierbei wird jede Nachricht gleichzeitig mehrfach, aber mit verschiedenen Trägerfrequenzen übertragen.
- *Polarisations-Diversity;* dazu werden Antennenanordnungen verwendet, die eine Nachricht beispielsweise horizontal *und* vertikal polarisiert abstrahlen.
- *Zeit-Diversity;* in diesem Fall wird die Nachricht mehrmals nacheinander übertragen.

- **Überreichweitenanlage**

Überhorizont-Richtfunksysteme sind erst bei Entfernungen größer als 400 km wirksam. Für kürzere Strecken werden normalerweise Relais-Systeme eingesetzt. Es gibt jedoch Strecken, die kürzer als 400 km sind und die eine Installation von Relais nicht erlauben. Ein bekanntes Beispiel dafür ist die Richtfunkverbindung zwischen dem Torfhaus im Harz (Bundesrepublik) und Westberlin mit etwa 200 km Luftlinie. In diesem Fall wird durch *Beugung an Inversionsschichten* übertragen (vgl. 11.2.3). Gemäß Bild 12.42 wird auf dem Torfhausberg in 800 m Höhe über NN mit einem Winkel von $-0,5°$ gesendet. Etwa über Magdeburg treten in 800 ... 1000 m Höhe Beugungen an Inversionsschichten auf, und ein kleiner Teil des Hauptstrahles wird auf die Berliner Empfangsantennen gelenkt. Ebenso verläuft die Übertragung in entgegengesetzter Richtung. Während normale 50 km-Strecken mit 3 ... 5 W betrieben werden, strahlen die Sender dieser Überreichweitenstrecke mit 1 kW. Gearbeitet wird mit den Richtfunksystemen FM TV/1900 und FM 120 (300)/2200 und *Raum-Diversity*. Frequenz-Diversity ist zusätzlich möglich. Aufgestellt sind an jeder Station vier Parabolspiegel, zwei zum Senden und zwei für den Empfang. Zwei Spiegel mit 10 m Durchmesser übertragen den Bereich 2,1 ... 2,3 GHz (Mittenfrequenz 2,2 GHz) mit einem Antennengewinn (Leistungsgewinn) von 46 dB. Zwei 18 m-Spiegel arbeiten im Bereich 1,7 ... 2,1 GHz (Mittenfrequenz 1,9 GHz) mit etwa 63 dB Gewinn. Außer Ferngesprächen können über diese Strecke ein Farbfernsehprogramm oder Rundfunkprogramme übertragen werden.

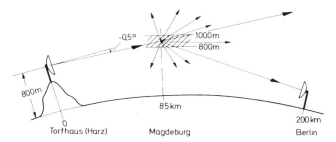

Bild 12.42
Richtfunkverbindung zwischen dem Torfhaus im Harz und Westberlin (Überreichweitenanlage)

* 12.4. Satellitenfunk

Vor der Einführung des Satellitenfunks standen für kontinentale Nachrichtenübertragungen und für Übersee-Verbindungen folgende Möglichkeiten zur Verfügung:

Seekabel — interkontinentale Verbindungen, aber keine Fernsehübertragungen möglich;
KW-Richtfunk — größte Entfernungen, aber störanfällig und geringe Kapazitäten;
Breitband-Richtfunk — große Kapazitäten, aber erheblicher Relaisaufwand bzw. begrenzte Reichweiten.

Satellitenfunk brachte in zweierlei Hinsicht Vorteile: 1. Im Überseeverkehr entstand erstmalig die Möglichkeit, Fernsehprogramme zwischen den Kontinenten auszutauschen; 2. In Breitband-Richtfunksystemen kann durch Satellitenfunk der Relaisaufwand reduziert werden, bei gleichzeitiger Vergrößerung der Reichweite. Der *terrestrische Nachrichtenverkehr* wird sozusagen über Erdsatelliten als Richtfunk-Relaisstationen abgewickelt.

* 12.4.1. Erdsatelliten

Als Erdsatelliten bezeichnet man solche Raumflugkörper, die mit elliptischer oder kreisförmiger Bahn um die *Erde als Zentralgestirn* laufen. Man unterscheidet *Forschungssatelliten* und *Nutzsatelliten*. Letztere werden vor allem als Nachrichten- oder Wettersatelliten verwendet.

* 12.4. Satellitenfunk

● *Nachrichtensatelliten*

Ein Nachrichtensatellit läuft nach Bild 12.43a in einer kreisförmigen *Synchronbahn* um die Erde. Das bedeutet, er läuft in der Äquatorebene in einer Höhe von 35 800 km gerade so schnell, wie sich die Erde dreht. Relativ zur Erde bleibt der Satellit somit über demselben Ort auf dem Äquator stehen. Man nennt diesen Typ darum auch *Synchronsatellit*. Gemäß Bild 12.43b leuchtet der Satellit die Erde unter einem Winkel von 17° gerade vollständig aus, wobei etwa 16 900 km des Erdumfangs kreisförmig erfaßt werden. Es genügen darum drei Synchronsatelliten, um alle bewohnten Gebiete der Erdoberfläche erreichen zu können. Nur die Polarzonen werden nicht erfaßt. Bild 12.44 zeigt eine Auswahl von Synchronsatelliten mit zugehörigen „Sichtbarkeitsbereichen", die sich mit den drei *Verkehrszentren* der Erde „Atlantik", „Pazifik" und „Indischer Ozean" decken.

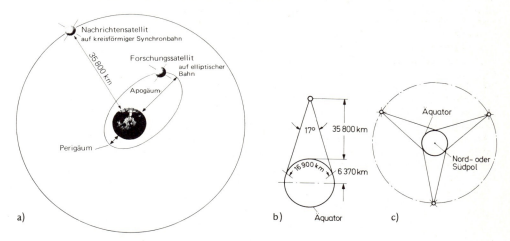

Bild 12.43. Erdsatelliten
a) Bahnen von Erdsatelliten (Apogäum: Erdfernster Punkt einer Umlaufbahn, Perigäum: Erdnächster Punkt),
b) typische Maße der Synchronbahn,
c) erdumspannender Nachrichtenverkehr mit drei Synchronsatelliten

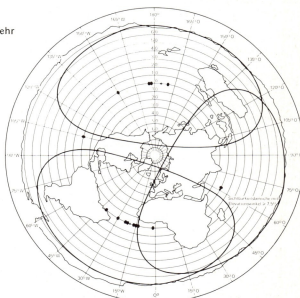

Bild 12.44
Satellitenpositionen und Sichtbarkeitsbereiche von Synchronsatelliten

● *Frequenzbereiche*

Der Standard-Frequenzbereich für Satellitenfunk wird 6/4-GHz-Bereich genannt. Das bedeutet, für die Übertragung von der *Erdefunkstelle* zum Satelliten wird in einem Bereich um 6 GHz gearbeitet, für die Gegenrichtung im Bereich um 4 GHz. In internationalen Konferenzen wurden zusätzliche Frequenzbereiche oberhalb 10 GHz freigegeben (Bild 12.45). Von besonderem Interesse ist derzeit der 14/11 GHz-Bereich. Eine zahlenmäßige Aufschlüsselung weltweiter Satellitensysteme ist in folgender Tabelle angegeben.

Erde → Satellit in GHz		Satellit → Erde in GHz	
Benutzt	Zugeteilt	Benutzt	Zugeteilt
5,925– 6,425	4,400– 4,700	3,700– 4,200	17,700–21,200
7,900– 8,400	10,950–11,200	7,250– 7,750	40,000–41,00
14,000–14,500	27,500–31,000	10,950–11,200	
	50,000–51,000	11,450–11,700	

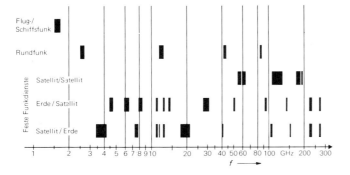

Bild 12.45
Frequenzbereiche für Nachrichtensatelliten

● *Übertragungsbedingungen*

Die Ausbreitung der Richtfunksignale in Satellitensystemen wird durch zwei Besonderheiten beeinflußt: Einmal ist wegen der großen Entfernung zwischen Bodenstation und Synchronsatelliten (bis 40 000 km) mit sehr hohen Streckendämpfungen zu rechnen. Zum andern sind die Wellenlängen in den benutzten Frequenzbereichen kleiner als 80 mm, bei 6 GHz gar nur 50 mm, oberhalb 12 GHz kleiner als 25 mm. Hier kommt man mit λ/2 oder λ/4 bereits in die Größenordnung von Regentropfen, Schneeflocken oder Hagelkörnern, so daß zumindest zeitweise mit großen, wetterabhängig schwankenden Dämpfungen zu rechnen ist. Das bedeutet, es muß in den Erdefunkstellen und in den Satelliten mit sehr hohen Verstärkungen und stark bündelnden Antennen gearbeitet werden. Bodenantennen mit Parabolspiegeln von bis zu etwa 30 m Durchmesser ergeben einen Leistungsgewinn von mehr als 60 dB. Die Verstärkung der Bodensender und Empfänger liegt zwischen 50 dB und 75 dB (re 1 mW). Dabei bedeutet nach DIN 5493

$$G_P \text{ re 1 mW} = 10 \lg \frac{P}{1 \text{ mW}} \geq 50 \text{ dB (re 1 mW)}.$$

Die Kennzeichnung weist also auf die Bezugsleistung 1 mW hin. Die Satellitensysteme arbeiten gar mit Verstärkungen von mehr als 100 dB.

12.4.2. Systemaufbau

Ein Satellitensystem besteht im einfachsten Fall aus zwei *Bodenstationen* (*Erdefunkstellen*) und einem *Synchronsatelliten*. Bild 12.46 zeigt ein Beispiel für den 6/4-GHz-Bereich.

* 12.4. Satellitenfunk   315

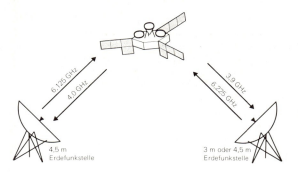

Bild 12.46
Beispiel einer Satellitenübertragung
im 6/4-GHz-Bereich

• *Bodenstation*

Die für Nachrichtenübertragungen wesentlichen Einrichtungen einer Bodenstation sind

Antenne, Sende- und Empfangsanlage, Antennensteuerung.

Wird mit Synchronsatelliten gearbeitet, muß die *Antennensteuerung* nur die relativ geringen Positionierungsfehler ausgleichen können, indem der Antennenreflektor entsprechend nachgeführt wird. Oft genügen schon geringe Bewegungen des Erregers oder — bei Cassegrain-Antennen — des Subreflektors (vgl. Bild 11.86 in 11.6.3). Bei umlaufenden Satelliten muß aber die Antenne voll steuerbar sein. Dazu werden heute in der Regel Rechner eingesetzt, die die Bahndaten des Satelliten in Stelldaten für die Antenne umrechnen. Auf jeden Fall sind extreme Anforderungen an die Mechanik der Antenne zu richten, um die geforderten Einstellgenauigkeiten von weniger als 0,002° einhalten zu können.

• *Antennen*

Die Standorte für die Antennen der Erdefunkstellen und damit für die kompletten Bodenstationen müssen so gewählt werden, daß *terrestrische Funkdienste* möglichst wenig stören. Die größten Beeinflussungen sind durch Richtfunkstrecken möglich, die im Bereich 2 ... 8 GHz arbeiten. Der Erhebungswinkel (*Elevationswinkel*) soll mehr als 5° betragen; der optische Horizont muß für solch flache Abstrahlung frei von Hindernissen sein. Die Größe der Antenne, d.h. der Durchmesser des Antennenspiegels, richtet sich nach der Sendeleistung des Satelliten und der maximal zu übertragenden Kanalzahl. Ein paar Beispiele von Antennen für den 6/4-GHz-Bereich sind:

Durchmesser in m	4,5	5	9	10	13,4	15,5	20,6	25	25,9	26	30
Gewinn in dB	43	44,2	48	50,8	52,3	55	57,8	58,4	58,9	58,2	> 60

Das wohl bekannteste Beispiel einer Erdefunkstelle ist die Anlage in Raisting bei München. Unter anderen sind dort 9 m-, 15,5 m- und 25 m-Cassegrain-Antennen in Betrieb. Bild 12.47 zeigt schematisch eine 10 m-Antenne.

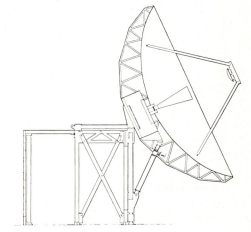

Bild 12.47
Antenne für Erdefunkstellen (6/4-GHz-Bereich);
10 m-Cassegrainantenne mit 50,8 dB Gewinn

• Sende- und Empfangsanlage

Die Sende- und Empfangsanlage einer Bodenstation ist etwa wie in Bild 12.48 aufgebaut. Das Fernseh-Videosignal oder eine große Zahl einseitenbandmodulierter Fernsprechkanäle modulieren zunächst einen ZF-Träger in der Frequenz. Dabei wird mit sehr großem Frequenzhub gearbeitet (z.B. 920 kHz bei 240 Fernsprechkanälen). Nach ZF-Verstärkung erfolgt die Umsetzung auf die Sendefrequenz im Bereich von 6 GHz. Die Vor- und Endverstärkung auf die Sendeleistung wird in zwei Stufen mit *Wanderfeldröhren* (WFR) vorgenommen. Zur rauscharmen Vorverstärkung der bei 4 GHz liegenden Empfangssignale wird ein *parametrischer Verstärker* verwendet. (Wegen dieser speziellen Verstärkerelemente muß auf die Elektronik-Literatur verwiesen werden.) Nach Frequenzumsetzung und Demodulation können am Ausgang des Basisbandverstärkers das Videosignal oder die einseitenbandmodulierten Fernsprechkanäle abgenommen werden.

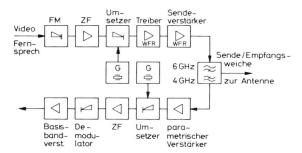

Bild 12.48
Sende- und Empfangsanlage einer Bodenstation (WFR: Wanderfeldröhre) (nach [37])

• Nachrichtensatelliten

Nachrichtensatelliten müssen „raumfahrttechnische" und „nachrichtentechnische" Einrichtungen besitzen. Hier interessieren nur die nachrichtentechnischen Einrichtungen, die im wesentlichen aus folgenden Komponenten bestehen:

> Antenne, Transponder, Stromversorgung.

Die *Antennen der Nachrichtensatelliten* sind den jeweiligen Anforderungen angepaßt. Im Beispiel des Satelliten *Intelsat IV* (vgl. 12.4.3) sind zwei *Hornstrahler* zum Empfangen der 6 GHz-Signale und zwei zum Senden der 4 GHz-Signale vorhanden. Sie strahlen mit einem Öffnungswinkel von 17°, so daß das ganze vom Satelliten sichtbare Erddrittel ausgeleuchtet wird (vgl. Bild 12.43 in 12.4.1). Der Gewinn dieser auch *Global Beam* genannten Antennen beträgt 17 dB. Zusätzlich besitzt Intelsat IV zwei *Parabolantennen* mit 1,25 m Durchmesser und einem Öffnungswinkel von nur 4,5° (*Spot Beam*) zur Ausrichtung auf Bodenstationen mit starkem Verkehr. Der Gewinn dieser scharf bündelnden Antennen beträgt 28 dB.

• Transponder

Das eigentliche nachrichtentechnische System eines Satelliten wird *Transponder* genannt. Er hat die Aufgabe, die von den Bodenstationen empfangenen Signale in die gewünschte Hochfrequenzlage umzusetzen, auf die nötige Sendeleistung zu verstärken und zur Erde zurückzustrahlen (vgl. Bild 12.46). Die dabei zu bewältigenden Verstärkungen sind aus dem in Bild 12.49 skizzierten *Systempegelplan* abzulesen, der für eine 6/4-GHz-Anlage gilt. Nach der Art der Signalverarbeitung im Transponder unterscheidet man drei Typen:

> *Transponder* mit
> • Basisbanddurchschaltung,
> • Zwischenfrequenzdurchschaltung,
> • Hochfrequenzdurchschaltung.

12.4. Satellitenfunk

Basisbanddurchschaltung ist bislang nicht realisiert. Sie wäre dann nötig, wenn im Satelliten die Modulation geändert werden soll. Den geringsten Geräteaufwand erfordert die in Bild 12.50 dargestellte *Hochfrequenzdurchschaltung*. Hierbei wird das 6 GHz-Empfangssignal verstärkt und dann direkt in den 4 GHz-Bereich umgesetzt. Der Nachteil dieser Durchschaltung ist, daß die gesamte Verstärkung in der HF-Lage durchgeführt werden muß. Diesen Nachteil vermeidet die *ZF-Durchschaltung*, bei der — ähnlich wie in Richtfunk-Relais — nach Vorverstärkung auf eine Zwischenfrequenz heruntergemischt wird. Hauptverstärkung und -selektion können dann bei der ZF erfolgen. Transponder sind heute natürlich mit Halbleiterschaltungen ausgeführt. Als Sendeverstärker wird jedoch in allen Fällen eine Wanderfeldröhre verwendet.

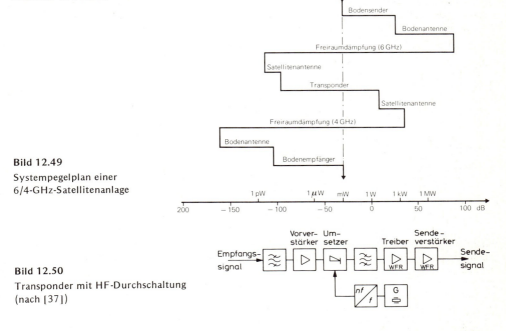

Bild 12.49
Systempegelplan einer
6/4-GHz-Satellitenanlage

Bild 12.50
Transponder mit HF-Durchschaltung
(nach [37])

● *Stromversorgung*

Zur Stromversorgung von Nachrichtensatelliten sind drei Energiequellen denkbar:

> Brennstoffzellen (chemische Energie)
> Thermonukleare Generatoren (Kernenergie)
> Solarzellen (Sonnenenergie)

Chemische Energie und Kernenergie müssen dem Satelliten in geeigneten Speichern mitgegeben werden, woraus oft ein zu hohes Gewicht und eine stark eingeschränkte Lebensdauer des Satelliten resultieren. Sonnenenergie ist dagegen im Weltraum frei verfügbar. Darum sind viele Nachrichtensatelliten mit *Solarzellen als Sonnenenergiewandler* ausgerüstet. Dabei ist die mit Siliziumzellen belegte Gesamtfläche ein Maß für die erzeugbare Leistung, vorausgesetzt, die Zellen sind ständig zur Sonne hin ausgerichtet. Im Falle des *Intelsat IV* ist der ganze Zylindermantel belegt (Bild 12.51a). Das bedeutet, der Zylinder von 2,4 m Durchmesser und 2,8 m Höhe bietet auf seiner etwa 20 m² großen Oberfläche ca. 50 000 Fotozellen mit je 2 cm × 2 cm Fläche Platz. Damit stehen mehr als 500 Watt zur Verfügung. Der belegte Zylinder dreht sich ständig mit 50 Umdrehungen pro Minute, wodurch eine kontinuierliche Sonnenbestrahlung gewährleistet wird. In einem anderen Beispiel ist zur Erzeugung von 5,5 kW eine Gesamtfläche von 85 m² nötig, die zudem ständig auf die Sonne hin ausgerichtet sein muß. Solch große Flächen werden mit ausklappbaren Paddeln oder ausfahrbaren Laken realisiert (Bilder 12.51b und 12.51c).

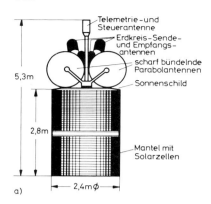
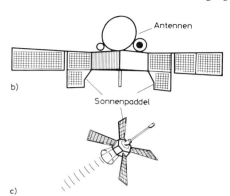

Bild 12.51. Anbringung von Solarzellen
a) auf dem Satellitenmantel (begrenzte Fläche)
b) und c) auf ausklappbaren Paddeln (große Fläche)

* 12.4.3. Satellitensysteme

Satellitensysteme sind zunächst einmal nach dem Frequenzbereich, in dem sie arbeiten, abgrenzbar:

```
6/4   GHz-Bereich (Standard-Systeme)
14/11 GHz-Bereich (Neue Breitbandsysteme)
30/20 GHz-Bereich (Zukünftige Systeme)
```

Eine weitere Klassifizierung kann danach vorgenommen werden, ob die Systeme *international* (interkontinental oder gar erdumspannend) oder ob sie *regional* begrenzt arbeiten sollen.

• 6/4 GHz-Bereich

Die meisten Nachrichtensatelliten-Systeme arbeiten im Frequenzbereich 6/4 GHz, wobei die jeweils höhere Frequenz für die Aufwärtsrichtung (Erde → Satellit), die niedrigere für die Abwärtsrichtung benutzt wird. Dieser Bereich wurde deshalb festgelegt, weil dafür beachtliches „Know-how" aus der Richtfunktechnik zur Verfügung stand. Weitere Vorteile sind die noch relativ günstigen Ausbreitungseigenschaften der 50 ... 80 mm langen Wellen und die inzwischen ausgereifte und vollständige Technologie in diesem Bereich. Vereinbarungen zur Nutzung der Satellitenfunk-Bänder werden seit 1965 durch die *International Telecommunication Union* (ITU) in Genf getroffen. Für die Bundesrepublik von Interesse sind folgende Systeme im 6/4 GHz-Bereich:

```
Intelsat in der westlichen Welt
Intersputnik im Ostblock
Symphonie in Europa
```

• Intelsat-System

Das „Zeitalter der künstlichen Erdsatelliten" begann am 4. Oktober 1957 mit dem Start des russischen *Sputnik*. Der erste aktive Nachrichtensatellit wurde am 4. Oktober 1960 durch die USA in Betrieb genommen. 1964 wurde mit Gründung des *International Telecommunications Satellite Consortium* (Intelsat) der erste Schritt zur kommerziellen Nutzung von Nachrichtensatelliten getan. Bild 12.52 zeigt in einer Auflistung die wichtigsten Daten der seit 1965 gestarteten Intelsat-Generationen. Intelsat I war auch unter dem Namen *Early Bird* bekannt. Er war über dem Atlantik zwischen Nordamerika und Europa fixiert. Die Satelliten der derzeit letzten Generation Intelsat IV A wurden erstmals Ende 1975 gestartet. Mit Intelsat V ist jedoch bereits die nächste Generation angekündigt. Etwa Mitte 1979 soll der erste dieser Satelliten gestartet werden.

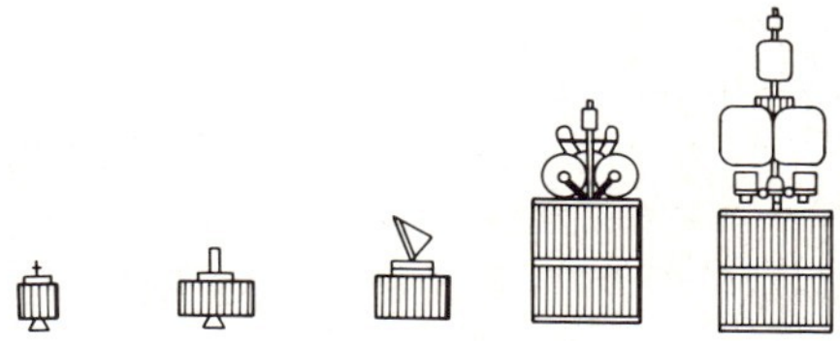

* 12.4. Satellitenfunk

Intelsat		I	II	III	IV	IVA
Erster Start		1965	1966	1968	1971	1975
Masse beim Start	kg	68	162	293	1385	1469
im Orbit	kg	38	86	152	700	790
Durchmesser	cm	72	142	142	238	238
Bauhöhe	cm	60	67	104	528	590
Leistung	W	40	75	120	400	500
Transponder	Anzahl	2	1	2	12	20
Bandbreite	MHz	25	130	225	36	36
Antennen-Gewinn						
Global	dB	11,5	15,5	23	22,5	22
Punkt	dB	—	—	—	33,7	29
Telefonkanäle	Anzahl	240	240	1200	5000	7500
Lebensdauer	Jahre	1,5	3	5	7	7
Kosten je Kanal und Jahr	Dollar	20000	10000	2000	1000	700

Bild 12.52. Wichtige Daten der Satelliten-Generationen von Intelsat (nach [40])

• *Intersputnik-System*

Das Gegenstück zum westlichen Intelsat-System ist das vom Ostblock betriebene Intersputnik-System. Es wurde 1974 in Betrieb genommen und dient ebenfalls zum Übertragen von Telefon- und Telegrafensignalen und zum Austausch von Schwarzweiß- und Farbfernsehsendungen. Eine Besonderheit ist, daß die in der ersten Generation verwendeten *Molnija-Satelliten* nicht stationär arbeiten, sondern in einer stark elliptischen Bahn mit folgenden Parametern umlaufen:

Apogäum (erdfernster Punkt) ca. 40 000 km;
Perigäum (erdnächster Punkt) ca. 500 km;
Bahnneigung ca. 63,5°;
Umlaufzeit ca. 12,5 Stunden.

Um trotzdem eine kontinuierliche Versorgung zu gewährleisten, wurden zu Anfang drei in ihren Bahnen um jeweils 120° versetzte Satelliten betrieben. Derzeit laufen vier um 90° versetzte Satelliten um.

• *Symphonie-System*

Zur Errichtung eines westeuropäischen Satellitensystems wurden in deutsch-französischer Gemeinschaftsarbeit der Nachrichtensatellit *Symphonie* entwickelt. Das erste Exemplar wurde Ende 1974 in eine synchrone Umlaufbahn gebracht. Erklärte Ziele bei der Entwicklungsarbeit waren die Verwendung kleiner und damit kostengünstiger Bodenantennen, die weitgehende Nutzung bereits entwickelter Komponenten und die Erprobung von Zeitmultiplex- bzw. PCM-Verfahren. Die erste für das Symphonie-System errichtete Bodenstation *Raisting IV* arbeitet mit einer Cassegrain-Antenne, die mit 15,5 m Durchmesser nur etwa halb so groß ist wie die Intelsat-IV-Antennen. Inzwischen werden für das Symphonie-System mobile Stationen angeboten, mit Antennen vom Durchmesser 3 m (Parabol) bzw. 4,5 m (Cassegrain). Die gesamte Bodenstation befindet sich in einem klimatisierten und leicht transportablen Container; die Antennen sind in Transportsegmente zerlegbar, so daß die Beförderung in Linienmaschinen (z.B. Frachtraum einer Boing 707) möglich ist. Damit bieten sich diese Erdefunkstellen zum Einsatz auf Schiffen, Bohrinseln, in Forschungsstützpunkten oder Katastrophengebieten an. Die Möglichkeit der starken Reduzierung der Antennengröße ist zurückzuführen auf die größere Leistungsfähigkeit der Satelliten und die bei regionaler Nutzung nur begrenzte Ausleuchtzone (*Spot Beam* mit höherem Gewinn).

- *14/11 GHz-Bereich*

Das ständig wachsende regionale und internationale Kommunikationsbedürfnis ist nur mit immer höheren Übertragungskapazitäten zu bewältigen. Eine wesentliche Kapazitätsausweitung ist aber nur durch die Erschließung höherer Frequenzbereiche möglich. Darum sind Satellitensysteme im Bereich oberhalb 10 GHz in der Erprobung, wobei derzeit besonders der 14/11 GHz-Bereich von Bedeutung ist. Jedoch ist mit solch kurzen Wellen der Periode 20 ... 27 mm eine stabile Funkverbindung nur unter erhöhtem Aufwand möglich, weil die Streckendämpfung stark von Wolkenbildung, Regen, Schnee etc. abhängig ist. Um mehr Erfahrungen zu sammeln, werden von der ESA (*European Space Agency*) Testsatelliten betrieben, die *Orbital Test Satellites* (OTS). Das Ziel ist ein europäisches Regionalnetz ECS (*European Communication Satellites*) mit vielleicht 25 Bodenstationen, das ab etwa 1980 aufgebaut werden soll.

- *Satelliten-Fernsehen*

Eine viel diskutierte Form der Nutzung des 14/11 GHz-Bereiches ist die Übertragung von Fernsehprogrammen. Bild 12.53 zeigt das Schema eines Satellitensystems für direkte Fernsehübertragung. Danach werden die Fernsehprogramme von einer Erdefunkstelle mit Trägerfrequenzen um 14 GHz zum Satelliten gesendet, dort umgesetzt und im 12 GHz-Bereich in das Empfangsgebiet gestrahlt. Empfangen werden die Fernsehsendungen entweder mit Einzelanlagen (EA), Gemeinschaftsanlagen (GA) oder Großgemeinschaftsanlagen (GGA). Inzwischen haben sich 106 Länder außerhalb der USA im Rahmen der ITU auf einen Plan für den direkten Satelliten-Fernseh- und Rundfunkempfang geeinigt. Danach sind für die größeren westeuropäischen Länder jeweils fünf Kanäle zugewiesen. Ebenfalls wurden Frequenzbereiche und Satelliten-Positionen verteilt. Der Plan soll vom 1. Januar 1979 an für 15 Jahre gelten.

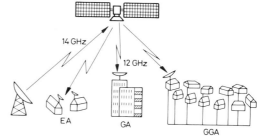

Bild 12.53
Direkte Fernsehübertragung mit Satelliten; EA: Einzelanlage, GA: Gemeinschaftsanlage, GGA: Großgemeinschaftsanlage

- *30/20 GHz-Bereich*

Um auch künftige Kapazitätsausweitungen bewältigen zu können, werden theoretische Untersuchungen und Ausbreitungsmessungen im 30/20 GHz-Bereich durchgeführt. Ein Hauptproblem wird die bei Wellenlängen zwischen 10 mm und 15 mm extrem starke und wetterabhängige Streckendämpfung sein. Ein Vorschlag zur Kompensierung der bei ungünstigen Wetterbedingungen möglichen zusätzlichen Dämpfung von mehr als 10 dB sieht so aus, daß zwei etwa im Abstand von 10 ... 20 km installierte Antennen auf denselben Satelliten ausgerichtet werden. Ein gleichzeitiges Auftreten der Verschlechterung in beiden Antennen ist bei dieser Entfernung relativ unwahrscheinlich, so daß nahezu immer eine Antenne zufriedenstellend genutzt werden kann. Es bleibt abzuwarten, mit welchem Erfolg die entsprechenden Versuche ausgehen werden.

12.5. Zusammenfassung

Hörrundfunk wird im wesentlichen mit zwei Zielsetzungen betrieben:
- Große Reichweiten — dieses Ziel wird vor allem mit AM-Rundfunk im Lang-, Mittel- und Kurzwellenbereich (LMK-Rundfunk mit vertikaler Polarisation) verfolgt, wobei Kurzwellen eine besonders große Reichweite haben.
- Naturgetreue Musikwiedergabe (*High Fidelity*) — dieses Ziel wird mit FM-Rundfunk im UKW-Bereich (UKW-Rundfunk mit horizontaler Polarisation) verfolgt, wobei aber die Reichweite etwa bis auf optische Sicht begrenzt ist.

Besondere, aber technisch aufwendige Maßnahmen zur weiteren Qualitätsverbesserung sind die Verwendung von *Stereofonie* und *Quadrofonie*.

Verkehrsfunk ist ein in den letzten Jahren immer wichtiger gewordener Hörrundfunk-Sonderdienst. Die diesem Dienst angeschlossenen UKW-Sender strahlen ständig *Kennfrequenzen* (Kennungen) aus, die den Sender selbst und den Bereich, in dem er störungsfrei empfangen werden kann, kennzeichnen. Im Falle einer Durchsage wird zusätzlich eine dritte Kennfrequenz ausgestrahlt (Durchsagekennung).

LMK-Rundfunk sendet amplitudenmoduliert mit Zweiseitenbandübertragung. Die Signalbandbreite beträgt 4,5 kHz, der Trägerabstand 10 kHz; der Modulationsgrad ist $m = 0{,}7$.

UKW-Rundfunk sendet frequenzmoduliert mit einem Frequenzhub von ± 75 kHz und einer Sendebandbreite von 300 kHz. Die Signalbandbreite beträgt 15 kHz.

Stereo-Übertragungen sollten mit Mono-Empfängern wiedergegeben werden können. Außerdem müssen die beiden jeweils 15 kHz breiten Stereo-Bänder (Links- und Rechtsinformation X und Y) über den einen 300 kHz breiten Kanal übertragen werden. Dazu wird das mit dem monofonen System kompatible *Summensignal* $M = X + Y$ (Mitten- bzw. Toninformation) im Originalfrequenzbereich 20 Hz ... 15 kHz belassen. Das *Differenzsignal* $S = X - Y$ (Seiten- bzw. Richtungsinformation) wird einem 38 kHz-Hilfsträger in der Amplitude aufmoduliert. Das vollständige 53 kHz breite Stereosignal wird dann in der Frequenz moduliert und ausgestrahlt.

Fernsehrundfunk verwendet das Zeilensprungverfahren, bei dem jedes in *Flächenelemente* zerlegte und zeilenweise abgetastete Bild zweimal in Form ineinander verschachtelter Halbbilder gesendet wird. Die damit erzielte Halbbildwechselfrequenz von 50 Hz sorgt zusammen mit der Zeilenzahl $z = 625$ pro Bild für eine befriedigende Qualität. Die *Videobandbreite* ist nach CCIR zu 5 MHz festgelegt. Das die Grauwerte der zu übertragenden Bilder enthaltende *Videosignal* und die das Zeilenende und das Bildende kennzeichnenden *Synchronisierimpulse* heißen zusammen *Bild-Austast-Synchron-Signal* (*BAS-Signal*). Gearbeitet wird mit AM und *Restseitenbandübertragung mit Nyquistflanke*. Der Fernsehton wird getrennt auf einen 5,5 MHz oberhalb des Bildträgers liegenden Tonträger aufmoduliert, wobei FM mit ± 50 kHz Hub und ± 250 kHz Bandbreite verwendet wird. Insgesamt ergibt sich damit eine Sendebandbreite von 7 MHz.

Bildaufnahmeröhren (Kameraröhren) müssen für jeden Bildpunkt auf ihrer *Signalplatte* eine Umwandlung des jeweiligen Helligkeitswertes in ein elektrisches Signal vornehmen. Die Signalplatten sind heute aus Halbleiterschichten aufgebaut, die entsprechend der Bestrahlung ihre Leitfähigkeit verändern. Wird nach „Belichtung" die Signalplatte mit einem *Elektronenstrahl* abgetastet, entsteht ein den Leitfähigkeitsänderungen entsprechender Signalstrom, der mithin das optische Bild darstellt.

Bildwiedergaberöhren (Bildröhren) bestehen aus zwei Hauptteilen: der eigentlichen *Bildröhre* mit Strahlerzeugungssystem und Leuchtschirm und der auf den Röhrenhals aufgeschobenen *Ablenkeinheit*. Die durch eine Anodenspannung von etwa 20 kV beschleunigten Elektronenstrahlen werden auf eine Leuchtschicht gelenkt. Mit dem an das Steuergitter gelegten Videosignal wird die auf die Leuchtschicht auftreffende Intensität des Elektronenstrahls gesteuert: *Helligkeitsmodulation des Elektronenstrahls*. Die H- und V-Synchronimpulse erregen dabei die Ablenkspulen in der Weise, daß der Elektronenstrahl ständig die nach dem Zeilensprungverfahren geforderten Zeilen schreibt.

Farbfernsehen muß bei unveränderter Videobandbreite von 5 MHz zusätzlich zur *Helligkeitsinformation* (*Luminanzsignal*) eine *Farbinformation* (*Chrominanzsignal*) übertragen. Genutzt wird die Erkenntnis aus der Farbenlehre, daß praktisch jede Farbe durch *additive Mischung* der drei *Primärfarben* Rot, Grün und Blau zusammengesetzt werden kann. Übertragen werden jedoch nicht die Signale der drei Farben, sondern nur die folgenden Signale:

Luminanzsignal	*Differenzsignale*
$Y = 0{,}3\,R + 0{,}59\,G + 0{,}11\,B$	$R - Y$ und $B - Y$
(Helligkeitsinformation;	(Farbinformation;
für Schwarzweiß-Fernsehen	liefert keinen Beitrag zur
ausreichend)	Helligkeitsinformation)

Die Differenzsignale werden einem *Farbhilfsträger* aufmoduliert, dessen Frequenz gleich einem ungeraden Vielfachen der halben Zeilenfrequenz ist. Benutzt wird Phasenmodulation in der Weise, daß die *Farbsättigung* der Amplitude und der *Farbton* dem Phasenwinkel des Farbhilfsträgers entsprechen.

Das vollständige Farbfernseh-Videosignal, bestehend aus Luminanzsignal, Synchronimpulsen und dem mit dem Farbdifferenzsignal (Chrominanzsignal) modulierten Farbhilfsträger, heißt *Farbbild-Austast-Synchron-Signal*, kurz: *FBAS-Signal*. Dieses Signal wird dem normalen *Bildträger* aufmoduliert (AM).

Farbbildröhren funktionieren grundsätzlich ebenso wie Schwarzweißröhren, aber:
- Das *Strahlerzeugungssystem* muß drei getrennte Elektronenstrahlen für die drei Farbinformationen erzeugen, die durch das Luminanzsignal zugleich, durch die Chrominanzsignale getrennt angesteuert werden.
- Der *Leuchtschirm* muß die drei Primärfarben enthalten und durch additive Mischung daraus jede nötige Farbe erzeugen können.

Richtfunk wird zur Ergänzung und Sicherung des Weitverkehrs-Kabelnetzes der Postverwaltungen eingesetzt. Es werden unterschieden:

12.5. Zusammenfassung

Kurzwellenverbindungen	Breitbandverbindungen
Einseitenbandsender im Bereich 2 ... 30 MHz für Richtfunk bis zu größten Entfernungen	Frequenzmodulierte Sender im Bereich 0,2 ... 15 GHz für Richtfunk auf etwa Sichtweite (ca. 50 km)
Betriebsbedingungen instabil	Betriebsbedingungen stabil
Kanalkapazitäten stark begrenzt	Kanalkapazitäten sehr groß

Satellitenfunk bringt in zweierlei Hinsicht Vorteile: 1. Im Überseeverkehr sind Fernsehprogramme direkt zwischen den Kontinenten austauschbar geworden; 2. In Breitband-Richtfunksystemen kann durch Satellitenfunk der Relaisaufwand reduziert werden, bei gleichzeitiger Vergrößerung der Reichweite. Satellitensysteme bestehen aus:

- *Bodenstation* (Erdefunkstelle) mit Antenne (Parabolspiegel), Sende- und Empfangsanlage und Antennensteuerung.
- *Nachrichtensatelliten* mit Antennen, Transponder und Stromversorgung.

Transponder sind die eigentlichen nachrichtentechnischen Systeme der Satelliten. Sie müssen die von den Bodenstationen empfangenen Signale in die gewünschte Hochfrequenzlage umsetzen, auf die nötige Sendeleistung verstärken und zur Erde zurückstrahlen.

Satellitensysteme werden nach dem Frequenzbereich abgegrenzt, in dem sie arbeiten:

> 6/4   GHz-Bereich (Standard-Systeme)
> 14/11 GHz-Bereich (Neue Breitbandsysteme)
> 30/20 GHz-Bereich (Zukünftige Systeme)

Die jeweils höhere Frequenz wird für die Aufwärtsrichtung (Erde → Satellit), die niedrigere für die Abwärtsrichtung benutzt.

Literatur zu Teil 3

Die in diesem Teil 3 besprochene *Übertragungstechnik* beinhaltet so verschiedene Themen wie *Theorie der Leitungen, Telefonie und Telegrafie, Antennen und Wellenausbreitung, Rundfunk, Richtfunk, Satellitenfunk*. Zu diesen Themen existieren sowohl breit angelegte Standardwerke als auch eine Reihe von Spezialbüchern, Aufsätzen und Firmenschriften. Eine kleine Auswahl:

1. Theorie der Leitungen, von *H.-G. Unger* [31]. Auf hohem Niveau ist in diesem Vieweg-Hochschullehrbuch die Leitungstheorie besprochen, wie sie den Studenten der TU Braunschweig dargeboten wird.
2. Elektrische Nachrichtentechnik, Teil 1: Grundlagen, von *H. Fricke* et al. [15]. Ebenfalls auf Hochschulniveau Kapitel über Leitungen, Antennen, Wellenausbreitung, Empfänger, Telegrafie und Fernsprechtechnik.

3. Nachrichtentechnik, von *H. Schönfelder* [13]. Die Niederschrift einer Vorlesung an der TU Braunschweig behandelt gut verständlich und mit vielen Abbildungen unter anderem: Elektrooptische Wandler, Bildfernsprecher, Telefonie, Telegrafie, Bildübertragung.
4. Taschenbuch Elektrotechnik, Band 3: Nachrichtentechnik, von *E. Philippow* [16]. In diesem umfassenden Nachschlagewerk sind in den beiden Haupt-Kapiteln ,,Fernmeldetechnik" und ,,Hochfrequenztechnik" Grundlagen und Verfahren der Signalübertragung besprochen.
5. Taschenbuch der Hochfrequenztechnik, von *H. Meinke* und *F. W. Gundlach* [22]. Das Standardwerk der Nachrichtentechnik setzt eine sichere Beherrschung der theoretischen Elektrotechnik voraus. Sehr ausführlich sind bearbeitet: Leitungen, Antennen, Wellenausbreitung, Sender, Empfänger und Hochfrequenztechnik.
6. Handbuch für Hochfrequenz- und Elektro-Techniker, von *K. Kretzer* [23]. In unregelmäßiger Folge und ziemlich unsortiert werden in den bislang erschienenen Bänden aktuelle Themen der Nachrichtentechnik abgehandelt. Zum Beispiel Band III: Hohlleiter, Vierpole; Band VI: Trägerfrequenztechnik, Farbfernsehen; Band VII: Leitungen, Rundfunk und Fernsehen; Band VIII: Nachrichtenübermittlung mit künstlichen Erdsatelliten.
7. Telefunken-Laborbuch [26]. Vielfach bewährt sind die Bändchen der Laborbuchreihe mit beispielsweise: Vierpole, Leitungen, Antennen (Band 1), Antennenrauschen, Hohlleiter (Band 2).
8. Antennenbuch, von *K. Rothammel* [36] und The A.R.R.L. Antenna Book [39]. Das sind Bücher für den Amateurfunker mit einer Vielzahl von Bauanweisungen. Wegen leicht verständlicher Grundlagenabschnitte aber auch als Lehrbücher für Anfänger geeignet.
9. Hochfrequenztechnik in Funk und Radar, von *H.-G. Unger* [37]. Im Vorwort wird betont, daß ,,das Skriptum Inhalt und Ergänzung zu einer Vorlesung bildet, die die Studierenden der Elektrotechnik der TU Braunschweig in die Hochfrequenztechnik einführt. Es ist aber so ausführlich abgefaßt, daß es sich auch zum Selbststudium und zur Einarbeitung eignet". Für die Kapitel Antennen, Wellenausbreitung, Senderöhren und Hochfrequenz-Empfang werden jedoch gute mathematische Kenntnisse vorausgesetzt. Die Kapitel Rundfunktechnik, Richtfunktechnik und Satellitenfunk sind eher qualitativ beschreibend.
10. Einheiten — Grundbegriffe — Meßverfahren der Nachrichten-Übertragungstechnik, von *M. Bidlingmaier* et al. [2]. Das Buch aus der Praxis ist für das Arbeiten in Unterrichts-, Forschungs- und Industrielabor von großem Nutzen.

Teil 4
Datenfernverarbeitung

Datenfernverarbeitung (DFV) ist zunächst ein spezieller Zweig der elektronischen Datenverarbeitung (EDV). Darum wurden und werden in den meisten Fällen beide Themen gemeinsam abgehandelt, wobei dann oft DFV als „Sonderform" der EDV deklariert wird. Es gibt jedoch gute Gründe für eine Einordnung der Datenfernverarbeitung in den Rahmen „Signalübertragung". Einer ist der, daß DFV wesentlich „lebt" von der Übertragungstechnik und daß in den meisten Fällen zur Datenübertragung das Telefonnetz benutzt wird. Der andere Grund ergibt sich aus der Entwicklung neuer *Telekommunikationsformen*, bei denen oft die Bereiche Nachrichtenübermittlung, Datenübertragung und Datenverarbeitung kaum noch zu trennen sind. Man denke dabei nur an *Teletext, Bildschirmtext* usw.

Bei der Besprechung der Datenfernverarbeitung werden darum die in den Teilen 1 bis 3 dieses Buches entwickelten Übertragungstechniken und Verfahren vorausgesetzt. Die EDV-Seite stützt sich auf das Buch *Digitale Datenverarbeitung für das technische Studium*, das im Text häufig als [1] zitiert wird.

Nach der Vorstellung der grundlegenden Prinzipien in *Kapitel 13* werden in *Kapitel 14* Verfahren und Betriebsarten der DFV behandelt. Übertragungskanäle und Arbeitsweisen sind Inhalt von *Kapitel 15*. Die Organisation in Datenübertragungsblöcke und die Notwendigkeit der Datensicherung werden in *Kapitel 16* besprochen. Allgemeine Anwendungsfälle, Modems und ausgeführte Beispiele sind schließlich in *Kapitel 17* gesammelt.

Es sei hier darauf hingewiesen, daß in der Datentechnik Vielfache häufig angegeben werden als

$1\ K = 1024 = 2^{10}$,

also 1 Kbit = 1024 bit bzw. 1 Kbyte = 1024 byte. Dies ist zu unterscheiden von

$1\ k = 1000\ (=1\ \text{„Kilo"})$

also 1 kbit = 1000 bit bzw. 1 kbyte = 1000 byte.

---

13. Problemstellung und Prinzipien

13.1. Problemstellung

Im täglichen Leben, privat und in der Arbeitswelt, werden selbstverständlich Informationen ausgetauscht, Nachrichten übermittelt, Daten weitergereicht etc., was zusammengefaßt als *Kommunikation* bezeichnet wird. Die Kommunikation geschieht beispielsweise im persönlichen Gespräch oder mit einem Brief über weltweite Entfernungen hin. Ein Brief wird mit der Bahn oder dem Flugzeug befördert und durch einen Briefträger zugestellt; dabei vergeht ein mehr oder weniger langer Zeitraum. Wir haben uns aber längst daran gewöhnt, auch elektrische *Nachrichtenkanäle* zu verwenden und unmittelbar, also ohne Zeitverzögerung, Informationen zu erhalten oder weiterzugeben. So wird bei Benutzung des Telefonnetzes ein direkter Gedankenaustausch, also ein sogenannter *Echtzeitbetrieb* über größte Entfernungen hin möglich.

• *Informationsaustausch*

Mit den Einrichtungen von Rundfunk und Fernsehen waren wir beispielsweise direkt an der „Eroberung" des Mondes beteiligt. Die Nachricht davon, daß ein Mensch erstmalig den Mond betreten hatte, konnte man aber auch zeitlich verzögert — aus Tageszeitungen und Illustrierten entnehmen; und dabei wohl ausführlicher und mit mehr „Rand-" oder „Hintergrundinformation" als direkt vom Bildschirm — nur um Stunden oder Tage später. So fassen wir zusammen:

1. *Informationsaustausch mit zeitlicher Verzögerung;* z.B. Einholen einer Auskunft per Post (Bild 13.1a);
2. *Informationsaustausch im Echtzeitbetrieb;* z.B. Einholen einer Auskunft per Telefon (Bild 13.1b).

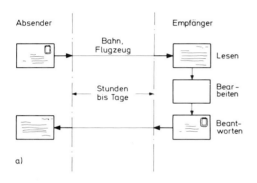

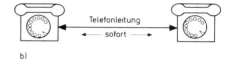

Bild 13.1
Möglichkeiten des Informationsaustauschs
a) zeitaufwendiger Briefverkehr,
b) direkter Austausch per Telefon

Während also mit dem Verfahren nach Bild 13.1a Tage oder Wochen vergehen können, bis eine befriedigende Antwort eintrifft, kann diese Antwort gemäß Bild 13.1b sofort vorliegen. Denkbar ist weiterhin, daß bei brieflichen Anfragen die Auskunftstelle erst einen „Stapel" von Briefen sammelt und diese dann auf einmal bearbeitet.

• *Stapelverarbeitung (Batch Processing)*

Vollziehen wir nun den Schritt zum speziellen Gebiet der Datenverarbeitung. Statt eines Briefes, eines Bildes oder eines Gesprächs haben wir in diesem Fall ein Computerprogramm und eine Reihe zu verrechnender Daten vorliegen. Wie in [1] (Kap. 6) besprochen, sind Programm und Daten in codierter Form auf einem Datenträger festgehalten (z.B. Lochstreifen, Lochkarte). Die bei entsprechender Codierung von der Maschine (EDV-Anlage) lesbaren Informationen werden normalerweise zur EDV-Anlage gebracht und dort gesammelt („gestapelt"). Der Stapel von Aufträgen wird dann nacheinander (Programm für Programm) abgearbeitet. Diese häufigste Form der Datenverarbeitung nennt man darum auch

Stapelverarbeitung, engl. *Batch Processing:* Dabei werden zunächst alle Aufträge gesammelt. Dann wird der gesamte Auftragsstapel geschlossen abgearbeitet, wobei aber die Programme getrennt nacheinander verarbeitet werden.

13.1. Problemstellung

Ein Vorteil der Stapelverarbeitung ist, daß auch mit kleineren Anlagen anspruchsvolle und umfangreiche Aufgaben gelöst werden können, weil ja die Einzelprobleme nacheinander verarbeitet werden.

• *Zeitverzögerung*

Jedoch seien auch gleich die Nachteile der *Stapelverarbeitung* genannt. Normalerweise werden irgendwo in einem Büro, Betrieb oder Labor Daten entstehen, die erfaßt und auf Datenträgern codiert abgespeichert werden müssen. Mit dem zugehörigen Programm wird dann der DV-Auftrag (*Job*) z.B. in Form von Lochkarten per Boten zum Rechenzentrum gebracht. Dort wird ein „Stapel" solcher Aufträge bearbeitet; die Ergebnisse können Stunden oder Tage später abgeholt und ausgewertet werden.

> Bei der *Stapelverarbeitung* sind Datenerfassung, Codierung, Verarbeitung und Auswertung *zeitlich* so weit voneinander getrennt, daß Stunden oder Tage zwischen Datenerfassung und Auswertung liegen können.

• *Alternativen*

Die *Stapelverarbeitung* ist also teilweise vergleichbar mit dem in Bild 13.1a schematisierten Briefverkehr. Ebenso wie ein Brief die wirtschaftlichste, aber langwierigste Art des Informationsaustauschs darstellt, ist auch die Stapelverarbeitung die wirtschaftlichste Methode der Datenverarbeitung — aber auch die langwierigste. Und ebenso wie oft ein direkter Informationsaustausch per Telefon einem langwierigen Briefwechsel vorgezogen wird (oder werden muß) wird man bemüht sein, die zeitaufwendige Stapelverarbeitung zu verkürzen, die schematisch in Bild 13.2a skizziert ist.

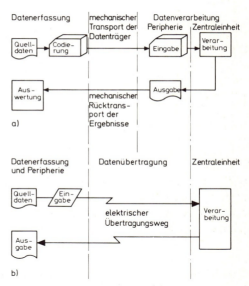

Bild 13.2. Möglichkeiten der Datenverarbeitung (Sinnbilder nach DIN 66001)
a) Stapelverarbeitung *(Batch Processing)*,
b) Datenfernverarbeitung *(Teleprocessing)*

• *Datenübertragung*

Eine ganz entscheidende Stelle zur Zeiteinsparung ist der in Bild 13.2 schematisierte Datentransportweg zwischen den Orten der Datenerfassung und der Verarbeitung. So ist es nur konsequent, den mechanischen, körperlichen Transport der Datenträger zu ersetzen durch eine elektrische („körperlose") Übertragung der Daten selbst. Eine solche Art der Datenverarbeitung mit *Datenübertragung* nach Bild 13.2b nennt man

> *Datenfernverarbeitung:* Davon spricht man allgemein, wenn Daten nicht an ihrem Entstehungsort verarbeitet, sondern zur Verarbeitung über einen *elektrischen Übertragungsweg* übertragen werden.

13.2. Systembestandteile

Was ein Datenverarbeitungssystem ausmacht, ist in [1] (2.3) eindeutig definiert. Ganz kurz zusammengefaßt besteht ein EDV-System aus *Hardware* und *Software*, also aus der EDV-Anlage selbst (Hardware) und den System- und Benutzerprogrammen (Software), durch die die an sich tote Maschine erst befähigt wird, sinnvoll und optimal Probleme zu lösen. Solch eine arbeitsfähige EDV-Anlage ist einer der drei Systembestandteile eines Datenfernverarbeitungssystems, kurz *DFV-System*. Wie in 13.1 entwickelt, gehört zur Datenfernverarbeitung (DFV) wesentlich die Übertragung von Daten über elektrische Übertragungswege, was kurz Datenfernübertragung (DFÜ) genannt werden soll. So ergibt sich die schematische Formel:

DFV = DFÜ + EDV
oder: Datenfernverarbeitung setzt sich zusammen aus Datenfernübertragung und Datenverarbeitung.

• *Datenfernübertragung*

Die weiteren Systembestandteile betreffen die *Datenfernübertragung*. Dazu gehören einerseits die *Datenstationen*, andererseits die Übertragungskanäle oder das *Datennetz*. So läßt sich zusammenfassen:

Ein *DFV-System* setzt sich zusammen aus
1. den Datenstationen,
2. dem Datennetz,
3. einem EDV-System.

Damit ergibt sich das in Bild 13.3 gezeigte allgemeine Schema eines DFV-Systems.

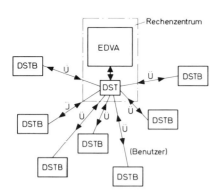

Bild 13.3

Schema eines DFV-Systems mit den drei Systembestandteilen EDV-Anlage (EDVA), Datenstationen (DST, bzw. DSTB der Benutzer) und Übertragungskanäle (Ü), die das Datennetz bilden

• *DFV-System*

Das Rechenzentrum, an das alle Benutzer angeschlossen sind, wird im allgemeinen Fall eine vollständige EDV-Anlage besitzen, bestehend aus Zentraleinheit und Peripherie (vgl. [1]). Zusätzlich wird jedoch eine Einheit für die Datenübertragung vorhanden sein müssen, also

13.2. Systembestandteile

die zentrale Datenstation DST (Bild 13.3). Sie hat die Aufgabe, den Datenverkehr zwischen der Zentraleinheit der EDVA und den mit den Übertragungskanälen Ü angeschlossenen Benutzer-Datenstationen DSTB zu steuern. Dazu muß die Zentraleinheit ein über das normale *Betriebssystem* (vgl. [1] 18.4) hinausgehendes Programmsystem besitzen — das *Datenübertragungsprogrammsystem*. Zu seinen Aufgaben gehört z.B. die Steuerung des Datenflusses von und zu den DSTB sowie die Koordinierung der Ein- und Ausgabe zur EDVA. Über die verschiedenen Betriebsarten wird ausführlicher in Kap. 14 gesprochen werden.

• *Datenstationen*

Benutzer-Datenstationen (DSTB) können recht unterschiedlich ausgeführt sein. Konstruktion und Möglichkeiten solch einer Datenstation hängen natürlich davon ab, welche Betriebsart oder Übertragungsart verwendet wird. Grundsätzlich aber können zwei Gruppen abgegrenzt werden: *Stapelstationen* und *Dialogstationen*.

• *Stapelstationen*

Stapelstationen werden von maschinell lesbaren Datenträgern gespeist, wie Lochstreifen, Lochkarte, Magnetband, Magnetbandkassette etc. (vgl. [1], Kap. 6); umgekehrt werden empfangene Daten auf maschinell lesbare Datenträger ausgegeben. Die dabei erzielbaren Ein-Ausgabegeschwindigkeiten sind relativ groß, nämlich gleich den Schreib-Lesegeschwindigkeiten der Lochstreifen-, Lochkartengeräte bzw. der Magnetbandstationen. Die Bedienung von Stapelstationen ist einfach, beschränkt sich nämlich auf das Einlegen bzw. Herausnehmen der Datenträger, die heute weltweit in den äußeren Abmessungen und den Daten-Codes genormt sind. Wie in [1] (4.3.3) angegeben, ist für diesen Zweck ein 7-Bit-Code vereinbart, nämlich der „Standard-Code für den Datenaustausch" nach DIN 66003, engl. ASCII: *American Standard Code for Information Interchange*.

• *Dialogstationen*

Ein entscheidender Mangel jedoch haftet allen Stapelstationen an: Mit ihnen ist kein Dialog zwischen Mensch und Maschine möglich, weil die obengenannten Datenträger nicht *visuell lesbar* sind und die Arbeitsgeschwindigkeiten weit das menschliche Aufnahmevermögen übersteigen. Darum sind spezielle *Dialogstationen* entwickelt worden, mit denen ein direkter Informationsaustausch zwischen Mensch und Maschine ausführbar wird, also ein echter *Mensch-Maschine-Dialog*. Das setzt voraus, daß die Arbeitsgeschwindigkeit der Ein-Ausgabegeräte der menschlichen Leistungsfähigkeit angepaßt ist. Im Regelfall wird die Eingabe dabei über eine Tastatur vorgenommen, wobei die eingegebenen Daten meist gleichzeitig zur Kontrolle ausgedruckt oder auf einem Bildschirmgerät angezeigt werden (vgl. [1], 10.2 und 10.3). Ebenso wird die direkte Rückantwort der EDVA ausgedruckt oder auf dem Bildschirmgerät sichtbar gemacht.

• *Leistungsfähigkeit*

Es ist einleuchtend, daß Dialogstationen, bedingt durch die relativ geringe menschliche Leistungsfähigkeit, nur für die Übertragung kleiner Datenmengen geeignet sind, während Stapelstationen, die beispielsweise mit einem Magnetband gespeist werden, riesige Datenmengen senden und empfangen können. Reicht die Kapazität einer Dialogstation nicht aus, wird deshalb oft eine kombinierte Station installiert werden müssen.

• *Übertragungskanal*

Als dritte Systemkomponente ist schließlich der Verbindungsweg zwischen Benutzer-Datenstation und dem Rechenzentrum zu betrachten. Solch ein Übertragungskanal ist entweder eigens zum Zweck der Datenübertragung errichtet worden, oder er ist Bestandteil eines von der Deutschen Bundespost verwalteten Fernmeldenetzes. Je nach Anforderungen an Datenmenge oder Übertragungsgeschwindigkeit wird zwischen Telegrafenleitungen, Fernschreib-, Fernsprechnetz oder Breitbandleitungen gewählt werden müssen (vgl. hierzu Kap. 9 und 10).

▶ **13.3. Datenfernverarbeitung und Teilnehmerbetrieb**

Wie in 13.1 erarbeitet, liegt *Datenfernverarbeitung* (*Teleprocessing*) ganz allgemein dann vor, wenn Daten nicht an ihrem Entstehungsort verarbeitet, sondern zur Verarbeitung übertragen werden. Etwas enger gefaßt meint Datenfernverarbeitung eine Betriebsart, bei der eine große Zahl von Benutzern von ihren Datenstationen aus mit einer begrenzten Anzahl von Programmen arbeitet, die im Rechenzentrum vorhanden sind. Also

Datenfernverarbeitung im engeren Sinn bedeutet, daß eine große Zahl von Benutzern, die räumlich vom Rechenzentrum getrennt sind, mit nur wenigen Programmen arbeitet (Bild 13.4).

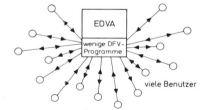

Bild 13.4
Schematische Darstellung der Datenfernverarbeitung mit vielen Benutzern und wenigen DFV-Programmen, die im Stapelbetrieb verarbeitet werden

• *Stapelfernverarbeitung*

Eine bereits hier genannte Realisierungsmöglichkeit ist die *Stapelfernverarbeitung* (*Remote Batch Processing*). Dabei handelt es sich einfach darum, daß eine herkömmliche, für Stapelverarbeitung (*Batch Processing*, siehe 13.1) ausgestattete EDV-Anlage um ein Datenübertragungssystem ergänzt wurde. Dies ist sozusagen die einfachste Grundform der DFV, bei der zahlreiche Benutzer über von der Zentraleinheit räumlich getrennt stehende *Stapelstationen* (vgl. 13.2) die Ein- und Ausgabe vornehmen. Die Verarbeitung innerhalb der Zentraleinheit erfolgt „stapelweise"; es wird also ein Auftragspaket auf einmal, aber Programm für Programm nacheinander, abgearbeitet. Die Steuerung der Stapelstationen, die auch Außenstationen (engl. *Remotes*) oder allgemein *Terminals* genannt werden, erfolgt i.a. durch die Zentraleinheit. D.h. der Benutzer legt beispielsweise ein Paket Lochkarten in den Kartenleser der Stapelstation und meldet seine gewünschte Teilnahme an. Alle weiteren Operationen werden nun von der Zentraleinheit gesteuert. Es sei zusammengefaßt:

Stapelfernverarbeitung (*Remote Batch Processing*) nennt man die einfachste Betriebsart, bei der eine herkömmliche EDV-Anlage für Stapelbetrieb um ein Datenübertragungssystem ergänzt wurde.

▶ 13.3. Datenfernverarbeitung und Teilnehmerbetrieb   331

• *Anwendungsbereiche*

Es ist einleuchtend, daß der Vorteil dieser Grundbetriebsart in der recht kurzen Datentransportzeit zu sehen ist. So werden Anwendungsbereiche dort zu finden sein, wo große Datenmengen von einer Außenstelle schnell zur Zentrale geschickt und dort z.B. einmal täglich im Stapelbetrieb verarbeitet werden sollen. Ein typischer Fall ist ein Bankbetrieb, bei dem viele Filialen an ein zentrales Rechenzentrum angeschlossen sind.

• *Stapelbetrieb*

Ein wesentliches Merkmal der bislang besprochenen DFV ist der *Stapelbetrieb*. Es sei wiederholt, daß bei der Stapelverarbeitung erst das gerade laufende Programm (Auftrag, *Job*) abgearbeitet wird, ehe der nächste Benutzer an die Reihe kommt.

• *Teilnehmerbetrieb (Time-sharing)*

Prinzipiell anders läuft die Verarbeitung beim sogenannten *Teilnehmerbetrieb* ab, für den der englische Fachausdruck *Time-sharing* üblich ist. Bei dieser wichtigen Sonderform der DFV haben *viele Benutzer* mit ihren Datenstationen *Zugriff zu ebensovielen Programmen*, die außerdem nach Belieben ausgetauscht werden können. Bild 13.5 zeigt schematisch diesen Sachverhalt.

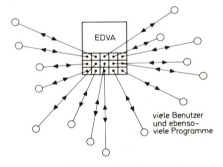

Bild 13.5. Schematische Darstellung des Teilnehmerbetriebes (*Time-sharing*) mit vielen Benutzern und ebensovielen Programmen, die gleichzeitig (parallel) verarbeitet werden

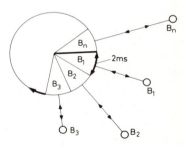

Bild 13.6. Schema einer *Zeitscheibe* für n Benutzer ($B_1 \ldots B_n$); Dauer eines Zeitsegmentes: 2 ms (als Beispiel)

• *Zeitscheibe*

Das Besondere am Teilnehmerbetrieb ist, daß jeder Benutzer jederzeit Zugriff hat, daß also die vielen Programme in der Zentraleinheit gleichzeitig verarbeitet werden. Wie das im einzelnen geschieht, drückt sich im englischen Ausdruck *Time-sharing* aus, was frei übersetzt bedeutet, daß die zur Verfügung stehende Rechenzeit gleichmäßig an alle Benutzer verteilt wird. Technisch realisiert wird dieses Verfahren durch das Ablaufen einer sogenannten *Zeitscheibe*. Wie Bild 13.6 verdeutlichen soll, ist jedem der n Benutzer $B_1 \ldots B_n$ nur ein Zeitraum von beispielsweise 2 Millisekunden zugewiesen. Ist diese Zeit abgelaufen, wird das Programm des folgenden Benutzers bearbeitet usw. Haben 2 ms zur Erledigung eines Problems nicht ausgereicht, wird nach einem vollen Ablauf der Zeitscheibe erneut daran weitergearbeitet etc. Die einzelnen Probleme werden also in kleine Teile zerhackt und zeitlich ineinander verschachtelt bearbeitet. Durch die hohen internen Arbeitsgeschwindigkeiten merkt aber der Benutzer davon nichts; er hat das Gefühl, als wenn die Zentraleinheit für ihn allein arbeitet. Es sei darauf hingewiesen, daß die Zeitscheibe keine materielle Einrichtung ist, sondern durch eine interne Zeitsteuerung (*Clock*) die verfügbare Rechenzeit in gleich große Abschnitte zerteilt wird. Wir fassen zusammen:

> *Teilnehmerbetrieb* (*Time-sharing*) bedeutet, daß nach dem Prinzip der *Zeitscheibe* die zur Verfügung stehende Rechenzeit gleichmäßig auf viele, gleichberechtigte Benutzer verteilt wird. Jeder Benutzer kann von seinem Terminal aus zu jedem Zeitpunkt mit seinem Programm und seinen Daten die Zentraleinheit ansteuern; die Ergebnisse werden ihm quasi sofort ausgegeben.

• *Speicherbedarf*

Es ist leicht einzusehen: Bei einem Teilnehmerbetrieb mit vielen Benutzern kann ständig der Zustand auftreten, daß solch riesige Datenmengen und eine solche Vielzahl von Programmen gleichzeitig zu verarbeiten sind, die die Speicherkapazität herkömmlicher Arbeitsspeicher erheblich übersteigen. Trotzdem wird sich bei jedem der Benutzer das Gefühl einstellen, er könne über eine nahezu unbegrenzte Speicherkapazität verfügen.

• *Speicherhierarchie*

Gelöst wird das Speicherproblem, indem der *Hauptspeicher* begrenzter Kapazität durch schnelle *Hilfsspeicher* (z.B. Magnetplatte, Magnettrommel [1], 7.2) um ein Vielfaches erweitert wird, wobei die Organisation der so entstandenen *Speicherhierarchie* nach dem *Prinzip des virtuellen Speichers* aufgebaut ist (vgl. [1], 7.5.1). Diese Organisation läßt sich für den *Time-sharing-Betrieb* vereinfacht folgendermaßen darstellen:

• *Virtueller Speicher*

Der Hauptspeicher wird in gleich große Blöcke („Seiten") zu beispielsweise 4 K (= 4 × 1024) byte unterteilt. Nach diesen Seiten durchnumeriert entsteht der *reale* (wirkliche) *Arbeitsspeicher*. Bei dem in Bild 13.7 gezeigten Beispiel ist er in zwölf 4 K-Seiten numeriert. Der *virtuelle Speicher* ist in diesem Fall fünfmal größer und in gleich große Seiten zu je 4 K unterteilt. Die Speicherkapazität dieses gedachten (also virtuellen) Speichers ist auf einem Direktzugriffsspeicher (hier Magnettrommel) realisiert — der virtuelle Speicher ist darauf „abgebildet". Für den *Time-sharing-Betrieb* möge nun der Anschaulichkeit halber die Speicherkapazität einer „Seite" (4 K) gerade der Rechenzeit eines Segmentes der Zeitscheibe (z.B. 2 ms) entsprechen.

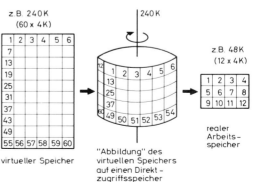

Bild 13.7
Prinzip des *virtuellen Speichers* mit auswechselbaren „Seiten" zu je 4 Kbyte Speicherkapazität (zur Realisierung eines Teilnehmerbetriebs mit einer Zeitscheibe gemäß Bild 13.6)

▶ 13.3. Datenfernverarbeitung und Teilnehmerbetrieb 333

• *Organisation für Time-sharing*

Zu Beginn des Teilnehmerbetriebs seien die zwölf Seiten des realen Arbeitsspeichers mit Programmen oder Programmteilen der Benutzer B_1 bis B_{12} geladen, so daß jedem Benutzer eine Seite zugeordnet ist. Läuft das Zeitsegment des Benutzers B_1, soll der Inhalt der Seite 1 abgearbeitet werden. Danach folgt Seite 2 für den Benutzer B_2 usw. Während die Zeitscheibe so weiterläuft, können die abgearbeiteten Seiten gewechselt, also die Inhalte auf den Direktzugriffsspeicher zurücktransferiert und neue Informationen in den realen Arbeitsspeicher geladen werden. Das können Programmteile weiterer, über Nummer 12 hinausgehender Benutzer oder aber, wenn alle Benutzer durch sind, weitere Programmteile der Benutzer B_1, B_2, ... sein.

> Charakteristisch für den beschriebenen *Teilnehmerbetrieb* ist die *virtuelle Speicherung* mit ständigem „Seitenwechsel" zwischen realem Arbeitsspeicher und Direktzugriffsspeicher, auf dem der virtuelle Speicher „abgebildet" ist.

• *Teilhaberbetrieb*

Betriebsarten werden im Zusammenhang in Kap. 14 besprochen. Hier sei jedoch noch der *Teilhaberbetrieb* erwähnt, der sich vom Teilnehmerbetrieb folgendermaßen unterscheidet: Während in einem Teilnehmersystem viele Benutzer unabhängig voneinander mit ihren Programmen ihre eigenen Probleme lösen, tragen in einem Teilhabersystem *viele* Benutzer zur Lösung *eines* Problems bei. Solch eine Betriebsart trifft man beispielsweise bei Unternehmungen der modernen Raumfahrt, wo an vielen verschiedenen Stellen Daten entstehen (z.B. auch auf dem Mond oder in noch weiter entfernten Raumsonden), die per Datenübertragung an das Rechenzentrum geleitet und dort innerhalb des laufenden Projektes verarbeitet werden. Ein mehr irdisches Beispiel ist bei Olympiaden zu finden, wo die einzelnen Kampfrichter und Zeitnehmer die Höhen, Weiten oder Zeiten dem Rechenzentrum zuleiten, das daraus die Plazierungen errechnet und quasi sofort den Zuschauern zur Anzeige bringt. So kann abgegrenzt werden:

> *Teilnehmerbetrieb* benötigt ein universelles DV-System zur Lösung der unter Umständen sehr verschiedenartigen Probleme.
> *Teilhaberbetrieb* bedarf nur eines Spezialsystems zur Lösung des einen Problems.

Beiden Betriebsarten gemeinsam ist der direkte Zugriff zu einer EDV-Anlage über an nahezu beliebigen Orten aufgestellte Datenstationen.

• *Programmunterbrechungen (Interrupts)*

Zum Abschluß dieser Einführung soll auf die Notwendigkeit und Bewältigung von *Programmunterbrechungen* eingegangen werden. Auftreten können solche Unterbrechungen (engl. *Interrupts*) in der elektronischen Datenverarbeitung entweder ungewollt (durch Defekte), gewollt (um nötige Eingriffe vornehmen zu können) oder gar als notwendiger

Bestandteil des Verarbeitungssystems. Als wichtige Gründe, die zu einem *Interrupt* führen, seien hervorgehoben:

- Defekte in der Anlage oder gar totaler Stromausfall. In diesem Fall muß automatisch der vollständige Arbeitsspeicherinhalt gesichert sowie der gerade ablaufende Programmbefehl einschließlich aller Registerinhalte festgehalten werden (Einzelheiten dazu siehe [1], Kap. 7, 8 und 9). Nur so wird gewährleistet, daß beim Wiedereinschalten genau an der unterbrochenen Stelle weitergearbeitet werden kann.
- Gewollte Eingriffe, wenn z.B. innerhalb eines ablaufenden Programms ein unbedingter Sprung ausgeführt werden soll (vgl. [1], 8.3).
- Gewollte Programmunterbrechung zum Aufrufen von Unterprogrammen (*Subroutines* [1], 16.2.3). Nach Ablauf des Unterprogramms muß der Rechner automatisch auf die richtige Anschlußstelle im Hauptprogramm zurückspringen.
- Ermöglichung eines „direkten Hauptspeicherzugriffs" (*Direct Memory Access, DMA*). Normalerweise wird die gesamte EDV-Anlage vom Steuerwerk ([1], Kap. 8) kontrolliert. Über einen besonderen sogenannten *DMA-Kanal* jedoch besteht oft die Möglichkeit, direkt von außen her mit dem Hauptspeicher (Arbeitsspeicher, *Main Memory*) in einen Datenaustausch zu treten. Diese Betriebsart unter Umgehung der Zentraleinheit trägt auch den Fachausdruck *Non-processor Request* (*NPR*). Die Benutzung des DMA-Kanals wird erst durch einen *Interrupt-Befehl* ermöglicht, der sozusagen die Zentraleinheit anhält, damit eine externe Steuerung ausführbar wird.
- Spezielle Betriebsarten, hier vor allem *Time-sharing* und *Multiprogramming* (Vielfachprogrammierung). In diesen beiden Fällen gehören Programmunterbrechungen zum Verarbeitungsprinzip. Jedesmal, wenn die in Bild 13.6 gezeigte Zeitscheibe um ein Segment weitergelaufen ist, erfolgt eine Programmunterbrechung. Ähnlich, jedoch mit variablen Zeitintervallen, arbeiten Systeme mit *Multiprogramming*. Einzelheiten hierzu werden in 15.3 besprochen.

Die Art der Ausführung von *Interrupt*-Befehlen ist natürlich systemabhängig. Allgemein gültig ist aber, daß bei Auslösung solch eines Befehls die Inhalte von Befehlszähler und Befehlsregister ([1], 8.2) in ein besonderes Register gespeichert werden müssen, um nach Beendigung der Programmunterbrechung wieder verfügbar zu sein.

13.4. Zusammenfassung

Stapelverarbeitung (*Batch Processing*) ist eine häufige Form der Datenverarbeitung. Dabei werden zunächst alle Aufträge gesammelt. Dann wird der gesamte Auftragsstapel geschlossen abgearbeitet, wobei aber die Programme getrennt nacheinander verarbeitet werden. Datenerfassung, Codierung, Verarbeitung und Auswertung sind dabei zeitlich so weit voneinander getrennt, daß Stunden oder Tage zwischen Erfassung und Auswertung liegen können.

13.4. Zusammenfassung

Die Forderung nach Verkürzung dieser Zeitspanne führt zur **Datenfernverarbeitung**. Davon spricht man allgemein, wenn Daten nicht an ihrem Entstehungsort verarbeitet, sondern zur Verarbeitung über einen *elektrischen Übertragungsweg* geleitet werden.

> *Datenfernverarbeitung* setzt sich zusammen aus Datenfernübertragung und Datenverarbeitung, kurz: DFV = DFÜ + EDV.

Notwendige *Bestandteile eines DFV-Systems* sind
1. Datenstationen,
2. ein Datennetz (Übertragungskanäle),
3. ein EDV-System.

Datenstationen gibt es in zwei grundsätzlich unterschiedlichen Ausführungen:
1. *Stapelstationen* für maschinell lesbare Datenträger; sie sind für große Datenmengen und hohe Datenübertragungsraten ausgelegt;
2. *Dialogstationen* für einen echten „Mensch-Maschine-Dialog"; sie sind so langsam wie der sie bedienende Mensch und nur für geringe Datenmengen geeignet.

Übertragungskanäle sind in Teil 3 ausführlich behandelt. EDV-Systeme sind Inhalt des Lehrbuches [1].

Stapelfernverarbeitung (*Remote Batch Processing*) nennt man die einfachste DFV-Betriebsart, bei der eine herkömmliche EDV-Anlage für Stapelbetrieb um ein Datenübertragungssystem erweitert ist.

Time-sharing (*Teilnehmerbetrieb*) heißt eine wichtige Sonderform der DFV. Typisch dafür ist, daß viele Benutzer mit ihren Datenstationen Zugriff zu ebensovielen Programmen haben. Technisch realisiert wird der Teilnehmerbetrieb mit den Prinzipien der *Zeitscheibe* und des *virtuellen Speichers*.

Teilhaberbetrieb muß etwas anders charakterisiert werden. Dabei tragen *viele* Benutzer zur Lösung *eines* Problems bei.

> *Teilnehmerbetrieb* benötigt ein universelles DV-System zur Lösung der unter Umständen sehr verschiedenartigen Probleme.
> *Teilhaberbetrieb* bedarf nur eines Spezialsystems zur Lösung des einen Problems.

Programmunterbrechungen (*Interrupts*) können entweder ungewollt (durch Defekte), gewollt (um nötige Eingriffe vornehmen zu können) oder gar als notwendiger Bestandteil des Verarbeitungssystems auftreten. In dem hier behandelten Zusammenhang sind *Interrupts* vor allem beim *Time-sharing*-Betrieb Teil des Verarbeitungsprinzips.

14. Verfahren und Betriebsarten

▶ 14.1. Direktes und indirektes Verfahren (On-line und Off-line)

In 13.1 sind zwei mögliche Grundformen des Informationsaustauschs vorgestellt worden: 1. Austausch mit zeitlicher Verzögerung zwischen Frage und Antwort (z.B. Briefverkehr); 2. Austausch mit möglicher *Sofort-Antwort* (z.B. Telefonverkehr). Von diesen Grundformen ausgehend wurden zwei spezielle Verfahren der Datenfernverarbeitung abgeleitet: 1. Stapelfernverarbeitung (*Remote Batch Processing*) und 2. Teilnehmerbetrieb (*Time-sharing*). Zwei ganz allgemeine Verfahren – auf den genannten Grundformen aufbauend – sollen in diesem Abschnitt besprochen werden.

▶ 14.1.1. Off-line-Verarbeitung

Off-line-Verarbeitung wird in deutscher Sprache „indirekte Datenverarbeitung" genannt. Hierbei besteht keine direkte Verbindung zwischen den Datenstationen und der EDV-Anlage. Die Datenübertragung erfolgt also, ohne daß die EDV-Anlage beteiligt ist. Sowohl für die Eingabe zur Datenübertragung als auch zur Ausgabe werden maschinell lesbare Datenträger verwendet ([1], Kap. 6).

• *Off-line-Betrieb*

Die Übertragung geschieht in der Form, daß die im Rechenzentrum ankommenden Daten zunächst auf einem Datenträger (z.B. Magnetband, Magnetplatte) zwischengespeichert und dann über entsprechende periphere Einheiten ([1], Kap. 6) in die Zentraleinheit eingegeben werden. Etwas detaillierter ist der *Off-line-Betrieb* in Bild 14.1 dargestellt.

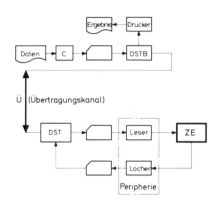

Bild 14.1
Schematische Darstellung der indirekten Stapelfernverarbeitung (*Off-line-Betrieb*); ZE: Zentraleinheit der EDVA, DST: Zentrale Datenstation, DSTB: Benutzer-Datenstation, C: Codierungseinrichtung (z.B. Lochkartenstanzer)

• *Datenübertragung und Verarbeitung*

Beim Benutzer werden Daten aus einer Liste, die auch *Urbeleg* heißt, entnommen und mit einer entsprechenden Codierungseinrichtung C in eine maschinell lesbare Form gebracht. Im gezeigten Beispiel (Bild 14.1) ist der einfache Fall der Lochkarte gewählt. Der angefertigte Lochkartenstapel wird daraufhin in die Benutzer-Datenstation DSTB eingelegt, in der sich ein Lochkartenleser und eine Vorrichtung zum Senden der Daten befinden. Nach Übertragung der Daten über den Übertragungskanal Ü gelangen sie zur zentralen Datenstation DST, in der sich (im gewählten Beispiel) ein Lochkartenstanzer (Locher) befindet.

▶ 14.1. Direktes und indirektes Verfahren (On-line und Off-line)   337

Die auf der Empfängerseite (Rechenzentrum) neu entstandenen maschinell lesbaren Datenträger werden über ein entsprechendes Gerät der Eingabeeinheit (hier: Lochkartenleser) in die Zentraleinheit ZE eingegeben und im Stapelbetrieb verarbeitet.

● *Ausgabe*

Der „Rückweg" läuft ähnlich ab. D.h. über einen Kartenlocher (oder ein anderes peripheres Gerät) werden die Ergebnisse in Lochkarten gestanzt und dann der zentralen Datenstation DST zur Rücksendung übergeben. Im Empfänger DSTB wird aber häufig nicht dieses Ergebnis wieder in maschinell lesbare Form gebracht, sondern meist, beispielsweise mit einem Drucker ([1], 10.3), visuell lesbar gemacht, so daß es für eine Auswertung direkt zur Verfügung steht.

> Die *Stapelfernverarbeitung im Off-line-Betrieb* bringt gegenüber der „normalen" Datenverarbeitung (ohne Datenübertragung) den Vorteil der wesentlichen Verkürzung der Datentransportzeit.

Trotzdem wird diese Betriebsart nicht voll befriedigen können. Der Grund dafür liegt in den enormen Unterschieden zwischen der schnellen Dateneingabe einerseits und der relativ langsamen Datenübertragungsgeschwindigkeit auf den Übertragungswegen andererseits.

▶ **14.1.2. On-line-Verarbeitung**

On-line-Verarbeitung heißt in deutscher Sprache „direkte Datenverarbeitung". Hierbei entfällt die Trennung zwischen Datenübertragung und Verarbeitung. Daten werden nach der Übertragung *nicht* erst wieder auf z.B. Lochkarte oder Magnetband zwischengespeichert, sondern sie gelangen direkt in die Zentraleinheit und werden dort sofort verarbeitet. Ebenso geschieht die Ausgabe der Ergebnisse, ohne daß zunächst zwischengespeichert wird. Die Benutzer-Datenstation (DSTB in Bild 14.2) übernimmt damit sozusagen die Aufgaben der sonst im Rechenzentrum installierten Ein-Ausgabegeräte — nur eben um hunderte oder tausende Kilometer von der Zentraleinheit entfernt.

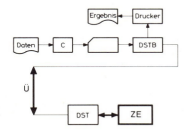

Bild 14.2
Schematische Darstellung der direkten Stapelfernverarbeitung (*On-line-Betrieb*); Bezeichnungen wie in Bild 14.1

● *On-line-Betrieb*

Die schematische Darstellung in Bild 14.2 läßt erkennen, daß bei dieser Art *On-line-Betrieb* auf der Benutzerseite kein Unterschied zum *Off-line-Betrieb* auftritt (vgl. Bild 14.1). Der Unterschied liegt im Rechenzentrum, wo die zentrale Datenstation DST direkt mit der Zentraleinheit ZE korrespondiert. Die Datenverarbeitung geschieht wieder nach dem Stapelverfahren, so daß man auch von *Stapelfernverarbeitung im On-line-Betrieb* spricht.

> Kennzeichnend für die *Stapelfernverarbeitung im On-line-Betrieb* ist, daß trotz Stapelverarbeitung Datenübertragung und Verarbeitung zu einem System integriert sind.

• *Dialogbetrieb*

Die eigentliche Bedeutung des *On-line-Verfahrens* wird aber erst klar, wenn auch auf der Benutzerseite die Codierung (und damit die Zwischenspeicherung) entfällt. Dann wird ein *Dialogbetrieb* möglich, wie er in Bild 14.3 skizziert ist.

Bild 14.3
Schematische Darstellung der *Dialogfernverarbeitung*; Bezeichnungen wie in Bild 14.1

• *Sofort-Antwort*

Bei der *Dialogfernverarbeitung* steht der Benutzer in direktem Kontakt mit der Zentraleinheit ZE des Rechenzentrums. Auf jede Operation (Dateneingabe, Anfrage etc.) wird eine *Sofort-Antwort* erteilt.

• *Datensammel- und Abfragesystem*

Oft werden Spezialsysteme unterschieden. In einem *Datensammelsystem* werden Daten nur in einer Richtung, nämlich vom Benutzer zum Rechenzentrum, transferiert. Die von vielen, getrennt aufgestellten Datenstationen übertragenen Daten werden im Rechner gesammelt und verarbeitet. Ebenfalls nur in einer, aber genau entgegengesetzter Datenübertragungsrichtung arbeitet ein *Abfragesystem*. Der Benutzer hat hierbei die Möglichkeit, mit Hilfe seiner Datenstation Fragen an den Rechner zu richten, woraufhin ihm sofort eine Antwort erteilt wird. Anwendungsbeispiele dieser beiden Betriebsarten findet man oft in Banken und Sparkassen. Einzelheiten hierzu können in 17.1.1 nachgelesen werden.

• *Fernschreiber*

Als Benutzer-Datenstation für niedrige Anforderungen an die Arbeitsgeschwindigkeit findet man häufig „Fernschreiber", engl. *Teletype* oder abgekürzt *TTY*. Bild 14.4 zeigt ein typisches Beispiel. Mit solch einem Gerät lassen sich mittels einer Tastatur Daten zur Übertragung eingeben und Fragen an das Rechenzentrum richten, wobei auf Wunsch gleichzeitig der jeweilige Klartext ausgedruckt wird. Rückantworten werden ebenfalls ausgedruckt, so daß eine *TTY* als Universal-Datenstation anzusehen ist (vgl. hierzu auch 10.3.3).

Bild 14.4
Fernschreiber (*Teletype*, TTY) als Dialoggerät (Siemens-Foto)

• *Datensichtgerät*

Für höhere Ansprüche werden jedoch mehr und mehr Datenstationen mit Tastatur und Bildschirmgerät (Datensichtgerät) eingesetzt. Ein Beispiel dafür zeigt Bild 14.5. Mit 73 Tasten und 128 Tastenfunktionen erfolgt die Eingabe, wobei die Codierung nach dem in

▶ 14.1. Direktes und indirektes Verfahren (on-line und Off-line) 339

[1] (4.3.3) besprochenen ASCII-Code vorgenommen wird. Die Anzeigekapazität des Bildschirms beträgt 1920 Zeichen in insgesamt 24 Zeilen mit 80 Zeichen pro Zeile. Jedes Zeichen wird in Form einer 5 × 7-Punktmatrix dargestellt. Einzelheiten über Darstellung und Ansteuerung sind in [1] (10.2, 10.3) zu finden. Die Datenübertragung mit solch einem Gerät ist mit bis zu 9600 Bit pro Sekunde möglich.

Bild 14.5. Bildschirmgerät mit Tastatur als Datenstation für Dialogbetrieb (Grundig-Foto)

Bild 14.6. Druckender Empfänger (ROP = *Receive Only Printer*) zum dokumentierenden Ergebnisempfang (Gevecke-Teletype, Studio Roosenblom, Amsterdam)

• *Dokumentierung*

Der Nachteil von Datensichtgeräten ist die fehlende Möglichkeit der Dokumentierung, die bei den langsamen Fernschreibern durch das Druckwerk möglich ist. Es lassen sich aber parallel zu Datensichtgeräten (oder auch allein) schnell druckende Empfänger installieren. Mit Bild 14.6 ist solch ein Gerät vorgestellt, das engl. *Receive-Only Printer* (*ROP*) heißt.

▶ 14.1.3. Stapelfernverarbeitung, Dialog- und Verbundbetrieb

In Bild 14.7 sind vier Grundbetriebsarten der Datenfernverarbeitung zusammengestellt. Teilbild a gibt die allgemeinen Bezeichnungen nach DIN 44 302 (Begriffe der Datenübertragung) an. Danach besteht ein DFV-System aus dem Datenübertragungsweg Ü und den *Datenstationen* DST (engl.: *Terminal*). Eine DST ist unterteilt in die *Datenendeinrichtung* (DEE) und die *Datenübertragungseinrichtung* (DÜE). Die DÜE sind somit die Sende- und Empfangsstationen. Die DEE sind je nach Betriebsart sehr unterschiedlich aufgebaut. Sie können i. a. bestehen aus Eingabe-, Ausgabeeinheit, Speicher, Rechenwerk, Steuerwerk, also vom einfachsten Bedienungsgerät bis zur vollständigen EDV-Anlage reichen.

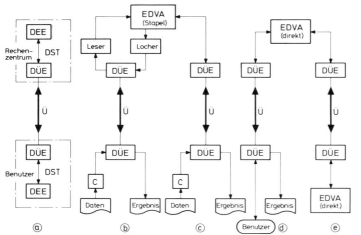

Bild 14.7
DFV-Betriebsarten
a) allgemeine Bezeichnungen nach DIN 44302 (DEE: Datenendeinrichtung, DÜE: Datenübertragungseinrichtung, DST: Datenstation),
b) indirekte Stapelfernverarbeitung (Off-line),
c) direkte Stapelfernverarbeitung (On-line),
d) Dialogbetrieb (On-line),
e) Rechner-Rechner-Betrieb (Verbundbetrieb)

● *Stapelfernverarbeitung "On-line", "Off-line"*

Arbeitet die EDVA des Rechenzentrums im Stapelbetrieb, muß zwischen indirekter und direkter Stapelfernverarbeitung unterschieden werden. Beim indirekten Verfahren (*Off-line*) besteht keine direkte Verbindung zwischen Benutzer und EDVA; d.h. zwischen DÜE und EDVA des Rechenzentrums sind periphere Geräte geschaltet, die für eine Zwischenspeicherung der übertragenen Daten sorgen (Bild 14.7b). Besteht aber eine direkte Verbindung zwischen DÜE und EDVA, spricht man von direkter Stapelfernverarbeitung (*On-line*; Bild 14.7c). Die Benutzerseite ist bei diesen beiden Verfahren gleich aufgebaut.

● *Dialogbetrieb*

Einen Schritt weiter geht die Dialog-Betriebsart nach Bild 14.7d. Dabei arbeitet die EDVA nicht mehr nach dem Stapelverfahren, sondern es wird ein direkter Eingriff in den Rechenbetrieb und damit eine *Sofort-Antwort* möglich.

● *Verbundsystem, intelligentes Terminal*

Wird die Datenendeinrichtung der Benutzerseite zur EDV-Anlage ausgebaut, entsteht ein sogenannter „Rechner-Rechner-Betrieb" oder ein *Verbundsystem* (Bild 14.7e). Je nach Ausbaustufe solch einer auch *intelligentes Terminal* genannten DEE können Daten auf der Benutzerseite mehr oder weniger aufbereitet werden, wodurch eine erhebliche Entlastung des Rechenzentrums möglich wird. Außerdem können auf diese Weise höchste Übertragungsgeschwindigkeiten erzielt werden.

▶ **14.2. Arten der Übergabe und Betriebsarten**

▶ **14.2.1. Serielle und parallele Übergabe**

Je nach den Anforderungen an die Übertragungsgeschwindigkeit einerseits und dem vertretbaren Aufwand andererseits werden Daten *seriell* oder *parallel* übertragen.

• Serielle Übergabe

Bei der seriellen Übergabe werden Daten *bitseriell* übertragen; die Bit eines Zeichens werden nacheinander auf den Übertragungskanal gegeben. Der Hauptvorteil dieser Übergabeart geht aus Bild 14.8a hervor. Unabhängig von der Wortlänge, also von der Zahl der Bit pro Wort, ist nämlich nur eine Übertragungsleitung nötig. Solch ein System ist sehr flexibel, weil beliebige Wortlängen verwendet werden können. Ein Mehraufwand wird dann entstehen, wenn in den Datenstationen die Daten parallel verarbeitet werden. Dann sind zusätzlich Parallel-Serien- bzw. Serien-Parallel-Umsetzer nötig (Bild 14.8b und [1], 7.4.1). Als weiterer Nachteil ist die geringe Übertragungsgeschwindigkeit zu nennen. Denn bei Verwendung des international für den Datenaustausch und die Datenübertragung genormten 7-Bit-Codes (ASCII [1], 4.3.3) sind einschließlich eines Prüfbit 8 Schritte zur Übertragung eines Zeichens nötig.

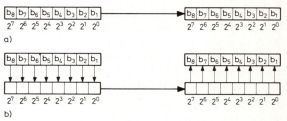

Bild 14.8
a) Prinzip der seriellen Übergabe
b) serielle Übergabe mit zusätzlicher Parallel-Serien- bzw. Serien-Parallel-Umsetzung

• Parallele Übergabe

Die Übertragung kann in einem Schritt erfolgen, wenn sie für alle Bit eines Zeichens *parallel* (gleichzeitig) ausgeführt wird. Allerdings steigt im gleichen Maße, wie die Übertragungszeit reduziert wird, der technische Aufwand. Es werden nämlich ebensoviele Übertragungsleitungen und, möglicherweise, Verstärker nötig, wie Bit pro Wort verwendet worden (Bild 14.9). Je nach verwendetem Code wird eine entsprechende Kanalzahl gebraucht.

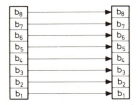

Bild 14.9. Prinzip der parallelen Übergabe

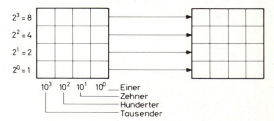

Bild 14.10. Serienparallel-Übergabe beim BCD-Code

• Serienparallel-Übergabe

Bei Verwendung des BCD-Codes ([1], 4.2) muß eine gemischte *Serienparallel-Übergabe* benutzt werden. Wie Bild 14.10 zeigt, gibt es für die einzelnen Bit mit den Wertigkeiten 2^0, 2^1, 2^2 und 2^3 eine bitparallele Übertragung, die Dezimalstellen aber werden seriell (nacheinander) übertragen (vgl. dazu [1], 9.2.5).

▶ 14.2.2. Synchrone und asynchrone Übergabe

Bei der *seriellen Betriebsart* werden Daten entweder *synchron* oder *asynchron* übergeben.

• *Synchrone Übergabe*

Die synchrone Übergabe (Bild 14.11) erfolgt innerhalb eines festen „Zeitrasters". D.h. ein Zeitgeber (*Clock*) im Empfänger sorgt dafür, daß jedes Zeichen innerhalb eines festen *Zeitintervalls* Δt von der Leitung abgenommen wird. Das Abnehmen muß *synchron* (gleichlaufend) mit dem Senden geschehen. Dazu gibt der Sender zu Beginn der Übertragung vereinbarte Synchronisationszeichen ab; damit wird der Zeitgeber synchron in Bewegung gesetzt. Der so hergestellte Gleichlauf zwischen Sender und Empfänger dauert nun einen gewissen Zeitraum. Bei umfangreichen Datenübertragungen muß in festen Abständen erneut ein Sychronisationszeichen gesendet werden, um den Gleichlauf immer wieder „anzustoßen". Das Zeitdiagramm in Bild 14.11 soll diese Zusammenhänge verdeutlichen.

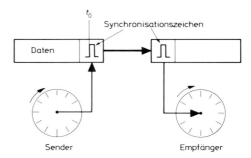

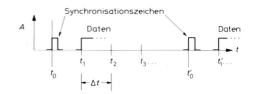

Bild 14.11. Synchrone Datenübergabe mit Zeitdiagramm

• *Asynchrone Übergabe*

Oft ist die (synchrone) Übertragung in einem festen Zeitraster nicht möglich, wenn nämlich z.B. Daten mit einer Tastatur in die Datenstation eingetippt werden (direkte manuelle Eingabe). Dann muß jedes Zeichen ein *Startbit* und ein *Stopbit* enthalten, um — unabhängig von der Zeit — als solches erkannt zu werden. Man sagt, *jedes Zeichen taktet sich selbst* (Bild 14.12). Start- und Stopbit sorgen dafür, daß trotz der *asynchronen*, also zeitlich nicht getakteten Übergabe Gleichlauf zwischen Sender und Empfänger besteht (vgl. auch 10.3.3: Fernschreiber).

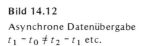

Bild 14.12
Asynchrone Datenübergabe
$t_1 - t_0 \neq t_2 - t_1$ etc.

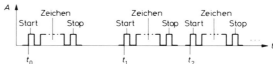

* **14.2.3. Simplex, Duplex, Multiplex**

Je nach Ausbaustufe des Übertragungssystems sind Übertragungen in nur einer Richtung (Einweg- oder Richtungsverkehr), wechselweise in beiden Richtungen (Wechselverkehr) oder gleichzeitig in beiden Richtungen (Gegenverkehr) möglich. So kann durch Auswahl der richtigen Betriebsart das Übertragungssystem den jeweiligen Erfordernissen angepaßt werden. Über diese Betriebsarten hinaus gibt es Verfahren, die es gestatten, einen Übertragungskanal mehrfach auszunutzen (Multiplex-Verfahren).

• *Betriebsarten*

Ganz allgemein werden in der Übertragungstechnik drei Betriebsarten unterschieden: *Richtungsverkehr (Simplex), Wechselverkehr (Halbduplex), Gegenverkehr (Duplex)*. Ausführlich beschrieben sind diese Betriebsarten in 1.7.

> Datenübertragung erfolgt in den meisten Fällen simplex oder halbduplex.

• *Multiplex-Verfahren*

Aus wirtschaftlichen Überlegungen wird sich oft die Forderung ergeben, Übertragungskanäle mehrfach auszunutzen. Dazu stehen zwei Verfahren zur Verfügung: *Zeitmultiplex* und *Frequenzmultiplex* (vgl. 1.7 und 10.1). Die dabei verwendeten Verfahren der Modulation und Demodulation sind in Teil 2 besprochen. Hier sei darauf hingewiesen, daß das Zeitmultiplex-Verfahren in Einkanal-EDV-Anlagen verwendet wird. So werden mit nur einem Datenkanal viele Ein-Ausgabegeräte mit der Zentraleinheit verbunden.

14.3. Zusammenfassung

Off-line- oder *indirekte* Datenverarbeitung bringt gegenüber der „normalen" Datenverarbeitung (ohne Datenübertragung) den Vorteil der wesentlichen Verkürzung der Datentransportzeit. Typisch ist, daß die Verarbeitung über eine *Zwischenspeicherung*, z.B. auf Magnetband, erfolgt.

On-line- oder *direkte* Datenverarbeitung erfolgt zeitgleich mit der Datenübertragung. Übertragung und Verarbeitung sind zu einem System integriert.

Stapelfernverarbeitung kann *Off-line* oder *On-line* ausgeführt werden. Die eigentliche Bedeutung des *On-line-Verfahrens* wird aber erst klar, wenn die Zwischenspeicherung auf der Verarbeitungs- *und* Benutzerseite entfällt. Dann ist *Dialogbetrieb* möglich, bei dem auf jede Operation eine **Sofort-Antwort** erteilt wird.

Wird die Benutzerseite zur EDV-Anlage ausgebaut, entsteht ein **Verbundsystem,** dessen Vorteile sind:

> Entlastung des Hauptrechners durch Aufbereitung und Vorverarbeitung;
> Datenübertragung mit höchsten Geschwindigkeiten.

Je nach den Anforderungen an die Übertragungsgeschwindigkeit einerseits und dem vertretbaren Aufwand andererseits werden Daten *seriell* oder *parallel* übertragen.

Bei der seriellen Übergabe werden die Bit eines Zeichens nacheinander übertragen. Dieses Verfahren ist sehr flexibel und kommt mit nur einer Übertragungsleitung aus, aber es ist langsam.

Die Übertragung eines Zeichens kann in einem Schritt erfolgen, wenn ebensoviele Übertragungsleitungen vorhanden sind, wie Bit pro Wort verwendet werden. Diese **parallele Übergabe** ist also schnell, aber aufwendig.

Bei der seriellen Betriebsart können Daten *synchron* oder *asynchron* übergeben werden. Die **synchrone Übergabe** erfolgt innerhalb eines festen Zeitrasters. Bei Beginn der Übertragung gibt der Sender Synchronisationszeichen ab und setzt dadurch im Empfänger einen Zeitgeber in Gang, der für Gleichlauf sorgt.

Ist z.B. bei einer manuellen Eingabe mit Tastatur die Übertragung in einem festen Zeitraster nicht möglich, muß jedes Zeichen ein *Start-* und ein *Stopbit* enthalten. Bei dieser **asynchronen Übergabe** „taktet" sich jedes Zeichen selbst.

> **Betriebsarten** der Übertragungstechnik sind: Richtungsverkehr (Simplex), Wechselverkehr (Halbduplex), Gegenverkehr (Duplex).
>
> > Datenübertragung erfolgt in den meisten Fällen *simplex* oder *halbduplex*.
>
> Aus wirtschaftlichen Überlegungen wird sich oft die Forderung ergeben, Übertragungskanäle mehrfach auszunutzen. Dazu stehen zwei Verfahren zur Verfügung:
>
> Beim **Zeitmultiplex-Verfahren** werden mehrere Informationen zeitlich ineinander verschachtelt übertragen (wichtig für Einkanal-EDV-Anlagen).
>
> Beim **Frequenzmultiplex-Verfahren** werden die Eingangsinformationen gleichzeitig, aber in unterschiedlichen Frequenzbereichen übertragen.

15. Übertragungskanäle und Arbeitsweisen

15.1. Allgemeines

Die für den Datentransport verwendeten Übertragungswege sind i.a. „drahtgebunden" (vgl. Kap. 10); Daten werden also meistens auf Leitungen übertragen. Diese Leitungen sind an Anfang und Ende über *Schnittstellen* an die Datenstationen angeschlossen (vgl. Bild 14.7a). Schnittstellen und Datenendeinrichtungen werden in 15.2 und 17.1.2 besprochen.

• *Nah- und Fernübertragung*

Je nachdem, ob Leitungen (Fernmeldewege) der Deutschen Bundespost in Anspruch genommen werden oder nicht, unterscheidet man *Datenfernübertragung* und *Datennahübertragung*. Genauere Kriterien für die eine oder andere Art sind:

> **Datennahübertragung** liegt dann vor, wenn
> 1. nur Privatleitungen verwendet,
> 2. die Grundstückgrenzen nicht überschritten oder
> 3. für die Übertragung keine *Leitungstreiber* (Verstärker) benötigt werden.
>
> **Datenfernübertragung** sagt man dann, wenn
> 1. Leitungen der Deutschen Bundespost verwendet,
> 2. die Grundstückgrenzen auch mit Privatleitungen überschritten oder
> 3. Leitungstreiber benötigt werden.

In der Praxis kommen meist beide Übertragungsarten gemeinsam vor.

15.1. Allgemeines

• Übertragungsgeschwindigkeit

Ein wichtiges Kriterium für die Leistungsfähigkeit eines Übertragungsweges ist die mögliche *Übertragungsgeschwindigkeit*, die in *Bit pro Sekunde* angegeben wird. Läßt man für den allgemeinen Fall n parallele Übertragungswege zu, lautet die Übertragungsgeschwindigkeit $v_{\text{ü}}$:

$$v_{\text{ü}} = \sum_{i=1}^{n} \frac{1}{T_i} \cdot \text{ld}(k_i) \quad \text{in } \frac{\text{bit}}{\text{s}}. \tag{15.1}$$

T_i ist die Schrittdauer bei der Übertragung im Kanal i, k_i gibt die Anzahl der möglichen Zustände (Kennzustände) im Kanal i an, ld ist der Logarithmus zur Basis 2 (vgl. [1], 3.1).

• Schrittgeschwindigkeit

Häufiger jedoch trifft man die *Schrittgeschwindigkeit* an, die die Zahl der in einer Sekunde übertragbaren Zeichenschritte angibt. Die Einheit dafür ist das *Baud* (abgekürzt Bd, nach dem französischen Telegrafeningenieur *E. Baudot*). Nach der Entstehung dieser Einheit spricht man manchmal auch von „Telegrafiergeschwindigkeit", wobei dann 1 Bd einem Telegrafierzeichen pro Sekunde entspricht. Die Schrittgeschwindigkeit v_s lautet:

$$v_s = \frac{1}{T} \quad \text{in Bd.} \tag{15.2}$$

Die Einheit *Baud* ist also hergeleitet aus der Dauer eines Übertragungsschrittes T und ergibt sich als deren Kehrwert. Werden z.B. für die Übertragung eines Schrittes 1,67 ms benötigt, bedeutet dies, daß die betreffende Leitung mit 600 Bd arbeitet.

• Übertragung digitaler Daten

Bei der Übertragung digitaler Daten nehmen die einzelnen Zeichenschritte nur die beiden binären Zustände 0 und 1 an (vgl. [1], Kap. 3). Das bedeutet, es wird $k = 2$ und somit ld(k) = ld(2) = 1. Bei *paralleler Übertragung* mit $n > 1$ folgt dann aus Gl. (15.1) für $v_{\text{ü}}$:

$$v_{\text{ü}} = \frac{n}{T} \frac{\text{bit}}{\text{s}}. \tag{15.3}$$

Bei *serieller Übertragung* mit $n = 1$ (Einkanal-Übertragung) entsteht

$$v_{\text{ü}} = \frac{1}{T} \frac{\text{bit}}{\text{s}}. \tag{15.4}$$

Dann sind Übertragungs- und Schrittgeschwindigkeit identisch, und es bedeuten 600 Bd = 600 bit/s. Sind mehr als die beiden binären Zustände möglich ($k > 2$), können mit einem Schritt auch mehrere verschiedene Zustände übertragen werden. Dann ist die Übertragungsgeschwindigkeit größer als die Schrittgeschwindigkeit.

• Transfergeschwindigkeit

Schließlich sei noch die *Transfergeschwindigkeit* v_t erwähnt. Das ist die „effektive" Übertragungsgeschwindigkeit, die übrig bleibt, wenn Start-, Stopschritte, Synchronisationszeichen, Datensicherungszeichen etc. abgezogen werden. Sie gibt somit die echte Geschwindigkeit der Informationsübermittlung an, berücksichtigt also die mögliche *Redundanz* bei der Übertragung (vgl. [1], 4.2) und ist immer kleiner als die Übertragungsgeschwindigkeit.

▶ 15.2. Leitungsarten, Schnittstellen, Netzformen

Für Datenfernübertragung bietet die Deutsche Bundespost den *Dateldienst* an (*Datel* kommt von *Data Telecommunication*). Innerhalb des Dateldienstes sind zwei Leitungsarten möglich: Leitungen für digitale und solche für analoge Übertragungen. Für analoge Übertragungen sind das Fernsprechnetz und besondere Breitbandleitungen eingerichtet. Bei Benutzung dieser Leitungen für die Übertragung digitaler Daten müssen spezielle Umsetzeinrichtungen vorhanden sein (15.2.2). Die Post bietet aber auch Leitungen an, die bereits für die Übertragung digitaler Signale eingerichtet sind. Bild 15.1 gibt einen Überblick.

Leitungen der Bundespost für	
analoge Übertragungen	digitale Übertragungen
überlassene Fernsprechleitungen	überlassene Telegrafenleitungen
öffentliches Fernsprechnetz (Telefon)	öffentliches Fernschreibnetz (Telex)
Breitbandleitungen	öffentliches Datenübertragungsnetz (Datex)
	integriertes Fernschreib- und Datennetz (EDS-System)

Bild 15.1. Die von der Deutschen Bundespost für den Dateldienst (*Data Telecommunication*) bereitgestellten Übertragungswege

▶ 15.2.1. Leitungen für digitale Übertragungen

Nach Bild 15.1 gehören zum Bereich „digitale Übertragungen" Telegrafenleitungen, das öffentliche Fernschreibnetz (*Telexnetz*) und das öffentliche Datenübertragungsnetz (*Datexnetz*). Es handelt sich um Übertragungssysteme, die von vornherein für die Übertragung digitaler Signale eingerichtet sind, weil sie nach dem Prinzip der Telegrafie arbeiten, bei dem nur die beiden Informationen „Strom fließt" und „kein Strom" („Ja-Nein-Signale") übertragen werden. Daraus ergibt sich eine relativ einfache Übertragungstechnik (vgl. 10.3). Andere Verhältnisse liegen bei dem neuen „integrierten Fernschreib- und Datennetz" vor. Dieses sehr schnelle *EDS-System* (Elektronisches Datenvermittlungssystem) benutzt die *PCM-Technik* (vgl. Kap. 8 und 15.2.3).

● *Dateldienst*

Innerhalb des *Dateldienstes* werden von der Bundespost Telegrafenleitungen als „überlassene" Leitungen im öffentlichen Telex- und Datexnetz angeboten (vgl. Bild 15.1).

● *Überlassene Telegrafenleitung*

Überlassene Leitungen sind fest von der Post angemietet (*Standleitungen*) und haben keinen direkten Anschluß zum öffentlichen Wählnetz. Sie können vom Benutzer mit Fernschreibern und anderen Geräten betrieben werden, die von der Post geprüft und zugelassen sind. Diese Geräte (Datenendeinrichtungen, DEE) muß der Benutzer stellen; gemietet wird nur die Leitung. Je nach System sind Übertragungsgeschwindigkeiten von 50, 100 oder 200 bit/s möglich. Als *Datenendeinrichtung* dient z.B. ein Fernschreiber, wie er in Bild 14.4 gezeigt ist. Die *Datenübertragungseinrichtung* (DÜE) besteht im Fall der überlassenen Telegrafenleitungen lediglich aus einem *Anschaltgerät*, das im Fernschreiber enthalten ist und mit dessen Hilfe der Fernschreiber am anderen Ende der Leitung in Empfangsbereitschaft versetzt wird.

• Telexnetz

Während überlassene Telegrafenleitungen allein dem Mieter zur Verfügung stehen, handelt es sich beim *Telexnetz* um das öffentliche Fernschreibnetz, in dem — wie beim Telefon — jeder angeschlossene Teilnehmer angewählt werden kann. Die Übertragungsgeschwindigkeit ist auf 50 bit/s festgelegt (vgl. 10.3.2). Als Datenendeinrichtung dient hier in jedem Fall ein Fernschreiber. Zusätzlich können Lochstreifengeräte angeschlossen werden. Die erforderliche Übertragungseinrichtung ist das *Fernschaltgerät* (FGT). Als Code wird das „Fünferalphabet" (vgl. 10.3.1) verwendet. Die internationale Bezeichnung ist CCITT 2 (von *Comité Consultatif International Télégraphique et Téléphonique*), in Deutschland auch „Telegrafenalphabet Nr. 2".

• Datexnetz

Das Telexnetz weist für Datenübertragungen zwei Nachteile auf: Die geringe Übertragungsgeschwindigkeit von 50 bit/s und die Festlegung auf den Telegrafencode mit beschränktem Zeichenvorrat. In beiden Beziehungen bringt das *Datexnetz* Vorteile. Dieses ebenfalls öffentliche Telegrafenwählnetz ist ausschließlich für Datenübertragungen errichtet worden. Die Übertragungsgeschwindigkeit beträgt zur Zeit 200 bit/s; größere Geschwindigkeiten sind geplant. Code und Synchronisierverfahren (vgl. 14.2.2) können frei gewählt werden, so daß mit dem 7-Bit-Code (ASCII) oder einem 8-Bit-Code (EBCDIC) gearbeitet werden kann (vgl. dazu [1], 4.3). Des weiteren ist hervorzuheben, daß im Datexnetz Duplexbetrieb möglich ist (14.2.3).

• Schnittstelle (Interface)

Schnittstellen haben allgemein die Aufgabe, Leitungen (Übertragungskanäle) und Sende- bzw. Empfangsgeräte aneinander anzupassen. Bei Datenübertragungen liegen die Schnittstellen dort, wo der Zuständigkeitsbereich der Bundespost endet. Wie aus Bild 15.2a zu entnehmen ist, endet bei Verwendung von Standleitungen die Zuständigkeit der Post (DBP) vor der Datenstation (DST). Bei Wählnetzen (Bild 15.2b) reicht die Postzuständigkeit bis jenseits der Datenübertragungseinrichtung (DÜE). Nur noch die Datenendeinrichtung (DEE) unterliegt der Benutzerzuständigkeit. Die Schnittstelle (engl. *Interface*) verbindet in diesem Fall DEE und DÜE miteinander. Die Übertragungseinrichtung, das Fernschaltgerät FGT also, wird einheitlich von der Post gestellt. Bei der Wahl der Endeinrichtung (*Terminal*) ist der Benutzer frei. Um aber auch Terminals verschiedener Ausführungsformen und Hersteller anschließen zu können, ist vom CCITT die *Schnittstellenempfehlung* V 24 erarbeitet worden.

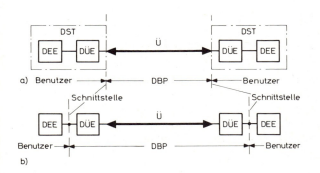

Bild 15.2
Zuständigkeitsbereiche der Deutschen Bundespost (DBP) bei
a) Standleitungen
b) öffentlichen Übertragungsnetzen

• *Schrittfehlerwahrscheinlichkeit*

Die Tabelle in Bild 15.3 gibt einen Überblick über den Dateldienst der DBP. Ein Maß für die Sicherheit der Datenübertragung ist die mittlere Schrittfehlerwahrscheinlichkeit, die angibt, wie viele Bit im Mittel bei 1 Million gesendeter Bit fehlerhaft übertragen werden — bei Benutzung des Datexnetzes z.B. 2 bis 8.

DÜ-Weg	Schrittgeschwindigkeit	mittlere Schrittfehlerwahrscheinlichkeit	Erforderliche DÜE
Überlassene Telegrafenleitung	200 Baud	$1 \ldots 2 \cdot 10^{-6}$	Anschaltgerät
Telexnetz	50 Baud	$5 \ldots 10 \cdot 10^{-6}$	Fernschaltgerät
Datexnetz	200 Baud	$2 \ldots 8 \cdot 10^{-6}$	Fernschaltgerät
Öffentliches Fernsprechnetz	200 Baud	$2 \ldots 10 \cdot 10^{-6}$	Modem
	1200 Baud	$10 \ldots 100 \cdot 10^{-6}$	Modem
Überlassenes Fernsprechnetz	2400 Baud	$1 \ldots 10 \cdot 10^{-6}$	Modem
Breitbandleitung	*)	$10 \ldots 50 \cdot 10^{-6}$	Modem

*) Frequenzbandbreite bis maximal 5 MHz

Bild 15.3. Angaben zu den wichtigsten Datenübertragungswegen

▶ **15.2.2. Leitungen für analoge Übertragungen**

Nach Bild 15.1 dienen zur analogen Übertragung das öffentliche Fernsprechnetz, überlassene Fernsprechleitungen und Breitbandleitungen. Bild 15.3 macht zwei Besonderheiten dieser Leitungstypen deutlich. Einmal fallen die relativ hohen Schrittgeschwindigkeiten von 1200 bzw. 2400 Baud auf. Zum anderen aber ist nicht zu übersehen, daß die Schrittfehlerhäufigkeit im öffentlichen Fernsprechnetz mit 10 ... 100 Fehlern bei 1 Million gesendeter Bit groß wird. Trotzdem kommt diesem Netz allergrößte Bedeutung zu. Das liegt zuerst an der hohen Dichte, die das Fernsprechnetz weltweit aufzuweisen hat. Weiterhin fördern der einfache Verbindungsaufbau und die relativ große (theoretische) Frequenzbandbreite von 3100 Hz den Nutzen für den Datenaustausch.

• *Modem*

In 10.2 sind die nachrichtentechnisch relevanten Probleme der *Telefonie* besprochen. Hier sollen nur die Besonderheiten hervorgehoben werden, die dadurch entstehen, daß das Fernsprechnetz nicht zur Übertragung von Gleichstromsignalen geeignet ist. Die binären Signalschritte „Gleichstrom fließt" und „kein Gleichstrom" müssen darum mit Hilfe von *Modems* in Wechselstromschritte umgewandelt werden.

Modem ist eine Wortschöpfung (Kunstwort) aus **Modulator-Demodulator**. Der Modem hat die Aufgabe, die digitalen Gleichstromimpulse der DEE in analoge Frequenzfolgen umzusetzen und auf der Empfängerseite in digitale Impulse zurückzuwandeln.

▶ 15.2. Leistungsarten, Schnittstellen, Netzformen 349

Der *Modem* dient also als DÜE. Er erledigt seine Aufgabe, indem er die digitalen Gleichstromimpulse beim Senden auf einen hochfrequenten Träger aufmoduliert bzw. (beim Empfang) demoduliert (vgl. Teil 2). So wird die Übertragung digitaler Daten über den Telefon-Sprechkanal möglich. Zusätzlich erlaubt der Modem die wahlweise Umschaltung zwischen Fernsprech- und Datenübertragungsbetrieb.

● *Data Recorder*

Bild 15.4 zeigt eine vollständige Datenstation mit Tastatur zur Eingabe und Magnetbandeinheit zur Speicherung empfangener Daten (*Data Recorder*). Auf der Magnetbandeinheit steht der Modem mit zugehörigem Telefonapparat. Nach Bild 15.2 fällt bei Verwendung des öffentlichen Fernsprechnetzes der Modem in die Postzuständigkeit. Der *Data Recorder* unterliegt als DEE der Benutzerzuständigkeit und kann gegen andere, dem jeweiligen Problem angepaßte Geräte ausgetauscht werden.

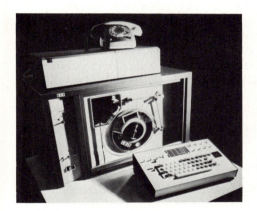

Bild 15.4
Vollständige Datenstation zur Benutzung des öffentlichen Fernsprechnetzes; im Vordergrund Tastatur zur Dateneingabe, dahinter Magnetbandeinheit zum Empfang; oben der *Modem* mit Telefonapparat
(Werkfoto MDS-Deutschland)

● *Telefoniekanal*

Im Rückblick auf 10.2 sei kurz der Fernsprech- oder *Telefoniekanal* angesprochen. Gemäß Bild 15.5 werden nur Signalschwingungen im Bereich zwischen 300 Hz und 3400 Hz übertragen. Bei voller Ausnutzung des 3100 Hz breiten Kanals könnte mit 2400 bit/s gearbeitet werden. Weil aber bei Verwendung des öffentlichen Fernsprechnetzes Daten prinzipiell auch international austauschbar sein müssen, wird der Sprachkanal für Datenübertragungen auf 900 ... 2400 Hz reduziert, also auf die Bandbreite von 1600 Hz fast halbiert. In diesem Bereich ist international eine gesicherte, verzerrungsarme Übertragung möglich. Die starke Reduzierung hat jedoch zur Folge, daß nur noch maximal 1200 bit/s übertragbar sind.

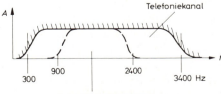

Bild 15.5
Telefoniekanal der DBP (300 ... 3400 Hz) mit eingezeichnetem Übertragungskanal für den internationalen Austausch digitaler Daten im öffentlichen Fernsprechnetz
(900 ... 2400 Hz)

• *Modemtypen*

Die DBP verwendet z.Z. für das öffentliche Fernsprechnetz (*Fernsprechwählnetz*) u.a. drei von der *Special Study Group* A der CCITT empfohlene Modemtypen, die sich nach Art und Geschwindigkeit der Übertragung unterscheiden:

Modemtypen
D 200 S (nach CCITT-Empfehlung V.21) für Serienübertragung,
D 1200 S (nach CCITT-Empfehlung V.23) für Serienübertragung,
D 20 P (nach CCITT-Empfehlung V.20) für Parallelübertragung.

Weitere Schnittstellenempfehlungen werden in 17.1.2 angesprochen.

• *D 200 S*

Modem D 200 S (nach CCITT-Empfehlung V.21) arbeitet mit *binärer Serienmodulation*. D.h. er ist für Serienübertragung im Duplexbetrieb (vgl. 14.2.3) mit 200 bit/s vorgesehen. Duplexbetrieb wird erreicht durch Aufteilung des nutzbaren Frequenzbereiches in zwei Kanäle. Die im Frequenzplan des Bildes 15.6 außer den beiden Duplexkanälen von je 200 Hz Bandbreite noch eingezeichnete 2100 Hz-Frequenz dient als *Kennfrequenz*, mit der das Zustandekommen der Verbindung geprüft wird.

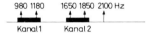

Bild 15.6

Frequenzplan des Modem D 200 S für 200 bit/s im Duplexbetrieb (seriell)

• *D 1200 S*

Modem D 1200 S (nach CCITT-Empfehlung V.23) arbeitet ebenfalls seriell, aber mit der maximal möglichen Geschwindigkeit von 1200 bit/s. Bild 15.7 zeigt den Frequenzplan des 800 Hz breiten Datenkanals (1300 ... 2100 Hz), der bei besonders schlechten Übertragungswegen auf 400 Hz (1300 ... 1700 Hz) halbiert werden kann, wodurch auch die Übertragungsgeschwindigkeit auf 600 bit/s heruntergeht. Zusätzlich ist in diesem System noch ein Hilfskanal für maximal 75 bit/s vorhanden, über den Steuer- und Quittungssignale in der jeweiligen Gegenrichtung gesendet werden können.

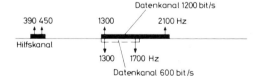

Bild 15.7

Frequenzplan des Modem D 1200 S für 1200 bzw. 600 bit/s mit Hilfskanal für maximal 75 bit/s (seriell)

• *D 20 P*

Modem D 20 P (nach CCITT-Empfehlung V.20) ist für Parallelübertragung von bis zu 20 Zeichen pro Sekunde vorgesehen. Bild 15.8 zeigt, wie drei Frequenzgruppen für die Übertragung alphanumerischer Zeichen gebildet werden.

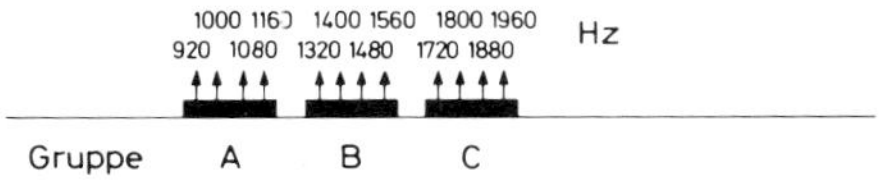

Bild 15.8

Frequenzplan des Modem D 20 P für 20 Zeichen pro Sekunde im Parallelbetrieb

▶ 15.2. Leistungsarten, Schnittstellen, Netzformen

● *Standleitungen*

Überlassene Fernsprechleitungen (Standleitungen) dürfen nicht an das öffentliche Fernsprechnetz angeschlossen werden. Sie müssen darum auch nicht an internationale Netze passen und können unter Ausnutzung der vollen Bandbreite (Bild 15.5) mit 2400 bit/s betrieben werden. Auch noch höhere Geschwindigkeiten sind möglich bei Verwendung spezieller Leitungen, Übertragungsverfahren und (oder) Entzerrungsverfahren. So werden heute Modems angeboten für 4800 bit/s, 7200 bit/s, 9600 bit/s, 19200 bit/s, 40800 bit/s, 48 kbit/s (vgl. hierzu 17.1.2).

● *Geschwindigkeitsklassen*

Für hohe und höchste Übertragungsgeschwindigkeiten bietet die DBP *Breitbandleitungen* an. Für die Angabe von „Geschwindigkeitsklassen" unterscheidet man oft folgende Gruppen:

    niedrig   —   20 ... 200 bit/s
    mittel   —   600 ... 9600 bit/s
    hoch   —   10 ... 500 kbit/s
    sehr hoch —   einige Mbit/s.

● *Breitbandleitungen*

Die „niedrigen" und „mittleren" Klassen findet man bei den bislang besprochenen Telegrafen- und Fernsprechleitungen. Die Klasse der „hohen Geschwindigkeiten" entsteht z.B. durch Parallelschaltung mehrerer Fernsprechleitungen; die Klasse „sehr hoch" wird beispielsweise mit 5 MHz-Fernsehleitungen realisiert:

    10 kHz-Leitung $\hat{=}$ 2 Fernsprechleitungen
    48 kHz-Leitung $\hat{=}$ 12 Fernsprechleitungen
  240 kHz-Leitung $\hat{=}$ 60 Fernsprechleitungen
  500 kHz-Leitung $\hat{=}$ 120 Fernsprechleitungen
5000 kHz-Leitung $\hat{=}$ 1 Fernsehkabel.

Denkbar sind in der Zukunft extrem schnelle Datenübertragungen auf Leitungen des 12 GHz-Kabelfernsehens oder mit Lichtleitern.

* **15.2.3. EDS-System**

Um die erwartete starke Zunahme im internationalen Datenverkehr bewältigen zu können, hat die Deutsche Bundespost 1977 mit der Einführung eines neuen *Integrierten Fernschreib- und Datennetzes* begonnen. Während bislang digitale Daten vorwiegend über Strecken übertragen wurden, die eigentlich für einen analogen Betrieb ausgelegt waren (vgl. 15.2.2), wird mit dem neuen *Elektronischen Datenvermittlungssystem* (EDS) ein eigens für die Übertragung digitaler Daten reserviertes und optimiertes System aufgebaut. Bild 15.9 zeigt die erste Teilstrecke und das geplante EDS-Netz.

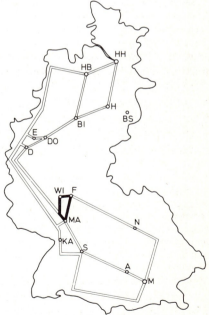

Bild 15.9. Integriertes Fernschreib- und Datennetz der Deutschen Bundespost
▭ geplant
▬ 1977 in Betrieb genommen

• Zeitmultiplex

In den Trägerfrequenzsystemen für die Übertragung analoger Signale (Telefon, Rundfunk etc.) wird mit *Frequenzmultiplex-Verfahren* gearbeitet (vgl. 1.7 und 10.1). Im EDS-System dagegen wird ein *Zeitmultiplex-Verfahren* verwendet. Stellt man sich vor, daß die digitalen Informationen (Daten) in Form von Impulsfolgen (Rechteckpulse) dargestellt und übertragen werden, dann gehört beispielsweise zu jedem Bit ein Rechteckimpuls (vgl. [1], 5.3.2). Auf das EDS-System angewendet bedeutet dies, daß etwa 2 Mbit/s zeitlich gestaffelt übertragen werden (zeitlich ineinander geschachtelt).

• PCM

Als Modulationsverfahren wird PCM verwendet (*Pulscodemodulation*, vgl. Kap. 8). Dieses Verfahren bietet sich natürlich für eine Übertragung digitaler Daten besonders an, weil sämtliche Informationen durch PCM *binär codiert* werden, mithin in solch einer Form vorliegen, daß sie direkt zur Weiterverwendung in EDV-Anlagen geeignet sind. Ein für das EDS-System speziell entwickeltes Modulationsverfahren heißt *PCM 30 D*. „D" steht für „digitale Datensignale". Die Zahl 30 gibt an, daß maximal dreißig Datensignale von je 64 kbit/s gleichzeitig übertragen werden können, woraus sich ein Gesamt-Datenfluß von 30×64 kbit/s ≈ 2 Mbit/s ergibt. Gearbeitet wird in diesem System jedoch mit einer Taktfrequenz von 2048 kHz.

• Möglichkeiten

Mit der relativ hohen *Datenrate* von 2 Mbit/s läßt sich auch über größte Entfernungen hin ein Dialog zwischen EDV-Anlagen ausführen (vgl. 13.2). Andererseits können tausende von Fernschreibern gleichzeitig miteinander korrespondieren; denn gewöhnliche Fernschreiber arbeiten mit nur 50 Impulsen pro Sekunde (50 Bd, vgl. 10.3.2). Das EDS-System ist jedoch ebenfalls geeignet für neue und schnelle *Bürofernschreiber* (10.3.3) und für Festbildübertragungen (10.3.4). Dabei kann mit einer 64 kbit/s-Datenleitung etwa eine DIN A 4-Druckseite pro Sekunde übertragen werden.

• Übertragungsnetz

Obwohl es sich beim EDS-System um eine extra für den Datenverkehr installierte Einrichtung handelt, sind dafür nicht auch neue Fernleitungen verlegt worden. Neu ist lediglich das „Zeitmultiplexe Datenfernübertragungssystem PCM 30 D", das im wesentlichen aus dem *Digitalen Multiplexgerät* besteht. Zur Übertragung selbst wird das für den „trägerfrequenten Weitverkehr" von der Bundespost betriebene *Maschennetz* (s. 15.2.4) verwendet, das alle größeren Städte der Bundesrepublik miteinander verbindet. In diesem Netz ist vor allem das Fernmeldekabel *Form 17* verlegt, das gemäß 9.3.3, Bild 9.30, aus acht Sternvierern und einer koaxialen Leitung besteht, mithin 17 Kanäle darstellt.

• Phantomschaltung

Das Weitverkehr-Maschennetz mit dem Fernkabel Form 17 ist im allgemeinen vollständig durch den Fernsprechverkehr ausgelastet. Um trotzdem dieses Netz zusätzlich (und ohne die Fernsprechkapazität einzuschränken) für das Elektronische Datenvermittlungssystem nutzen zu können, wird eine Kunstschaltung verwendet, mit der die Kapazität der symmetrischen Leitungspaare der Sternvierer um 50 % vergrößert wird: die *Phantomschaltung*. Bild 15.10 zeigt im Prinzip, wie mit dieser Schaltungsart drei Zweidrahtleitungen und damit drei verschiedene Signale so zusammengefaßt werden können, daß sie auf einer Vierdrahtleitung übertragen werden können, ohne sich gegenseitig zu stören. Normalerweise wird die Vierdrahtleitung vollständig für die Fernsprechübertragung F im Gegenverkehr (Duplex) belegt. Durch die gezeigte Art der Ankopplung entsteht ein zusätzlicher Kanal zur Datenübertragung im Wechselverkehr (Halbduplex). Man sagt: Die Datenübertragung geschieht auf dem *Phantomkreis* der Vierdrahtleitung.

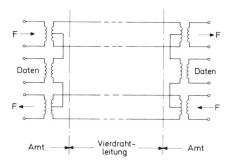

Bild 15.10. Prinzip der Phantomschaltung; Beispiel mit einem Ferngespräch F im Gegenverkehr (Duplex) und mit Datenübertragung im Wechselverkehr (Halbduplex)

15.2.4. Netzformen

Grundelemente von Übertragungsnetzen sind *Leitungen* und *Knoten*. Knoten sind dann nötig, wenn mehrere Datenstationen miteinander verbunden werden und ein Wählnetz aufgebaut wird.

• *Nichtschaltende Netzknoten*

Netzknoten sind *nichtschaltend,* wenn sie nur zur Leitungsverzweigung (LVZ) oder als Schnittstellenvervielfacher (SVV) dienen. Bild 15.11 zeigt schematisch diese nichtschaltenden Netzknoten.

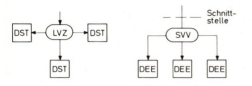

Bild 15.11

Nichtschaltende Netzknoten zur Leitungsverzweigung (LVZ) und Schnittstellenvervielfachung (SVV)

• *Schaltende Netzknoten*

Netzknoten sind *schaltend,* wenn sie verschiedene Systeme miteinander verknüpfen, z.B. handvermittelte Verbindungen mit einem Selbstwählsystem. Bild 15.12 deutet dies grob vereinfachend an.

Bild 15.12

Schaltender Netzknoten (SNK) zur Verknüpfung verschiedener Systeme

• *Speichernde Netzknoten*

Eine weitere Form stellen *speichernde Knoten* dar. Über solche Knoten besteht keine direkte Verbindung zwischen Sender und Empfänger. Empfangene Signale werden in diesen Knoten bei Bedarf *regeneriert* und verzerrungsfrei weitergesendet, weshalb Systeme mit speichernden Knoten insgesamt zu geringeren Verzerrungen oder Fehlern führen als solche mit direkt verbindenden Knoten. Im Extremfall kann der speichernde Knoten ein vollständiger Rechner sein, so daß beispielsweise Aufbereitungen und Vermittlungen programmgesteuert vorgenommen werden können.

• *Standleitung*

Leitungen sind als Standleitungen oder Wählleitungen ausgeführt. Eine *Standleitung* verbindet zwei Datenstationen direkt miteinander, benötigt also keine Knoten. Der Vorteil ist die ständige und oft schnelle Verbindung. Außerdem sind Störungen gering. Als Nachteil sind vor allem hohe Mietkosten anzusehen, wenn die Standleitung über die privaten Grundstücksgrenzen hinausgeht und zur von der DBP überlassenen Fernleitung wird.

• *Wählleitung*

In Übertragungsnetzen sind durch *Wählleitungen und Knoten* viele Teilnehmer miteinander verbunden. Wichtige Netzarten sind:

Sternnetz, Maschennetz und Ringnetz (auch Liniennetz oder *Party-line*).

• *Sternnetz*

Ein *Sternnetz* verbindet jede Datenstation über eine eigene Leitung mit dem Netzmittelpunkt, hier die EDV-Anlage (Bild 15.13). In diesem Beispiel hat das Rechenzentrum die Aufgabe eines speichernden Knotens, an den die Datenstationen angeschlossen sind.

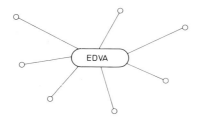

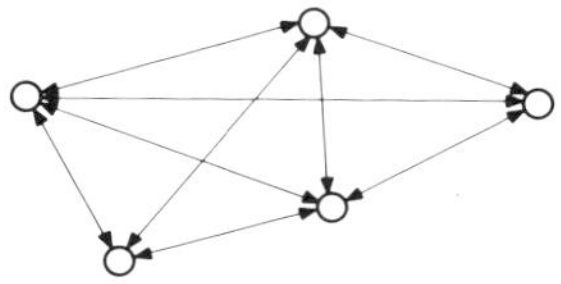

Bild 15.14. Maschennetz

Bild 15.13. Sternnetz

• *Maschennetz*

Ein *Maschennetz* verbindet mehrere Netzknoten untereinander (Bild 15.14). Diese aufwendige Anordnung gewährleistet, daß auch bei Ausfall einer oder mehrerer Leitungen die Übertragung — wenn auch mit Umwegen — gesichert bleibt.

• *Ringnetz*

Der wirtschaftlichste Betrieb ist mit einem *Ringnetz* möglich (Bild 15.15). In solch einer auch *Liniennetz* genannten Anordnung arbeiten alle Teilnehmer an einer Leitung (in einer „Linie"). Zum Erkennen der einzelnen Datenstationen müssen sie einer festen Adresse zugeordnet sein. Der Nachteil ist, daß immer nur ein Gerät an der Ringleitung arbeiten kann. Die anderen Teilnehmer müssen warten, bis die Leitung frei wird.

Bild 15.16. Kombiniertes Netz

Bild 15.15. Ringnetz

• *Kombinierte Netze*

In der Praxis werden häufig *kombinierte Netzformen* verwendet. Bild 15.16 zeigt, wie z.B. auf einer obersten Ebene die Stationen durch ein Maschennetz störsicher miteinander verbunden sind. Von den Knoten in dieser Ebene zweigen sternförmig Unterknoten ab, von

▶ 15.3. Arbeitsweisen

denen ebenfalls wieder sternförmige Verteilungen ausgehen. Ein ähnliches Prinzip verwendet die DBP im Fernsprechwählnetz. Außerdem ist noch denkbar, daß — wie in Bild 15.16 ebenfalls gezeigt — auf einer unteren Ebene zusätzlich eine Ringleitung aufgebaut ist etc.

> Mit den Elementen *Leitung* und *Knoten* und den drei eben beschriebenen Netzformen läßt sich ein dem jeweiligen Problem angepaßtes Übertragungsnetz aufbauen. Als anschauliches Beispiel stellt Bild 15.17 ein Netz dar, das Kontinente miteinander verbindet.

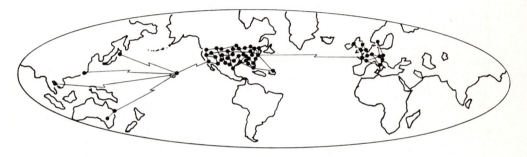

Bild 15.17. Beispiel für ein Übertragungsnetz, das Kontinente miteinander verbindet

▶ **15.3. Arbeitsweisen**

In den Kapiteln 13 und 14 sind Betriebsarten besprochen worden, die für die moderne Datenverarbeitung allgemein und speziell für Datenfernverarbeitung von Bedeutung sind. Ausgehend von der am häufigsten verwendeten Stapelverarbeitung (*Batch Processing*, 13.1) wurden *Stapelfernverarbeitung* (*Remote Batch Processing*, 13.3) sowie *Teilnehmerbetrieb* (*Time-sharing*) und *Teilhaberbetrieb* (13.3) als wichtige Betriebsarten vorgestellt. Die Zuordnung zu den zwei grundlegenden Verfahren *On-line* und *Off-line* ist in 14.1 vorgenommen worden. In diesem Abschnitt sollen weitere Arbeitsweisen (Betriebsarten) behandelt werden, die unter anderem besondere Anforderungen an Übertragungswege stellen. Bild 15.18 gibt in einem Strukturdiagramm sämtliche Betriebsarten und Arbeitsweisen an.

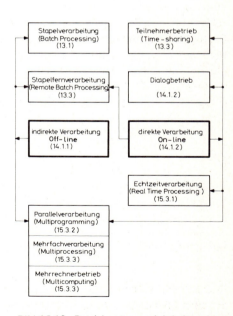

Bild 15.18. Betriebsarten und Arbeitsweisen

▶ **15.3.1. Echtzeitverarbeitung**

Direkte Datenverarbeitung (*On-line*, 14.1.2) kann bei Stapelfernverarbeitung mit verzögerter Ergebnisantwort oder bei Teilnehmer- bzw. Dialogbetrieb mit Sofort-Antwort angewendet werden. Nun ist aber der Begriff „Sofort-Antwort" relativ. Bei einem Regelungsprozeß kann es nötig sein, eine gemessene Abweichung in Mikrosekunden einem Rechner zuzuleiten und in ebenso kurzer Zeit mit dem errechneten Ergebnis die Regelabweichung zu beseitigen. Für den Einkäufer einer Firma wird beispielsweise die um wenige Minuten verzögerte telefonische Auskunft des Großlagers als „Sofort-Antwort" gelten — relativ zur schriftlichen Antwort. Bedeutet „Sofort" also Bruchteile von Sekunden oder eine Minute?

• *Real Time*

Um diese Schwierigkeit einigermaßen meistern zu können, wurden die Begriffe *Real Time* und *Near Time* eingeführt.

> Die *Sofort-Antwort* ist in **Echtzeit** (also *Real Time*) erteilt, wenn sie innerhalb eines Prozeßablaufs als Ergebnis eines Prozeßschrittes zur Steuerung des folgenden Schrittes zur Verfügung steht oder wenn die Antwort abgespeichert ist, ehe der folgende Prozeßschritt beginnt.

• *Übertragungsprobleme*

On-line-Betrieb mit Echtzeitverarbeitung erfordert demnach erheblichen Aufwand bezüglich Verarbeitung und Übertragung. Während die Verarbeitung mit höchsten Geschwindigkeiten in der Regel möglich ist, können Probleme bei der Übertragung entstehen. In einem einfachen Beispiel möge ein Ereignis mit der relativ niedrigen Frequenz von 1 kHz auftreten (Periode 1 ms). Handelt es sich — wie in Bild 15.19 angegeben — um eine Sinusschwingung, soll sie beispielsweise mit 8 bit abgetastet (digitalisiert) werden. Es müßten in diesem niederfrequenten Fall also bereits 8 · 1 kHz, d.h. 8000 bit/s übertragen werden, was nur mit speziellen Breitbandleitungen möglich ist.

Bild 15.19
Digitalisierung einer periodischen Schwingung mit 8 bit

• *Near Time*

Es wird vom jeweiligen Problem und den zur Verfügung stehenden technischen Einrichtungen abhängen, ob ein Echtzeitbetrieb möglich ist. Andernfalls muß man sich mit einer Nahezu-Echtzeitverarbeitung (*Near Time Processing*) begnügen. Auch ist bei einem gegebenen Problem zu überlegen, ob die aufwendige Echtzeitverarbeitung erforderlich oder ob nicht die Verarbeitung *Near Time* angemessen ist.

▶ **15.3.2. Multiprogramming**

Multiprogramming wird manchmal (nicht ganz zutreffend) mit Parallelverarbeitung übersetzt. Dieses Verfahren dient dazu, eine EDV-Anlage optimal auszulasten.

► 15.3. Arbeitsweisen 357

● *Problemstellung*

Man kann sich vorstellen, daß bei einer *sequentiellen Programmverarbeitung* Teile der Anlage zeitweilig stillstehen, weil bei diesem Verfahren die Programme nacheinander (sequentiell) ablaufen. Das bedeutet, während der Ein- und Ausgabe wird die Zentraleinheit nicht für Verarbeitungen genutzt. Umgekehrt sind während der Verarbeitungszeit die peripheren Geräte (Ein-Ausgabeeinheit) unbeschäftigt. Darum wurde das *Multiprogramming-Verfahren* entwickelt, mit dessen Hilfe mehrere Programme gleichzeitig bearbeitet werden.

● *Prinzipielles Vorgehen*

Beispielsweise wird während einer längeren Verarbeitungsphase innerhalb eines Programms die Peripherie genutzt, um Daten eines anderen Programms einzugeben oder Ergebnisse eines weiteren Programms auszudrucken. Und immer dann, wenn die Bearbeitung eines Programms oder Programmteils beendet ist oder abgebrochen werden muß, wird sofort an einem anderen Programm gearbeitet.

● *Kombination: rechenintensiv und ein-ausgabeintensiv*

Besonders optimal wird der Gesamtwirkungsgrad der Maschine dann, wenn eine Kombination rechenintensiver Aufträge mit ein-ausgabeintensiven Programmen möglich ist, wenn also Programme aus dem technisch-wissenschaftlichen mit solchen aus dem kommerziellen Bereich kombiniert werden (vgl. [1], 1.2). Denn die bei kommerziellen Problemen allgemein auftretenden langen Ein-Ausgabezeiten können vorteilhaft genutzt werden, um rechenintensive Probleme aus dem technisch-wissenschaftlichen Bereich zu bearbeiten, für die nur kurze Ein-Ausgabezeiten nötig sind.

● *Interrupts*

Der organisatorische Aufwand für ein *Multiprogramming-System* ist natürlich wesentlich größer als für ein sequentiell arbeitendes System. Informationen zur Organisation (Betriebssysteme) können aus [1] (18.4) bezogen werden. Die für ein Parallelarbeitsverfahren notwendigen Programmunterbrechungsmöglichkeiten (*Interrupts*) sind in 13.3 besprochen worden.

● *Zeitliche Verschachtelung*

Es sei darauf hingewiesen, daß trotz der Bezeichnungen „Parallelverarbeitung" oder „gleichzeitige Verarbeitung" verschiedene Programme *nicht gleichzeitig* in der Zentraleinheit verarbeitet werden. Es stehen lediglich mehrere Programme gleichzeitig zur Verfügung. Und parallel läuft beispielsweise die Verarbeitung eines Programms mit der Dateneingabe eines anderen. Innerhalb der Zentraleinheit aber verläuft die Verrechnung nacheinander, sozusagen zeitlich ineinander verschachtelt, wie Bild 15.20 verdeutlichen soll.

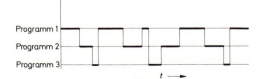

Bild 15.20
Zeitliche Verschachtelung dreier Programme beim Parallelarbeitsverfahren (*Multiprogramming*)

▶ 15.3.3. Multiprocessing und Multicomputing

Beim *Multiprogramming* wird angestrebt, mit Hilfe *einer* EDV-Anlage mehrere Programme parallel zu verarbeiten, wobei aber die Verrechnung innerhalb der Zentraleinheit zeitlich nacheinander (evtl. verschachtelt, Bild 15.20) abläuft. Bei der Betriebsart *Multiprocessing* (*Mehrfachverarbeitung*) werden mehrere EDV-Anlagen so zusammengeschaltet und koordiniert, daß verschiedene Programme wirklich parallel, also zeitgleich verrechnet werden — allerdings in getrennten, unabhängig voneinander arbeitenden Anlagen.

● *Multiprocessing*

Im einfachsten Fall werden bereits vorhandene, evtl. auch räumlich getrennte, vollständige EDV-Anlagen zusammengeschaltet. Sie können dann Programme oder Teile davon austauschen und dabei sozusagen die Arbeit untereinander verteilen. Dazu ist es nötig, daß alle beteiligten Zentraleinheiten gemeinsam auf Datenbestände zugreifen können. In jeder der angeschlossenen Anlagen kann außerdem weiterhin Parallelverarbeitung (*Multiprogramming*) ausgeführt werden.

● *Multiprozessor-Betrieb*

Einen Schritt weiter gehen ganz moderne *Multiprozessor-Architekturen* ([1], 11.3.4). Dabei handelt es sich um nur eine EDV-Anlage mit Zentraleinheit und Peripherie, wobei aber die ZE mehrere unabhängige Prozessoren (*Processors*) besitzt. Wie Bild 15.21 zeigt, sind z.B. Prozessoren, Arbeitsspeicher und periphere Geräte mit einer Spezialleitung zusammengekoppelt, dem sogenannten *Datenbus* (auch *Speicherbus* genannt). Sämtliche Prozessoren haben Zugriff auf den Arbeitsspeicher und die Peripherie. Die Prozessoren selbst bestehen i.a. nur aus Steuerwerk und Operationswerk (vgl. [1], 8 un 9), das Speicherwerk wird gemeinsam benutzt.

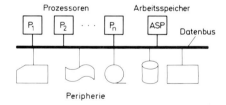

Bild 15.21
Schematische Darstellung einer Multiprozessor-Anlage

● *Master Processor*

Oft sind den einzelnen Prozessoren bestimmte Aufgaben zugeordnet, für die sie optimal ausgelegt sind. Ein Hauptprozessor (*Head* bzw. *Master Processor*) verteilt die Aufgaben mit Hilfe des Betriebssystems ([1], 18.4).

● *Kreuzschienenanordnung*

Bei Verwendung vieler Prozessoren ist der Betrieb an einem Speicherbus (Bild 15.21) nicht vorteilhaft. Dann empfiehlt sich eine matrixförmige Anordnung, in der alle Prozessoren (und evtl. auch alle *Speichermoduln*) über Kreuzschienenverteiler miteinander verknüpft sind ([1], 11.3.4).

• Multicomputing

Ein *Mehrrechnersystem* für *Multicomputing* kann ebenso aufgebaut sein wie ein System für *Multiprocessing*. In der Zielsetzung jedoch gibt es einen prinzipiellen Unterschied, der etwa dem zwischen Teilnehmer- und Teilhaberbetrieb entspricht (13.3). *Multiprocessing* ist eingerichtet, um viele, durchaus unterschiedliche Probleme optimal zu lösen, indem sozusagen die Arbeit sinnvoll verteilt wird. Beim *Multicomputing* werden mehrere Anlagen zur *Lösung einer Aufgabe* zusammengeschaltet.

• Verbund- und Vorrechnersystem

Das Zusammenschalten kann aus verschiedenen Gründen und in unterschiedlicher Weise geschehen und wird darum auch verschieden ausfallen. In 14.1.3 sind mehrere Ausbaustufen von Datenstationen angesprochen worden, die, wenn sie zur Ausführung einfacher Operationen geeignet sind, auch *intelligente Terminals* heißen. Werden die DST gar zu vollständigen EDV-Anlagen ausgebaut, entsteht ein *Verbund- oder Mehrrechnersystem*. Oft wird in der zentralen EDV-Anlage ein zweiter (kleinerer) Rechner zur Steuerung der Datenübertragung und zum Sortieren vorgeschaltet. Dadurch kann die eigentliche Zentraleinheit erheblich entlastet werden. Ein solcher, auch *Vorrechnersystem* genannter Ausbau ist in Bild 15.22 skizziert.

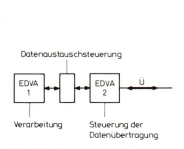

Bild 15.22. Vorrechnersystem

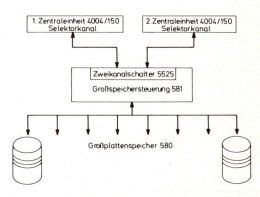

Bild 15.23. Doppelsystem mit gemeinsamem Zugriff auf bis zu 8 Großplattenspeicher (Siemens-System)

• Doppelsystem

Manchmal wird ein Mehrrechnerbetrieb mit zwei gleichberechtigten Zentraleinheiten durchgeführt. In solch einem wie in Bild 15.23 gezeigten *Doppelsystem* können über einen Zweikanalschalter zwei unabhängig voneinander arbeitende Zentraleinheiten Zugriff auf z.B. 8 Zwölfplattenstapel (Großplattenspeicher, [1], 6.5 und 7.2) mit insgesamt 800 Millionen Byte Speicherkapazität haben.

• Parallelsystem

Zum Schluß sei ein Doppelsystem angeführt, in dem zwei Zentraleinheiten — jede für sich — dasselbe Problem lösen. Solch ein *Parallelsystem* wird im wissenschaftlichen Bereich verwendet, wenn höchste Anforderungen an die Sicherheit gestellt werden (Raumfahrt etc.). Die von jeder Zentraleinheit selbständig ermittelten Ergebnisse werden vor der Weiterverwendung miteinander verglichen.

15.4. Zusammenfassung

Ein Kriterium für die Leistungsfähigkeit n paralleler Übertragungswege ist die **Übertragungsgeschwindigkeit**

$$v_\text{ü} = \sum_{i=1}^{n} \frac{1}{T_i} \cdot \text{ld}(k_i) \quad \text{in } \frac{\text{bit}}{\text{s}} \tag{15.1}$$

mit T : Schrittdauer bei der Übertragung in Kanal i,
k_i: Anzahl der möglichen Kennzustände in Kanal i,
ld: Logarithmus zur Basis 2.

Ein anderes Maß ist die **Schrittgeschwindigkeit**

$$v_\text{s} = \frac{1}{T} \text{ in Bd.} \tag{15.2}$$

Bei der Übertragung digitaler Daten wird $k = 2$ und somit $\text{ld}(k) = 1$. Bei *paralleler Übertragung* mit $n > 1$ folgt aus Gl. (15.1)

$$v_\text{ü} = \frac{n}{T} \frac{\text{bit}}{\text{s}}, \tag{15.3}$$

bei *serieller Übertragung* mit $n = 1$ (Einkanal-Übertragung) entsteht

$$v_\text{ü} = \frac{1}{T} \frac{\text{bit}}{\text{s}}. \tag{15.4}$$

Für Datenfernübertragung bietet die DBP den **Dateldienst** an mit

1. Leitungen für digitale Übertragung: Überlassene Telegrafenleitungen, Telexnetz, Datexnetz;
2. Leitungen für analoge Übertragung: Überlassene Fernsprechleitungen, Fernsprechnetz, Breitbandleitungen.

Ein Maß für die Sicherheit der Übertragung auf diesen Leitungen ist die *mittlere Schrittfehlerwahrscheinlichkeit*.

Die **Schnittstelle** (engl. *Interface*) liegt dort, wo der Zuständigkeitsbereich der DBP aufhört. Bei Standleitungen liegt sie vor der DST, bei Wählnetzen innerhalb zwischen DEE und DÜE (Schnittstellenempfehlung V.24 des CCITT).

Dem (analogen) Fernsprechnetz kommt wegen seiner hohen Dichte und des einfachen Verbindungsaufbaus allergrößte Bedeutung für DFÜ zu. Zum Betrieb benötigt man ein **Modem**, das die Aufgabe hat, die digitalen Gleichstromimpulse der DEE in analoge Frequenzfolgen umzusetzen.

Grundelemente von Übertragungsnetzen sind **Leitungen und Knoten**. Man unterscheidet „nichtschaltende" und „schaltende Knoten" sowie „speichernde Knoten". Leitungen können als „Standleitungen" oder „Wählleitungen" errichtet werden. Die aus diesen Elementen herstellbaren Netzformen sind:
Sternnetz, Maschennetz, Ringnetz, kombiniertes Netz.

> **Echtzeitverarbeitung** (*Real Time*) und „Sofort-Antwort" sind folgendermaßen definiert:
>
>> Eine Sofort-Antwort ist in *Echtzeit* erteilt, wenn sie innerhalb eines Prozeßablaufs als Ergebnis eines Prozeßschrittes zur Steuerung des folgenden Schrittes zur Verfügung steht oder wenn die Antwort abgespeichert ist, ehe der folgende Prozeßschritt beginnt.
>
> Beim **Multiprogramming** (Parallelverarbeitung) wird angestrebt, mit Hilfe *einer* EDV-Anlage mehrere Programme parallel (gleichzeitig) zu verarbeiten und so die Anlage optimal auszulasten, wobei aber die Verrechnung innerhalb der Zentraleinheit zeitlich nacheinander (verschachtelt) abläuft.
>
> Bei der Betriebsart **Multiprocessing** (Mehrfachverarbeitung) werden mehrere Anlagen so zusammengeschaltet und koordiniert, daß die Arbeit sinnvoll verteilt und verschiedene Programme wirklich zeitgleich verrechnet werden — allerdings in getrennten, unabhängig voneinander arbeitenden Anlagen.
>
> Im Unterschied dazu werden beim **Multicomputing** (Mehrrechnerbetrieb) mehrere Anlagen zur *Lösung einer Aufgabe* zusammengeschaltet.

16. Datenübertragungsblock und Datensicherung

16.1. Übertragungsblock und Formate

Neben den nötigen technischen Einrichtungen müssen für eine reibungslose Datenübertragung Sicherungseinrichtungen (16.2) und konkrete Abmachungen über die Übertragungsprozeduren bestehen. Dazu gehören: Vereinbarung des Codes ([1], 4), Übertragungsgeschwindigkeit und Betriebsart (Kap. 14 und 15), Festlegung des Gleichlaufverfahrens (synchron, asynchron, 14.2.2) und Absprachen über Aufbau und zeitlichen Ablauf der zu übertragenden Informationen. Die so vereinbarte Art der Informationsdarstellung auf den verwendeten Datenträgern wird *Format* genannt. In 16.1.1 wird die Übertragungsprozedur allgemein besprochen, in 16.1.2 und 16.1.3 wird das Format an zwei aktuellen Beispielen betrachtet.

16.1.1. Übertragungsprozedur

Alle Regeln, nach denen der Verkehr zwischen zwei DST ablaufen muß, werden mit der *Übertragungsprozedur* festgelegt, die neben den Informationen (Daten) selbst eine Reihe von Steuerzeichen und Gleichlaufanweisungen enthalten muß. Die zu übertragenden Informationen können aus einzelnen Zeichen bestehen, einen *Datensatz* oder einen *Datenblock* als Summe von Datensätzen bilden.

• Beispiel 1: Synchrone Stapelübertragung

Mit Bild 16.1 ist der einfache Fall einer Übertragungsprozedur für das Beispiel „Synchrone Stapelübertragung in mehreren Datenblöcken" angegeben. In dieser stark vereinfachten Darstellung sind die zeitlich nacheinander ablaufenden Sender- und Empfängerinformationen S und E durch Richtungssymbole gekennzeichnet.

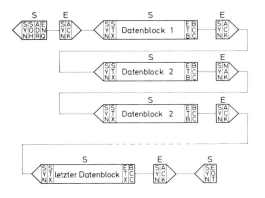

Bild 16.1. Allgemeine Übertragungsprozedur
S: Sender, E: Empfänger
ACK: Positive Rückmeldung (*Acknowledge*)
ADR: Adresse der Empfangsstation
BCC: Sicherungszeichen (*Block Check Character*)
ENQ: Stationsaufforderung (Frage nach Empfangsbereitschaft, *Enquiry*)
EOT: Ende der Übertragung (*End of Transmission*)
ETB: Ende des Datenübertragungsblocks (*End of Transmission Block*)
ETX: Ende des Textes (*End of Text*)
NAK: Negative Rückmeldung (*Negative Acknowledge*)
SOH: Anfang des Kopfes (*Start of Head*)
STX: Anfang des Textes (*Start of Text*)
SYN: Synchronisationszeichen

• Steuerzeichen

Nach dem Synchronisationszeichen SYN, das den Gleichlauf zwischen S und E herstellt, wird mit SOH der Beginn eines allgemeinen Vorspanns (Kopf) angezeigt. Dieser Kopf (*Head*) enthält die Adresse der gewählten Empfangsstation (ADR) und die Frage an diese Station nach der Empfangsbereitschaft (Stationsaufforderung ENQ). Ist die Station bereit, sendet sie eine positive Rückmeldung (ACK), wobei auch das Synchronisationszeichen vorangestellt ist, wie überhaupt zu Beginn jeder Übertragung dieses Zeichen stehen muß. Auf die positive Antwort hin kann die Sendestation mit der Datenübertragung beginnen, wobei wieder das Synchronisationszeichen und das Steuerzeichen STX (Anfang des Textes) vorangestellt sind. Das Ende der Übertragung des ersten Datenblocks wird mit ETB (Ende des Datenübertragungsblocks) angezeigt.

• Sicherungszeichen

Das oder die Sicherungszeichen (BCC, vgl. 16.2) bilden den endgültigen Abschluß eines Datenblocks. Hierauf wird eine Rückmeldung des Empfängers erwartet, die positiv (ACK) oder negativ (NAK) ausfallen wird. War sie positiv, kann mit der Übertragung des zweiten Datenblocks begonnen werden etc. Für die negative Rückmeldung sind zwei Ursachen möglich: Einmal kann sie anzeigen, daß der Empfänger nicht in Bereitschaft ist. Dann muß die Sendestation so lange weiter anfragen, bis die Rückmeldung positiv wird. Zweitens kann sie aufgrund der Analyse des Sicherungszeichens BCC den fehlerhaften Empfang der Information melden (Fehlerquittung NAK). Daraufhin muß der fehlerhaft empfangene Block erneut übertragen werden usw., wie das für den Datenblock 2 in Bild 16.1 gezeigt ist.

16.1. Übertragungsblock und Formate

• *Ende der Übertragung*

Der letzte übertragene Datenblock wird mit dem Steuerzeichen ETX (Ende des Textes) abgeschlossen. Den endgültigen Abbruch der Übertragung zeigt das Zeichen EOT (Ende der Übertragung) an.

• *Beispiel 2: HDLC-Prozedur*

In den letzten Jahren ist international eine leistungsfähige Datenübertragungsprozedur genormt worden (ISO 3309.2 und 4335, ECMA-40 und 49, DIN 66 221). Es handelt sich um ein *bitorientiertes Steuerungsverfahren bei synchroner Datenübertragung*, das die internationale Kurzbezeichnung *HDLC (High Level Data Link Control)* trägt. Das Verfahren zeichnet sich gegenüber der in Beispiel 1 vorgestellten Basis-Prozedur vor allem aus durch:

- bessere Leitungsausnutzung (Vollduplex-Betrieb);
- optimale Datensicherung durch Verwendung selbstkorrigierender Codes (CRC bzw. ECC, vgl. 16.2);
- geringere Anzahl von Steuerzeichen;
- weitgehende Unabhängigkeit von der Netzform und der „Intelligenz" der Terminals.

Der Aufbau eines Datenübertragungsblocks *(Frame Structure)* ist wie folgt:

Blockbegrenzung *(Flag)*	Adreßfeld *(Address)*	Steuerfeld *(Control)*	Datenfeld *(Information)*	Blockprüfungsfeld *(FCS)*	Blockbegrenzung *(Flag)*
01111110	8 bit	8 bit	n bit	16 bit	01111110

Das *Datenfeld* enthält eine beliebige Anzahl von Datenbit, wobei aber n in der Regel ein Vielfaches von 8 ist. Sollen lediglich Befehle oder Meldungen übertragen werden, wird $n = 0$; das Datenfeld entfällt also *(Frames containing Data Link Supervisory Information only)*. DÜ-Blöcke beginnen und enden stets mit der *Blockbegrenzung* (01111110), die auch zur Synchronisierung der Datenendeinrichtungen dient. Das *Adreßfeld* enthält immer die Identifizierung der Datenstation. Das *Steuerfeld* enthält Befehle oder Meldungen und Blocknummern und dient der Leitsteuerung. Die *Blockprüfzeichenfolge (Frame Checking Sequence*, FCS) besteht aus 16 bit. Sie wird nach einem *zyklischen Verfahren* (vgl. 16.2) berechnet, unter Einbeziehung sämtlicher Bit des DÜ-Blocks, außer den 2 × 8 bit der Blockbegrenzungen.

* 16.1.2. Format: Magnetbandkassette

Für die Übertragung von Daten werden festgelegte Prozeduren benötigt, in denen die Daten selbst von Steuerzeichen umrahmt sind (Bild 16.1), die vom Sende- und Empfangsgerät erzeugt werden. Bei der Übertragung von und auf maschinell lesbare Datenträger müssen auch auf diesen die Daten in feststehenden Anordnungen gespeichert sein. D.h. die einzelnen Datenblöcke müssen in einem vereinbarten *Datenformat* auf dem jeweiligen Träger angeordnet sein — kurz *Format* genannt. Das Anordnen der Daten in festgelegter Folge und Art heißt *Formatierung*.

• *Normung*

Datenformate sind für alle in [1] (6) besprochenen Medien für Datenerfassung und -eingabe vereinbart und international in Normen festgelegt. Hier sei zunächst am Beispiel der Magnetbandkassette 3,8

([1], 6,4). die wegen ihrer Kompaktheit besonders für den Datenaustausch geeignet ist, solch ein Format vorgestellt. Die zugehörigen Normblätter sind in Deutschland DIN 66 211 und DIN 66 212, international ISO 3407 sowie ECMA-34 und ECMA-41. (ECMA: *European Computer Manufacturers Association*).

• ***Datendarstellung***

Das Abspeichern von Daten kann, wie in Bild 16.2 angedeutet, in zwei Spuren 1 und 2 geschehen (Seite A bzw. B oben). Für den Datenaustausch ist Spur 1 reserviert; Spur 2 kann in diesem Fall nur nach besonderer Vereinbarung benutzt werden, worauf dann auch eigens hingewiesen werden muß. Die Datendarstellung erfolgt ganz allgemein bitseriell, aber in Einheiten zu jeweils einem Byte geordnet. Bild 16.3 zeigt, wie alle Informationen bit- und byteweise gespeichert und gelesen werden, wobei das Bit mit der niedrigsten Wertigkeit (also Bit 1) immer zuerst geschrieben und gelesen wird.

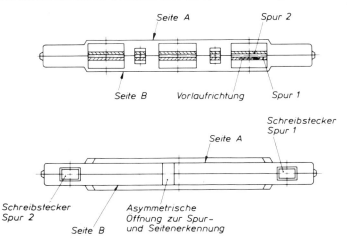

Bild 16.2. Magnetbandkassette 3,8 mit Spurlage (Spur 1 und 2) und Seitenerkennungsschlitz (Asymmetrische Öffnung) für Kassettenseiten A und B; Darstellung nach DIN 66 212

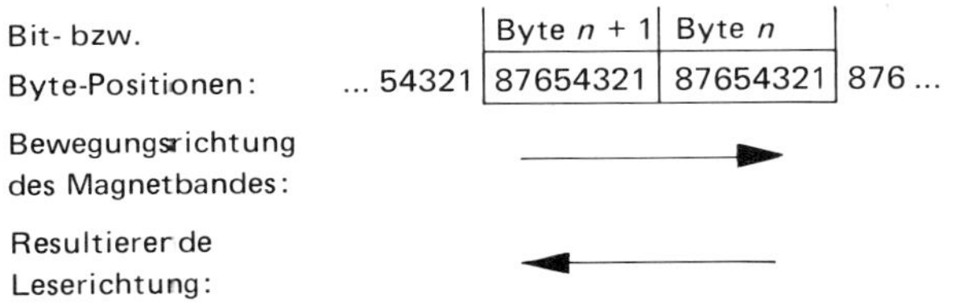

Bit- bzw. Byte-Positionen:	... 54321	Byte $n+1$ 87654321	Byte n 87654321	876 ...

Bewegungsrichtung des Magnetbandes: ⟶

Resultierende Leserichtung: ⟵

Bild 16.3
Sequentielle Aufzeichnung der Bit und Byte mit Richtungen der Magnetbandbewegung und der Schreib- und Leserichtung

7-Bit-Code (ASCII)	0	b_7	b_6	b_5	b_4	b_3	b_2	b_1
Bit-Positionen im Byte	8	7	6	5	4	3	2	1
8-Bit-Code (EBCDIC)	b_8	b_7	b_6	b_5	b_4	b_3	b_2	b_1
Bit-Positionen im Byte	8	7	6	5	4	3	2	1

Bild 16.4
Zuordnung der Datenbit zu den Codebit

• ***Codierung***

Vereinbart sind der 7-Bit-Code (ASCII, [1], 4.3.3) und ein 8-Bit-Code (z.B. EBCDIC, [1], 4.3.2). Bild 16.4 gibt die Zuordnungen der einzelnen Datenbit zu den Codebit an.

16.1. Übertragungsblock und Formate

• **Datenblock**

Mehrere Zeichen werden zu einem Datenblock zusammengefaßt, der aus *Präambel*, Datenteil, CRC-Prüfzeichen und *Postambel* zusammengesetzt ist (Bild 16.5). Prä- und Postambel bestehen jeweils aus der Bitkombination „10101010", wobei das Schreiben und Lesen von rechts, also mit „0" beginnt. Diese Zeichen dienen zum Kennzeichnen von Beginn und Ende eines Datenblocks. Der Datenteil selbst kann minimal 16, maximal 2048 Bit betragen. Das CRC-Prüfzeichen ist 16 Bit lang; es wird in 16.2 näher erläutert.

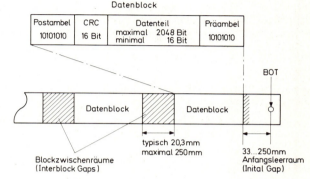

Bild 16.5
Datenformat der Magnetbandkassette 3,8 und Organisation der Datenblöcke und der Aufzeichnungsspur (BOT = *Beginning of Tape*, ausgeführt als Bandbeginn-Erkennungsloch)

• **Zwischenräume**

Der Datenblock ist eine zusammenhängende, selbständige Einheit. Die Anordnung innerhalb der Aufzeichnungsspur ist ebenfalls in Bild 16.5 angegeben. Am Beginn des Magnetbandes muß zwischen dem Bandbeginn-Erkennungsloch (BOT = *Beginning of Tape*) und dem ersten Datenblock ein Leerraum von 33 ... 250 mm gelassen werden (*Initial Gap*). Zwischen zwei Datenblöcken muß ein Zwischenraum (*Interblock Gap*) von typisch 20,3 mm, aber maximal 250 mm frei bleiben. Jeder Zwischenraum von mehr als 400 mm wird vom Lesegerät als Ende der Datenaufzeichnung in dieser Spur interpretiert. Damit ist ein einfaches Beispiel für eine Formatierung gegeben. Mit Hilfe solch eines Datenformats werden die in Bild 16.1 gezeichneten Datenblöcke ausgefüllt. Ein erheblich komplizierteres Format wird im nächsten Abschnitt besprochen.

* **16.1.3. Format: Flexible Magnetplatte**

Anders als beim sequentiellen Datenträger Magnetbandkassette werden auf der *Flexible Disk* (Flexible Magnetplatte, vgl. [1], 6.6.1) Daten in konzentrischen Spuren gespeichert (Bild 16.6a), so daß ein quasi-direkter Zugriff zu den Daten entsteht. Das Abspeichern ist in insgesamt 77 Spuren möglich, die gemäß Bild 16.6b in 26 *Sektoren* eingeteilt sind. Die Numerierung der Spuren erfolgt von 00 ... 76, die der Sektoren von 01 ... 26 (Bild 16.7).

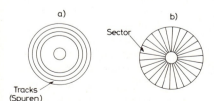

Bild 16.6. Spuren und Sektoren auf der Flexiblen Magnetplatte (*Flexible Disk*)

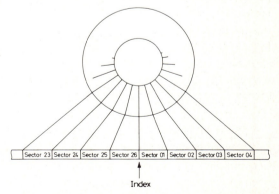

Bild 16.7. Numerierung der 26 Sektoren 01 bis 26 über alle Spuren 00 bis 76 hin

● *Index-Spur*

Die Spur 00 (*Directory* oder *Index Track*) kann nicht mit Daten belegt werden. Sie dient zur Kennzeichnung, enthält sozusagen ein Inhaltsverzeichnis. Außerdem ist es hierin möglich, bis zu zwei eventuell zerstörte Spuren zu identifizieren und Ersatzspuren zuzuordnen, so daß nur maximal 74 Datenspuren zur Verfügung stehen.

● *Datenspuren*

Die Spuren 01 ... 76 sind streng nach dem in Bild 16.8 gezeigten Schema organisiert.

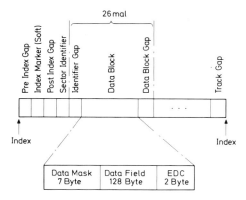

Bild 16.8. Datenformat einer Flexiblen Magnetplatte und Organisation der Datenblöcke

● *Datenblock*

Der Beginn (Grenze zwischen Sektor 26 und 01) wird mit einem *Index* markiert (Bild 16.7). Das ist ein Loch in der Scheibe für einen Lichtstrahl. Nach einem Anfangszwischenraum (*Pre Index Gap*) folgt in jeder Spur eine Index-Markierung und ein *Post Index Gap*. Dann wird ein Zeichen aufgeschrieben, das den betreffenden Sektor angibt (*Sector Identifier*). Nach einem weiteren Zwischenraum folgt der eigentliche Datenblock dieses Sektors mit einem abschließenden Zwischenraum (*Data Block Gap*). Der Datenblock ist seinerseits unterteilt in ein *Data Mask* (7 Byte), das Datenfeld (128 Byte) und ein EDC-Prüfzeichen (2 Byte).

▶ **16.2. Datensicherung**

Von größter Bedeutung für eine reibungslose Datenfernverarbeitung sind Methoden der Datensicherung, Fehlererkennung und Fehlerkorrektur. Im einfachsten Fall muß die Erkennung und Korrektur von Fehlern bereits beim Erfassen und Eintasten von Daten in die Übertragungsstation durch den Bediener geschehen. Ebenso sind Sichtkontrollen beim Empfang üblich. Für eine definierte Sicherheit der Übertragung sorgt die Post, die für die verschiedenen Übertragungswege mittlere Schrittfehlerwahrscheinlichkeiten angibt (Bild 15.3).

● *Mehrfachübertragung*

Zur Erzielung einer sicheren Übertragung kann eine Information mehrfach (mindestens dreimal) gesendet werden. Die Information, die am häufigsten gleichlautend ankommt, gilt dann als fehlerfrei. Dieses Verfahren ist jedoch sehr zeitaufwendig. Ist aber eine hinreichende *Redundanz* vorhanden (vgl. [1], 4.2), können spezielle Prüfverfahren eingeführt werden.

● *Paritätsprüfung*

In [1] (4.3) ist die Methode der *Paritätsprüfung* besprochen worden. Dabei handelt es sich darum, daß jedem codierten Zeichen ein Prüfbit angehängt wird. Ist *gerade Parität* vereinbart, muß die „Quersumme" sämtlicher Bit einschließlich des Prüfbit eine gerade Zahl ergeben. Analoges gilt für *ungerade Parität*. Mit diesem Verfahren kann jeweils ein Bitausfall oder ein durch eine Störung zusätzlich entstandenes Bit pro Zeichen erkannt werden. Das gleichzeitige Auftreten zweier Fehler ist so aber nicht feststellbar.

▶ 16.2. Datensicherung

● *Rechteckfehler*

Werden neben der zeichenweisen Sicherung zusätzlich blockweise Sicherungsverfahren eingeführt, sind auch Doppelfehler erkennbar. Das macht man sich am einfachsten an einem Matrixschema klar. In Bild 16.9 sind für einen 8-Bit-Code die Längsprüfung auf gerade, die Querprüfung auf ungerade Parität durchgeführt. Die einzige Möglichkeit, daß durch mehrfachen Bitausfall trotzdem die richtige Parität auftritt und so diese Fehler nicht erkannt werden, besteht darin, daß 4 Fehler gleichzeitig und wie in Bild 16.9 durch Ankreuzen kenntlich gemacht auftreten. Solch ein „Rechteckfehler" ist aber ein sehr unwahrscheinliches Ereignis.

● *CRC-Prüfzeichen*

Will man trotzdem noch weitergehende Sicherheiten vorsehen, stehen „zyklische Blocksicherungen" zur Verfügung (CRC, *Cyclic Redundancy Check*). Dieses komplizierte Verfahren kann hier nur vereinfacht vorgestellt werden. Aus Bild 16.10 erkennt man, daß die

						Rechteckfehler				Längsprüfung (LRC)
Querprüfung (VRC)										
0	0	1	0	1	1	0	0	0	1	0
1	1	1	1	1	1	1	1	0	0	0
1	1	1	1	1	1	1	0	0	0	1
1	1	1	1	1	1	1	1	0	0	0
1	1	1	1	1	1	✗	0	✗	1	1
0	0	0	0	0	0	0	1	1	1	1
0	0	0	1	1	1	✗	0	✗	0	1
0	1	1	0	0	1	1	0	1	0	1
1	0	1	0	1	0	1	0	1	0	1

Bild 16.9. Schematische Darstellung der „Querprüfung" (hier auf ungerade Parität) und der „Längsprüfung" (hier auf gerade Parität) sowie Entstehung eines Rechteckfehlers
VRC: *Vertical Redundancy Check*
LRC: *Longitudinal Redundancy Check*

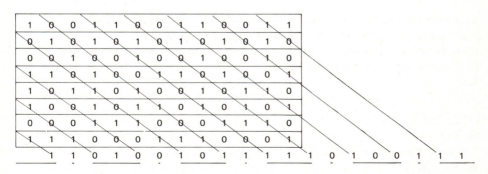

Bild 16.10. Entstehung des zyklischen Blocksicherungszeichens (CRC-Zeichen) durch Paritätsergänzung unter 45°

gleiche Paritätsprüfung, wie man sie quer und längs vorgenommen hat, auch unter 45° durchgeführt werden kann. Im gezeigten Beispiel ist auf gerade Parität ergänzt. Man erhält so ein Binärzeichen, dessen Länge aus Blocklänge minus 1 plus Spurenzahl entsteht, im verwendeten Beispiel also aus 13 − 1 + 8 = 20. Dieses (bei langen Blöcken) vielstellige Binärzeichen wird nach vereinbarten Rechenregeln auf z.B. 9 Stellen (beim 9-Spur-Magnetband) oder 16 Stellen (bei Magnetbandkassette und Flexible Disk) umgerechnet. Das so entstandene CRC-Prüfzeichen wird am Ende des Datenblocks abgespeichert. Einzelheiten hierzu können in [49] nachgelesen werden.

● *Fehlererkennung*

Beim Übertragen von Daten werden die Paritätsbit der Querprüfung (VRC, *Vertical Redundancy Check*) sowie die Prüfzeichen aus der zyklischen Blockprüfung (CRCC, *Cyclic Redundancy Check Character*) und der Längsprüfung (LRCC, *Longitudinal Redundancy Check Character*) mit ausgesendet. In der Empfangsstation werden die Prüfzeichen nachgebildet und mit den vom Sender übermittelten Sicherungsinformationen verglichen. Ist wegen mangelnder Übereinstimmung auf Fehler erkannt, muß vom Sender eine Blockwiederholung gefordert werden (Steuerzeichen NAK aus Bild 16.1).

● *Fehlerkorrektur*

Zum Schluß sei erwähnt, daß spezielle Übertragungscodes und Prüfverfahren verwendet werden, mit deren Hilfe erkannte Fehler automatisch korrigierbar sind, wodurch zeitraubende Rückmeldungen und Blockwiederholungen entfallen. Codes, die solch eine Korrektur erlauben, heißen *Error Correcting Codes* (ECC, vgl. [49]). Eine häufig verwendete Methode ist die der *Ähnlichkeitsdecodierung* (engl. *Maximum Likelihood Detection*). Dabei wird davon ausgegangen, daß ein empfangenes Zeichen, das nicht im verwendeten Code vorhanden ist, infolge einer Störung wahrscheinlich aus einem Zeichen entstanden ist, von dem es sich am wenigsten unterscheidet. Solche und viele weit raffiniertere Verfahren ermöglichen heute eine weitgehend fehlerfreie Datenübertragung.

16.3. Zusammenfassung

Neben den nötigen technischen Einrichtungen müssen für eine reibungslose Datenübertragung Sicherungseinrichtungen und konkrete Abmachungen über die Übertragungsprozeduren bestehen. Dazu gehört die Verabredung eines Codes, Festlegen von Übertragungsgeschwindigkeit, Betriebsart und des Gleichlaufverfahrens sowie Absprachen über Aufbau und zeitlichen Ablauf der zu übertragenden Information.

Aus allen Festlegungen ergibt sich die **Übertragungsprozedur**, innerhalb der die zu übertragenden Daten von Steuer- und Kontrollzeichen in festgelegten Reihenfolgen umgeben sind.

Auch die Daten selbst werden in vereinbarter Form gespeichert und übertragen. Zwei solche **Datenformate** sind an den Beispielen Magnetbandkassette und Flexible Disk besprochen worden.

16.3. Zusammenfassung

Bei der **Formatierung** (Abspeichern der Daten in festgelegter Form) werden verschiedene *Prüfzeichen* erzeugt und bei der Datenübertragung mit diesen ausgesendet. Die Prüfzeichen werden im Empfänger nachgebildet und mit den von der Sendestation empfangenen verglichen.

Ein wichtiges Verfahren der Datensicherung ist die **Paritätsprüfung**. Dabei besteht die Möglichkeit in Quer- und Längsrichtung eine (nach Vereinbarung) gerade oder ungerade Anzahl von Eins-Bit zu erzeugen. Zusammen mit der dritten Möglichkeit der Paritätsergänzung unter 45° entsteht ein engmaschiges Netz, mit dessen Hilfe nahezu jeder Übertragungsfehler erkannt werden kann.

Ist ein Fehler erkannt, muß nach Rückmeldung der ganze Datenblock erneut übertragen werden. Dieses zeitaufwendige Verfahren läßt sich vermeiden, wenn **selbstkorrigierende Codes** (*Error Correcting Codes*, ECC) verwendet werden, mit denen im Empfänger Fehlerkorrekturen möglich sind.

17. Beispiele für DFV-Systeme

Beispiele für EDV-Systeme mit Datenübertragung sind heute aus nahezu allen denkbaren Bereichen der privaten und beruflichen Umwelt verfügbar. Eine Auswahl kann darum immer nur zufällig sein. Wir wollen aus diesem Grunde in 17.1 zuerst allgemeine Anwendungsfälle vorstellen, wie sie in ähnlicher Form überall vorkommen können. Bei der Auswahl der Fälle wurden jedoch Gesichtspunkte berücksichtigt, wie sie beispielsweise in [50] folgendermaßen ausgedrückt sind:

„Die Verknüpfung von Datenverarbeitung und Nachrichtentechnik in der Datenfernverarbeitung erfolgte zunächst mit dem Ziel, entfernten Datenstationen den Zugang zum Rechner zu ermöglichen. Hohe Übertragungskosten und die Entwicklung des Mikroprozessors haben eine neue Aufteilung der „Intelligenz" zwischen Zentraleinheit und Datenendgeräten herbeigeführt. Durch Erhöhung der Intelligenz im Endgerät konnten immer umfangreichere Aufgaben am Ort der Datenein- und -ausgabe bearbeitet werden. Die Nachrichtentechnik hat in dieser Phase entscheidend zur Ausbreitung der dezentralen Datenverarbeitung beigetragen.

Eine andere und komplexere Form der Datenfernverarbeitung entstand durch die Ausbreitung von Mehrrechnersystemen. Die Notwendigkeit, mehrere Rechner zum Zwecke des Daten-, Programm- oder Lastaustausches miteinander zu verbinden führte zum Rechnerverbund. Von Herstellerseite wurden homogene Netze propagiert und mit der entsprechenden Software unterstützt. Das Interesse der Hersteller, ganze Netze nur mit ihren eigenen Rechnern auszustatten, ist verständlich. Die meisten Anwender betreiben aber Rechner unterschiedlicher Hersteller, und möchten diese miteinander verbinden. Der Aufbau solcher Netze wurde von den Anwendern selbst unternommen und droht in jedem Einzelfall zu einem besonderen Abenteuer zu werden."

Ganz im Sinne der im zweiten Absatz getroffenen Feststellungen werden wir in 17.2 ausgeführte Beispiele für Verbundsysteme besprechen.

17.1. Allgemeine Anwendungsfälle

Vorangestellt sei den folgenden Beispielen für Datenfernverarbeitung ein aus [51] entnommenes Zitat, das die Platzbuchung durch Fluggesellschaften anspricht:

„Am Beispiel der Platzreservierung (erkennt man) die Einsatzmöglichkeit einer Vielzahl von Endgeräten in Verbindung mit Informationssystemen. Es kann so eine Anzahl geografisch weit gestreuter Teilnehmer mit einem großen Informationssystem kommunizieren. Die zunehmenden Möglichkeiten der Datenfernübertragung führen dazu, daß der Computer nicht mehr die schwerfällige Zentrale ist, die es erforderlich macht, daß der Benutzer sich in großer Nähe befindet, sondern der Computer ist „verteilt" auf eine Vielzahl von Instanzen bis hin zu der Tendenz, daß man zu einer Analogie zum herkömmlichen Starkstromnetz gelangt, bei welchem es für den Benutzer unwesentlich ist, wo das Kraftwerk steht, wenn er nur über die Leistung verfügt."

17.1.1. Grundformen

Allgemeine Grundformen der Datenfernverarbeitung haben sich aus unterschiedlichen Anforderungen heraus ausgebildet. Dabei kann man heute davon ausgehen, daß *direkte Datenfernverarbeitung* (*On-line*, vgl. 14.1) der Normalfall ist. Unterschieden wird dann aber noch danach, ob die Datenstationen als *Stapelstationen* (Stapelverarbeitung) oder *Dialogstationen* (Dialog-Datenverarbeitung, DDV) ausgelegt sind (vgl. 13.2). Als Grundformen können abgegrenzt werden:

> Stapelfernverarbeitung (*Remote Batch Processing*)
> Datenerfassung (*Data Collection*)
> Auskunftsbearbeitung (*Inquiry Processing*)
> Direktbuchung bzw. Direktverarbeitung (*Update Processing*)
> Datenvermittlung (*Message Switching*)
> Rechner-Rechner-Betrieb (*Remote Job Entry*)
> Dezentrale Datenverarbeitung

• *Stapelfernverarbeitung*

Bereits in 13.3 haben wir die *Stapelfernverarbeitung* (*Remote Batch Processing*) als einfachste Art der Datenfernverarbeitung besprochen. Es handelt sich bei dieser DFV-Form im Grunde darum, daß die Ein-Ausgabegeräte (Terminals) nicht im Rechenzentrum aufgestellt sind, sondern räumlich getrennt vom Computer betrieben werden, nämlich dort, wo die zu verarbeitenden Daten entstehen bzw. die Ergebnisse benötigt werden. Der prinzipielle Aufbau solch eines DFV-Systems ist mit Bild 14.7c (in 14.1.3) angegeben. Obwohl der Trend inzwischen eindeutig zur Dialog-Datenverarbeitung (DDV) geht, ist diese Betriebsart noch dann im Vorteil, wenn große Datenmengen über weite Strecken zur Zentrale geschickt werden müssen. So können beispielsweise Daten während eines Tages gesammelt und zu einer kostengünstigen Zeit (abends) mit hoher Geschwindigkeit zum Rechenzentrum übertragen werden, wo sie dann im Stapelbetrieb abgearbeitet werden.

• *Datenerfassung*

Eine spezielle Art der Stapelverarbeitung liegt dort vor, wo Daten nur in Richtung Datenverarbeitungssystem (DVS) übertragen, dort gesammelt, gespeichert und nach Ablauf einer vorgegebenen Zeitspanne im Stapel verarbeitet werden. Dieser in Bild 17.1 schematisierte „Einbahnverkehr" wird *Datenerfassung*

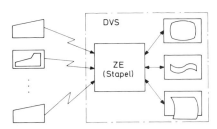

Bild 17.1
Prinzip der Datenerfassung (Datenverkehr nur von den Terminals zum Datenverarbeitungssystem, DVS; ZE: Zentraleinheit). Symbole nach DIN 66 001

* 17.1. Allgemeine Anwendungsfälle 371

genannt. Dabei ist es prinzipiell gleichgültig, ob die Datenübertragung am Terminal veranlaßt wird, oder ob das DVS die Daten abruft (Abfragesystem). Sinnvoll ist diese Art der Datenübertragung mit Stapelverarbeitung, wenn große Datenmengen anfallen.

• **Datensammelsystem**

Zur Datenerfassung (*Data Collection*) und vor allem zur automatischen *Abfrage von Meßstellen* werden Datensammelsysteme installiert, wobei in der Regel nicht mehr im Stapel, sondern im *Dialog* gemäß Bild 14.7d verarbeitet wird. Bild 17.2 zeigt ein Beispiel für ein Meßdaten-Abfragesystem, das unter der Bezeichnung TENOquest von *Telefonbau und Normalzeit* angeboten wird. Es können wahlweise Modems D 20 P oder D 1200 S eingesetzt werden (vgl. dazu 15.2.2). Als Einsatzmöglichkeiten werden genannt:

Wetterdienst: Aufbau von Meßnetzen mit unbesetzten Stationen, die allen Wetterwarten für die Datenabfrage zugänglich gemacht werden können.

Wasserwirtschaft: Entlang von Flußläufen oder an Stauseen können Meßstellen aufgebaut werden, die, zu Überwachungsnetzen zusammengefaßt, einen schnellen Überblick über beispielsweise Pegelstände, Durchflußraten, Wassertrübung, Verschmutzung etc. gestatten.

Umweltschutz: Emissionen aus Industrieanlagen, Immissionen von Schadstoffen in unsere Umwelt, Gaszusammensetzungen, Dunststärke (Smog, Nebel), Öl- und Fettbestandteile, Radioaktivität von Luft und Wasser können gesammelt und übertragen werden.

Versorgungswesen: Hier können beispielsweise Zählerstände von Tankstellen, Durchflußmengen von Flüssigkeiten und Gasen, Warenbestände bei Apotheken und Supermärkten sowie Zählerstände von Kassen bei Banken und Warenhäusern leicht überwacht und zentral abgefragt werden.

Verkehrswesen: Lärmpegelmessungen an Autobahnen, Flughäfen und Eisenbahnen sowie die ständige Überwachung der Verkehrsdichte an neuralgischen Punkten führen zu Daten, die als aktuelle Informationen allen interessierten und berechtigten Teilnehmern — unabhängig voneinander — zur Verfügung gestellt werden können.

Gebäudeüberwachung: Kontrolle von Raumtemperaturen, Luftfeuchtigkeit, Temperaturen in Kühlräumen und Kühltheken, Druck im Wasserleitungsnetz, Temperatur und Druck im Heizungssystem. Die einzelnen Meßgrößen werden in der Regel auf Grenzwerte überwacht. Bei Über- oder Unterschreitung wird automatisch von der Außenstation die zugehörige Zentraleinheit angerufen und Alarm ausgelöst.

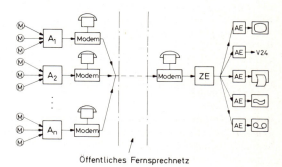

Bild 17.2
Beispiel für ein Datensammelsystem
ZE: Zentraleinheit, AE: Anschlußeinheit für Peripheriegeräte, A$_i$: Außenstationen, M: Meßstelle

Öffentliches Fernsprechnetz

• **Auskunftsbearbeitung**

Unter Auskunftsbearbeitung (*Inquiry Processing*) versteht man eine spezielle Art der Datenfernverarbeitung, bei der Informationen aus gespeicherten Datenbeständen abgefragt werden können. Darum wird auch hierfür manchmal die Bezeichnung *Abfragesystem* verwendet. Im Gegensatz zur Datenerfassung werden jedoch nicht die Außenstationen durch das DVS abgefragt. Vielmehr werden von den Außenstationen Daten aus dem DVS abgerufen (Informationsfluß entgegengesetzt). Der Datenbestand, aus dem Informationen bezogen werden können, heißt *Datei* oder *Datenbank*. Eingeführt ist für Systeme zur Auskunftsbearbeitung auch die Bezeichnung *Informationssystem* (IS), wobei spezielle Einrichtungen zur Industrie- oder Wirtschaftslenkung auch *Management-Informationssystem* (MIS) genannt werden.

> Bei der *Auskunftsbearbeitung* mit Informationssystemen werden die Datenbestände nicht verändert; es werden nur Informationen ausgetauscht. Die Aktualisierung (Pflege) des Datenbestandes erfolgt im Rechenzentrum.

Beispiele für diese DFV-Grundform findet man in Kreditinstituten, Versicherungsanstalten, Bausparkassen, Behörden (z.B. polizeiliches Führungszeugnis), Depots etc.

● *Telefonauskunft*

Eine moderne Version eines Informationssystems zur automatischen Erteilung von Auskünften am Telefon ist mit *Mikroprozessoren* (vgl. 10.2.5) aufgebaut. Das System ist für Kreditkartenprüfung, Abfragen von Kontenständen, Inventuren, Auftragsbearbeitung, Patientendatenüberwachung oder Kontrolle von Raten- und Mietzahlungen gedacht. Um einen Kontostand abzufragen, wählt der Benutzer das Rechenzentrum an, gibt seinen „Identitätscode", die Kontonummer und einen „Operationscode" ein, der die gewünschte Information definiert, die daraufhin per Telefon ausgegeben wird. Die Steuerung und Sortierung der von bis zu 1000 Bankschaltern oder anderen Außenstellen kommenden Anfragen wird durch Mikroprozessoren vorgenommen. Die Besonderheit dieses Systems ist jedoch die automatische *Sprachausgabe*. Dazu verfügt der Zentral-Computer über einen analogen Wort-Speicher, der auf fotografischem Film bis zu 128 gesprochene Worte enthält. Die von den Mikroprozessoren sortierten und gespeicherten Anfragen veranlassen den Zentral-Computer dazu, die gewünschten Antworten aus dem Vorrat des Wort-Speichers zusammenzusetzen und dem Teilnehmer weiterzuleiten.

● *Direktbuchung*

Bei Systemen für Direktbuchung (auch: Direktverarbeitung, engl. *Update Processing*) ist im Unterschied zur Auskunftsbearbeitung der Datenbestand von den Terminals her veränderbar. Dadurch kann beispielsweise ein Spar- oder Girokonto praktisch verzögerungsfrei auf dem neuesten Stand gehalten werden, so daß der aktuelle Kontostand vor der Ausführung weiterer Buchungen mit Sicherheit zur Verfügung steht. Bild 17.3 zeigt ein entsprechendes Beispiel. Allgemein kann zu diesem Verfahren gesagt werden, daß mit Hilfe der Terminals eingegebene Daten im DVS direkt verarbeitet werden. Die betreffenden Daten der Datei werden sofort geändert. Unmittelbar nach der Verarbeitung wird über die anfragende Datenstation eine Antwort ausgegeben. Beim Einsatz in Kreditinstituten etc. setzt diese Betriebsart voraus, daß alle Terminals (Schalterbuchungsmaschinen) während der gesamten Zeit der Schalteröffnung mit dem DVS in Verbindung stehen. Hierfür kommen also nur Standleitungen in Frage. Besonders für den kommerziellen Bereich ergeben sich mithin folgende Vorteile:

- Die Schalterterminals sind direkt mit dem zentralen Datenverarbeitungssystem verbunden.
- Alle Transaktionen führen zu sofortigen und abgeschlossenen Buchungen.
- Kontrollen werden sofort durch das Programm im zentralen Rechner durchgeführt.

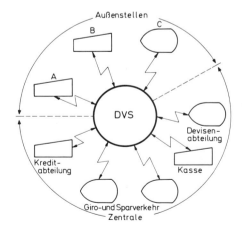

Bild 17.3. System für Direktbuchung am Beispiel eines Kreditinstitutes (DVS: Datenverarbeitungssystem). Symbole nach DIN 66 001

17.1. Allgemeine Anwendungsfälle

• *Datenvermittlung*

Bei der Anwendungsart *Datenvermittlung* (nach dem englischen Fachausdruck *Message Switching* auch „Nachrichtenvermittlung" genannt) werden Daten von einer sendenden Station (Bild 17.4) ohne Veränderung durch das DVS an die anderen (empfangenden) Stationen weitergeleitet. Die Verteilung (Vermittlung) der Daten geschieht entweder nach Angaben der sendenden Station oder anhand eines im DVS gespeicherten Programms (Sendeplan). Anwendungen dieser Art der Datenfernübertragung findet man beispielsweise

im Wetterdienst (Austausch von Wetterdaten zwischen den angeschlossenen Wetterwarten);

zur Flugsicherung (Positions-, Umleitungs- oder Freigabemeldungen);

für Managementaufgaben (Verkaufsberichte, Trends, Anweisungen im verzweigten Unternehmen).

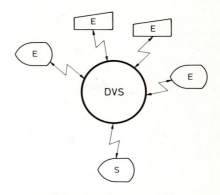

Bild 17.4. Schema eines Systems zur Datenvermittlung (DVS: Datenverarbeitungssystem; S: Sendende Datenstation; E: Empfangende Datenstation)

• *Rechner-Rechner-Betrieb*

In allen bislang vorgestellten Anwendungsfällen findet die Datenfernverarbeitung in einem System statt, bei dem eine zentrale Datenverarbeitungsanlage (DVA) mit einer oder mehreren Datenstationen zusammenarbeitet. Diese *zentrale Datenverarbeitung* wird heute mehr und mehr durch *dezentrale Datenverarbeitung* abgelöst (vgl. hierzu übernächsten Absatz und 17.2). Ein erster Schritt dahin ist der bereits in 14.1.3 mit Bild 14.7e angegebene *Rechner-Rechner-Betrieb*. Bild 17.5 zeigt, wie ein zentrales Datenverarbeitungssystem mit Datenstationen und dezentralen DVS, die *Satellitensysteme* genannt werden, zusammengekoppelt ist. Von den Satellitensystemen oder von den Datenstationen aus können nur komplette Jobs an das zentrale DVS übertragen und dort verarbeitet werden, wobei ein *Job* eine Folge von Programmen bedeutet, die zur Lösung eines Problems erforderlich sind (im Grenzfall bildet schon ein Programm einen „Job"). Wegen der Tatsache, daß von den Außensystemen nur komplette Jobs übertragen werden, heißt diese spezielle Anwendungsart des Rechner-Rechner-Betriebs *Remote Job Entry* (etwa: Jobfernverarbeitung). Vorteile dieses einfachen Rechner-Rechner-Betriebs sind

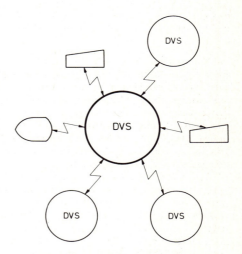

Bild 17.5. Schema eines Systems mit Rechner-Rechner-Betrieb (DVS: Datenverarbeitungssystem)

- Entlastung des Hauptrechners durch Vorverarbeitung und Kontrolle in den Satellitenrechnern.
- Die Rechner verkehren untereinander in der Geschwindigkeit interner Kanäle, also mit einem Vielfachen der Geschwindigkeit, die üblicherweise bei der Datenübertragung möglich ist.

● *Dialog-Datenverarbeitung*

Immer mehr setzt sich eine Anwendungsart durch, bei der nicht komplette Jobs ausgetauscht werden, sondern wobei der Benutzer die Möglichkeit hat, im *Dialog mit dem zentralen Rechner* die Lösung seines Problems schrittweise zu erarbeiten. Im einfachsten Fall verfügt der Benutzer nur über ein Sichtgerät mit Eingabetastatur (Dialogstation). Dann liegt ein Fall vor, wie er bereits unter dem Stichwort „Direktbuchung" beschrieben wurde. In modernen Dialog-Systemen sind die Datenstationen jedoch häufig mit Einrichtungen versehen, die einige Vorverarbeitungen erlauben. Solche Stationen werden *intelligente Terminals* genannt. In der höchsten Ausbaustufe sind anstelle der Terminals vollständige DV-Systeme installiert. Dann können viele Probleme weitgehend am Ort ihrer Entstehung gelöst werden. Der zentrale Rechner wird nur noch benötigt, wenn die Möglichkeiten des Satellitensystems nicht ausreichen. Aktuelle Beispiele für Rechner-Verbundsysteme werden in 17.2 gegeben.

● *Dezentrale Datenverarbeitung*

Während die Entwicklungsarbeiten zur EDV ursprünglich durch die „Philosophie" bestimmt waren, daß die Lösung (fast) aller Probleme allein mit möglichst leistungsfähigen Rechenzentren erreichbar sei, hat die EDV-Praxis vor allem der siebziger Jahre deutlich gemacht, daß solch eine *Zentralisierung* nur für spezielle Anwendungsfälle vertretbar ist. Typische Fälle findet man beispielsweise im Raumfahrtbereich oder der Kernphysik (Atomspaltung, Kernfusion etc.), wo häufig eine ungeheure Datenmenge oft in Echtzeit zu verarbeiten ist. Aber auch an solchen Stellen ist die in vielen anderen Anwendungsbereichen schon selbstverständliche *Dezentralisierung* zu beobachten. Das heißt, der zentrale Großrechner wird soweit wie möglich durch dezentrale, also direkt am Entstehungsort der Daten (*am Prozeßort*) installierte Satellitensysteme entlastet. So ist die immer häufiger anzutreffende Bezeichnung *Prozeßrechner* für Satellitensysteme zu erklären.

● *Autonome Subsysteme*

Eine hochaktuelle Variante zur Dezentralisierung entstand aus der Einsicht, daß zu große Verbundsysteme technisch und organisatorisch zu unübersichtlich werden können. Die Fehlersuche ist mitunter kaum noch zu bewältigen; die Anforderungen an das Personal steigen unvertretbar an. In diesem Zusammenhang hört man Aussagen wie: Vermenschlichung des Computers; Teilverantwortung zurück an den Sachbearbeiter. Bild 17.6 zeigt an einem simplen Beispiel, wie ein auch von nicht so hochgezüchteten Experten handhabbares dezentralisiertes System entsteht, wenn *autonome Subsysteme* gebildet werden, wenn also die einzelnen Teilkreise nicht alle miteinander vermascht sind. Der Erfolg solch einer Organisation wird wesentlich davon abhängen, wie geschickt die Teilkreise abgegrenzt bzw. mit anderen Subsystemen verknüpft werden.

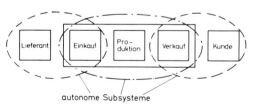

Bild 17.6
Dezentrale Datenverarbeitung mit autonomen Subsystemen

* 17.1.2. Modems und Datenraten

Zur Verwirklichung der in 17.1.1 besprochenen DFV-Grundformen ist es oft nötig, die Klassifizierung und Leistungsfähigkeit verfügbarer Modems zu kennen. Bei der Besprechung des derzeitigen Standes der Technik wollen wir von dem in Bild 17.7 skizzierten *Datenkommunikationssystem* ausgehen.

● *Intelligentes Terminal*

Ein modernes, intelligentes Terminal hat etwa die in Bild 17.7 dargestellte Struktur. Die Zentraleinheit (ZE) mit 32 Kbyte Arbeitsspeicherkapazität und einer Zugriffszeit von 240 ns ist in die Klasse der „Mini-Computer" einzuordnen (vgl. [1], 7.1). Zusammen mit der angegebenen *Peripherie* (Ein-Aus-

17.1. Allgemeine Anwendungsfälle

gabegeräte sowie externe Speicher Magnetband und Flexible Magnetplatten) ist das intelligente Terminal als selbständiges (autonomes) EDV-System nutzbar. Schließlich ist dieses (auch so genannte) Mehrfunktions-Terminalsystem für Dialog-Datenverarbeitung geeignet, weil Datenübertragungsanschlüsse vorhanden sind, im verwendeten Beispiel für Datenraten von 2400 bit/s bei asynchroner und von 19 200 bit/s bei synchroner Übergabe (vgl. 14.2.2). Vernünftig ist solch ein Terminalsystem konzipiert, wenn *Schnittstellen* und *Datenübertragungseinrichtungen* den gültigen Normen entsprechen.

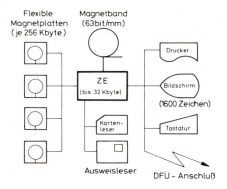

Bild 17.7
Datenkommunikationssystem; Zentraleinheit (ZE) mit 32 Kbyte Arbeitsspeicher; DFÜ-Anschluß für 2400 bit/s (asynchron) bzw. 19200 bit/s (synchron)

● *Schnittstelle*

Als *Schnittstelle* ist in 15.2.1 und mit Bild 15.2 die Stelle definiert, an der der Zuständigkeitsbereich der Bundespost endet. Das ist bei Verwendung von *Standleitungen* der Terminal-Eingang. Bei Einschaltung in das öffentliche *Wählnetz* endet die Postzuständigkeit jedoch erst hinter der Datenübertragungseinrichtung (DÜE, in der Regel ein *Modem*, vgl. 15.2.2). Um zu gewährleisten, daß Datenendeinrichtungen (DEE) und Modems verschiedener Hersteller zusammenarbeiten können, sind eine Reihe von Schnittstellen-Empfehlungen (*Interface Standards*) erarbeitet worden, international vom *Comité Consultatif International Télégraphique et Téléphonique* (CCITT) und der *International Organization for Standardization* (ISO), national vom Normenausschuß Informationsverarbeitung (FNI) im DIN (Deutsches Institut für Normung). Besonders wichtig sind die Normen für die

> Schnittstelle zwischen DÜE und DEE:
> CCITT-Empfehlung V.24 für Schnittstellenleitungen, ihre Funktionen und die Funktionsverknüpfungen;
> CCITT-Empfehlung V.28 über die Eigenschaften der Schnittstellenleitungen und der Signale;
> ISO-Standard 2110 zur Festlegung der Übergangsstelle (Stiftbelegung der Steckverbinder);
> DIN 66 020 Blatt 1 stimmt sachlich mit V.24, V.28 und ISO 2110 überein.

Hierbei handelt es sich um sogenannte *Rahmenrichtlinien* über die „Anforderungen an die Schnittstelle bei Übergabe bipolarer Datensignale mit Übertragungsgeschwindigkeiten bis zu 20 kbit/s". Die meisten Terminals und DV-Systeme sind inzwischen mit V.24-Schnittstellen ausgerüstet. Angaben über die Schnittstellen bestimmter Geräte für definierte Datenraten sind in weiteren Empfehlungen und DIN-Normen festgelegt.

• Modems

Modems (DÜ-Einrichtungen) und Schnittstellen sind in folgenden Normen festgelegt (vgl. auch 15.2.2):

CCITT	DIN	
V.19		Modems für parallele Datenübertragung mit Telefon-Signalfrequenzen
V.20		Modems mit Parallelübertragung zur allgemeinen Benutzung im öffentlichen Fernsprechwählnetz (bisher V.30)
V.21	66021 Teil 1	Schnittstelle bei 200 bit/s im Gegenbetrieb auf Fernsprechleitungen
V.23	66021 Teil 2	Schnittstelle bei 1200 oder 600 bit/s auf Fernsprechleitungen
V.25	66021 Teil 4	Schnittstelle bei automatischem Verbindungsaufbau in Fernsprechwählnetzen
V.26	66021 Teil 3	Schnittstelle bei 2400 oder 1200 bit/s auf Fernsprechleitungen
V.27		Schnittstelle bei 4800 bit/s
V.29		Schnittstelle bei 9600 bit/s
V.35		Datenübertragung mit 48 kbit/s über Primärgruppenleitungen im Bereich von 60 bis 108 kHz
V.36		Modems für synchrone Datenübertragung über Primärgruppenleitungen von 60 bis 108 kHz

Die angegebenen CCITT-Empfehlungen V.19 bis V.36 sind der Empfehlungsserie V entnommen, die für *Datenübertragung über Fernsprechnetze* entwickelt wurde. Für *Datenübertragung über öffentliche Datennetze* gilt die Empfehlungsserie X.

• Datennetze

Datennetze der Bundespost sind bereits in 15.2 besprochen. In einem etwas erweiterten Rahmen sei hier eine Zusammenstellung angegeben. Dabei wird von den bestehenden öffentlichen Wählnetzen (Telex, Datex, Telefon) ausgegangen; angeschlossen werden das neue integrierte Fernschreib- und Datennetz, das öffentliche Direktrufnetz und Privatnetze.

• Öffentliche Wählnetze

Öffentliche Wählnetze für Datenübertragungen sind das *Fernsprechnetz*, das *Telexnetz* und das *Datexnetz*. Vorteile dieser Netze sind, daß sie engmaschig und weltweit gespannt und schon mit geringen Investitionen für Datenübertragungen nutzbar sind. Das drückt sich nicht zuletzt in der ständig steigenden Zahl von Fernschreibern mit Anschluß an das Wählnetz aus. Während 1950 in der Bundesrepublik erst 3000 Fernschreiber im Telexnetz betrieben wurden, sind 1976 etwa 110 000 registriert worden.
In den einzelnen Netzen kann mit folgenden Datenübertragungsgeschwindigkeiten gearbeitet werden:

Telexnetz	mit 50 bit/s
Datexnetz	mit 50 ... 200 bit/s
Fernsprechnetz	mit 50 bit/s; 50 ... 200 bit/s; 300 bit/s; 2400 bit/s (bit- und zeichenseriell), bzw. 20 und 40 Zeichen/s (bitparallel und zeichenseriell)

Die Datenraten 300 und 2400 bit/s werden ab 1977 im Fernsprechnetz eingeführt. Modems dafür werden zahlreich angeboten. Sie sollten den *Schnittstellenempfehlungen* CCITT V.21 (bis 300 bit/s) bzw. CCITT V.26 (2400 bit/s) entsprechend ausgeführt sein. Für das Modem D 20 P gilt CCITT V.20.

• Integriertes Fernschreib- und Datennetz

Das ab 1976 eingeführte integrierte Fernschreib- und Datennetz EDS (vgl. 15.2.3) umfaßt die nach CCITT-Empfehlung X.1 festgelegten sechs

Teilnehmerklassen
200 / 50–200 / 600 / 2400 / 9600 / 48 000 bit/s

17.1. Allgemeine Anwendungsfälle 377

1200 bit/s ist hiernach keine empfohlene Geschwindigkeit für EDS. Die Klasse 9600 bit/s soll bis etwa 1980 eingeführt werden. Ungewiß ist, wann mit 48 kbit/s im EDS-Netz gearbeitet werden kann. Wie der Datenverkehr im integrierten Fernschreib- und Datennetz etwa möglich sein wird, zeigt stark schematisiert Bild 17.8.

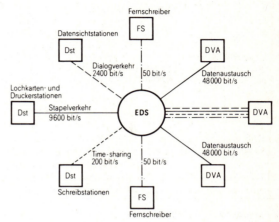

Bild 17.8
Schema des Datenverkehrs im integrierten Fernschreib- und Datennetz (Elektronisches Datenvermittlungssystem, EDS) (entnommen aus [42])

● *Öffentliches Direktrufnetz*

Die von der Bundespost bereitgestellten *Hauptanschlüsse für Direktruf* (HfD) dienen der Verbindung von jeweils zwei bestimmten Teilnehmern. Es handelt sich bei dieser Verbindungsart also um fest geschaltete Leitungen (*Standleitungen*) für Datenübertragungen mit 50 bis 9600 und 48000 bit/s. Alle HfD-Verbindungen sind im öffentlichen *Direktrufnetz* zusammengekoppelt. Aber auch private Leitungen für Direktruf und Datenverbundleitungen können in dieses Netz einbezogen werden. Benutzer solcher Verbindungen sind dann Teilnehmer des öffentlichen Direktrufnetzes, in dem Datenraten bis zu 48 kbit/s möglich sind.

● *Privatnetze*

Überall dort, wo die Möglichkeiten der öffentlichen Netze nicht ausreichen oder wo es nicht engmaschig genug ist, werden häufig *Privatnetze* installiert. Dies ist denkbar innerhalb großer Werksanlagen, wird aber auch zur Verkopplung multinationaler Konzernteile benutzt. Die Datenraten sind bei solch einem Netz nur durch den betriebenen Aufwand und physikalische Gesetze begrenzt. Modems für Datenraten bis zu einigen Mbit/s werden für diesen Zweck angeboten. Ein wesentlicher Gesichtspunkt für Planungen ist die von der Datenrate und vom Leitungstyp abhängige Reichweite. Zwei Beispiele sollen dies verdeutlichen:

	Datenrate bit/s	Reichweite Zweidrahtleitung	Reichweite Vierdrahtleitung
Modem für 19,2 kbit/s	600	18 km	30 km
	1 200	16 km	25 km
	2 400	13 km	19 km
	4 800	10 km	16 km
	7 200	—	13 km
	9 600	—	11 km
	19 200	—	10 km
		verdrillte Leitung	Video-Kabel
Modem für 1 Mbit/s	10 000	20,6 km	22,5 km
	40 800	13,7 km	13,8 km
	48 000	13,7 km	13,8 km
	100 000	10,5 km	10,6 km
	1 000 000	2,6 km	3,9 km

Die relativ großen Reichweiten bei dem 1 Mbit-Modem sind nur mit hochwertigen, breitbandigen Leitungen erzielbar.

- *Überlassene Fernmeldewege*

Ein wichtiger Aspekt bei Privatnetzen ist die mögliche Anmietung von öffentlichen Fernmeldewegen. Gegen entsprechende Gebühren überläßt nämlich die DBP dem privaten Benutzer Leitungen, wodurch eine das Betriebsgelände überschreitende Datenübertragung ausführbar wird. *Überlassene Fernmeldewege* können sein:

- Telegrafen-Leitungen (T-Leitungen) für 50 bit/s, 100 bit/s oder 200 bit/s; als Zweidrahtleitungen simplex oder halbduplex, als Vierdrahtleitungen auch duplex zu betreiben;
- Fernsprech-Leitungen (Fe-Leitungen) für Datenraten bis zu 9600 bit/s;
- Breitband-Stromwege für hohe und höchste Datenraten.

- *Mehrkanalmodem*

Abschließend sei auf zwei Möglichkeiten hingewiesen, mit deren Hilfe der Leitungsaufwand erheblich reduziert werden kann, nämlich: *Mehrkanalmodems* und *Schnittstellenvervielfacher*. Unter einem Mehrkanalmodem (*Multiport Modem*) versteht man ein DÜ-Gerät, mit dessen Hilfe mehrere Terminals (DE-Einrichtungen) auf eine Übertragungsleitung geschaltet werden können. Die maximal mögliche Übertragungsrate verteilt sich dabei allerdings auf die Terminals, wie die folgenden Beispiele angeben:

Modem	Kanalaufteilung
7200	1 Kanal mit 7200 bit/s oder 1 Kanal mit 2400 bit/s und 1 Kanal mit 4800 bit/s oder 3 Kanäle je 2400 bit/s
9600	1 Kanal mit 9600 bit/s oder 2 Kanäle je 4800 bit/s oder 1 Kanal mit 7200 bit/s und 1 Kanal mit 2400 bit/s oder 1 Kanal mit 4800 bit/s und 2 Kanäle je 2400 bit/s oder 4 Kanäle je 2400 bit/s

- *Schnittstellenvervielfacher*

Schnittstellenvervielfacher (SVV) sind *nichtschaltende Netzknoten* (vgl. 15.2.4 mit Bild 15.11). Damit lassen sich aus Liniennetzen Stern- oder Maschennetze aufbauen. Bild 17.9 zeigt ein Beispiel, in dem zusätzlich Leitungsverzweiger (LVZ) verwendet sind. Die Vielfalt der Verzweigungen und die Nutzung der Fernleitungen können weiter erhöht werden, wenn statt der gewöhnlichen Modems Mehrkanalmodems eingesetzt werden.

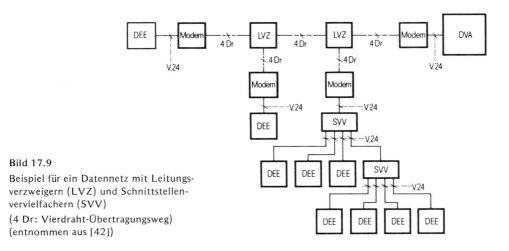

Bild 17.9
Beispiel für ein Datennetz mit Leitungsverzweigern (LVZ) und Schnittstellenvervielfachern (SVV)
(4 Dr: Vierdraht-Übertragungsweg)
(entnommen aus [42])

* 17.2. Verbundsysteme

Beim Aufbau von Rechner-Verbundsystemen reicht es nicht aus, daß die Schnittstellenbedingungen erfüllt sind und die auszutauschenden Daten von beiden Verarbeitungssystemen akzeptiert werden (*Datenkompatibilität*). Vielmehr muß für diese Betriebsart auch die *Programmkompatibilität* gefordert werden. Das bedeutet, alle auf einer Maschine entwickelten Programme müssen ohne Einschränkungen auf allen anderen verarbeitet werden können. Erst dann ist ein Rechner-Rechner-Betrieb sinnvoll, wie er beispielsweise in Bild 17.10 als einfache *Punkt-zu-Punkt-Verbindung* (*Point to Point*) angegeben ist.

Bild 17.10. Punkt-zu-Punkt-Verbindung als einfaches Beispiel für einen Rechner-Rechner-Betrieb (entnommen aus [42])

• *Datenübertragungseinheit*

Als wesentlicher Systembestandteil eines Verbundsystems ist die *Datenübertragungseinheit* DUET anzusehen, die aus einer zentralen *Datenübertragungssteuerung* (DUST) besteht, an die entsprechend der Anzahl der Übertragungswege *Leitungspuffer* (LP) angeschlossen sind. Wie Bilder 17.10 und 17.11 zeigen, ist DUET nicht mit den für jede Form der Datenfernverarbeitung benötigten *Datenübertragungseinrichtungen* DÜE zu verwechseln. Aus Bild 17.11 kann auch entnommen werden, daß die Datenübertragungssteuerung, die mit n Leitungspuffern ebensoviele DÜE versorgt, nur eine Standard-Anschlußstelle am *Multiplexkanal* der Zentraleinheit belegt. An die anderen Anschlußstellen können weitere DUET oder periphere Geräte angeschlossen werden.

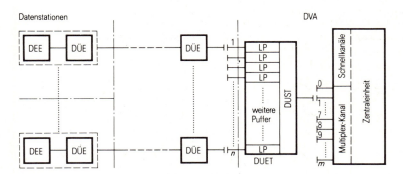

Bild 17.11. On-line-Betrieb mit Datenübertragungseinheit DUET (DUST: Datenübertragungssteuerung, LP: Leitungspuffer) (entnommen aus [42])

• *Rechnerverbund*

Ein allgemeines Beispiel für die Zusammenarbeit mehrerer DVA im Verbundbetrieb zeigt Bild 17.12. Die DVA können unterschiedlich groß sein. Es muß jedoch die *Programmkompatibilität* gewährleistet bleiben. Die Betriebsart ist im allgemeinen *halbduplex* (hx), manchmal auch *duplex* (dx).

380   17. Beispiele für DFV-Systeme

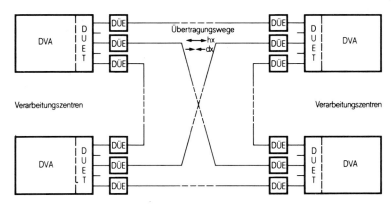

Bild 17.12. Einfacher Rechnerverbund (hx: halbduplex, dx: duplex)
(entnommen aus [42])

• *Beispiel 1*

Am *Hahn-Meitner-Institut* (HMI) in Berlin ist ein sternförmiges Rechnerverbundnetz mit Rechnern verschiedener Größe und Hersteller realisiert worden [52]. Gemäß Bild 17.13 sind über einen *Kommunikationsrechner* vom Typ Siemens S 330 achtzehn Prozeßrechner des Typs PDP 11 und zwei Prozeßrechner S 330 mit der Großrechenanlage Siemens 7.755 verbunden. Die Übertragungsrate zwischen Groß- und Kommunikationsrechner beträgt 216 Kbyte/s, wobei byteparallel übertragen wird. Zwischen dem Kommunikationsrechner und den Prozeßrechnern wird seriell asynchron mit 24 kbyte/s übertragen. Die effektive Nutzdatenrate zwischen Groß- und Prozeßrechner beträgt je nach Auslastung des Netzes bis zu 50 kbit/s. Neben dem Dialogbetrieb von jedem der etwa 60 Terminals aus ist der Austausch ganzer Dateien zwischen allen beteiligten Rechnern möglich. Weiterhin sind Plotter, Zeichentische und grafische Systeme angeschlossen.

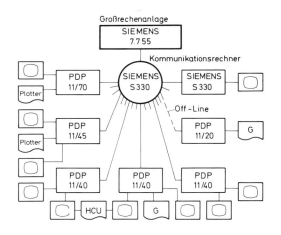

Bild 17.13
Rechnerverbund im Hahn-Meitner-Institut in Berlin mit 20 Prozeßrechnern und 60 Terminals (HCU: Hardcopy Unit, G: Grafisches System)

• *Beispiel 2*

Die *Gesellschaft für Mathematik und Datenverarbeitung* (GMD) mit Sitz in Bonn betreibt einen Rechnerverbund, in dem drei räumlich getrennte Rechenzentren mit vier Großrechnern zusammengeschaltet sind (Bild 17.14). Das eigentliche Netz besteht aus vier Knoten gleichen Typs. Die Knotenrechner K dienen als *Vermittlungsrechner* und als *Netzeingangsrechner*. Außerdem ist eine *X.25-Schnittstelle* vorhanden, so daß das Netz an das öffentliche Datenvermittlungssystem EDS angeschlossen werden

17.2. Verbundsysteme

kann (vgl. 17.1.2 mit Teilnehmerklassen nach CCITT-Empfehlung X.1). In diesem Netz soll unter anderem das Konzept der „virtuellen Terminals" erprobt werden. Darunter versteht man eine Betriebsart, bei der von irgendeinem Terminal aus zwar eindeutig ein Empfänger angewählt wird, der Weg dorthin aber nicht notwendig die direkte Verbindung sein muß. Vielmehr sucht die „Knotenrechner-Software" einen freien Weg aus, der beliebig durch das Netz verlaufen kann.

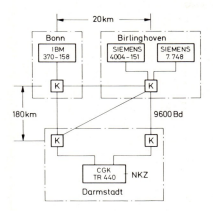

Bild 17.14. Rechnerverbund der Gesellschaft für Mathematik und Datenverarbeitung mit vier Großrechnern in drei Rechenzentren (K: Knotenrechner SIEMENS TRANSDATA 9675-K; NKZ: Netz-Kontrollzentrum)

● *Beispiel 3*

In der *Physikalisch-Technischen Bundesanstalt* (PTB) in Braunschweig entsteht um den zentralen Großrechner TR 440 der Computer Gesellschaft Konstanz (CGK) ein Verbundsystem, in dem in der ersten Ausbaustufe etwa 24 Prozeßrechner in 15 Gebäuden ca. 57 verschiedenartige Meßprozesse bedienen sollen. Zum Anschluß des sternförmigen Prozeßrechner-Netzes an den Zentralrechner dient gemäß Bild 17.15 ein *Kommunikationsrechner* KR. Die Kopplung von Prozeßrechnern untereinander ist nur über den Kommunikationsrechner möglich. Prinzipiell können jedoch von jedem Terminal aus Programme in allen angeschlossenen Rechnern gestartet werden. Im Rechenzentrum selbst sind über die Datenübertragungseinheit DUET vorerst 24 Terminals für Time-sharing-Betrieb angeschlossen (Bild 17.16). Bemerkenswert ist, daß die DUET nur einen Ein-Ausgabekanal (EAK) des Großrechners belegt. In der Zentraleinheit und in der DUET sind noch mehrere Kanäle und Leitungspuffer LP frei für Anlagenerweiterungen.

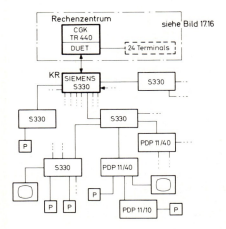

Bild 17.15. Rechnerverbund der Physikalisch-Technischen-Bundesanstalt (PTB) mit 24 Time-sharing-Terminals im Rechenzentrum, einem Kommunikationsrechner KR und 24 Prozeßrechnern in 15 Gebäuden für 57 verschiedene Meßprozesse
(P: Prozeßort bzw. Meßstelle)

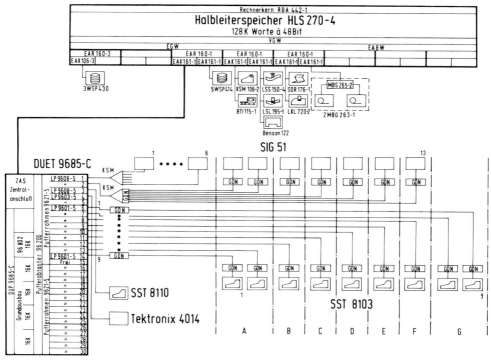

Bild 17.16. PTB-Rechenzentrum aus Bild 17.15 (nach [53])

RBA	Rechner-Basis	BTI	Bedientisch	KSM	Konzentrator	
VGW	Vorrangwerk	LSS	Lochstreifenstanzer	GDN	Gleichstrom-Daten-	
EGW	Eingabewerk	LSL	Lochstreifenleser		übertragungseinrich-	
EABW	Ein-Ausgabewerk	SDR	Schnelldrucker		tung mit niedriger	
EAR	Ein-Ausgaberegister	LKL	Lochkartenleser		Sendespannung	
EAK	Ein-Ausgabekanal	MBS	Magnetbandstation	ZAS	Zentralanschluß	
WSP	Wechselplattenspeicher	MBG	Magnetbandgerät	DUP	Datenübertragungs-	
KSM	Konsolschreibmaschine	SIG	Sichtgerät		Prozessor	

17.3. Zusammenfassung

Beispiele für EDV-Systeme mit Datenübertragung (DFV-Systeme) sind heute aus nahezu allen denkbaren Bereichen der privaten und beruflichen Umwelt verfügbar.

Grundformen für DFV-Systeme sind

> Stapelfernverarbeitung (*Remote Batch Processing*)
> Datenerfassung (*Data Collection*)
> Auskunftsbearbeitung (*Inquiry Processing*)
> Direktbuchung bzw. Direktverarbeitung (*Update Processing*)
> Datenvermittlung (*Message Switching*)
> Rechner-Rechner-Betrieb (*Remote Job Entry*)
> Dezentrale Datenverarbeitung

Datenerfassung und Auskunftsbearbeitung werden manchmal beide unter *Abfragesystem* eingeordnet. Es gibt jedoch einen prinzipiellen Unterschied, der darin besteht, daß bei Erfassungen Daten nur von den Terminals zum DVS transferiert werden (Datensammelsystem), bei Auskunftsbearbeitung der Datenfluß aber genau entgegengesetzt verläuft.

Direktbuchung nennt man die wichtige DFV-Grundform, bei der von den Terminals her der Datenbestand im Zentralrechner veränderbar ist. Dadurch kann beispielsweise ein Spar- oder Girokonto praktisch verzögerungsfrei auf dem neuesten Stand gehalten werden.

Rechner-Rechner-Betrieb ermöglicht die Entlastung des Hauptrechners durch Vorverarbeitung und Kontrolle in den Satellitenrechnern. Außerdem verkehren die Rechner untereinander in der Geschwindigkeit interner Kanäle.

Dezentrale Datenverarbeitung ist aus der inzwischen weitgehend akzeptierten Erkenntnis entstanden, daß eine übermäßige *Zentralisierung* mit „Super-Rechnern" zu technisch und organisatorisch kaum noch zu bewältigenden Systemen führt. Der zentrale Großrechner wird in modernen Verbundsystemen soweit wie möglich durch dezentrale, also direkt am Entstehungsort der Daten installierte Satellitensysteme entlastet. Werden innerhalb solch eines Verbundes *autonome Subsysteme* gebildet, entstehen „durchsichtige" und „vermenschlichte" Strukturen, in denen Teilverantwortung zurück an den Sachbearbeiter gegeben wird.

Modems sind in den meisten Fällen zur Verwirklichung der DFV-Grundformen nötig, wenn nämlich öffentliche Datennetze benutzt werden, die eigentlich für analoge Übertragungen eingerichtet wurden. Um zu gewährleisten, daß Datenendeinrichtungen und Modems verschiedener Hersteller zusammenarbeiten können, sind Schnittstellen-Empfehlungen erarbeitet worden, international V.21 bis V.35 sowie X.1, X.25 und ISO 2110, national DIN 66 020 und DIN 66 021. Im integrierten Fernschreib- und Datennetz (EDS) sind folgende Teilnehmerklassen vereinbart:

> 200 / 50–200 / 600 / 2400 / 9600 / 48000 bit/s

Literatur zu Teil 4

Ergänzende Literatur zur Datenfernverarbeitung muß aus drei Fachbereichen bezogen werden:
- aus der Übertragungstechnik (dazu sind in diesem Buch bereits viele Literaturhinweise angegeben),
- aus der Digitaltechnik und selbstverständlich,
- aus dem speziellen Zweig Datenfernverarbeitung.

Hier eine kleine Auswahl aus dem EDV-Bereich:

1. Digitale Datenverarbeitung für das technische Studium, von *H. Schumny* [1]. Wie im Vorwort ausgeführt, wird dieses Buch durch die hier vorliegende Datenfernverarbeitung direkt ergänzt. Umgekehrt wird es dazu dienen, dem Leser der „Signalübertragung" den notwendigen Hintergrund aus der EDV zu vermitteln.
2. Einführung in die Digitaltechnik, von *N. M. Morris* [54]. Ausgehend von der Frage: „Was ist Logik?" werden in diesem Buch in klarer und anschaulicher Weise die Grundlagen der Digitaltechnik (logische Grundfunktionen, elektronische Schalter und Logikschaltkreise, logische Algebra und Netzwerke) vorgestellt und viele Beispiele und Anwendungen zu beispielsweise Speicherschaltungen, arithmetischen Schaltungen, Zählern und Registern durchgesprochen.
3. FORTRAN und BASIC, von *W. Schneider* [55] und [56]. Für das Studium der Datenfernverarbeitung ist die Beherrschung mindestens einer der wichtigen Programmiersprachen von großem Nutzen. FORTRAN hat allgemein die größte Bedeutung; BASIC ist als Dialogsprache bestens eingeführt. Die beiden erfreulich verständlich geschriebenen und didaktisch gut durchgearbeiteten Bücher sind für diesen Zweck sehr zu empfehlen.

Eine Reihe von Büchern, die ausschließlich oder in wesentlichen Abschnitten DFV behandeln ist im folgenden aufgelistet:

4. Datenfernverarbeitung, von *R. Kraushaaer* et al. [42].
5. Magnetband, Magnetplatte, Datenfernverarbeitung, von *C. Baumgartner* und *B. Gehrig* [43].
6. Kleines Lehrbuch der Datenverarbeitung, von *P. Worsch* [44].
7. Einführung in die elektronische Datenverarbeitung [45].
8. Computer, von *A. Diemer* et al. [46].
9. Daten-Speicher, von *H. Kaufmann* [47].
10. Datenbanken und Datenschutz, von *U. Damman* et al. [48].

Literaturverzeichnis

[1] *Schumny, H.:* Digitale Datenverarbeitung für das technische Studium. Viewegs Fachbücher der Technik, Braunschweig 1975.

[2] *Bidlingmaier, M., Haag, A. und Kühnemann, K.:* Einheiten — Grundbegriffe — Meßverfahren der Nachrichten-Übertragungstechnik. Siemens AG, Berlin, München 1973.

[3] *Bishop, G. D.:* Einführung in lineare elektronische Schaltungen. Verlag Vieweg, Braunschweig 1977.

[4] *Markesjö, G.:* Lehrsystem Elektronik, Teil A Analogtechnik; Teil B Digitaltechnik. Verlag Chemie und Carl Hanser Verlag, Weinheim und München 1973.

[5] *Albrecht, K. und Farber, M.-U.:* Elektronik mit Halbleiter-Bauelementen. Aulis Verlag Deubner & Co, Köln 1973.

[6] *Unger, H.-G. und Schultz, W.:* Elektronische Bauelemente und Netzwerke II („uni-text"). Verlag Vieweg, Braunschweig 1969.

[7] *Neusüß, W.:* Elektronische Schaltungen („Kollegtext"). Verlag Vieweg, Braunschweig 1975.

[8] *Raschkowitsch, A.:* Elektronische Bauelemente der Nachrichtentechnik. Viewegs Fachbücher der Technik, Braunschweig 1970.

[9] *Frank, H. und Šnejdar, V.:* Halbleiterbauelemente, Band 2 Technik und Anwendungen der Halbleiterbauelemente. Akademie-Verlag, Berlin 1964.

[10] *Kallenbach, W.:* Stimmenidentifizierung mit Hilfe der Schallspektrographie. Physik in unserer Zeit, 6. Jahrg. 1975, Nr. 4, S. 102—109.

[11] *Goydke, H.:* Untersuchungen über die Spektral- und Autokorrelationsanalyse von Sprache zum Zweck der Sprecheridentifizierung. Dissertation, Braunschweig 1974.

[12] *Schumny, H.:* Vergleichende Untersuchungen der Temperaturabhängigkeiten des Stromrauschens und der Fotoleitung in n-InSb. Diplomarbeit, Braunschweig 1970 und *Heyke, K., Lautz, G. und Schumny, H.:* Current Noise in n-Type InSb. phys. stat. sol. (a) 1 (1970), S. 459—467.

[13] *Schönfelder, H.:* Nachrichtentechnik. Scriptum zur Vorlesung an der TU Braunschweig, Justus von Liebig Verlag, Darmstadt 1974.

[14] Das Fischer Lexikon, Technik IV (Elektrische Nachrichtentechnik); Herausgeber: *Boveri, T., Wasserrab, T. und Jauslin, H.,* Fischer-Bücherei, Juni 1968.

[15] *Fricke, H., Lamberts, K. und Schuchardt, W.:* Elektrische Nachrichtentechnik, Teil 1: Grundlagen, B. G. Teubner, Stuttgart 1971.

[16] *Philippow, E.:* Taschenbuch Elektrotechnik, Band 3: Nachrichtentechnik. VEB Verlag Technik, Berlin 1967.

[17] *Klinger, H. H.:* Technische Akustik. Radio-Praktiker-Bücherei Heft 124/125, Franzis-Verlag, München 1966.

[18] *Klinger, H. H.:* Lautsprecher und Lautsprechergehäuse für HiFi. Radio-Praktiker-Bücherei Heft 106, Franzis-Verlag München 1966.

[19] *Liebscher, S. et al.:* Nachrichtenelektronik. VEB Verlag Technik, Berlin 1975.

[20] *Feldtkeller, R. und Bosse, G.:* Einführung in die Nachrichtentechnik, Verlag Konrad Wittwer, Stuttgart.

[21] *Unger, H.-G. und Harth, W.:* Hochfrequenz-Halbleiterelektronik. S. Hirzel Verlag, Stuttgart 1972.

[22] *Meinke, H. und Gundlach, F. W.:* Taschenbuch der Hochfrequenztechnik. Springer-Verlag, Berlin.

[23] Handbuch für Hochfrequenz- und Elektro-Techniker; Herausgeber: *Kretzer, K.*, Verlag für Radio-Foto-Kinotechnik, Berlin.

[24] *Prckott, E.:* Modulation und Demodulation. Elitera-Verlag, Berlin 1976.

[25] *Conrad, W.:* Taschenlexikon Elektronik-Funktechnik. Verlag Harri Deutsch, Frankfurt und Zürich 1973.

[26] Telefunken Laborbuch, Band 1 bis 4. Franzis-Verlag, München.

[27] *Belger, E. und Mayer, N.:* Pulscode-Modulation; Prinzip, Übertragungsverfahren und Anwendungen. Rundfunktechnische Mitt., Jahrg. 19 (1975) Heft 5, S. 189—193.

[28] *Glcckmann, H.P.:* PCM in der Meßtechnik. Elektronik, 22 Jahrg., Nr. 4/1973. Aufzeichnung und Übertragung von Analog-Meßdaten. VFI — Der Versuchs- und Forschungsingenieur, Heft 2 und 3/1974. PCM-Technik hilft Analogdaten speichern. Elektronik Praxis, 8. Jahr., Heft 7—8/ August 1973. Antialiasing-Filter müssen sein. Elektronik Praxis, 9. Jahrg., Heft 12/Dezember 1974.

[29] *Käfer, M. K.:* ENRZ, ein PCM-Verfahren für höchste Bitpackungsdichte auf Magnetband, Elektronik 1975, Heft 7, S. 65—68.

[30] *Pöschl, H.:* FM und PCM; Funktionen und Merkmale zweier Verfahren zur Meßwertaufzeichnung. elektro technik, 58. Jahrg., Heft 9 vom 14.5.76.

[31] *Unger, H.-G.:* Theorie der Leitungen. Hochschullehrbuch, Verlag Vieweg, Braunschweig 1967.

[32] *Reichardt, W.:* Grundlagen der Elektroakustik. Akademische Verlagsgesellschaft Leipzig.

[33] *Tafel, H. J.:* Einführung in die digitale Datenverarbeitung. Carl Hanser Verlag, München 1971.

[34] *Dohter, F. und Steinhauer, J.:* Digitale Elektronik in der Meßtechnik und Datenverarbeitung; Band II: Anwendung der digitalen Grundschaltungen und Gerätetechnik. Philips Fachbücher, Hamburg 1973.

[35] *Adler, R.:* EWSF — die Fernwähltechnik im Elektronischen Fernsprech-Wählsystem der Deutschen Bundespost. Nachrichtentechn. Z. 29 (1976) Heft 8, S. 585—591.

[36] *Rothammel, K.:* Antennenbuch. Frank'sche Verlagshandlung, Stuttgart 1975.

[37] *Unger, H.-G.:* Hochfrequenztechnik in Funk und Radar. Teubner Studienskripten, Stuttgart 1972.

[38] *Lindenmeier, H. und Meinke, H. H.:* Elektronische Autoantennen — heute. Funkschau 1976, Heft 14, S. 58—70.

[39] The A.R.R.L. Antenna Book. The American Radio Relay League, Newington, Connecticut, USA, 1970.

[40] *Aschmoneit, E.-K.:* Vom „Echo" zur „Symphonie". Funkschau 1976, Heft 17 (S. 707—710), Heft 18 (S. 761—763), Heft 19 (S. 799—800).

[41] Telekommunikationsbericht der Kommission für den Ausbau des technischen Kommunikationssystems (KtK) der Bundesregierung, Bonn 1976.

[42] *Kraushaar, R., Jakob, L. und Goth, D.:* Datenfernverarbeitung. Siemens AG, München 1974.

[43] *Baumgartner, C. und Gehrig, B.:* Magnetband, Magnetplatte, Datenfernverarbeitung. Forkel Verlag, Stuttgart 1973.

[44] *Worsch, P.:* Kleines Lehrbuch der Datenverarbeitung. Verlag Moderne Industrie Wolfgang Dummer & Co., München 1973.

[45] Philips/Westermann: Einführung in die elektronische Datenverarbeitung. Braunschweig 1970.

[46] *Diemer, A., Schilbach, H. U. und Henrichs, N.:* Computer. Carl Habel Verlagsbuchhandlung, Darmstadt 1972 (im Bertelsmann Lesering).

[47] *Kaufmann, H.:* Daten-Speicher. R. Oldenbourg-Verlag, München 1973.

[48] *Dammann, U., Karhausen, M., Müller, P. und Steinmüller, W.:* Datenbanken und Datenschutz. Hercer & Herder, Frankfurt 1974.

Literaturverzeichnis

[49] *Schumny, H.:* Fehlererkennung mit Hilfe zyklischer Codes (CRC) bei der Übertragung und magnetischer Speicherung digitaler Daten. DIN-Mitt. Band 55 (1977), Heft 2, S. 69—76.
[50] *Nefiodow, L.:* Die Förderung von Datenverarbeitungs-Systemen im 3. Datenverarbeitungsprogramm der Bundesregierung. GMD-Spiegel 2/77, S. 53—81.
[51] *Krückeberg, F.:* Die Herausforderung der menschlichen Gesellschaft durch den Computer. GMD-Spiegel 2/77, S. 9—17.
[52] *Egloff, P. und Rocholl, M.:* GRAFIX — ein grafisches System in einem Rechnerverbundnetz. Hahn-Meitner-Institut Berlin, Bericht HMI-B 207, Juli 1976.
[53] *Gitt, W.:* Das Timesharing-Großrechnersystem der PTB. PTB-Mitteilungen 87, 2/77, S. 120—130.
[54] *Morris, N. M.:* Einführung in die Digitaltechnik. Verlag Vieweg, Braunschweig 1977.
[55] *Schneider, W.:* FORTRAN — Einführung für Techniker. Viewegs Fachbücher der Technik, Braunschweig 1977.
[56] *Schneider, W.:* BASIC — Einführung für Techniker. Viewegs Fachbücher der Technik, Braunschweig 1978.

Sachwortverzeichnis

● A-Betrieb 116
Abfragesystem 338, 371
abgestimmte Leitung 268
Ablenkeinheit 300
—, selbstkonvergierend 306
Abstimmungsregelung (AFC) 292
Abstrahlung an Öffnungen 276
Abtastfrequenz (f_T) 99, 132, 192
Abtastspektrum 136 f.
Abtasttheorem 98 f., 136, 192
Abtastverfahren bei Bildtelegrafen 219
Abtastwerte 98, 132
ADC 4 f., 102, 132
A/D-Converter (ADC) 4 f., 132
additive Mischung 301, 304
Adreßfeld (HDLC) 363
Adressieren eines Koppelpunktes 209
ADU 132
Ähnlichkeitsdecodierung 368
äquivalenter Rauschwiderstand (R_{aeq}) 30
äußerer Fotoeffekt 297
AFC (Automatic Frequency Control) 292
aktive Antenne 261
aktive Elemente (Gruppenantenne) 267
Akustik 36
akustischer Kurzschluß 51, 58
akustische Rückkopplung 199
Alias-Effekt (optischer) 139
Aliasing 136 ff.
allgemeine Systemtheorie 61
Alphabet 1
AM 95 f., 105 ff., 284
AM-Demodulator 115 ff.
AM-Empfänger 291
AM-Modulator 108 ff.
Amplitude 28, 62
Amplitudenbedingung 73, 77
Amplitudenbegrenzer 79, 126
Amplitudenbegrenzung 121
Amplitudenfrequenzspektrum 13

Amplitudengang 24
Amplitudenhub ($\Delta \hat{u}_T$) 96, 105
Amplitudenmodulation (AM) 95 f., 105 ff.
Amplitudenmodulatoren 108 ff.
Amplitudenspektrum 13 f., 105, 109, 121
Amplitudenstufe 103, 132, 134
Amplitudenverteilung 24, 94, 106
AM-Rundfunk 106, 282
AM-Sender 287
AM-Telegrafie 225
AM-Wellenpläne 282
analog 2
Analog-Digital-Converter (ADC) 132
Analog-Digital-Umsetzer (ADU) 132
Analog-Digital-Wandler 4 f., 102, 132
analoge Daten 2
— Nachricht 2
angepaßte Leitung 268
Anlaufschritt (A) 212, 215
Anoden-B-Modulation 287
Anodenmodulation 111, 287
Anpassung 30, 56, 92, 163, 164
— von Antennen 243, 253, 256
Anschaltgerät 346
Antenneneigenschaften 230 ff.
Antennen für Erdefunkstellen 315
— für Kurzwellen-Richtfunk 275
— für Kurzwellen-Sprechfunk 275
— für Nachrichtensatelliten 316
— für Rundfunk und Fernsehen 272, 278
— für Zirkularpolarisation 270
Antennengewinn (g) 237
Antennengruppen 261 f.

Antennenimpedanz 238
Antennensteuerung für Satellitenfunk 315
Antennenverkürzung 234
Antennenwirkungsgrad (η_A) 239
Anti-Aliasing 139
Anti-Aliasing-Filter 143
Aperturebene 280
Apertur einer strahlenden Öffnung 276
Aperturfläche (A_a) 277
Aperturstrahler 277
Apogäum 313
Arbeitsspeicher 332
Arbeitsstrombetrieb 222
Arbeitsweisen der DFV 344, 355 ff.
ARI 286
ASCII 329
astabiler Multivibrator 83
asynchrone Übergabe 341 f.
Auftrag 331
Augenblickswert 61
Ausbreitungsgeschwindigkeit (v) 163
Ausbreitungskonstante (γ) 160
Ausbreitungsvorgang 158
Ausgangsgröße (S_2) 6, 62
Ausgleichsvorgänge 157
Ausgleich von Energieverlusten 12
Auskunftsbearbeitung 371
Außenstationen 330
Austastlücke 294
Autoantennen 259 f.
Autofahrer-Rundfunk-Information (ARI) 286
Automatic Frequency Control (AFC) 292
autonome Subsysteme 374

● Bändchenmikrofon 46
Bandbegrenzung (bei FM) 122 f.
Bandbreite (B) 11, 64, 106, 123, 191 f., 214, 221

Bandbreitenbedarf 191, 193
Bandbreitenreduzierung 148
Bandgeschwindigkeit (v_B) 141
Bandmittenfrequenz 77
Bandpaßfilter 109
Bandrauschen 141 f.
Bar (bar) 37
Basisbänder für Richtfunksysteme 207, 307
Basisbanddurchschaltung, Satelliten 316
Basismodulation 109
Basisstromverstärkung (α) 72
BAS-Signal 294
Batch Processing 326
Batteriespannung (U_B) 45
Batwingantenne 278
Baud (Bd) 345
Bauelemente der Fernsprechtechnik 194
B-Betrieb 116
BCD-Code 341
Begrenzer 127
Begrenzerschaltung 79
Begrenzung 27
Bel (B) 6
belastete Antenne 233
Bereichskennung 287
Betrag 66, 68
Betriebsarten der DFV 336 ff., 355 ff.
— der Übertragungstechnik 18 ff., 20
Betriebssystem (DFV) 329
Betriebszustände elektrischer Leitungen 156
Beugung 245
— an Inversionsschichten 312
Bewegungsempfänger 42
bewertete Rauschspannung 142
Bezugsantenne 237
Bezugsfrequenz (f_0) 39
Bezugsleistung (P_0) 9
Bezugspegel (p_0) 12
Bezugstemperatur (T_0) 31
Bildaufnahmeröhren 296
Bild-Austast-Synchron-Signal (BAS) 294
Bilddauer (T_v) 295
Bildfeldzerlegung 219
Bildfrequenz, Video (f_v) 293
Bildleitungen 225
Bildröhre 298, 300

Bildröhren-Abmessungen 300
Bildschirmgerät 338
Bildsender, Video 296
Bildsignale 300
Bildsynchronimpuls 294
Bildtelegrafen 218 ff.
Bildträger (f_B) 295
Bildwiedergaberöhren 298, 300
Binärcode 132
binäre Codierung 103, 133
Binärzähler 86, 133
bistabiler Multivibrator 85
bitorientiertes Steuerungsverfahren (HDLC) 363
Bitrate 148 f.
Bitzelle 140
BIΦ (Bi-Phase) 140 f.
Blindleistung (P_b) 68
Blindleitwert (B) 68
Blindwiderstand (X) 68, 124
Blockprüfzeichenfolge (FCS) 363
Bodeninversion 247
Bodenstationen von Satellitensystemen 315
Bodenwelle 243 f., 248 f.
Boltzmann-Konstante (k) 31
Brechung 246
— an einer Inversionsschicht 246
— in der Troposphäre 245
Brechungsgesetz 246
Brechungsindex (n) 185
Breitbandantennen für Richtfunk 310
— (mobil) 260
Breitbanddipole 257
Breitbandkommunikation 207
Breitbandleitungen 346, 351
Breitbandrhombus 275
Breitband-Richtfunk 309, 312
Breitbandspeisung von Dipolzeilen 265
Breitbandverbindungen, Richtfunk 309 ff.
Brennpunkt eines Parabolspiegels 280
Brennstoffzellen 317
Broadside Array 262
Brückenschaltung 77
Bündelung eines Lautsprechers 55
Bus 358

● Cassegrain-Antenne 280, 315
C-Betrieb 116
Chassis (Lautsprecher) 54
Chrominanzsignale (R, G, B) 149, 301, 303
Clock 140, 332
Code 102
Codierung, Telegrafie 211
Colpitts-Oszillator 71, 74, 125
CRC-Prüfzeichen 367
Crosstalk 177
CR-Schaltung 80
Cyclic Redundancy Check (CRC) 367

● DAC 4 f.
D/A-Converter (DAC) 4 f.
Dämpfung 5 ff., 69
— in Lichtleitern 185
Dämpfungsfaktor (D) 6, 24
Dämpfungsmaß (a) 6 ff., 24
dämpfungsfreie Leitung 166
Dämpfungskonstante (α) 8, 24, 160, 175
Dämpfungsverzerrungen 24 ff.
Data Recorder 349
Datei 371
Dateidienst 346
Daten 1 f.
Datenbank 371
Datenblock 365
Datenbus 358
Datenendeinrichtung (DEE) 339
Datenerfassung (Data Collection) 370
Datenfeld (HDLC) 363
Datenfernübertragung (DFÜ) 328, 344
Datenfernverarbeitung (DFV) 325 ff., 330
Datenformat 363
Datenkompatibilität 379
Datenübertragung 344
Datennetze 328, 376
Datenraten 374 ff.
Datensammelsystem 338, 371
Datensicherung 366 f.
Datensichtgerät 338
Datenstation (DST) 328, 339
Datenträger 336
Datenübertragung (DÜ) 327
Datenübertragungsblock 361 ff.

Sachwortverzeichnis

Datenübertragungseinheit (DUET) 379
Datenübertragungseinrichtung (DÜE) 339
Datenübertragungssteuerung (DUST) 379
Datenvermittlung (Massage Switching) 373
Datexnetz 346 f., 376
Dauerfluß (Φ_0) 52
Dauermagnet 52
Decoder für Quadro 286
— für Stereo 288
Dekameterwellen 17, 249
Delay Modulation (DM) 140 f.
Deltamodulation 100, 102
Delta-System 305
Demodulation 92 ff.
— von AM-Schwingungen 115
— von FM-Schwingungen 126
— von Videosignalen 299
Detektor 129
dezentrale Datenverarbeitung 374
Dezibel (dB) 6 ff.
Dezimeterwellen 17, 249
DFV 325
DFV-Systeme 328, 369 ff.
Dialogbetrieb 338 f.
Dialog-Datenverarbeitung (DDV) 370, 374
Dialogstationen 329, 370
dicker Dipol 257
— Rhombus 275
Dielektrikum 57, 276
dielektrische Leiter 154
Dielektrizitätskonstante (ϵ) 175
Dieselhorst-Martin (DM) 155
Differentialgleichungen 159
Differential-Pulscodemodulation (DPCM) 149
Differentialübertrager 203
differentieller Widerstand (r) 78
Differenzdiskriminator 128
Differenzierglied 80
Differenzmischung 94
Differenzsignal (S) 288
digital 2
Digital-Analog-Wandler (DAC) 4 f.

digitale Daten 2
— Richtfunkübertragung 208
Digitalisieren 2
Digitalisierer 132
Digitalschaltungen 79
Diodenmodulation 115
Dioden-Erd-Verfahren (DEV) 199
Dipolantenne 232, 253 ff.
Dipolgruppen 262
Dipolkombinationen 262
Dipollinie 262
Dipolpaar 262
Dipolreihen 262
Dipolspalte 262
Dipolwände 263, 267
Dipolzeile 262
— als Längsstrahler 266
— als Querstrahler 265
Direct Recording (DR) 143
Direktbuchung 372
direkte Datenverarbeitung 336 f., 370
— Magnetbandaufzeichnung 143
— Reihenschaltung 199
Direktoren 267
Direktrufnetz 377
Direktverarbeitung 372
diskret 2
Diskretverfahren für Quadrofonie (CD-4) 286
Diskriminator 126, 292
Diversity-Betrieb 311
DM (Delay Modulation) 140 f.
DM-Verseilung 177
DM-Vierer 155, 177
Dokumentierung 339
Doppelkegeldipol 257
Doppelkonus-Lautsprecher 55
Doppelleitung 153
Doppelrhombus 275
doppelseitiger Strahler 266
Doppelstrombetrieb 223
Doppelsystem 359
Doppeltonbetrieb bei WT 225
Double Frequency 141
DPCM (Differential-Pulscodemodulation) 149
drahtlose Übertragung 145, 282 ff.
Drehfelderregung 273
Drehfeldspeisung 272

Drehkreuz 255
Drehkreuzantenne 271 f., 278
Drehwinkel (φ) 237
Dreieckspannung 82
Dreifarbentheorie 301
Dreipunktschaltung 71 ff.
Dreiweg-Boxen 55
Drop in 149
Drop out 149
Druckempfänger 42
Druckgradientenwandler 42, 58
Drucktelegraf 215
DSB (Double Side Band) 106
Dualzahl 134
Ducting 247
DÜ (Datenübertragung) 327
Duplex 20 f., 342
Duplexbetrieb 202, 307
Durchgangskennlinie 64, 79, 109 f.
Durchsagekennung 287
Duty Cycle 80
Dynamik 142
dynamische Hörer 59
— Konvergenzfehler 307
dynamischer Lautsprecher 53
dynamisches Mikrofon 46

● ebene Dipolgruppen 263, 267
— Gruppen 263
— Wellen 231
Echtzeitbetrieb 326
Echtzeitverarbeitung 356
EDS-System 346, 351 f., 376
EDV 325
EDV-Anlage (EDVA) 328
effektive Antennenhöhe (h_{eff}) 252
— Antennenverlängerung (l_c) 233 f.
— Bandbreite ($f^*_{\max}$) 221
— Parallelresonanz (ω^*_p) 75
— Videobandbreite 294
Effektivwert 29, 61
Eigenfrequenz 48, 68, 125
Einfachleitung 153
Einfachstrombetrieb 222
einfallende Welle 163
einfarbiges Licht 207
Eingangsgröße (S_1) 6, 62
Eingangswiderstand (R_a) 166
— einer Antenne 238

eingeschwungener Zustand 157
Einschwingverhalten 56
1/f-Rauschen 32
Einseitenbandfilter 114, 203
Einseitenbandsender für KW-Richtfunk 309
Einseitenbandübertragung (SSB) 106, 191, 202, 283
Einseitenbandverfahren (Trägerfrequenztelefonie) 203
einseitiger Strahler 266
einseitig geerdete Antenne 232
Einspeisepunkt einer Antenne 238
Einstufenmodulation 226
Eintonmodulation 119
Elastizitätsmodul (E) 37
Elektretmikrofon 49
elektrische Anpassung 56
- Feldkonstante (ϵ_0) 231
- Länge einer Leitung 156
elektrisches Feld ($\vec{E}$) 30, 49, 158, 230
- Nachrichtensystem 4 f.
Elektroakustik 36 ff.
elektroakustische Wandler 36 ff.
elektrodynamische Wandler 41, 46, 53
elektromagnetischer Fernhörer 52
elektromagnetisches Feld 230
elektromagnetische Strahlungen 16, 230
- Wandler 41, 52
- Wellen 181, 230
Elektronenkonzentration (n) 243
Elektronenmasse (m) 243
elektronische Antennen 261
- Linse 305
elektronisches Datenvermittlungssystem (EDS) 346, 351
- Prisma 305
- Wählsystem (EWS) 198, 208
Elektrostat 57
elektrostatische Hörer 59
- Wandler 41, 47, 56
elektrostatischer Lautsprecher 56

Elementarladung (q) 243
Elevationswinkel 315
elliptische Polarisation 231
EMD-Wähler 198
emittergekoppelte Schaltung 86
Emittermodulation 110
Emitterschaltung 72
Empfänger (E) 4, 20
Empfangsanlage einer Bodenstation 316
Empfangsantennen 230, 240, 250
- für LMK 252
Empfangsgröße (S_2) 6
Empfangsleistung (P_2) 4
Empfindlichkeit, eines Mikrofons 46
- von Schallsendern 52
Encoder für Quadro 286
- für Stereo 288
End-fire Array 262
Endkapazität (C_E) 233
Endstelle 146
Endumsetzer, Richtfunk 309
Energietechnik 10 f.
Energietransport 276
Energieverluste 12
Entdämpfung 7, 78
Entnahme von Stichproben 134
Erdatmosphäre 241 f.
Erdefunkstelle 314
Erdnetz 250
Erdradials 250
Erdsatelliten 312 f.
Erdschleifen 176
Erdungsebene 252
Erdverluste 244, 254
Erhebungswinkel (ϑ) 237, 251
Error Correcting Code (ECC) 368
Ersatzschaltungen 157 ff.
Erweiterung des Frequenzbereiches 55
ESK-Relais 196
Eulersche Gleichung 62
E-Welle 182
EWS-Technik 198, 208
Explosionslaute 26
Extremely High Frequencies (EHF) 17 f.

• Fading 248
Fächerdipol 257
Faksimileschreiber 220
Faksimile-Übertragung 218, 225
Faltdipol 256
Fangreflektor 280
Fangzeit (PLL) 129
Faradayscher Käfig 177
Farbaufnahmekamera 302
Farbbild-Austast-Synchron-Signal (FBAS) 303
Farbbildröhren 304
Farbdifferenzsignale 303
Farben 301
Farbfernsehen 301 ff.
Farbfernseh-Übertragungsverfahren 304
Farbhilfsträger 149, 303
Farbinformation 303
Farbintensität 301
Farbmischung 301
Farbsättigung 301
Farbsignal 149
Farbton 301
Farbwertsignale (R, G, B) 302
FBAS-Signal 303
Feedback 61
Fehlererkennung (DÜ) 366, 368
Fehlerkorrektur 368
Feldeinstreuungen 177
Fernfeld 231, 240
Fernmeldekabel 154 f., 177 f.
Fernmessen (Telemetrie) 145
Fernschaltgerät (FGT) 347
Fernschreib-Code 212
Fernschreibempfänger 216
Fernschreiben 211 ff.
Fernschreiber 214 ff., 338
Fernschreiber-Tastatur 215
Fernschreibmaschine 216
Fernsehbild 301
Fernsehempfänger 298 f.
Fernsehen 269, 293 ff.
Fernsehkamera 296
Fernsehkanäle 293
Fernsehrundfunk 293 ff.
Fernseh-Sendeantennen 272, 278
Fernsehsender 296
Fernsehtechnik 293 f.
Fernsehton 295

Fernsehübertragung (mit PCM) 149
Fernsprechapparat 200
Fernsprechen 194 ff.
Fernsprechkoaxialkabel 173
Fernsprechnetze 194, 376
Fernsprechrelais 195
Fernsprech-Vierer 155
Fernübertragung 344
Ferritantenne 258 f.
Filterkurve 114
Fischgrätenantenne 266
Fishbone Antenna 266
Flachrelais 195
Flächenausnutzungsfaktor beim Aperturstrahler (q) 277
Flächendipol 257
Flächenstrahler 276, 279
Flankendemodulator 127
Flexible Magnetplatte 365
Flipflop 85
FM 95 f., 119 ff., 284
FM/AM-Wandler 126 f.
FM-Bandbreite 124
FM-Bandspeicher 143
FM-Demodulator 127
FM-Empfänger 292
FM-Modulator 124 ff.
FM-Rundfunk 282
FM-Telegrafie 225
Formanten (F_i) 26 f.
Formate (DÜ) 361, 363 ff.
— (PCM) 139 f.
Formatierung 363
Forschungssatelliten 312
Fotodiode 186
Fotoelektronen 296
Fotoelektronenemission 297
Fourier-Analyse 14
Fourier-Integral 25
Fourier-Koeffizienten (a_i) 98
Fourier-Reihe 14, 98
Frame 363
Freileitungen 154 f., 169, 171
Fremdspannungsabstand (a_r) 142
Frequenz (f) 13, 16
Frequenzabhängigkeit 67
Frequenzband 10, 13 ff., 23, 105
Frequenzbandbreite (B) 11, 15, 191 f., 214

Frequenzbänder für Telemetrie 146
Frequenzbandumsetzung 204
Frequenzbereiche für Nachrichtensatelliten 314
Frequenzbereich eines Lautsprechers 54
Frequenzcharakteristik (Verbesserung) 64
Frequenzdiagramm 13
Frequenz-Diversity 312
Frequenzgang 48, 67
Frequenzgemisch 94
Frequenzgetrenntlage 202
Frequenzgleichlage 202
Frequenzhub (Δf_T) 96, 119
—, groß 123
—, klein 124
Frequenzmischung 78, 94
Frequenzmodulation (FM) 95 f., 119 ff.
—, Richtfunk 310
Frequenzmodulatoren 124 ff.
Frequenzmultiplex 19, 145, 190
Frequenz-Spannungs-Umsetzung 93
Frequenzspektrum 23
Frequenzstabilisierung 73 f., 126
Frequenzstaffelung 190, 202
Frequenzteilung 93
Frequenzumsetzung 16, 19, 92 ff.
Frequenzweichen 55
Fresnelzone 310
Fünferalphabet 212
Funkelrauschen 32
Funkenlöschung 201
Funkfeldlänge 310
Funkstrecken 145, 307
Funkübertragung 240
fußpunktgespeiste Antenne 232
Fußpunktwiderstand einer Antenne 238
F/V-Converter 93

● GA (Gemeinschaftsantennenanlage) 256, 320
Gabelschaltung 200, 203
Gabelumschalter (GU) 200

galvanische Kopplung 84, 222
Ganzwellendipol 257, 268, 271
Gate 102
Gatter 134
Gauß (G) 54
Gegengewichte 252
Gegenkopplung 61, 63 ff.
gegenphasige Speisung 262
Gegentaktmodulator 112
Gegenverkehr 20 f., 202, 307, 343
gekoppelte Tonräume 58
gekreuzte Yagis 270
Gemeinschaftsantennen-Anlage (GA) 256, 320
General System Theory (GST) 61
Generations-Rekombinations-Rauschen 32
Geradeausempfänger 289
Gesamtlaufzeit (t_L) 201
geschlossene Hörer 58
geschlossenes System 41 f.
Geschwindigkeitsklassen, Datenübertragung 351
Geschwindigkeitsschwankungen (Magnetband) 142
gespeiste Elemente 266
gestockte Dipole 262
Gewinn einer Antenne (g) 237
— eines Aperturstrahlers 277
Gewinnmaß (G) 237
Gewinn von Yagi-Antennen 267
GGA (Großgemeinschaftsantennenanlage) 293, 320
Gitterantenne 267
Gitterspannungsmodulation 110
Gitterwandantenne 267
Gleichlage 94, 204
Gleichlaufschwankungen 142
gleichphasige Erregung 273
— Speisung 262
Gleichrichtung 115
Gleichstromtelegrafie 222
Gleitwellen 249
Global Beam 316
Gradientenfaser 185

Grauwerte 221
Grenzfrequenz (f_{gr} bzw.
  ω_{gr}) 25, 65, 99, 247
Grenzwellenlänge (λ_c) 183
große Frequenzhübe 123
Großgemeinschaftsantennen-
  anlagen (GGA) 293, 320
Groundplane 252
Grundfrequenz 14, 28
Grundgruppen nach CCITT
  205
Grundschaltungen der
  Fernsprechtechnik 199 f.
Grundschwingung 14
Gruppenantennen 263
— mit vertikaler Polari-
  sation 272
Gruppengeschwindigkeit
  (v_g) 171, 183, 242
Gruppenspeisung 268
Gruppenstrahler 261 ff.
Gütefaktor (Q) 69

• Hakenumschalter 200
Halbbildwechsel 294
Halbduplex 20 f., 223
Halbleiter-Koppelpunkt 209
Halbleiterlaser 186
Halbleiterrauschen 32
Halbtöne 221
Halbwellendipol 236, 239 f.,
  268
Handapparat 200
Hardware 328
Harmonische 14
harmonische Schwingung
  14
Hartley-Oszillator 71
Hauptanschluß für
  Direktruf (HfD) 377
Hauptkeule 236
Hauptprozessor 358
Hauptreflektor 280
Hauptselektion 290
Hauptsignal bei Stereo 289
Hauptspeicher 332
Hauptstrahlrichtung einer
  Antenne 236
Hauptwelle im Rechteck-
  hohlleiter 182
H-Austastlücke 295
HDLC (High Level Data
  Link Control) 363
Head Processor 358
Hebdrehwähler 197

Hektometerwellen 17, 249
Helical-Antenne 270
Helix-Antenne 270
Helligkeitsinformation 301 ff.
Helligkeitsmodulation,
  Lichtleiter 186
—, Video 300
Helligkeitswerte 149
Hell-Schreiber 219
Hertz (Hz) 13
Hertzscher Dipol 232
Hifi-Stereofonie 284
High Fidelity (Hi-Fi) 284
High Frequencies (HF) 18,
  249
Hilfsspeicher 332
Hilfsträger bei Stereoüber-
  tragung 289
Hochfrequenz (HF) 17, 92,
  184
Hochfrequenzdurchschaltung,
  Satelliten 316
Hochpaß 80
Hochtonlautsprecher 55
Hörer 41, 50, 57 f.
Hörrundfunk 282 ff.
Hörrundfunk-Empfänger
  289 ff.
Hörrundfunk-Sender 287 f.
Hörschall 36
Hörschwelle (p_0) 38
Hohlleiter 154
Hohlleiterantenne 279
homogene Leitung 153
homogenes Feld 234
— Medium 245
Horizontaldiagramm 236,
  253
Horizontaldipol 253 f.
horizontale Dipollinie 264
— Polarisation 231, 269,
  272, 284
Horizontalsynchronimpuls
  294
Hornparabolantenne 279,
  311
Hornparabolstrahler 279
Hornstrahler 279
H-Synchronimpuls 294
H-Welle 182

• Ikonoskop 296
Impedanz 55, 68, 124
— einer Antenne 238
Impuls 97

Impulsdauer 97
Impulserzeugung aus
  Sinusschwingung 79 ff.
Impulsformer 87
Impulsoszillatoren 79 ff.
Impulsrahmen 147
Impulsschaltungen 79
Impuls-Wähl-Verfahren
  (IWV) 199
Impulszahl (q) 132
Index 365 f.
indirekte Datenverarbeitung
  336
— Schaltung 200
Induktion 54
Induktionsgesetz 127
induktive Dreipunkt-
  schaltung 71
induktiver Blindwiderstand
  (X_L) 68
Induktivitätsbelag (L') 158
induzierte Spannung
  (Rahmenantenne) 258
Information (I) 1 ff.
Informationsaustausch 326
Informationsminderung 23
Informationssystem (IS) 372
Infraschall 36
In-line-Bildröhre 306
In-line-System 305
innerer Fotoeffekt 297
innere Selbstinduktion 180
instabil 66
Integrierglied 82
integrierte Antenne 261
integriertes Fernschreib- und
  Datennetz 346, 351, 376
intelligentes Terminal 340, 374
Intelsat 316, 318
Intensitäts-Stereofonie 285
Interface 347
Interferenz 181, 248
Interrupt 333, 357
Intersputnik-System 319
Inversion 245
Ionosphäre 242
ionosphärische Streustrahl-
  übertragung 247
Ionospheric Scatter 247
Isolator 57
isotrope Antenne 237

• Job 331
Jobfernverarbeitung 373

Sachwortverzeichnis

- $K = 1024 = 2^{10}$ 325
- $k = 1000 = 10^3$ 325

Kabelseele 177
Kalottenmenbran 56
Kameraröhren 296, 298
Kanalbreite bei AM-Rundfunk 282
Kapazitätsbelag (C') 158
Kapazitätsvariationsdiode 125
kapazitive Dreipunkt-schaltung 71, 125
kapazitiver Blindwiderstand (X_C) 68
— Monopol 260
Kardioide 45
Katodenstrahl 297
Kehrlage 94, 204
Kell-Faktor (K) 221, 294
Kennfrequenzen bei Verkehrsfunk 286
Kenngrößen der Antenne 236 ff.
Kennzeichenkanal 147
Kennzeichenumsetzer (KZU) 147
Kilometerwellen 17, 248
Kippschwinger 83
Kirchhoffsche Gesetze 159
kleine Frequenzhübe 124
Klirrfaktor (k bzw. k') 28 f.
— (Verminderung) 64
Knotengleichung 159
Knotenrechner 380
Koaxialkabel 154, 169, 173 ff.
Kohlekörner-Mikrofon 45
Kohlemikrofon 43 f.
Kolbenmembran 50 f.
Kollektormodulation 111
kombinierte Kabel 178
— Netze 354
Kommunikation 325
Kommunikationsrechner 381
Kompatibilität bei Farbfernsehen 302
— bei Stereofonie 285
komplexe Größen 61
komplexer Übertragungs-faktor ($\underline{A}$) 62
Kompression 148
Kondensatormikrofon 47 ff.
Konsonanten 26
Kontaktfelder 197
kontinuierlich 2

kontinuierliche Funktion 2
kontinuierliches Spektrum 25
Konvergenz 307
Kopfhörer 58
Koppelfelder 196
Korkenzieherantenne 270
kreisförmige Polarisation 231
Kreisfrequenz (ω) 13, 62
Kreisfrequenzhub ($\Delta\omega_T$) 96
Kreisgruppen 263, 269
Kreisgruppenantenne 272
Kreuzdipol 255, 270
Kreuzschienenverteiler 197, 358
Kreuz-Yagi 270
Kristall-Lautsprecher 57
Kristallmikrofon 49
kritische Frequenz (f_C bzw. ω_C) 183
— — eines Plasmas 243
kritische Wellenlänge (λ_C) 183
kubischer Klirrfaktor (k_3) 29, 142
Kugelcharakteristik 42
Kugelmikrofon 42
Kugelstrahler 50, 237
Kurven gleicher Lautstärke-empfindung 39
kurze lineare Antenne 250
kurze Stabantenne 239
Kurzschluß 165
Kurzschlußwiderstand 167
Kurzwelle (KW) 17 f., 249, 283
Kurzwellenverbindungen, Richtfunk 308 f.
KW (Kurzwelle) 106, 249, 283
KW-Richtfunk 308, 312
KW-Sender 288
kybernetisches System 61

- Ladung (Q) 47, 158

Ladungsbild 297
Ladungsspeicherung, Kameraröhre 296
Ladungsverschiebeschaltungen 298
Längsdämpfung (α_R) 175
Längsprüfung (LRC) 367
Längsstrahler 262, 264
— mit gespeisten Elementen 266

— mit strahlungserregten Elementen 266
Längstwellen (VLF) 248
Langdrahtantennen 273 ff.
Langwelle (LW bzw. LF) 17 f., 248, 282
Laufzeiten auf Leitungen (t_L) 173, 201
Laufzeit-Stereofonie 285
Laufzeitunterschiede, Stereofonie 285
—, Telefon 201
Lautheit (sone) 40
Lautsprecher 41, 50 ff.
Lautstärke (L_S) 39
Lautstärkeempfindung 38 f.
Lautstärkenunterschiede 285
LC-Generatoren 70 f.
Lecher-Welle 182
Leerlauf 164, 243
Leerlaufwiderstand 167
Leistung der AM 107
Leistungsdämpfungsmaß (a_P) 6
Leistungsendstufe 287
Leistungsfähigkeit von Datenstationen 329
Leistungsfaktor 68
Leistungsgewinn bei SSB 107
Leistungspegel (P) 9
Leistungsverstärkung (G_P) 45
Leistungsverstärkungsmaß (G_P) 7
Leiter 30
Leitungen 153 ff.
Leitungsabschlußeinrichtung (LA) 147
Leitungsbeläge 158
Leitungsdämpfung 8
Leitungseigenschaften 156 ff.
Leitungselemente 158
Leitungsersatzgrößen 158
Leitungsersatzschaltbild 157
Leitungsgleichungen 158, 160 f.
Leitungskonstanten 168 ff.
Leitungsöffnungen als Strahler 276
Leitungspuffer (LP) 379
Leitungstypen 153 ff.
Leitungsverzweigung (LVZ) 353, 378
Leitungswelle 182
Leitwertbelag (G') 158
Leitwertsumme 69

Leuchtdichte 301
Leuchtdiode 186
Leuchtschirm 304
LF (Low Frequency) 248
Licht als Trägerschwingung 207
Lichtgeschwindigkeit (c) 16, 183, 231
Lichtleiter 154, 184 ff., 207
Lichtleitfaser 185
lineare Antenne 250
— Dipolgruppen 262
— Dipolkombinationen 262
— Polarisation 231
— Übertragungsfehler 27
— Verzerrungen 24 ff., 51, 58
Linearstrahler 250
Liniennetz 354
Linienspektrum 13, 25 f., 94
— der AM 105
linksdrehende Polarisation 231
Links-Rechts-Stereofonie (XY) 285
Linsen 279
LMK-Rundfunk 252, 269, 282
Lochmaske 305 f.
Lochstreifen 217
logarithmische Quantisierung 148
Low Frequencies (LF) 17 f., 248
Luftdruck, mittlerer (p_m) 37
Luminanzsignal (Y) 149, 301 f.
LW (Langwelle) 106, 248
L-Welle 182
LW-Sender 287
$\lambda/2$-Transformator 168
$\lambda/4$-Transformator 167

● Magnetband 141
Magnetband 6, 144
Magnetbandaufzeichnungen 29
Magnetbandkassette 144, 363 f.
Magnetfeld ($\vec{H}$) 179
Magnetfluß (Φ) 158, 258
magnetische Feldkonstante (μ_0) 231
— Hörer 59

— Induktion 54
magnetischer Dipol 258
magnetisches Feld ($\vec{H}$) 49, 158, 179, 230
— Telefon 52
Management-Informationssystem (MIS) 372
mantellose Faser 185
Marconi-Antenne 235, 239, 250
Marconi-Franklin-Antenne 271
Maschengleichung 159
Maschennetz 354
Master Processor 358
Matrixdecoder 292
Matrix-Verfahren für Quadrofonie 286
Maximal Usable Frequency (MUF) 247
Maxwellsche Gesetze 180
Medium Frequencies (MF) 17 f., 249
Mehrfachausnutzung (eines Übertragungskanals) 18 ff.
Mehrfachdrehkondensator 77
Mehrfachempfang 311
Mehrfachleitung 154
Mehrfachmodulation 204
Mehrfachreflexionen bei Kurzwellenübertragung 249
Mehrfachrhombus 275
Mehrfachsprünge 249
Mehrfachübertragung 366
Mehrfachverarbeitung 358
Mehrfrequenz-Verfahren (MFV) 199
Mehrkanalmodem 378
Mehrrechnersystem 359
Mehrtonmodulation 119
Meißner-Oszillator 70
Membran 41 ff.
Membranstrahler 50
Menge 1
Mensch-Maschine-Dialog 329
Meßsender 78
Meßwertspeicherung 143 f.
Meterwellen 17, 249
MF (Medium Frequency) 249
Microstrip 154
Mikrofone 41 ff.
Mikrofonempfindlichkeit 46
Mikroprozessor 209
Mikrowellen 17, 154, 249, 279

Miller Codes 141
Millimeterwellen 17, 184, 279
Mischer 78
Mischfrequenzen 78
Mischung 94
Mitkopplung 61, 63, 66 f.
Mittelhochtonlautsprecher 55
Mittelwelle (MW) 17 f., 249, 282
Mittelwellenabstrahlungen 251
Mitteninformation (M) 288
Mitten-Seiten-Stereofonie (MS) 285
Mobilantennen 259 f.
Modem 348, 374 ff.
Modemtypen 350, 376
Moden in Lichtleitern 185
Modulation 92 ff.
—, Farbfernsehen 303
Modulationsarten 95, 100
Modulationsfrequenz (f_M) 95, 192
Modulationsgrad (m) 96, 105
Modulationsindex ($\Delta\omega_T/\omega_M$) 97, 119
Modulationsschwingung (M) 98, 105
Modulation, Video 294
Modulator 287
Modulatoren für AM 108 ff.
— für FM 124 ff.
monochromatisches Licht 207
Monoflop 84
monofone Übertragung 284
Monomode-Faser 185
Monopol 250, 260
monostabiler Multivibrator 84
Montageorte für Mobilantennen 260 f.
Morsealphabet 211
Morsetelegraf 214
MS-Stereofonie 285
MUF (Maximal Usable Frequency) 247
Multicomputing 358 f.
Multimode-Faser 185
Multiplex 342
Multiplex-Einrichtung 191
Multiplexer (MUX) 147

Sachwortverzeichnis

Multiplexverfahren 144, 343
Multiprocessing 358
Multiprogramming 356
Multiprozessor-Betrieb 358
Multivibrator 82 ff.
Muschelantenne 280, 311
Musikaufzeichnung 141 f.
MW (Mittelwelle) 106
MW-Sender 287
Myriameterwellen 17, 248

• Nachricht 1 f.
Nachrichteninhalt 3
Nachrichtenkabel, optische 186
Nachrichtenleitungen 153
Nachrichtenquelle 4
Nachrichtensatelliten 313, 316 f.
Nachrichtensenke 4
Nachrichtensystem 4
Nachrichtentechnik 10 ff.
Nachrichtenverbindung 4
Nadelimpuls 25
Nahschwund 251
Nahübertragung 344
Near Time 356
Nebenkeule 251
Nebenmaxima 51
Nebensprechdämpfungsmaß (a_N) 201
Nebensprechen 173, 201 f.
Negative Immitance Converter (NIC) 79
negative Widerstände 78
Negativmodulation 294
Neper (Np) 8
Netzeingangsrechner 380
Netzformen 353 f.
Netzknoten (NK) 353
Newton (N) 37
Newvicon 298
nichtlineare Verzerrungen 27 ff., 53, 64, 122, 141 f.
nichtschaltender Netzknoten 353
nichtstationärer Zustand 157
Niederfrequenz (NF) 92
Nierencharakteristik 45
Noise Current (i_N) 176
Nordatlantik-Kabel 178
Normaldipol 237
NRZ (Non Return to Zero) 140
NTSC-Verfahren 304

Nulldurchgänge 122
Nullphase 95
Nullstelle 74
Nummernschalter 198, 201
Nummernschalter-Arbeitskontakt (nsa) 201
Nummernschalter-Impulskontakt (nsi) 201
Nummernscheibe 198
Nutzsatelliten 312
Nutzsignal 122
Nyquist-Diagramm 67
Nyquistflanke 227, 295
Nyquist-Formel 31
Nyquist-Kriterium 67

• OB-Betrieb 200
Oberflächenwellenleiter 154
Oberschwingungen 233
Oberwellen 14, 28, 93, 137
öffentliches Direktrufnetz 377
öffentliche Übertragungsnetze 346
— Wählnetze 376
Öffnungen als Strahler 276
Öffnungswinkel 236
offene Hörer 58
offenes System 42 f.
Off-line 336
ohmscher Widerstand 30, 124
ohmsche Verluste 158
Oktave 55
On-line 336 f., 370
optische Breitbandkommunikation 207
— Nachrichtenkabel 186
— Übertragungsstrecke 186
optischer Alias-Effekt 139
Ortsbatterie-Betrieb (OB) 200
Oszillator 61 ff., 287
— mit Dreipunktschaltung 71
— mit induktiver Rückkopplung 70
Oszillatorschaltung 124 f.
Ozongürtel 242

• PAL-Verfahren (Phase Alternation Line) 304
PAM 98, 192
PA-Modulator 100
Parabolantenne 280
Parabolspiegel 280, 311

parallele Übergabe 340 f.
Parallelleitung 154
Parallelresonanz 74
Parallelresonanzkreis 69
Parallelresonanzschwingkreis 69
Parallel-Serienumsetzung 341
Parallelsystem 359
Parallelverarbeitung 356
parametrischer Verstärker 316
Parasitärelement 267
Parität 149
Paritätsprüfung 366
Party-line 354
Pascal (Pa) 37
passive Elemente (Gruppenantenne) 267
PCM 100, 102, 132 ff., 352
PCM-Bandspeicher 143
PCM-Formate 139 f.
PCM-Rahmen 144 f., 147
PCM-Telemetrie 145
PCM-Übertragung 193
Pegel (p) 5 ff., 9
Perigäum 313
Periode (T) 13
Periodendauer (T) 97
Peripherie 328
Phantomschaltung 352
Phase 66
Phase-Locked Loop (PLL) 129
Phasenbedingung 73, 77
Phasendrehung 360° 83
Phasengeschwindigkeit (v) 171, 182
Phasenhub ($\Delta\varphi_T$) 96, 119
Phasenkette 75
Phasenkomparator 129
Phasenkonstante (β) 160
Phasenmethode 114
Phasenmodulation (PM) 95 f.
Phasenschieber 114
Phasenschieber-Methode 76
phasensynchronisierte Regelschleife (PLL) 129
Phasenvergleicher 126
Phasenverzerrungen 24
Phasenwinkel 62
Phon (phon) 40
physikalische Darstellung 2, 4
piezoelektrischer Effekt 49, 74
— Lautsprecher 57

piezoelektrische Wandler 41, 49, 57
Piezoelektrizität 49
Piezokeramik 49
Pilotton 289
Plasma 242
Plasmafrequenz (f_c bzw. ω_c) 243
PLL-Demodulator 129
PLL-Technik 129
Plumbicon 298
Pol 74
Polarisation 231
Polarisationen bei Rundfunkübertragungen 269
Polarisations-Diversity 312
Polaritätswechsel, Doppelstrombetrieb 223
Postambel 365
Postrelais 195
Post-Sprechkapsel 45 f.
Potentialdifferenz 230
Poyntingvektor ($\vec{S}$) 230
Präambel 365
primäre Leitungskonstanten (R', L', G', C') 168 f.
Primärfarben 301
Primärgruppe 204
Primärstrahler 280
Privatnetze 377
Proben (Entnahme) 134, 192
Programmkompatibilität 379
Programmunterbrechung 333
Prozeßrechner 374
Prüfbit 143, 149
Pseudo-Quadrofonie 286
Pseudo-Tastenwahl 199
Puls 97
Pulsamplitudenmodulation (PAM) 97 f., 100, 192
Pulscode 134
Pulscodemodulation (PCM) 100, 102, 132 ff.
Pulsdauermodulation (PDM) 100 f.
Pulsfolge 25
Pulsfrequenzmodulation (PFM) 100 f.
pulsierende Kugel 50
Pulslagenmodulation (PLM) 100 f.
Pulsmodulation 95, 97 f.
Pulsphasenmodulation (PPM) 100 f.

Pulswinkelmodulation (PWM) 100
Punkt-zu-Punkt-Verbindung 379
Pupinisierung 172

● quadratische Kennlinie 108
Quadrofonie 286
Quadro-Matrix (QM) 286
Quantelung 135
Quantisierer 132
Quantisierung 132, 148
Quantisierungsrauschen 134 f.
Quantisierungsstufen 148
Quantisierungszyklus 133
Quarzfilter 114
Quarzoszillator 73, 126
quasioptische Wellenausbreitung 245
quasistationärer Zustand 157
Quelle 4
Querdämpfung (α_G) 175
Querprüfung (VRC) 367
Querstrahler 262, 264
Quirlantenne 272

● Radialleiter 250
Radials 250
Radio Frequencies (RF) 17 f.
Radiofrequenzbereiche 18
Radiosichtweite 310
Radiowellen 184
räumliche Dipolgruppen 268
— Gruppen 263
Rahmen (PCM) 147
Rahmenantenne 258
Rasterwechsel, Video 294
Ratiodetektor 128
Raum-Diversity 311
Raumstaffelung 189
Raumwelle 245 ff., 248 f.
Rauschabstand (a_r) 34
Rauschen 23 f., 30 ff.
Rauschfaktor (F) 33
Rauschleistung (P_r) 30 f.
Rauschmaß (a_F) 34
Rauschquelle 31, 33
Rauschspannungsquelle 31
Rauschstrom (i_r) 30
Rauschstromquelle 31
Rauschwiderstand (R_r) 30
Rauschzahl (F) 33
—, zusätzliche (F_z) 34

RC-Generatoren 75 ff.
RC-Glied 75
RC-Kette 76
Reaktanz 124
reale Bandbreite bei FM 123
Real Time 356
Rechenzentrum 328
Rechner-Rechner-Betrieb 340, 373
Rechnerverbund 379 f.
Rechteckfehler 367
Rechteckfolge 25
Rechteckgenerator 84
Rechteckhohlleiter 180, 182
Rechteckimpuls 97
rechtsdrehende Polarisation 231
Reduktion des Amplitudenbereiches 27
— des Frequenzbereiches 25
Redundanz 213, 345, 366
Reduzierung der Bandbreite 148
Reed-Relais 196
Referenzantenne 237
reflektierte Welle 163
Reflektor 264, 267
Reflektorwände 269
Reflektorwand-Rundstrahler 273
Reflexion an der Ionosphäre 245, 247
Reflexionsfaktor (r) 164, 243
Regelschaltung 126
Regelspannung 126, 291
Regenerativverstärker 146
Regenerierung 88, 146
Reihenentwicklung (FM) 119
Reihenschwingkreis 68 f.
Rekombination 32
Rekompatibilität 302
Relais 195
Relaisstationen, Richtfunk 310
Remote Batch Processing 330, 370
Remote Job Entry 373
Remotes 330
Resistanz 124
Resonanz-Blindwiderstand (X_0) 68

Resonanzfall 68
Resonanzfrequenz (f_0 bzw. ω_0) 58, 68, 73, 125
Resonanzkurve 127
Resonanzlänge 257
Resonanzverstärker 67, 125, 289
Restseitenbandmodulation 227
Restseitenbandübertragung 227, 295
Return to Zero (RZ) 140
Reziprozität 240
Reziprozitätstheorem 241
Rhombusantenne 274
Richtcharakteristik einer Antenne 236
— eines Mikrofons 42
— eines Lautsprechers 54
Richtdiagramm von Antennen 236, 251
— von Schallwandlern 42
Richtfunk 207, 307 ff.
Richtfunkbänder 307
Richtfunk-Breitbandverbindungen 309 ff.
Richtfunksysteme 308
Richtfunkübertragung, digital 208
Richtmikrofon 43
Richtstrahler 250 ff., 263 ff.
Richtungsinformation bei Sterofonie 285, 288
Richtungsverkehr 20, 343
Richtverhalten von Dipolgruppen 264
Richtwirkung 51
Ringmodulator 112
Ringnetz 354
Rohrschlitzstrahler 278
Rotationsparaboloid 280
Rückgewinnung der Information 99
Rückkehr nach Null (RZ) 140
Rückkopplung 61 ff.
—, akustische 199
Rückkopplungsfaktor 71 f., 77
Rückkopplungsgleichung 62 f., 66
Rückkopplungsgrad 63
Rückkopplungsvierpol 70
Ruhegeräuschspannungsabstand 142

Ruhestrombetrieb 222
Ruhmasse des Elektrons (m) 243
Rundfunkantennen 250 ff.
Rundfunkbänder für KW 283
Rundfunkempfänger 289
Rundfunk-Sendeantennen 272, 278
Rundfunksender 287 f.
Rundhohlleiter 182
Rundstrahler 236, 250 ff., 271 f.
RZ (Return to Zero bzw. Rückkehr nach Null) 140

• Sägezahnspannung 132
Samples 192
Sampling 134
Satelliten-Fernsehen 320
Satellitenfunk 312 ff.
Satellitensysteme 318 f.
Scatter 245, 247, 249
Schalldruck (p) 37
Schalldruckpegel (L_p) 38
Schalleistung (P_s) 38
Schallempfänger 41 ff.
Schallfeld 37
Schallgeschwindigkeit (c) 37
Schallimpedanz (Z_s) 38
Schallintensität (J) 38
Schall-Leistungsdichte (J) 38
Schallquelle 37
Schallschnelle (v) 37
Schallsender 41, 50 ff.
Schallsenke 37
Schallstärke (J) 38
Schallwand 51
Schallwandler 41 ff.
Schallwellenwiderstand (Z_s) 38
schaltender Netzknoten (SNK) 353
Schattenmasken 305
Scheinleistung (S) 68
Scheinleitwert (Y) 68
Scheinwiderstand (Z) 68, 124
Scheitelwert 28, 61
Schlankheitsgrad 257
Schlauchübertragung 247, 249
Schleifenverstärkung 63
Schlitzerregung 277
Schlitzmaske 306

Schlitzstrahler 276 ff.
Schmalbandantennen (mobil) 259
Schmalbandkommunikation 194
Schmalbandspeisung von Dipolzeilen 265
Schmerzgrenze 38
Schmetterlingsantenne 278
Schmetterlingsdipol 257
Schmitt-Trigger 86 f.
Schnelle 37
Schnellewandler 41
Schnittstellen 344, 347, 375
Schnittstellenempfehlungen 350, 375
Schnittstellenvervielfacher (SVV) 353, 378
Schrittdauer (T_0, T_i) 214, 345
Schrittfehlerwahrscheinlichkeit 348
Schrittgeschwindigkeit (v_s) 214, 345
Schrotrauschen 32
Schwarzweiß-Bildröhre 300
Schwarzweiß-Fernsehen 293 ff., 300, 302
Schwarzwert 295
Schwebung 108
Schwebungssummer 78
Schwingen (eines Verstärkers) 67
Schwingfrequenz 77
Schwingkreise 67 ff.
Schwingquarz 74
Schwingspule 54, 56
Schwingungsbedingungen (eines Colpitts-Oszillators) 73
Schwingungsbedingungen (Wiensche Brücke) 77
Schwingungserzeugung 61 ff.
Schwingungsgleichung 95
Schwingungsknoten 50, 181
Schwingungsmodulation 95 f., 98
Schwingungstypen von Hohlleiterwellen 182
Schwunderscheinungen 248 f., 311
schwundmindernde Antenne 251
Schwundregelung 291
SECAM-Verfahren 304
Seekabel 178, 312

Seitenbard 106
Seitenbardtheorie 108, 119
Seiteninformation (S) 288
Seitenlinien 94, 99, 105, 120, 137
— der FM 121
Sektorhorn 279
sekundäre Leitungskonstanten (γ, $\underline{Z}$) 168 f.
Sekundärgruppe 204
Sekundärgruppenumsetzer (SGU) 206
Selbsterregung 66 f.
Selbsterregungsbedingung 66, 73, 77
Selbstinduktion 180
selbstkonvergierende Ablenkeinheit 307
selbstkorrigierende Codes (ECC) 368
selbsttaktend 139
Selektion 289
Selektionsmethode 113
Sendeanlage einer Bodenstation 316
Sendeantennen 230, 240, 250
Sendegröße (S_1) 6
Sendeleistung (P_1) 4
Sender (S) 4, 20, 287
Senderkennung 287
Senderkoaxialkabel 174
Sendeverstärker 287
Senke 4
sequentielle Programmverarbeitung 357
serielle Übergabe 341
Serienparallel-Übergabe 341
Serien-Parallel-Umsetzung 341
Serienresonanz 74
Serienresonanzkreis 68
— -schwingkreis 68
Sicherungszeichen für DÜ 362
Siebeneralphabet 213
Siemens-Hell-Empfänger 220
Siemens-Hell-Schreiber 219
Signal (S) 1 ff., 4, 94 f.
Signalband 106
Signalbandbreite (B_S) 191
Signalformen 5
Signalfrequenz (modulierend; ω_M bzw. f_M) 98, 192
Signalgeschwindigkeit (c_S) 156, 133

Signalplatte einer Kameraröhre 296
Signalschwingung (f_1, f_M bzw. ω_M) 94
Silbenverständlichkeit 201
Simplex 20, 342
Sinusgröße 62
Sinusschwingung 25, 62
Sinuston 13, 37
Si-Vidikon 298
Skineffekt 180, 244
Sofort-Antwort 336, 338, 356
Software 328
Solarzellen 317
sone 40
Spannungsdämpfungsmaß (a_U) 7
Spannungs-Frequenz-Umsetzung 93
spannungsgesteuerter Oszillator (VCO) 129
Spannungspegel (p_u) 9
Spannungsrückkopplung 63, 66
Spannungsverstärkungsmaß (G_U) 8
Speicherbus 358
Speicherflipflop 86
Speicherhierarchie 332
speichernder Netzknoten 353
Spektralfrequenzen 14
Spektrum 13 ff.
Sperrschicht-Kapazität (Varaktor) 125
Sperrschicht-Vidikon 298
Sperrschritt (Sp) 212, 215
Spiegel bei Flächenantennen 279
Spiegelsender 291
Spitzengleichrichter 116 f., 127
SPL (Sound Pressure Level) 39
Spot Beam 316
Sprachausgabe 372
Sprachkanäle 146, 204, 307
Sprachsignale 26 f.
Sprachübertragung 194
— mit PCM 146 f.
Sprachverständlichkeit 194, 201
Spreizdipol 257
Spulenantenne 270

SQ-Decoder 286
SSB (Single Side Band) 106
SSB-Filter 114, 203
SSB-Modulatoren 113
Stabantenne 239 f., 250
stabil 66
Stabilität der Verstärkung 65
Stablänge von Autoantennen 260
Standard-Code für den Datenaustausch 329
Standleitungen 346, 351, 353, 377
Stapelbetrieb 331
Stapelfernverarbeitung (Remote Batch Processing) 330, 339 f., 370
Stapelstationen 329, 370
Stapelverarbeitung 326
Start-Stop-Prinzip 215
stationärer Zustand 157
statische Konvergenzfehler 307
stehende Wellen 166, 232, 273
Steilheit (S) 72, 110
Stereo-Decoder 292
Stereo-Empfänger 292
Stereofonie 284
Stereo-Quadrofonie (SQ) 286
Sternnetz 354
Sternverseilung 177
Sternvierer 155, 177
stetige Modulation 95 f.
Steuerfeld (HDLC) 363
Steuerquarz 73
Steuersender 287
Steuerung von Blindwiderständen 124 f.
Steuerzeichen für DÜ 362
Stichproben 134
Stichprobenentnahme 134
Störleistung (P_{St}) 4
Störquelle 4
Störsicherheit (PCM) 135
Störsignal 122, 134
Störspannungen (Verringerung) 64
Störspannungsabstand (a_r) 135
Störstrom (i_N) 176
Störungen 16

Sachwortverzeichnis

Stoßfunktion 25
strahlende Öffnungen 276
Strahler 230
Strahlerzeugung 305
Strahlungen 17
Strahlungscharakteristik von Antennen 236
Strahlungsdichte (S) 237
Strahlungsenergie 230
strahlungserregte Elemente 267
Strahlungswiderstand einer Antenne (R_S) 239
— von Faltdipolen 256
Stratosphäre 242
Streifenleitung 154
Streifenmaske 306
Streustrahlübertragung 245, 247, 311
Stromgegenkopplung 65, 73
Stromrauschen 32
Stromschwankungsquadrat 32
Stromsteuerung 41
Strom- und Spannungsverteilung auf Antennen 232
Stromverdrängung 180
Stromversorgung von Satelliten 317
Stufennummer 132
Subharmonische 93
Summenmischung 94
Summensignal (M) 288
Super High Frequencies (SHF) 17 f.
Super-Turnstile-Antenne 279
Symbol 1
Symmetrieebene (S) 50
symmetrische Antenne 235
— Leistung 154
— Speisung einer Dipolgruppe 268
Symphonie-System 319
synchrone Stapelübertragung 362
— Übergabe 341 f.
Synchronisation, Telex 194
Synchronisierung, Kippstufen 84 f.
— Video 294
Synchronkanal 147
Synchronsatelliten 313

System-Kompatibilität bei Stereo-Rundfunk 285
Systempegelplan, Satellitenfunk 317
Systemtheorie 61

● Taktinformation 139 f.
Taktspur 143
Tastarten der Wechselstromtelegrafie 224 f.
Tastenwahl 199
Tastgrad 80
Tastverhältnis 80, 97
Tauchspulenmikrofon 46
Teilhaberbetrieb 333
Teilnehmerapparat 200
Teilnehmerbetrieb 330 ff.
Teilnehmerklassen im EDS-Netz 376
Teilschwingungen 14
Teiltöne 14
Teilung 93
Telebildabtastung 221
Telebildempfänger 222
Telebild-Übertragung 218, 225
Telefonauskunft (DFV) 372
Telefonie 194 ff.
Telefonkanal 204, 307, 349
Telegrafenalphabet 212
Telegrafie 211 ff.
Telegrafiekanal 225
Telegrafierfrequenz (f_S) 214, 221
Telegrafiergeschwindigkeit (v_S) 214, 221, 345
Telegrafierleistung (N_T) 214
Telekommunikation 194, 325
Telemetrie 145
Teleprocessing 327
Teletype (TTY) 338
Telexnetz 346 f., 376
TEM-Welle 182
Terminal 330, 339
terrestrischer Nachrichtenverkehr 312
Tertiärgruppe 205
Tesla (T) 54
TE-Welle 182
TF-Systeme 206
TF-Technik 189, 206
thermisches Rauschen 30
thermonukleare Generatoren 317

Tiefpaß 25, 99, 154
Tieftonlautsprecher 55
Time-sharing 331
TM-Welle 182
Tonbandaufzeichnung 29
Tonhöhenschwankungen 141 f.
Toninformation bei Stereo 288
Tonsender, Video 296
Tonsignale, Video 300
Tonspannung (u_T) 41
Tonträger (f_T) 295
Tonübertragung (mit PCM) 148
Torschaltung 102, 133
Totalreflexion 184
tote Zonen 247
Träger 94 f., 105, 120
Trägerfrequenz (f_0, f_T, ω_T) 94, 99
Trägerfrequenzleitungen 155
Trägerfrequenztechnik 189 ff.
Trägerfrequenztelefonie 203 ff., 206
Trägerfrequenztelegrafie 225
Trägerfrequenzübertragung (Telegrafie) 226
Trägerpuls 97
Trägerunterdrückung 112
Transfergeschwindigkeit (v_t) 345
Transformatoreigenschaften von Leitungen 168
Transistorsteilheit (S) 72
Transponder 316
transversales Feld 234
Trennfilter 55
Trennfrequenz (f_0) 55
Trennstrom (I_T bzw. T) 223
Treppenspannung 102
Triaxialkabel 177
Triggereingang 86
Triggern 84
Trinitron-System 305
Troposcatter 311
Troposphäre 242
troposphärische Streustrahlübertragung 247
Tropospheric Scatter 247
Tunneldiode 78
Turnstile 255, 271
Two Frequency 141

U-Antenne 272
Übergangsfrequenz 55
Überhorizontausbreitung 245, 311
Überhorizontreichweiten 245
Überhorizont-Richtfunksysteme 311
Überlagerung 92
Überlagerungsempfänger 290
überlassene Leitungen 346, 378
Überrahmen (PCM) 147 f.
Überreichweitenanlage 312
Übersetzungsverhältnis 71
Übersprechen 154, 177
Übersteuern 27
Übertrager 56, 70
Übertragungsbedingungen bei Satellitenfunk 314
Übertragungsblock (DÜ) 361 f.
Übertragungsfaktor (A) 6, 62
— einer Funkstrecke 240
— eines Mikrofons 46
— eines Rückkopplungsnetzwerkes ($\underline{k}$) 61
Übertragungsfehler, lineare 27
—, nichtlineare 27 ff.
Übertragungsgeschwindigkeit ($v_{ü}$) 345
Übertragungskanal (Ü) 3 ff., 330, 344 ff.
Übertragungskennlinie 27
Übertragungsprozedur (DÜ) 361 f.
Übertragungsstrecke mit Lichtleiter 186
Übertragungstechnik 153 ff., 201 f.
—, Telegrafie 222 ff.
Übertragungsverfahren für Farbfernsehen 304
Übertragungszeit eines Bildes (T_B) 221
UKW (Ultrakurzwelle) 17 f., 249
UKW-Rundfunk 269, 282
UKW-Sender 288
UKW-Stereo 288
UKW-Wellenplan 283
Ultra High Frequencies (UHF) 17 f., 249

Ultrakurzwelle (UKW) 17 f., 249
Ultraschall 36
Ultraschallgeber 57
Ultraviolett-Strahlung (UV) 17 f.
ummantelte Faser 185
Umsetzerschaltung (Zweidraht-Vierdraht) 223
Umsetzung 92 ff.
Umwegleitung 255
unbelastete Antenne 232
unstetige Modulation 95, 97 f.
unsymmetrische Antenne 235
— Leitung 154
Unterlagerungstelegrafie (UT) 224
Urbeleg 336

● V-Antenne 274
Varaktor 125
Varaktordiode 125
Varaktor-Kennlinie 125
Varicap 125
V-Austastlücke 295
VCO 129
Verbundbetrieb 339
Verbundsysteme 359, 379 ff.
Verfahren der DFV 336 ff.
Verfahren der Signalübertragung 92 ff.
Vergleicher (VGL) 102
Verkehrsfunk 286
Verkehrslotse (VL) 286
Verlustfaktor (d) 69
verlustlose Leitung 166, 169
Verlustwiderstand einer Antenne (R_V) 238
Vermittlungsnetze 194
Vermittlungsrechner 380
Verstärkerrauschen 33 f.
Verstärkung (v) 7, 61 f., 72
Verstärkungsfaktor (v) 62
Verstärkungsmaß (G) 7
Verstimmung (ϵ) 69
Vertikalantennen 232, 250 ff.
Vertikaldiagramme 251, 253
Vertikaldipol 253
vertikale Polarisation 231, 269, 272, 284

Vertikalsynchronimpuls 294
Very High Frequencies (VHF) 17 f., 249
Very Low Frequencies (VLF) 17 f., 248
Verzerrungen 23 ff.
—, lineare 24
—, nichtlineare 27 ff.
verzerrungsfreie Leitungen 170
Verzögerungsleitung 304
V/F Converter 93
VHF (Very High Frequency) 17 f., 249
Videobandbreite 294
Videosignal 294, 302
Vidikon 297
Vierdrahtbetrieb 223
Vierdraht-Frequenzgleichlage-Übertragung 202
Vierdrahtverbindung 155
Viereckwähler 197
Vierer 155
Vierpol 33, 62, 166
Viertelwellenstab 250
virtueller Speicher 332
virtuelle Terminals 381
VLF (Very Low Frequency) 17 f., 248
Vokale 26
Vokalveränderung 27
Vollaussteuerung 29, 142
Voltage Controlled Oscillator (VCO) 129
Vorgruppe 204
Vorrechnersystem 359
Vorselektion 291
Vorstufenmodulation, Richtfunk 309
V-Synchronimpuls 294

● Wähler 197
Wählleitung 354
Wählscheibe 198
Wärmebewegung 30
Wanderfeldröhre 316
Wanderwellen 211
Wandler 4 f., 16, 36 ff.
Wandlerprinzipien 41
Wandlung 4
Weber (Wb) 54
Wechselfluß (Φ_1) 52
Wechselstromgrößen 67 f.
Wechselstromschaltung eines Oszillators 72

Wechselstromtelegrafie (WT) 222, 225
Wechselverkehr 20 f., 223, 343
Weißanteil 301
weißes Rauschen 31
Weißwert 295
Wellenablösung 234
Wellenausbreitung 162 ff., 184, 241 ff., 248 f.
Wellenbereiche 18
Wellenfelder 181
Wellengleichung 160
Wellenlänge (λ) 16, 156, 183
Wellenleiter 154
Wellenvorgang 156
Wellenwiderstand ($\underline{Z}$) 161, 174
— des freien Raumes ($\underline{Z}_0$) 234
— des Plasmas ($\underline{Z}_P$) 243
Wendelantenne 270
Wertigkeit 102
Wettersatelliten 312
Widerstandsbelag (R') 158
Widerstandsrauschen 30 f.
Widerstandstransformation 168
Wiensche Brücke 77
Windungszahlverhältnis 71
Winkelmodulation 95 f.
Wirbelfelder 180
Wirkfläche einer Antenne (A) 239
Wirkfläche eines Aperturstrahlers (A_W) 277
Wirkleistung (P) 68
Wirkleitwert (G) 68
Wirkungsgrad (η) 5 ff., 11
— einer Antenne (η_A) 239

Wirkwiderstand (R) 68
WT (Wechselstromtelegrafie) 225

• XY-Stereofonie 285

• Yagi-Antenne 267

• Zählflipflop 86
ZB-Betrieb 200
Zeichen 2
Zeichendauer (T_S) 214
Zeichenstrom (I_Z bzw. Z) 223
Zeilendauer (T_H) 295
Zeilenrücklauf 294
Zeilensprungverfahren 293
Zeilensynchronimpuls 294
Zeitdiagramm 13
zeitdiskrete Signaldarstellung 194
Zeit-Diversity 312
Zeitfilter 193
Zeitfunktion 3, 23, 28
— der AM 105
— der FM 119 ff.
— der PAM 98
— der Winkelmodulation 97
Zeitkonstanten (Spitzengleichrichter) 117
zeitliche Verschachtelung beim Multiprogramming 357
Zeitmultiplex 19 f., 144, 146, 193, 352
Zeitscheibe 331
Zeitstaffelung 192
Zeitverzögerung (DFV) 327

Zentimeterwellen 17, 249, 279
Zentralbatterie-Betrieb (ZB) 200
zentrale Datenverarbeitung 373
Zentraleinheit einer EDVA 328
Zentralspeisung von Dipollinien 268
ZF (Zwischenfrequenz) 290
Zirkularpolarisation 231, 269
Zischlaute 26
zusätzliche Rauschzahl (F_Z) 33 f.
Zweidrahtbetrieb 223
Zweidraht-Frequenzgleichlage-Übertragung 203
Zweidrahtverstärker 203
Zweifrequenzverfahren 141
Zweikanal-Gegensprechbetrieb 20
Zweiseitenbandübertragung (DSB) 106, 191, 282
Zweistufenmodulation 226
Zweiweg-Boxen 55
Zwischenfrequenz (ZF) 290
Zwischenfrequenzdurchschaltung, Satelliten 316
Zwischenumsetzer, Richtfunk 309
Zwischenverstärkung 146
Zwölf-Gigahertz-Fernsehen (12 GHz) 293
zyklische Blocksicherung (CRC) 367